Herzog – Die Wildtiere Mitteleuropas

Sven Herzog

Die Wildtiere Mitteleuropas

Verbreitung, Ökologie und Management der wichtigsten Arten

Quelle & Meyer Verlag Wiebelsheim

Bibliografische Information der Deutschen Nationalbibliothek
Die Deutsche Nationalbibliothek verzeichnet diese Publikation in der Deutschen Nationalbibliografie; detaillierte bibliografische Daten sind im Internet über http://dnb.d-nb.de abrufbar.

www.quelle-meyer.de

Umschlagabbildungen: Vorderseite: pixabay/557017; Rückseite: Merlin: Chris Hill (Adobe Stock). Graugans: Piotr Krzeslak (Adobe Stock)
Druck und Verarbeitung: BuchdruckZentrum, Prüm
Printed in Europe/Imprimé en Europe
ISBN 978-3-494-01823-2

Inhaltsverzeichnis

Säugetiere

Wildschwein ... 10

Rothirsch ... 17
Damhirsch ... 29
Reh ... 35
Elch ... 44

Wisent ... 51
Mufflon ... 59
Steinbock ... 66
Gämse ... 71

Feldhase ... 79
Schneehase ... 85
Wildkaninchen ... 90
Alpenmurmeltier ... 95
Europäischer Biber ... 100
Nutria ... 108
Bisam ... 112
Feldhamster ... 116
Europäisches Ziesel ... 121
Eurasisches Eichhörnchen ... 125

Wolf ... 130
Goldschakal ... 142
Rotfuchs ... 148
Marderhund ... 157
Luchs ... 162
Wildkatze ... 168
Braunbär ... 174
Waschbär ... 181
Steinmarder ... 187
Baummarder ... 192
Dachs ... 196
Fischotter ... 202
Europäischer Nerz ... 208
Mink ... 212

Iltis ... 216
Hermelin ... 220
Mauswiesel ... 225
Seehund ... 229
Kegelrobbe ... 235

Gewöhnlicher Schweinswal ... 239

Vögel

Höckerschwan ... 244
Singschwan ... 249
Zwergschwan ... 253
Saatgans ... 256
Zwerggans ... 260
Blässgans ... 263
Graugans ... 266
Ringelgans ... 270
Kanadagans ... 273
Weißwangengans ... 277
Nilgans ... 281
Brandgans ... 285
Rostgans ... 289
Schnatterente ... 293
Pfeifente ... 296
Spießente ... 299
Stockente ... 303
Krickente ... 308
Knäkente ... 312
Löffelente ... 316
Kolbenente ... 320
Tafelente ... 324
Moorente ... 328
Reiherente ... 332
Bergente ... 336
Eiderente ... 339
Eisente ... 344
Trauerente ... 347
Samtente ... 350
Schellente ... 353
Mittelsäger ... 357
Gänsesäger ... 360

Haselhuhn ... 364
Alpenschneehuhn ... 368

Birkhuhn 372
Auerhuhn 377
Rebhuhn 383
Wachtel 388
Fasan 392

Haubentaucher 397

Rohrdommel 402
Zwergdommel 406
Graureiher 409

Weißstorch 414
Schwarzstorch 419

Fischadler 423

Bartgeier 427
Wespenbussard 431
Steinadler 434
Schreiadler 439
Rohrweihe 443
Wiesenweihe 447
Kornweihe 451
Habicht 455
Sperber 459
Rotmilan 463
Schwarzmilan 468
Seeadler 472
Mäusebussard 477
Raufußbussard 481

Wanderfalke 484
Baumfalke 489
Merlin 492
Turmfalke 495

Großtrappe 499

Grauer Kranich 504

Wachtelkönig 509
Teichralle 513
Blässralle 516

Kiebitz 520
Waldschnepfe 524
Bekassine 530

Lachmöwe 534
Silbermöwe 538

Hohltaube 542
Ringeltaube 545
Felsentaube 549
Turteltaube 554
Türkentaube 558

Schleiereule 561

Waldohreule 565
Uhu 568
Waldkauz 573
Sperlingskauz 577
Steinkauz 581

Eichelhäher 586
Elster 590
Saatkrähe 595
Aaskrähe 599
Kolkrabe 604

Literatur 608
Bildnachweis 642
Register 643
Der Autor 647

„Warum noch ein Buch über Wildtiere?“

“Warum noch ein Buch über Wildtiere?” wird sich mancher potenzielle Leser fragen. Gibt es nicht genug Tierführer, Bestimmungsbücher, wissenschaftliche Arbeiten oder Monographien über einzelne Arten? Werden wir nicht regelmäßig geradezu erschlagen von den Hochglanzprospekten der großen Verlage, die alljährlich neue Tierbücher auf den Markt werfen?

Was macht die „Wildtiere Mitteleuropas“ also anders als andere Bücher über die heimische Fauna?

Zunächst ist es einmal die Entstehungsgeschichte. Das Buch wurde aus den multimedialen Materialien, insbesondere Begleittexten und Videos, der Lehrveranstaltung Wildbiologie und -ökologie an der Technischen Universität Dresden entwickelt.

Der Autor hat es sich zur Aufgabe gemacht, in kurzer, überschaubarer Form wichtige biologische und ökologische Grundlagen zu einzelnen, in Mitteleuropa relevanten Arten zu vermitteln. Gleichzeitig wird das Basiswissen zum Wildtiermanagement der jeweiligen Art und zu Besonderheiten des Mensch-Tier-Verhältnisses vermittelt.

Das Buch schließt also eine Lücke: Die Lücke zwischen einerseits den Bestimmungsbüchern und klassischen „Tier- und Naturführern“, die das regionale Artenspektrum möglichst vollständig zeigen wollen, dafür aber auf inhaltliche Tiefe hinsichtlich der Biologie und Ökologie der einzelnen Arten verzichten müssen. Und andererseits den wissenschaftlichen Monographien, den Büchern über einzelne Arten oder Gattungen, welche umfangreiches Faktenwissen liefern, aber sich eben auf eine oder wenige Spezies beschränken.

“Die Wildtiere Mitteleuropas” vermittelt solides Basiswissen in kurzer prägnanter Form zu einer großen Zahl heimischer Arten. Die zahlreichen Literaturzitate untermauern die Aussagen und erschließen den Leserinnen und Lesern bei Bedarf weitere Literatur mit zusätzlichen, vertiefenden Informationen.

Es ist klar, dass dieser Weg auch Einschränkungen erfordert. Aus Gründen des Umfanges haben Verlag und Autor sich entschieden, sich auf 129 auch für uns Menschen bedeutsame und bekannte Arten zu beschränken.

Es ist kein Zufall, dass es sich dabei mehrheitlich um Arten handelt, welche in irgendeiner Form mit uns Menschen interagieren. Etwa weil wir sie nutzen, weil sie Konflikte verursachen, weil sie eines besonderen Schutzes bedürfen oder einfach, weil es sich um besonders “ikonische” Arten handelt.

Es ist auch klar, dass eine solche Auswahl immer nur subjektiv erfolgen kann. Wir sind uns bewusst, dass viele interessante Arten nicht berücksichtigt werden konnten. Aus diesem Grunde freuen wir uns auch über jede Form der Kommunikation mit Ihnen! Insbesondere sind wir für Hinweise dankbar, welche Spezies Sie sich für eine zukünftige Neuauflage noch wünschen. Schreiben Sie uns eine E-mail oder einen Brief, kommentieren Sie die Videos oder Social-media-posts des Autors, und wir werden alles daransetzen, Ihren Wunsch zu erfüllen.

Kommen wir nun zur Frage, für wen "Wildtiere Mitteleuropas" geschrieben wurde. Das ist nicht schwer zu beantworten: für alle, die mehr objektive, unideologische Fakten über unsere heimischen Wildtierarten erfahren wollen, die sich aber nicht über jede einzelne Art ein spezielles Fachbuch kaufen wollen oder können.

Tier- und Naturfreunde, die einen fachlichen Begleiter für Ausflüge in die Natur oder für Tierbeobachtungen im heimischen Garten suchen sind hier ebenso richtig wie Jäger und Forstleute, Nationalpark-Ranger und Wildhüter, Mitarbeiterinnen und Mitarbeiter von Naturschutz- oder Jagdbehörden, Verbänden oder ökologischen Planungsbüros.

Studierende der Forstwissenschaften, Biologie, Ökologie, Agrarwissenschaft oder Landschaftsplanung sind ebenso angesprochen wie erfahrene Praktiker dieser Fachgebiete.

Ihnen allen möchten wir ein Kompendium an die Hand geben, welches solide Informationen und Faktenwissen zu einer großen Zahl an Wildtieren liefert und dabei die menschliche Seite, die "human dimensions", und das Management der jeweiligen Art nicht außer Acht lässt.

Säugetiere

Wildschwein

Sus scrofa

Widerristhöhe: 55 bis 110 cm

Gewicht: 35 bis 160 kg (Bachen), 50 bis 190 kg (Keiler)

Paarungszeit (Rauschzeit): November bis Januar, in der Zivilisationslandschaft teilweise deutlich verlängert

Frischzeit: typischerweise März bis Mai, in der Zivilisationslandschaft teilweise bereits ab Januar und bis in den Herbst

Anzahl Jungtiere: 1 bis 12, meist 4 bis 8 Frischlinge

Naturgeschichte und Verbreitung

Wildschweine besiedeln von Natur aus weite Teile Eurasiens und Teile des nördlichen Afrikas. Anthropogen angesiedelt kommen sie in Teilen Nord- und Südamerikas, in Neuseeland und Teilen Australiens vor. Verbreitungsgrenzen sind einerseits Wassermangel (Wüstenregionen), andererseits lange Phasen mit Bodenfrost und hohen Schneelagen (siehe unten). Die letztgenannten Faktoren begrenzen die Verbreitung im Bereich der borealen Zone ebenso wie in den Hochlagen der Mittelgebirge und im Hochgebirge. Allerdings werden seit einigen Jahrzehnten die europäischen Mittelgebirge zunehmend, zumindest saisonal, und teils bis in die Hochlagen besiedelt.

Lebensraum und Streifgebiete

Das Wildschwein oder Schwarzwild ist eine ausgesprochen anpassungsfähige Art und kommt in unterschiedlichen Lebensräumen vor. Wichtig sind hinreichend Deckung, Nahrung und geeignete Wasserstellen zum Suhlen. Problematisch für Wildschweine sind das Auftreten langer Perioden mit Bodenfrost, in denen der Zugang zur sog. Untermast (siehe unten) unmöglich ist. Auch hohe Schneelagen werden aufgrund der vergleichsweise niedrigen Läufe nicht gut toleriert.

Die Streifgebietsumfänge von Wildschweinen bzw. Wildschweinrotten werden sehr unterschiedlich beschrieben und sind mit zahlreichen Unsicherheiten behaftet. Dies zeigen bereits die in der Literatur beschriebenen Extremwerte zwischen knapp 40 ha und über

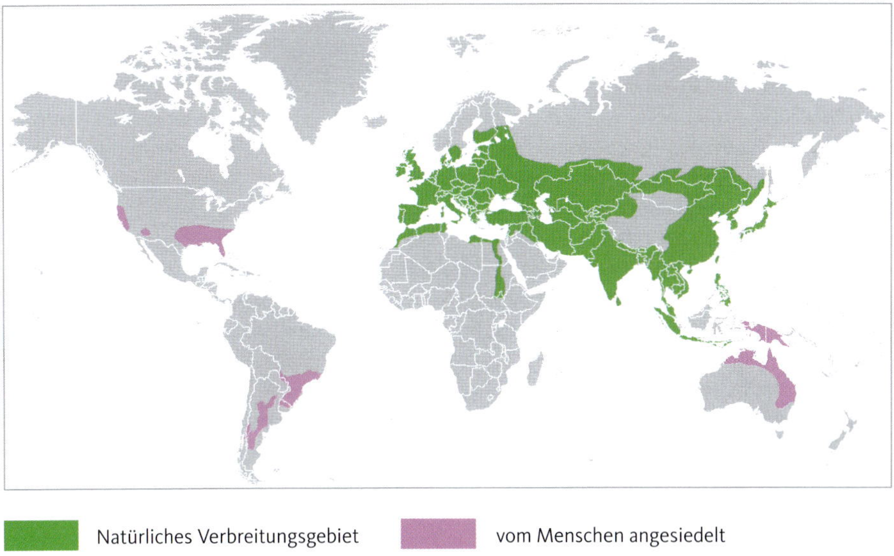

Abb. 1: Verbreitungsgebiet des Wildschweins

15 000 ha (Brüsehaber 2016, Johann *et al.* 2018).

Hinsichtlich der Ermittlung der Streifgebiete gibt es drei zentrale methodische Probleme, welche sich unterschiedlich auswirken. Zum einen beruhen viele Untersuchungen immer noch auf Funktelemetrie, welche zur Peilung der Individuen immer die menschliche Präsenz in der Fläche erforderlich macht. Diese permanente Störung dürfte eher zu einer Überschätzung der Streifgebietsumfänge führen. Die Tatsache, dass in den zugrundeliegenden Untersuchungen oftmals keine kompletten Jahresstreifgebiete erfasst wurden, führt demgegenüber tendenziell zu einer Unterschätzung der wahren Streifgebietsgrößen. Die Auswertung mit den gängigen Minimal Convex Polygon (MCP)-Algorithmen wiederum dürfte zu einer deutlichen Überschätzung der Fläche um bis zum Doppelten und mehr, etwa gegenüber der sog. Local Convex Hull-Methode (LoCoH), führen (vergl. Reinecke *et al.* 2014).

Mehrheitlich werden Streifgebietsumfänge der Rotten von unter 1000 ha genannt, gelegentlich finden sich auch deutlich darüber liegende Streifgebietsumfänge (vergl. z.B. Boitani *et al.* 1994, Dinter 1996, Baubet 1998, Keuling *et al.* 2008, Gorecki *et al.* 2009, Podgorski *et al.* 2013, Brüsehaber 2016, Fattebert *et al.* 2017, Johann *et al.* 2020).

Wägen wir die o.g. Fehlerquellen kritisch ab, so können wir realistischerweise von Werten zwischen mehreren hundert und etwa 1000 ha für die Kulturlandschaft ausgehen. Dabei müssen wir allerdings lokal sowie jahreszeitlich und geschlechtsspezifisch von deutlichen Unterschieden ausgehen. In urbanen Räumen dürften die Streifgebietsumfänge nochmals geringer sein. Unklar ist bislang auch, wie sich Streifgebietsumfänge in Regionen ohne Bejagung gestalten.

Ernährung

Als Allesfresser ernähren sich Wildschweine überwiegend von pflanzlicher, aber auch von tierischer Kost. Im Sommer werden in der Kulturlandschaft Feldfrüchte bevorzugt, im Winter spielt die Baummast (insbesondere Eicheln und Bucheckern) eine bedeutende Rolle. Je nach Jahreszeit ergänzen Insekten und Insektenlarven, Würmer, Mäuse, aber auch Junghasen, Rehkitze oder Gelege von Bodenbrütern den Speiseplan.

Wir unterscheiden grundsätzlich die sog. „Obermast“, also Nahrung, die von der Bodenoberfläche aufgenommen werden kann (wie z.B. Eicheln, Bucheckern oder Gelege von Bodenbrütern) und die „Untermast“, d.h. die Nahrung im Boden wie energiereiche Wurzelbestandteile, vor allem aber auch Mäuse, Insektenlarven oder Würmer.

Die Ernährungssituation ist für das Schwarzwild von zentraler Bedeutung: Die Ökologie der Species ist in hohem Maße an der Nahrungssituation ausgerichtet. Verbreitung, Streifgebiete, Rottenstrukturen und die Populationsdynamik hängen von der zeitlichen und räumlichen Verfügbarkeit von Nahrung ab.

Entscheidende Veränderungen in den vergangenen Jahrzehnten betreffen die landwirtschaftlichen Anbaugepflogenheiten und die Zunahme sog. Mastjahre, also solcher Jahre, in denen bestimmte Waldbäume in besonderem Maße fruktifizieren.

Die Veränderungen in der Agrarfläche betreffen insbesondere den zunehmenden Anbau von Mais und Raps. Beide Fruchtarten geben Nahrung und Deckung, so dass die Wildschweine große Teile des Jahres in den jeweiligen Schlägen verbringen können: Sobald der Raps gedroschen wird, ist der Mais in der Nachbarschaft so hoch, dass dieser als zeitweiliges Habitat dienen kann. Die Produktion für Biogasanlagen führt dazu, dass Mais oftmals noch länger im Jahr auf dem Acker stehen bleibt, als das in der Vergangenheit ohnehin schon der Fall war.

Hinzu kommen seit Ende des 20. Jahrhunderts zunehmende Mastjahre im Wald, so dass auch Wildschweine somit ganz klar Profiteure der Kulturlandschaft sind (vergl. auch Bieber & Ruf 2005, Pfannenstiel 2014, Happ 2017).

Sozialstruktur und Fortpflanzung

Wildschweine leben in gegenseitig überlappenden Streifgebieten in Familienverbänden, sog. Rotten. Meynhardt (2013) beschreibt diese als Mutterfamilien, deren Mitglieder typischerweise miteinander verwandt sind. Neben den klassischen Mutterfamilien (Bache und deren Nachkommen der vorangehenden Jahre) finden wir auch solitär oder zeitweise in Kleinstgruppen lebende männliche ältere Individuen (Keiler) oder Verbände von Überläufern (Individuen im zweiten Lebensjahr) sowie auch andere Konstellationen (u.a. Hirotani & Nakatani 1984, Briedermann 1990, Boitani *et al.* 1994, Meynhardt 2013, Pfannenstiel 2014, Happ 2017).

Die Führung der Mutterfamilien obliegt typischerweise der ältesten und erfahrensten Bache, solange diese fertil ist und Frischlinge führt. Diese sog. Leitbache sorgt für den Zusammenhalt der Rotte, bestimmt deren Streifgebiet und beeinflusst nach Ansicht verschiedener Autoren auch das Fortpflanzungsgeschehen in der Rotte im Sinne einer sog. „Rauschzeitsynchronisation“ (Meynhardt 2013, Happ 2017).

Letztere bezieht sich allerdings allein auf die Rotte, d.h. lediglich die nachgeordneten Bachen derselben Rotte werden von der Leitbache beeinflusst.

Die Fortpflanzungszeit (Rauschzeit) des Schwarzwildes liegt ursprünglich in den Spätherbst- und Wintermonaten November und Dezember. Die zunehmend günstige Nahrungssituation durch vermehrten Mais- und Rapsanbau sowie durch häufigere Mastjahre im Wald (vergl. Herzog 2019, 2023) sowie die unkontrollierte und nicht nachhaltige Bejagung mit Erlegung der Leitbachen führt zu einer zunehmenden Ausdehnung der Rauschzeit. Happ (2017) berichtet von einer Schwankung der Rauschzeit von Jahr zu Jahr und zwischen den Familienverbänden in einem Zeitraum zwischen September und Januar. Heute müssen wir davon ausgehen, dass sich dieser Zeitraum weiter ausdehnt.

Dementsprechend finden wir heute Frischlinge von Januar bis weit in den Sommer hinein. Dabei spielt allerdings nicht selten auch der Verlust eines gesamten Frischlingswurfes eine Rolle. Dann kommt es meist zu einer sog. Nachrausche der betreffenden Bache und einem zweiten Frischlingswurf spät im Sommer.

Am Tag des Frischens baut die Bache einen sog. Wurfkessel, den sie auspolstert und in dem die Frischlinge etwa 8 bis 14 Tage (Meynhardt 2013) verbleiben, bis die Bache mit diesen zur Rotte zurückkehrt.

Verwaiste Frischlinge werden zwar bei der Rotte geduldet, werden allerdings nur in Ausnahmefällen von anderen Bachen adoptiert (MÜLLER 2009), da unter den Frischlingen einer Rotte sich sehr schnell eine deutliche Hierarchie aufbaut und verwaiste Frischlinge dann kümmern (HAPP 2017).

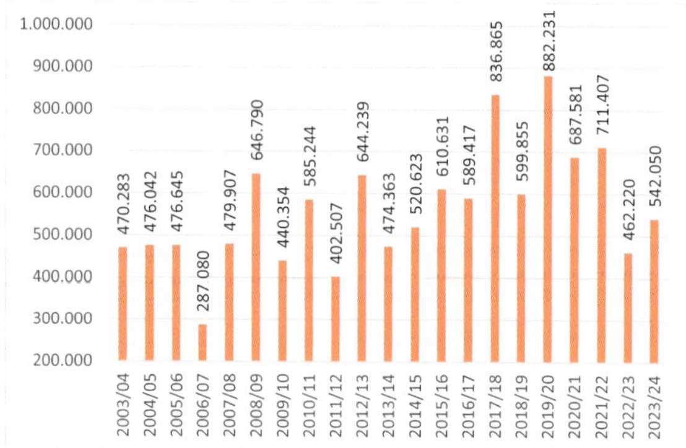

Abb. 2: Schwarzwildstrecke *Quelle: DJV*

Populationsdynamik

Die Populationsdynamik des Schwarzwildes in der Kulturlandschaft Mitteleuropas wird im Wesentlichen vom Nahrungsangebot und der Witterung bestimmt (vergl. etwa MATSCHKE 1964, BIEBER & RUF 2005, GETHOFFER *et al.* 2007, KELLY *et al.* 2008, GORETZKI 2007, HERZOG & KOB 2014, PFANNENSTIEL 2014).

Inwieweit weitere Faktoren relevant sind, ist eine offene Frage. Der Einfluss der Bejagung (z. B. TOIGO *et al.* 2008) sowie neuerdings der Afrikanischen Schweinepest sind noch weitgehend unklar. Hinsichtlich der Bejagung gehen wir derzeit davon aus, dass eine lokale Einflussnahme der Jagd durchaus möglich ist, dass allerdings überregional die Umweltfaktoren Nahrung und Witterung entscheidend sind.

Der Zuwachs schwankt von Jahr zu Jahr deutlich, wobei die individuellen „Zuwachsträger" zwar die älteren Bachen sind. Auf Populationsebene stellt sich das jedoch ganz anders dar. So stammen rund 85 Prozent des jährlichen Zuwachses von Frischlings- und Überläuferbachen (HAPP 2017), was auch dadurch bedingt ist, dass aufgrund günstiger Umweltbedingungen (Nahrung und Witterung) zunehmend weibliche Frischlinge noch im ersten Lebensjahr die Geschlechtsreife erlangen.

Insgesamt kann der Zuwachs beim Schwarzwild bis zu 200 Prozent des Frühjahrsbestandes ausmachen (STUBBE & STUBBE 1977, PFANNENSTIEL 2014, HAPP 2017).

Abb. 3: Urbanisationserscheinungen bei Schwarzwild finden wir in verschiedenen Großstädten (hier Berlin-Spandau)

Management

Kaum eine Wildart wird in so unterschiedlicher Weise behandelt wie das Schwarzwild. Neben einer nachhaltigen Bejagung dieser Art finden wir derzeit vor dem Hintergrund von

Schäden in der Landwirtschaft und der Ausbreitung der Afrikanischen Schweinepest nach Deutschland zunehmend auch Formen einer nicht nachhaltigen Bejagung oder gar Bekämpfung mit dem Versuch der (lokalen) Ausrottung.

Neben einer ganzjährigen Bejagung, teilweise sogar unter Aufhebung des Schutzes der Muttertiere, kommt es derzeit zunehmend auch zum Einsatz von (aus Tierschutzsicht umstrittenen) Schwarzwildfängen.

Für eine eine Reduktion des Seuchengeschehens durch eine intensive Bejagung, wie sie derzeit vor allem durch Drück-Stöber-Jagden erfolgt, existiert bislang keine wissenschaftliche Evidenz (vergl. HERZOG 2023). Möglicherweise ist das Gegenteil der Fall und gerade diese Form der intensiven Bejagung führt zu einer schnelleren Verbreitung der Krankheit. Denn nicht das einzelne Individuum, sondern der Sozialverband – also die Schwarzwildrotte – stellt im Falle einer vorhandenen Infektion diejenige Einheit dar, welche das Virus verbreitet. Da allerdings durch Bejagung praktisch niemals ganze Rotten auf einmal entnommen werden können, dürfte der unerwünschte Effekt der Beunruhigung denjenigen der Absenkung der Abundanz überwiegen. Empfehlenswert wäre hier eher die Einzeljagd oder aber der Einsatz von Schwarzwildfängen. Letztere sollten aus Gründen des Tierwohls allerdings ausschließlich von Tierärzten, doch möglichst nicht von Freizeitjägern oder Forstleuten betrieben werden.

Die unklare Wissensbasis rechtfertigt auch keinesfalls den vollständigen Verzicht auf Tierschutzkriterien, insbesondere die Nichtbeachtung des Muttertierschutzes.

Die derzeit praktizierte, nicht nachhaltige Bejagung sollte, ebenso wie eine großflächige Abriegelung der Landschaft mittels Zäunen, aufgegeben und durch geeignetere Methoden der Seuchenbekämpfung (etwa die Entwicklung von Impfstoffen zur Immunisierung der Wildschweinpopulation) ersetzt werden (vergl. HERZOG 2023).

Neben der Afrikanischen Schweinepest bzw. deren Bekämpfung stehen derzeit die zunehmenden Urbanisationstendenzen des Schwarzwildes im Fokus der Untersuchungen zu einem angemessenen Management der Art. Je mehr das Schwarzwild in der Agrarlandschaft unter jagdlichen Druck gerät, desto mehr wird es sich in die Grünbereiche urbaner Großräume zurückziehen; Berlin oder Stuttgart sind anschauliche Beispiele für dieses Phänomen. Inwieweit hier jagdliche Methoden zur Reduktion des Bestandes zielführend sind oder ggf. reine Bekämpfungsmaßnahmen über Schwarzwildfänge eingesetzt werden können, ist bislang eine offene Frage. Gerade die hohe Sensibilität der Öffentlichkeit in Bezug auf Fragen des Tierwohls dürfte derartigen Maßnahmen entgegenstehen.

Die in der Vergangenheit bedeutendste Zielsetzung des Schwarzwildmanagements – die nachhaltige Nutzung des Wildbrets – ist vor dem Hintergrund der aktuellen Probleme derzeit weitgehend in den Hintergrund getreten. Dennoch erscheint es wichtig, diesen Aspekt nicht aus den Augen zu verlieren. Spätestens wenn den zuständigen politischen und administrativen Institutionen klar geworden ist, dass die Afrikanische Schweinepest kein Problem der Wildschweinpopulation darstellt, sondern lediglich für die Agrarpolitik der vergangenen Jahrzehnte bedrohlich ist, sollten wir wieder zu dieser Perspektive zurückkehren und bis dahin nicht verlernen, wie nachhaltige Schwarzwildbewirtschaftung funktioniert.

Inwieweit dabei zusätzlich zur Bejagung auch weitere Managementinstrumente, etwa die medikamentöse Kontrazeption (vergl. z. B. MASSEI *et al.* 2008) eine Rolle spielen können, muss kritisch vor dem Hintergrund offener ökologischer und tierethischer Fragen diskutiert werden.

Auch die spezielle Situation in Großschutzgebieten, etwa Nationalparken, ist in der Praxis mit ungelösten Problemen behaftet und bedarf in Zukunft einer weiteren Klärung (vergl. HERZOG & BAUCH 2004, HERZOG 2019).

Mensch und Wildtier

Wildschweine begleiten den Menschen in Mitteleuropa seit Jahrtausenden. Sie dienten ursprünglich als Jagdwild, später auch als zunächst gezähmtes und später domestiziertes Hausschwein.

Offenbar wurden Schweine erstmals vor etwas mehr als 10 000 Jahren im heutigen Anatolien gezähmt und im Laufe der folgenden Jahrhunderte auch domestiziert. In Europa tauchten Hausschweine erstmals vor etwa 8500 Jahren auf. Die ersten Hausschweine in Europa stammten wohl aus Kleinasien, wobei heute nur noch wenige Prozent des Genoms europäischer Hausschweine auf diese Vorfahren zurückzuführen sind (FRANTZ *et al.* 2019). Vermutlich kam es in Europa regelmäßig zu einer Durchmischung mit den lokalen Wildschweinen kam.

Abb. 4: Waldweide (Hausschweine) im 19. Jahrhundert förderte die regelmäßige genetische Durchmischung zwischen Wild- und Hausschweinbeständen

Abb. 5: Trüffelschwein in Frankreich

Dies erklärt sich leicht durch die Situation der Waldweide, die bis ins 19. und 20. Jahrhundert praktiziert wurde (vergl. z. B. HERZOG 2023). Hier haben regelmäßig Paarungen zwischen Haus- und Wildschweinen stattgefunden. Abgesehen von den muslimischen Gesellschaften ist das Hausschwein heute weltweit eine der wichtigsten Nahrungsgrundlagen weltweit.

Schweine dienen aufgrund ihrer hohen Lernfähigkeit, gepaart mit einem außerordentlich guten Geruchssinn, dem Menschen nicht nur als Trüffelschweine, sondern werden gelegentlich auch zum Aufspüren von z. B. Sprengstoff oder Drogen eingesetzt.

Rothirsch

Cervus elaphus

Widerristhöhe: 75 bis 115 cm (Tiere) bzw. 105 bis 140 cm (Hirsche)

Gewicht: 80 bis 150 kg (Tiere) bzw. 100 bis 250 kg (Hirsche)

Paarungszeit (Brunft): September/Oktober

Setzzeit: Mai/Juni

Anzahl Jungtiere: Normalerweise 1 Kalb

Naturgeschichte und Verbreitung

Der Rothirsch ist eine zirkumpolar verbreitete Art, der in zahlreichen Unterarten rund um die Nordhalbkugel vorkommt. Das evolutionsbiologische Entstehungszentrum der Gattung *Cervus* können wir in Südostasien annehmen, wo auch zahlreiche Vertreter dieser Gattung heimisch sind. Auf der Nordhalbkugel unterscheidet man verschiedene Unterarten von *Cervus elaphus*, über deren genaue Abgrenzung und Zuordnung durchaus unterschiedliche Auffassungen herrschen. Aus Gründen der Nachvollziehbarkeit und Operationalität soll hier der biologische Artbegriff als Basis der Zuordnung gewählt werden.

Europa war ursprünglich flächendeckend – in unterschiedlichen Dichten – mit Rothirschen besiedelt, ebenso weite Teile Asiens und Nordamerikas sowie Teile Nordafrikas. Durch Übernutzung wurde die Art allerdings lokal zeitweise oder bis heute ausgerottet. Andererseits wurden Vertreter anderer, in Europa nicht heimischer, Subspecies vom Menschen eingeführt und angesiedelt.

Es werden derzeit bis über zwanzig Unterarten weltweit unterschieden, je nachdem, welche Merkmale man zur Differenzierung heranzieht.

Die unterschiedlichen Subspecies beim Rothirsch sind eine Folge verschiedener Faktoren: den Klimaveränderungen der letzten Eiszeit, der zeitweisen geographischen Isolation, Hybridisationsereignissen und wohl auch regional unterschiedlichen Selektionsfaktoren. So gehen wir beispielsweise davon aus, dass der nordamerikanische Wapiti (*Cervus elaphus canadensis*) über die Landbrücke der Beringstraße von Eurasien her eingewandert ist.

Die Nominatform *Cervus elaphus elaphus* beschreibt streng genommen den Skandinavischen Rothirsch, da Linné sich auf die Merkmale der lokalen Rothirsche Schwedens bezog,

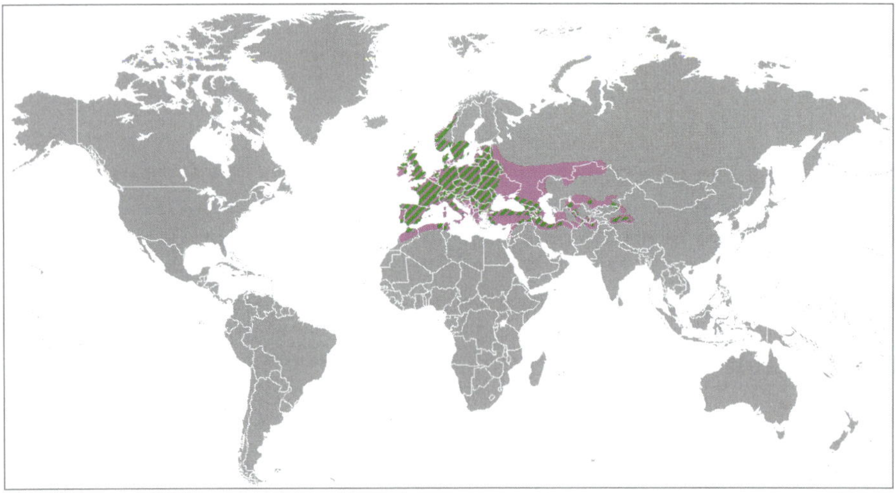

Abb. 6: Verbreitungsgebiet des Rothirsches

Abb. 10: Berberhirsch (*Cervus elaphus barbarus*)

Abb. 7: Bucharahirsch (*Cervus elaphus bactrianus*)

Abb. 8: Sikahirsch (*Cervus nippon*)

Abb. 9: Altai-Maral (*Cervus elaphus sibiricus*)

während der Rothirsch Mitteleuropas häufig der Subspecies *hippelaphus* zugeordnet wird. *Cervus elaphus barbarus* bezeichnet die nordafrikanische Form, den sog. Berberhirsch. In Asien werden die meisten Unterarten ausgeschieden, die bekannteste ist sicher der (Altai-)Maral (*Cervus elaphus sibiricus*). Daneben kennen wir beispielsweise den Kaukasushirsch (*Cervus elaphus maral*), den Bucharahirsch Persiens (*Cervus elaphus bactrianus*) oder den Szetschuanhirsch (*Cervus elaphus macneilli*).

Inwieweit der Sikahirsch (aus dem japanischen 鹿 *shika* = Hirsch) mit seinen Ökotypen als eine eigene Species (*Cervus nippon*) gelten kann, oder ob er, dem biologischen Artkonzept folgend, nicht besser als Subspecies von *Cervus elaphus* bezeichnet werden soll, ist eine zunehmend diskutierte Frage. Die Interfertilität zwischen Rot- und Sikawild spricht dafür, den japanischen Sikahirsch und den mandschurischen Sikahirsch jeweils als Unterarten (*Cervus elaphus nippon* bzw. *Cervus elaphus hortulorum*) zu betrachten. Die unterschiedlichen Chromosomenanzahlen bei Rot- (2n=68) und Sikawild (2n=64) stören den regulären Ablauf der Meiose nicht, so dass sie keine Paarungsbarriere bilden (Herzog 1988).

Sikawild wird dennoch heute meist noch als eigene Art betrachtet, doch wenn wir dem biologischen Artkonzept konsequent folgen, handelt es sich um eine Unterart von *Cervus elaphus*.

Dabei steht das Sikawild – wie morphologische, immunologische und ethologische Merkmale nahelegen – dem Wapiti (*Cervus elaphus canadensis*) sehr nahe (vergl. Harrington 1973, Herzog 1988, Herzog & Harrington 1991).

Ökologie und Lebensraum

Rothirsche haben sich in ihren verschiedenen Unterarten und Ökotypen ausgesprochen unterschiedliche Lebensräume erschlossen. Grundsätzlich gehen wir aufgrund morphologischer (Körperbau, Geweih), anatomischer (Aufbau des Auges, spezifischer Aufbau des Wiederkäuermagens) und ethologischer (Fluchtverhalten, Raumnutzung) Merkmale davon aus, dass es sich um eine Art des Halboffenlandes handelt, die durchaus die weite, offene und damit überschaubare Landschaft als Sicherheitsstrategie nutzt, aber genauso in Wäldern oder Feldgehölzen (etwa Hecken und Knicks) Deckung sucht. Auch die Ernährungsphysiologie (s.u.) stützt diese Theorie.

In Mitteleuropa werden meist von Natur aus separate Sommer- und Winterlebensräume genutzt. Während erstere häufig in den kühleren Lagen der Mittelgebirge oder auch des Hochgebirges bis zur Waldgrenze und teilweise darüber hinaus liegen, finden wir die traditionellen Winterlebensräume typischerweise in den lockeren Auwaldgürteln großer Flüsse wie Rhein, Donau, Elbe, aber auch kleinerer Flusssysteme wie etwa Lahn, Mulde, Moldau oder Isar. Diese Winterlebensräume sind heute im dichtbesiedelten Mitteleuropa nahezu vollständig verschwunden. Stattdessen finden wir dort Siedlungen, Verkehrswege und Intensivlandwirtschaft. Dies führt zu dem Problem, dass Rotwild regelmäßig in seinen Sommerlebensräumen zum Überwintern gezwungen ist.

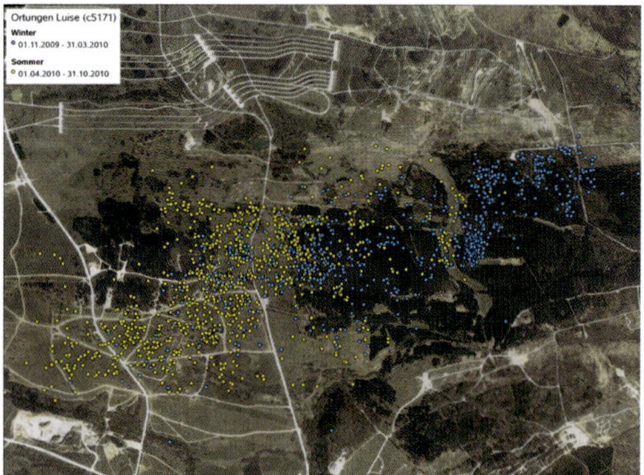

Abb. 11: Unterschiedliche Lebensraumnutzung von Rotwild am Beispiel des Truppenübungsplatzes Grafenwöhr (gelb: Ortungen im Sommer, blau: Ortungen im Winter. Quelle: Meissner

Auch dort, wo keine größeren

Abwanderungen in spezifische Winterlebensräume erfolgen, finden wir regelmäßig unterschiedliche Einstandspräferenzen im Sommer und Winter. So werden Offenflächen im Sommer und bewaldete Areale im Winter intensiver genutzt (vergl. Abb. 11, MEISSNER *et al.* 2012).

In den Alpen kennen wir den sog. „Berghirsch" als besonderen Ökotyp. Dieser lebt ganzjährig an der Baumgrenze und darüber hinaus. Dementsprechend sind die Individuen kleiner, mit leichterem Körperbau und geringerem Geweih. Ausgiebige Schneefälle können sie überstehen, indem sie sich einschneien lassen und ihren Stoffwechsel deutlich reduzieren, wobei diese Fähigkeit als solche keineswegs auf die Berghirsche beschränkt ist. Solange in ihrem Lebensraum hinreichend Ruhe herrscht, bleiben sie nicht selten auch den Rotwildfütterungen fern.

Die Stoffwechselreduktion im Winter (u.a. ARNOLD *et al.* 2004) ist beim Rothirsch, ähnlich wie die Wanderung zwischen Winter- und Sommerlebensräumen, eine Anpassung an das Jahreszeitenklima: Rotwild ist (hinreichend Ruhe vorausgesetzt!) grundsätzlich in der Lage, durch Reduktion des Energiestoffwechsels den Winter mit einem Minimum an Äsung zu überdauern, sofern keine menschlichen Störungen erfolgen.

Ernährung

Rotwild ist vom Äsungstyp ein Mischäser (vergl. HOFMANN 1978, 1979, 1989, 1991). Das bedeutet, dass die Species in der Lage ist, ein breites Spektrum pflanzlicher Nahrung zu nutzen.

Neben energiereichen Nahrungsbestandteilen wie Baumfrüchten, Knospen und Kräutern, aber auch Feldfrüchten, nutzt das Rotwild auch faserreiche Nahrung wie Gräser und Baumrinde. Letztere beinhalten im Wesentlichen vergleichsweise schwer aufschließbare Kohlenhydrate, die auch in vegetationsarmer Zeit vergleichsweise leicht erreichbar sind. Die physiologische Anpassung an unterschiedliche Äsung beinhaltet beispielsweise auch jahreszeitliche Veränderungen in der Physiologie (ARNOLD *et al.* 2004) sowie Anatomie und Morphologie des Verdauungstraktes (HOFMANN 1978, 1979).

Trotz dieser ausgeprägten Anpassungsfähigkeit an nahrungsarme Phasen benötigt das Rotwild im Winter Ruhe, die es in der Zivilisationslandschaft aufgrund jagdlicher, aber auch zahlreicher nichtjagdlicher Störungen kaum mehr findet (s. u.).

Abb. 12: Typisches Gynopädium (rechts Alttier, links daneben Schmaltier – d.h. Kalb des letzten Jahres –, ganz links diesjähriges Kalb)

Sozialverhalten und Raum-Zeit-Verhalten

Der Rothirsch lebt in unterschiedlichen Sozialverbänden, welche auch zeitlichen bzw. jahreszeitlichen Änderungen unterliegen.

Grundeinheit der Sozialverbände ist das sog. Gynopädium, d.h. die Gruppe aus Alttier, zugehörigem Kalb und Schmaltier bzw. Schmalspießer (Kalb aus dem vorausgegangenen Jahr, vergl. Abb. 12). Diese Grundeinheit stellt die Basis der typischen Sozialverbände, der Kahlwildrudel, dar.

Diese Kahlwildverbände bestehen meist aus einer ein- bis niedrig zweistelligen Anzahl an Individuen (vergl. Abb. 13). Deren Streifgebiete sind deutlich kleiner als früher angenommen und umfassen meist deutlich unter 500 ha.

Die am häufigsten genutzten Flächen innerhalb der Streifgebiete („Kerngebiete") betragen – abhängig vom Lebensraum – wenige Dutzend bis wenige Hundert Hektar (Meissner *et al.* 2012, Reinecke *et al.* 2014, Herzog 2019).

Die Streifgebiete der einzelnen Sozialverbände überlappen normalerweise. In den Überlappungsbereichen können sich zeitweise auch größere Rudel bilden, welche sich dann quasi modular aus mehreren Kahlwildrudeln und auch älteren männlichen Individuen zusammensetzen können. Dies kann etwa bei der gemeinsamen Nutzung von Offenlandflächen (Wiesen) zur Nahrungsaufnahme („Fressgemeinschaften"), aber z.B. auch aus Sicherheitsgründen geschehen. Diese Großrudel finden sich typischerweise im Offenland, weniger im Wald (Beninde 1937) und sind nicht stabil, sondern lösen sich regelmäßig wieder in ihre einzelnen Sozialverbände auf. Diese sind allerdings in sich vergleichsweise stabil. Abbildung 14 zeigt diese Situation schematisch.

Abb. 13: Kleines Kahlwildrudel im Mai. Die beiden Schmaltiere (rechts und links im Bild, Kälber aus dem Vorjahr) sind aufgrund ihrer Größe, Physiognomie und dem Zustand des Haarwechsels deutlich erkennbar

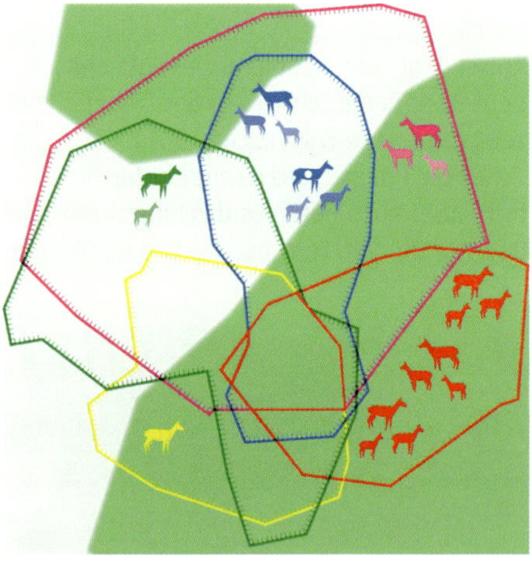

Abb. 14: Streifgebiete von Kahlwildverbänden (schematisch). Jede Farbe symbolisiert ein spezifisches Kahlwildrudel. Die überlappenden Bereiche mehrerer Verbände sind diejenigen Flächen, auf denen sich Großrudel bilden können modifiziert aus: Meissner et al. 2012

Ältere Hirsche leben außerhalb der Brunftzeit ebenfalls oft gesellig, etwa in Kolben- oder Feisthirschrudeln. Diese sind meist kleiner als typische Kahlwildverbände, können aber auch zu umfangreichen Rudeln anwachsen. Gelegentlich leben alte Hirsche aber auch solitär oder mit einem jüngeren Hirsch vergesellschaftet.

Grundsätzlich zeigen Hirsche, also männliche Individuen, eine großräumigere Lebensweise an als die von weiblichen Individuen dominierten Sozialverbände (Kahlwildrudel).

Eine höhere Mobilität der Hirsche findet sich vor und während der Brunft und in der jugendlichen Ausbreitungsphase. Die Wanderungen im Zusammenhang mit der Brunft vollziehen sich zum einen lokal im erweiterten Rahmen des Streifgebiets, zum anderen werden aber auch Grenzen der jeweiligen Teilpopulation überschritten und benachbarte Rotwildvorkommen aufgesucht. Die dabei zurückgelegten Strecken können dabei bis zu 60 km betragen (Bützler 1977). Hirsche suchen zur Brunft oft den Ort auf, an dem sie erstmals erfolgreich ein Brunftrudel übernommen haben (Clutton-Brock *et al.* 1982).

Nach Auflösung der Mutter-Kind-Bindung verlassen junge Hirsche oft das Streifgebiet der Mutter und unternehmen weite, ungerichtete Wanderungen. Nach Abschluss der Streifgebietserschließung verlassen jedoch nur noch relativ wenige Individuen ein einmal besetztes Areal. Der Anteil weiblicher migrationsbereiter Tiere ist deutlich geringer als derjenige männlicher Individuen.

Unabhängig vom Anteil potenzieller Migranten in einer Population limitieren landschaftliche und jagdliche Restriktionen heutzutage die Wanderbewegungen.

Die Migration bei Hirschen ist von herausragender populationsbiologischer und genetischer Bedeutung (Herzog 1988, 2008, Gehle & Herzog 1998, Ströhlein *et al.* 1993, 1994a,b, Imron & Herzog 2009). Sie dient direkt dem erforderlichen Austausch zwischen Teilpopulationen und damit der Verhinderung von Inzucht und dem Erhalt genetischer Variabilität, einer Basis für das langfristige Überleben der Art.

Fortpflanzung

Die Rothirschbrunft findet im Herbst statt. Vor der Brunft, in der sogenannten Feistzeit, stehen ältere männliche Individuen in meist kleineren Feisthirschrudeln beisammen und reduzieren ihre Aktivitäten, um genügend Reserven für die Fortpflanzungszeit im Herbst (Brunft) anzusammeln. Diese Rudel lösen sich zur Brunft auf und die älteren Hirsche begeben sich einzeln (gelegentlich mit einem jüngeren „Beihirsch" vergesellschaftet) in die Nähe der Brunftplätze.

In Mitteleuropa fällt Brunft des Rotwildes schwerpunktmäßig in die Monate September und Oktober. In Südosteuropa brunftet das Rotwild tendenziell etwas früher, in Schottland beispielsweise eher später. In dieser Zeit finden sich die weiblichen Individuen, das Kahlwild, auf traditionellen Brunftplätzen ein. Die älteren Hirsche folgen dem Kahlwild. Bei intakten Sozialstrukturen beteiligen sich Hirsche etwa ab dem fünften Lebensjahr an der Brunft. Jüngere Hirsche sind vor allem dort am Brunftgeschehen beteiligt, wo durch falsche oder übermäßige Bejagung zu wenige ältere Hirsche vorhanden sind. Alttiere werden ab dem zweiten Lebensjahr regelmäßig beschlagen, jüngere (Schmal-)Tiere seltener (vergl.

z. B. Beninde 1937, Kröning & Vorreyer 1957).

Während der Brunft gesellt sich ein typischerweise älterer und stärkerer Hirsch zum jeweiligen Kahlwildrudel. Erfahrung (Alter) und physische Gesundheit bzw. Stärke sind die relevanten Kriterien. Andere Hirsche werden, mit Ausnahme gelegentlich jüngerer Individuen im Umfeld des Brunftplatzes, nicht geduldet. Durch das laute Schreien („Röhren") bekundet der „Platzhirsch" seinen Anspruch auf das lokale Brunftrudel und versucht, auf diese Weise, die weiblichen Individuen zu beeindrucken und Rivalen fernzuhalten.

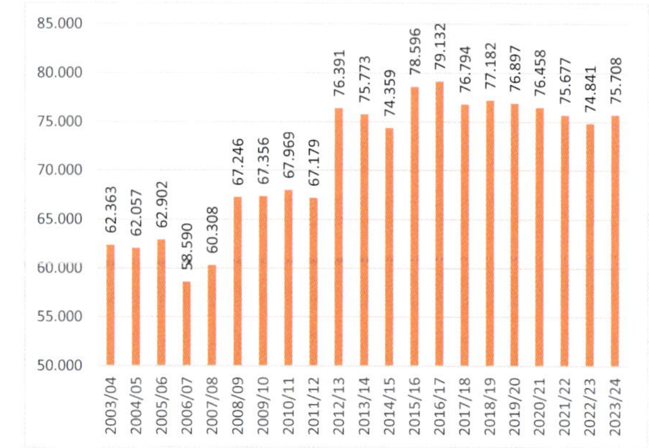

Abb. 15: Jagdstreckenentwicklung beim Rotwild

Quelle: Deutscher Jagdverband (DJV)

Letzteres gelingt häufig, aber nicht immer. Nähert sich ein Rivale, so kommt es zunächst zu einem „akustischen" Wettkampf durch Brunftrufe. Die Kontrahenten sehen sich dabei oftmals noch nicht. Wenn sich keiner der beiden zurückzieht, sind es optische Signale, etwa der sog „Parallelgang", bei dem sich die beiden Hirsche optisch abschätzen, indem sie sich eine Weile gleichsinnig bewegen und dabei beobachten. Führt auch dies nicht zum Rückzug eines Rivalen, kann es zu einem Brunftkampf kommen. Dabei handelt es sich nicht um einen Beschädigungskampf, sondern um ein ritualisiertes Kräftemessen durch gegenseitiges Hin- und Herschieben mit den Geweihen. Diese letzte „Stufe" der Brunftauseinandersetzung klärt in der Regel die Lage, und der unterlegene Hirsch verlässt den Ort des Geschehens (vergl. u.a. Beninde 1937, Bützler 1977, Clutton-Brock *et al.* 1982).

In der Praxis gibt es selbstverständlich zahlreiche Abwandlungen dieses Verhaltensablaufs, insbesondere werden weibliche Individuen gelegentlich auch durch die im Umfeld geduldeten „Beihirsche" beschlagen. Insbesondere im Falle einer gestörten Alters- oder Sozialstruktur kann die Rotwildbrunft auch nach anderen Verhaltensmustern ablaufen.

Das sehr differenzierte Brunftgeschehen führt beim Rotwild in der Natur unter anderem dazu, dass ein hinreichendes Maß an genetischer Variation über die Generationen aufrechterhalten wird und nicht, wie dies gelegentlich angenommen wird, langfristig zunehmend verwandte Individuen zur Paarung gelangen. Erst menschliche Einflüsse (siehe unten) führen langfristig zu genetischen Problemen.

Die Tragezeit beim Rotwild beträgt rund 34 Wochen, im Normalfall wird ein Kalb (sehr selten zwei) zwischen Mitte Mai und Mitte Juni gesetzt (Rieck 1955). Vor dem Setzen sondert sich das Alttier vom Rudel ab und kehrt erst mit dem Kalb zum Rudel zurück. In den ersten Lebenstagen des Kalbes wird dieses über viele Stunden des Tages abgelegt und nur zum Säugen aufgesucht. Das Rotkalb drückt sich in dieser Zeit bei Gefahr regelmäßig. In den kommenden Tagen und Wochen beginnt das Kalb, der Mutter zu folgen. Erst, wenn dies dauerhaft möglich ist, kehr die Mutter mit Kalb zum Rudel zurück (vergl. BÜTZLER 1977, CLUTTON-BROCK *et al.* 1982).

Beim Sikawild liegt der Schwerpunkt des Brunftbetriebes später, im Oktober und November. Auch der Brunftruf (Pfeiflaut) ist unterschiedlich zu demjenigen des Rotwildes. Brunftkämpfe sind im Vergleich zum Rotwild eher selten, die Rangordnung bzw. der Wettbewerb um das Brunftrudel erfolgt beim Sikawild eher durch Imponiergesten im Vorfeld (vergl. auch UECKERMANN 1982). Dennoch kommt es immer wieder zu Hybridbildungen zwischen Rot- und Sikawild (HERZOG 1988). Dies scheint besonders dann der Fall zu sein, wenn in der einen oder anderen Subspecies oder sogar in beiden keine intakten Alters- oder Sozialstrukturen vorliegen.

Populationsdynamik

Rotwild ist unter den Hirschartigen ein relativer „K-Stratege“ mit vergleichsweise langer Lebenserwartung, geringer Anzahl an Nachkommen und einem hohen Anteil an erlernten Verhaltensweisen. Dies bedeutet, dass das Populationswachstum eher langsam erfolgt. Auf günstige Umweltbedingungen kann die Art kaum durch eine höhere Reproduktionsrate, sondern eher durch eine längere Lebenserwartung oder ein besseres Überleben der Nachkommen reagieren. Daher ist beim Rotwild auch der Begriff des „Zuwachsträgers“ für Alttiere nicht sinnvoll. Der Zuwachst erfolgt durch die Gesamtheit der weiblichen Individuen; lediglich die Möglichkeit, dass bereits Schmaltiere, also Individuen im zweiten Lebensjahr, beschlagen und tragend werden können, wäre ein gewisses Regulativ der Reproduktionsrate. Die Zahl der Nachkommen hingegen bleibt in aller Regel unabhängig von Alter und Umweltbedingungen gleich und liegt in der Regel bei einem Kalb pro Jahr.

Die ansteigende Rotwildstrecke in Deutschland (vergl. Abb. 15) gibt lediglich einen orientierenden Hinweis auf den tatsächlichen Bestand. Diesen kann man derzeit aus den vorhandenen Daten mit schätzungsweise 200 000 bis 250 000 Individuen beziffern.

Die Ausdehnung des Rotwildbestandes über die festgelegten Rotwildgebiete hinaus oder die günstigeren Umweltbedingungen (insbesondere Zwischenfruchtanbau und Wintersaaten in der Landwirtschaft und vermehrte Baummasten im Wald) können Ursachen eines Bestandesanstieges sein, der sich in der Jagdstrecke widerspiegelt.

Andererseits kann auch eine vielerorts erfolgte intensivere Bejagung des Rotwildes zumindest einen Teil des Jagdstreckenanstieges erklären. Auch die Frage, ob wir es bei der geringgradig fallenden Jagdstrecke seit 2016/2017 bereits mit einer Trendumkehr oder lediglich mit einer Schwankung im Rahmen des Aufwärtstrends zu tun haben, kann bislang nicht abschließend beantwortet werden.

Management

Der Umgang mit dem Rotwild ist heute geprägt von zwei grundlegend unterschiedlichen Vorstellungen.

Einerseits finden wir das klassische nachhaltige Management der Bestände durch Bejagung und Hege, zum anderen gibt es, insbesondere aus land- und forstwirtschaftlichen Interessengruppen heraus, die Vorstellung, dass im Wesentlichen die Reduktion oder gar die lokale Ausrottung (Rotwildfreigebiete) der Bestände Ziel des Rotwildmanagements sei. Letztgenannte Einstellung scheint als Ausdruck eines Rückfalls in die Denkweise des vorletzten Jahrhunderts völlig aus der Zeit gefallen zu sein. Dennoch finden wir diesen Denkansatz in Politik und Administration mittlerweile tief verwurzelt, auch wenn dies nur selten offen kommuniziert wird.

Nachhaltige Bejagung und Hege denken das Thema Rotwildmanagement vom Gedanken des Artenschutzes her und verfolgen den Ansatz „Schutz durch Nutzung". Dazu arbeitet man mit Bejagungsplänen, welche nach Geschlecht, Alter, Zahl und meist Güteklasse verbindlich aufgestellt werden und die es zu erfüllen gilt. Damit soll ein Wildbestand mit einer artgerechten Alters- und Sozialstruktur und einem ebensolchen Geschlechterverhältnis erreicht bzw. aufrechterhalten werden. Weitere Maßnahmen wie die Gestaltung bzw. Bereitstellung angemessener Lebensräume durch Ruhezonen und Äsungsflächen bzw. die Unterstützung durch Fütterung in Notzeiten, wo dies nicht ausreicht, sind ebenfalls Bestandteil dieses Konzeptes (vergl. z. B. von Raesfeld & Reulecke 1988). Diese Maßnahmen sind, neben einem geeigneten Konzept der Schwerpunktbejagung (vergl. Herzog 2019), auch unter dem Aspekt der Vermeidung von Wildschäden im Wald außerordentlich wichtig und vor allem zielführender als der stetige Versuch, die Bestände weiter zu reduzieren.

Aus genetischer Sicht leidet das Rotwild in hohem Maße unter der Fragmentation der Landschaft, sowohl durch Siedlungen und Verkehrswege, vor allem aber durch per Gesetz oder Verordnung angeordnete rotwildfreie Gebiete, die im Rahmen der üblichen Wanderungen nicht mehr überwunden werden können (vergl. u.a. Herzog 1988a, Gehle & Herzog 1994, Reiner *et al.* 2021, Herzog & Reiner 2025). Somit müssen wir davon ausgehen, dass es sich beim Rotwild in Deutschland um den Modellfall der Frühphase eines Aussterbeprozesses handelt: Aktuell kommt die Species lokal noch in hohen Abundanzen vor, doch fehlt diese in vielen Regionen bereits flächenhaft. Gleichzeitig erfolgen oftmals drastische Bestandesreduktionen in den verbliebenen Lebensräumen. Damit wird – über einen Zeithorizont von Jahrzehnten – die derzeit latente Gefährdung zunehmend zu einer konkreten Bedrohung dieser großen, mobilen Säugetierart.

Vor dem Hintergrund dieser Verbreitungs- und Bestandssituation in Deutschland und auf Grundlage seiner biologischen und verhaltensbiologischen Eigenschaften kommt dem Rothirsch für einen großräumigen Lebensraumverbund bodenlebender Säugetiere und die Beurteilung von infrastrukturbedingten Zerschneidungseffekten eine besondere Bedeutung zu. Insbesondere bei wildökologischen Planungen im Rahmen von Verkehrsprojekten kann die Art die Funktion einer Schirmart (vergl. Herzog 2019) erfüllen.

Eine eindeutige Zuordnung seiner Indikatorfunktion in den vorgegebenen Rahmen naturschutzfachlicher Termini gestaltet sich allerdings nicht ganz einfach. Der Rothirsch unterliegt in seiner Verbreitung, örtlichen Dichte, Lebensraumwahl und dem beobachtbaren Verhaltensspektrum in hohem Maße den örtlich vorherrschenden menschlichen Einflüssen. Die Indikatorfunktion zielt daher wesentlich auf die grundsätzlichen biologischen Eigenschaften der Art und somit auch auf das Potenzial bestimmter Lebensräume. Sein vor dem biologischen Hintergrund optimaler Lebensraum kann auf Basis bestehender Kenntnisse klar definiert und bzgl. seiner Ausstattung beschrieben werden. Vereinfachend gesagt entspricht eine halboffene Weidelandschaft dem Habitatoptimum.

Die reale Reduktion des Lebensraumes auf Waldgebiete in Mitteleuropa, bzw. stark bewaldete Regionen, ist ein Produkt menschlicher Einflussnahme und spiegelt nur einen suboptimalen Teil des Habitatspektrums des Rothirsches wider. Die Art verfügt über klare und teils spezielle Präferenzen in der Wahl seiner Einstands- und Rückzugsgebiete, deren Ungestörtheit z. B. unabdingbar für das stetige Vorkommen der Art ist.

Der Rothirsch wird als „Zielart" im Rahmen ökologischer Planungen genutzt. Damit wird die Leitartfunktion des Rotwildes um den Anspruch, auch für die Aufgaben der Erfolgskontrolle der einem bestimmten Planungsziel untergeordneten Maßnahmen als Indikatorart zu dienen, ergänzt.

Die Bedeutung der Species ist insbesondere im Hinblick auf die großräumige Landschaftsdurchlässigkeit (als Ziel-, Leit- und Schirmart) für mobile terrestrische Arten zu sehen. Die Indikatorfunktion des Rothirsches basiert hierbei im Wesentlichen auf folgenden Aspekten:

- Verbreitungssituation des Rothirsches in Mitteleuropa
- Ansprüche an Lebensraum und Migrationsachsen
- Dimension und Art der Raumnutzung
- Bedeutung von Austauschbeziehungen für die Art (s.o.)
- Vektorfunktion
- Ansprüche an Querungshilfen für lineare Infrastruktur

Bei der Konzeption von Querungshilfen über lineare Infrastruktur kann der Rothirsch eine repräsentative Funktion übernehmen. Rotwild stellt von den vorkommenden Schalenwildarten mit Abstand die höchsten Ansprüche an Dimension, Lage und Qualität eines Bauwerkes. Mit der Orientierung der Bedarfsermittlung an der Zielart Rothirsch werden somit auch die Ansprüche zahlreicher anderer Arten berücksichtigt.

Mensch und Wildtier

Rothirsche spielen in Mitteleuropa seit alters her eine bedeutende Rolle, wobei aus jagdlicher Sicht bis ins Mittelalter die wehrhaften „schwarzen" Wildarten, also die Wildrinder, der Braunbär und das Wildschwein, die größere Wertschätzung genossen. Rothirsche hingegen galten als ängstlich und wenig attraktiv. Von einem ängstlichen Menschen sagte man, er habe „das Herz eines Hirschen". Erst später, vermutlich auch mit dem Aussterben der Wildrinder, rückte das „rote Wild" mehr in den jagdlichen Fokus. Das Rotwild gehörte dann über Jahrhunderte zum sog. "Hochwild", auf welches zu jagen das Privileg der Landesherren oder des hohen Adels darstellte. Auch die Bezeichnung "Edelwild" zeugt von der hohen Wertschätzung dieser Art.

Mit der bürgerlichen Revolution in Deutschland und der Bindung des Jagdrechts an Grund und Boden änderte sich die Situation Das Rotwild wurde in weiten Teilen des Landes ausgerottet, eine Situation, deren Folgen noch heute in Gestalt der "rotwildfreien Gebiete" in einigen Bundesländern nachwirkt. Bis heute gilt das Rotwild hierzulande als eine der jagdlich attraktivsten Wildarten.

Darüber hinaus spielte und spielt das Rotwild allerdings auch jenseits jagdlicher Interessen in der Lebenswelt der Menschen seit jeher eine große Rolle. Insbesondere im ländlichen Raum ist der Rothirsch noch regelmäßig präsent, sei es im Namen von Gaststätten oder Apotheken oder als Orts-, Familien-, Hofstellen- oder Flurbezeichnung. Die jährlichen Hegeschauen der jagdlichen Verbände werden auch von vielen Nichtjägern besucht. Die oberen Eckzähne des Rotwildes, die sog. Grandeln, werden gerne in Edelmetall gefasst und zu Schmuckstücken verarbeitet, welche je nach Modetrend auch außerhalb eines jagdlichen Umfeldes getragen werden.

Das Bastgeweih des Rothirsches bzw. die Basthaut („*velvet*") spielt in der Volksmedizin, insbesondere Chinas, eine bedeutende Rolle und hat sich, von dort ausgehend, auch nach Mitteleuropa verbreitet. Anwendungen liegen beispielsweise in der erektilen Dysfunktion, Menstruationsstörungen, verschiedenen Stoffwechselerkrankungen, in der Infektionsprophylaxe oder während der Rekonvaleszenz. Inwieweit dabei die Symbolwirkung des männlichen Rothirsches und z. B. seines Brunftverhaltens die entscheidende Rolle spielt oder tatsächlich eine physiologische Wirksamkeit zugrunde liegt, sei einmal dahingestellt.

Kulinarisch spielt Rotwild ebenfalls eine bedeutende Rolle in der mitteleuropäischen Küche. Der im Vergleich zum Rehwild deutlich geringere „Wildgeschmack" wird von vielen Menschen als ausgesprochen angenehm empfunden.

Damhirsch

Cervus dama

Widerristhöhe: bis 100 cm

Gewicht: ca. 30 bis 100 kg

Paarungszeit (Brunft): Oktober/November

Setzzeit: Mai bis Juli

Anzahl Jungtiere: Normalerweise 1 Kalb

Naturgeschichte und Verbreitung

Damwild war über rund 200 000 Jahre vor der letzten Eiszeit in großen Teilen Europas heimisch. Während der Eiszeit starb diese Hirschart im nördlichen Europa aus, überlebte aber im Mittelmeerraum. Insbesondere zur Zeit des römischen Imperiums erfolgte eine anthropogene Rückbesiedlung weiter Teile Europas. Damit ist das Damwild nach allen gängigen Definitionen kein Neozoon, sondern eine heimische Art. Wo genau es während der letzten Eiszeit welche Refugien gab, ist derzeit Gegenstand intensiver Diskussionen unter Molekularbiologen (vergl. Baker *et al.* 2017, Marchesini *et al.* 2021, Baker *et al.* 2021).

Wenn wir korrekt dem biologischen Artkonzept folgen, unterscheiden wir beim Damwild zwei Unterarten, den Europäischen Damhirsch (*Cervus dama dama*) und den Mesopotamischen Damhirsch (*Cervus dama mesopotamica*). Letztgenannte Unterart unterscheidet sich vom einheimischen Damwild u.a. durch eine deutlich geringere Geweihschaufelbildung der Hirsche. Um das Mesopotamische Damwild macht sich hierzulande insbesondere der Opel-Zoo in Kronberg im Taunus in einem umfangreichen Schutzprogramm verdient. Nicht zuletzt die bewaffneten Konflikte der vergangenen Jahrzehnte im Nahen Osten und Kleinasien führten dazu, dass die Unterart nach wie vor extrem gefährdet ist.

Die umfangreichsten Damwildvorkommen finden wir heute auf den britischen Inseln, aber auch in Deutschland und vielen anderen Teilen Europas bestehen mehr oder minder umfangreiche, oftmals voneinander isolierte Damwildbestände. Großflächige Vorkommen bestehen in Dänemark, Schleswig-Holstein, Mecklenburg-Vorpommern, Niedersachsen und Brandenburg. Die Bestände sind hier in den letzten Jahren (zum Teil deutlich) anstei-

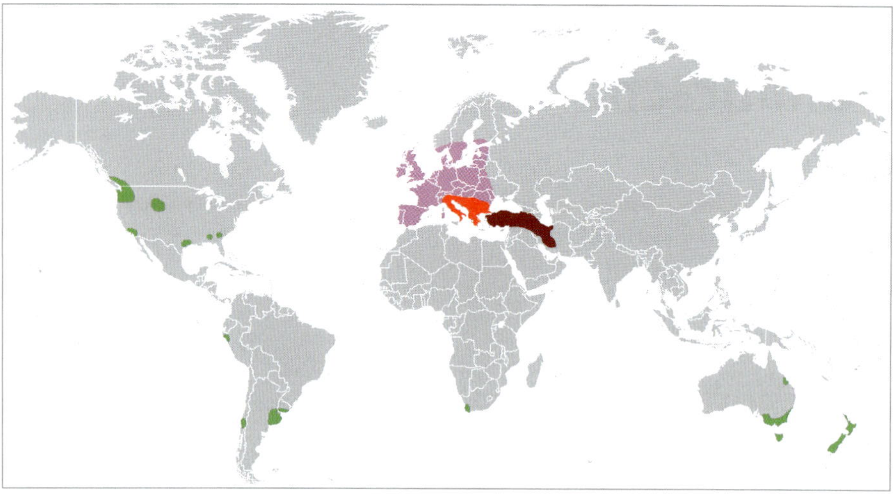

Ansiedlung in der Neuzeit
Refugium während der letzten Eiszeit
Rückwänderung/Ansiedlung seit der Römerzeit
Mesopotamischer Damhirsch

Abb. 16: Verbreitungsgebiet des Damhirschs

gend oder auf hohem Niveau stabil. Damwildvorkommen finden sich aber auch z. B. in Sachsen-Anhalt, Thüringen, Hessen, Nordrhein-Westfalen und Sachsen.

Beim einheimischen Damwild finden wir eine deutliche Farbvariation, weiße und schwarze Farbvarianten kommen nicht so selten wie bei anderen Hirscharten vor. Diese Beobachtung in Zusammenhang mit einem, etwa im Vergleich zum Rothirsch, geringeren Ausmaß an genetischer Variation (vergl. z. B. HERZOG 1988, 1989, HERZOG & KRABEL 1993) sowie der regelmäßigen Gehegehaltung bis heute (s.u.) stützt die Hypothese HEMMERS (1983), dass sich das Damwild aufgrund seiner Verbreitungsgeschichte in Mitteleuropa in einem frühen Stadium eines Domestikationsprozesses befinde. Insbesondere die jahrhundertelange Gehegehaltung in den Wildgehegen und die Bedeutung der Species im Rahmen der höfischen Jagd dürften zu dieser Entwicklung beigetragen haben.

Es bleibt abzuwarten, ob die heutzutage deutlichere Trennung zwischen Gehegetieren einerseits und Wildtieren andererseits, die weniger selektive Bejagung sowie das Auftreten großer Prädatoren in der Landschaft insbesondere die farbliche Variabilität mittel- und langfristig wieder nivellieren.

Lebensraum

Damwild besiedelt ähnliche Lebensräume wie der Rothirsch, wobei die Offenlandanteile eine größere Rolle spielen (vergl. auch UECKERMANN & HANSEN 1994, CHAPMAN & CHAPMAN 1997, SIEFKE & STUBBE 2008). Allerdings besiedelt das Damwild mehr die Ebenen und Hügellandschaften, in den oberen Lagen der Mittelgebirge und im Hochgebirge fehlt die Art. Aktuell zeigt das Damwild in Deutschland offenbar eine Tendenz zur weiteren Ausbreitung. Gleichzeitig gibt es verschiedene Hinweise, dass die Anwesenheit des Wolfes lokal zu einem Rückgang der Bestände führt.

Ernährung

Damwild gehört zu den Mischäsern und kann daher auf ein breites Ernährungsspektrum zurückgreifen. Damit ist es auch ein Profiteur des mittlerweile nahezu flächendeckend erfolgenden Winterfruchtanbaus in der Landwirtschaft.

Sozialverhalten und Raum-Zeit-Verhalten

Damwild ist mehr noch als das Rotwild optisch orientiert und dementsprechend auch mehr tagaktiv.

Ähnlich wie beim Rothirsch leben adulte Individuen in mehr oder weniger nach Geschlecht getrennten Sozialverbänden, ältere Hirsche leben auch solitär (vergl. auch UECKERMANN & HANSEN 1994, LANGBEIN & CHAPMAN 2003, SIEFKE & STUBBE 2008).

Rudelumfang und -zusammensetzung wechseln je nach Geschlecht, Jahreszeit, Lebensraum und weiteren Faktoren. Auch beim Damwild stellt das sog. Gynopädium (Mutterfamilie, also Alttier, Kalb aus dem laufenden Jahr und Schmaltier, d. h. Kalb aus dem vorausgegangenen Jahr) die Grundeinheit der Kahlwildverbände dar. Den Kahlwildrudeln können sich, wie auch beim Rotwild, jüngere männliche Individuen anschließen. Rudel können von wenigen Individuen bis zu weit über 100 Individuen umfassen. Bei den Großrudeln (z. B. im Sinne von Äsungsgemeinschaften) handelt es sich jedoch typischerweise um mehr oder weniger passagere Zusammenschlüsse kleinerer Verbände, während letztere in sich eine recht hohe Stabilität aufweisen.

Während der Brunftzeit kommt es zu einer vorübergehenden Änderung innerhalb der Kahlwildrudel: Während die geschlechtsreifen Tiere (Alt- und Schmaltiere) die Brunftplätze aufsuchen, bilden die Kälber temporär auch größere Verbände, oft zusammen mit einzelnen älteren Individuen, bleiben aber in unmittelbarer Nähe des Brunftgeschehens.

Hirschrudel sind meist weniger umfangreich als Kahlwildrudel und bestehen oft aus 5 bis 15 Individuen.

Aus Großbritannien wird allerdings auch von Hirschrudeln mit bis zu über 100 Individuen berichtet (Langbein & Chapman 2003).

Ältere Hirsche leben wie erwähnt nicht selten auch solitär. Insgesamt sind Hirschrudel weniger stabil als Kahlwildrudel.

Fortpflanzung

Mittelalte und ältere männliche Individuen suchen in der Brunftzeit die traditionellen Brunftplätze auf. Das Kahlwild gesellt sich hinzu, so dass sich dann lose Verbände aus weiblichen wie männlichen Individuen bilden. Solche „Brunftrudel“ finden wir typischerweise im Zeitraum von Oktober bis Dezember, gelegentlich finden wir allerdings derartige gemischtgeschlechtliche Verbände bis weit ins nächste Frühjahr.

Anders als beim Rotwild wählt beim Damwild der Hirsch einen individuellen Brunftplatz aus. Dort schlägt er sich seine Brunftkuhle frei, die er olfaktorisch durch Urin und Drüsensekrete markiert. Die Brunftkuhle und ihre unmittelbare oder auch mehr oder weniger umfangreiche Umgebung stellt letztlich das Brunftterritorium des Damhirsches dar, welches er auch gegen andere Hirsche verteidigt.

Der Brunftruf des Damhirsches ist monotoner (höher und eher grunzend) als derjenige des Rothirsches (vergl. Siefke & Stubbe 2008).

Wir sprechen in diesem Fall in Anlehnung an das Fortpflanzungsverhalten bestimmter Vogelarten, etwa dem Birkhuhn, von einer „Arenabalz“.

Brunftkämpfe sind beim Damwild seltener und ritualisierter als beim Rothirsch (oft nur Parallelgang mit gesenktem Haupt). Der eigentliche Brunftkampf besteht aus einem Kräftemessen durch gegenseitiges Hin- und Herschieben der Kontrahenten (vergl. Langbein & Chapman 2003).

Damtiere setzten typischerweise zum ersten Mal im Alter von 2 Jahren in der Regel ein Kalb (Zwillings- oder gar Drillingsgeburten sind sehr selten). Die Tragzeit beträgt etwa 33 Wochen, so dass die meisten Kälber im Juni gesetzt werden. Ähnlich wie das Rottier entfernt sich das tragende Damtier kurz vor der Geburt ein wenig vom Familienverband, um das Kalb zur Welt zu bringen. Damwildkälber sind ebenso wie Rotwildkälber „Laufjunge“;

sie sind bereits einen Tag nach der Geburt in der Lage, dem Muttertier zu folgen. Dennoch werden sie in den ersten ein bis zwei Lebenswochen regelmäßig in der Deckung abgelegt und zum Säugen aufgesucht. Die Führung des Kalbes durch das Muttertier dauert bis weit in das auf die Geburt folgende Jahr.

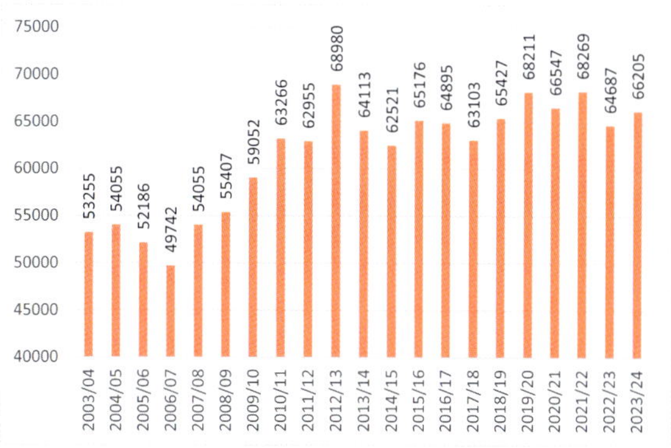

Abb. 17: Entwicklung der Jagdstrecken beim Damwild

Quelle: Deutscher Jagdverband (DJV)

Populationsdynamik

Beim Damwild gehen wir orientierend von einem (rechnerischen) jährlichen Zuwachs von 70 Prozent der am 1. April vorhandenen weiblichen Individuen aus.

Da weibliche Individuen regelmäßig, ähnlich wie das Rotwild, ein Kalb pro Jahr setzen, gibt es eher weniger Schwankungen in der Natalität. Die Mortalität wird durch verschiedene Ursachen bestimmt. Als typische Prädatoren der Kälber gelten vor allem der Fuchs (*Vulpes vulpes*) sowie Kolkrabe (*Corvus corax*) und Wildschwein (*Sus scrofa*) sowie, wo dieser vorkommt, auch der Luchs (*Lynx lynx*). Ältere Kälber und ausgewachsene werden vor allem vom Wolf (*Canis lupus*) erbeutet. Inwieweit dieser Einfluss ausreicht, um für eine natürliche Regulation im Sinne eines mehr oder minder konstanten Populationsumfanges zu sorgen, oder ob der Wolf sogar dazu beiträgt, den Damwildbestand langfristig deutlich zu reduzieren, ist derzeit noch eine offene Frage. Weitere Mortalitätsursachen können Krankheiten oder harte Winter sein.

Interessant ist die Tatsache, dass die einzelnen Damwildpopulationen und -subpopulationen in Mitteleuropa in der Vergangenheit nur geringe Ausbreitungstendenzen zeigten. Dies wird von unterschiedlichen Autoren auf unterschiedliche Ursachen zurückgeführt. Neben einer geringen genetischen Anpassungsfähigkeit aufgrund vergleichsweise geringer genetischer Variabilität der mitteleuropäischen Vorkommen wird auch die größere Verträglichkeit der Individuen untereinander beim Damwild und damit ein geringerer Druck, neue Lebensräume zu erschließen, als Hypothese genannt (Herzog 1988a,b, 1989, 1990, Langbein & Chapman 2003).

Allerdings ist der Damwildbestand in Deutschland seit Beginn der 2000er Jahre (vergl. Abb. 17) deutlich angewachsen, wenn man die Jagdstrecken zugrunde legt. Mit dieser Entwicklung ist auch eine zunehmende Ausbreitung in der Fläche verbunden.

Management

Damwild unterliegt in Deutschland und vielen anderen mitteleuropäischen Ländern dem Schutz des Jagdrechts. Es hat hierzulande in den meisten Bundesländern ebenso wie das Rotwild relativ lange Jagdzeiten, welche (vor allem im Frühjahr und im Spätwinter) zu einer nicht zu unterschätzenden Stressbelastung führen.

Ähnlich wie beim Rothirsch gibt es Bundesländer, in welchen das Damwild flächendeckend nachhaltig, d.h. auf Basis von nach Alter und Geschlecht differenzierten Bejagungsplänen, bewirtschaftet wird und andere, welche Damwild nur in ganz bestimmten Regionen tolerieren.

Konflikte zwischen Interessen unterschiedlicher Landnutzer (vergl. HERZOG 2019) können lokal regelmäßig zu deutlich anwachsenden Beständen führen, welche für Land- und Forstwirtschaft nicht unproblematisch sind. Andererseits finden wir – wie derzeit bei den meisten heimischen Huftierarten – regional intensive und nicht nachhaltige Eingriffe in die Bestände.

Mensch und Wildtier

Damwild lässt sich deutlich besser als das Rotwild zähmen und ist daher auch prädestiniert für Gehegehaltungen. Dies machte man sich etwa in der Phase der höfischen Jagd, aber auch bis heute im Rahmen landwirtschaftlicher Damviehhaltung zu Nutze.

Wenngleich Damwild noch nicht als domestiziert gilt, so deuten einige Merkmale schon darauf hin, dass es am Anfang eines Domestikationsprozesses steht (Hemmer 1983). Sowohl die im Vergleich zum Rotwild geringe genetische Variabilität als auch die Farbvielfalt von weiß über braun bis schwarz mit unterschiedlich intensiver Fleckzeichnung in freier Natur geben Hinweise auf eine züchterische Einflussnahme in der Vergangenheit.

Wir gehen heute davon aus, dass Damwild bereits in Mesopotamien im vierten vorchristlichen Jahrtausend als Opfertier gehalten wurde. Keramikfunde aus dem Mittelmeerraum zeigen in den folgenden Jahrtausenden Abbildungen des Damwildes, möglicherweise ein Hinweis auf gezähmte Tiere.

Mit den römischen Truppen gelangte das Damwild wieder nach Nordeuropa, zunächst nach Spanien und Gallien, später auch auf die britischen Inseln. Im Mittelalter galt das Damwild als ein beliebtes Gehegewild, wohl auch aufgrund der hoch geschätzten Wildbretqualität. Später spielte die Art auch eine bedeutende Rolle im Rahmen der höfischen Jagd. Wir gehen davon aus, dass die heute in Mitteleuropa existierenden Damwildbestände von Tieren abstammen, welche immer wieder – beabsichtigt oder unbeabsichtigt – aus Gehegehaltungen in die freie Wildbahn gelangten.

Reh

Capreolus capreolus

Widerristhöhe: 60 bis 75 cm

Gewicht: ca. 12 bis 30 kg

Paarungs-zeit (Brunft): Juli/August

Setzzeit: Mai/Juni

Anzahl Jungtiere: 1 bis 2, selten 3 Kitze

Naturgeschichte und Verbreitung

Das Reh gehört zu der Unterfamilie der Neuwelthirsche oder Trughirsche (wissenschaftlich als Capreolinae oder Odocoileinae bezeichnet).

Wenngleich die Art in Eurasien, also der sog. „Alten Welt", verbreitet ist, so leben die näheren Verwandten dieser Species mehrheitlich in der sog. „Neuen Welt", das heißt, in Nord- oder Südamerika. Die am nächsten verwandte Art in Europa ist der Elch (*Alces alces*). Die (relativ isolierte) Gattung *Capreolus* hat sich vor rund 20 bis 25 Millionen Jahren entwickelt und ist eine der ältesten Gattungen innerhalb der Familie der Hirsche (Cervidae). Das erklärt auch, warum das Reh etwa im Vergleich zum Rothirsch zahlreiche sehr ursprüngliche Merkmale aufweist.

In Europa lebten Rehe vor 500 000 Jahren gemeinsam mit dem Frühmenschen *Homo erectus*. Während des Pleistozäns verschwand die Art zeitweise und ist seit etwa 20 000 Jahren (in Portugal und Spanien) bzw. seit etwa 8000 Jahren (in Skandinavien) wieder nachweisbar (vergl. Stubbe 2008). Die Verbreitung ist heute fast lückenlos. In Irland, den Mittelmeerinseln und Nordskandinavien hingegen ist es nicht anzutreffen.

In Eurasien unterscheiden wir zumindest zwei Unterarten. Die wichtigsten sind das Europäische Reh (*Capreolus capreolus capreolus*) und das Sibirische Reh (*Capreolus capreolus pygargus*). Neuerdings wird das Sibirische Reh von einzelnen Autoren als eigene Art eingestuft. Diese Einteilung beruht allerdings nur auf molekularen Methoden zur mitochondrialen DNA (Deng *et al.* 2022) und ist daher für eine Einstufung als (biologische) Art nicht

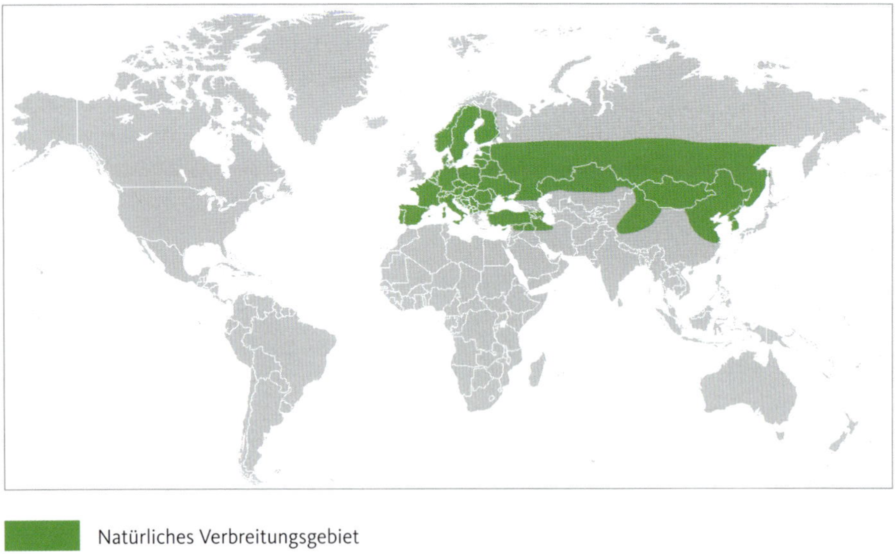

Abb. 18: Verbreitungsgebiet des Rehs

aussagekräftig. Manchmal werden auch das Ostasiatische Reh und das spanische Garganta-Reh als eigene Unterarten angesehen.

Lebensraum

Rehe werden ökologisch auch als sog. „Duckertypen“ (oder „Schlüpfertypen“) bezeichnet. Ducker (auf Afrikaans „Duiker“) sind kleine Antilopen der Dornstrauchsavannen und der Wälder, welche dem Reh hinsichtlich verschiedener morphologischer und physiologischer Eigenschaften sehr ähnlich sind (konvergente Entwicklung) und ähnliche ökologische Nischen besetzen.

Rehwild bewohnt dementsprechend eher unterholzreiche Wälder und Waldränder oder Feldgehölze. Rehe sind im Gegensatz zum Rotwild eher „Sprinter“, flüchten über kurze Distanz von Deckung zu Deckung und halten in der Flucht immer wieder inne, um den Kreislauf zu stabilisieren und um zu sehen, wie der Verfolger reagiert. Wir gehen aufgrund von Berichten aus der Praxis und aufgrund historischer Beschreibungen (vergl. etwa SCHÄFER 1974) davon aus, dass Rehe in reinen Waldgebieten und dort insbesondere bei Anwesenheit anderer großer Huftiere eher seltener vorkommen als in der halboffenen Agrarlandschaft mit eingestreuten Wäldern, Hecken und Feldgehölzen.

Die sog. „Feldrehe“ stellen eine sekundäre Anpassung an großflächige Agrarlandschaften dar, wie es sie im Osten und Nordwesten Mitteleuropas bereits seit Jahrhunderten, in (West-)Deutschland erst seit Ende des II. Weltkrieges in größerem Umfang gibt. Hier finden wir ein verändertes Flucht- und auch Sozialverhalten: Die Tiere leben auch im Sommer teilweise in größeren Gruppen (Sprünge, s.u.) und flüchten nicht ausschließlich in die nächstgelegene Deckung, sondern bei Bedarf auch in die offene Landschaft. Ob es sich dabei bereits um eine genetische Anpassung oder ein erlerntes Verhalten handelt, ist noch unklar. Vieles spricht dafür, dass wir es bei den Feldrehen in der Tat mit einem eigenen Ökotyp zu tun haben. Inwieweit hier auch Merkmale des Sibirischen Rehs (*Capreolus capreolus pygargus*) eine Rolle spielen, welches von seinem Verhaltensrepertoire durchaus Unterschiede zum Europäischen Reh (*Capreolus capreolus capreolus*) zeigt (vergl. DANILKIN 1995), ist derzeit eine gelegentlich diskutierte Frage.

Ernährung

Rehwild ist ein sog Konzentratselektierer (vergl. HOFMANN 1989, 1991). Darunter verstehen wir einen Äsungstyp, welcher vor allem proteinreiche Äsungsbestandteile nutzt und kohlenhydrat-, also faserreiche Nahrungsbestandteile meidet bzw. teilweise gar nicht nutzen kann. Dies führt zu einem sehr speziellen Äsungsspektrum unter den Wiederkäuern. Allerdings profitiert Rehwild auch von der aktuellen Tendenz zu Wintersaaten in der Landwirtschaft, welche – sofern aufgrund der Witterung zugänglich – intensiv genutzt werden.

Auch Rehe sind in der Lage, im Winter ihre Stoffwechselfunktionen zu reduzieren und damit quasi auf „Sparflamme“ den Winter zu überdauern. Dies gelingt allerdings nur dann, wenn im Lebensraum ein bestimmtes Maß an Ruhe bzw. Rückzugsmöglichkeiten vorhanden ist und vor allem die Bejagung nicht flächendeckend und über große Teile des Jahres erfolgt (siehe unten).

Sozialverhalten und Raum-Zeit-Verhalten

Im Sommer leben erwachsene Rehe territorial. Die Territoriengröße schwankt je nach Lebensraum teilweise deutlich. Dabei ist die Territorialität bei Rehböcken deutlich ausgeprägter als bei den weiblichen Individuen, den Ricken. Erwachsene Rehböcke zeigen ein deutliches und typisches Territorialverhalten. Die Reviere der Böcke werden durch geruchliche und optische (Fegen, Plätzen) Markierungen gekennzeichnet und in teilweise spektakulären Angriffen gegen gleichgeschlechtliche Rivalen verteidigt. Ricken werden von den Rehböcken im Territorium regelmäßig geduldet. Führende Ricken besetzen im Sommer ebenfalls kleine separate Lebensräume, in denen sie gemeinsam mit ihren Kitzen leben. Andere Ricken werden hieraus regelmäßig auch vertrieben. Ein ausgeprägtes Markieren oder ein eindrucksvolles Verteidigen der Lebensräume beobachten wir aber bei den weiblichen Individuen nicht.

Nach Verlust (z. B. Erlegen oder Prädation) eines territorialen Individuums wird das Territorium meist bald von einem anderen (oft jüngeren) Rehbock besetzt.

Der Umfang der Rehbockterritorien hängt in hohem Maße von der Abundanz und von dem Lebensraum ab. Niedrige Rehwilddichten von deutlich unter zehn Individuen pro 100 Hektar und homogen im Lebensraum verteilte Ressourcen, insbesondere Deckung und Äsung, führen zu größeren Territorien von 30 Hektar und mehr. Umgekehrt bedingen höhere Rehwilddichten und/oder sehr konzentriert vorkommende Deckungsstrukturen Territoriumsgrößen von nur wenigen Hektar. Bei sehr geringen oder extrem hohen (Gehege) Dichten oder in hochalpinen Regionen finden wir ebenfalls eine geringere Territorialität oder ein nur angedeutetes Territorialverhalten (vergl. Kurt 2002, von Raesfeld *et al.* 2003, Stubbe 2008).

Im Winter leben Rehe in kleineren sozialen Verbänden, den sog. Sprüngen. Deren Streifgebiet ist typischerweise größer als die sommerlichen Territorien und in hohem Maße durch Landschaftsstrukturen (Wege, Waldränder, Hecken etc.) be-

Abb. 19: Markierung eines Territoriums eines Rehbockes durch sog. „Plätzen" (links) und „Fegen" (rechts, Abb. 20). Neben der optischen Markierung werden auch Duftmarken mittels der Interdigital- bzw. Stirnlockendrüse gesetzt.

grenzt (vergl. KURT 2002, VON RAESFELD *et al.* 2003, STUBBE 2008). Ein Sprung umfasst mehrere Individuen, welche sich gemeinsam bewegen und Individualdistanzen von normalerweise nicht mehr als etwa 50 Metern einhalten (VON RAESFELD *et al.* 2003). Sprünge werden typischerweise von einer erfahrenen Ricke angeführt und umfassen je nach Lebensraum einige wenige bis zu mehrere Dutzend Individuen (STUBBE 2008). Die (langfristige) Bindung zwischen den einzelnen Individuen ist, ganz im Gegensatz zum Rotwildrudel, ausgesprochen gering ausgeprägt (VON RAESFELD *et al.* 2003). Die Sprünge bilden sich sukzessive im Herbst und lösen sich im Spätwinter langsam wieder auf bzw. verkleinern und verteilen sich in der Fläche (Feldrehe).

Fortpflanzung

Die Fortpflanzungszeit der Rehe, die Brunftzeit, liegt im Hochsommer, schwerpunktmäßig in den Monaten Juli und August. Rehböcke beginnen, innerhalb ihrer Territorien nach fortpflanzungsbereiten Ricken zu suchen. Dies geschieht beim deutlich olfaktorisch orientierten Rehwild oft mit tiefer Nase, der Rehbock führt den „Windfang" wie ein Hund auf der Fährte dicht über dem Boden. Bei Kontakt mit einer Ricke erfolgt das „Treiben" mit ritualisierten Flucht- und Verfolgungselementen, wobei von der Ricke regelmäßig Kontaktlaute („Fiepen") zu hören sind. Das Treiben verläuft gelegentlich einige hundert Meter querfeldein, wobei auch Territorien anderer Rehböcke berührt werden können, was wiederum entsprechende Auseinandersetzungen zur Folge haben kann. Typischerweise erfolgt das Treiben kurz vor dem Beschlagen daher in Achter- oder Kreisbahnen auf vergleichsweise kleiner Fläche. Diese sind im Gelände auch für einige Tage als sog. „Hexenringe" gut erkennbar. Das Brunftverhalten wird ausführlich etwa bei KURT (2002) beschrieben.

Die letzte Phase der Brunftzeit wird auch als „Blattzeit" bezeichnet. Dieser jagdliche Fachausdruck rührt daher, dass dann, wenn die meisten Ricken beschlagen sind, die Rehböcke weiterhin aktiv nach noch fortpflanzungsbereiten Ricken suchen und vom Jäger durch Nachahmen des Lockrufes der Ricke (mit Hilfe eines Buchenblattes) angelockt werden können.

Rehe zeigen eine sog. Keimruhe, d.h. die Zygote (befruchtete Eizelle) nistet sich in der Gebärmutterschleimhaut ein, teilt sich aber nicht oder nur wenige Male, um sich dann ab Dezember regulär weiterzuentwickeln. Die Keimruhe ist eine evolutive Anpassung, welche dazu führt, dass sowohl die Säugezeit als auch die Fortpflanzungszeit mit jeweils hohem Energiebedarf in die Zeit eines hohen sowie qualitativ hochwertigen Äsungsangebotes fallen (vergl. ANDERSEN *et al.* 1998).

Erst nach der Keimruhe beginnt die normale embryonale Entwicklung. Die dadurch verlängerte Tragezeit ermöglicht die Geburt während einer für die Aufzucht günstigen Jahreszeit, d.h. nach ca. 290 Tagen im Mai und Juni des Folgejahres. Typischerweise werden zwei, selten eines, noch seltener drei oder als extreme Ausnahme gar vier Kitze gesetzt.

Rehkitze gehören zu den sog. „Liegejungen", welche zwar morphologisch „Nestflüchter", doch vom Verhalten her eher „Nesthocker" sind. In den ersten 3 bis 4 Wochen werden die Kitze von der Ricke in hinreichender Deckung (etwa 30 bis 60 cm Vegetationshöhe, z.B.

Wiese, hohes Gras im Wald) abgelegt. Dabei liegen die Kitze gemeinsam oder (häufiger) getrennt voneinander (meist 100 bis 200 m entfernt). Die Plätze, an denen die Kitze abgelegt werden, werden von der Ricke regelmäßig gewechselt. Die Mutter sucht die Kitze in den ersten Lebenswochen bis zu zehnmal pro 24 Stunden, gelegentlich auch häufiger, zum Säugen auf (BUBENIK 1965, ESPMARK 1969). In diesem Lebensabschnitt folgen die Kitze der Ricke nur für kurze Zeit, meist wenige Minuten bis zu etwa einer halben Stunde lang.

Ein eigenständiges Fluchtverhalten der Kitze finden wir ab einem Alter von etwa 3 bis 4 Wochen. Etwa 3 Wochen nach der Geburt erfolgt auch die Prägung auf die Mutter, also vergleichsweise spät im Vergleich zu anderen Huftierarten. Auch die „kritische Periode", in der die Prägung auf die Mutter stattfindet, dauert beim Reh vergleichsweise lang (KURT 2002).

Rehkitze werden etwa 3 Monate gesäugt, nehmen allerdings bereits in den ersten Lebenswochen protein- und eiweißreiche Kräuter auf.

Während des Herbstes und Winters bis zur Auflösung der Sprünge im Frühjahr bewegen sich Rehkitze noch regelmäßig in unmittelbarer Nähe ihrer Mutter; man kann davon ausgehen, dass sie auch noch ihrer Präsenz und Führung bedürfen (vergl. KURT 2002, HERZOG 2016b).

In der Auflösungszeit (KURT 2002) zwischen März und Mai des Folgejahres werden Nahrungsangebot und Deckung umfangreicher und die Individuen breiten sich wieder in die Fläche aus. Nun zerfallen die Mutterfamilien langsam und Ricke und Kitz trennen sich.

Populationsdynamik

Rehe sind ökologisch gesehen verglichen mit der gesamten einheimischen Fauna relative „K-Strategen", unter den Wildwiederkäuern jedoch eher relative „r-Strategen" mit vergleichsweise kurzer Lebenserwartung, vergleichsweise hoher Anzahl an Nachkommen und der Fähigkeit, geeignete Lebensräume schnell zu besiedeln.

Der jährliche Zuwachs wird beim Rehwild orientierend mit 100 bis 120 Prozent der am 1. April vorhandenen weiblichen Individuen (also Ricken und Schmalrehe) angegeben. Der Zuwachs variiert allerdings beim Rehwild deutlich und kann unter ungünstigen Bedingungen und/oder in ungünstigen Jahren auch bei 50 Prozent, in günstigen Jahren ebenso bei 150 Prozent liegen.

Grundsätzlich gehen wir – aus stochastischen Gründen – davon aus, dass bei der Bildung der Gameten (Ei- und Samenzellen) weibliche und männliche Nachkommen auf Ebene der Zygote im Verhältnis 1:1 entstehen, dass also männliche und weibliche Kitze ebenfalls im Verhältnis 1:1 gesetzt werden. Dem widersprechen allerdings verschiedene empirische Befunde. Diese sind allerdings ihrerseits widersprüchlich. So beschreibt etwa SCHÄFER (1974) das Phänomen, dass (bei einem zu den weiblichen Individuen verschobenen Geschlechterverhältnis im Bestand) schwache Ricken tendenziell eher weibliche Kitze setzen. Andere Untersuchungen beschreiben das Phänomen, dass starke, vitale Ricken eher weibliche Kitze setzen, während schwache Ricken eher Bockkitze setzen (vergl. z. B. HEWISON & GAILLARD 1996).

Ebenfalls noch nicht abschließend geklärt ist auch die Frage, ob bzw. inwiefern eine hohe Mortalität, etwa durch Bejagung oder Prädation, zu einem Anstieg der Zahl der gesetzten Kitze führt. Auch hier scheint ein Zusammenhang zu bestehen.

Grundsätzlich erscheinen die beschriebenen Phänomene ökologisch durchaus nachvollziehbar. So lässt das Vorhandensein von Ricken in guter körperlicher Verfassung den Schluss auf eine hohe Habitatqualität zu, welche wiederum eine höhere Reproduktionsrate sinnvoll macht. Eine hohe Mortalität mit einer höheren Reproduktionsrate auszugleichen, erscheint aus populationsdynamischer Sicht ebenfalls gut nachvollziehbar.

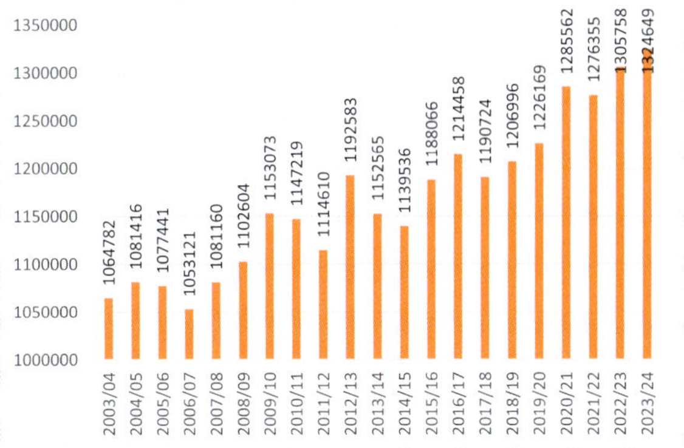

Abb. 21: Jagdstreckenentwicklung des Rehwildes seit etwa 20 Jahren
Quelle: Deutscher Jagdverband (DJV)

Betrachten wir die jährlichen Jagdstrecken, so zeigt sich ein sukzessiver Anstieg über die Zeit. Damit können wir derzeit von einem ansteigenden Trend der Rehpopulation in Europa ausgehen. Allerdings spiegeln diese nicht zwingend den tatsächlichen Bestandesanstieg wider, da beim Rehwild in den vergangenen Jahren und Jahrzehnten der Jagddruck auf diese Wildart insbesondere aus wirtschaftlichen Gründen (Verbiss) stetig erhöht wurde. Somit setzt sich der Anstieg der Jagdstrecke aus einer wachsenden Population und einer immer intensiveren Jagd auf diese Wildtierart zusammen.

Interessant ist die Frage, inwieweit sich die zunehmende Prädation durch Luchs (wo dieser vorkommt) und Wolf auf die Populationsdynamik bzw. Bestandesdynamik auswirkt. Solide, verlässliche Daten fehlen zu dieser Frage bislang weitgehend.

Management

Die Zeiten, in denen das „Schießen und Fangen von Rehgeißen und Rehkitzen zu keiner Zeit gestattet war" (vgl. Bayerische Verordnung vom 5.10.1863; Regierungsblatt p. 1657), sind seit Langem vorbei; vorbei sind auch die Zeiten, in denen man glaubte, Rehe im Wald zählen zu können oder zumindest so tat, als ob man es könnte. Leider noch nicht vorbei sind die Zeiten, in denen dem Reh regelmäßig die Verantwortung für waldbauliche Fehler zugeschrieben wurde und wird.

Sicher ist auf und im unmittelbaren Umfeld von Verjüngungsflächen eine intensive Bejagung des Rehwildes angezeigt. Vor allem aber liefert eine nachhaltige Bejagung der Rehe jährlich auch mehre Millionen kg hochwertiges Wildbret, so dass die jagdliche Nutzung dieser Art nicht nur möglich, sondern auch ausgesprochen sinnvoll ist.

Das bis vor einigen Jahrzehnten übliche „Zählen“ des Frühjahrsbestandes von Rehen ist mittlerweile unterschiedlichen sekundären Indikatoren gewichen.

Die sog. „forstlichen Gutachten“ können dabei aber lediglich eine großräumige Orientierung geben (Herzog 2019). Das hat vor allem mit der Langfristigkeit forstlichen Wirtschaftens und mit den bis heute fehlenden Sollwerten für eine Waldverjüngung in einem mehr oder weniger naturnahen Mischwald zu tun (vergl. Reimoser 1999a, Herzog 2010 a,b). Revierweise Aussagen, Herleitungen von Bejagungsplänen oder gar „Soll-Ist-Vergleiche“ sind allerdings nicht möglich, weil der vorhandene Ansatz einerseits zu großräumig und zu fehleranfällig ist, und weil andererseits keine verlässlichen Sollwerte vorhanden sind.

Unabhängig davon gilt auch für das Rehwild, was beim Rotwild zunehmend erkannt wird: dass nämlich die Fraßeinwirkung auf die Vegetation weniger eine Funktion der absoluten Dichte, sondern mehr des Umgangs mit der Art darstellt. Wenn die waldbauliche Strategie und die Bejagungsstrategie professionell konzipiert sowie räumlich und zeitlich aufeinander abgestimmt sind, hält sich der Verbiss durch Rehwild durchaus in Grenzen.

Dies bedeutet für die Zukunft einen Prozess des Lernens und Umdenkens. Rehwild (wie auch Rotwild) wird in Zukunft aus forstlichen, aber auch aus Gründen des Tierwohls in Zukunft immer weniger auf großflächigen Drück-Stöber-Jagden erlegt werden. Diese Jagdmethode ist zur Lösung lokaler Probleme in forstlichen Verjüngungsflächen kaum geeignet und im Übrigen der Biologie der Art nicht angemessen. Hier sollten wir in Zukunft mehr mit Schwerpunktbejagungskonzepten arbeiten, welche mittels intensiver Bejagung von Verjüngungsflächen durch Einzelansitze einen Reduktions-, aber auch einen Lenkungseffekt haben.

Entscheidend ist – und auch hier sehen wir zunehmend große Probleme in der Praxis – dass die Bejagung nachhaltig, insbesondere tierwohlgerecht erfolgt. Auf Drück-Stöber-Jagden auf Rehwild kann vor dem Hintergrund zeitgemäßer Jagdkonzepte weitgehend verzichtet werden. Wo diese Form der Bejagung dennoch erfolgen soll, dürfen Organisation und Leitung nur durch sehr erfahrene Personen erfolgen.

Interessant ist auch die Frage, inwieweit die Bejagung des Rehwildes dort, wo sich Wölfe ansiedeln oder Luchse wiederangesiedelt werden, reduziert werden sollte, um der jeweiligen Prädatorenart eine hinreichende Nahrungsbasis zu belassen.

Mensch und Wildtier

Rehe sind als Profiteure der extensiv genutzten Agrarlandschaft mit Wald- und Offenlandanteilen seit alters her eng mit dem Menschen verbunden.

Ihre Bedeutung als Jagdwild hat verschiedene Facetten. So gehörte die Art in der Vergangenheit nicht zur sog. „Hohen Jagd“ und damit auch nicht zum Hochwild. Dies hat wohl damit zu tun, dass die Wildart für die seinerzeit üblichen Jagden mit Hunden aufgrund der Stressbelastung bei lang andauernden Fluchten nicht geeignet erschien. In zunehmendem Maße ignorieren Jäger und Forstleute diese Tatsache, indem sie diese Wildart auf Drück-Stöber-Jagden, teils unter Einsatz großer Hunde, jagen und teilweise auch hetzen. Dass dies gegen die Grundsätze der Waidgerechtigkeit und damit auch gegen Tierschutzrecht verstößt, wird bis heute bei den verantwortlichen Institutionen weitgehend ignoriert.

Die Zugehörigkeit zum Niederwild ermöglichte es allerdings auch mehr Menschen, Rehwild zu bejagen. Seine große Bedeutung für die Jagd erlangte das Rehwild in der Phase der sog. „bürgerlichen Jagd", in Deutschland nach der bürgerlichen Revolution von 1848, in Frankreich und Schweden bereits ab Ende des 18. Jahrhunderts. Dies hat möglicherweise auch damit zu tun, dass mit der großflächigen Ausrottung des Rotwildes in dieser Zeit das Rehwild deutlich in seiner Abundanz zunahm.

Abb. 22: Franz Marc (1880–1916): Rehe im Schnee

Die Bedeutung des Wildbrets ist ausgesprochen hoch, zumal Rehe neben Wildschweinen von allen Wildarten am meisten zum Aufkommen dieses grundsätzlich ausgesprochen nachhaltigen Lebensmittels beitragen.

Neben der kulinarischen Seite spielen Rehe allerdings auch eine große Rolle in der mitteleuropäischen Kultur.

Zahlreiche Gemälde aus den unterschiedlichsten Epochen stellen Rehe dar. Besonders zu erwähnen ist in diesem Zusammenhang Franz Marc (1880–1916), in dessen künstlerischem Werk Rehe eine besondere Rolle spielen (vergl. Abb. 22).

In der belletristischen Literatur und in Kinderbüchern spielen Rehe ebenfalls eine bedeutende Rolle. Am bekanntesten ist vermutlich die Erzählung „Bambi" des österreichischen Autors Felix Salten aus dem Jahre 1923, in der ein Reh im Mittelpunkt steht. Die spätere Übertragung ins Englische und die Verfilmung durch Disney in den USA. ließen das Reh (taxonomisch durchaus nachvollziehbar) dort als Weißwedelhirsch erscheinen. Die in der Laiensphäre weitverbreitete Vorstellung, das Reh sei die Frau vom Hirsch, mag hier ihren Ursprung haben.

Schwenk (1999) oder Neumeier (2022) beschreiben zahlreiche weitere interessante Aspekte zur historischen ebenso wie rezenten Beziehung zwischen Mensch und Reh.

Elch

Alces alces

Widerristhöhe: bis 200 cm (Europa)

Gewicht: bis über 400 (Kühe) bzw. 500 kg (Bullen) in Europa

Paarungs-zeit (Brunft): September bis November

Setzzeit: Mai bis Juli

Anzahl Jungtiere: ein bis zwei Kälber

Naturgeschichte und Verbreitung

Elche (*Alces alces*) gehören zu der Unterfamilie der Neuwelthirsche oder Trughirsche (wissenschaftlich als Capreolinae oder Odocoileinae bezeichnet). Die meisten Vertreter der Neuwelthirsche finden wir in Nordamerika. In Eurasien, also in der sog. „alten Welt", finden wir neben dem Elch das Reh (*Capreolus capreolus*) und das Ren (*Rangifer tarandus*) als Arten dieser Unterfamilie.

Der Elch ist eine zirkumpolar verbreitete Species und wird in zahlreiche Unterarten eingeteilt. In Mittel- und Nordeuropa lebt der Europäische Elch (*Alces alces alces*), der Skandinavien, Polen, das Baltikum, Belarus sowie Russland westlich des Urals besiedelt. In der Vergangenheit wurde auch eine Subspecies im Kaukasus (*Alces alces caucasicus*) ausgewiesen, welche offenbar im 19. Jahrhundert ausgestorben ist.

Es wird angenommen, dass es sich beim Elch um eine evolutiv vergleichsweise junge Art handelt (Hundertmark & Browyer 2004), die sich vor rund 60 000 Jahren bildete. Die Autoren gehen davon aus, dass der nordamerikanische Kontinent gegen Ende des Pleistozäns, also vor etwa 12 000 Jahren, über die damals noch bestehende Landbrücke im Bereich der heutigen Beringstraße von Eurasien aus besiedelt wurde. Zuvor, so die Annahme, hat sich das Verbreitungsgebiet der Elche mit Ausbreitung der borealen Nadelwälder nach Norden verschoben. Mit Unterbrechung dieser Landbrücke kam es zu einer reproduktiven Isolation der nordamerikanischen Elche, welche bis heute eine separate Population ein und derselben Art bilden.

Elche bewohnen die gemäßigten Breiten ebenso wie boreale Wälder. Derzeit lebt der europäische Teil der eurasischen Elchpopulation schwerpunktmäßig in Skandinavien, dem

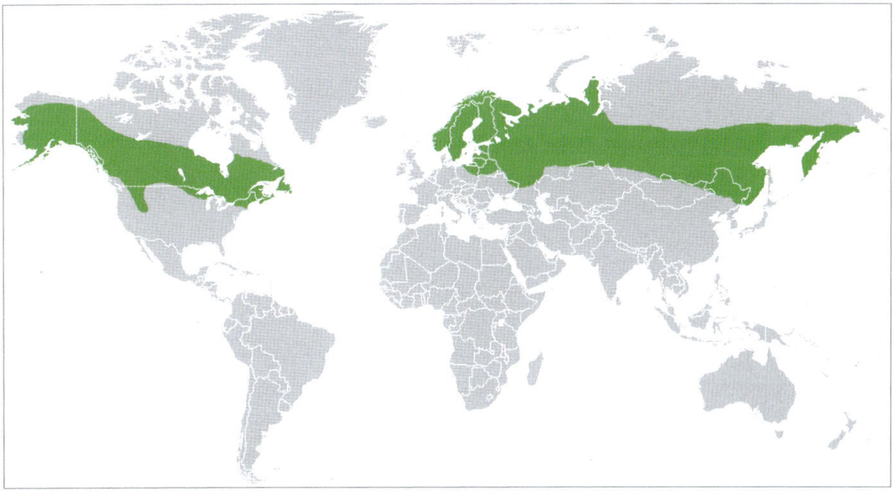

Abb. 23: Aktuelles Verbreitungsgebiet des Elchs

Baltikum und Russland. Daneben finden wir Elche regelmäßig auch in Belarus, Polen und in Böhmen. Bis nach dem zweiten Weltkrieg kamen Elche entlang der Ostsee bis nach Mecklenburg regelmäßig vor. Reste dieses Vorkommens finden sich heute noch im Osten Polens und im Baltikum.

Noch in historischer Zeit fanden sich Elche auch im westlicheren Mitteleuropa, wie wir durch römische Geschichtsschreiber erfahren. Allerdings scheinen Elche West- und Südeuropa in dieser Zeit nicht besiedelt zu haben. Funde von Elchfossilien nehmen etwa westlich der Weser deutlich ab.

Dies spricht, neben einigen morphologischen und Verhaltensmerkmalen, für eine Anpassung an eher kontinentale Klimabedingungen.

Lebensraum

Elche nutzen Waldlebensräume, insbesondere Auwälder, aber auch boreale Waldgesellschaften ebenso wie halboffene Landschaften. Durch intensives Schälen und Verbeißen vor allem von Weichlaubhölzern (siehe unten) tragen sie zur Gestaltung ihres eigenen Lebensraumes bei. Wichtig ist das Vorhandensein von Gewässern im Lebensraum.

Elche sind auch in der Lage, sich an boreale Wirtschaftswälder einschließlich intensiver Forstwirtschaft bis zu einem gewissen Grade anzupassen (vergl. Cortois *et al.* 2002).

Umfangreiche saisonale Wanderungen können vorkommen, sind allerdings nicht obligatorisch. Dabei spielt neben der Nahrungssituation wohl auch die lokale Schneesituation eine nicht unbedeutende Rolle (Ball *et al.* 2001).

Ernährung

Elche sind ähnlich wie ihre nahen Verwandten, die Rehe, Konzentratselektierer mit einem vergleichsweise kleinen Pansen (Hofmann 1988). Somit ernähren sie sich vorwiegend von proteinreichen Pflanzenteilen, insbesondere Knospen, jungen Trieben und jungen Blättern. Dabei, und das unterscheidet Elche vom Reh, schälen sie auch die Rinde ab.

Weichlaubhölzer wie Pappel, Birke und Weide werden bevorzugt geäst. Im Winter gehören auch Zwergsträucher (z. B. Beersträucher und Heidekraut) und Kieferntriebe zum Nahrungsspektrum.

Elche leben als Einzelgänger und stellen sich gerne an Orten mit hohem Nahrungsangebot ein. Dieses nutzen sie weitgehend und ziehen anschließend weiter (Geist 1998, Geist & Francis 1999, Heptner & Nasimowitsch 2004).

Aus dieser Tatsache resultieren einerseits die vergleichsweise hohen Schäden durch Fraßeinwirkungen im Wirtschaftswald. Andererseits dürfte dieses Verhalten evolutionsbiologisch eine interessante Anpassung an den Lebensraum darstellen: Durch intensiven Einfluss auf die Vegetation werden so lokal immer wieder Offenflächen geschaffen, welche frühe Sukzessionsstadien der Gehölzflora hervorbringen und der völligen Bewaldung entgegenwirken. Nicht zuletzt aufgrund solcher Wirkungen werden die Ökosystemleistungen von Elchen im Naturschutz besonders geschätzt (vergl. etwa Burkart *et al.* 2005).

Wie alle Wildwiederkäuer in den gemäßigten Breiten überbrücken Elche die nahrungsarme Winterzeit mit zwei unterschiedlichen Strategien: Zum einen der Aufbau eines Feistvorrates im Sommer und Herbst, der neben der isolierenden Wirkung vor allem der Energieversorgung zu Zeiten des Nahrungsengpasses dient. Zum anderen reduzieren Elche im Winter ähnlich wie Rehe oder Rothirsche ihre Stoffwechselaktivität. Dennoch verlieren Elche über den Winter bis zu etwa einem Fünftel ihres Körpergewichtes im Herbst. Elchbullen, deren Energiereserven außerdem durch die Brunft (siehe unten) strapaziert werden, verhungern im Winter häufiger als Elchkühe (Geist 1998).

Fortpflanzung

Die Fortpflanzungszeit (Brunft) erstreckt sich beim Elch über einen vergleichsweise langen Zeitraum zwischen September und November.

Die weitgehend solitäre Lebensweise erfordert ein Zusammenfinden an bestimmten Brunftplätzen, an denen sich zunächst die Elchkühe einfinden. Wir gehen davon aus, dass diese während der Brunftzeit alle vier Wochen für rund 30 Stunden konzeptionsbereit sind. In dieser Zeit dulden die Elchkühe die Annäherung des Bullen und den Beschlag. Im Anschluss verlässt die Kuh den Bullen den Brunftplatz wieder.

Die Tragezeit dauert rund acht Monate mit größeren individuellen Schwankungen zwischen etwa 230 und 260 Tagen. Die Kälber (meist eines, nicht selten aber auch Zwillinge) kommen somit ebenfalls innerhalb eines längeren Zeitraumes meist zwischen Mai und Juli zur Welt. Kurz vorher wird das Kalb des Vorjahres von der Mutter abgeschlagen (vertrieben). Elchkälber sind typische Nestflüchter und folgen bereits kurz nach der Geburt der Mutter und werden ein Jahr von dieser geführt. Die Geschlechtsreife tritt beim Elch mit etwa eineinhalb Jahren ein.

Populationsdynamik

Elche zeigten über die Jahrhunderte große Veränderungen in ihrem Verbreitungsgebiet. Die Gründe dafür sind oftmals unklar. So war die Species in der Antike offenbar in den Waldgebieten östlich des Rheins noch weit verbreitet. Wann und aus welchen Gründen es zum Erlöschen der mitteleuropäischen Vorkommen kam, ist noch weitgehend unbekannt. Neben eine Übernutzung durch den Menschen sind hier klimatische Faktoren als Hypothese denkbar.

Im frühen 19. Jahrhundert kam es zu einem deutlichen Rückgang des Verbreitungsgebietes in Russland. Dessen Südgrenze verschob sich um rund 1000 km nach Norden. Im späten 19. und frühen 20. Jahrhundert vergrößerte sich das Areal wieder auf etwa den ursprünglichen Umfang. Als ein möglicher Grund wird eine Übernutzung diskutiert (Heptner & Nasimowitsch 2004). Ob diese tatsächlich (alleine) ursächlich ist, bleibt eine offene Frage. Ende des 20. und Anfang des 21. Jahrhunderts finden wir eine erneute dynamische Populationsentwicklung vor. In Skandinavien drangen Elche teilweise bis in Siedlungen vor und es gab zahlreiche Zuwanderungen z. B. über Oder bzw. Neiße nach Mitteldeutschland.

In den vergangenen Jahren scheint diese Dynamik wieder etwas nachzulassen.

Einfluss auf die Populationsdynamik hat neben der Bejagung sicher die Prädation (insbesondere durch Wolf und Braunbär). Welche Rolle diese aber letztlich spielt, ist derzeit noch weitgehend unklar. Insbesondere für die nordamerikanische Elchpopulation gibt es hierzu widersprüchliche Resultate (vergl. BOUTIN 1992).

Ebenso wenig wissen wir über die Rolle von Krankheiten im Kontext der Populationsdynamik des Elches. So kann es (ebenfalls in Nordamerika) beispielsweise beim Elch zur Infektion mit einem Parasiten (*Parelaphostrongylus tenuis*) kommen, welcher durch Weißwedelhirsche (*Odocoileus virginianus*) übertragen wird. Während dessen Einfluss auf Weißwedelhirsche gering ist, verursacht dieser bei Elch und anderen Hirscharten deutlich erhöhte Mortalitäten (vergl. z. B. SCHMITZ & NUDDS 1994, ESCOBAR *et al.* 2019). Arealveränderungen des Weißwedelhirsches, auch durch klimatische Einflüsse, könnten unkalkulierbare Folgen für die Elchbestände haben.

Insgesamt können wir festhalten, dass Elche offenbar eine ausgesprochen ausgeprägte Populationsdynamik zeigen, die allerdings in ihren unterschiedlichen Facetten noch weitgehend unverstanden ist.

Management

Elche gehören zu den größten einheimischen Huftieren und erfordern ein hochentwickeltes Management. In Deutschland und Österreich betrifft das bislang im Wesentlichen einzelne aus dem Verbreitungsgebiet im Osten zuwandernde Individuen.

Häufig werden diese Tiere bald in Verkehrsunfälle verwickelt und kommen dabei zu Tode. Gelegentlich verschwindet ein solches Tier aber auch wieder, ohne dass wir über den Verbleib genaueres wissen.

Bei den zuwandernden Tieren handelt es sich meist um junge Elchbullen, die dabei sind, sich neue Lebensräume zu erschließen. Das Konzept, solche Zuwanderungen zu fördern, und so eine Art langfristig bei uns wieder heimisch zu machen, wurde bereits beim Wolf angewandt. Dennoch ist es eine offene Frage, ob diese Strategie (die in der gegenwärtigen Form auch beim Wolf ihre Probleme hat) für den Elch die richtige ist und ob die Tiere in unserer dichtbesiedelten und zerschnittenen mitteleuropäischen Landschaft langfristig geeigneten Lebensraum finden. Die Verwicklung in Kollisionen im Straßenverkehr ist bezeichnend für den Elch, das ist auch aus Skandinavien bekannt.

Durch die vergleichsweise große Körpermasse dieser Tierart sind die damit verbundenen Sach- und auch Personenschäden meist hoch. Somit müsste vor einer flächigen Unterstützung der Ansiedlung zuwandernder Elche das Problem geklärt werden, wie sich Wildkollisionen an Verkehrswegen (Straßen und Eisenbahnstrecken) signifikant und zuverlässig vermeiden lassen. Leider ist dieses Thema bisher erst in Ansätzen gelöst (vergl. z. B. REA 2003). Selbst die an kreuzungsfreien Verkehrswegen möglichen und an Autobahnen mittlerweile üblichen Wildzäune sind für den Elch zu filigran und zu niedrig.

Ein zweites Problem des Elches ist sein Einfluss auf die Waldvegetation. Wenn schon die Fraßeinwirkungen von Rothirsch und Reh enorme Konflikte zwischen den Landnutzern hervorrufen, so würden Elche von Landnutzern, insbesondere forstlichen Interessengrup-

Abb. 24: Zeichnung einer Elchjagd durch Indigene Nordamerikas im 19. Jahrhundert von HARRY BULLOCK-WEBSTER (1855–1942)

pen, kaum toleriert, wie bereits das Beispiel des Wisents zeigt (GELLNER & HERZOG 2021).

Schließlich ist es derzeit unklar, ob unter dem Einfluss einer prognostizierten Klimaveränderung der Elch als eine typische Art des kontinentalen Klimas sich in Mittel- und Westeuropa langfristig etablieren würde. Somit dürfte es beim derzeitigen Wissensstand am ehesten sinnvoll sein, Elche zunächst in großen, geschützten Lebensräumen, also in Großschutzgebieten oder auf Truppenübungsplätzen, zu fördern und dort ihre Ansiedlung ggf. auch aktiv zu unterstützen.

Auch die Einbindung dieser Tierart bei der Offenhaltung von Flächen, wie sie derzeit gelegentlich mittels Beweidung durch extensiv gehaltene Haustiere (mit eher mäßigem Erfolg und vor allem zahlreichen Tierschutzproblemen) praktiziert wird, wäre in großen Schutzgebieten zumindest eine denkbare Option (vergl. z. B. BURKART *et al.* 2005).

Die gesetzlichen Grundlagen für ein solches Vorgehen, d.h. die Möglichkeit, die Tiere durch eine gezielte Bejagungsplanung im Raum zu lenken, existiert bereits im Rahmen jagdrechtlicher Bestimmungen. Lediglich die gesetzlichen Wildschadensregelungen, welche für Schalenwildarten die Jagdgenossenschaft in die Verantwortung nehmen, scheinen vor dem Hintergrund einer Wiederbesiedlung der mitteleuropäischen Kulturlandschaft durch den Elch überarbeitungsbedürftig.

Mensch und Wildtier

Die Tagespresse reagiert meist begeistert auf das Auftreten dieser eindrucksvollen Tierart, während die betroffenen Forstleute regelmäßig mehr oder weniger „gute Miene zum bösen Spiel" der doch beeindruckenden Fraßeinwirkungen im Wald in Gestalt von Verbiss und Schäle machen. Diese mittlerweile fast schon Routine gewordenen Szenarien symbolisieren auch sehr treffend die zugrundeliegenden Probleme, die wir mit einer neu auftretenden großen, pflanzenfressenden Tierart wie dem Elch in unserer Kulturlandschaft haben.

Andererseits begleiten Elche den Menschen insbesondere als Jagdbeute (vergl. Abb. 24) seit alters her. Frühe Darstellungen von Elchen sind etwa 14 000 Jahre alt. Diese große Hirschart lieferte nicht allein Fleisch für die tägliche Ernährung, sondern auch zahlreiche Rohstoffe, wie Häute oder Knochen.

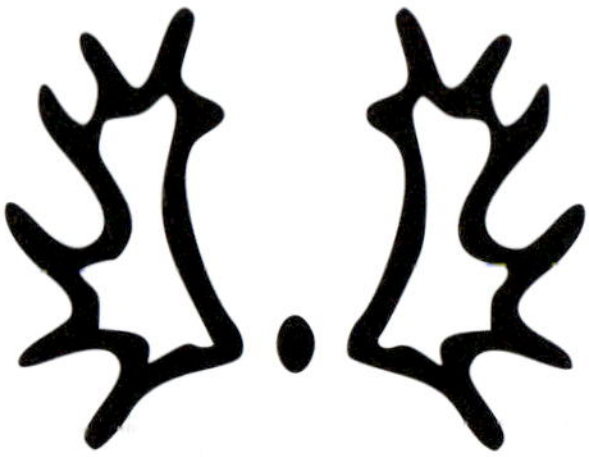

Abb. 25: Elchschaufel als Brandzeichen des Preußischen Gestüts Trakehnen

Dementsprechend spielt die Art auch in den Erzählungen und Mythen der unterschiedlichen Ethnien rund um die Nordhalbkugel eine große Rolle.

Heute ist die ikonische Tierart neben dem Rothirsch als Symbol in zahlreichen Lebensbereichen präsent, sei es in der Symbolik Ostpreußens (etwa als Logo des Gestütes Trakehnen, vergl. Abb. 25) oder in der Werbung eines schwedischen Möbelhauses.

Schließlich stellt der Elch heutzutage für Teilnehmer am Straßenverkehr ein ebenso großes Problem dar, für beide Parteien. Kollisionen mit diesen schweren Tieren gehen nicht nur für den Elch oft tödlich aus, sondern führen auch nicht selten zu Personen-, zumindest aber hohen Sachschäden bei den unfallverursachenden Verkehrsteilnehmern. Dort, wo Elche vorkommen, ist es ausgesprochen wichtig, die entsprechenden Warnschilder ernst zu nehmen und die Geschwindigkeit zu reduzieren.

Wisent

Bos bonasus

Widerristhöhe: Bullen bis zu 190 cm, Kühe bis zu 170 cm

Gewicht: Bis zu 700 (Kühe) bzw. über 900 kg (Bullen)

Paarungs-zeit (Brunft): August bis Oktober

Setzzeit: Mai bis Juli

Anzahl Jungtiere: Normalerweise 1 Kalb

Naturgeschichte und Verbreitung

Der (gelegentlich auch: das) Wisent ist eines von ehemals zwei in historischer Zeit in Deutschland heimischen Wildrindern, von denen eines, das Ur, definitiv ausgestorben ist.

Das prähistorische und frühgeschichtliche Verbreitungsgebiet umfasste große Teile Eurasiens.

Anfang des 20. Jahrhunderts war die Art dem Aussterben nahe und konnte nur durch unterschiedlichste intensive Bemühungen vor diesem Schicksal bewahrt werden. Der Wisent gilt als Art des Flachlandes und der Mittelgebirge, wobei er im Kaukasus bis in Lagen über 2000 m über N.N. vorkam. Der Verlust an Lebensräumen durch die zunehmende Sesshaftigkeit des Menschen seit der Jungsteinzeit, insbesondere während der Rodungsphasen in den beiden letzten Jahrtausenden, sowie, damit verbunden, die Konkurrenz durch Waldweide und die Übernutzung durch den Menschen führten zunächst zum Rückgang und später zum Aussterben in weiten Teilen West- und Mitteleuropas. Im 16. Jahrhundert war der Wisent in West- und Mitteleuropa weitestgehend verschwunden. Freilebende Restbestände fanden sich seit dem 18. Jahrhundert noch im Waldgebiet um Białowieża, dem heutigen Grenzgebiet zwischen Polen und Weißrussland (Europäischer oder Flachlandwisent, *Bos bonasus bonasus*), und im Kaukasus (Bergwisent, gelegentlich als eigene Unterart *Bos bonasus caucasicus* betrachtet).

Daneben existierten kleinere Bestände in Wildgehegen in verschiedenen Ländern (Sztolcman, 1924; Krasinski, 1967, 1978, Pucek *et al.* 2004). In der Białowieża-Heide standen Wisente über mehr als ein Jahrhundert unter königlichen Schutz, da seit 1888 Jagdgebiet des Zaren (Pucek 2004). Im 19. Jahrhundert dienten Wisente aus Białowieża gelegent-

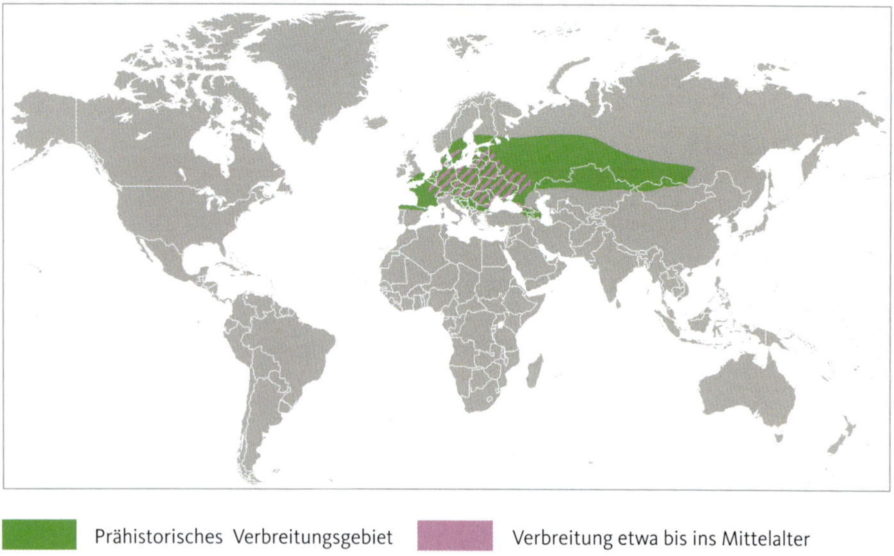

Abb. 26: Verbreitungsgebiet des Wisents (orientierend)

lich als Geschenk etwa anlässlich von Staatsbesuchen. Dies ermöglichte einen erfolgreichen Aufbau der Gehegezucht in der ersten Hälfte des 20. Jahrhunderts. Der letzte Wisent aus der Białowieża-Heide wurde um 1920 (die Angaben über das genaue Jahr schwanken) erlegt (Sztolcman, 1924; Heptner *et al.* 1966; Pucek 1986, 2004, Krasinski 1967, 1978). Der letzte freilebende Wisent Deutschlands wurde bereits 1755 in Ostpreußen gewildert. Im Kaukasus wurde das letzte Individuum 1927 erlegt.
Heute finden sich Wisente in freier Wildbahn etwa in Polen, Weißrussland, Litauen, der Ukraine, Rumänien, Russland und Kirgistan. Der Weltbestand wird derzeit wieder auf über 7000 Individuen geschätzt.

Der Wisent ist ein naher Verwandter des amerikanischen Bison, beide sind problemlos kreuzbar. Es handelt sich somit um Unterarten ein und derselben biologischen Art, *Bos bonasus bonasus* und *Bos bonasus bison* (Präriebison). Eine weitere Unterart in Nordamerika ist der Waldbison (*Bos bonasus athabascae*), der ökologisch in vielen Dingen dem Wisent ähnlicher ist.

Lebensraum

Der Wisent ist, im Gegensatz zu seinem Verwandten, dem amerikanischen Bison, eher ein Waldrind. Dies wird bereits in der Morphologie der Art deutlich: während die Silhouette des Bisons von vorne gesehen eher ausladend wirkt, zeigt der Wisent von vorne eine eher schmale, schlanke Silhouette.

Größere Waldgebiete, insbesondere lichte Laubmisch- oder Laubwälder, mit eingestreuten, nicht zu kleinen Offenlandanteilen, sowie Bruchwälder, z. B. Erlenbrüche, oder Auwälder entlang größerer Gewässer bilden den ursprünglichen Lebensraum des Wisents. Dem kaukasischen Wisent dienen in entsprechenden Höhenlagen auch Bergwälder und -wiesen als Lebensraum. Dies hindert die Wisente allerdings nicht daran, sich auch längere Zeit in landwirtschaftlichen Flächen, etwa großen Maisschlägen, einzustellen.
In der Kulturlandschaft Mitteleuropas könnten Wisente grundsätzlich gut überleben. Problematisch sind hier vor allem die Konflikte mit menschlichen Nutzungsinteressen. Der Streifgebietsumfang einer Wisentherde beträgt etwa 5000 ha (Krasinska *et al.* 1987, 2000).

Ernährung

Wisente als Wildrinder gehören ernährungsphysiologisch in die Gruppe der „grazer“, der Grasäser (Hofmann 1989), allerdings an der Grenze zum Mischäser. Sie benötigen von allen heimischen Wildwiederkäuern den höchsten Faseranteil in der Äsung. Das bedeutet auch, dass Wisente Zweige und Triebe von Laubgehölzen nutzen können und, gerade im Winter, auch regelmäßig Bäume schälen (Albrecht 1999) – ein Umstand, auf den weiter unten noch einzugehen ist. Daneben spielen im Winter holzige Pflanzen der Kraut- und Strauchschicht eine bedeutende Rolle in der Ernährung. Die tägliche Nahrungsmenge eines erwachsenen Wisents schwankt in Abhängigkeit vom Alter der Tiere, der Nahrungsqualität und der Jahreszeit; die Angaben reichen von 20 bis 60 kg täglich (Gebczynska & Krasinska 1972, Gebczynska *et al.* 1974, Buchholz & Sambraus 1988).

Sozialverhalten

Wisente leben sozial in Gruppen. Herden aus weiblichen Tieren, Kälbern und jungen Bullen sind matriarchal organisiert und werden typischerweise von einer erfahrenen Leitkuh angeführt. Jüngere Bullen leben in kleineren Gruppen untereinander, währen ältere Bullen oft allein leben und sich nur zur Fortpflanzungszeit zu einer Herde gesellen. Herden können sich zu größeren Gruppen vereinigen und vermischen sich gelegentlich, wenn sie sich wieder trennen. Das Alter spielt für den sozialen Rang in der Gruppe eine wichtige Rolle; Rangordnungskämpfe sind selten.

Fortpflanzung

Zur Beginn der Brunftzeit (August bis Oktober) gesellen sich ältere Bullen zu den Herden, größere Herden teilen sich in kleinere Trupps mit mehreren paarungsbereiten Kühen auf.

Wisente sind polygyn, d. h. ein Bulle beschlägt mehrere Kühe. Seine Herde verteidigt er gegen Rivalen, wobei Brunftkämpfe zwischen Bullen insgesamt eher selten stattfinden. Dennoch ist das Aggressionsniveau der Bullen während der Brunft recht hoch, es werden zu dieser Zeit auch andere in der Nähe befindliche Tiere und gelegentlich auch Menschen angegriffen.

Brunftkämpfe zwischen Wisentbullen haben normalerweise nicht den Charakter eines Beschädigungskampfes, die Bullen schieben sich frontal mit den Stirnplatten bzw. Hörnern, den sog. Holmen, hin und her, bis einer aufgibt und den Platz verlässt. Schwere oder tödliche Verletzungen eines Kontrahenten sind dabei eher selten, kommen aber vor.

Die Kühe setzen nach einer Tragezeit von rund 264 Tagen meist in der Zeit zwischen Mai und Juli typischerweise ein einzelnes Kalb. Gegen Ende der Tragezeit sondern sich die Kühe von der Herde ab, um an einem ruhigen und geschützten Ort ihr Kalb zur Welt zu bringen. Kälber wiegen bei der Geburt etwa 25 bis 30 kg. Nach wenigen Stunden können diese stehen und bald folgen sie der Mutter, die sich einige Tage später wieder der Herde anschließt. Das Kalb bleibt immer in der Nähe der Mutter, wird also nicht in Deckung abgelegt. Das Kalb wird bis zu einem Alter von drei Monaten gesäugt, anschließend nimmt es zunehmend pflanzliche Äsung auf.

Kühe setzen in freier Wildbahn im Mittel nur jedes zweite Jahr ein Kalb, zum ersten Mal etwa im vierten Lebensjahr. Bullen gelangen bei intakter Sozialstruktur meist zwischen dem sechsten und zwölften Lebensjahr zum ersten Mal zur Fortpflanzung, jüngere und ältere Individuen unterliegen in der Natur meist anderen Bullen bei den Auseinandersetzungen um eine Herde.

Populationsdynamik

Wisentkühe erreichen in freier Wildbahn nur selten das 25. Lebensjahr. Bullen werden kaum älter als 20 Jahre. Bis zum Alter von etwa 20 Jahren können Kühe regelmäßig Kälber führen.

Unter den Huftieren sind Wildrinder wie der Wisent relative K-Strategen, so dass die Populationsumfänge des Wisents auch nur langsam anwachsen. Gleichzeitig ist die Art anfällig gegenüber unkontrollierter Reduktion des Populationsumfanges. Dies erklärt auch das vergleichsweise frühe Verschwinden des Wisents (ebenso wie des Ur, *Bos primigenius*) im Laufe der Besiedlung Mitteleuropas.

Als entscheidender Prädator des Wisents kann der Wolf angesehen werden, Luchs und Braunbär spielen aufgrund ihrer Größe (Luchs) bzw. ihrer aktuellen Verbreitung (Braunbär) praktisch keine Rolle. Auch der Einfluss des Wolfs auf die Populationsdynamik des Wisents ist begrenzt.

Deutlichere Einflüsse üben Infektionskrankheiten aus. Maul- und Klauenseuche, aber auch die in jüngerer Zeit verbreitet aufgetretene Balanitis haben in der Vergangenheit zu gravierenden Verlusten geführt.

Das zentrale Problem für den Wisent ist derzeit allerdings die Frage des ihm zugestandenen Lebensraumes. Nur wenn dieses Problem gelöst ist, wird es langfristig möglich sein, eine stabile, anpassungsfähige Population in Mitteleuropa aufzubauen.

Management

Nachdem in freier Wildbahn Anfang des 20. Jahrhunderts keine Wisente mehr bekannt waren, wurde mit intensiven Rettungsmaßnahmen begonnen. So gründete unter anderem der Direktor des Zoologischen Gartens Frankfurt am Main, Kurt Priemel, die „Internationale Gesellschaft zur Erhaltung des Wisents". In den 16 Mitgliedsstaaten erfolgte eine Bestandesaufnahme. Mit insgesamt elf Individuen des Flachlandwisents und einem letzten verbliebenen Bergwisentbullen wurden Zuchtlinien begründet. Auch versuchten beispielsweise die Gebrüder Heck, die Erhaltung der Species durch sog. „Verdrängungszucht" zu gewährleisten (vergl. auch Priemel 1924, Wroblewski 1925, Mohr 1925, 1948, 1952, Heck 1932, Ahrens 1936). Die mutmaßlich geringe genetische Variation in den verbliebenen Wisenten sollte durch Einkreuzen amerikanischer Bisons, die einer anderen Unterart angehören, wieder gesteigert werden. Dieser Ansatz mutet aus heutiger Sicht des Artenschutzes und der „Naturschutzgenetik", der „conservation genetics", ausgesprochen zeitgemäß an. Dennoch ist er in weiten, eher konservativ ausgerichteten Naturschutzkreisen nach wie vor umstritten. So wird etwa in Deutschland und Polen darauf geachtet, dass keine Wisente mit Bisoneinkreuzungen zur Fortpflanzung gelangen. In anderen Regionen, etwa in Weißrussland oder im Kaukasus, sieht man dies gelassener.

Aus genetischer Sicht spricht einiges gegen, einiges aber auch für solche Einkreuzungen. Grundsätzlich verringern sie die sog. „Angepasstheit" an gegebene bzw. im Falle des Wisent früher vorhandene Umweltbedingungen. Sie erhöhen allerdings gleichzeitig, insbesondere in der Situation einer beinahe ausgestorbenen Art oder Unterart mit nur wenigen überlebenden Exemplaren, die „Anpassungsfähigkeit" an zukünftige, sich ändernde Umweltbedingungen. Beide, Angepasstheit und Anpassungsfähigkeit, sind für das langfristige Überleben einer Art bedeutsam. In einer von menschlichen Aktivitäten und deren Folgen überformten Umwelt ist möglicherweise letztere von größerer Bedeutung.

Bislang jedenfalls ist das Problem der schmalen genetischen Basis in allen Zuchtlinien des Wisents noch ungelöst (vergl. z. B. SLATIS 1960, TÜRCKE 1980, GRACZYK 1981, OLECH 1987, OLECH & PERZANOWSKI 2002). Diese Frage der genetischen Anpassungsfähigkeit wiederum ist eine wichtige Voraussetzung für Wiederansiedlungsmaßnahmen.

Es gab in der Vergangenheit zahlreiche Wiederansiedlungsprojekte, so beispielsweise Mitte des 20. Jahrhunderts in Białowieża (polnischer und weißrussischer Teil) im Kaukasus, in den 1980er-Jahren im Altaigebirge (Russland), Ende der 1990er-Jahre im weißrussischen Teil der Tschernobyl-Sperrzone, in den 2000er-Jahren in der Slowakei und zu Beginn der 2010er-Jahre in Rumänien und im Rothaargebirge in Deutschland.

Während sich der größte Wisentbestand derzeit in Ostpolen bzw. Weißrussland im Nationalpark Białowieża befindet, durchlebten die anderen Ansiedlungen wechselhafte Zeiten und Schicksale. Die Wisentpopulation im Kaukasus (Kreuzungen aus Flachlandwisent, Bergwisent und amerikanischem Bison) hatte sich bis in die 1980er-Jahre positiv entwickelt, ging dann jedoch in einem Umfeld politischer Unsicherheit und dementsprechend mangelnder Managementaktivitäten wieder deutlich zurück. Heute leben dort einige hundert Individuen.

Die jüngeren Projekte in Rumänien und Deutschland umfassen jeweils nur wenige Individuen.

Das Schicksal der Herde im Rothaargebirge erscheint derzeit nach regelmäßigen Klagen über intensive Schälschäden und einer Attacke einer Wisentkuh auf Wanderer besiegelt. Dies ist großen Widerständen insbesondere seitens lokaler Forstbetriebe, aber auch landwirtschaftlicher Interessengruppen sowie Sicherheitsbedenken hinsichtlich möglicher Angriffe auf Menschen und des Risikos schwerer Verkehrsunfälle geschuldet.

Diese Probleme waren bei Projektbeginn weitestgehend vorhersehbar, sie wurden aber offenbar nicht hinreichend kommuniziert.

Ein weiteres Wisentvorkommen in der Döberitzer Heide ist nicht freilebend, sondern in der Kernzone eines Schutzgebietes eingezäunt.

Ob sich langfristig wieder freilebende Populationen im dichtbesiedelten Mitteleuropa etablieren lassen, ist derzeit eine offene Frage. Problematisch sind die erwähnten, für den Wisent typischen Schälschäden in der Forstwirtschaft (vergl. ALBRECHT 1999), das Risiko für den Straßenverkehr sowie ein letztlich absolut gesehen geringes, aber keineswegs völlig zu vernachlässigendes Risiko für den Menschen. Normalerweise flüchten Wisente in freier Wildbahn vor dem Menschen. Sowohl Wisentbullen während der Brunft als auch führende Kühe können allerdings bei Unterschreiten der Fluchtdistanz von ca. 100 bis 150 m auch dem Menschen gefährlich werden.

Großräumige Waldlandschaften mit geringer menschlicher Siedlungsdichte fehlen allerdings in Mitteleuropa weitgehend. Selbst die Nationalparke haben bei uns das Problem, dass sie dem Tourismus offen stehen und demnach auch kaum Refugien für diese Wildrindart bieten. Am ehesten wären noch große Naturschutzgebiete von mehreren tausend Hektar Fläche und strengen Betretensregelungen geeignet. Solche Gebiete sind allerdings bei uns kaum zu finden. Somit ist und bleibt es zunächst eine offene Frage, ob echte Wiederansiedlungen des Wisents in mitteleuropäischer freier Wildbahn mittel- bis langfristig durchsetzbar sind.

Zunächst ist es daher eine wichtige Aufgabe, die vorhandenen freilebenden Wisentvorkommen, aber insbesondere auch die Gehegezuchten hinsichtlich ihrer genetischen Variabilität und Anpassungsfähigkeit auf eine zukünftige Auswilderung vorzubereiten.

Mensch und Wildtier

Abbildungen von Wisenten gehören zu den ältesten menschlichen Kunstwerken. Sowohl in Form von Skulpturen, aber auch als Wandmalerei finden sie sich neben Mammuten, Wildpferden und Löwen seit der Jungsteinzeit. Auf rund 15 000 Jahre alten Wandmalereien sind Wisente neben Wildpferden die am häufigsten abgebildete Tierart. Am bekanntesten sind sicher die Darstellungen in der Altamira-Höhle (Spanien).
Plinius der Ältere, der auch Naturkundliches aus den von Rom besetzten Gebieten berichtete, beschrieb im ersten nachchristlichen Jahrhundert den Wisent als Rind mit einer Mähne wie ein Pferd und kurzen Hörnern. In der mittelalterlichen Literatur ist sicher das Nibelungenlied die bekannteste Quelle, in welcher der Wisent auftaucht. Beispielsweise wird dort von der Jagdbeute Siegfrieds berichtet, welche neben mehreren Exemplaren des Ur auch einen Elch und einen Wisent umfasst. Interessant ist, dass in der Literatur bis ins Hochmittelalter relativ deutlich zwischen dem Ur und dem Wisent unterschieden wird. Später ist diese Unterscheidung nicht immer klar – wir müssen also davon ausgehen, dass seinerzeit das Ur vielerorts verschwunden und der Wisent möglicherweise bereits selten

Abb. 27: Replik einer Wisent-Malerei in der Altamira-Höhle

Abb. 28: August Gauls *Skulptur »Kämpfende Wisente« in Kaliningrad ehem. Königsberg / Kaliningrader Gebiet (Russland)*

geworden war. Während in deutschsprachiger Literatur der Wisent in einigen neuzeitlichen Jagderzählungen erwähnt wird, spielt diese Tierart in der polnischen Literatur und Kunst eine größere Rolle. Im polnischen Nationalepos *„Pan Tadeusz“* des Adam Mickiewicz aus dem Jahr 1834 taucht der Wisent an mehreren Stellen auf. Im 19. und frühen 20. Jahrhundert finden wir zahlreiche Gemälde und Skulpturen, welche den Wisent thematisieren von Künstlern wie Juliusz Kossak (1824–1899), Michał Elwiro Andriolli (1836–1893), August Gaul (1869–1921), Max Esser (1885–1945) oder Ernst Gorsemann (1886–1960).

Als großes ikonisches Säugetier finden wir den Wisent auch auf Briefmarken verschiedener Länder, in der DDR beispielsweise auf der Motivmarke „Tierpark Berlin“ aus dem Jahre 1956 oder 1973 in der damaligen Sowjetunion als Teil einer Serie über Tiere in Schutzgebieten.

Wisente werden trotz schwieriger Haltungsbedingungen auch regelmäßig in zoologischen Gärten und Tierparken gehalten und vermehrt (vergl. z. B. Heck 1980, Görner 1998, Zentner 1999, Blaszkiewitz 2009). Neben der großen Bedeutung einer solchen Art im Rahmen der Umweltbildung und -kommunikation bietet sich hier auch die Chance, eine hinreichend große Population in Mitteleuropa zu erhalten, um zu gegebener Zeit auch Wiederansiedlungsprojekte mit Gehegetieren unterstützen zu können.

Abb. 29: Briefmarke: Tierpark Berlin (DDR), 1956

Mufflon

Ovis ammon musimon

Widerristhöhe: 65 bis 75 cm (Schafe), 75 bis 90 cm (Widder)

Gewicht: 25 bis 40 kg (Schafe), 35 bis 55 kg (Widder)

Paarungszeit (Brunft): Oktober bis Dezember, abhängig von geographischer Lage

Setzzeit: März/April

Anzahl Jungtiere: Normalerweise 1 Lamm

Naturgeschichte und Verbreitung

Das Mufflon, wie wir es heute kennen, weist eine lange und in hohem Maße durch den Menschen beeinflusste Verbreitungsgeschichte auf. (vergl. etwa POPLIN 1979, GEDDES 1985, PIEGERT & ULOTH 2000).

Seine Ursprünge liegen weitgehend im Dunkel der Geschichte. Nachdem die voreiszeitlich in Mitteleuropa heimischen Dickhornschafe die letzte Eiszeit nicht überlebten, gehen wir davon aus, dass Mufflons nacheiszeitlich im Wesentlichen durch den Menschen aus Kleinasien nach Süd- und später auch nach Mitteleuropa gelangten (vergl. u.a. POPLIN 1979, DAVIS 1987, UERPMANN 1987). Dabei werden drei Hypothesen zur Route diskutiert, einerseits der Seeweg über das Mittelmeer, zum anderen der Landweg über Nordafrika und/ oder Südost- und Südeuropa (vergl. PIEGERT & ULOTH 2000).

Die heutigen europäischen Mufflons stammen mit hoher Wahrscheinlichkeit von einer kleinasiatischen, heute ausgestorbenen Form ab. Es ist unklar, ob es sich dabei bereits um ein sehr frühes Hausschaf oder um ein (gezähmtes) Wildschaf handelte. Wir gehen davon aus, dass diese Tiere auch die Vorfahren der Wildschafe auf den Mittelmeerinseln Korsika und Sardinien waren (vergl. auch BRIEDERMANN 1993). Von dort aus gelangte das Mufflon dann spätestens ab dem 18. Jahrhundert bis ins frühe 20. Jahrhundert auf das Europäische Festland. In Deutschland begann die Ansiedlung des Mufflons schwerpunktmäßig im letzten Jahrhundert, so etwa 1902 im schlesischen Eulengebirge, 1903/04 in der Göhrde (Lüneburger Heide) sowie 1906 im damaligen Anhaltinischen Forstamt Harzgerode im Ostharz.

Mufflons sind sehr standorttreu, so dass eine weitere natürliche Ausbreitung zunächst

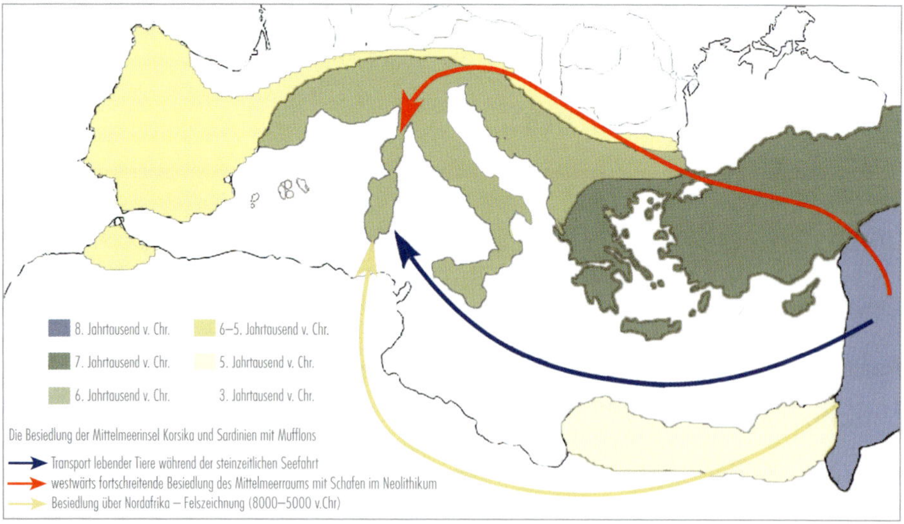

Abb. 30: Hypothesen zur Ausbreitung des Mufflons im Neolithikum und zur Bronzezeit

modifiziert aus PIEGERT & ULOTH 2000

weitgehend unterblieb. Straßen, Eisenbahngleise oder Flüsse waren oft wirkungsvolle Barrieren. Dies änderte sich erst in den vergangenen Jahrzehnten durch die zunehmenden großräumigen Drück-Stöber-Jagden, welche dazu führten, dass derartige Strukturen überwunden wurden, was dann eine (meist lokal begrenzte) Ausweitung des Lebensraumes zur Folge hatte.

Die Wiederansiedlung des Luches (*Lynx lynx*) im Harz sowie die Wiederbesiedlung Mitteleuropas durch den Wolf (*Canis lupus*) hat einen gegenläufigen Trend eingeleitet: Es kommt nun zu stetigen Arealverlusten durch Erlöschen lokaler Vorkommen. Mittel- bis langfristig ist nach derzeitigem Kenntnisstand davon auszugehen, dass die mitteleuropäischen Mufflonpopulationen durch das Auftreten insbesondere des Wolfes aussterben werden (Herzog 2019). Dies wird am ehesten auf die fehlende Anpassung an bodengebundene Großprädatoren auf den Mittelmeerinseln zurückgeführt.

Lebensraum

Mufflons besiedeln in ihrer Heimat gebirgige Karstlandschaften, sind allerdings hinsichtlich ihrer Lebensraumansprüche eher Generalisten. In Mitteleuropa wurde die Art erfolgreich in unterschiedlichen Lebensräumen angesiedelt. Als günstig haben sich Regionen in nicht allzu großer Höhe (länger andauernde Schneehöhen von über 30 cm als begrenzender Faktor) mit Wald- und Grünlandanteilen und im Idealfall mit steinigen oder felsigen Böden (Abnutzung der Schalen) erwiesen. Geringe Niederschläge bzw. Trockenheit sind ebenfalls günstige Standortfaktoren, nicht zuletzt aufgrund der damit verbundenen geringeren Parasitierung (vergl. u.a. Müller 1980).

Das Mufflon hat im Wald, bezogen auf eine Mutterfamilie, eine Streifgebietsgröße von typischerweise deutlich unter 1000 Hektar, bei regelmäßigem Wechsel von Wald und Offenland allerdings auch darüber.

Ernährung

Mufflons gehören hinsichtlich ihrer Ernährungsphysiologie zu den Gras- bzw. Raufutteräsern mit Tendenz zum Mischäser (Hofmann 1989). Die Zusammensetzung der Nahrung schwankt deutlich mit dem Äsungsangebot, so dass wir das Mufflon als Nahrungsgeneralisten unter den Wildwiederkäuern ansehen müssen. Den wesentlichen Anteil an der Nahrung bilden Gräser, doch auch Kräuter, Blätter holziger Pflanzen sowie Baumfrüchte stellen nicht unwesentliche Anteile. Dort, wo es dazu gezwungen ist, kann das Mufflon auch etwa Heidekraut, Brennnesseln, Disteln, Ginster oder Sauergräser nutzen. Gelegentlich werden auch Bäume geschält, wobei nicht immer bzw. nicht ausschließlich Nahrungsmangel für das Schälen verantwortlich ist. Pro Individuum gehen wir von einem Nahrungsbedarf von mindestens einem kg Trockensubstanz und 75 g Protein pro Tag aus (vergl. auch Geiger *et al.* 1977, Onderscheka 1979, Müller 1980, Trott zu Solz 1983, Piegert & Uloth 2000).

Sozialverhalten

Mufflons sind gesellige Tiere, welche in kleineren oder größeren Verbänden, die meiste Zeit des Jahres typischerweise getrennt nach Geschlechtern, leben. Schafe folgen dem erfahrensten Altschaf, Widder in der Regel dem ranghöchsten Widder. Ältere Widder bilden insbesondere im Sommer kleinere separate Rudel.

Häufig bleiben die Familienverbände stabil, so dass die Traditionen, etwa bezüglich der Streifgebiete, von den jüngeren Individuen übernommen werden.

Zur Brunft finden sich Widder bei den Schafen ein, es werden nur selten typische „Brunftrudel“ beobachtet. Zwischen Widdern kann es dabei zu heftigen Brunftkämpfen kommen, wobei entweder Stöße mit den Hörnern (Schnecken) in die Flanke des Gegners versucht werden oder die Widder in typischer Weise frontal mit den Hörnern aufeinanderprallen (vergl. MÜLLER 1980). Aufgrund der speziellen Skelettanatomie wird die kinetische Energie des frontalen Rammstoßes so abgeleitet, dass es auch bei heftigen Rammstößen kaum zu ernsthaften Verletzungen, insbesondere des Schädels und des Gehirns, kommt. Das Aufeinanderprallen ist oft über mehrere hundert Meter hörbar.

Die Rangordnung zwischen den Widdern wird, auch außerhalb der Brunftzeit, durch Stirnschieben, Hakeln und Rammstöße ausgetragen. Dabei handelt es sich jedoch nicht um Beschädigungskämpfe. Schafe und Lämmer tragen ihre Rangstreitigkeiten durch Schlagen mit den Vorderläufen aus. Auf diese Weise wird das Lamm auch vom Mutterschaf gegen kleinere Prädatoren verteidigt (vergl. MÜLLER 1980).

Fortpflanzung

Die Fortpflanzungszeit (Brunft) beginnt in Korsika und Sardinien bereits im September (TOMICZEK & TÜRCKE 1995), während sie auf dem europäischen Festland meist später liegt. Typisch sind hier die Monate Oktober und November (Hauptbrunft), abhängig von der geographischen und insbesondere der Höhenlage. Die Nachbrunft fällt in die Zeit von Dezember bis Januar. Schließlich kennen wir eine Frühjahrsbrunft in der Zeit zwischen März und Mai (BRIEDERMANN 1992). Die Tragezeit erstreckt sich über 148 bis 159 Tage (vergl. HAYSSEN & VAN TIENHOVEN 1993), so dass die Lämmer vor allem in den Monaten März und April gesetzt werden. Meist setzt das Schaf ein Lamm, Zwillingsgeburten sind selten.

Aufgrund der Nachbrunft und Frühjahrsbrunft finden wir beim Muffelwild auch eine Nachlammzeit im Mai und Juni, die etwa sechs Prozent der Geburten betrifft, sowie eine Herbstlammzeit im September und Oktober mit etwa vier Prozent der Geburten (BRIEDERMANN 1992, PIEGERT & ULOTH 2000).

Zum Setzen entfernt sich das Schaf vom Rudel. Muffellämmer sind typische Nestflüchter, welche bereits nach wenigen Stunden der Mutter folgen. Sie werden etwa vier bis fünf Monate gesäugt (BUBENIK 1984, COLONNA D´ISTRIA 1988), so dass sie mit einem halben Jahr als entwöhnt gelten können.

Populationsdynamik

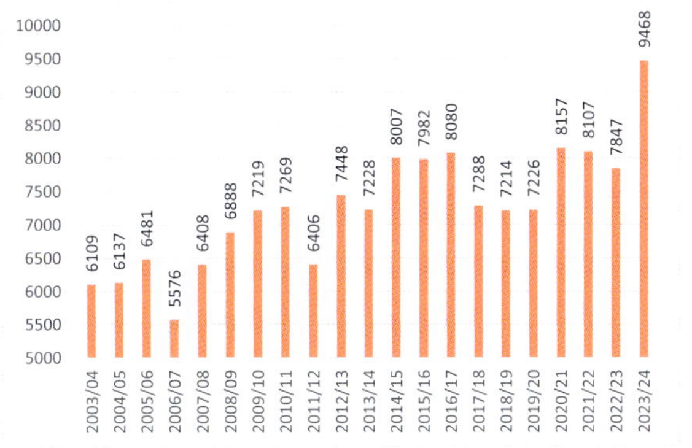

Abb. 31: Jagstreckenentwicklung für das Mufflon Quelle: DJV

Der Zuwachs wird beim Mufflon (bei Abwesenheit großer Prädatoren) mit 50 bis 70 Prozent der am 1. April vorhandenen erwachsenen weiblichen Individuen angenommen (Müller 1980, Hoefs 1982). Der Zuwachs schwankt allerdings deutlich von Jahr zu Jahr, insbesondere in Abhängigkeit von den Witterungsbedingungen im zeitigen Frühjahr und zunehmend auch in Abhängigkeit von der Anwesenheit von Prädatoren, insbesondere von Wolf und Luchs, aber auch des Schwarzwildes.

Inwieweit die aktuellen Jagdstreckendaten einen Bestandestrend wiedergeben, ist fraglich.

Die Jagdstrecke zeigte in Duetschland in den vergangenen Jahren deutliche Schwankungen, mit einem Maximum im Jagdjahr 2023/2024. Dabei ist zu berücksichtigen, dass auch ein Teil der durch Wölfe erbeuteten Mufflons in die Statistik Eingang finden.

Weitere Faktoren können ursächlich sein. So sind möglicherweise die Ausrottungstendenzen in verschiedenen Großschutzgebieten hier ebenso zu erwähnen wie die Sorge vor dem Auftreten des Wolfes. Ob letztere eher zu einer zurückhaltenden Bejagung führt oder im Gegenteil zu einer intensiveren Bejagung führt, ist sicher in jedem Revier unterschiedlich.

Management

In Bezug auf das Wildtiermanagement ist das Mufflon sicherlich eine der schwierigsten Wildtierarten.

Zum einen wird das Mufflon in zahlreichen Großschutzgebieten als Neozoon nur ungern gesehen und selbst das Vorhandensein von Prozessschutzkonzepten (vergl. Herzog 2019) hindert verschiedene Schutzgebietsverwaltungen nicht daran, die Ausrottung des Mufflons zumindest lokal zu betreiben.

Zum anderen bereiten die Wiederansiedlung des Luchses und die Rückkehr des Wolfes dem Muffelwild zusätzliche Probleme (vergl. Okarma & Herzog 2019). Wo große Prädatoren wie Wolf und Luchs vorkommen, ist abzusehen, dass insbesondere mit der Ausbreitung des Wolfes die mitteleuropäischen Mufflonbestände sukzessive verschwinden werden. Damit würden aber auch die letzten Bestände dieser (auf Korsika und Sardinien ebenfalls hochgefährdeten) Wildschafe unwiederbringlich verloren sein. Dabei spielt es aus Sicht der Erhaltung von Biodiversität und des Artenschutzes auch keine Rolle, ob es sich bei der Ausgangsform in Kleinasien um ein (möglicherweise gezähmtes) Wildschaf oder um ein jahrtausendealtes Hausschaf handelte (vergl. PIEGERT & ULOTH 2000).

So stellen die mitteleuropäischen Muffelwildvorkommen eine – meist unbeabsichtigte, aber deshalb nicht weniger wertvolle – *ex-situ*-Reserve der Biodiversität dieser Art dar, in der letztlich ein deutlich größerer Teil der genetischen Vielfalt der Art bzw. der Subspecies enthalten ist, als dies in den zahlenmäßig geringen und vom Aussterben bedrohten Inselpopulationen auf Korsika und Sardinien der Fall ist.

Diese Tatsache stellt uns heute vor ein Artenschutzproblem ganz eigener Art mit drei wesentlichen Aspekten: So ist die Art einerseits für verschiedene (fundamentalistisch orientierte) Naturschutzvertreter als sog. „Faunenverfälschung" in Mitteleuropa unerwünscht.

Andererseits verschwindet mit jedem lokalen Mufflonvorkommen Mitteleuropas ein wesentlicher Teil des weltweiten Genpools dieser Wildschafe.

Schließlich passt das Mufflon aus ökologischer Sicht durchaus in unsere Landschaft, seine Einordnung an der Grenze zwischen Grasfresser und Mischäser prädestiniert die Art, die Rolle der ausgestorbenen Wildrinder im Ökosystem zumindest in Teilen zu übernehmen (wenngleich es diese natürlich nicht vollständig ersetzen kann, vergl. z. B. HERZOG 2020). Diese Tatsache könnte in Zukunft bei der Frage der Offenhaltung von Flächen aus Gründen des Naturschutzes von großer Bedeutung sein.

Auch ein Blick in die Vergangenheit zeigt, dass in unserer heimischen Fauna vor der letzten Eiszeit zahlreiche Wiederkäuerarten existierten, welche (um dieses Bild einmal zu bemühen) eine ökologische Nische besetzten, die heute das Mufflon ausfüllt (vergl. etwa HOFMANN 1989, 1991, 1995, MARTIN 1984, REMMERT 1985, BAUMGART 1997).

In Zusammenhang mit der Offenhaltung von Flächen durch große Herbivoren kann das Mufflon somit als Schafart eine bedeutende Rolle spielen, da durch heimische Hirscharten eine solche Offenhaltung alleine nicht erreicht wird. Dabei sollte jedoch seine Anpassung an trockene, warme Lebensräume berücksichtigt werden. So wurden Mufflons beispielsweise im Jahre 1988 auf Hiddensee angesiedelt, mit dem Ziel, die gebietstypische Heidelandschaft zu erhalten (PIEGERT & ULOTH 2000).

Durch die Rückkehr des Wolfes ebenso wie durch die Wiederansiedlung des Luchses kommt es nun zu einem intrinsischen Konflikt im Naturschutz. Dieser wird allerdings nicht offen kommuniziert und auf einer sachlichen Grundlage gelöst. Stattdessen finden wir einseitige und unwahre Darstellungen (das Mufflon sei aus jagdlichen Gründen erstmals hierzulande angesiedelt), welche über das eigentliche Problem – das Aussterben einer Wildtierart und den Verlust der damit zusammenhängenden Biodiversität durch eine "Überprotektion" insbesondere des Wolfes – offenbar hinwegtäuschen sollen.

In dieser Situation versagen sämtliche rechtlichen Instrumente des Artenschutzes, sei es aus jagdrechtlicher oder aus naturschutzrechtlicher Sicht (GUBER & HERZOG 2017). Die einzige Chance, die diese Wildschafart heute noch hat, wäre eine wissenschaftlich engmaschig überwachte gezielte Schutzinitiative, welche allerdings bald umgesetzt werden müsste, um noch erfolgreich zu sein.

Ein weiteres, derzeit vor dem Hintergrund der anderen Schwierigkeiten in seiner Bedeutung allerdings zurücktretendes Problem der Mufflonbestände in Mitteleuropa war und ist das Phänomen des „Schalenauswachsens", also des überschießenden Wachstums der Hornschuhe an den Klauen. Dies wird häufig mit der Tatsache begründet, dass die Mufflons nicht an weiche Böden angepasst sind und somit die Abnutzung nur unzureichend erfolgt. Falls dies ursächlich ist, könnte auch die Selektion zumindest der männlichen Individuen nach Trophäenstärke ebenfalls eine negative Rolle spielen: richtet sich die jagdliche Bewirtschaftung einseitig auf das Hornwachstum der Schnecken aus, und gehen wir davon aus, dass dies genetisch bedingt oder mitbedingt ist, so müssen wir annehmen, dass eine trophäenorientierte Bewirtschaftung des Mufflons auch das Schalenauswachsen fördert (vergl. auch VOLMER *et al.* 1985, LUDWIG 1993).

Nicht immer hat Schalenauswachsen allerdings mit fehlender Abnutzung der Schalen zu tun. Nicht selten ist es auch die Folge einer bakteriellen Erkrankung, der sog. Moderhinke, welche sich in infektiös bedingten Veränderungen der Schalen äußert.

Mensch und Wildtier

Mufflons sind in hohem Maße tagaktiv, eine Eigenschaft, die das Muffelwild für Waldbesucher beobachtbar und attraktiv macht. Entsprechende Managementansätze, welche diese Eigenschaft nutzen, fehlen derzeit allerdings. Dies ist in den oben erwähnten aktuellen Problemen mit dieser Wildtierart geschuldet.

In Deutschland begann die Ansiedlung des Mufflon in freier Wildbahn schwerpunktmäßig zu Anfang des vergangenen Jahrhunderts (s.o.). Es ist ein heute gerne verbreiteter Mythos und keineswegs zutreffend, dass dies ausschließlich aus jagdlichen Gründen erfolgte. Der Initiator der Ansiedlung in der Göhrde beispielsweise war kein Jäger, sondern ausschließlich Tierfreund und Naturschützer.

Das Mufflon ist auch die Ausgangsform unserer heutigen Hausschafe. Es wurde vermutlich in Kleinasien erstmals domestiziert und begleitet den Menschen in Form der unterschiedlichsten Hausschafrassen seit nunmehr rund 10 000 Jahren.

Insbesondere die relative Genügsamkeit hinsichtlich der Nahrungsansprüche, welche wir beim Mufflon (s.o.) beobachten können, hat den Domestikationsprozess sicher beschleunigt, ebenso wie der vielfältige Nutzen (Fleisch, Milch, Wolle u.a.), den Hausschafe für den Menschen hatten und bis heute in vielen Regionen der Erde haben.

In Mitteleuropa hat sich in jüngerer Zeit das Nutzungsspektrum gewandelt: Während Milch, Fleisch und Wolle in der Bedeutung zurückgetreten sind, spielen Schafe heute eine wichtige Rolle im Naturschutz, indem wertvolle Offenlandbiotope durch Schabeweidung erhalten werden. Auch bei der Sicherung von Deichanlagen spielt die Beweidung durch Schafe eine wichtige Rolle: Neben dem Erosionsschutz durch eine kräftige Vegetationsdecke ist es die Trittwirkung der Tiere, welche die Oberflächen der Bauwerke regelmäßig verfestigt.

Steinbock

Capra ibex

Widerristhöhe: 70 bis 78 cm (Geißen), 85 bis 94 cm (Böcke)

Gewicht: 25 bis 65 kg (Geißen), 50 bis 140 kg (Böcke)

Paarungszeit (Brunft): Dezember/Januar

Setzzeit: Juni

Anzahl Jungtiere: Normalerweise ein Kitz

Naturgeschichte und Verbreitung

Der Steinbock oder das Steinwild ist auf der nördlichen Hemisphäre weitverbreitet, neben den Alpen etwa in den Pyrenäen, dem Kaukasus, den nordafrikanischen Gebirgen (Nubischer und Abessinischer Steinbock), den Gebirgen Sibiriens oder Zentralasiens. Bei verschiedenen Taxa, die bislang oft als eigene Arten klassifiziert werden, handelt es sich im Grunde um Unterarten ein und derselben biologischen Art, sofern das biologische Artkonzept zugrunde gelegt wird. Molekulare Untersuchungen sind, entgegen der häufig geübten Praxis, nicht zur Unterscheidung biologischer Arten geeignet. Daher ist auch die als solche sehr interessante Untersuchung zur molekularen Differenzierung in der Gattung *Capra* (Kazanskaya *et al.* 2007) in dieser Hinsicht nicht aussagefähig.

Lebensraum und Ernährung

Die Art ist optimal an Felsregionen in hochalpinen Lagen angepasst. Sie zeigt allerdings in gewissem Umfang einen jahreszeitlichen Habitatwechsel. So finden wir Steinwild im Frühjahr auf der Suche nach frischer Vegetation häufig auch in tieferen Lagen an und unterhalb der Waldgrenze. Der Sommerlebensraum liegt oberhalb der Waldgrenze, meist an Südhängen. Gräser und Kräuter werden auf den baumfreien Matten, die bis in die Felsregion hinaufreichen, aufgenommen. Lediglich in sehr heißen Sommern stellen sich die Tiere auch an der Nordseite der Bergstöcke ein. Im Winter finden wir sie auch im Bergwald, wo sie Bodenvegetation freischarren, aber sich auch von Knospen und Trieben der Gehölzvegetation

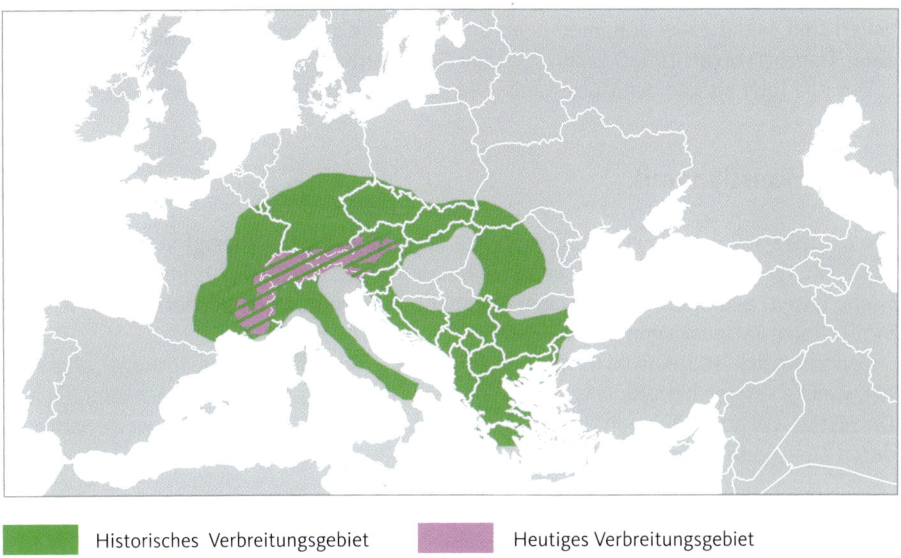

Abb. 32: Verbreitung des Alpensteinbocks (Capra ibex ibex)

ernähren (vergl. auch NIEVERGELT 1966, KLANSEK *et al.* 1995).

Das Alpensteinwild zeigt eine vergleichsweise geringe Fluchtdistanz dem Menschen gegenüber, oft beträgt diese nur wenige Dutzend Meter. Dies dürfte evolutionsbiologisch durch das Fehlen großer Prädatoren bzw. die nicht erfolgte Anpassung an diese im hochalpinen Lebensraum begründet sein: Wo es gelingt, mit wenigen Sprüngen in felsiges Terrain unerreichbar zu werden, ist eine große Fluchtdistanz nicht erforderlich. Als Prädator der noch jungen Kitze tritt vor allem der Steinadler auf. In Zentralasien ist das dortige Steinwild hingegen sehr gut an Schneeleopard oder Wolf auch in großen Höhen angepasst. Hier sind die Fluchtdistanzen auch dem Menschen gegenüber um ein Vielfaches höher.

Sozialverhalten

Lediglich während Brunftzeit (s.u.) lebt Steinwild in gemischten Rudeln. In der übrigen Zeit des Jahres lebt es meist in getrennten Bockrudeln und gemischten Geiß-Kitz-Rudeln. Steinwild ist tagaktiv. Innerhalb der Geiß-Kitz-Rudel bilden die Kitze, ähnlich wie beim Gamswild, nicht selten eigene kleinere Kitzrudel.

Fortpflanzung

Die Brunftzeit des Steinwildes liegt, ähnlich wie beim Gamswild, im Hochwinter und erstreckt sich von Dezember bis Februar. Zwischen den Böcken finden aufsehenerregende Brunftkämpfe statt, welche allerdings keine Beschädigungskämpfe darstellen. Im Wesentlichen sind es die dabei dominierenden Böcke, welche zur Fortpflanzung gelangen. Nach einer Tragzeit von bis zu 180 Tagen setzt die Geiß normalerweise ein Kitz etwa im Juni.

Das Kitz folgt alsbald der Mutter und lernt schnell, sich kletternd fortzubewegen.

Populationsdynamik

Die aktuelle alpine Steinwildpopulation hat sich aus wenigen Dutzend Individuen entwickelt. Die Folgen eines durch die massive Reduktion der Bestände bis ins 19. Jahrhundert (siehe unten) bedingten „genetischen Flaschenhalses“ wurden möglicherweise durch Hybridisation mit Hausziegen abgemildert.

Grundsätzlich ist Steinwild evolutionsbiologisch ein relativer sog. „K-Stratege“, also eine Art, welche vergleichsweise langlebig ist und eine eher geringe Zahl an Nachkommen hat. Die aktive (Wieder-)Ausbreitung im Alpenraum erfolgt daher vergleichsweise langsam durch Zuwanderung in noch unbesiedelte Täler.

Management

Von der Gran Paradiso-Region aus (siehe unten, später entstand hier ein Nationalpark) erfolgte die weitere, zunächst illegale Wiederansiedlung im Alpenraum, unterstützt durch Aostaner Bergbauern und Wilderer. Sie fingen Steinkitze, zogen sie mit der Flasche auf und schmuggelten sie über Alpenpässe zunächst ins Wallis (GIACOMETTI 2007). Ein Ziel des ersten Eidgenössischen Jagdgesetzes von 1875 war die Wiederansiedlung des Steinwildes in den Jagdbanngebieten der Schweiz. Aber erst die zielorientierten „Geschäfte" zwischen dem Wildpark Peter und Paul in St. Gallen und den Wilderern im Aostatal, offensichtlich stillschweigend geduldet vom Eidgenössischen Innenministerium, führten am 22. Juli 1906 zu ersten Erfolgen. Eine florierende Zucht konnte in St. Gallen aufgebaut werden, der 1915 eine weitere Zuchtstation im Alpenwildpark Harder bei Interlaken im Berner Oberland folgte. 1911 wurde die erste Freilandkolonie im Kanton St. Gallen gegründet; weitere folgten bis zu Beginn des Zweiten Weltkrieges. Steinböcke aus den Schweizer Wildparks kamen bereits vor dem Zweiten Weltkrieg u. a. auch über verschiedene zoologische Gärten nach Bayern und Österreich. Allerdings hatte bereits 1876 Fürst PLESS versucht, Tiere auf seiner Jagd im Tennengebirge bei Salzburg anzusiedeln. Im Hagengebirge wurde Steinwild im Blühnbachtal in den Jahren 1924 bis 1927 ausgewildert. Aus einem 1936 am Königssee errichteten Gatter ließ man 24 Individuen im Jahre 1944 frei (AUSSERER 1947). Diese Tiere stammten zum Teil aus dem Berliner Zoo und wanderten in den ersten Jahren ins Bühntal ab.

HECK (1941) verdanken wir einen Bericht über die damals noch mühevollen Transporte des Steinwildes von Berlin in das Gatter bei Berchtesgaden: „Innerhalb von 24 Stunden war jedes Mal das seltene Wild in Berlin verfrachtet und in den Alpen ausgesetzt, und doch welche Mühe und Anstrengungen kostete es! Zwölf Stunden fuhr es nach Berchtesgaden mit dem fahrplanmäßigen Schnellzug, dann mit dem Auto bis zum Königssee. Anderthalb Stunden dauerte die Überfahrt im Motorboot über den 8 km langen See bis an sein jenseitiges Ende, wo eine kurze Landpartie im Schubkarren eingelegt wurde, bis der Obersee erreicht wurde. Wenn dieser mit dem Flachboot überwunden war, gab es eine Schlepperei von anderthalb Stunden taleinwärts bis zum Fuß der Röthwand. Hier wurde eine leichte, von Pionieren erbaute Drahtseilbahn benutzt, um die Kästen mit dem seltenen Wild über die fast senkrechte, mehrere hundert Meter hohe Röthwand hinaufzuschaffen, was uns drei Stunden Zeit kostete. Dann begann ein weiterer schwieriger Anstieg, bei dem die Träger Unglaubliches leisteten, und wenn auch diese letzte Kletterei nach zwei Stunden überwunden war, standen wir vor der Einlasstür des Gatters, und die Steinböcke wurden in die Freiheit entlassen. Doch alle diese Mühen und Beschwerden wurden gern ertragen, weil es dadurch gelungen ist, für die herrlichste Wildart der Hochalpen eine neue Freistätte zu schaffen, und hoffentlich kommt bald die Zeit, wo von dort aus der edle Steinbock auf dem ganzen schönen Gebirgsstock der Berchtesgadener Berge seine Einstände in Besitz nimmt".

Seit 1953 entstanden durch weitere Umsiedlungsaktionen in rascher Folge zahlreiche neue Kolonien in der Schweiz, Österreich, Frankreich und Deutschland. Heute ist der Steinbock in weiten Gebieten des alpinen Lebensraumes wieder eine bejagbare Art (vergl. GIACOMETTI 1991, ZOBER *et al.* 2001). Über 30 000 Individuen, rund zwei Drittel der Gesamtpopulation, leben in der Schweiz und Italien, mehrere Tausend Tiere in Frankreich und Österreich. In Liechtenstein, Slowenien und Deutschland sind kleinere Vorkommen vorhanden.

Ob die Tatsache, dass es immer wieder auch zu Einkreuzungen von Hausziegen kam (Giacometti *et al.* 2004) – trotz vergleichsweise geringer genetischer Variabilität des Steinwildes –, zur Erfolgsgeschichte des Wiederansiedlungsprojektes beigetragen hat, ist eine offene Frage. Ähnlich wie beim Wisent sollten wir solche Hybridisierungen in geringem Ausmaß nicht *a priori* und ausschließlich negativ sehen, sondern darin auch eine Chance im Sinn einer höheren Anpassungsfähigkeit der Population erkennen.

Mensch und Wildtier

Kaum ein anderes Wildtier im Alpenraum hat im Volksglauben solch eine wichtige Rolle gespielt wie das Steinwild. Es gibt kaum ein Körperteil, welches nicht von der bäuerlichen Bevölkerung der hochalpinen Regionen genutzt wurde oder sogar in der Volksheilkunde Verwendung fand. Blut, Milz und Knochenmark fanden ebenso für medizinische Zwecke Verwendung wie das Horn oder die Bezoare (kugelförmige, harte Gebilde aus Haaren, Harz und anderen Substanzen, welche sich im Pansen bilden). Die Knorpel der Herzklappen galten als sog. „Herzkreuz" als ein Mittel, welches den Träger unverwundbar machte. Aufgrund der geringen Fluchtdistanz der Tiere waren sie – hatte ein Mensch erst einmal den Aufstieg in entsprechende Höhenlagen geschafft – vergleichsweise leicht zu erbeuten.

Seit dem späten Mittelalter wuchs daher der Wildereidruck auf die Art und bereits seit Mitte des 16. Jahrhunderts sind körperliche Strafen für die Wilderei erwähnt. Der Niedergang der Art setzte sich nicht zuletzt aufgrund der Auseinandersetzungen im Rahmen des Dreißigjährigen Krieges, etwa der sog. „Bündner Wirren", fort und die massive Übernutzung führte zu einem stetigen Bestandesrückgang.

Zu Beginn des 19. Jahrhunderts war das Steinwild nahezu ausgerottet. Die Trendwende kam mit der Gründung des Königreiches Italien im Jahre 1861. König Vittorio Emanuele II., ein Naturfreund und passionierter Jäger, stellte die Restpopulation von wenigen Dutzend Individuen am Gran Paradiso, dem späteren Nationalpark, unter Schutz. Somit war das Steinwild in Europa ein wichtiger Schrittmacher für die Nationalparkbewegung.

Gämse

Rupicapra rupicapra

Widerristhöhe: 65 bis 75 cm (Geißen) 75 bis 86 cm (Böcke)

Gewicht: Geißen 40 kg, Böcke bis 50 kg

Paarungszeit (Brunft): November/Dezember

Setzzeit: Mai/Juni

Anzahl Jungtiere: Normalerweise ein Kitz

Naturgeschichte und Verbreitung

Die Gämse oder Gams (regional unterschiedlich auch „der“ oder „das“ Gams genannt) kommt in den meisten Hochgebirgen Europas einschließlich des Kaukasus vor und wird in mehrere Subspecies eingeteilt.

In den Alpen findet sich eine noch vergleichsweise umfangreiche Population, die sich derzeit aus mehreren, möglicherweise voneinander isolierten Teilpopulationen zusammensetzt. Derzeit werden hier zwei Unterarten (*Rupicapra rupicapra rupicapra und R. r. cartusiana*) ausgeschieden. In den Pyrenäen und Nordspanien wird teilweise sogar eine eigene Species postuliert („*pyrenaica*“), wobei es sich allerdings nicht um eine eigenständige biologische Art handelt. Die Subspecies *R. r. tatrica, R. r. carpatica, R. r. balcanica, R. r. caucasica* und *R. r. asiatica* finden wir in den ost- bzw. südosteuropäischen Gebirgen (vergl. Abb. 33).

Wenngleich eine typische alpine Art, so gibt es doch auch Gamsvorkommen in den Vorlagen des Hochgebirges und in Mittelgebirgen. In den alpennahen Mittelgebirgen wurde in der Vergangenheit immer wieder über vermeintlich autochthone oder auch zugewanderte kleine Gams(sub)populationen berichtet. Zu den interessantesten Phänomenen gehört dabei sicher das Vorkommen im Schwarzwald. Noch im 14. Jahrhundert galt die Gams dort als Standwild, sodass man von einem autochthonen Bestand bis zu dieser Zeit ausgehen kann. Später scheint es regelmäßige Zuwanderungen aus den Alpen gegeben zu haben, in den 1930er Jahren wurden zusätzlich einzelne Tiere angesiedelt. Demgegenüber scheinen in der Population Nordböhmens und der Sächsischen Schweiz Aussetzungen schon seit über 400 Jahren eine bedeutende Rolle gespielt zu haben (Knaus & Schröder 1975).

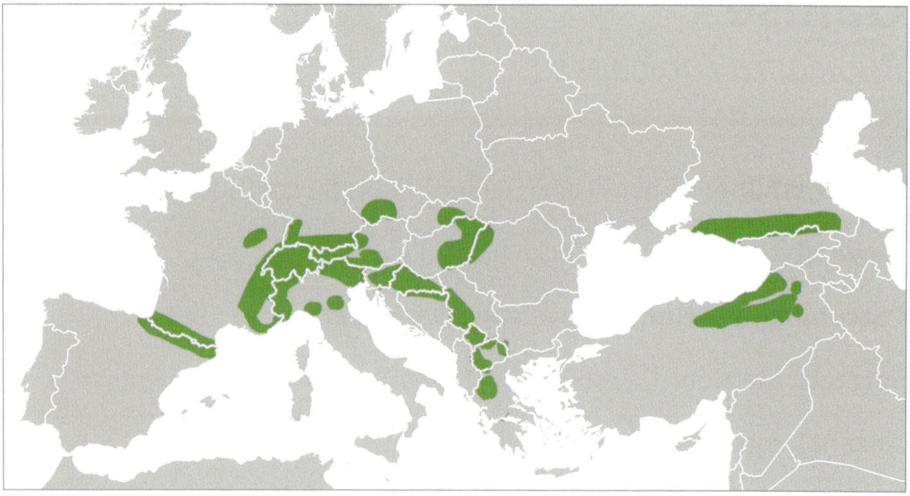

Abb. 33: Verbreitung des Gamswildes

Aktuell finden wir Hinweise auf unterschiedliche Bestandesentwicklungen in unterschiedlichen Teilen des Alpenraumes. Lokal scheint es zu Bestandes-, aber auch Arealzunahmen zu kommen, andernorts scheinen die Bestände abzunehmen oder es besteht eine unklare Situation (Tasser *et al.* 2021).

Lebensraum

Die Gams gilt landläufig als eine typische Art des hochalpinen Lebensraumes, welche je nach Jahreszeit oberhalb der Waldgrenze, aber auch in der Bergwaldregion lebt. Zunehmend besiedelt die Art allerdings auch bewaldete tiefere Lagen des südlichen und nördlichen Alpenrandes (Nerl *et al.* 1995, Miller & Corlatti 2011, Miller *et al.* 2020).

In den Alpen besiedelt die Gams typischerweise einen Bereich zwischen etwa 1500 und 2500 Meter über N.N.

Mit der geographischen Verbreitung der Art hängt derzeit auch die Diskussion um die „Waldgams“ zusammen. Gämsen können auch ganzjährig im Wald leben, sofern sie dort ein ausgeprägtes Relief mit Felsen und Hangeinschnitten vorfinden. Die Gams können wir demzufolge auch als eine Art „steiler Lagen“ ansehen, unabhängig von der Höhenlage der Lebensräume (Lovari & Ferretti 2014). Zu der Frage, warum sich Gams nicht alleine in den hochalpinen Regionen oberhalb der Waldgrenze aufhalten, sondern große Teile des Jahres oder auch das ganze Jahr im Waldgürtel verbringen, können wir heute unterschiedliche Hypothesen formulieren. So ist es zunächst, wie bereits bemerkt, nicht außergewöhnlich, dass sich Gams auch in tieferen Lagen einstellt. Dies scheint die Konsequenz einer offenbar großen ökologischen Amplitude im Sinne einer hohen genetischen oder physiologischen Anpassungsfähigkeit zu sein (vergl. auch Reimoser 2002). Während Schröder (1982) bei dem Phänomen „Waldgams“ von einer vergleichsweise jungen Entwicklung ausgeht, kommen Baumann & Struch (2002) zu dem Schluss, dass es die Waldgams bereits in der Urwaldlandschaft der Jungsteinzeit in der heutigen Schweiz gegeben habe. Es spricht allerdings einiges gegen die Annahme, dass es sich bei der Waldgams um einen eigenen Ökotyp oder gar eine Subspecies handelt. Vielmehr scheint es eine „Durchlässigkeit“ zwischen den unterschiedlichen Biotopen bzw. Teilpopulationen zu geben. Es spricht demgegenüber vieles dafür, dass Gams ebenso in den Wald gehören wie Rehwild oder Auerwild (Miller *et al.* 2020) und die Besiedlung von Waldlebensräumen die „Rückeroberung“ ursprünglicher Habitate darstellt, in denen die Gams vor allem durch den Menschen verdrängt wurde. Ob etwa Ausweichreaktionen auf Störungen oberhalb der Waldgrenze (insbesondere Tourismus und Freizeitaktivitäten, vergl. Ingold *et al.* 1994) oder eine gewisse Steigerung der Lebensraumattraktivität durch menschliche Eingriffe (Weiden, Wegebau, Kahlschläge, vergl. Baumann & Struch 2002) zusätzlich eine Rolle spielen, erscheint dabei zweitrangig.

Interessant ist bei dieser hochalpinen Art auch die Frage, welche Rolle die Auswirkungen des Klimawandels für die zukünftige Lebensraumnutzung spielen. Die Möglichkeit, südexponierte Lagen zu meiden oder auch in Wäldern (Schatten!) zu leben, dürfte den durch einen Anstieg der mittleren Temperatur um ein bis zwei Kelvin verbundenen Lebensraumverlust in den Hochlagen kompensieren. Ein größeres Problem stellen möglicherweise langanhaltende und hohe Schneelagen dar, wie sie aufgrund der höheren Niederschläge für die Zukunft durchaus häufiger auftreten können. Dies und das mögliche Ansteigen der Waldgrenze dürfte langfristig dazu führen, dass Wälder in Zukunft noch häufiger von der Gams als Lebensraum genutzt werden.

Ernährung

In extremen Lebensräumen, wie sie das Gamswild besiedelt, ist die Energieversorgung über die Nahrung ein wichtiges Thema. Nicht nur, aber besonders auch in hochalpinen Lebensräumen bringen Störungen, z. B. durch Tourismus, insbesondere Wintersport abseits ausgewiesener Flächen, große Probleme für die Tiere mit sich.

Gamswild ist ein sogenannter „intermediärer" Äsungstyp oder Mischäser, welcher typischerweise sowohl eiweißhaltige Kräuter, Knospen holziger Pflanzen, aber auch Gräser nutzt. Im Winter werden trockenes Gras, Beersträucher, aber auch Moose und Flechten und Knospen genutzt. Soweit wir heute wissen, werden über 300 Pflanzenarten von der Gams genutzt. Während des Sommers wird eine Feistschicht aufgebaut, welche den Energiebedarf des Winters zu wesentlichen Teilen deckt. Dazu ist es allerdings erforderlich, dass die Tiere nicht durch menschliche Aktivitäten immer wieder beunruhigt werden.

Hochwertige Sommeräsung ist zu unterschiedlichen Zeiten an unterschiedlichen Stellen zu finden. Dies ist insbesondere für führende Geißen wichtig. Eiweißreiche Kräuter, z. B. *Trifolium thallii*, sind für eine hohe Qualität der Muttermilch bedeutsam. Bei guter Nahrungsverfügbarkeit nehmen Kitze gut zu, bei geringerer Verfügbarkeit hochwertiger Nahrung gehen Geißen und Kitze mit geringen Gewichten in den Winter. Dies kann zu einer erhöhten Wintermortalität und zu geringen Gewichten der im kommenden Frühjahr gesetzten Kitze führen (Scornavacca *et al.* 2018).

Die Beweidung im Rahmen der Almwirtschaft spielt für die Nahrungssituation der Gams eine differenzierte Rolle. Einerseits führt gerade die Beweidung der Almen zu einer hohen Qualität der Äsung, andererseits führt eine zu intensive Nutztierbeweidung auch zu einer Nahrungskonkurrenz. Dieses sehr labile Gleichgewicht ist derzeit Gegenstand verschiedener wissenschaftlicher Untersuchungen (vergl. z. B. La Morgia & Bassano 2009).

Im Winter überwiegt beim Gamswild die faserreiche Äsung. Nach der Brunft sucht es, in Abhängigkeit von der aktuellen Schneedecke, Wintereinstandsgebiete in möglichst sonnigen Lagen mit zugänglicher Grasvegetation auf. Hier kann die Zeit von Ende Dezember bis Ende April energiesparend bei reduzierter Stoffwechselaktivität überdauert werden. Die Abwesenheit von Störungen ist dabei besonders bedeutsam.

Sozialverhalten

Das Sozialverhalten und das Zusammenleben der Individuen sind bei der Gams je nach Geschlecht und Jahreszeit unterschiedlich. Positive und negative Assoziationen sind deutlich ausgeprägt. Positive Assoziationen führen zur Rudelbildung. Das Zusammenleben in Rudeln dient der Feindvermeidung und der Nutzung spezifischer Nahrungsressourcen. Die

Rudelgrößen variieren von wenigen Individuen bis zu großen Verbänden. Neben jahreszeitlichen Unterschieden spielen auch das Geländerelief und die Abundanz eine Rolle. Stabile Assoziationen, wie wir sie vom Rotwild kennen, sind bei der Gams eher selten. Die kleinste und stabilste Einheit eines Gamsrudels ist die Geiß mit ihrem Kitz. Nicht selten steht eine Jährlingsgeiß, gelegentlich auch ein Jährlingsbock dabei. Ein solches Gynopädium bildet die Grundstruktur eines Rudels.

Geißen stehen mit ihren Kitzen typischerweise in Rudeln zusammen, während Böcke, insbesondere ältere Böcke, oft solitär oder in eigenen Rudeln leben. Die sog. Scharwildrudel, bestehend aus Geißen, Kitzen und Jährlingen, stehen im Spätwinter und Frühjahr oft auf tiefer gelegenen Wiesen und stellen sich im Laufe des Sommers entlang eines durch die Verfügbarkeit proteinreicher Nahrung bestimmten Höhengradienten ein.

Im Hochsommer bilden die Kitze oftmals „Kindergärten", von einzelnen sichernden Geißen betreut. Müssen die Tiere allerdings fliehen, so sortieren sich die Kitze schnell und flüchten im engen Kontakt zu ihrer jeweiligen Mutter.

Aggressive Verhaltensweisen finden wir bei der Gams vorwiegend als gleichgeschlechtliche Auseinandersetzungen, also entweder zwischen Böcken oder zwischen Geißen. Auffälligste aggressive Verhaltensweisen sind das Drohen, das Hornen, das Markieren sowie Imponierverhalten und, mit deutlichen saisonalen Spitzen, der Rivalenkampf. Details zu den einzelnen Verhaltensweisen finden sich bei KRÄMER (1969).

Der typische Kontaktlaut, etwa zwischen der Geiß und Kitz, ist ein ziegenartiges Meckern. Insbesondere in der Brunft ist auch von den Böcken ein solcher Laut zu hören, das sogenannte „Blädern". Als Warnlaut dient das Pfeifen, wobei Luft mit hoher Geschwindigkeit durch die Nase ausgestoßen wird. Dieser Pfeiflaut ist als Warnlaut angeboren und wird auch über Artgrenzen hinweg (Steinwild, Murmeltier) „verstanden".

Die Verteilung des Gamswildes im Raum ist letztlich das Resultat aus Gruppenbildung einerseits und aggressiven Verhaltensweisen andererseits. Während das Anschlussbedürfnis der Tiere untereinander zur Rudelbildung führt, haben aggressive Verhaltensweisen eine eher dispergierende Wirkung. Ein Beispiel dafür bilden die Sommerterritorien einzelner Böcke, die sehr unterschiedlich ausgeprägt sein können. Erwachsene Böcke leben entweder in Gruppen oder aber einzeln in kleinen Territorien, welche gegen Artgenossen vehement verteidigt werden. Dabei scheint es so zu sein, dass individuelle Territorien eher in struktur- und deckungsreichen Landschaften, insbesondere in tieferen Lagen und an den Rändern des Gamsvorkommens, gebildet werden.

Fortpflanzung

Die Gamsbrunft im November und Dezember fällt in eine Zeit, welche im typischen Lebensraum mit hohen Schneelagen und tiefen Temperaturen und somit aus energetischer Sicht ausgesprochen ungünstigen Umweltbedingungen verbunden ist. Dies erfordert eine komplexe evolutionäre Anpassung der Species an diese besondere Situation.

Wichtig ist dabei die Vermeidung von anhaltendem Stress. Zu Beginn der Brunft sind die

Gamsböcke mit dem Festlegen ihrer Rangordnung beschäftigt. Dabei spielen individuelle Interaktionen zwischen einzelnen Individuen, insbesondere die Tatsache, dass sich einzelne Böcke auch individuell kennen, und die Altersstruktur des Bestandes eine wichtige Rolle. Bei geringem Durchschnittsalter der Böcke dauert diese Phase vergleichsweise lang (vergl. Gonzales & Crampe 2001, Miller & Corlatti 2014). Dies führt dazu, dass in sozial destabilisierten Gamsbeständen die Böcke bereits geschwächt in die Brunft eintreten.

Die Geißen zeigen sich vom Brunftbetrieb eher wenig beeindruckt. Die Synchronisation der Ovulation innerhalb einer Gruppe erfolgt durch führende, alte, ranghohe Individuen. Damit wird gewährleistet, dass die Brunft in einem definierten Zeitraum abläuft, sofern auch die Altersstruktur und damit die Rangordnung unter den Böcken dies unterstützt. Nicht beschlagene, meist junge Geißen stellen insofern ein großes Problem dar, als sie nach drei bis vier Wochen erneut ovulieren und damit der gesamte Brunftbetrieb in die Länge gezogen wird. Der Testosteronspiegel der Böcke bleibt hoch, eine winterliche Stoffwechselreduktion erfolgt nicht (Miller & Corlatti 2014).

Bei regulärem Brunftverlauf werden die Kitze Mitte Mai bis Anfang Juni gesetzt. Eine Gamsgeiß setzt in der Regel ein Kitz, selten zwei und in sehr seltenen Ausnahmen auch einmal drei Kitze.

Bei einem hinausgezögerten Brunftbetrieb kommen Kitze erst Mitte oder Ende Juni zur Welt, was entsprechend negative Folgen für deren Entwicklung und Kondition im kommenden Winter hat.

Populationsdynamik

Wie schnell ein Gamsbestand anwachsen oder auch abnehmen kann, hängt im Wesentlichen von Anzahl, Altersverteilung und Kondition der Geißen ab. Im günstigsten (Ausnahme-)Fall können schon zweijährige Geißen Kitze setzen. Diese Geißen werden als Jährlingsgeiß beschlagen. Geißen im Alter von vier bis elf Jahren zeigen die höchste Vermehrungsleistung. Sind sie in guter körperlicher Verfassung, setzen sie jährlich ein Kitz. Von den über zwölfjährigen Geißen setzen, ähnlich wie bei den dreijährigen, etwa zwei Drittel ein Kitz.

Der jährliche Zuwachs, also die Zahl der bis ins nächste Jahr überlebenden Jungtiere, liegt beim Gams in den hochalpinen Vorkommen bei etwa 10 bis 12 Prozent, in den klimatisch günstigeren, tieferen Lagen etwa zwischen 15 und 18 Prozent. Er lässt sich einfach aus der Zahl der einjährigen Individuen im Verhältnis zum Sommerbestand des Vorjahres ermitteln (siehe

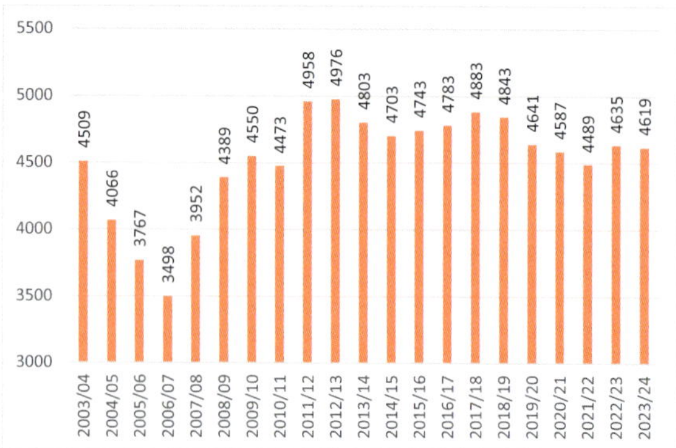

Abb. 34: Jagdstreckenentwicklung für die Gämse. *Quelle: DJV*

auch MILLER 2022).

Die Mortalität beim Gamswild wird neben der Bejagung insbesondere durch harte Winter, am ehesten durch Schneehöhe und Dauer der Schneelage definiert, sowie gelegentlich durch Krankheiten bestimmt. Letztere werden immer dann relevant, wenn Tiere, etwa im Laufe des Winters, hochgradig geschwächt sind und dann latent vorhandene bakterielle oder parasitäre Infektionen (teilweise vom Weidevieh übertragen) akut werden (vergl. z. B. POSAUTZ *et al.* 2014). Gamsblindheit (durch *Mycoplasma conjunctivae* verursacht) und Gamsräude (eine parasitäre Erkrankung durch die Räudemilbe *Sarcoptes rupicaprae*) können seuchenhaft auftreten und mit hoher Mortalität verbunden sein. Gerade letztere kann lokal den Bestand bedrohen (vergl. z. B. MILLER 1986, DEUTZ 2002).

Management

Die Ausdehnung der Freizeitgesellschaft in alpine und hochalpine Regionen einerseits und eine zunehmende Tendenz, anthropozentrische Ziele über die Interessen von Wildtieren zu stellen, lässt heutzutage auch die Gams mehr und mehr an den Problemen teilhaben, welchen die anderen großen einheimischen Huftierarten schon seit Langem ausgesetzt sind.

Zentrale Probleme des Gamswildes sind heute einerseits die zunehmende Störungsintensität durch Freizeitnutzung der Lebensräume und andererseits die fehlende Nachhaltigkeit der Bejagung in einigen Regionen.

Bezüglich der Störungen sind es Sportarten wie die alpinen Skidisziplinen, insbesondere im Tiefschnee abseits der Pisten, oder das Gleitschirmfliegen, die eine extreme Stressbelastung der Tiere bedingen, welche ihrerseits im Winter zum Tode durch Entkräftung und ganzjährig zu einer massiven Zunahme der Verbissbelastung des Waldes führt (vergl. z. B. STAHEL 1983, REIMOSER *et al.* 1987, SCHNIEDRIG *et al.* 1991, INGOLD *et al.* 1994, REIMOSER 1999). Bislang sind es vor allem Maßnahmen der Aufklärung der Bevölkerung und Öffentlichkeitsarbeit, zusammen mit ersten Verordnungen (z. B. Festlegung von Zonen für das Gleitschirmfliegen), welche das Problem lokal abmildern, allerdings bislang nicht lösen konnten.

Abb. 35: Sportarten wie Gleitschirmfliegen bedeuten für Tiere des hochalpinen Lebensraumes wie Gämsen, aber auch Rothirsche und Steinwild, oft ein hohes Maß an Stress.

Wie bei allen heimischen Schalenwildarten, zu deren Lebensraum auch der Wald gehört, wird das Gamswild von manchem heute als Problem, als eine „schädliche“ Tierart gesehen. Auch hier ist es allerdings wie in den meisten Fällen vor allem der Mensch und nicht die Wildart, welche die Probleme schafft. So gibt es in der Tat Situationen, in denen es sinnvoll erscheint, gezielt und mit den richtigen jagdlichen Instrumenten in die Waldgamspopulation einzugreifen. Diese Situationen sind allerdings aus ökologischer Sicht deutlich seltener, als von interessierter Seite immer wieder behauptet wird. Dort, wo intensivere Eingriffe in die Population erforderlich sind, sollte dies lokal und konzentriert erfolgen. Dies ist deutlich effektiver und effizienter als großflächige Eingriffe, welche durch ein fachlich gutes Management überflüssig werden. Immer wieder auftauchende, offen kommunizierte oder hinter euphemistischen Phrasen versteckte Bestrebungen, die Gams im Wald auszurotten, sind definitiv abzulehnen.

Aktuell erfolgt die Bejagung des Gamswildes oftmals nicht nachhaltig. So finden wir beispielsweise ältere Böcke das ganze Jahr über in tieferen Lagen, wo sie sich hinsichtlich ihres Energiehaushaltes, aber auch hinsichtlich der Raumnutzung auf die Brunft im Spätherbst vorbereiten. Eine intensive und undifferenzierte Bejagung des Gamswildes im Wald führt zu einem überproportionalen Eingriff gerade in diese soziale Gruppe (vergl. z. B. Corlatti *et al.* 2011).

Auch in Bezug auf die Gams fehlt darüber hinaus oft die Einsicht, dass eine immer intensivere Bejagung in Verbindung mit immer intensiveren Störungen durch Freizeitnutzung der Natur die wichtigste Ursache für Fraßeinwirkungen im Wald darstellt. Diese Situation verhindert bislang eine nachhaltige Problemlösung.

Interessant erscheint auch der Zusammenhang zwischen Steinadler und Gams. Gamswild ist für den Steinadler eine wichtige Beute. Gerade in den thermisch begünstigten südost- bis südwestexponierten Bereichen finden sich typischerweise auch günstige Gamslebensräume (Eberhardt *et al.* 2002). Hier müssen wir also neben der Waldsituation, der Situation der Gams und ggf. des Rotwildes auch noch den Steinadler im Rahmen eines fachgerechten, integrativen Wald- und Wildmanagements berücksichtigen.

Mensch und Wildtier

Das Gamswild besitzt im Alpenraum seit jeher eine besondere Bedeutung für die Menschen. Traditionell meist dem Hochwild zugehörig, d.h. jagdlich dem Adel oder gar dem Landesherrn vorbehalten, ist es vielfach die Wilderei, die illegale Jagd auf die Gams, welche im Mittelpunkt unzähliger Berichte, aber auch Legenden und belletristischer Literatur, insbesondere aus dem 19. Jahrhundert, steht.

Dass gerade das Gamswild in zahlreichen Wildererzählungen des vorletzten Jahrhunderts eine Rolle spielt, ist sicherlich auch der im alpinen Raum eng verwobenen Verbindung zwischen (krimineller) Wilderei einerseits und (oft als Freiheitskampf interpretiertem) Widerstand gegen die Obrigkeit geschuldet. Der Wilderer, der die körperlichen Fähigkeiten besitzt und mutig genug ist, der Gams in ihrem hochalpinen Lebensraum nachzustellen, und sich in dieser Region notfalls leicht über Landesgrenzen hinwegbewegen kann, wird als Sinnbild der Freiheitsliebe, ja des Freiheitskampfes interpretiert. Dies gilt umso mehr, als die meisten Zeitgenossen mit der Sorge um das tägliche Auskommen in der Landwirtschaft mehr als genug beschäftigt waren.

Heute ist es insbesondere das Erlebnis der Wildbeobachtung, welches Bergwanderer mit diesen tagaktiven Tieren verbindet und welches die Tiere zu einer ikonischen Charakterart des Alpenraumes macht.

Feldhase

Lepus europaeus

Körperlänge: 51 bis 62 cm

Gewicht: 3 bis 6 kg

Paarungszeit (Rammelzeit): Ende Dezember bis Anfang Oktober

Wurfzeit: März bis November

Anzahl Jungtiere: 3- bis 4-mal jährlich 2 bis 3

Systematik und Verbreitung

Feldhasen gehören der Ordnung der Hasenartigen und darunter der Familie der Echten Hasen (Leporidae) an.

Die Art ist in weiten Teilen der südwestlichen Paläarktis verbreitet; es umfasst heute große Teile Westeuropas (auf den britischen Inseln wurde der Feldhase angesiedelt!), im Norden bis ins mittlere Skandinavien (angesiedelt im Süden Schwedens), im Osten bis zum Ural und (durch Ansiedlungen) auch darüber hinaus bis zu einer gedachten Linie Aralsee-Omsk.

Im Süden finden wir Feldhasen bis in den Mittelmeerraum (angesiedelt auf Korsika und in Süditalien), im Südosten bis zum Schwarzen Meer und dem Kaukasus. Die Höhenverbreitung im Gebirge reicht bis etwa 2500 m. In den Alpen und in Skandinavien finden wir Überschneidungen mit dem Areal des Alpenschneehasen.

Außerhalb Eurasiens finden wir anthropogen angesiedelte Feldhasenpopulationen im Osten Nordamerikas, im Süden Südamerikas, in Neuseeland sowie im Süden und Osten Australiens (einschließlich Tasmanien).

Lebensraum und Raum-Zeit-Verhalten

Feldhasen sind ausgesprochen wärmeliebend und benötigen offene bis halboffene Landschaften. Als ursprüngliche Steppenart ist der Feldhase auch ein Profiteur strukturreicher

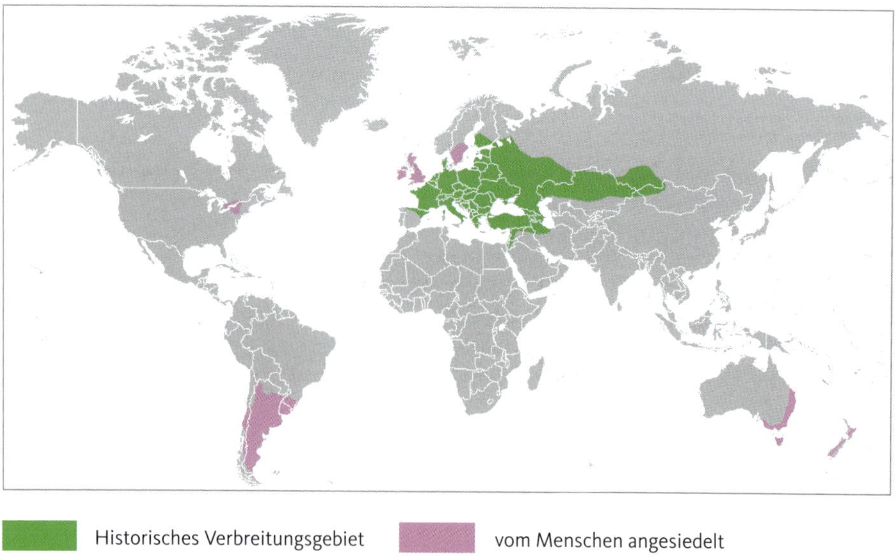

Abb. 36: Verbreitung des Feldhasens

Agrarlandschaften. Erst die extrem artenarmen, monotonen, industrialisierten Agrarlandschaften, die im späten 20. und frühen 21. Jahrhunderts in vielen Regionen Europas entstanden sind, geben der Art nur noch sehr bedingt Lebensraum. (Lichte) Wälder werden ebenfalls, allerdings in deutlich geringerer Dichte, besiedelt.

Der Feldhase zeigt wie viele andere Arten zunehmend Urbanisationserscheinungen, d.h. auch der städtische Siedlungsraum wird zunehmend genutzt.

Witterung und Klima spielen für die Lebensraumnutzung des Feldhasen eine nicht unbedeutende Rolle. So sollte sich die Jahresniederschlagsmenge unter 500 mm pro Jahr bewegen und die mittlere Jahrestemperatur über 8 Grad Celsius liegen. Auch wenn Feldhasen im Gebirge deutlich höher verbreitet (s.o.) sind, so nehmen die Besiedelungsdichten bereits ab einer Höhe von 400 m über N.N. ab. Generell können Feldhasen durchaus relativ ungünstige Lebensräume besiedeln, sie erreichen dort allerdings nur geringe Abundanzen.

Die Streifgebiete in optimalen Lebensräumen gibt MÜLLER (1980) mit 4 bis 10 Hektar für Häsinnen und mit 10 bis 38 Hektar für männliche Hasen (sog. Rammler) an.

Dabei leben Hasen sehr ortstreu und kehren nach Störungen regelmäßig in ihren Kernlebensraum zurück. Jahreszeitliche Verschiebungen der Streifgebiete entstehen beispielsweise durch großflächige Erntemaßnahmen (vergl. auch SCHNEIDER 1978, MÜLLER 1980, SCHAI-BRAUN & HACKLÄNDER 2016, BOCK 2020).

Feldhasen gelten als Einzelgänger, leben allerdings auch außerhalb der Fortpflanzungszeit (die sich im Übrigen über weite Teile des Jahres erstreckt) durchaus gesellig, insbesondere beim Äsen.

Aufgrund umfangreicher olfaktorischer Markierung, z.B. mittels Wangenorgan, Kot und Urin (letztere dürften auch optische Markierungen darstellen) kommt es vergleichsweise selten zu territorialen Auseinandersetzungen (vergl. SCHNEIDER 1978, MÜLLER 1980).

Ernährung

Die Nahrung des Feldhasen ist rein pflanzlich und insgesamt ausgesprochen abwechslungsreich. So beschreibt bereits BRÜLL (1973) allein für Schleswig-Holstein 77 unterschiedliche aufgenommene Pflanzenarten.

Im Zentrum stehen dabei die Pflanzen des artenreichen Grünlandes. Allerdings beeinflussen landwirtschaftliche Kulturen nicht unerheblich die Zusammensetzung der Äsung: Im Winter und Frühjahr spielen Wintersaaten eine große Rolle, im Sommer dann Mais, Klee, Gräser vom Intensivgrünland und Sommergetreide; im Herbst dort, wo angebaut, gerne auch Kohl und Rüben (vergl. auch REICHLIN *et al.* 2006).

Im Winter, aber auch in Waldlebensräumen nimmt der Feldhase gerne die Rinde von Bäumen an.

Der Wasserbedarf wird im Wesentlichen aus der Grünäsung gedeckt, in Trockenzeiten trinken Hasen auch mit Hilfe der Zunge (MÜLLER 1980).

Der Feldhase zeigt, wie alle Hasenartigen, eine ernährungsphysiologische Besonderheit: Schwer verdauliche Pflanzenteile können durch symbiontische Bakterien im Blinddarm aufgeschlossen werden. Dadurch werden zwei unterschiedliche Sorten von Losung (Kot) produziert. Die Blinddarmlosung ist weicher als die normalen Kotpellets und wird direkt beim Ausscheiden wieder aufgenommen (Caecotrophie).

Fortpflanzung

Die Fortpflanzungszeit erstreckt sich über große Teile des Jahres, sie beginnt bereits Ende Dezember und dauert bis Anfang Oktober. Zu dieser Zeit finden wir zahlreiche Hasen oftmals auf offenen Plätzen oder abgeernteten Feldern beieinander; im Verlauf dieser „Gruppenbalz“ finden sich die Partner. Dabei kommt es auch zu Auseinandersetzungen zwischen rivalisierenden Rammlern, mit Imponier- und Drohverhalten, aber auch teils heftigen Kämpfen. Gelegentlich beteiligen sich auch Häsinnen an derartigen Auseinandersetzungen.

Nach 42 bis 43 Tagen Tragezeit werden 2 bis 3 (gelegentlich bis zu 6) Junghasen geboren.

Ab dem 38. Tag der Trächtigkeit kann es zur sog. Superfekundation kommen, d.h. die Häsin kann in einem anderen Uterushorn erneut trächtig werden.

Die Junghasen sind bei Geburt behaart und sehend und somit morphologisch „Nestflüchter“, ethologisch allerdings „Nesthocker“, die von der Häsin abgelegt und zweimal am Tag zum Säugen aufgesucht werden.

Entscheidend für den Reproduktionserfolg bzw. für das Überleben der Junghasen scheint unter anderem der Fettgehalt der Muttermilch zu sein, welcher wiederum von der Zugänglichkeit bestimmter Äsungspflanzen anhängig ist (vergl. Hackländer *et al.* 2002).

Eine Häsin bringt normalerweise 3 bis 4 Würfe pro Jahr zur Welt.

Die Junghasen des ersten Satzes im Jahr werden noch im Geburtsjahr geschlechtsreif.

Populationsdynamik

Die durchschnittliche Zahl an Nachkommen pro Häsin und Jahr beträgt etwas weniger als 10 Junge. Durch die hohe Jugendmortalität ist der jährliche Zuwachs allerdings deutlich geringer und erreicht nur unter sehr günstigen Bedingungen etwa 2 bis 2,5 Junghasen.

Die Zahl der Prädatoren insbesondere der Junghasen ist außerordentlich hoch: Neben Füchsen, Marderartigen, Marderhunden, Waschbären, (Haus-)Katzen, Ratten

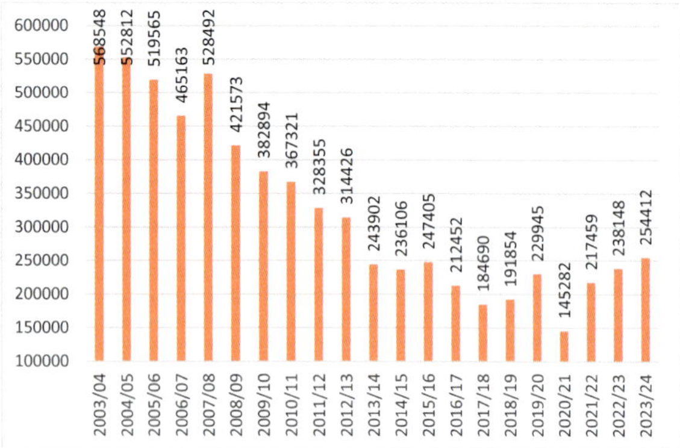

Abb. 37: Die Jagstreckenentwicklung gibt einen wichtigen Hinweis auf den Rückgang der Feldhasenpopulation in den vergangenen Jahrzehnten

Quelle: DJV

oder Wildschweinen erbeuten auch zahlreiche Greif- und Rabenvögel sowie Möwen häufig Junghasen.

Unter natürlichen Bedingungen würden diese allerdings die Feldhasenpopulation nicht beeinflussen (vergl. auch Schneider 1978, Müller 1980, Schai-Braun & Hackländer 2016, Bock 2020).

Allerdings haben wir heute die Situation, dass anthropogene Umweltveränderungen (insbesondere der Trend zu großen, artenarmen und deckungsarmen Agrarflächen) veränderte Fruchtfolgen (z. B. Grünroggen für Biogasanlagen) oder eine Zunahme nass-kalter Frühjahre (so beispielsweise der April 2023) sowie insgesamt eine intensivere Landbewirtschaftung den lokalen Hasenbesatz bereits deutlich dezimieren. Hinzu kommt, dass zahlreiche Prädatoren von der industrialisierten Agrarlandschaft durchaus profitieren (z. B. Ratten, Fuchs, Rabenvögel, Bussard, Wildschwein) und in ihrem Bestand deutlich zugenommen haben. Beides zusammen schafft einen unnatürlich hohen Prädationsdruck, der zusammen mit den ungünstigen Umweltfaktoren und ggf. auch durch Stress vermehrt ausgelösten Krankheiten zu den deutlichen Rückgängen der Feldhasenbestände in vielen Regionen (vergl. Abb. 37) geführt hat.

Management

Der Feldhase wird in Mitteleuropa meist nachhaltig bejagt. Wie wir oben gesehen haben, dürfte das kaum zu den deutlichen Bestandesrückgängen beigetragen haben. Allenfalls lokal könnte eine Übernutzung in einzelnen Revieren die Situation ebendort verschlechtern. Auf Populationsebene dürfte die Bejagung aber keine signifikante Rolle für den Besatz spielen.

Viele Reviere führen regelmäßig Feldhasenerfassungen durch, um den lokalen Bestand abzuschätzen. Diese können durch Wärmebild- oder Scheinwerfererfassung im Frühjahr und Herbst recht zuverlässige Zahlen liefern (vergl. Herzog 2019). Auch die stetige Überwachung der Jagdstrecke hinsichtlich der Altersstruktur (z. B. orientierend mittels des Strohschen Zeichens, vergl. auch Müller 1980) während der Jagdsaison ist ein wichtiger Bestandteil einer nachhaltigen Bejagung.

Unabhängig davon wird derzeit in vielen Revieren auf die Feldhasenbejagung ganz verzichtet. Dies ist einerseits eine begrüßenswerte Geste, andererseits liegen die Probleme des Feldhasen gerade nicht in der Bejagung. Dies sollte auch in die Öffentlichkeit kommuniziert werden.

Lokal kann durch intensive und konsequente Prädatorenbejagung, Lebensraumgestaltung (z. B. Schaffen von Brachflächen oder Blühstreifen) und gute Kommunikation mit den lokalen Landwirten der Feldhase unterstützt werden. Hier wäre auch darüber nachzudenken, ob nicht – ggf. in Kooperation mit lokalen Naturschutzverbänden – etwa durch Ausgleichsflächen für Baumaßnahmen auch langfristig günstige Strukturen geschaffen werden können.

Überregional und langfristig hängt das Schicksal des Feldhasen wohl im Wesentlichen davon ab, ob es politisch gewollt und durchsetzbar ist, Agrarförderung durch Transferzahlungen an solche Maßnahmen und Betriebsgrößen zu binden, die letztlich nicht nur dem

Feldhasen, sondern auch Bodenbrütern und vielen anderen Tier- und Pflanzenarten der Agrarlandschaft zugutekommen.

Mensch und Wildtier

Hasen waren in vielen Kulturen seit alters her wichtige Fruchtbarkeits- und Frühlingssymbole. Der erste Satz der Hasen im März fiel zusammen mit den zunehmenden Tageslängen und der zunehmenden „Wiederbelebung der Natur". Auch das Symbol des Osterhasen hat hier seinen Ursprung.

Abb. 38: Albrecht Dürer: Feldhase

Der griechische Schriftsteller Plutarch sah in der Schnelligkeit und Wachsamkeit des Hasen etwas Göttliches. In der mittelalterlichen Kunst taucht der Feldhase immer wieder als Symbol Gottes auf. Künstler wie Tizian, Holbein, Schongauer oder, wohl am bekanntesten, Albrecht Dürer verwendeten diese Symbolik (vergl. Abb. 38).

Die Fruchtbarkeitssymbolik in Zusammenhang mit dem Feldhasen wurde auch auf die Naturheilkunde übertragen: Sowohl Fruchtwasser des Hasens, bestimmte Körperteile oder auch Hasenwildbret galten in manchen Regionen zu verschiedenen Zeiten als fruchtbarkeitsfördernd.

Schließlich wird das Wildbret des Feldhasen seit alters her in Mitteleuropa genutzt. Da Feldhasen traditionell zur „niederen Jagd" (daraus abgeleitet bis heute auch zum sog „Niederwild") gehören und bis in die 1970er Jahre auch in hohen Dichten vorkamen, ist der Genuss eines Hasenbratens auch in weiten Bevölkerungskreisen Tradition.

Schneehase

Lepus timidus

Körperlänge: 40 bis 60 cm

Gewicht: 1,4 bis 3,2 kg

Paarungszeit (Ranzzeit): Februar bis Juli

Wurfzeit: April bis August

Anzahl Jungtiere: zweimal jährlich 2 bis 3 Junge

Verbreitung und Systematik

Schneehasen gehören zur Familie der Hasen (Leporidae) in der Ordnung der Hasenartigen und sind nahe Verwandte des Feldhasen.

Sie zeigen ein typisches boreo-alpines Verbreitungsgebiet (ähnlich wie auch das Schneehuhn) und stellen damit Reliktvorkommen dar, die sich mit der zunehmenden nacheiszeitlichen Erwärmung in kälteren Regionen Nordeuropas und der Alpen erhalten haben.

Sie kommen in Eurasien in vier disjunkten Verbreitungsgebieten vor. Das größte Verbreitungsgebiet ist die Tundren- und boreale Nadelwaldregion Nordeuropas und Asiens. In Schottland und Irland lebt jeweils ebenfalls eine autochthone Schneehasenpopulation, welche als zu eigenen Unterarten zugehörig betrachtet werden. Als Eiszeitrelikt kommt die kleinste Unterart *Lepus timidus varronis* in den Alpen vor. Die irische Population bzw. Unterart ist durch relativ kleine Individuen von rötlicher Sommerfärbung charakterisiert. In Irland kommt der Schneehase (*Lepus timidus hibernicus*) bis in tiefe Lagen vor (Wolfe *et al.* 1996, Dingerkus & Montgomery 2001), möglicherweise weil dort die Konkurrenz (mit Ausnahme des Nordens der Insel) durch den Feldhasen fehlt (Reid 2011).

Eine noch offene Frage ist diejenige, inwiefern es sich beim Schneehasen überhaupt um eine eigene biologische Art handelt. Für Graubünden gibt es mittlerweile sehr gute Hinweise aus molekularen Untersuchungen (vergl. Zachos *et al.* 2010), dass fertile Hybriden zwischen beiden Taxa auftreten. Damit würden beide, Feldhase wie Alpenschneehase, zu ein und derselben biologischen Art gehören.

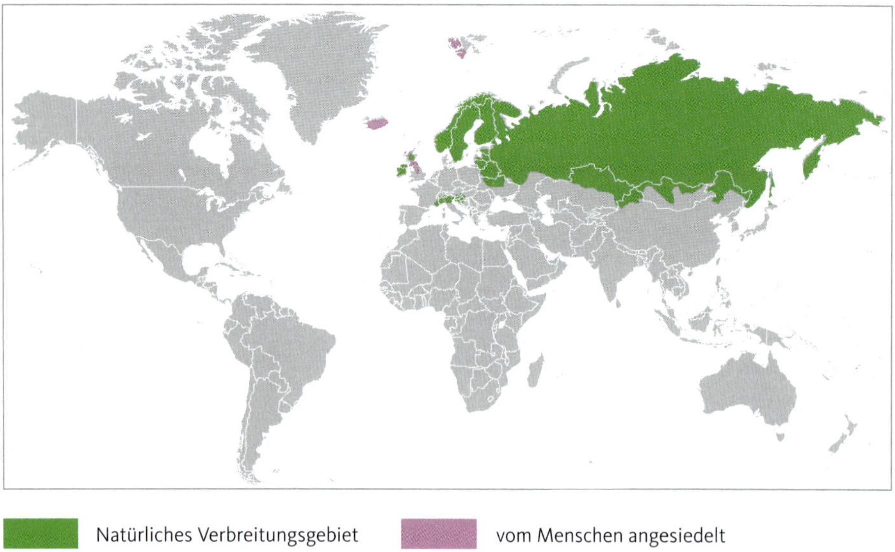

Abb. 39: Verbreitung des Schneehasen

Lebensraum und Raum-Zeit-Verhalten

Alpenschneehasen leben sowohl solitär als auch in kleineren Gruppen und sind, ähnlich wie der Feldhase, tendenziell dämmerungs- bzw. nachtaktiv. Sie leben vom Frühsommer bis in den Hochwinter sehr standorttreu, aber nicht territorial.

In den Alpen besiedelt der Schneehase Höhenlagen zwischen 700 und 3800 m über N.N. (meist zwischen 800 und 2800 m), während der Feldhase sich bis 1600 m Höhe findet (vergl. auch REHNUS 2010).

Schneehasen nutzen im Sommer tendenziell höhere Lagen, im Winter finden wir sie oft zwischen 800 und 1000 m über N.N., in offenen Bergwäldern, aber auch in den Talsohlen der Flusstäler. Zwischen Januar und Mitte April werden die freigewehten Stellen, an denen es möglich ist, an Äsung zu gelangen, seltener. Dann erfolgt spätestens der Rückzug in tiefere Lagen. Oberhalb der Waldgrenze bevorzugen die Schneehasen Zwergstrauchheiden und die alpinen Rasen und Schuttfluren.

Ernährung

Alpenschneehasen nutzen Gräser, Kräuter, Zwergsträucher sowie Rinde, Zweige von Birke, Weide, Erle, Buche, Kiefer, Fichte und Tanne. Auch Nadeln werden aufgenommen. Dabei ist der Schneehase, ähnlich wie auch der Feldhase, auf eine gewisse Vielfalt der Nahrungspflanzen angewiesen. Schneehasen gelten aber im Übrigen als ausgesprochen genügsam hinsichtlich der Nahrung. Auch sie zeigen das Phänomen der Caecotrophie, des Aufschlusses der Nahrung in den Blinddärmen und die Aufnahme der Blinddarmlosung.

Fortpflanzung

Die Fortpflanzungszeit beginnt in den Alpen im Winter und endet im Spätsommer.

Die Häsin bringt 2- (selten 3-)mal 2 bis 3 (selten bis zu 5) Junge zur Welt, die Tragezeit dauert sieben bis acht Wochen. Die Junghasen kommen behaart und sehend im Schutz von Felsnischen oder Baumwurzeln zur Welt. Die Jugendentwicklung verläuft recht schnell, sie werden vier Wochen lang (einmal pro Nacht) gesäugt und sind dann bald selbständig.

Populationsdynamik

Alpenschneehasen sind generell nicht häufig. Ihr Bestand im Frühjahr – also der Anteil an Individuen, der den Winter überlebt hat – hängt von drei wesentlichen Faktoren ab: der im Winter verfügbaren Nahrung, der Anzahl und Verteilung günstiger Äsungs- und Ruheplätze sowie der Prädatorendichte. Auch intensive Störungen durch Tourismus können sich auf den lokalen Bestand auswirken. Der Herbstbestand wiederum ist abhängig von der Witterung im Frühjahr und Sommer sowie der Anzahl erwachsener Häsinnen.

Wichtige Prädatoren sind Luchs, Steinadler, Habicht und Uhu. Für Fuchs und Marder sind Schneehasen wohl eher eine Gelegenheitsbeute. Inwieweit diese Prädatoren auf die Populationsdynamik Einfluss haben, hängt ebenfalls von den übrigen Bedingungen ab. Wichtig ist, dass sich positive Faktoren in der Bestandesentwicklung (etwa ein schneearmer Winter oder ein warmer Sommer) erst verzögert, frühestens im Folgejahr, auf die Population auswirken. Generell scheinen Populationsschwankungen als Konsequenz aus Witterung und möglicherweise Prädation für den Alpenschneehasen ein normales Phänomen zu sein.

Management

Schneehasen werden vom Menschen als Jagdbeute in verschiedenen europäischen Ländern nachhaltig genutzt. So werden in der Schweiz jährlich etwa 1000 Individuen erlegt. Die Tendenz scheint in den 2010er Jahren geringfügig rückläufig zu sein, wobei unklar ist, ob dies den Bestandestrend oder lediglich eine geringere Intensität der Bejagung widerspiegelt.

Der wichtigste Aspekt des Wildtiermanagements in Bezug auf den Alpenschneehasen ist sicher die Tourismuslenkung und die Verhinderung übermäßiger Störungen im Winter durch alpine Sportarten.

Touristische Aktivitäten finden heute zunehmend abseits der dafür vorgesehenen Einrichtungen (Pisten, Skilifte) statt, so dass Skifahren, Snowboarden und Schneeschuhwandern vor allem im Winter – einer Jahreszeit, in der Energieressourcen gespart werden müssen – regelmäßig zu Störungen der Tiere führt. Der damit einhergehende Verbrauch von Energiereserven schwächt die Tiere und macht sie anfällig für z. B. Krankheiten.

Die Frage, welchen Einfluss der Klimawandel auf die Population des Alpenschneehasen erwarten lässt, wird intensiv diskutiert. Eine Erwärmung um 1–2 Kelvin würde das Areal des Schneehasen möglicherweise um 100 oder 200 m in die Höhe verschieben, zumal in niedrigeren Lagen die Überlappung des Vorkommens zwischen Schnee- und Feldhase wohl den konkurrenzstärkeren Feldhasen begünstigen wird.

Abb. 40: Winterliche Weißfärbung des Alpenschneehasen: im Klimawandel ein Selektionsvorteil oder -nachteil?

Allerdings bleibt spekulativ, ob der Temperatureffekt wirklich die entscheidende Rolle spielen wird, oder ob andere Phänomene, z. B. schneereichere Winter, nicht doch den Schneehasen langfristig an seiner unteren Verbreitungsgrenze begünstigen. Schneeärmere Winter wiederum könnten dazu führen, dass die winterliche Weißfärbung (vergl. Abb. 40) in Zukunft eher zu einem Selektionsnachteil (Prädation!) für den Alpenschneehasen wird.

Schließlich kommt es innerhalb der Überlappungszone zwischen Schnee- und Feldhase auch zu Hybridisation. Diese wird im traditionellen Artenschutz immer noch als eher negativ gesehen. Andererseits entsteht auf diese Weise genetische Variabilität, welche weitergehende Anpassungsvorgänge an sich ändernde Umweltbedingungen ermöglicht.

Vermutlich mehr als der Klimawandel ist es die intensive menschliche Nutzung und Überformung des hochalpinen Lebensraumes, welche den Schneehasen heute bedroht.

Infrastrukturprojekte engen den natürlichen Lebensraum ein und führen zu einer Zerschneidung der Landschaft, welche in Bezug auf den Alpenschneehasen bis heute noch kaum untersucht ist.

Mensch und Wildtier

In der Öffentlichkeit ist der Alpenschneehase als eigene Art bis heute weitgehend unbeachtet. Lediglich die Weißverfärbung im Winter ist ein Phänomen, welches gelegentlich eine größere Öffentlichkeit auf die Art und ihre Besonderheiten aufmerksam macht (vergl. Abb. 41).

Auch jagdlich ist der Alpenschneehase von eher nachrangigem Interesse. Während die Art in Skandinavien oder auf den britischen Inseln noch recht intensiv bejagt wird (Abb. 42), ist der Schneehase im Alpenraum eher Zufallsbeute bzw. ist, wie in Deutschland, ganzjährig geschont. Auf die Population des Alpenschneehasens hat die aktuelle Bejagung etwa in Österreich oder der Schweiz keine signifikanten Auswirkungen.

Abb. 41: Die winterliche Weißverfärbung des Schneehasen ist ein eindrucksvolles Phänomen, welches sogar den Weg auf zwei Briefmarken der Post in Belarus gefunden hat

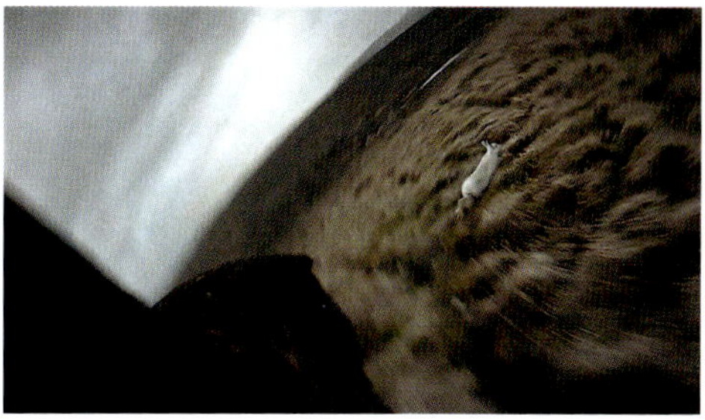

Abb. 42: Beizjagd auf Schneehasen in Schottland mit einer Kamera aus Perspektive des Beizvogels aufgenommen. In den Alpen ist der Schneehase eher Zufallsbeute oder ist, wie in Deutschland, ganzjährig geschont.

Wildkaninchen

Oryctolagus cuniculus

Körperlänge: 35 bis 45 cm

Gewicht: 1,3 bis 2 kg

Paarungszeit (Ranzzeit): Februar bis September

Wurfzeit: März bis Oktober

Anzahl Jungtiere: 2 bis 6 (gelegentlich bis zu 12) Junge

Verbreitung und Systematik

Das Wildkaninchen gehört zur Gattung der Altweltlichen Kaninchen in der Familie der Hasen (Leporidae), die wiederum zur Ordnung der Hasenartigen (Lagomorpha) zählt.

Es stammt aus dem südwestlichen Teil Europas und war ursprünglich auf der iberischen Halbinsel und im Norden Afrikas heimisch. Durch die Römer gelangte es über das heutige Südfrankreich nach Italien und von dort aus in den folgenden Jahrhunderten nach ganz Europa. Hier ist seine heutige Verbreitung klimatisch bedingt. Seine nördliche Verbreitungsgrenze hat das Wildkaninchen im Süden Skandinaviens und auf den britischen Inseln. Nach Osten hin ist eine Verbreitungsgrenze in Polen, Ungarn der Slowakei und Kroatien.

In Mitteleuropa werden oft zwei Unterarten ausgewiesen: das Kaninchen der Iberischen Halbinsel und Nordafrikas (*Oryctolagus cuniculus algirus*) und im übrigen Europa die Subspecies *Oryctolagus cuniculus cuniculus* (vergl. auch Boback 1970, Grimmberger 2014).

Durch weitere Verfrachtungen ist das Kaninchen weltweit verbreitet worden; so finden wir es heute beispielsweise auch in Australien und im Westen und Süden Lateinamerikas.

Lebensraum und Raum-Zeit-Verhalten

Wildkaninchen nutzen vielfältige Lebensräume, idealerweise besiedeln sie die strukturreiche Agrarlandschaft mit Hecken, Feldgehölzen, Feldrainen und kleinteiligem Fruchtanbau. Eine wichtige Eigenschaft des Lebensraumes sind lockere, sandige Böden, in denen Kanin-

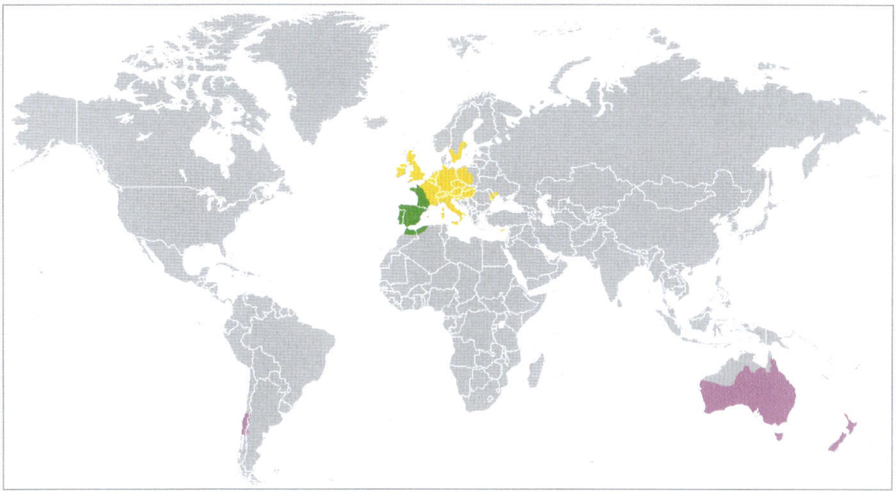

Ursprüngliches Verbreitungsgebiet
in der Neuzeit vom Menschen angesiedelt
in historischer Zeit zugewandert

Abb. 43: Verbreitungsgebiet des Wildkaninchens

chen ihre Baue anlegen. Gerne graben sie diese auch in Straßen- oder Eisenbahnböschungen oder ähnliche Strukturen. Wildkaninchen besiedeln auch urbane Räume, etwa Parks oder Friedhöfe.

Die Baue reichen bis zu mehrere Meter in die Tiefe und können eine Länge von mehreren Dutzend Metern erreichen. Gelegentlich nutzen Wildkaninchen allerdings auch natürliche Höhlen und graben selbst keine Baue wie z. B. auf Helgoland, wo sie natürliche Höhlen im Fels und Reste alter Bunker nutzen (Vauk 1965).

Wildkaninchen sind dämmerungs-, aber auch tagaktive Tiere. Sie leben sozial in Kolonien von 10 Individuen und mit einer ausgeprägten hierarchischen Ordnung und ebenfalls ausgeprägter Gruppenterritorialität.

Kaninchenterritorien werden gegen koloniefremde Tiere vehement verteidigt (vergl. auch Deutsch 1964, Boback 1970, von Holst *et al.* 2002).

Ernährung

Wildkaninchen ernähren sich von Gräsern, krautigen Pflanzen und deren Früchten und Wurzeln sowie den Knospen und der Rinde von Gehölzen. Auch landwirtschaftliche Früchte werden gerne genommen. Ihr Nahrungsspektrum ist breiter als das des Feldhasen.

Auch Wildkaninchen zeigen Caecotrophie, d.h. den Aufschluss schwerverdaulicher Pflanzenteile in den Blinddärmen sowie die Aufnahme einer separaten Blinddarmlosung. Dies führt, wie bei allen Hasenartigen, zum Absetzen von zweierlei Arten von Losung, wobei die weichere Blinddarmlosung vor allem nachts produziert und gleich wieder aufgenommen wird.

Fortpflanzung

Die Fortpflanzungsleistung des Kaninchens ist sprichwörtlich. Das hat sicher damit zu tun, dass die weiblichen Individuen keinen regelmäßigen Sexualzyklus zeigen, sondern die meiste Zeit während der Paarungszeit fruchtbar sind. Die Ovulation wird durch den Deckakt ausgelöst.

Die Fortpflanzungsperiode liegt in Mitteleuropa etwa zwischen Februar und September, in Südeuropa einige Monate früher.

Ein weibliches Kaninchen wirft 2- bis 5-(gelegentlich bis zu 7)mal pro Jahr 2 bis 6 (gelegentlich bis zu 12) Junge bei einer Tragezeit von etwa vier bis fünf Wochen.

Die Jungen werden meist in einem separaten Wurfbau geboren und sind bei Geburt nackt und blind. Im Alter von etwa zehn Tagen öffnen sie die Augen, mit etwa drei Wochen verlassen sie erstmals den Wurfbau. Sie werden vier Wochen lang gesäugt und sind dann selbständig.

Die früh im Jahr gesetzten Jungtiere werden noch im gleichen Jahr geschlechtsreif, die Weibchen bereits mit vier bis fünf Monaten (vergl. Grimmberger 2014).

Populationsdynamik

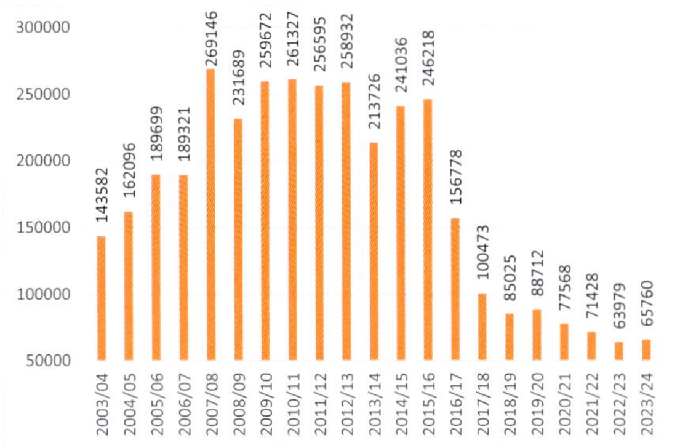

Abb. 44: Die Jagdstrecken spiegeln den Rückgang des Wildkaninchens in Deutschland insbesondere durch die Rabbit Haemorrhagic Disease (sog. Chinaseuche) innerhalb weniger Jahre wider. Quelle: Deutscher Jagdverband (DJV)

Die Populationsdynamik des Wildkaninchens ist, ähnlich wie beim Feldhasen, geprägt von der hohen Reproduktionsrate einerseits und hohen Verlusten andererseits. Während beim Feldhasen jedoch die Verlustursachen Prädation, Bewirtschaftung der Flächen und spezifische Witterungssituationen im Vordergrund stehen, spielen diese beim Wildkaninchen kaum eine Rolle, ebenso wenig wie die Bejagung.

Die langfristige Dynamik der Wildkaninchenpopulation wird vor allem durch Krankheiten bestimmt.

In den vergangenen Jahrzehnten waren es vor allem zwei Viruserkrankungen, welche das Wildkaninchen immer wieder dezimiert haben: die Myxomatose und die sog. Chinaseuche (Rabbit Haemorrhagic Disease, RHD). Insbesondere unter dem Einfluss der RHD hat sich im vergangenen Jahrzehnt etwa in Deutschland (vergl. Abb. 44), aber auch in vielen anderen Teilen Europas der Kaninchenbestand um teilweise mehr als 90 Prozent reduziert.

Das Wildkaninchen gehört daher zu den wenigen Arten, welche innerhalb weniger Jahrzehnte allein durch Krankheitseinfluss so deutlich in ihrem Bestand abgenommen haben, dass sie sich in Mitteleuropa vom Status einer „Plage" (den sie in manchen Teilen der Welt immer noch innehaben) beinahe schon zu einer gefährdeten Art entwickelt haben.

Unabhängig von dem Auftreten derartiger Seuchenzüge ist das Wildkaninchen ein Beispiel für eine Tierart, bei der über sozialen Stress (entstehend durch die Zunahme der Individuen einer Kolonie) die Fruchtbarkeit der Weibchen reguliert wird (vergl. z. B. von Holst *et al.* 2002, Kaetzke 2010).

Management

Das Wildkaninchen wurde, wie oben bereits erwähnt, bis weit in die zweite Hälfte des 20. Jahrhunderts intensiv bejagt, da es aufgrund seiner hohen Vermehrungsrate geeignete Lebensräume schnell besiedelte und auch umfangreiche Schäden durch Fraßeinwirkungen in der Landwirtschaft sowie durch seine Baue auch in Infrastrukturanlagen verursachte.

Die Bejagung hatte praktisch keinen signifikanten Einfluss auf die Population, so dass wir auch nicht (oder allenfalls lokal) von einer Regulation durch die Bejagung sprechen können. Bis in die 1980er Jahre war es vor allem die Myxomatose (*Leporipoxvirus myxoma-*

tosis, zu den Pockenviren gehörend und ursprünglich aus Südamerika stammend), welche den Bestand eher lokal und später vor allem die RHD (verursacht durch ein Virus, das in den 1980er Jahren erstmals in China auftrat), die den Bestand flächendeckend reduzierte.

Derzeit sind Kaninchen in Deutschland schon selten geworden und lokal wird bereits über Wiederansiedlungsprojekte nachgedacht.

Ob diese allerdings langfristig sinnvoll sind, ist kritisch zu sehen. Einerseits würden die ausgesetzten Tiere in Zukunft ebenfalls der RHD zum Opfer fallen, andererseits besteht die Chance, dass sich trotz teilweise extrem hoher Mortalität in Zukunft in der bestehenden Kaninchenpopulation eine Grundimmunität bildet, welche wieder zu einer Zunahme der Species führen dürfte.

Mensch und Wildtier

Wildkaninchen und Menschen sind seit Jahrtausenden eng verbunden. Bereits im Altertum wurden Wildkaninchen von Seefahrern mitgeführt und auf Inseln ausgesetzt, um in Zukunft dort Proviant aufnehmen zu können. Dies hatte für die jeweils lokale Flora und auch Fauna oft schlimme Folgen (z. B. in Australien).

Auch die Verbreitung von der Iberischen Halbinsel und Nordafrika ausgehend über ganz Europa erfolgte im Wesentlichen durch den Menschen. Insbesondere das römische Imperium spielte dabei wie bei vielen anderen Arten (z. B. Damhirsch) eine entscheidende Rolle.

Schließlich ist das Wildkaninchen auch die Stammform des heutigen Hauskaninchens. Dessen Züchtung begann vermutlich bereits im Hochmittelalter und führte zu einer Vielzahl unterschiedlicher Rassen mit sehr unterschiedlichem Nutzen (z. B. Fleischerzeugung, Pelze, Wolle) für die Menschen. Während die Bedeutung das Kaninchens als Nutztier derzeit abnimmt, finden wir zunehmend die Haltung als Heimtier. Dabei entstehen oftmals unbeabsichtigt Tierschutzprobleme, da Kaninchen oft einzeln gehalten werden, was für eine hochsoziale Art wie diese allerdings keineswegs artgerecht ist.

Auch wenn das Wildkaninchen heute vergleichsweise selten geworden ist, so spielt es dort, wo es vorkommt, immer noch eine nicht unbedeutende Rolle etwa in urbanen Räumen, in denen es Schäden auf Friedhöfen oder an Infrastruktureinrichtungen verursacht. Die Jagd am Kaninchenbau mit dem domestizierten Iltis, dem Frettchen (das sog. „Frettieren"), spielt insbesondere in solchen Situationen nach wie vor eine bedeutende Rolle.

In der belletristischen Literatur spielen Kaninchen als Hauptdarsteller nicht nur in vielen Kinderbüchern, sondern auch im Roman „Watership Down" von Richard Adams eine besondere Rolle. Nicht zuletzt die sehr präzise Darstellung der sozialen Strukturen einer Kaninchenkolonie zeigt gute Recherchearbeit des Autors und macht dieses Buch auch für Fachleute lesenswert.

Alpenmurmeltier

Marmota marmota

Körperlänge: 40 bis 50 cm

Gewicht: 2,5 bis 4 kg

Paarungszeit (Ranzzeit): April/Mai

Wurfzeit: Mai/Juni

Anzahl Jungtiere: 2–6

Verbreitung und Systematik

Murmeltiere gehören zur Familie der Hörnchen (Sciuridae). Sie sind mit unterschiedlichen Arten auf der gesamten Nordhalbkugel verbreitet und bewohnen dort sehr unterschiedliche Lebensräume.

Auch das Alpenmurmeltier war während der letzten Eiszeit in den baumlosen, steppenartigen Landschaften Mitteleuropas weit verbreitet. Mit dem Rückgang der Eismassen und dem Vordringen des Waldes waren die Murmeltiere gegenüber anderen, im Flachland einwandernden Arten zu konkurrenzschwach. Sie zogen sich in Refugien in den Gebirgen meist oberhalb der Waldgrenze zurück. Inwieweit das Steppenmurmeltier mit zahlreichen Unterarten in den asiatischen Steppen zur gleichen biologischen Art gehört wie das Alpenmurmeltier, ist eine nicht abschließend geklärte Frage. Morphologisch sind sich die Murmeltiere Europas und Asiens sehr ähnlich.

Das natürliche europäische Verbreitungsgebiet des Alpenmurmeltiers umfasst Alpen, Karpaten und Hohe Tatra. Angesiedelt wurden Murmeltiere in den Pyrenäen und im Schwarzwald (vergl. auch Bibikow 1996, Thorington 2012).

Lebensraum und Raum-Zeit-Verhalten

Murmeltiere sind tagaktiv und leben in kleineren Gruppen von etwa 3 bis 15 Individuen. Diese Gruppen bewohnen ein Streifgebiet von etwa 2 bis 3 Hektar Fläche. Innerhalb des Streifgebietes liegt mindestens ein, meist aber mehrere Baue.

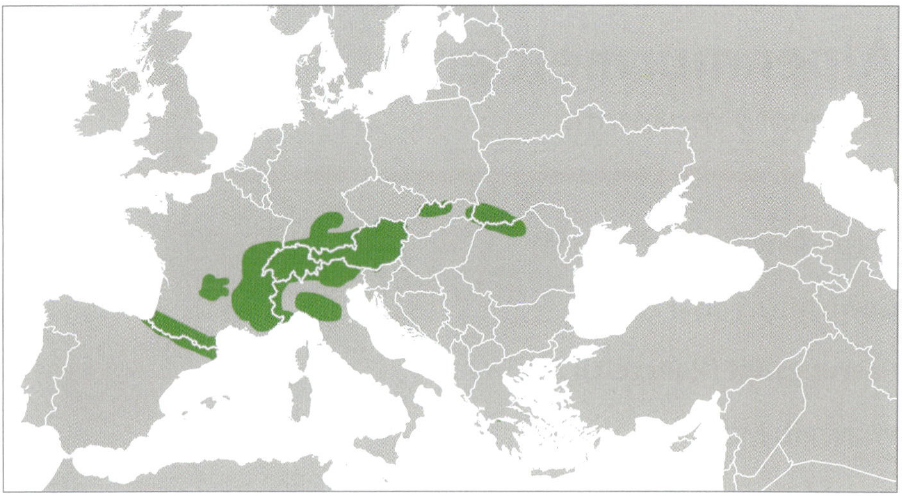

Natürliches Verbreitungsgebiet

Abb. 45: Verbreitungsgebiet des Alpenmurmeltiers

Der eigentliche Lebensraum beginnt oberhalb der Baumgrenze und erstreckt sich über die alpinen Matten bis zur Fels- oder Gletscherregion. Besiedelt werden allerdings auch vom Menschen offen gehaltene Flächen (Almen) unterhalb der Baumgrenze.

Entscheidend ist, dass die besiedelten alpinen Rasen einerseits hinreichend produktiv hinsichtlich der Nahrungspflanzen sind und der Boden tiefgründig genug zur Anlage der Baue ist. Südhänge werden aus klimatischen Gründen bevorzugt. Murmeltiere finden wir in Höhenlagen zwischen etwa 800 und 3000 m, solange die genannten Bedingungen erfüllt sind (vergl. Bibikow 1996, Arnold 1999).

Murmeltiere halten lange und intensiv Winterschlaf. Die Stoffwechselfunktionen werden während des Winterschlafes weitgehend reduziert, Atemexkursionen erfolgen im Abstand von einigen Minuten, die Herzfrequenz wird auf drei bis vier Schläge pro Minute reduziert. Dadurch reicht der Fettvorrat von etwa 1200 g über den Winter, eine Nahrungsaufnahme findet während des Winterschlafes nicht statt. Unterbrochen wird dieser lediglich durch das gelegentliche Absetzen von Urin in entlegenen Teilen des Baues. Der Eintrag von Gräsern in den Bau im Sommer dient nicht der Anlage von Nahrungsvorräten, sondern ausschließlich der Isolation des Baues.

Ernährung

Murmeltiere ernähren sich vegetarisch. Zum Nahrungsspektrum gehören Wurzeln sowie Sprosse und Blüten alpiner Gräser und Kräuter.

Während des kurzen alpinen Sommers muss es den Tieren gelingen, genügend Nahrung aufzunehmen, um hinreichend Fettvorräte für den Winter zu bilden. Die Tiere nehmen bevorzugt solche Pflanzen auf, die arm an Kohlenhydraten (Zellulose) und reich an mehrfach ungesättigten Fettsäuren sind. Letztere sind erforderlich, um im weißen Fettgewebe eine höhere Konzentration essenzieller ungesättigter Fettsäuren anzureichern, welche von Säugetieren nicht selbst gebildet werden können. Um die außerordentlich niedrigen Körpertemperaturen während des Winterschlafes überstehen zu können, sind diese Bestandteile des Fettgewebes erforderlich.

Eine Beweidung der Flächen wirkt sich für die Murmeltiere offenbar nicht negativ aus, wohl aber Störungen durch Prädatoren und vor allem durch Tourismus (Bruns *et al.* 1999).

Fortpflanzung

Murmeltiere paaren sich, sobald der Winterschlaf beendet ist, noch im Bau im April/Mai. Dabei kommt nur das ranghöchste Weibchen zur Fortpflanzung. Dieses paart sich vorzugsweise, doch nicht ausschließlich mit dem jeweils ranghöchsten Männchen.

Nach einer Tragezeit von etwa fünf Wochen kommen 2 bis 6 nackte, blinde und taube Jungtiere zur Welt; bei Weibchen in schlechtem Ernährungszustand ist es gelegentlich auch nur ein Junges.

Mit etwa 24 Tagen öffnen die Jungtiere die Augen, mit etwa sechs Wochen verlassen sie erstmals den Bau. Bis dahin werden die Jungen auch gesäugt und ernähren sich anschließend von Kräutern und Gräsern.

Jungtiere werden frühestens nach der zweiten Überwinterung geschlechtsreif und sind normalerweise nach dem dritten Winter erwachsen. Bei ungünstigen Umweltbedingungen kann die Geschlechtsreife auch erst nach dem fünften Winter eintreten. Bis dahin bleiben die Tiere bei ihrem Familienverband.

Frühestens mit dem dritten, spätestens mit dem sechsten Lebensjahr verlassen die Tiere den Familienverband und suchen neue Lebensräume. Normalerweise werden unbesetzte Territorien gesucht. Zu territorialen Auseinandersetzungen kommt es selten, dann aber heftig. Wenn ein Männchen danach einen Familienverband von einem anderen übernimmt, kommt es zum Infantizid an den neugeborenen Jungtieren und zu Aborten bei den trächtigen Weibchen (vergl. auch Bibikow 1996, Arnold 1999, Arnold & Frey-Roos 1999).

Populationsdynamik

Die Regulation des Populationsumfanges erfolgt beim Murmeltier im Wesentlichen über die Witterung und die Möglichkeit, für den Winter Vorsorge zu treffen. Nasse, kalte Sommer sind, im Zusammenhang mit einer geringen Individuenzahl der Kolonie, ein wichtiger Grund für einen zeitweisen Rückgang lokaler Bestände, da zu wenige Jungtiere den Winter bzw. das Frühjahr überleben. Demgegenüber ist die Mortalität älterer Murmeltiere zwischen dem zweiten und achten Lebensjahr mit geschätzten fünf Prozent eher gering (vergl. auch Bibikow 1996, Arnold 1999, Arnold & Frey-Roos 1999).

Prädation spielt für die Populationsdynamik des Murmeltieres in den Alpen nicht die entscheidende Rolle. Der wichtigste Prädator im alpinen Raum ist der Steinadler. Gehen wir davon aus, dass die Nahrung eines Steinadlerpaares während der Brutsaison zu 80 Prozent aus Murmeltieren besteht, so werden von diesem pro Sommer etwa 70 Murmeltiere (bei einer Größe des Brutrevieres von etwa 2000 bis 9000 Hektar) erbeutet. Demgegenüber finden wir in guten Murmeltierlebensräumen Dichten von etwa 40 bis 80 Individuen pro 100 Hektar. Weitere wichtige Prädatoren sind Fuchs, Baummarder und Kolkrabe (vergl. Arnold 1999).

Über die Bedeutung von Krankheiten im Rahmen der Populationsdynamik des Alpenmurmeltiers ist wenig bekannt. Wir wissen, dass Murmeltiere häufig einen hochgradigen Bandwurmbefall zeigen.

Management

Das Alpenmurmeltier ist als Art nicht gefährdet. Dessen ungeachtet wird die Population der hohen Tatra im Anhang IV der Flora-Fauna-Habitat-Richtlinie der Europäischen Union geführt.

In Deutschland unterliegt das Alpenmurmeltier dem Naturschutzrecht und genießt ganzjährigen Schutz. Dies ist allerdings eher naturschutzpolitisch und weniger naturschutzfachlich begründet, zumal im den Nachbarländern Österreich und Schweiz nach wie vor eine nachhaltige Nutzung erfolgreich praktiziert wird. Grundlage ist ein intensives Bestandesmonitoring, eine darauf aufbauend begrenzte Zahl an Freigaben zur Erlegung und eine nach biologischen Kriterien bemessene Jagd- und Schonzeit.

Neben der nachhaltigen Nutzung ist die Grabaktivität der Murmeltiere im Bereich der Almen und die damit verbundenen Risiken für das Vieh sowie die wirtschaftlichen Schäden für die Landwirte ein Grund für die Bejagung.

Mensch und Wildtier

Murmeltiere wurden und werden bis heute vom Menschen genutzt. Dabei steht einerseits das Wildbret (bis heute werden Murmeltiere in einigen alpinen Regionen gegessen), aber auch der Balg und besonders das Murmelfett im Zentrum des Interesses. Letzteres gilt in der Volksmedizin und Naturheilkunde als Heilmittel etwa gegen rheumatische Erkrankungen.

Im ladinischen Sprachraum, d.h. in einigen Tälern der Dolomiten, spielen die Murmeltiere eine wichtige Rolle in der Sagenwelt. Sie gelten als Beschützer der Bewohner und haben die Rolle eines Totemtieres inne. So wurden Murmeltiere dort in der Vergangenheit lokal zeitweise auch nicht bejagt.

Europäischer Biber

Castor fiber

Körperlänge: 80 bis 140 cm

Gewicht: 20 bis 35 kg

Paarungszeit (Ranzzeit): Januar bis April

Wurfzeit: meist Mai/Juni

Anzahl Jungtiere: 2 bis 6 Junge

Verbreitung und Systematik

Biber gehören zu den ältesten Säugetiergattungen weltweit. Die Geschichte der Vorfahren unserer heutigen Biber reicht bis ins Eozän, also etwa 40 bis 50 Millionen Jahre, zurück.

Auf der Nordhalbkugel unterscheiden wir heute den Europäischen (*Castor fiber*) und den Kanadischen Biber (*Castor canandensis*). Letzterer besiedelt weite Teile Nordamerikas. Gelegentlich werden diese auch als Unterarten bezeichnet. Beide sind aber unterschiedliche Arten, die sich u.a. durch unterschiedliche Chromosomenzahlen auszeichnen und deren Nachkommen zumindest oft infertil sind.

Auch beim Europäischen Biber selbst werden gelegentlich lokale Vorkommen als Unterarten bezeichnet, insbesondere in Osteuropa und Asien (vergl. Djoshkin & Safonow 1972, Ducroz *et al.* 2005), aber beispielsweise auch der Elbe-Biber oder der Rhone-Biber. Ob sich diese wirklich grundlegend an unterschiedliche Lebensräume evolutiv angepasst haben, ist allerdings zweifelhaft. Vermutlich handelt es sich lediglich um unterschiedliche Reliktvorkommen, welche durch Zufallsprozesse (genetische Drift) eine gewisse Differenzierung erfahren haben, welche sich in Zukunft mit zunehmendem Populationsumfang wieder relativieren wird.

Das natürliche Verbreitungsgebiet des Europäischen Bibers erstreckt sich über weite Teile Eurasiens vom Atlantik bis nach Zentralasien. Bis ins 18. Jahrhundert war es vor allem die Übernutzung, später bis weit ins 20. Jahrhunderts die Zerstörung der Lebensräume durch Wasserbau- und Flurbereinigungsmaßnahmen, welche den Bestand in weiten Teilen Mitteleuropas zum Verschwinden brachten. In Preußen wurden schon Anfang des 18. Jahrhunderts, im Jahre 1714, durch Friedrich Wilhelm I. Regelungen zum Schutz des Bibers erlassen.

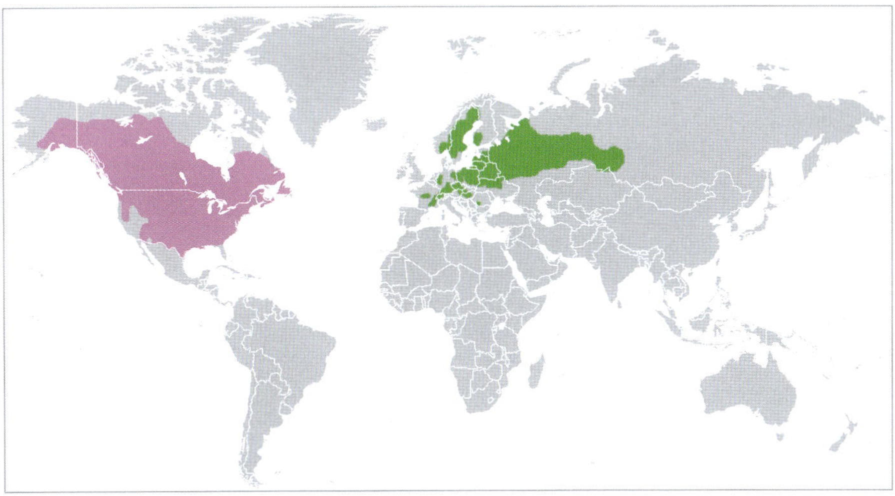

Europäischer Biber — Kanadischer Biber

Abb. 46: Verbreitungsgebiet der Biberarten

Isolierte Restpopulationen fanden sich bis Ende des 20. Jahrhunderts beispielsweise an der Elbe, an der Rhone oder in Teilen Skandinaviens.

Heute sind zahlreiche der ehemaligen Lebensräume wieder besiedelt, einige Bundesländer (z. B. Bayern) können wieder von einer flächendeckenden Besiedlung mit Bibern ausgehen.

Lebensraum und Ökologie

Biber gehören zu den sog. semiaquatisch lebenden Säugetieren. Das bedeutet, dass sich ein Großteil ihres Lebens im Wasser und um Gewässer herum abspielt. Eine ähnlich intensive Bindung an Gewässer zeigen unter den heimischen Säugetieren u.a. noch der Fischotter (*Lutra lutra*) und natürlich die Meeressäuger.

Der spindelförmige Körper und die Schwimmhäute zwischen den Zehen der Hinterläufe unterstützen die Fortbewegung im Wasser. Der kräftige, abgeflachte Schwanz, die sog. Biberkelle, hat vielfältige Aufgaben: Neben der Funktion als Antriebs- und Steuerruder dient die Biberkelle auch zur Fettspeicherung und der Temperaturregulation. Bei Gefahr wird mit der Kelle senkrecht auf das Wasser geschlagen und so ein typischer klatschender Warnlaut erzeugt. Die Ohren und die Nase können beim Tauchen verschlossen werden. Der Balg des Bibers ist dicht behaart (ca. 23 000 Haare pro Quadratzentimeter) und wird regelmäßig gefettet. Nase, Auge und Ohr liegen weit oben am Kopf entlang einer gedachten Linie, so dass beim Schwimmen nur ein kleiner Teil des Kopfes aus dem Wasser ragt (Abb. 48).

Abb. 48: Da Nase, Auge und Ohr sehr hoch am Kopf entlang einer gedachten Linie angeordnet sind, kann der Biber den Kopf beim Schwimmen tief im Wasser halten

Abb. 47: Biberburg

Biber sind in der Lage, durch ihre Bau- und Fraßtätigkeit großen Einfluss auf ihren Lebensraum zu nehmen. So dienen Dämme dazu, den Wasserstand zu regulieren. Dies dient einerseits der Sicherheit (Eingänge zur Biberburg bleiben unter Wasser), andererseits auch dem leichteren Transport von Baumaterial für die Biberburg. Die Fraßeinwirkung entlang der Ufer führt zu einer stetigen Verjüngung insbesondere der Vegetation an Weichlaubhölzern, welche wiederum nicht alleine den Bibern, sondern auch zahlreichen anderen Arten (z. B. Wildwiederkäuern) zugutekommt.

Biber legen typischerweise Erdbaue im Ufer von Gewässern an. Die Eingänge liegen grundsätzlich unter Wasser, der Wohnbereich („Kessel“) befindet sich oberhalb der Wasserlinie. Dort, wo das Ufer keine solchen Erdbaue ermöglicht, wird die typische Biberburg angelegt (Abb. 47).

Das Revier von Bibern erstreckt sich grundsätzlich nicht flächig, sondern entlang von Gewässern. Diese werden von Familienverbänden genutzt, welche aus den Elterntieren und den Nachkommen des jeweils letzten und vorletzten Jahres bestehen. Mit zweieinhalb bis drei Jahren werden Biber geschlechtsreif und wandern in eigene Lebensräume ab.

Bei Bibern werden in der Literatur und auch im praktischen Artenschutz die Begriffe „Aktionsraum“ und „Revier“ bzw. „Territorium“ nicht immer sauber voneinander abgegrenzt. Wir kennen durchaus im Sinne einer gewissen Territorialität besetzte Areale, die allerdings mit hoher Wahrscheinlichkeit kleiner sind als die tatsächlichen, über das Jahr genutzten Aktivitätsräume. Letztere umfassen von einem oder mehreren Bibern besiedelte Bereiche, die durch Anwesenheitsspuren wie frischen Schnitten, Burgen, Erdbauten, Dämmen, Markierungshügeln und Wechsel geprägt sind. Aktivitätsräume umfassen Bereiche zum Wohlbefinden, zur Ernährung und Reproduktion. Es können Einzel-, Paar- und Familienreviere unter diesem Begriff zusammengefasst werden. Die genaue Differenzierung der Begriffe ist im Rahmen des Bibermonitoring (s.u.) von Bedeutung (vergl. Kneis *et al.* 2013).

Die Größe eines Aktivitätsraumes ist sehr variabel. So kann eine Familie etwa einen kleinen See von etwa 40 bis 50 m Uferlänge bewohnen, es können allerdings auch 5000 m und mehr Uferlänge sein. Aktivitätsräume können aneinandergrenzen, sie können gelegentlich überlappen, aber auch durch größere, nicht von Biberfamilien bewohnte Uferabschnitte getrennt sein (vergl. Djoshkin & Safonow 1972, Müller 1986).

Ernährung

Biber leben vegetarisch und nutzen eine Vielzahl an Pflanzen, welche Auwälder und sonstige Ufervegetation bieten. Sie ernähren sich von Trieben und Blättern der Weichlaubholzarten, gelegentlich auch der Hartlaubhölzer wie Eiche oder Buche, sowie von krautigen Pflanzen einschließlich Wasserpflanzen und Gräsern. Die Nahrungsvorlieben sind in einzelnen Regionen, teilweise sogar innerhalb einzelner Familien, oft unterschiedlich. Im Winter (Biber sind im Winter aktiv) liegt der Schwerpunkt auf Weichlaubhölzern (vergl. Hinze 1950, Djoshkin & Safonow 1972, Müller 1986, Piechocki 1989).

Es werden meist Bäume mit Stammdurchmessern unter 8 cm genutzt, allerdings sind Durchmesser zwischen 8 und 20 cm nicht selten und in Ausnahmefällen sogar bis über 60 cm möglich. Der Biber fällt die Stämme, indem er, sich auf der Kelle abstützend, in einer oder mehreren Nächten sanduhrförmig Material mit den Schneidezähnen abträgt (vergl. Abb. 49).

Idealerweise fällt der Baum mit der Krone ins Wasser, dann können die Zweige direkt dort verarbeitet werden. An Land zerteilen Biber die Krone und verwenden dickere Äste bis ca. 10 cm Durchmesser als Bauholz, dünnere Zweige werden direkt gefressen oder als Wintervorrat in den Bau geschleppt und dort gelagert. Der Wintervorrat pro Familie kann regional zwischen wenigen Zweigen bis zu ca. 70 m^3 gestapelten Holzes schwanken (vergl. HINZE 1950, MÜLLER 1986).

Abb. 49: Biberfällung

Die Pflanzenfasern bzw. die Zellulose können Biber wie alle Säugetiere nicht unmittelbar verdauen. Sie benötigen dafür symbiontische Bakterien, welche in den sehr ausgeprägten Blinddärmen leben. Die sog. Blinddarmlosung, ein Gemisch aus Zuckermolekülen, Proteinen und verschiedenen Spurenelementen, wird separat ausgeschieden und unmittelbar wieder aufgenommen (Caecotrophie). Die normale Losung des Bibers besteht demgegenüber aus nicht oder nur schwer verdaulichen Pflanzenteilen.

Fortpflanzung

Biber leben in der Regel monogam, und nur, wenn einer der Partner stirbt, sucht der überlebende Biber sich einen neuen Partner.

Die Paarungszeit erstreckt sich von Ende Dezember bis April. Die Paarung selbst findet unter Wasser statt.

Die Tragzeit dauert 105, gelegentlich bis 109 Tage. Zwischen Anfang April bis Mitte Juli, schwerpunktmäßig im Mai, kommen zwei bis drei, gelegentlich bis zu sechs Junge zur Welt. Diese sind Nestflüchter, bei der Geburt behaart und können sehen (außergewöhnlich bei Nagetieren). Die Jungtiere werden bis zu drei Monate lang gesäugt, doch nehmen bereits ab der zweiten Lebenswoche pflanzliche Nahrung auf. Bis zu einem Alter von vier bis sechs Wochen bleiben die Jungtiere innerhalb des Baues, danach verlassen sie regelmäßig den Bau und machen, begleitet von Eltern oder älteren Geschwistern, erste Ausflüge. Sie können sofort schwimmen, müssen aber noch lernen zu tauchen.

Mit etwa drei Monaten sind die jungen Biber weitestgehend selbständig.

Vor der Geburt der Jungen bis zum Ende der ersten Aufzuchtphase verlassen die männlichen Tiere die Kolonie vorübergehend.

Im Alter von zwei Jahren, also etwa mit der Geschlechtsreife, verlassen die Jungtiere den Familienverband und das Revier, um sich eigene Lebensräume zu suchen und eine Familie zu gründen (vergl. HINZE 1950, DJOSHKIN & SAFONOW 1972, MÜLLER 1986, PIECHOCKI 1989).

Populationsdynamik

Die für ein Nagetier vergleichsweise späte Geschlechtsreife, die hohe Jugendsterblichkeit (bis zu 75 Prozent in den ersten beiden Lebensjahren) und, damit zusammenhängend, der vergleichsweise geringe jährliche Zuwachs von etwa 20 Prozent des Ausgangsbestandes (der allerdings bei der Besiedlung neuer Lebensräume mit Werten zwischen 40 und 150 Prozent deutlich darüber liegen kann; vergl. MÜLLER 1986, HALLEY *et al.* 2012) machten den Biber in der Vergangenheit anfällig für Übernutzung und Lebensraumverluste. Beide Faktoren wirkten auf die Population, so dass wir z. B. in Deutschland in den 1920er Jahren nur noch einen Bestand von geschätzt wenigen hundert Individuen vorfanden. Seitdem hat der Bestand, unterstützt durch strengen Schutz und – seit den letzten beiden Dekaden des 20. Jahrhunderts – auch durch Lebensraumverbesserung und Wiederansiedlung wieder stetig zugenommen.

Heute gibt es bundesweit geschätzt wieder über 40 000 Biber mit steigender Tendenz.

Natürliche Prädatoren der erwachsenen Biber sind vor allem Wolf, Braunbär und Seeadler. Junge Biber werden regelmäßig auch von Fuchs oder Fischen wie Wels oder Hecht erbeutet. Die eigentliche Bestandesregulation erfolgt evtl. durch Krankheiten, vor allem aber durch regelmäßige Hochwasserereignisse, welche immer wieder ganze Biberkolonien vernichten können.

Management

Der Europäische Biber stellt derzeit insofern eine für das Wildtiermanagement hochinteressante Art und eine große Herausforderung dar, da er derzeit vielerorts die Schwelle von „selten und schutzbedürftig“ zu „schädlich“ überschreitet. Aus naturschutzpraktischer Sicht ist das ein spannendes Phänomen, welches uns in Zukunft sicher bei verschiedenen Arten erwartet.

Damit können wir festhalten, dass beim Europäischen Biber die jahrzehntelangen Schutzbemühungen, einschließlich verschiedener Wiederansiedlungsprojekte, ausgesprochen erfolgreich waren. Auch wenn mancherorts „versehentlich“ Kanadische Biber angesiedelt wurden, so bilden die Freisetzungen seit den 1980er Jahren – zusammen mit dem Schutz der wenigen autochthon noch vorhandenen Individuen – die Basis für eine ausgesprochen dynamische Bestandesentwicklung in den vergangenen Jahrzehnten (vergl. auch SIEBER 2003).

Aufgrund seines hohen landschaftsgestalterischen Potentials wird der Biber regional bereits außerordentlich kritisch gesehen. Somit können wir aus naturschutzfachlicher Sicht (die nicht zwangsläufig mit der naturschutzpolitischen Perspektive übereinstimmt) einen guten Erhaltungszustand der Population feststellen. Es stellt sich nun die Frage, welche Konsequenzen daraus abzuleiten sind.

Unabhängig davon bedarf der Biber einer regelmäßigen und vor allem langfristigen Beobachtung hinsichtlich der Verbreitung und der Bestandesentwicklung. Beim Überwachen der Biberbestände werden üblicherweise sogenannte Reviere kartiert (vgl. z. B. BROSE 2012, KNEIS *et al.* 2013). Die Verwendung dieses Begriffs ist streng genommen nicht korrekt, da er im ethologischen Sprachgebrauch (dort auch Territorium genannt) als das gegen artgleiche Tiere verteidigte Mindestwohngebiet verstanden wird. Diese beim Biber zu ermitteln, würde allerdings einen vergleichsweise hohen Aufwand erfordern.

So können (vergl. Brose 2012) mittels leicht sichtbaren Anwesenheitsmerkmalen (frische Schnitte, Fraßplätze, Ausstiege, etc.) voneinander abgrenzbare Aktionsräume (*home ranges*), die auch territoriale Merkmale wie Markierungshügel umfassen, identifiziert werden. Mit hoher Wahrscheinlichkeit sind die so erfassten Areale kleiner als die tatsächlichen, über das Jahr genutzten Aktivitätsräume. Weitere Details zur Frage des Bibermonitoring finden sich bei Brose 2012 sowie Kneis *et al.* 2013.

Die Frage der Entlassung des Bibers in eine nachhaltige Nutzung ist derzeit noch offen. Am ehesten wäre dies in Bayern möglich. Dort erfolgen derzeit Entnahmen als Ausnahmetatbestand im Rahmen des Naturschutzrechts nach jeweiliger Einzelfallprüfung durch staatlich bestellte Biberbeauftragte. Die erlegten Tiere können privat genutzt werden, allerdings dürfen sie nicht veräußert werden. Langfristig wäre auch die kommerzielle Nutzung des Pelzes und des Wildbrets getöteter Biber im Sinne eines nachhaltigen Umgangs mit der Tierart und einer Inwertsetzung wichtig.

Bevor allerdings Entnahmen diskutiert werden, sind zunächst auch vergrämende oder repellente Maßnahmen wichtig, um die Tiere zu veranlassen, sich anderweitig niederzulassen.

Das Hauptproblem sind derzeit sicher Schäden an landwirtschaftlichen Kulturen und Obstbäumen, Einbrüche von Fahrzeugen in Biberbaue unter ufernahen Wegen sowie die Destabilisierung von Straßen- und Eisenbahndämmen und Deichanlagen durch Erdbaue sowie großflächige oder lokale Überflutungen.

Als Schutzmaßnahme für wertvolle Bäume wird die Einfassung des unteren Stammabschnittes mit Maschendraht empfohlen. Maschendrahtgeflecht ist auch die Methode der Wahl, wenn es um die Sicherung von Böschungen vor den Grabarbeiten der Biber geht (vergl. auch Nitsche 2003).

Im Falle von Überflutungen müssen als Ultima Ratio unter Umständen auch der Damm und die Biberburg zerstört werden.

Mensch und Wildtier

Biber und Mensch haben eine lange gemeinsame Geschichte, sicher dadurch begründet, dass einerseits Gewässer für menschliche Gesellschaften schon seit jeher eine besondere Rolle spielten. Mit Beginn der Sesshaftigkeit erfolgte die Besiedlung regelmäßig entlang und in der Nähe von Gewässern. Später wurden Teiche und Stauungen zum Betrieb von Mühlen angelegt. Diese Gewässer sind sämtlich auch für Biber attraktiv.

Umgekehrt galten Biber, die ganzjährig aktiv sind, aufgrund ihres wohlschmeckenden Wildbrets und des dichten, wertvollen Pelzes als hochattraktive Beutetiere für den Menschen. Über Jahrhunderte herrschte so ein Gleichgewicht zwischen menschlicher Bevölkerungsdichte und Biberbestand. Dort, wo die Tiere lokal übernutzt wurden (u.a. galten sie im Mittelalter und der beginnenden Neuzeit aufgrund ihrer semiaquatischen Lebensweise und ihrer schuppigen Kelle, die an die Schuppen von Fischen erinnert, potentiell als Fastenspeise), konnten sie ausweichen. Mit Beginn der Neuzeit war die Bejagung nach wie vor nicht nachhaltig und gleichzeitig begann ein schleichender Rückgang der Lebensräume (etwa die Trockenlegung von Feuchtgebieten und die großen Flussbegradigungen im 18. und 19. Jahrhundert oder die umfassende Gewässerverschmutzung im 20. Jahrhundert). All das leitete das Ende der Biber in Mitteleuropa ein. Die umfassenden Schutzmaßnahmen im beginnenden 20. Jahrhundert kamen zu spät, so dass es erst im ausgehenden 20. Jahrhundert mit dem Bestand wieder aufwärts ging.

Während in der Vergangenheit die unmittelbare Nutzung der Produkte des Bibers (Fleisch, Balg, „Bibergeil“ als pharmazeutisch genutztes Drüsensekret) im Vordergrund stand, gewinnt zunehmend die indirekte Nutzung der Art als Landschaftsgestalter im Naturschutz eine zunehmende Rolle. Insbesondere in sog. Prozessschutzflächen (vergl. Herzog 2019) ist der Biber ein Faktor, der in vom Menschen überformten Landschaften sehr schnell wieder natürliche Kräfte wirksam werden lässt.

Darüber hinaus spielten und spielen Biber in menschlichen Gesellschaften immer eine bedeutende symbolische Rolle, ob in Ortsnamen (z. B. Beverungen), als Wappentier, in der Literatur (z. B. Gerhart Hauptmann: Der Biberpelz) oder auch in der Werbung (Baumarktkette, Zahnpasta).

Der Balg des Bibers war in der Vergangenheit ein wertvolles Handelsprodukt

Nutria

Myocastor coypus

Körperlänge: 47 bis 65 cm

Gewicht: 5–10 kg

Paarungszeit (Ranzzeit): ganzjährig

Wurfzeit: ganzjährig

Anzahl Jungtiere: ein- bis dreimal im Jahr bis zu 13 Junge, meist 4 bis 8

Verbreitung und Systematik

Die Nutria ist die einzige semiaquatisch lebende Vertreterin der Familie der *Echimydae* (Stachelratten).

Sie ist von Natur aus in Südamerika von Brasilien bis nach Feuerland verbreitet und wurde in weiten Teilen Europas, Asiens und Afrikas vom Menschen angesiedelt und bildete dort vielerorts kleine mehr oder weniger isolierte Bestände.

Ende des 19. Jahrhunderts wurden in Europa zunehmend Nutria in Farmen zur Pelzgewinnung gehalten. Daraus entwichene, aber auch gezielt zur Erhöhung der Artenvielfalt angesiedelte Tiere bildeten die Basis der mittlerweile große Teile Europas und Asiens besiedelnden Population (vergl. KLAPPERSTÜCK 2004).

Lebensraum und Raum-Zeit-Verhalten

Nutria sind an Gewässer gebunden, daher auch der populäre Name „Sumpfbiber". Sie sind sehr gute Schwimmer und, etwa durch Körperform und Schwimmhäute zwischen den ersten vier Hinterzehen, gut an den Lebensraum Wasser angepasst. Sie können bis zu 10 Minuten tauchen.

Grundsätzlich benötigen Nutria gewässernahe Lebensräume. Sie tragen allerdings nicht in demselben Maße wie der Biber zur Gestaltung ihres Lebensraumes bei. Auch finden wir Nutria häufig in der Nähe landwirtschaftlicher Kulturen.

Nutriabaue sind typischerweise einfache Erdbaue im Ufer, deren Eingang sich anders als

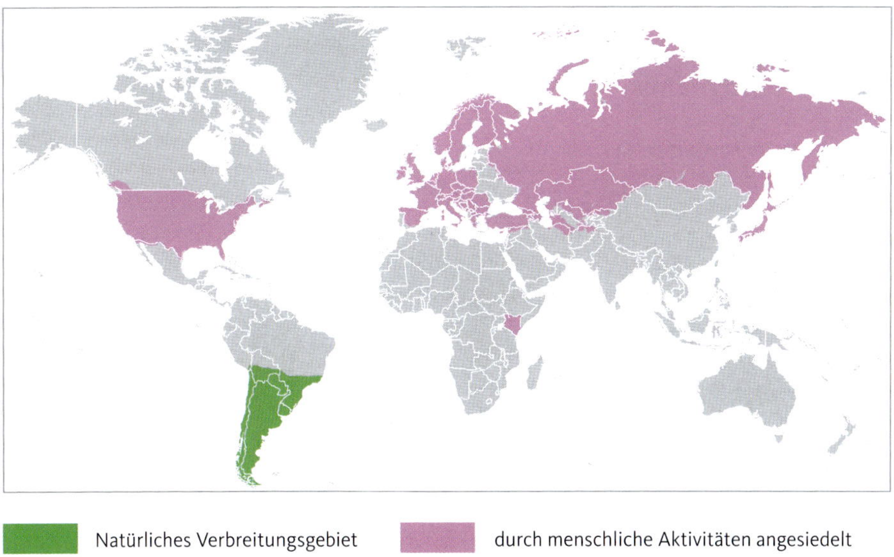

Abb. 50: Verbreitungsgebiet der Nutria

bei Biber und Bisamratte typischerweise über der Wasseroberfläche befindet.

Die Streifgebietsumfänge können je nach Region und Nahrungsangebot schwanken. Sie betragen zwischen rund einem bis rund zehn Hektar, wobei die Streifgebiete der männlichen Individuen größer sind. Die Tiere sind vorzugsweise dämmerungs- und nachtaktiv (vergl. z. B. Kim *et al.* 2020).

Ernährung

Nutria ernähren sich weitestgehend vegetarisch. Dabei spielen im Vergleich zum Biber weniger Gehölze, sondern eher krautige Pflanzen einschließlich Wasserpflanzen die zentrale Rolle. Auch Feldfrüchte gehören zum Nahrungsspektrum der Nutria.

Gelegentlich werden allerdings auch kleine Wassertiere, wie Schnecken oder Muscheln, aufgenommen.

Fortpflanzung

Nutria leben paarweise oder in kleinen Gruppen monogam. Die Fortpflanzungszeit der europäischen Nutriavorkommen ist – möglicherweise aufgrund deren Abstammung aus Pelztierfarmen – nicht klar abgegrenzt, so dass nahezu das ganze Jahr mit Jungtieren zu rechnen ist. So kommen ein- bis dreimal jährlich meist vier bis acht, gelegentlich bis zu 13 Jungtiere zur Welt, welche bei Geburt behaart und sehend sind (für Nagetiere außergewöhnlich). Mit ca. fünf Monaten sind sie selbständig.

Populationsdynamik

Die Populationsdynamik der Nutria hängt in Mitteleuropa in hohem Ausmaß vom Auftreten harter Winter ab. Die Tiere sammeln keine Vorräte für den Winter und weisen gleichzeitig eine sehr empfindliche Regulation ihrer Körpertemperatur auf (Segal 1978).

Im harten Wintern, welche dieses physiologische System überfordern, sterben hierzulande zahlreiche Nutria an Nahrungsmangel.

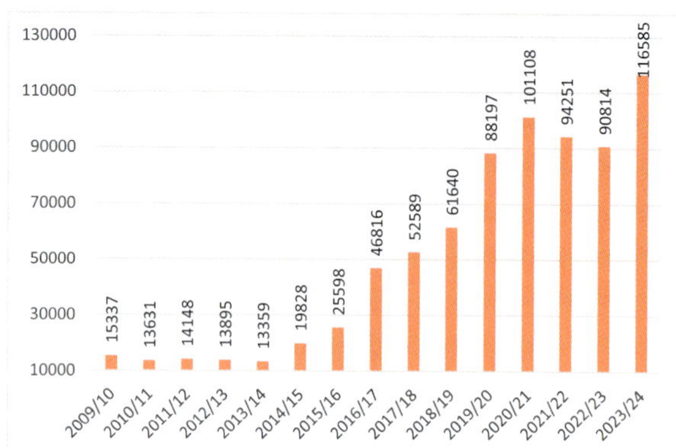

Abb. 51: Jagdstrecke der Nutria *Quelle: DJV*

Ungeachtet dessen kam es in Deutschland seit Mitte der 2010er Jahre zu einem deutlichen Anstieg der Jagdstrecken bei der Nutria (vergl. Abb. 51).

Wenngleich dieser Anstieg zu einem gewissen Teil auch auf intensivere jagdliche Aktivität zurückzuführen sein mag, so ist der Streckenanstieg im Wesentlichen sicher durch eine Bestandeszunahme zu erklären.

Aufgrund des ausgeprägten Vermehrungspotentials der Art ist nicht davon auszugehen, dass die Prädation einen signifikanten Einfluss auf die Nutriapopulation hat. In Mitteleuropa kommen als Prädatoren Habicht, Seeadler, Fuchs und Wolf in Frage (vergl. z. B. Klapperstück 2004, Nolfo-Clements 2006, Biela 2008).

Management

Die Nutria gehört in Mitteleuropa zu den Neozoen. Ob es sich dabei aus naturschutzfachlicher Sicht um eine sog. „invasive Art" handelt, ist noch unklar. Bislang gibt es keine Hinweise auf gravierende Einflüsse auf das Ökosystem. Allerdings verursacht die Nutria wirtschaftliche Schäden, etwa an landwirtschaftlichen Kulturen wie Mais oder Hackfrüchten, vor allem aber schädigt sie Uferbefestigungen der Flüsse durch ihre Baue. Wenngleich nicht sicher invasiv und wenngleich negative Auswirkungen auf die Biodiversität in ihrem Vorkommensgebiet allenfalls vermutet werden konnten (vergl. Stemmer 2017), unterliegt die Nutria der EU-Verordnung (Nr. 1143/2014) über invasive gebietsfremde Arten.

Während in Deutschland – wohl auch als Folge relativ milder Winter – der Bestand derzeit trotz intensiver Bejagung ansteigt (siehe Abb. 51), wurde und wird die Nutria in den Niederlanden offenbar mit gewissem Erfolg vor allem durch intensiven Fallenfang bekämpft. Dabei wird auf Tierwohlkriterien allerdings kaum Rücksicht genommen (Moerkens & Bos 2018).

Die Herausforderungen der Bekämpfung oder Bejagung der Nutria liegen einerseits in der Problematik, dass ganzjährig mit Jungtieren zu rechnen ist und damit regelmäßig auch führende Elterntiere gefangen oder erlegt werden. Die von der Mutter abhängigen Jungtiere sind damit dem Verhungern preisgegeben.

Zum anderen erscheint es unethisch, die aus der Natur entnommenen Tiere als „Abfall" zu beseitigen. Hier wäre von den zuständigen Behörden zu erwarten, dass sie für eine nachhaltige Verwertung der gefangenen Tiere Sorge tragen, etwa durch Verarbeitung der Pelze und kulinarische Nutzung des Wildbrets.

Mensch und Wildtier

Nutriafelle besitzen ein dichtes Unterhaar. Dieses war seit dem 18. Jahrhundert als Ersatz für Robbenfelle in Europa und Nordamerika sehr gefragt. Seit den 20er Jahren des 20. Jahrhunderts wurden zunehmend Nutriazuchten auch in Europa etabliert und – mit Unterbrechung durch den 2. Weltkrieg – bis zur Krise der Pelzindustrie in den 1960er und 1970er Jahren zahlreiche Nutriafarmen betrieben. Aus diesen gelangten auch immer wieder Tiere ins Freie.

Bisam

Ondatra zibethicus

Körperlänge: 25 bis 35 cm

Gewicht: 0,8 bis 1,6, maximal bis 2,3 kg

Paarungszeit (Ranzzeit): März bis September in Mitteleuropa

Wurfzeit: April bis Oktober in Mitteleuropa

Anzahl Jungtiere: 4 bis 9, meist 5 bis 6

Verbreitung und Systematik

Bisam, im englischen als Moschusratten („muskrat“) bezeichnet, stammen ursprünglich aus Nordamerika und haben sich, ausgehend von Ansiedlungen in Mitteleuropa, z. B. in Böhmen, über große Teile Europas und Asiens ausgebreitet.

Bisamratten sind der größte Vertreter der Unterfamilie der Wühlmäuse (Arvicolinae) in der Familie der Wühler (Cricetidae).

Lebensraum und Raum-Zeit-Verhalten

Bisam leben weitgehend semiaquatisch und besiedeln die Uferbereiche von stehenden ebenso wie von Fließgewässern. Sie sind im Wesentlichen dämmerungs- und nachtaktiv, in ungestörten Lebensräumen aber auch tagsüber zu beobachten.

Bisame graben Baue in die Uferböschung. Deren Eingang liegt wie beim Biber, doch anders als bei der Nutria, unter Wasser. Bei sich ändernden Wasserständen werden die Eingänge versetzt. In Ermangelung geeigneter Uferstrukturen werden gelegentlich auch „Bisamburgen“ angelegt. Diese ähneln im Grunde den Biberburgen, werden aber aus Schilf und anderen Wasserpflanzen gebaut und erreichen eine Höhe von etwa 50 cm bis zwei Meter. Auch hier liegen die Eingänge unter Wasser.

Die Streifgebiete haben beim Bisam wie bei den meisten semiaquatischen Arten eine lineare Ausdehnung entlang der Ufer. Verschiedene Studien kommen zu unterschiedlichen Resultaten, wie weit sich die Tiere vom Ufer entfernen: In manchen wurden nur bis zu 3, in

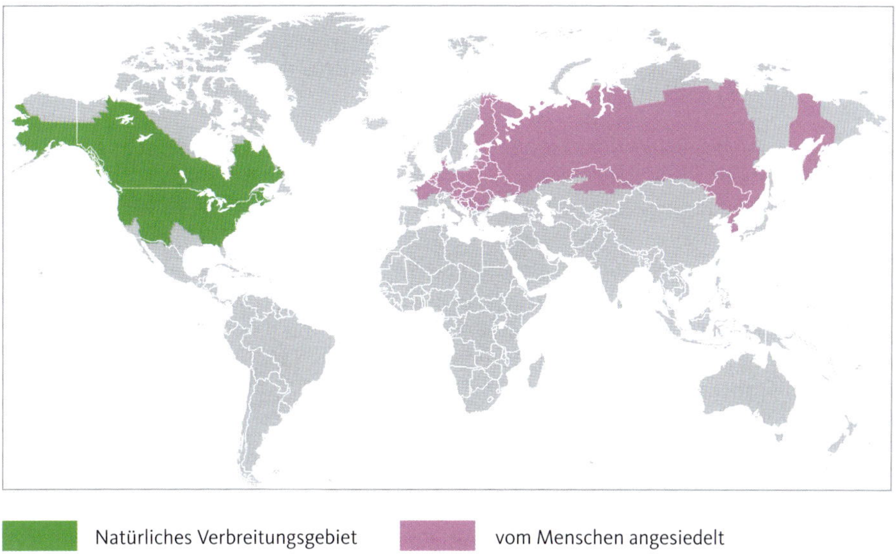

Abb. 52: Verbreitungsgebiet des Bisams

anderen bis zu 200 Meter ermittelt. Die Streifgebietslängen sind bei älteren Tieren größer (im Mittel rund 800 m) als bei jüngeren Individuen (im Mittel rund 500 m, vergl. auch Ahlers *et al.* 2010). Während der Fortpflanzungszeit besetzen die Bisam auch kleine Reviere von bis zu einem halben Hektar Größe und verteidigen diese gegen Artgenossen.

Ernährung

Die Hauptnahrung des Bisam besteht aus Ufer- und Wasserpflanzen einschließlich deren Wurzeln. Allerdings werden auch Früchte der an die Gewässer angrenzenden Felder oder Obstbäume gerne genutzt. Ebenfalls gerne aufgenommene tierische Nahrungsbestandteile sind Weichtiere, (Wasser-)Insekten und deren Larven, Muscheln, Amphibien und seltener Reptilien und kleine Fische (vergl. Hofmann 1952).

Fortpflanzung

Die Fortpflanzungszeit des Bisam ist in hohem Maße vom Lebensraum, d.h. insbesondere von den klimatischen und Witterungsverhältnissen abhängig. In den Südstaaten der USA können Bisame sich teilweise rund ums Jahr fortpflanzen, in Mitteleuropa liegt die Fortpflanzungszeit etwa zwischen März und September. Die Tragezeit beträgt etwa 30 Tage, pro Jahr sind zwei bis drei Würfe möglich. Ein Wurf umfasst vier bis neun, meist fünf bis sechs Junge. Diese sind bei Geburt nackt und blind und öffnen mit etwa 10 bis 14 Tagen die Augen.

Populationsdynamik

Die Ausbreitung des Bisam über Europa und Asien verlief vergleichsweise schnell, die Reproduktionsrate ist hoch und die Biotopansprüche sind relativ bescheiden.

Natürliche Prädatoren existieren in großer Zahl, nicht nur der ebenfalls vom Menschen eingeführte Mink, der in Nordamerika zu den Hauptprädatoren des Bisam zählt. Auch Fuchs, Iltis, Seeadler oder auch große Fische wie Wels oder Hecht erbeuten Bisame, sind jedoch nicht in der Lage, die Ausbreitung zu begrenzen. Dies gilt übrigens in Nordamerika genauso für den Mink, dessen Hauptbeute der Bisam darstellt (Errington 1943). So waren rund zwei Drittel der vom Mink erbeuteten Bisame bereits krank oder in einem ungünstigen Allgemeinzustand.

Die eigentliche Begrenzung des Populationsumfanges erfolgt beim Bisam offenbar eher durch dichteabhängige Faktoren wie Stress und Krankheiten. Darüber hinaus spielen Hochwasser sicher ebenfalls eine Rolle.

Die Ausbreitung in neue Lebensräume erfolgt entlang der Gewässer.

Dort, wo sich Bisame neu ansiedeln, sind die Chancen noch günstig, durch intensive Bekämpfungsmaßnahmen die weitere Besiedlung zu verhindern. Im Übrigen gehen wir davon aus, dass die Bekämpfung (siehe unten) des Bisam regelmäßig dazu beiträgt, dass die lokalen Bestände zumindest nicht weiter anwachsen.

Management

Bisam wurden Anfang des 20. Jahrhunderts bewusst an verschiedenen Stellen Europas angesiedelt, um die heimische Artenzahl zu steigern. Im Grunde haben wir es also mit einer Ansiedlung aus Naturschutzgründen zu tun. Der Bisam ist damit ein Beispiel dafür, dass bestimmte Sichtweisen im Naturschutz je nach vorherrschendem gesellschaftlichem Zeitgeist durchaus Änderungen unterworfen waren und auch in Zukunft sein werden.

Seit Beginn des 20. Jahrhunderts wurde Europa und Asien in weiten Teilen vom Bisam besiedelt. Als Problem stellten sich bald die in Uferbefestigungen, Dämme und Deiche gegrabenen Bisambaue heraus, die zu hohen wirtschaftlichen Schäden ebenso wie zu Überflutungsrisiken bei Hochwasser führten.

Bereits früh wurde mit einer umfangreichen Bekämpfung begonnen, deren Ziel nie die nachhaltige Nutzung, sondern möglichst die Ausrottung der Art war.

Lediglich in England gelang es, die Art wieder erfolgreich aus den Lebensräumen zu entfernen.

In Deutschland versucht man seit den 1930er Jahren systematisch durch staatlich bestellte Bisamjäger und Fangprämien, den Bestand nicht allzu sehr anwachsen zu lassen.

Ein gutes Indiz für die Effektivität der Bisambekämpfung ist die Zahl der Fänge pro Kilometer Uferlänge. Wenn die Zahl der gefangenen Individuen dauerhaft auf den Wert von unter 0,15 Tiere zurückgeht, kann man vom Erfolg der Bekämpfung ausgehen (Moerkens & Bos 2018).

Die Regulation der Bisambestände erfolgt in den einzelnen Ländern sehr unterschiedlich, von Bekämpfung mit Gift bis zur Bejagung mit der Schusswaffe oder dem Bogen finden wir verschiedene Vorgehensweisen. Am häufigsten ist der Einsatz lebend oder tot fangender Fallen. Gelegentlich werden auch Reusen verwendet, in denen die Bisame ertrinken (vergl. auch Bothe 1996).

Sowohl Gift als auch unter Wasser eingesetzte Reusen sind aus Gründen des Tierwohls abzulehnen.

Am intensivsten wird der Bisamfang heute in den Niederlanden, Deutschland und Frankreich betrieben. In Deutschland herrscht die besondere Situation vor, dass die Art nicht dem Jagdrecht unterliegt und die Bekämpfung staatlich bestellten Bisamfängern obliegt.

Mensch und Wildtier

Der Balg des Bisam ist grundsätzlich ein wertvolles Produkt für die Pelzindustrie. Mit deren Niedergang ist allerdings auch der Markt für Bisambälge weitgehend zusammengebrochen.

Daher handelt es sich beim Bisamfang heute im Wesentlichen um eine reine Bekämpfungsmaßnahme, die Bälge sind heute eher das Nebenprodukt.

Feldhamster

Cricetus cricetus

Körperlänge: 20 – 35 cm

Gewicht: 400 bis 650 g

Paarungszeit: April bis August

Wurfzeit: Mai bis September

Anzahl Jungtiere: 1 bis 10, heute meist 3 bis 4 Jungtiere 1- bis 2-mal jährlich

Verbreitung und Systematik

Hamster sind Nagetiere aus der Familie der Wühler (Cricetidae) und damit mit den Wühlmäusen und den Bisamratten verwandt.

Das Verbreitungsareal erstreckt sich von West- über Mittel- bis nach Osteuropa und weiter bis nach Zentralasien und China. Der Feldhamster ist ein Bewohner ausgedehnter Steppenlandschaften und ursprünglich ein Profiteur der Landwirtschaft und sog. „Kulturfolger".

Hamster waren bis vor wenigen Jahrzehnten in großer Zahl in den traditionellen Agrarregionen mit fruchtbaren Böden (z. B. Hildesheimer oder Magdeburger Börde, Wetterau) verbreitet, in die er vermutlich bereits seit der Römerzeit eingewandert ist. In Osteuropa finden wir typische Feldhamsterhabitate in den weiträumigen Schwarzerdeböden Russlands, Weißrusslands oder der Ukraine (vergl. NIETHAMMER 1982).

Zunehmend finden wir stabile Hamsterkolonien auch in urbanen Räumen.

Lebensraum und Raum-Zeit-Verhalten

Feldhamster leben nach Geschlechtern getrennt solitär und territorial. Sie sind dämmerungs- und nachtaktiv. Jeder Hamster besiedelt einen eigenen Bau (Abb. 54). Diese sind typischerweise in Getreideschlägen, gelegentlich aber auch auf Grünstreifen, in Straßen- oder Eisenbahnböschungen oder in Parkanlagen angelegt.

Probleme entstehen mit der Getreiderente in der modernen Landwirtschaft, die nicht

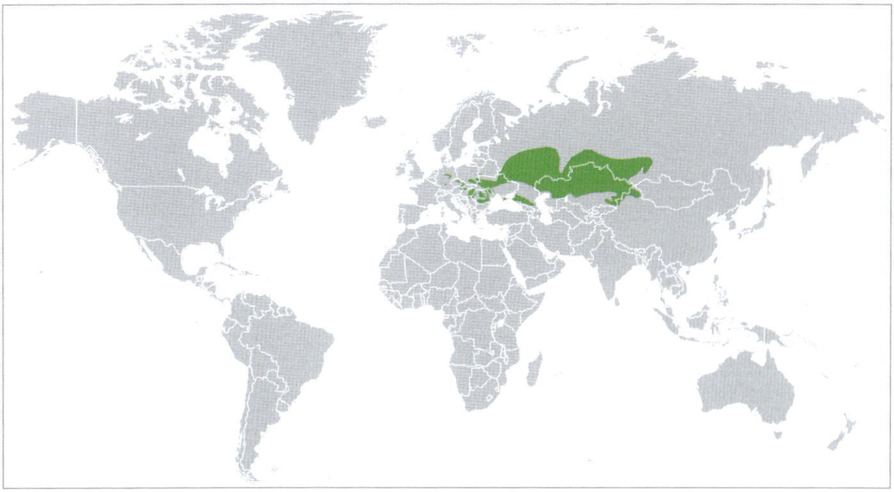

Abb. 53: Verbreitung des Feldhamsters

nur immer effizienter (immer weniger auf dem Feld verbleibende Körner), sondern auch schneller und zeitlich früher (Wintergetreide) im Jahr erfolgt. Damit gehen innerhalb weniger Stunden Deckung und Nahrungsgrundlage verloren. Auch der Maisanbau ist ein Problem.

Abb. 54: Eingang zum Feldhamsterbau

Feldhamster zeigen eine ausgeprägte Saisonalität während des Jahres (vergl. Monecke & Wollnik 2014). Dabei ist der „Sommerzustand" auf hohen Reproduktionserfolg, der „Winterzustand" auf maximale Energieökonomie ausgerichtet. Das spiegelt sich in über 70 unterschiedlichen morphologischen, anatomischen, physiologischen und Verhaltensparametern wider. Diese Rhythmik folgt einer endogenen, jahrumlaufenden („circumanuellen") Uhr. Der oberirdische Sommerzustand beginnt etwa im April/Mai und dauert bis September/Oktober. Ausnahmen zeigen, dass die Hamster aber auch im Dezember noch bzw. im Februar bereits wieder oberirdisch aktiv sein können. Der Winterzustand umfasst vor allem die Phase des Winterschlafes. Dieser besteht aus Phasen extremer Stoffwechselabsenkung (sog. Topor, Körpertemperatur bis unter 2 Grad Celsius abgesenkt), unterbrochen von Aufwachphasen, wobei der Hamster allerdings in den bis zu 2m tiefen Winterbauen verbleibt und von seinen Vorräten frisst.

Ernährung

Feldhamster ernähren sich über den Sommer von einem breiten Spektrum an Pflanzen der Agrarlandschaft. Neben Feldfrüchten sind dies Wildkräuter und Gräser. Zur Zeit der Jungenaufzucht werden auch kleinere Tiere (Insekten, Weichtiere) aufgenommen.

Für die Wintermonate benötigt der Hamster etwa 1,5 kg Getreidekörner. Aufgrund der guten Lagerfähigkeit werden vorzugsweise Getreidekörner in den Winterbau eingetragen.

Fortpflanzung

Die Paarungszeit des Feldhamsters erstreckt sich von Ende April bis in den August. Die Tragezeit dauert etwa 17 bis 20 Tage. Ein Wurf umfasste in der Vergangenheit zwischen sechs und zehn Junge, üblich waren 3 Würfe pro Jahr. Heute finden wir oft nur noch ein bis zwei Würfe pro Jahr mit drei bis vier Jungtieren (vergl. Surov *et al.* 2016).

Zur Paarung erlaubt das Weibchen dem männlichen Hamster kurzzeitig den Zutritt zum Bau (Eibl-Eibesfeldt 1953), und so treffen sich männlicher Hamster und Weibchen für kurze Zeit, um anschließend wieder eigene Territorien zu beziehen. Weibliche Hamster aus frühen Würfen werden noch im Jahr der Geburt geschlechtsreif und können sich ihrerseits fortpflanzen.

Populationsdynamik

Hamster waren in der Vergangenheit berühmt für ihre Fortpflanzungsleistung. Dreimal bis zu zehn Junge im Jahr, von denen sich ein Teil im gleichen Jahr bereits wieder fortpflanzte, garantierten einen zumindest stabilen Bestand auch unter widrigen Umweltbedingungen wie kalten oder nassen Jahren oder hoher Prädation.

Derzeit sind Feldhamsterbestände in Mitteleuropa deutlich rückläufig. Viele lokale Bestände sind bereits verschwunden.

Als Ursache für den Rückgang wird die heute deutlich geringere Reproduktionsleistung als noch gegen Mitte bis Ende des 20. Jahrhunderts gesehen.

War man zunächst der Ansicht, dass das tiefere Pflügen in der modernen Landwirtschaft, welches möglicherweise die Winterbaue zerstört, eine wesentliche Ursache sei, so mussten wir feststellen, dass auch z. B. pfluglose Bewirtschaftungsformen den Rückgang des Feldhamsters nicht aufhalten.

Interessant ist auch, dass die Rückgänge des Feldhamsters nicht allein Mitteleuropa, sondern auch die osteuropäischen Vorkommen betrifft (SUROV *et al.* 2016).

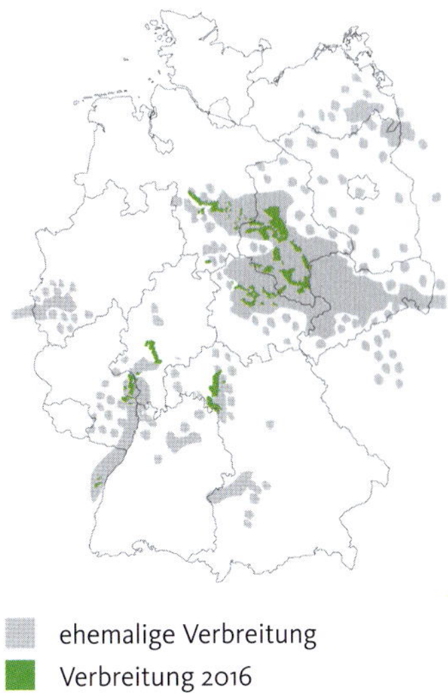

Abb. 55: Ehemalige (Mitte 20. Jahrhundert) und aktuelle Verbreitung des Feldhamsters in Deutschland. *modifiziert nach REINERS/ Deutsche Wildtier Stiftung*

Mittlerweile gehen wir davon aus, dass größere Schläge, frühere Ernte – etwa durch Umstellung von Sommer- auf Wintergetreide – geringere Ernteverluste und die Zunahme der Mais- und Rapsfläche, die eine ungünstigere Nahrungsbasis insbesondere im Winter bedeuten, sowie höhere Prädation durch frühzeitigen Verlust der Deckung der Getreideschläge die Hauptverantwortlichen für den Rückgang des Feldhamsters sind. Möglicherweise existieren aber weitere, bisher nicht identifizierte Rückgangsursachen.

Management

Feldhamster gehören heute zu den durch die moderne industrialisierte Landwirtschaft am meisten gefährdeten Arten. Neben der deutlich gesunkenen Reproduktionsrate (siehe oben) gehen ehemalige Lebensräume an die Intensivlandwirtschaft, aber auch an Verkehrswege, Gewerbe- und Siedlungsflächen verloren.

Abb. 56: Tasche aus Hamsterfell

Eine Chance zumindest zum Erhalt von Trittsteinpopulationen sind die zunehmenden urbanen Teilpopulationen, etwa in Wien. Diese gilt es zu erhalten und auszuweiten.

Eine wichtige Maßnahme des Wildtiermanagements in Bezug auf den Feldhamster ist auch der Erhalt solcher Biotope, die noch vom Hamster besiedelt sind. Umsiedlungsaktionen auf andere Flächen, die heute regelmäßig in der naturschutzrechtlichen Begleitplanung von Eingriffen gefordert werden, sind oftmals nicht erfolgreich.

Interessant ist die Tatsache, dass die Einstellung der intensiven Verfolgung bis in die 2. Hälfte des 20. Jahrhunderts den Bestandesrückgang in keiner Weise aufhalten konnte (vergl. MONECKE 2003).

Abb. 57: Feldhamster waren in der Vergangenheit beliebte Motive auf Briefmarken

Mensch und Wildtier

Ihre Eigenschaft als Kulturfolger der Landwirtschaft machte Feldhamster bereits früh dem Menschen vertraut. Über viele Jahrhunderte galten sie als Schädling, der den Getreideertrag schmälerte, und wurden dementsprechend verfolgt. Bis in die 1980er Jahre wurden in der damaligen DDR noch Prämien für gefangene Hamster bezahlt. Teilweise wurden Hamster, ähnlich wie Fuchsbaue, auch durch Begasung ihrer Baue getötet.

Allerdings nutzte man auch die Felle, so dass die Baubegasung teilweise auch aus wirtschaftlichen Gründen abgelehnt wurde.

Im Volksmund wird der Hamster gerne allegorisch für Sparsamkeit, teilweise auch Geiz, aber auch für vorausschauende Eigenverantwortung verwendet. Heute spielen diese Narrative vor allem in der Werbung (Handelsunternehmen, Banken) eine Rolle.

Schließlich war der Feldhamster in der Vergangenheit ein beliebtes Motiv in der Philatelie. Verschiedene Briefmarken wurden dieser Spezies gewidmet, was möglicherweise in den unterschiedlichen Rollen (Schädling – Pelzlieferant – gefährdete Art) des Feldhamsters in den vergangenen Jahrzehnten begründet ist.

Europäisches Ziesel

Spermophilus citellus

Körperlänge: 18 bis 23 cm

Gewicht: 200 bis 430 g je nach Jahreszeit

Paarungszeit: März/April

Wurfzeit: April/Mai

Anzahl Jungtiere: 2 bis 10

Verbreitung und Systematik

Das Europäische Ziesel ist ein Nagetier aus der Familie der Hörnchen (Sciuridae), in der es wiederum zu den Erdhörnchen (Xerinae) zählt. Die in Europa und Asien lebenden Ziesel werden von Systematikern in mehrere (bis zu 15) separate Arten eingeteilt (GÜNDÜZ *et al.* 2007, HELGEN *et al.* 2009, THORINGTON *et al.* 2012). Deren Unterscheidung ist allerdings morphologisch oft unmöglich, und es gibt fließende Übergänge, so dass wir davon ausgehen müssen, dass viele dieser ausgewiesenen Species keine echten biologischen Arten darstellen. Die Einteilung erfolgt oftmals lediglich aufgrund molekularer Phänotypen.

Das Verbreitungsgebiet der europäischen (Sub-)species erstreckt sich von der Region um das Schwarze Meer über die Steppenlandschaften Osteuropas, etwa das pannonische Becken, schließt Teile des Balkans ein und findet seine nördliche Grenze in Böhmen und im sächsischen Erzgebirge.

Lebensraum und Raum-Zeit-Verhalten

Der Lebensraum des Ziesels sind Offenlandhabitate, also Steppen, Halbwüsten, Tundren, Felslandschaften und wenig bewaldete Berge. Halboffenland wird ebenfalls besiedelt, dichte Wälder jedoch nicht.

Ziesel leben in Erdbauen, sie sind tagaktiv.

Europäische Ziesel steigern ihr Körpergewicht während des Sommers deutlich durch Anlage von Fettreserven. Nahrungsvorräte werden kaum angelegt (vergl. auch THORINGTON *et al.* 2012).

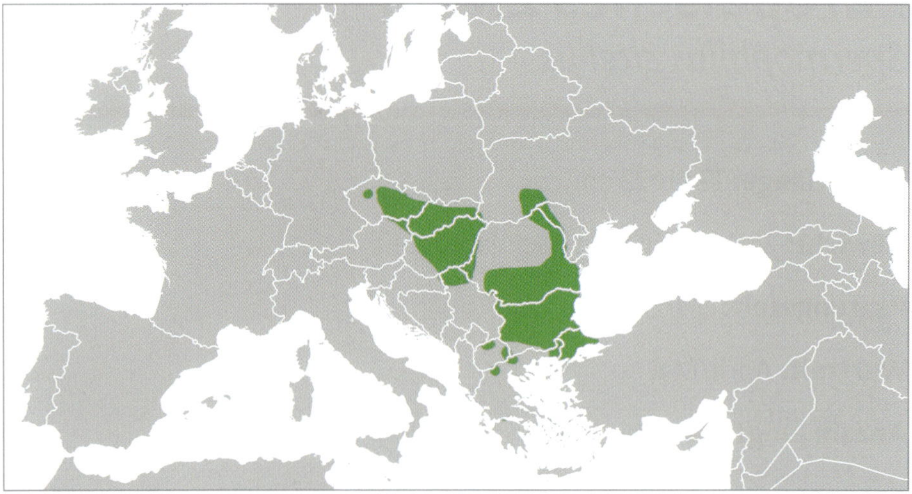

Abb. 58: Verbreitungsgebiet des Europäischen Ziesels

Von Ende August oder Anfang September halten sie bis März oder April des nächsten Jahres Winterschlaf.

Ernährung

Ziesel ernähren sich – wie es der wissenschaftliche Name nahelegt – vor allem von Sämereien, aber auch von grünen Pflanzenteilen und Wurzeln. Tierische Nahrung, etwa Insekten einschließlich ihrer Larven, Würmer oder Schnecken, wird ebenfalls aufgenommen. Sie macht allerdings nur einen geringen Anteil an der Nahrung aus.

Fortpflanzung

Die Paarungszeit beginnt mit dem Aufwachen der weiblichen Ziesel aus dem Winterschlaf, etwa Anfang April. Zu diesem Zeitpunkt sind auch die im Vorjahr geborenen Weibchen geschlechtsreif.

Die Tragezeit beträgt etwa 4 Wochen, die Zahl der Jungen schwankt zwischen 2 und 10. Zieseljunge sind typische Nesthocker, sie werden nackt und blind sowie mit verschlossenen Ohren geboren. Sie werden 45 bis 61 Tage lang gesäugt. Früh in der Saison geborene Würfe bestehen typischerweise aus mehr, aber dafür kleineren Jungtieren als später geborene Würfe (vergl. auch Huber 1996, Huber *et al.* 2001, Millesi *et al.* 1998, 1999)

Rund 30 Tage nach der Geburt, zwischen Ende Mai und Anfang Juli, erscheinen die Jungen das erste Mal außerhalb des Baues. Zwischen Mitte September und Mitte Oktober beginnt bereits der 6 bis 7 Monate dauernde Winterschlaf (Millesi *et al.* 1999).

Populationsdynamik

Die Zieselpopulation unterliegt offenbar deutlichen Schwankungen und zeigt auch, wie verschiedene Nagetiere, möglicherweise ausgeprägte Abundanzzu- und -abnahmen über die Jahrzehnte (vergl. auch Thorington *et al.* 2012). Während in den vergangenen Jahrzehnten die Population am nördlichen Rand des Verbreitungsgebietes (insbesondere in Böhmen und Sachsen) teilweise deutlich abgenommen hat, finden wir beispielsweise im Stadtgebiet Wien eine deutliche Zunahme der Ziesel auf derzeit weit über 10 000 Individuen.

Management

Das Ziesel ist ein interessantes Beispiel für die Frage, ob bzw. in welcher Situation Wiederansiedlungsprojekte sinnvoll sind.

Ein Wiederansiedlungsvorhaben im sächsischen Erzgebirge, wo bis in die 1950er Jahre ein Vorkommen bekannt war, ist gescheitert. Dieses verwundert allerdings nicht, da wir uns hier am äußersten nördlichen Rand des Verbreitungsgebietes, also offenbar in einer ökologisch für die Art suboptimalen Situation, befinden.

Es ist daher kritisch zu diskutieren, ob für diese Art mit ihren natürlichen Bestandesschwankungen solche Projekte überhaupt sinnvoll sind. Auch vor dem Hintergrund der aktuellen klimatischen Veränderungen wäre zu diskutieren, inwieweit die Prognosen einer generellen klimatischen Erwärmung für das Ziesel möglicherweise günstigere Bedingungen erwarten lassen. Wiederansiedlungsprojekte sollten möglichst im Zentrum des Verbreitungsgebietes in Regionen erfolgen, in denen nachweislich Zieselbestände in früheren Zeiten existiert haben, und deren Rückgangsursachen bekannt und beseitigt sind. Die auszuwildernden Tiere sind meist Nachzuchten aus zoologischen Gärten; so hat sich etwa der Tiergarten Nürnberg um die Unterstützung der Wiederansiedlung des Ziesels bemüht.

Mensch und Wildtier

Ziesel unterliegen in Mitteleuropa keinerlei direkter menschlicher Nutzung und spielen lediglich in Naturschutzprojekten eine Rolle. Ziesel sind, vielleicht mehr noch als Eichhörnchen, ausgesprochen „possierliche“ Tiere, welche auch recht leicht futterzahm werden können. Das könnte sie als Flaggschiffart (vergl. Herzog 2019) im Naturschutz prädestinieren.

Eurasisches Eichhörnchen

Sciurus vulgaris

Körperlänge: 15 bis 25 cm

Gewicht: 150 bis 400 g

Paarungszeit: Dezember/Januar bis Juni/Juli

Wurfzeit: März bis September

Anzahl Jungtiere: 1 bis 6

Verbreitung und Systematik

Eichhörnchen (Gattung *Sciurus*) sind typische Baumbewohner innerhalb der Familie der Hörnchen (Sciuridae). Die meisten Eichhörnchen leben in der neuen Welt, also in Nord- und/oder Südamerika. In Europa finden sich nur wenige Arten.

Das Eurasische Eichhörnchen besiedelt weite Teile des Eurasischen Kontinents. In Europa fehlt es im südwestlichen Spanien und im Süden Portugals, ein einigen Teilen Italiens, im Südosten Englands sowie auf den meisten Mittelmeerinseln (GEWALT 1956, BOSCH & LURZ 2011, THORINGTON 2012) In den Alpen wird es bis zu einer Höhe von 3100 Meter über N.N. beobachtet.

Lebensraum und Raum-Zeit-Verhalten

Der Lebensraum des Eurasischen Eichhörnchens sind Nadelwälder ebenso wie Laub- und Laubmischwälder. Im asiatischen Teil des Verbreitungsgebietes ist es eher in den borealen Nadelwäldern verbreitet. Seit langem besiedelt das Eichhörnchen auch suburbane und urbane Räume mit Gehölzbestand.

Eichhörnchen sind tagaktiv und leben den weitaus größten Teil ihres Lebens in den Baumkronen. Sie können Bäume ebenso wie Fassaden sehr geschickt hinauf- wie hinabklettern. Durch den sog. „Spirallauf" (das spiralförmige Umrunden des Baumstammes beim Klettern) schützen sie sich vor Greifvögeln wie dem Habicht (während Baummarder ihnen dabei gut folgen können). Baummardern entkommen Eichhörnchen durch weite

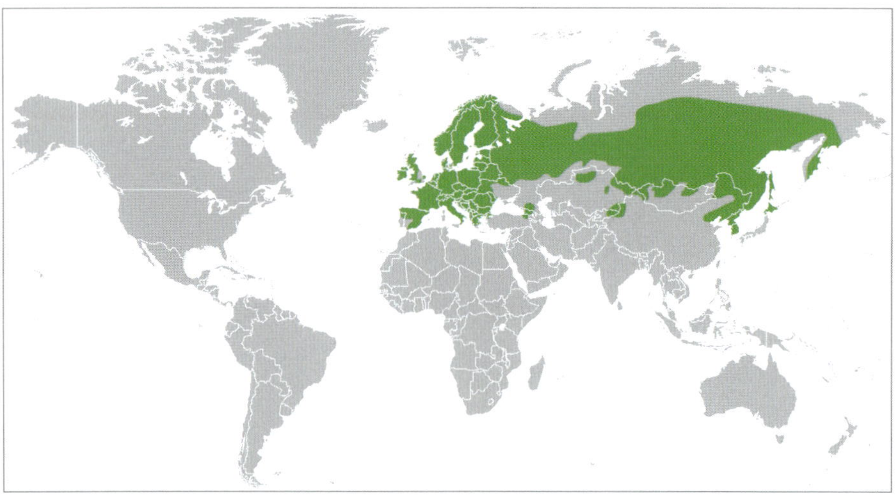

Abb. 59: Verbreitungsgebiet des Eurasischen Eichhörnchens

Sprünge bis deutlich über fünf Meter von Baum zu Baum oder durch Fallenlassen aus der Baumkrone auf den Waldboden. In letzterem Falle bremsen umfangreiche Hautfalten und der buschige Schwanz den Fall sehr gut ab. Auf dem Boden sind Eichhörnchen ihren Prädatoren wie Mardern, Wildkatzen (aber auch Hauskatzen) oder Füchsen deutlich unterlegen.

Zur Geburt der Jungen, zur Ruhe am Tag und in der Nacht und zur Winterruhe bauen Eichhörnchen runde Nester in den Baumkronen, sog. Kobel. Gerne nutzen Eichhörnchen auch alte Spechthöhlen als Ruheplätze. Innerhalb eines Streifgebietes existieren normalerweise mehrere Kobel (vergl. auch Gewalt 1956, Bosch & Lurz 2011, Thorington 2012).

Eichhörnchen leben, mit Ausnahme der Paarungszeit, eher solitär.

Die Streifgebiete einzelner Eichhörnchen variieren in hohem Maße, zwischen weniger als einem Hektar bis nahezu 50 Hektar wurden beobachtet. Generell sind die Streifgebiete der Männchen größer, diejenigen der Weibchen kleiner. Wir können bei Weibchen im Mittel etwa von Streifgebietsumfängen zwischen 10 und 30 ha, bei Männchen zwischen 20 und 40 ha ausgehen. Es handelt sich allerdings um Streifgebiete, nicht um Territorien, so dass diese auch überlappen und die lokale Dichte der Eichhörnchen meist deutlich höher liegt (vergl. auch Gewalt 1956, Bosch & Lurz 2011, Thorington 2012).

Ernährung

Die Nahrung des Eichhörnchens besteht über das Jahr überwiegend aus Baumfrüchten, Beeren sowie einer Vielzahl weiterer Früchte und Pflanzensamen. Allerdings gehören auch Pilze (selbst einige für den Menschen giftige), Knospen und tierische Nahrung wie Vogelgelege, Jungvögel, Insekten, Weichtiere und kleinere Reptilien zum Speiseplan. Der durchschnittliche Nahrungsbedarf von etwa 80 bis 100 g Samen pro Tag entspricht etwa 80 bis 100 Fichtenzapfen.

Die Winterruhe reduziert den Nahrungsbedarf, doch müssen Eichhörnchen auch im Winter regelmäßig Nahrung aufnehmen.

Zu diesem Zweck legen sie regelmäßig Vorräte an, meist aus Baumfrüchten der Umgebung, welche als regelmäßige Nahrungsreserve für den Winter dienen (vergl. auch Gewalt 1956, Bosch & Lurz 2011, Thorington 2012). Da nicht alle Vorräte während des Winters wiedergefunden werden, tragen Eichhörnchen so auch zur Naturverjüngung von Wäldern bei.

Fortpflanzung

Beim Europäischen Eichhörnchen finden wir eine Paarungszeit, die im Winter (Dezember/Januar) beginnt und sich dann bis in den Juli erstrecken kann (vergl. auch Bosch & Lurz 2011). Nach einer Tragezeit von etwa 38 Tagen kommt ein Wurf von 1 bis 6 Jungen zur Welt. Diese sind als typische Nesthocker bei Geburt blind, taub und unbehaart. Die Jungtiere werden im Nest allein vom Weibchen für etwa acht Wochen versorgt. Im Alter von etwa 32 Tagen öffnen die Jungtiere die Augen. Insgesamt verbringen die Jungtiere einige Monate zusammen mit der Mutter, bevor sie selbständig sind. Mit etwa einem Jahr sind Eichhörnchen geschlechtsreif.

Populationsdynamik

Die Populationsdynamik der Eichhörnchen ist überraschenderweise bislang noch wenig untersucht. Wir wissen, dass der Bestand über die Zeit deutlich schwankt. Langfristig wird oft sogar von einer Rückgangstendenz des Europäischen Eichhörnchens ausgegangen.

Baummarder, im Siedlungsraum sicher auch Steinmarder, und Habicht gelten als die wichtigsten Prädatoren. Dass die jeweilige Prädatorendichte für die Bestandesschwankungen mitverantwortlich ist, ist denkbar. Eine zentrale Bedeutung kommt den Prädatoren aber vermutlich nicht zu.

Eine vielleicht noch naheliegendere Ursache für Bestandesschwankungen sind Unterschiede in der Fruktifikation der Waldbäume, welche zu einem nicht unwesentlichen Teil zu den Vorräten für die Wintermonate beitragen (vergl. auch Klenner & Krebs 1991).

In diesem Zusammenhang spielen unter Umständen auch Witterungs- bzw. klimatische Faktoren eine Rolle. Wenn ausgeprägten Warmphasen im Winter eine lange, kalte Periode im Spätwinter folgt, könnte das dazu führen, dass regional mehr Tiere den Winter nicht überleben.

Wir gehen davon aus, dass die Jugendsterblichkeit bei Eichhörnchen sehr hoch ist und maximal ein bis zwei Individuen aus einem Wurf das Erwachsenenalter erreichen.

Auch eine zunehmende Konkurrenz durch das aus Nordamerika eingeführte Grauhörnchen (*Sciurus carolinensis*), welches zumindest regional konkurrenzstärker als das einheimische Eurasische Eichhörnchen zu sein scheint, wird als Rückgangsursache für die Britischen Inseln und Norditalien diskutiert (Gurnell *et al.* 2004). Außerdem ist das Grauhörnchen gegenüber einem Pockenvirus, welches Eichhörnchen befällt, deutlich resistenter als das Eurasische Eichhörnchen. In Deutschland könnte dies in Zukunft ebenfalls zu einem Problem werden.

Management

Eichhörnchen unterliegen in Deutschland derzeit keinem geregelten Management. Sie stehen unter dem Schutz des Naturschutzrechts.

In urbanen Regionen finden sich teilweise futterzahme Bestände. Eine Nutzung des Pelzes oder Wildbrets findet in Mitteleuropa nicht mehr statt.

Die Auswirkungen der Art auf den Rückgang von Singvögeln sind noch weitgehend unverstanden, werden aber vermutlich zumindest im urbanen Raum unterschätzt.

Mensch und Wildtier

Abb. 60: Eichhörnchen im Wappen von Eckernförde

Bis in die Neuzeit wurden Eichhörnchen bejagt und genutzt, das Fell (sog. „Feh“) diente zur Herstellung von Kleidungsstücken, das Fleisch wurde gegessen. Heute finden wir in Mitteleuropa keine diesbezügliche Tradition mehr.

Die nordische Mythologie kennt das Eichhörnchen Rataöskr, welches auf der Weltenesche Yggdrasil lebt.

Menschen schätzen Eichhörnchen heute vor allem aufgrund ihrer possierlichen Art und aufgrund der Tatsache, dass diese auch im Siedlungsraum heimisch und tagsüber gut beobachtbar sind.

Das Sammeln von Baumfrüchten für den Winter war für uns Menschen in den gemäßigten Breiten mit ausgeprägtem Jahreszeitenklima lange Zeit ein Symbol für Sparsamkeit, Vorsorge und Eigenverantwortlichkeit. Eichhörnchen finden wir auch in einigen Stadtwappen, etwa demjenigen von Eckernförde.

In der Waldwirtschaft sind Eichhörnchen aufgrund der Anlage von Vorratsdepots aus Baumfrüchten, durch die sie die Naturverjüngung der Wälder unterstützen, grundsätzlich gerne gesehen.

Abb. 61: Eichhörnchen haben sich seit Jahrhunderten gut an das urbane Umfeld angepasst und sind hier ausgesprochen zutraulich

Wolf

Canis lupus

Körperlänge: 100 bis 160 cm (ohne Rute)

Gewicht: 25 bis 80 kg

Paarungszeit (Ranz): Januar bis März

Wurfzeit: April bis Juni

Anzahl Jungtiere: 2–8, max. 13 Welpen

Systematik und Evolution

Der Wolf oder Grauwolf (*Canis lupus* LINNAEUS, 1758) gehört zu den Hundeartigen und bildet die Stammform des Haushundes. Dazu war er aufgrund einer jahrzehntausendelangen Coevolution mit dem Menschen geradezu prädestiniert (ZIMEN 1981, 1990). So können wir davon ausgehen, dass der Wolf ähnlich wie auch die frühen Menschen (*Homo sapiens*) die Fähigkeit zur Jagd in der Gruppe vergleichsweise spät entwickelt hat. Hochsoziale Verhaltensweisen, unterstützt durch die Fähigkeit zu intensiver Kommunikation und die Evolution von Hierarchien, ermöglichten es beispielsweise beiden – Wolf wie Mensch – auch Tiere zu erbeuten, welche die eigene Körpergröße und -kräfte um ein Vielfaches übertrafen.

Der Wolf gilt als eine euryöke Species, welche sich als ausgesprochen anpassungsfähig erwiesen hat. Die Art kommt weltweit in ca. zehn wildlebenden Unterarten vor, die europäischen Vorkommen werden der Subspecies *Canis lupus lupus* zugeordnet. Auch der Haushund (*Canis lupus familiaris*) ist letztlich eine Unterart des Wolfes.

Verbreitung

Der Wolf ist ein Lebensraumgeneralist (eurytop) und war ursprünglich über nahezu die gesamte Nordhalbkugel verbreitet. Es gibt nur wenige Lebensräume, welche diese Art nicht besiedelt. Hierzu gehören verschiedene Inseln in Flüssen, Seen oder im Meer und die höchsten Lagen der Gebirge, wobei etwa in Zentralasien Wölfe ihren Beutetieren (z. B. Argali, *Ovis ammon ammon*) auch in hochalpine Regionen folgen. Für das Qinghai-Tibet-

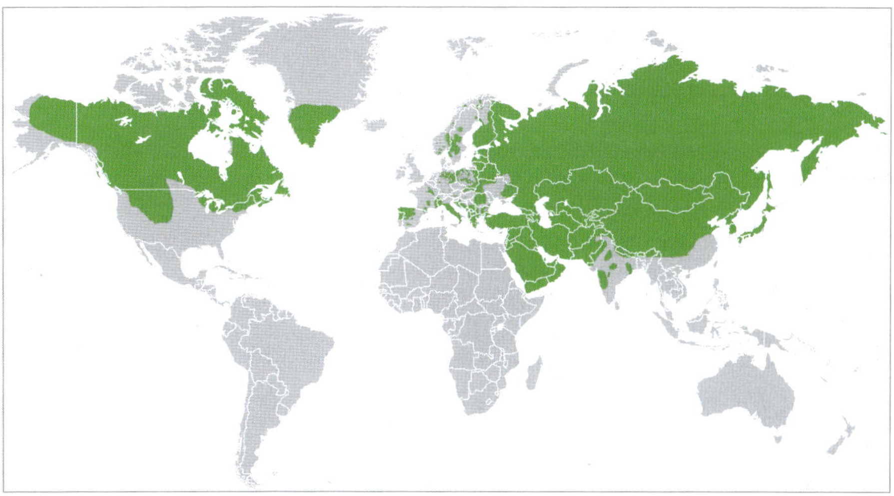

Abb. 62: Aktuelles Verbreitungsgebiet des Wolfes

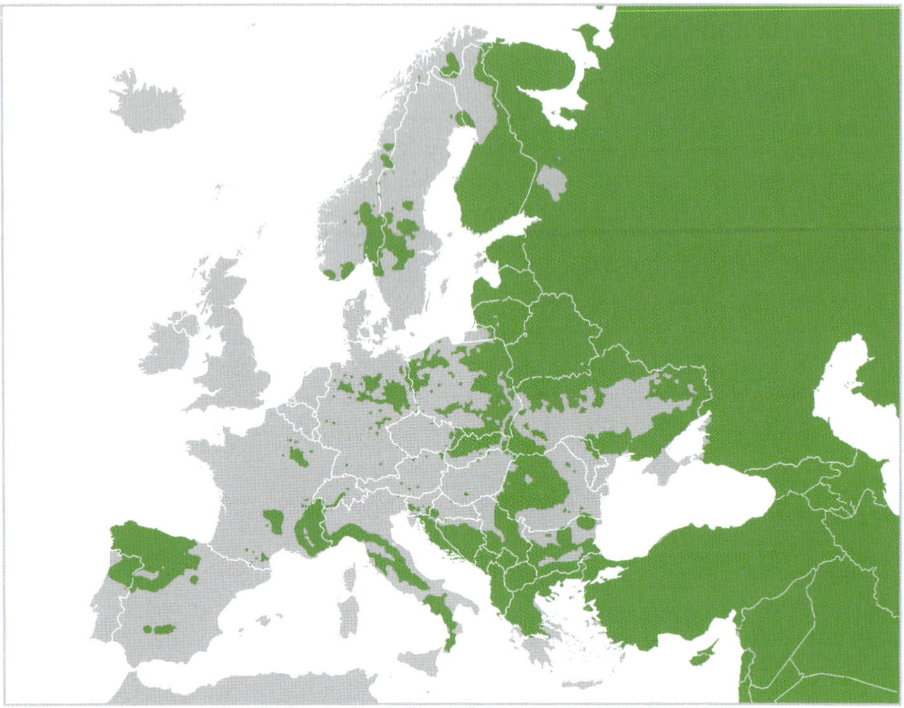

Abb. 63: Verbreitungskarte – Europa

Plateau fanden ZHANG *et al.* (2014) sogar Hinweise auf eine genetische Anpassung an die dortigen sauerstoffärmeren Bedingungen. Abb. 62 zeigt eine Karte der weltweiten Verbreitung, Abb. 63 der Verbreitung des Wolfes in Europa.

Die Relikte das ursprünglichen flächendeckenden eurasischen Wolfsvorkommens in Europa können wir heute vier oder fünf unterschiedlichen voneinander mehr oder weniger separierten Subpopulationen (im Sinne einer Metapopulation) zuordnen.

Die größte dieser Teilpopulationen ist die baltisch-osteuropäische Wolfspopulation, welche in Osteuropa bis nach Asien ein zusammenhängendes Gebiet besiedelt, und deren westlichster Vorposten sich derzeit sehr erfolgreich weiter nach Westen und Nordwesten ausbreitet (CZARNOMSKA *et al.* 2013). Nach Süden hin finden wir ein Wolfsvorkommen in den Karpaten, welches aufgrund vorhandenen Austausches als Teil der baltisch-osteuropäischen Population interpretiert werden muss (vergl. PILOT *et al.* 2006, 2010, OKARMA & HERZOG 2019).

Vergleichbares trifft auch für die Wölfe in den Dinarischen Gebirgen zu. Die räumliche Nähe der beiden Regionen lässt vermuten, dass es sich auch hier um Teile einer einzigen Metapopulation handelt. Wir müssen somit davon ausgehen, dass die meisten Wölfe Europas zur baltisch-osteuropäischen Population gehören, welche vom Ural über das Baltikum und Polen bis nach Deutschland reicht.

Eine weitere Subpopulation bilden die Wölfe Italiens, des westlichen Österreichs, der Schweiz und der französischen Alpen; wir bezeichnen diese als apennino-alpine Teilpopulation. Daneben können wir die iberische sowie die skandinavische Population ausscheiden. Letztere besiedelt Mittelschweden und Norwegen und hat vermutlich durch Zu- und Abwanderungen über Finnland ebenfalls Anschluss an die osteuropäische Population, so dass auch hier in den nächsten Jahren eine Vereinigung mit der baltisch-osteuropäischen Population erfolgen wird.

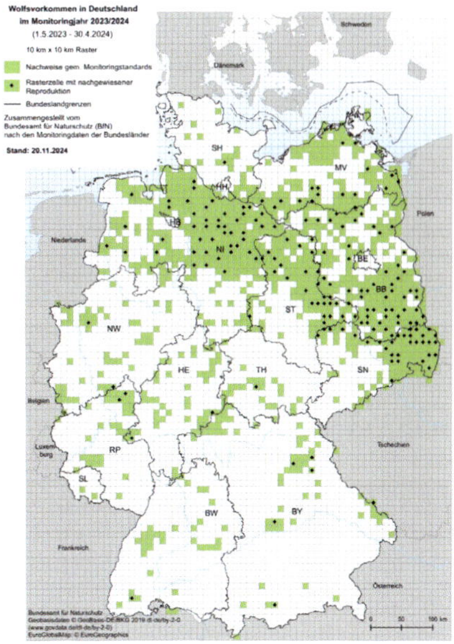

Abb. 64: Verbreitungskarte – Deutschland

Insbesondere in amtlichen Dokumenten und solchen verschiedener Naturschutzorganisationen wird regelmäßig immer noch eine größere Zahl an Populationen in Europa ausgeschieden. Dabei handelt es sich allerdings nicht um Populationen im Sinne einer biologischen Definition, sondern um Subpopulationen (LINNELL *et al.* 2008), welche im Wesentlichen aufgrund einer sehr uneinheitlichen und biologisch unrichtigen Verwendung des Populationsbegriffes in der Terminologie des europäischen und nationalen Naturschutzrechts oft fälschlich als „Populationen" bezeichnet werden (HERZOG & GUBER 2018).

In Deutschland erfolgt die Wiederbesiedlung seit den späten 1990er Jahren, erste reproduzierende Paare und Rudel fanden sich zunächst in Ostsachsen und Brandenburg. Bis heute hat sich die Species von dort aus in einem in nordwestlicher Richtung verlaufenden Band über Deutschland bis nach Schleswig-Holstein ausgebreitet (Abb. 64).

Im Süden (Bayern und Baden-Württemberg) ist das Vorkommen bislang erst sporadisch. Hier wandern schwerpunktmäßig Individuen aus dem Alpenraum zu, so dass derzeit auch hier ein Paarungszusammenhang hergestellt ist und wir es mit einer einzigen Population zu tun haben.

Lebensraum

Die Frage, aufgrund welcher ökologischer bzw. Landschaftsparameter ein Individuum, Paar oder Rudel sesshaft wird, ist derzeit noch weitgehend ungeklärt. Als Faktoren werden derzeit das Vorhandensein großer, unzerschnittener Waldgebiete (JEDRZEJEWSKI *et al.* 2004, EHMIG 2018), das Vorhandensein von Beutetieren, insbesondere des Rotwildes (OKARMA & HERZOG 2019), oder bestimmter Bodenverhältnisse (z. B. Sandböden) diskutiert. Hauptwindrichtung (Wanderung regelmäßig gegen den Wind) und Orographie (Verlauf der Urstromtäler) scheinen demgegenüber die Ausbreitungsrichtung zu beeinflussen.

Wölfe sind hochgradig sozial lebende Tiere, welche als Familienverband (Rudel) territorial leben. Die Größe der Rudelterritorien ist offenbar abhängig von der lokalen Beutesituation und daher auch schwankend, in Mitteleuropa bewegt sich diese etwa zwischen 9000 und 35 000 ha. Die große Flexibilität der Rudelterritorien in Abhängigkeit vom Beuteangebot beschreibt bereits Allen (1979), der bei seinen Untersuchungen der Wölfe der Isle Royale in Michigan eine Faustregel von zehn Quadratmeilen (2589 ha) pro Individuum beschreibt, welche durch Verbesserung der Nahrungsbasis allerdings durchaus unterschritten werden kann.

Ernährung

Der Wolf ist ein Beutegeneralist, d.h. er sucht seine Beute dort, wo sie leicht und möglichst gefahrlos erreichbar ist. Das Spektrum reicht von Zivilisationsabfällen, wie etwa aus Italien (vergl. Baumgartner 2007) oder auch aus südosteuropäischen Städten immer wieder berichtet wird bis hin zu großen Wild-, aber auch Haustieren.

Die Jagdweise ist jahreszeitlich, aber auch regional unterschiedlich. Eine Hypothese geht davon aus, dass sich der Wolf im Laufe der Evolution zunehmend an große Beutetiere angepasst hat und damit in seinem Jagdverhalten eine ganz ähnliche Entwicklung wie der Mensch durchlaufen hat (vergl. z. B. Zimen 1981, 1990).

In Mitteleuropa ernähren sich Wölfe im Wesentlichen von wildlebenden Huftieren (Schalenwild). In Deutschland steht derzeit Rehwild vor Rotwild an erster Stelle (Ansorge *et al.* 2006, Wagner *et al.* 2012). Die Nahrungspräferenzen können also regional unterschiedlich sein, wobei immer Huftiere den Hauptbeuteanteil bilden. Dabei wird auch Aas als Nahrung angenommen. Kleinere Säugetiere und Vögel sowie pflanzliche Nahrungsbestandteile werden regelmäßig aufgenommen, sind aber quantitativ vernachlässigbar.

Der Wolf nutzt möglichst diejenigen Beutetiere, welche risikoarm und energiesparend verfügbar sind. Dies bedeutet, dass das Nahrungsspektrum auch im Zeitverlauf unterschiedlich sein kann. Die große Anpassungsfähigkeit in Bezug auf Beutetiere führt in der Kulturlandschaft dazu, dass auch Weidetiere regelmäßig erbeutet werden, da hier der Energieaufwand, aber oft auch das Risiko für den Prädator geringer ist als bei der Erbeutung von Wildtieren.

Wenn Weidetiere keine Fluchtmöglichkeit haben, kann sich die Situation für den Wolf als eine sog. überoptimale Reizsituation darstellen, in der viel mehr Tiere getötet werden, als es zur eigentlichen Nahrungsbeschaffung nötig ist. Solche Situationen stellen weder einen „Blutrausch" dar, in den das Tier vermeintlich verfällt, noch sind sie Hinweis auf eine Verhaltensauffälligkeit. Das Töten oder Verletzen zahlreicher Beutetiere ist für viele Raubsäuger (Marder, Fuchs, Fischotter, Wolf, Bär und andere) typisch und wird, da es sich um reflexhaftes Verhalten handelt, immer wieder auftreten. In der Natur ist dieses reflexhafte Töten überlebensnotwendig, an der Schnittstelle zu menschlichen Ansprüchen führt dieses Verhalten zwingend zu Konflikten (siehe unten).

Der Anteil an Haustieren (insbesondere Nutztieren) an der Beute des Wolfes hängt ganz offensichtlich von der Abundanz wilder Paarhuferarten in der Region ab. Dies zeigen beispielsweise SIDOROVICH *et al.* (2003) für Weißrussland und VOS (2000) oder TORRES (2015) für die iberische Halbinsel.

Wenn sich die lokalen Wilddichten oder das Verhalten der Beutearten mit der Zeit ändern, ist zu vermuten, dass auch beim Wolf langfristig eine Verschiebung des Beutespektrums erfolgt. Entsprechende systematische Untersuchungen zum Rotwildverhalten in Regionen mit Wolfsvorkommen gibt es bislang z. B. für naturnahe Landschaften wie den Yellowstone Park in den USA (vergl. z. B. MAO *et al.* 2005), nicht jedoch für Zivilisationsräume, wie wir sie in Mitteleuropa vorfinden. Hier können wir lediglich auf Einzelbeobachtungen zurückgreifen. Diese Berichte sind widersprüchlich und reichen von einer kaum nachweisbaren Beeinflussung einzelner Individuen in der Nähe jagender Wölfe über Beobachtungen, dass etwa Rotwild durchaus erkennt, ob ein Wolf aktuell hungrig ist oder nicht (eventuell durch Lernvorgänge ausgelöst) bis hin zu tiefgreifenden Verhaltensänderungen im Sinne einer Bildung von Großrudeln oder einer vermehrten Nutzung offener Agrarflächen durch das Rotwild. Alle diese Beobachtungen haben derzeit allerdings noch anekdotischen Charakter und sind nicht geeignet, verlässliche Prognosen abzugeben.

Einen weiteren Hinweis auf die möglichen quantitativen Einflüsse des Wolfes auf seine Beutetierpopulationen liefert sein rechnerischer Nahrungsbedarf.

Pro erwachsenem Individuum kann man dabei ganz orientierend von einem Bedarf von etwa einem Stück Schalenwild pro Woche ausgehen.

Abb. 65: Weidewirtschaft in den Alpen und das Auftreten des Wolfes schnell zu Konflikten.

So findet sich für die Wolfspopulation der Slowakei eine Schätzung von etwa 10 000 erbeuteten Stück Schalenwild jährlich bei einem Bestand von rund 250 Wölfen (Hell *et al.* 2007). Diese Werte stellen aber, wie gesagt, sehr grobe Schätzungen dar, da natürlich die unterschiedlichen Schalenwildarten eine unterschiedliche Biomasse pro Individuum aufweisen. Andere Autoren (Jędrzejewska & Jędrzejewski 1998) gehen für Białowieża von geringeren Werten aus.

Andererseits wird nicht jeder Riss komplett genutzt, so dass in speziellen Situationen, etwa in strengen Wintern oder bei generell leichter Erreichbarkeit von Beutetieren, durchaus mehr Individuen erbeutet werden können als für die Deckung des Energiebedarfes der vorhandenen Wölfe rechnerisch benötigt werden. Diese Frage hängt sicher auch von der Mitnutzung der Beute durch Aasfresser wie das Schwarzwild, Greifvögel oder Rabenvögel ab, über die wir ebenfalls wenig aussagen können.

Fortpflanzung

Im Normalfall gehen wir davon aus, dass sich in einem Wolfsrudel ausschließlich die dominante Fähe und der dominante Rüde miteinander fortpflanzen. Ausnahmen bestätigen hier aber die Regel (vergl. Okarma & Herzog 2019). Nach Paarung im Februar/März (der sog. Ranzzeit) kommen im April/Mai meist 4–8 (gelegentlich bis zu 13) Welpen zur Welt. Damit handelt es sich beim Wolf um einen relativen „r-Strategen" unter den großen Prädatoren.

Ein Teil der Welpen verlässt die Mutterfamilie im Herbst oder als Jährling (etwa im Alter zwischen 10 und 24 Monaten, typischerweise mit Erreichen der Geschlechtsreife gegen Ende des 2. Lebensjahres), während ein anderer Teil im elterlichen Territorium verbleibt

Abb. 66: Die Halter kleiner Huftiere sind in hohem Maße vom Auftreten des Wolfes betroffen.

und die Eltern beim Beuteerwerb und Aufzucht der Jungtiere des Folgejahres unterstützt.

Die abwandernden Jungtiere suchen neue Lebensräume in Form unbesetzter Territorien. Dabei können weite Strecken zurückgelegt werden. In Regionen mit zahlreichen besetzten Rudelterritorien kommt es dabei regelmäßig zu Konflikten mit Angehörigen benachbarter Rudel, die zu einem nicht geringen Teil zur Mortalität unter den Jährlingen beitragen. Die Gründung eines neuen Wolfsrudels setzt also das Auffinden eines geeigneten Lebensraumes sowie eines Geschlechtspartners voraus und beginnt mit dem Sesshaftwerden eines Wolfspaares. Diese Koinzidenz war zu Beginn der Wiederbesiedlung Mitteleuropas sicher der begrenzende Faktor. Mit zunehmender Wolfsdichte wird es auch zunehmend häufiger zum Zusammenfinden eines Paares kommen. Gleichzeitig ist aber auch davon auszugehen, dass die Konflikte mit fremden territorialen Rudeln und somit auch die innerartliche Mortalität unter den abwandernden jüngeren Individuen zunehmen wird.

Populationsdynamik

Für die Populationsdynamik, das heißt die Entwicklung des Umfanges einer Wolfspopulation oder einer Teilpopulation, spielen ihr Umfang, ihr Geschlechterverhältnis, ihre Alters- und Sozialstruktur und – darauf basierend – letztlich ihre Natalität und Mortalität die entscheidende Rolle. Hinzu kommen Zu- und Abwanderungen, wenn wir von einem offenen System ausgehen. Bei Betrachtung der gesamten Metapopulation, etwa der baltisch-osteuropäischen oder der apennino-alpinen Teilpopulation haben diese praktisch keine Bedeutung. Betrachten wir allerdings kleinere räumliche Einheiten, so spielt der Faktor „Migration" oft eine nicht unerhebliche Rolle.

Natalität und Mortalität sowie Zu- und Abwanderung resultieren letztlich im Umfang einer (Teil)Population, welcher über die Zeit niemals konstant ist, sondern regelmäßig schwankt. Hinzu kommen langfristige Trends, welche eine ansteigende, abfallende oder gleichbleibende Abundanz widerspiegeln.

Nachdem der Wolf in weiten Teilen Mitteleuropas seit über 150 Jahre verschwunden war, d.h. nicht mehr in sesshaften Rudeln vorkam, gibt es -ausgehend von Osteuropa über Polen- seit der Jahrtausendwende eine stetige Wiederbesiedlung, welche auch bald zu sesshaften Paaren bzw. Rudeln führte.

Allerdings gab es in der Vergangenheit immer wieder Zuwanderungen aus der baltisch-osteuropäischen Population nach Nordwestdeutschland oder Bayern. Diese wurden regelmäßig und meist legal erlegt. Mit Ausbau des „Eisernen Vorhanges", also der aufwendig befestigten Grenzanlagen zwischen den Staaten des Warschauer Paktes und der NATO seit den 1950er Jahren versiegte diese regelmäßige Zuwanderung- die meisten Individuen erreichten lediglich Ostdeutschland oder Böhmen bzw. Mähren.

Die Natalität in Deutschland liegt in oben genanntem Rahmen: Eine Auswertung der „aufgezogenen Welpen", deren Zahl naturgemäß geringer ist als die Natalität, ergibt etwa für Sachsen im langjährigen Mittel (zwischen 2000 und 2016) mindestens 4,2 Welpen pro Jahr (insgesamt 373 Welpen aus 89 Reproduktionsereignissen, Werte aus *Anonymus* 2018a). Bundesweit stellt sich die Situation etwa im Monitoringjahr 2016/2017 ganz ähnlich dar. Hier finden wir im Mittel mindestens 3,9 Welpen (218 Welpen aus 56 Reproduktionsereignissen, Werte aus *Anonymus* 2018b).

Die Mortalität ist in Deutschland derzeit noch unklar. Die Zahl der Totfunde schwankt von Jahr zu Jahr deutlich und beträgt zwischen fünf und 33 Prozent der im jeweiligen Jahr beobachteten Mindestanzahl an Welpen. Wir können jedoch davon ausgehen, dass es sich dabei ebenso wie bei allen Monitoringdaten, welche auf unmittelbaren Zählungen beruhen, um Mindestwerte handelt und die reale Zahl höher anzusetzen

In Deutschland stellt die Verkehrsmortalität offenbar den wichtigsten anthropogenen Mortalitätsfaktor dar (Herzog 2014). Präzise Daten fehlen allerdings, da entsprechende umfangreiche telemetrische Untersuchungen zum Verbleib der abwandernden Welpen und Jährlinge bislang leider nicht erfolgten.

Unabhängig davon deutet das derzeit ungebrochene exponentielle Wachstum der Population in ihrem westlichen Teil darauf hin, dass auch die Verkehrsmortalität entweder kompensatorischen Charakter aufweist oder allenfalls zu einer Linksverschiebung der Wachstumskurve geführt hat.

In der Vergangenheit wurde intensiv diskutiert, in welchem Ausmaß anthropogen bedingte Mortalität bei großen, mobilen Säugetieren tendentiell eher als kompensatorische oder als additive Mortalität auftritt (vergl. z. B. Ellenberg 1978). Heute ist klar, dass wir diese Frage sowohl nach Arten als auch nach dem aktuellen Zustand einer (Sub-)Population differenziert beantworten müssen.

Als wesentliche Kompensationsmechanismen sind in diesem Zusammenhang vor allem eine gesteigerte Reproduktionsrate oder aber eine Reduktion anderer, anthropogener und/oder natürlicher Mortalitätsraten relevant.

In zahlreichen Untersuchungen zum Wolf (vergl. z. B. Jędrzejewska *et al.*, 1996; Mörner *et al.* 2005, Lovari *et al.* 2007, Brainerd *et al.* 2008, Creel & Rotellea 2010, Liberg *et al.* 2011, Sparkman *et al.* 2011) wird „anthropogene Mortalität" meist *in toto* betrachtet. Das dieser Faktor allerdings der weiteren Differenzierung bedarf, ist klar: so hat sicher eine geregelte, nachhaltige Bejagung grundsätzlich einen anderen Einfluss als Wilderei oder die Verfolgung im Sinne einer „Prädatorenkontrolle". Für den Wolf finden wir weltweit Beispiele für alle drei Formen der Einflussnahme. Anthropogene Einflüsse wirken auf eine kleine, im Aufbau begriffene (Sub)population anders als die gleiche Einflussnahme auf eine schnell wachsende oder auf eine etablierte Teilpopulation.

Eine weitere wichtige Frage zur Populationsdynamik des Wolfes ist diejenige nach der oberen Begrenzung einer Teilpopulation. Während in der Vergangenheit oftmals die Vorstellung herrschte, dass sich die Wolfsdichte vor allem infolge der ausgeprägten Territorialität mit großen Rudelterritorien und die hohe innerartliche Mortalität der abwandernden Welpen selbst reguliert (Pimlott 1967, Mech 1970, Cariappa *et al.* 2011, Cubaynes *et al.* 2014), müssen wir heute davon ausgehen, dass die Abundanz im Wesentlichen durch das Nahrungsangebot bestimmt wird (Packard & Mech 1980, Keith 1983, Fuller 1989, Fuller *et al.* 2003, McRoberds & Mech 2014, Mech & Barber-Meyer 2015, Okarma & Herzog 2019). Innerartliche Konflikte und Krankheiten (Weiler *et al.* 1995, Ballard & Krausman 1997, Kreeger 2003) spielen offenbar eine lokale Rolle.

Dies bedeutet für den Zivilisationsraum mit seinem vielfältigen Nahrungsangebot, dass sich der Wolf als Nahrungsgeneralist nicht bzw. erst zu einem Zeitpunkt selbst regulieren wird, der jenseits aller gesellschaftlicher Akzeptanz liegen wird.

Die Frage der Regulation ist somit eine zentrale, aber derzeit noch ungelöste Frage im Rahmen der Wiederbesiedlung Deutschlands.

Hybridisation

Die Frage der Hybridisation, sowohl zwischen Wolf und Haushund, möglicherweise aber auch zwischen Wolf und Goldschakal, ist ein derzeit intensiv diskutiertes Thema. Welche Rolle Hybridbildungen in der Vergangenheit, insbesondere in der apennino-alpinen (Teil-) Population, welche über Jahrtausende ununterbrochen bis heute durch ein enges Miteinander zwischen Wolf und Haushund gekennzeichnet ist, gespielt haben, ist eine spannende Frage, zu der weitere Untersuchungen erforderlich sind. Wir müssen derzeit wohl davon ausgehen, dass das Problem der Hybridisation deutlich komplizierter und vielschichtiger ist, als dies bisher angenommen wurde.

Sorge bereitet heute vor allem die Frage, ob im Rahmen der Wiederbesiedlung Mitteleuropas durch den Wolf in signifikantem Umfang F_1-Hybride zwischen Wölfen und Haushunden auftreten (werden). Diese bergen unter Umständen das Risiko, dass für den Haushund typische Eigenschaften, etwa fehlende Ängstlichkeit (sog. „Wesensfestigkeit“) oder sogar Aggressivität in zunehmendem Maße in die Wolfspopulation gelangen. Damit würde eine Kernaufgabe des Wolfsmanagements, die Aufrechterhaltung der Scheu vor dem Menschen, deutlich erschwert.

Die in diesem Zusammenhang immer wieder favorisierten und aktuell teilweise kritisch diskutierten molekularen Marker erleichtern einerseits die Detektion von Hybriden, andererseits sind sie aber nur eingeschränkt hilfreich. So eignen sich bestimmte Kategorien von Markern (mitochondriale DNA) definitiv nicht für die Identifikation selbst rezenter Hybridisationsereignisse. Zum anderen können molekulare Marker ohne Vorhandensein sog. „private alleles“, also von Genabschnitten, welche für das eine oder das andere Taxon (hier also Wolf und Haushund) spezifisch sind, grundsätzlich nur quantitative, also Wahrscheinlichkeitsaussagen, nicht aber qualitative Aussagen liefern.

Die Aussagekraft der Marker hängt im Übrigen kritisch vom zugrundeliegenden Referenzkollektiv ab. Dessen Umfang und (oft unbekannte) Vorgeschichte sind hier die Unsicherheitsfaktoren.

Wichtige Krankheiten

Bedeutende Viruserkrankungen des Wolfes sind Staupe, Aujeszkysche Krankheit, Parvovirose und Tollwut.

Die Staupe tritt epidemieartig auf und ist dann mit einer hohen Mortalität, insbesondere der Welpen, verbunden. Sie kann nach Beobachtungen im Yellowstone Nationalpark eine Welpensterblichkeit von bis zu 68% auslösen.

Die Parvovirose (Canines Parvovirus, CPV) hat unterschiedliche Übertragungswege, etwa Exkremente infizierter Tiere oder Insekten. Im Krankheitsverlauf löst es, abhängig von Alter und Kondition des infizierten Tieres, starken Brechdurchfall bis hin zur tödlichen Dehydrierung aus. Eine durch Hunde eingeschleppte CPV-Infektion führte Anfang der 1990er Jahre zum Zusammenbruch des Wolfsbestandes auf der Isle Royale (USA).

Die Aujeszkysche Krankheit oder Pseudowut wird durch einen Erreger aus der Gruppe der Herpesviren verursacht. Die Ansteckung erfolgt über den direkten oder indirekten Kontakt zu Schweinen, insbesondere Wildschweinen, welche nach Erstinfektion dauerhaft Erreger ausscheiden. Die Krankheit verläuft fast immer tödlich. Der Tod tritt meist ein bis zwei Tage nach Auftreten erster Symptome ein.

Die Tollwut ist eine Zoonose, die auch auf den Menschen übertragbar ist. Dabei ist es der nahezu ausnahmslos tödliche Verlauf auch beim Menschen, der diese Krankheit -bei für die Population eher geringer Bedeutung- so bedrohlich erscheinen lässt. Sie wird typischerweise durch den Speichel eines erkrankten Tieres, der über eine Bissverletzung in die Blutbahn gelangt, übertragen. Ein besonderes Problem ist die oft sehr lange Inkubationszeit der Erkrankung. Vom Zeitpunkt der Infektion bis zum Ausbruch der Erkrankung können mehrere Wochen bis Monate vergehen, in denen das infizierte Individuum keine erkennbaren Symptome zeigt. Das bedeutet, dass in dieser Zeit auch noch weite Strecken zurückgelegt werden können. Bis zur Ausrottung des Wolfes in Mitteleuropa war dieser neben dem Fuchs der Hauptüberträger der sog. sylvatischen Tollwut, also des Infektionsgeschehens, welches sich (im Gegensatz zur urbanen Tollwut, die vor allem durch Hunde übertragen wurde und wird) in freier Wildbahn abspielt. Nachdem viele Bundesländer die Impfung der Füchse eingestellt haben und für den Wolf derzeit kein Impfprogramm existiert, ist das Risiko der Einschleppung der Krankheit durch zuwandernde Wölfe aus Osteuropa nicht zu unterschätzen.

Der Fuchsbandwurm (*Echinococcus multilocularis*), der dreigliedrige Hundebandwurm (*Echinococcus granulosus*) und die Räude sind durch Parasiten verursacht.

Der Fuchsbandwurm hat den Fuchs, aber auch andere Hundeartige wie den Wolf als Endwirt. Vergleichbares gilt für den dreigliedrigen Hundebandwurm. Die Bandwurmeier werden mit dem Kot ausgeschieden und von einem Zwischenwirt aufgenommen. Der Mensch kann dabei als (Fehl)zwischenwirt an der sog. alveolären Echinoccoccose der Leber erkranken. Diese verläuft unbehandelt oder zu spät behandelt meist tödlich. Ein Schwerpunkt der Erkrankung mit dem Fuchsbandwurm liegt derzeit in Süddeutschland.

Die Räude ist eine von Räudemilben ausgelöste Ektoparasitose. Die Ansteckung erfolgt normalerweise über unmittelbaren Körperkontakt. In Folge von entzündlichen Reaktionen und durch den starken Juckreiz, begleitet von sekundären bakteriellen Infektionen der Haut, kommt es zu Haarausfall und Verschorfung der Haut. Befallene Tiere haben einen schlechten Fellzustand, durch das ständige Kratzen entstehen kahle Stellen an verschiedenen Körperteilen, z. B. am Rücken und am Schwanz. Räude ist stark ansteckend für andere Karnivoren. Räude ist typischerweise eine Krankheit (lokal) hoher Populationsdichten, die durch die allgemeine Schwächung der Tiere einschließlich z. B. bakterieller Sekundärinfektionen durchaus eine hohe Mortalität, insbesondere unter den Welpen aufweisen kann. Hauptüberträger sind in Mitteleuropa oft Fuchs und Marderhund. Grundsätzlich kann sich auch der Mensch mit diesen Räudemilben infizieren, die aber meist -auch ohne Therapie-harmlos verläuft.

Management

Nachdem die Wiederbesiedlung Mitteleuropas durch den Wolf außerordentlich dynamisch verläuft und die Bestandesentwicklung derzeit weniger auf ein Artenschutz- sondern eher auf ein massives Akzeptanzproblem hindeutet, besteht die zentrale Aufgabe des Wolfsmanagements in Mitteleuropa in Zukunft darin, die durch die Wiederbesiedlung durch den Wolf entstehenden Konflikte möglichst zu minimieren. Ein entscheidender Faktor zur Vermeidung von Konflikten ist es, die Scheu des Wolfes vor dem Menschen und seinen Einrichtungen aufrecht zu erhalten bzw. dort, wo sie verlorenzugehen droht, wiederherzustellen. Dies dient der menschlichen Sicherheit, aber indirekt auch dem Schutz der Nutz- und Heimtiere.

Das Verhalten des Wolfes dem Menschen gegenüber ist offensichtlich in hohem Maße abhängig von der Intensität des Kontaktes zum und der Intensität der Verfolgung durch den Menschen.

So beschreiben beispielsweise Mech *et al.* (1998) eine hohe Toleranz, selbst von Gehecken mit Welpen, gegenüber dem Menschen, solange keine Verfolgung durch den Menschen erfolgt.

Demgegenüber beobachtet Chapman (1979) eine geringe Toleranz insbesondere von Fähen mit Welpen gegenüber dem Menschen in Wildnisgebieten Alaskas.

Zimen & Boitani (1975) beschrieben das nächtliche Aufsuchen menschlicher Siedlungen, um Abfälle als Nahrung zu nutzen; ähnliche Beobachtungen aus Nordamerika stammen etwa von Fritts & Paul (1989), welche die Erbeutung von Haushunden berichten.

Thiel *et al.* (1998) stellen fest, dass ein zunehmender Kontakt von Wölfen mit dem Menschen in Situationen ohne menschliche Verfolgung zu einer größeren Toleranz dem Menschen gegenüber führt.

Wir müssen also davon ausgehen, dass eine angeborene Scheu des Wolfes dem Menschen gegenüber entweder nicht besteht oder durch Lernprozesse leicht zu durchbrechen ist. Mit zunehmender Vertrautheit dem Menschen gegenüber kommt es offenbar selbst in Zeiten der Welpenaufzucht, welche in der Literatur als die sensibelste Phase beschrieben wird, zu einer hohen Toleranz gegenüber menschlichen Aktivitäten und einer aktiven Annäherung an menschliche Siedlungen.

Weitere Aufgaben des Management sind die weitere Sicherung und Überwachung der Ausbreitung durch ein begleitendes Monitoring, die Vermeidung von direkten (Risse) und indirekten (z.B. Verkehrsunfälle durch in Panik geratene Weidetiere) Schäden sowie die Erarbeitung von Kompensationszahlungen. Aktuell befinden wir uns in einer Phase des Umbruchs: während sich das Management der Wölfe bisher eher in einem (passiven) Totalschutz sowie Entschädigungsregelungen für Wolfsrisse erschöpfte, wird in Zukunft voraussichtlich ein deutlich aktiveres Wolfsmanagement erforderlich werden (Herzog 2018, Okarma & Herzog 2019).

Goldschakal

Canis aureus

Körperlänge: 70 bis 85 cm (ohne Rute)

Gewicht: 7–16 kg

Paarungszeit (Ranz): Januar bis März

Wurfzeit: April bis Juni

Anzahl Jungtiere: 2–4, max. 12 Welpen

Systematik und Evolution

Der Goldschakal (*Canis aureus* Linnaeus, 1758) gehört wie der Wolf zu den Hundeartigen (Canidae). Aufgrund einer bislang klaren morphologischen Differenzierung wurde der Goldschakal bisher als eine eigene (biologische) Art betrachtet. Aufgrund verschiedener Hinweise auf Hybridbildung mit Hunden müssen wir allerdings davon ausgehen, dass der Goldschakal möglicherweise keine eigene biologische Art bildet, sondern letztlich auch nur eine Subspecies einer Großart *Canis lupus* darstellt.

Verbreitung

Sein Hauptverbreitungsgebiet erstreckt sich über Südosteuropa, Afrika einschließlich der arabischen Halbinsel, den Kaukasus, Kleinasien und weiter nach Osten bis Indien. Seit einigen Jahrzehnten beobachten wir eine zunehmende Ausbreitung der Art in Richtung Norden und Nordwesten. Der balkanisch-dinarische Raum ist ebenso wie das pannonische Becken vom Goldschakal besiedelt. Aus Österreich, Slowenien, Italien und neuerdings auch Deutschland (Baden-Württemberg und Niedersachsen) gibt es Reproduktionsnachweise (vergl. z. B. Bauer & Suchentrunk 1995, Lapini *et al.* 2009). Der erste Nachweis des Goldschakals für Deutschland stammt aus Brandenburg (Möckel 2000). Einzelne Goldschakale werden mittlerweile regelmäßig in Italien, der Schweiz, Polen, der Slowakei, Tschechien, Nord- und Mitteldeutschland oder dem Baltikum beobachtet.

Es wird vermutet, dass die Ausbreitung durch witterungs- bzw. klimatische Faktoren, ins-

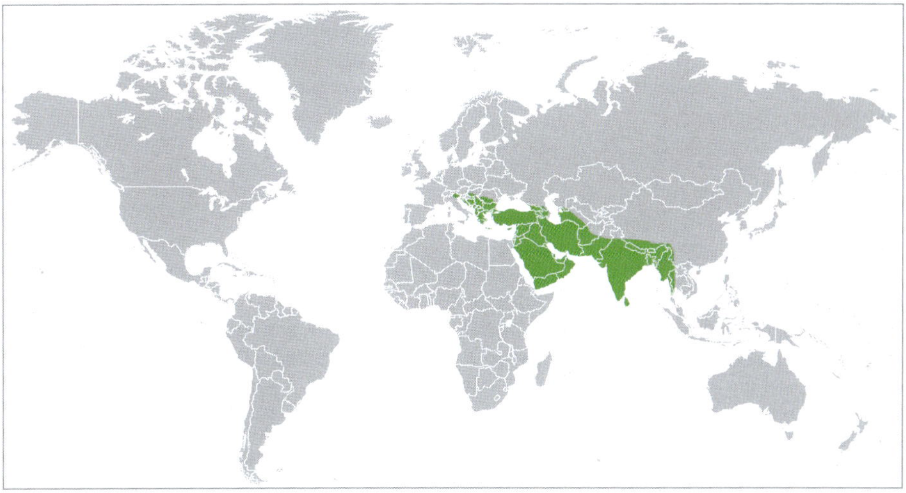

Abb. 67: Verbreitungsgebiet des Goldschakals

besondere wärmere, schneearme Winter und die Abwesenheit des Wolfes als einem Prädator des Goldschakals begünstigt wird (Kryštufek & Tvrtković 1990) und häufig entlang von Gewässern erfolgt (Demeter & Spassov 1993, Szabó *et al.* 2008). Andererseits treten Goldschakale derzeit durchaus auch sympatrisch (im gleichen Lebensraum) mit Wölfen auf.

Eine interessante Besonderheit bilden die sog. Rohrwölfe, die bis in die 1920er Jahre um den Neusiedler See lebten, und die heute ebenfalls als Goldschakale angesehen werden.

Der sog. Äthiopische Wolf (gelegentlich auch als „Abessinischer Fuchs" bezeichnet) wird derzeit von einigen Autoren als separate Art eingestuft. Möglicherweise handelt es sich dabei aber ebenfalls um eine Subspecies des Goldschakals, zumindest steht der Äthiopische Wolf diesem näher als dem Grauwolf. Diese sehr seltenen Caniden leben in einer kleinen Reliktpopulation im Abessinischen Hochland. Ähnliches gilt auch für die ägyptische Unterart des Goldschakals (*Canis aureus lupaster*), welche ebenfalls verschiedentlich als eigene Spezies angesehen bzw. als eine ursprüngliche Form des Wolfes bezeichnet wird (Rueness *et al.* 2011, Gaubert *et al.* 2012, Koepfli *et al.* 2015). Leider bezieht man sich dabei ausschließlich auf das phylogenetische Artkonzept, nicht auf das für den praktischen Artenschutz geeignetere biologische Artkonzept. Analysen auf molekularer Basis zeigen, dass alle Taxa zumindest sehr nahe verwandt sind. Damit schließt sich der Kreis in taxonomischer Hinsicht: Wenn wir davon ausgehen können, dass Hybridbildungen zwischen Wolf und Goldschakal ebenso möglich sind wie zwischen Hund und Goldschakal, ist es letztlich nicht relevant, ob wir den Äthiopischen Wolf als Schakal oder als Wolf bezeichnen; die biologische Art wäre dieselbe.

Lebensraum

Der Goldschakal ist hinsichtlich seiner Lebensraumansprüche eine ausgesprochen anpassungsfähige Art. Von Steppen und Halbwüsten über Agrarlandschaften bis zu wasserreichen Landschaften findet er sich in zahlreichen Lebensräumen und besiedelt auch bewaldete Regionen, meidet allerdings dichte Wälder. Mittlerweile kommt der Goldschakal bis in suburbane Regionen vor.

Ernährung

Der Goldschakal ist ein Nahrungsgeneralist, doch spielen im Vergleich zum Wolf Kleinsäuger eine deutlich größere, Huftiere eine deutlich geringere Rolle. So dominieren Mäuse, insbesondere Wühlmäuse (Microtinae) und in zweiter Linie Kaninchen oder Hasen sowie bodenbrütende Vögel das Beutespektrum. Rehkitze, Hirschkälber und Frischlinge werden regelmäßig als Beute genommen. Auch spielen Aas und – im Sommer und Herbst – pflanzliche Nahrungsbestandteile in Form von Früchten eine Rolle. Somit ähnelt das Nahrungsspektrum eher demjenigen des Fuchses (*Vulpes vulpes*, s.u.). Goldschakale jagen einzeln, paarweise oder im Familienverband (Macdonald 1979, Demeter & Spassov 1993). Bei Goldschakalen, welche im Rudel jagen, haben Huftiere, insbesondere Rehkitze und Rotwildkälber, aber auch ältere Stücke, einen größeren Anteil an der Beute (vergl. auch RAICHEV *et al.* 2013).

Sozialsystem

Goldschakale leben paarweise (SCHALLER 1967, 1972, WYMAN 1967, VAN LAWICK & VAN LAWICK-GOODALL 1970, GOLANI & KELLER 1975, EATON 1979) oder in Familienverbänden von etwa drei bis sieben Individuen (VAN LAWICK & VAN LAWICK-GOODALL 1970). MACDONALD (1979) beschreibt auch größere Gruppen, welche teilweise auch Gruppenterritorien besetzen.

Fortpflanzung

Rüde und Fähe leben in dauerhafter Paarbindung in kleinen Familienverbänden zusammen mit Jungtieren aus dem Vorjahr. Die Ranzzeit liegt im Spätwinter (Januar und Februar), nach einer Tragzeit von etwa 61 bis 63 Tagen kommen zwei bis vier (selten bis zu zwölf) Junge meist in einem unterirdischen Bau zur Welt. Im Herbst verlassen die meisten Jungtiere den Familienverband, oft bleiben allerdings einzelne Tiere bei den Eltern zur Unterstützung bei der Aufzucht des Wurfes des Folgejahres (vergl. u.a. DEMETER & SPASSOV 1993).

Populationsdynamik

Derzeit zeigt sich beim Goldschakal ein anhaltender Trend zur Bestandeszunahme und vor allem zur Arealausweitung. Ausgehend vom wachsenden Vorkommen Südeuropas, etwa auf dem Balkan oder in Ungarn, kommt es zu regelmäßigem Auftreten von Goldschakalen in Mittel-, aber auch West- und Nordeuropa (ARNOLD *et al.* 2012, TILLMANN 2020). Hinsichtlich der Abundanzen im Kernbereich des Vorkommens herrscht lokal teilweise noch Unklarheit.

Die Gründe für die aktuell zu beobachtende Ausbreitung sind derzeit vieldiskutiert, doch letztlich noch weitgehend unbekannt (vergl. SPASSOV & ACOSTA-PANKOV 2019). Hypothesen zur Erklärung des Phänomens sind (SPASSOV 1989) das Verbot von Giftködern, die zunehmenden Jagdstrecken beim Schalenwild mit entsprechendem Anfall von Aufbrüchen und Kadavern nicht nachgesuchter Tiere, die großflächige Schafbeweidung in vielen Regionen und die Abwesenheit oder geringe Dichte des Wolfes (*Canis lupus*). Letztere Ursache nennen auch KROFEL *et al.* (2017). Sie ist vor dem Hintergrund der Wiederbesiedlung großer Teile Europas durch den Wolf allerdings weniger wahrscheinlich. Ob und inwieweit Witterungsfaktoren etwa in Form milderer Winter in den vergangenen Jahrzehnten eine Rolle spielen, ist ebenfalls eine offene Frage (vergl. auch KRYŠTUFEK & TVRTKOVIČ 1990, TILLMANN 2020).

Abb. 68: Phänotypisch zeigt dieser Canide Merkmale von Goldschakal und Hund (5. April 2021, Lüneburger Heide)

Hybridisation

Noch interessanter als die Frage der Hybridisation zwischen Wolf und Haushund ist diejenige der Hybridbildung zwischen Wolf und Schakal. Derzeit findet man in genetischen Gutachten gelegentlich Hinweise auf eine Hybridisation zwischen Wolf und Goldschakal. Interessant erscheinen in diesem Zusammenhang allerdings Beobachtungen an Wölfen aus Italien, welche die an der Basis verwachsenen Ballen der Zehen 3 und 4, die als typisches morphologisches Merkmal des Goldschakals gelten, aufweisen. Auch berichten Galov *et al.* (2015) von Hybridisationsereignissen zwischen Goldschakal und Haushund.

Ein Individuum mit phänotypischen Merkmalen von Goldschakal und Haushund wurde im April 2021 in der Lüneburger Heide beobachtet (Friesenborg, mündliche Mitteilung). Eine molekulare Analyse war in diesem Fall leider nicht erfolgt.

Somit erscheint es durchaus möglich, dass ein Merkmal wie die verwachsenen Zehenballen ebenfalls durch eine frühere Hybridisation in die Wolfspopulation gelangt ist.

Wichtige Krankheiten

Bedeutende Viruserkrankungen des Goldschakals sind, wie auch beim Wolf und anderen Caniden, Staupe, Aujeszkysche Krankheit, Parvovirose und Tollwut.

Der Fuchsbandwurm (*Echinococcus multilocularis*) und die Räude sind durch Parasiten verursachte Krankheiten, die auch den Goldschakal befallen.

Management

Die Frage des aktiven Managements des Goldschakals ist nicht einfach zu beantworten. Das zeigt bereits die unterschiedliche rechtliche Einordnung des Goldschakals in unterschiedlichen Regionen. Das Spektrum reicht von strenger Unterschutzstellung bis hin zu intensiver Verfolgung. Klar ist, dass wir es mit einer von selbst zuwandernden Art zu tun haben, die allerdings in der Vergangenheit nicht heimisch war. Sie ist somit „gebietsfremd". Andererseits wandert sie „von selbst", also ohne aktive menschliche Unterstützung zu. Inwieweit anthropogene Faktoren indirekt zur Verbreitung des Goldschakals beitragen, ist eine offene Frage. Die Auswirkungen auf die in den Zuwanderungsregionen heimische (z. B. Bodenbrüter-)Fauna sind unklar, ebenso die Konkurrenzsituation zu anderen lokalen Prädatorenarten wie Wolf, Fuchs, Luchs oder Wildkatze. Empfehlenswert ist eine engmaschige Beobachtung der Entwicklung (Monitoring) und begleitende Untersuchungen zum Einfluss auf andere Arten. Langfristig ist weder der Totalschutz noch der Versuch der Ausrottung, sondern ein Einstieg in eine nachhaltige, geregelte jagdliche Nutzung der Art dringend zu empfehlen, schon allein, um die Probleme, die beispielsweise das aktuelle Wolfsmanagement mit sich bringt, zu vermeiden (Herzog 2019).

Mensch und Wildtier

Den Schakal verbinden wir insbesondere mit der ägyptischen Mythologie. Dort finden wir verschiedene Götter als Mischwesen aus Mensch und Tier. Der Schakal repräsentiert Anubis, den Totengott und Fährmann ins Totenreich. Neben der bekannten Darstellung als Mensch mit einem Schakalkopf finden wir Anubis gelegentlich auch in Gestalt eines liegenden Schakals dargestellt. Warum gerade dem Schakal die Verbindung zum Totenreich darstellt, wird gerne dadurch erklärt, dass Friedhöfe und generell Begräbnisstätten auch des Nachts gerne von Schakalen aufgesucht werden. Ob die Dinge allerdings wirklich so vordergründig zu erklären sind, entzieht sich unserer Kenntnis.

Im nördlichen Mitteleuropa und Nordeuropa ist die Species den Menschen noch weitgehend fremd, so dass wir hier auch nahezu keine mythologischen Verbindungen finden, wie des beim Fuchs oder beim Wolf der Fall ist. Wie sich das Verhältnis zwischen Menschen und Goldschakalen in Zukunft entwickeln wird, insbesondere, ob diese Art eher wie ein Fuchs oder wie ein Wolf wahrgenommen werden wird, bleibt eine interessante Frage.

Rotfuchs

Vulpes vulpes

Körperlänge: 60 bis 75 cm (ohne Rute)

Gewicht: 5–12 kg

Paarungszeit (Ranz): Dezember bis Februar

Wurfzeit: April/Mai

Anzahl Jungtiere: 3–13, meist 4–6 Welpen

Systematik und Evolution

Der Rotfuchs ist der einzige in Mitteleuropa heimische Vertreter der Gattung *Vulpes*, welche weltweit ca. 12 Arten umfasst.

Die Gattung gilt als evolutiv vergleichsweise alt und gehört zum Stamm der Füchse (*Vulpini*), welcher sich vor etwa 12 Millionen Jahren aus der Unterfamilie der Caninae im heutigen Nordamerika entwickelte (TEDFORD *et al.* 2009). Erst vor etwa 9 Millionen Jahren bildete sich der Stamm der Hunde (*Canini*) aus der gleichen Unterfamilie. Vor etwa 8 Millionen Jahren wanderten die Hundeartigen über die Landbrücke im Bereich der heutigen Beringstraße nach Eurasien ein.

Verbreitung

Der Rotfuchs ist neben dem Wolf das geographisch am weitesten verbreitete Raubtier. Das Verbreitungsgebiet umfasst Europa von Skandinavien nördlich des Polarkreises bis zum Mittelmeer, Nordafrika, Asien und große Teile Nord- und Mittelamerikas. Im 19. Jahrhundert wurden Füchse auch in Australien eingeführt, wo sie als Neozoen bis heute nicht geringe Probleme bereiten.

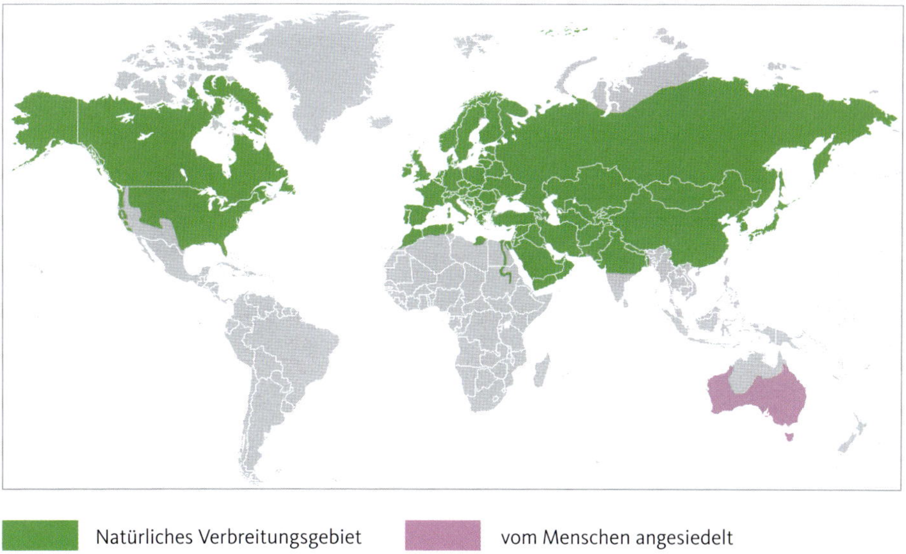

Abb. 69: Verbreitungsgebiet des Rotfuchses

Lebensraum

Der Rotfuchs ist in Bezug auf seinen Lebensraum außerordentlich anpassungsfähig. Es gibt praktisch keinen terrestrischen Teillebensraum, der nicht von Füchsen besiedelt werden kann und wird. Vom Hochgebirge bis auf der Küste vorgelagerten Inseln, von Tundren am Polarkreis bis in subtropische Regionen, von dichten Wäldern bis ins Zentrum großer Städte – überall kommen Füchse regelmäßig vor, wobei die höchsten Dichten heute offenbar tatsächlich in den urbanen Räumen zu beobachten sind.

Raum-Zeit-Verhalten

Füchse sind in Mitteleuropa vorwiegend dämmerungs- und nachtaktiv. Insbesondere zur Zeit der Jungenaufzucht oder zur Ranzzeit sind sie aber auch regelmäßig tagsüber zu beobachten. Füchse leben paarweise bzw. in kleineren Familiengruppen in Streifgebieten von – je nach Nahrungsangebot und/oder Siedlungsdichte – rund 100 bis 500 Hektar. Die Streifgebiete werden mit Urin oder Kot, typischerweise auf erhöhte Stellen abgesetzt, markiert. Ein in der wissenschaftlichen Literatur nach wie vor ungelöstes Problem ist die Anwendung unterschiedlicher Berechnungsalgorithmen von Streifgebietsumfängen. Dabei können Unterschiede in den berechneten Streifgebieten von nahezu 100%, je nach verwendeter Methode, auftreten (vergl. Reinecke *et al.* 2014) Dieses Problem finden wir auch bei den unterschiedlichen Untersuchungen zum Raumnutzungsverhalten des Rotfuchses. Die angegebenen Werte sind daher nur unter Vorbehalt zu interpretieren. Bör-

Abb. 70: Fuchsbau in sandigem Boden

NER (2014) beschreibt die Streifgebietsumfänge für urbane Habitate (Berlin) mit teilweise deutlich unter 50 Hektar, GLOOR *et al.* (2006) nennen 8 bis 31 Hektar für Zürich, was dann zu Abundanzen von zwei bis zwölf, gelegentlich aber auch deutlich mehr erwachsenen Füchsen auf 100 Hektar führen kann (SOULSBURY *et al.* 2010). Die Streifgebietsumfänge außerhalb der Städte werden etwa für eine intensiv agrarisch genutzte Region Brandenburgs mit durchschnittlich 185 Hektar (BÖRNER 2014), für den Nationalpark Bayerischer Wald mit durchschnittlich 430 Hektar (SCHNAITL & STÜRZER 2009) angegeben, wobei methodische Fehler, insbesondere im Sinne einer Überschätzung der Streifgebietsumfänge, in beiden Untersuchungen nicht auszuschließen sind. Ein weiterer bestimmender Faktor für den Streifgebietsumfang scheint neben der Ressourcenverfügbarkeit auch die lokale Abundanz zu sein. So beschreiben SOULSBURY *et al.* (2010) für die Stadtfüchse in Bristol einen Streifgebietsumfang von durchschnittlich 29 Hektar im Jahre 1990, neu Jahre später nach einem Räudeausbruch und einem entsprechenden Rückgang der Fuchsdichte waren es durchschnittlich 169 Hektar.

Im Streifgebiet gibt es einen oder mehrere Erdbaue (Abb. 70). Diese werden entweder selbst gegraben oder es werden beispielsweise Dachsbaue in ihren oberen Teilen mitgenutzt. Fuchsbaue finden wir nicht selten in Böschungen oder Hecken.

Ein typischer Fuchsbau besteht aus mehreren Röhren, die meist auch zu mehreren Ausgängen führen. Im Bau gibt es Erweiterungen, die als Wohn- oder Wurfkessel dienen. Weitere Baue (sog. Neben- oder Notbaue) sind meist einfacher angelegt.

Ernährung

Füchse sind Nahrungsgeneralisten (vergl. MACDONALD 1977). Diese Tatsache ist eine wichtige Grundvoraussetzung ihrer Anpassungsfähigkeit an die unterschiedlichsten Lebensräume. Sie erbeuten kleinere und mittelgroße Säugetiere bis Hasen- oder Rotkalbgröße problemlos, darüber hinaus Vögel, Kriechtiere und Wirbellose. Ein Schwerpunkt liegt allerdings auf Mäusen, häufig Wühlmäusen. Deren Anteil am Beutespektrum beträgt in manchen Jahren und Regionen bis zu 90 Prozent. Aas wird ebenso aufgenommen wie frische Beute und in den Wochen mit hohem Anfall an reifen Früchten finden wir auch diese als bedeutenden Nahrungsbestandteil. Schließlich leben Stadtfüchse zu einem nicht geringen Anteil auch von menschlichen Speiseabfällen, die sie in Mülltonnen oder auf Komposthaufen finden.

Der höchste Nahrungsbedarf einer Fuchsfamilie liegt im Sommer, wenn die Welpen noch bei den Eltern leben, aber selbst bereits einen hohen Nahrungsbedarf haben.

Sozialsystem

Die oben geschilderten Streifgebiete der Füchse bilden streng genommen Territorien, wobei die Territorialität nur schwach ausgebildet ist und sich vor allem in den regelmäßigen Kot- und Urinmarken äußert. Rotfüchse können in Mitteleuropa einzeln leben oder während einer Saison paarweise zusammenleben, aber auch das Zusammenleben in kleineren

Familiengruppen ist für längere Zeiträume möglich. Hierbei leben dann typischerweise Welpen aus dem vorangegangenen Jahr mit Eltern und den Welpen aus dem laufenden Jahr innerhalb ein und desselben Streifgebietes. Dies scheint auch abhängig von Region und Lebensraum zu sein. So werden Familiengruppen häufig auf den britischen Inseln und in urbanen Räumen beschrieben. Die Welpen bleiben ansonsten, nachdem sie selbständig sind, noch eine gewisse Zeit im elterlichen Streifgebiet, bis sie sich eigene Lebensräume suchen.

Die Kommunikation der Füchse erfolgt, typisch für Caniden, im Wesentlichen über Gerüche und Geruchsmarkierungen. Daneben kommunizieren sie auch akustisch. Als Warnlaut, etwa um die vor dem Bau spielenden Welpen zu warnen, hört man gelegentlich ein heiseres, teilweise auch recht lautes, kurzes Bellen. Während der Fortpflanzungszeit kennen wir das sog. „Ranzbellen" der Rüden, welches eine Fähe auch über größere Entfernungen aufmerksam werden lässt und anderen Rüden die eigene Anwesenheit signalisiert. Bei Auseinandersetzungen zwischen Individuen, etwa zwischen Rüden während der Ranzzeit, hört man das sog. „Keckern".

Fortpflanzung

Die Fortpflanzungszeit, die Ranzzeit, erstreckt sich typischerweise von Dezember bis Februar, gelegentlich auch bis Anfang März. Zu dieser Zeit sind Füchse sehr aktiv und oft auch tagsüber zu beobachten.

Abb. 71: Ab einem Alter von drei bis vier Wochen spielen die Fuchswelpen regelmäßig vor dem Bau

Die Tragezeit dauert zwischen 51 und 54 Tagen, mit Schwerpunkt im April und Mai kommen dementsprechend meist vier bis sechs Welpen zur Welt. Die Anzahl der Welpen schwankt allerdings deutlich in Abhängigkeit von Umweltbedingungen, insbesondere der Nahrungssituation. So können nach Jahren mit hohen Mäusedichten auch bis zu 13 Welpen gewölft werden, in ungünstigen Jahren sind es deutlich weniger. Die Jungfüchse kommen typischerweise im Wurfkessel des Fuchsbaus, aber gelegentlich auch außerhalb des Baus, etwa unter einer Baumwurzel, blind und behaart zur Welt. Auffällig ist der anfangs schwarze Balg. Die Welpen öffnen im Alter von etwa zwei Wochen die Augen. Bei Fuchswelpen wird – ähnlich wie auch bei anderen Prädatoren – die sog. „Trageschlaffe" beschrieben: Wenn die Fähe das Geheck aus irgendeinem Grunde gefährdet sieht, zieht sie mit diesem um. Dabei werden die Welpen einzeln, am Nackenfell gehalten, transportiert. Um nicht durch Abwehrbewegungen einen Beutereflex auszulösen, kommt es bei den Welpen bei dieser Prozedur zu einer reflexhaften Erschlaffung des Muskeltonus.

Im Alter von drei bis vier Wochen verlassen die Welpen erstmals den Bau. Zu dieser Zeit werden sie bereits mit von den Eltern vorverdauter Beute gefüttert.

Für die Jungenaufzucht sind beim Rotfuchs beide Elternteile verantwortlich. Dabei tragen Fähe und Rüde Nahrung herbei. In den ersten Lebenstagen der Welpen legt der Rüde diese allerdings vor dem Bau ab und hat keinen Kontakt zu den Welpen. Auch dies kann als eine evolutive Anpassung insofern interpretiert werden, als ein versehentliches Töten oder Verletzen der Welpen durch den Beutereflex verhindert werden soll.

Im Alter von etwa drei Monaten sind die jungen Füchse selbständig, sie bleiben dann noch einige Zeit (oder auch längerfristig, siehe oben) im elterlichen Streifgebiet oder verteilen sich und suchen eigene Lebensräume. Mit etwa einem Jahr sind die Jungfüchse ihrerseits geschlechtsreif.

Populationsdynamik

Populationsbiologisch müssen wir von einer einzigen Fuchspopulation in Eurasien ausgehen. Durch die flächendeckende Besiedlung bilden die lokalen, teilweise genetisch differenzierten Subpopulationen (welche Kimmig *et al.* 2020 nicht ganz korrekt als separate Populationen beschreiben) eine umfassende Metapopulation.

Ein deutlicher Anstieg des Fuchsbestandes in Deutschland ist seit Mitte der 1980er Jahre zu beobachten. Dieser ist zunächst mit der Einstellung der Fuchsbaubegasung

Abb. 72: Jagdstreckenentwicklung beim Rotfuchs in Bayern

Quelle: Bayerisches Staatsministerium für Ernährung, Landwirtschaft und Forsten

und Einführung der Schluckimpfung gegen die Tollwut erklärbar. So wurden gleich zwei Mortalitätsfaktoren drastisch reduziert, einerseits die anthropogene Mortalität durch Baubegasung, andererseits die natürliche Mortalität durch die Tollwut.

Abbildung 72 zeigt die Entwicklung der Jagdstrecken in Bayern als Indikator für die Bestandesentwicklung. Inwieweit die negative Tendenz der Jagdstrecke seit Ende der 2000er Jahre einen negativen Bestandestrend anzeigt oder lediglich auf eine weniger intensive Bejagung hinweist, muss offen bleiben. Die Jagdstrecken sind beim Rotfuchs nur unter großen Vorbehalten als Indikator für die Bestandesentwicklung zu sehen (vergl. Herzog 2019). Wir müssen davon ausgehen, dass der tatsächliche Populationsumfang nicht mehr mit den Jagdstrecken korreliert. Sowohl die Möglichkeiten der Fuchsbejagung (z. B. Restriktionen bei der Fangjagd) als auch das jagdliche Interesse am Niederwild sind tendenziell rückläufig.

Darüber hinaus profitiert der Rotfuchs aber auch von der zunehmend industrialisierten Landwirtschaft: Der Verlust an Deckung für das Niederwild in Form von Feldgehölzen und Randstreifen, vor allem aber auch die durchaus hohen Mäusedichten in der Agrarlandschaft ebenso wie ein nicht geringer Aasanfall entlang von Straßen, aber auch bei Erntemaßnahmen, bescheren eine solide Nahrungsgrundlage. Krankheiten, welche den Bestand regulieren können, gibt es nur wenige. Mit dem Wegfall der Tollwut ist es vor allem die Räude, die bei sehr hohen Besatzdichten diese reduzieren kann.

Auch in den Städten, die wie oben beschrieben eine deutlich höhere Fuchsdichte als die Agrarlandschaft aufweisen können, findet keine effektive Regulation der Fuchsbesätze durch den Menschen statt.

Eine interessante und in der Praxis vieldiskutierte Frage ist auch, ob in Zukunft Marderhund und – wo sie vorkommen – Wolf, Goldschakal und Luchs zu einem Rückgang des Fuchsbesatzes führen können. Gegenüber dem Marderhund könnte eine Konkurrenzsituation, weniger um Beute, denn beide sind Nahrungsgeneralisten, sondern eher um Baue (vergl. auch Mickevius 2002, Kowalczyk *et al.* 2008), entstehen, wobei der Marderhund möglicherweise konkurrenzstärker ist. Dass der Wolf die Fuchsdichten signifikant beeinflussen kann, ist eher nicht zu erwarten, da der Fuchs kaum vom Wolf erbeutet wird (Okarma & Herzog 2019). Im Beutespektrum des Luchses scheint der Fuchs schon eher eine – wenngleich geringe – Rolle zu spielen, wie es Untersuchungen von Valdmann *et al.* (2005) aus dem Baltikum zeigen. Doch dürfte auch diese Art, sowohl wegen des relativ geringen Anteils von Füchsen im Beutespektrum als auch aufgrund der in Mitteleuropa ausgesprochen lokalen Luchsvorkommen keinen signifikanten Einfluss auf den Fuchsbesatz haben. Momentan dürften Krankheiten, insbesondere die Räude, daher der einzige wirksame natürliche Regulator des Fuchses sein.

Der Rotfuchs ist auch ein bekanntes Beispiel für die Beobachtung, dass eine Prädatorenart ihre Populationsdynamik bis zu einem gewissen Grad selbst regulieren kann. Das Vorhandensein grundsätzlich geschlechtsreifer Fähen, welche zeitweise ohne Nachkommen bleiben (von Schantz 1981) stellt eine Anpassung an wechselnde Umweltbedingungen dar. Sie nehmen an der Ranz teil, werden auch tragend, doch es kommt in einem frühen Stadium der Schwangerschaft zur Resorption der Föten. Unter besseren (z. B. Nahrungs-)

bedingungen sind diese kurzfristig in der Lage, ihre Schwangerschaft auszutragen und so zum Populationswachstum beizutragen. Sie bilden praktisch „Reserve“ für günstige Zeiten (VON SCHANTZ 1984).

Wichtige Krankheiten

Bedeutende Viruserkrankungen des Fuchses sind, typisch für Caniden, Staupe, Aujeszkysche Krankheit, Parvovirose und Tollwut.

Eine bakterielle Erkrankung, die ebenfalls auf den Menschen übertragbar ist (also eine sog. Zoonose), stellt die Leptospirose dar.

Eine bedeutende parasitäre Erkrankung bildet die Räude (vergl. LINDSTRÖM *et al.* 1994).

Als Überträger des Fuchsbandwurmes spielt der Fuchs hier eine zentrale Rolle als Vektor für eine der gefährlichsten Zoonosen hierzulande. Neben der (im urbanen Umfeld schwierigen) Reduktion des Fuchsbesatzes scheint eine Behandlung mit flächig ausgebrachten Praziquantel-Ködern erfolgversprechend zu sein (KÖNIG *et al.* 2008).

Management

War ein Fuchs vor einigen Jahrzehnten noch ein vergleichsweise seltener Anblick, so ist es heute, gerade auch innerhalb von Siedlungen, durchaus wahrscheinlich, beim abendlichen Spaziergang oder auch am helllichten Tag einem Fuchs zu begegnen. Füchse sind an die unterschiedlichsten Lebensräume angepasst bzw. anpassungsfähig. Dementsprechend gilt die Art auch als Profiteur der Zivilisationslandschaft, sowohl im ländlichen, als auch im urbanen Raum.

Auch durch zunehmende Einschränkung der Fang- und Baujagd per Gesetz wird es mit jagdlichen Methoden immer schwerer, auf den Fuchsbesatz wirklich Einfluss zu nehmen.

Gehen wir davon aus, dass die Zunahme des Fuchsbesatzes in Mitteleuropa vor allem durch menschliche Einflüsse begründet ist, ist das wesentliche Argument für eine intensive Fuchsbejagung heute die Sorge um die aus vielerlei Gründen im Rückgang begriffenen Bodenbrüter und Feldhasen.

Ein vielleicht noch entscheidenderes, weil dem ursprünglichen Wesen der Jagd näheres Argument ist die nachhaltige Nutzung einer natürlichen Ressource, des Balges. Dieser Aspekt tritt in der öffentlichen Diskussion um die Fuchsbejagung heute eher in den Hintergrund. Gut gemeinte, aber letztlich für den Naturschutz eher kontraproduktive Kampagnen gegen Pelzkleidung haben in der Vergangenheit diesen Markt weitgehend zum Erliegen gebracht. Aktuell beobachten wir allerdings wieder allererste gegenläufige Tendenzen.

Eine interessante Frage ist schließlich der Umgang mit dem Fuchs in großen Schutzgebieten. Häufig wird er dort grundsätzlich nicht bejagt, unabhängig von seiner Dichte und vom Vorkommen anderer, gefährdeter bodenbrütenden Arten des Jagd- und Naturschutzrechts. Dies ist unter Prozessschutzbedingungen sicher nachvollziehbar (vergl. HERZOG 2019). Allerdings muss man wissen, dass Wiederansiedlungsprojekte – etwa von Raufußhühnern – ohne eine zumindest lokal sehr intensive Fuchsbejagung meist zum Scheitern verurteilt sind (vergl. auch TEN BULTE 2014). Hier tut in Zukunft ein deutlich differenzierterer Umgang mit dem Thema „Jagd in Schutzgebieten" not.

Mensch und Wildtier

Der Rotfuchs gehört zu den Tierarten, die seit Alters her mit der menschlichen Kultur eng verbunden sind.

In den Fabeln etwa des AESOP taucht der Fuchs regelmäßig auf. Er dient dabei als Projektionsfläche für Eigenschaften und Rolle bestimmter menschlicher Charaktere. So wird dem Fuchs Gerissenheit und Schläue zugesprochen, oftmals (nicht immer) bleibt er in Auseinandersetzungen dadurch der Sieger. Gegenüber dem Wolf, der ebenfalls gerne als allegorische Figur verwendet wird, überkompensiert der Fuchs seine körperliche Unterlegenheit durch ein höheres Maß an Intelligenz. Dieser Blick auf den Fuchs hat sicherlich seine Ursache in der großen Anpassungs- und Lernfähigkeit sowie seiner Fähigkeit, menschliche Siedlungsräume als Lebensraum zu nutzen und Haustiere als Nahrungsbasis zu erschließen.

Doch nicht immer steht der Fuchs für Klugheit, oft dient er auch als Symbol charakterliche Schwächen. So etwa in der Fabel vom Fuchs und den Trauben. In dieser heute in der Persönlichkeitsentwicklung oder im "mindset coaching" immer wieder gerne zitierten Fabel sieht der Fuchs die Trauben an einem Weinstock und würde diese gerne probieren. Sie hängen allerdings so hoch, dass er sie nicht erreichen kann. Folglich behauptet er, die Trauben seien viel zu sauer und geradezu ungenießber. Ins reale Leben übersetzt: Wir sollten nicht dazu neigen, Dinge schlecht zu reden, bloß weil sie für uns unerreichbar scheinen.

Abb. 73: Der Fuchs als Protagonist in zahlreichen Fabeln: hier in der Fabel vom Fuchs und den Trauben

Das Wort „Fuchs" hat seinen Ursprung in der mittelhochdeutschen Bezeichnung „vuhs" für den Fuchsrüden, ebenso wie das althochdeutsche „fuhs", das niederländische „vos" oder das angelsächsische „fox". Die weibliche Form des Wortes, althochdeutsch „voha", finden wir bis heute im Begriff „Fähe", welcher heute generell für weibliche Hundeartige Verwendung findet (DROSDOWSKI *et al.* 1963).

Marderhund

Nyctereutes procyonoides

Körperlänge: 50 bis 80 cm (ohne Rute)

Gewicht: 4–10 kg

Paarungszeit (Ranz): Februar/März

Wurfzeit: April bis Juni

Anzahl Jungtiere: 3–15, meist 5–7 Welpen

Systematik und Evolution

Die Vorfahren des heutigen Marderhundes spalteten sich vermutlich vor acht bis zwölf Millionen Jahren von anderen Hundeartigen ab. Sie lebten in Europa und Ostasien (China). Während die europäischen Formen verschwanden, überlebte die chinesische Form, aus welcher sich der heutige Marderhund entwickelte.

Marderhundfossilien sind auch aus Afrika bekannt.

Heute unterscheiden wir circa sechs Unterarten des Marderhundes.

Die japanische Subspecies bildete sich nach der Entstehung des Japanischen Meeres vor ca. 12 000 Jahren. Im Laufe der weiteren evolutiven Entwicklung änderte sich ihre Gestalt, die Tiere wurden kleiner, und es veränderte sich auch die Chromosomenanzahl. Die in Mitteleuropa verbreiteten Marderhunde gehören den Festland-Unterarten an.

Verbreitung

Das natürliche ursprüngliche Verbreitungsgebiet des Marderhunds liegt in Japan, dem östlichen Sibirien und nordöstlichen China. Im 19. Jahrhundert wurde die Art nach Russland zum Zwecke der kommerziellen Pelztierhaltung verfrachtet. In Zeiten der Sowjetunion wurden in der Ukraine mehrere Tausend Individuen ausgesetzt. Der außerordentlich anpassungsfähige Marderhund begann bereits vor dem II. Weltkrieg eine Expansion vor allem in westlicher Richtung, erreichte 1935 Finnland, 1945 Schweden, 1951 Rumänien, 1961 und

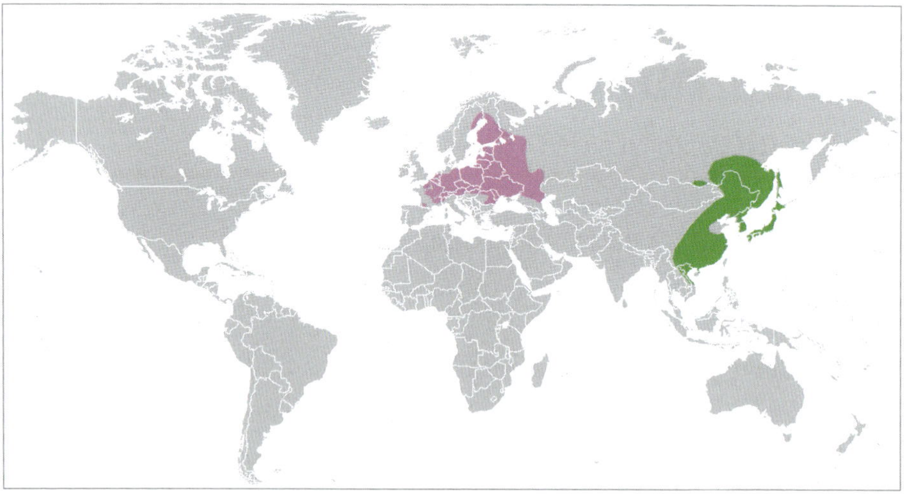

Natürliches Verbreitungsgebiet — vom Menschen angesiedelt

Abb. 74: Verbreitungskarte des Marderhunds

1964 Ungarn und Deutschland (vergl. BRUCHHOLZ 1968, AHRENS *et al.* 2003, WOLOCH & ROZENKO 2007).

Lebensraum

Bevorzugt kommt der Marderhund in feuchten Laub- und Mischholzbeständen mit dichtem Unterwuchs und verschilften Fluss- und Seeufern vor. Generell scheint das Vorhandensein von Gewässern (man nennt den Marderhund auch „Wasserfuchs") eine begünstigende Rolle zu spielen. Der Schwerpunkt seines Vorkommens liegt im Tiefland, Mittelgebirge meidet er. Marderhunde sind im Wesentlichen Dämmerungs- und Nachtaktiv, gelegentlich aber auch bei Tage anzutreffen.

Ernährung

Marderhunde sind ökologisch gesehen Allesfresser: Neben Kleinsäugern, Vögeln und deren Gelegen, Fischen, Amphibien, Reptilien, Weichtieren, und Insekten gehören auch Baumfrüchte, Obst und landwirtschaftliche Produkte wie Mais zu ihrem Nahrungsspektrum. Auch Aas wird regelmäßig aufgenommen. Im Sommer und Herbst ist der Anteil an pflanzlicher Nahrung erwartungsgemäß am höchsten.

In der Nahrungssuche und dem Nahrungsspektrum ähnelt der Marderhund am ehesten dem Dachs (vergl. SUTOR *et al.* 2010) oder dem Iltis.

Sozialsystem

Marderhunde leben in einer vergleichsweise festen Paarbindung. Die Jungtiere werden mit drei bis vier Monaten selbständig, leben allerdings oft noch bis ins Folgejahr in der Nähe der Eltern.

Streifgebietsumfänge der Marderhunde sind sehr variabel und abhängig vom Nahrungsangebot. Sie umfassen zwischen rund 200 und 2000 Hektar. In ihren unmittelbaren Wohngebieten legen Marderhunde Latrinen an, die nicht abgedeckt werden.

Fortpflanzung

Die Ranzzeit fällt in die Monate Februar und März. Nach einer Tragzeit von 59 bis 70 Tagen werden 3-15, meist 5 Welpen im April/Mai häufig in alten Fuchs- und Dachsbauten gewölft. Mit neun bis zehn Tagen öffnen die bei Geburt blinden Welpen die Augen. Sie werden bis etwa sieben Wochen gesäugt und sind mit drei bis vier Monaten selbständig.

Marderhunde werden gegen Ende des ersten Lebensjahres geschlechtsreif, wandern aus dem elterlichen Streifgebiet ab und suchen sich eigene Lebensräume und Partner.

Populationsdynamik

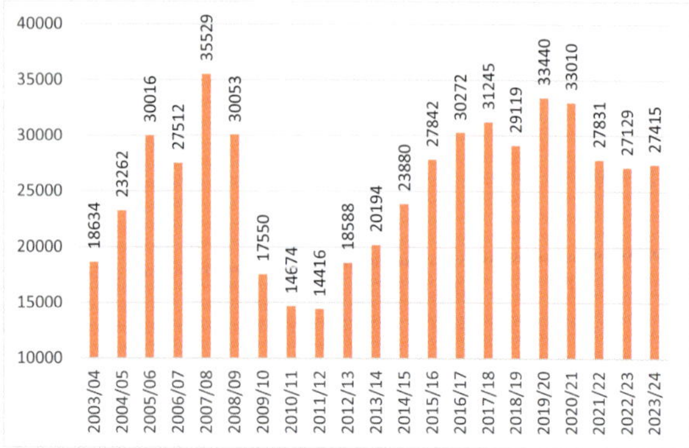

Abb. 75: Jagdstrecke des Marderhunds in Deutschland

Quelle: Deutscher Jagdverband (DJV)

1967 wurde in Deutschland die erste Fähe gefangen, am im gleichen Jahr ein Rüde im Wildforschungsgebiet Spree. Die in den Folgejahren sehr schnell ansteigenden Jagdstrecken belegen, dass der Marderhund sich in vielen Bundesländern etabliert hat (vergl. ANSORGE & TIEBLING 2001). Der Schwerpunkt liegt in Deutschland nach wie vor in Mecklenburg, Vorpommern und Brandenburg. Die Population breitet sich weiterhin expansiv aus. Dies belegen auch die deutschlandweiten Jagdstrecken.

Wichtige Krankheiten

Virus- und bakteriell bedingte Infektionskrankheiten sowie Parasiten können mit hoher Wahrscheinlichkeit die Bestandsentwicklung des Marderhundes beeinflussen oder stellen als Zoonosen eine Gefährdung des Menschen dar (vergl. TACKMANN *et al.* 2005). Staupe und weitere Virusinfektionen sind nachgewiesen, ebenfalls bakterielle Infektionskrankheiten (Milzbrand, Paratyphus, Tuberkulose, Leptospirose u. a.). Auch die Räude befällt neben dem Fuchs bevorzugt den Marderhund. Sie wird als Ursache für lokale Einbrüche in der Marderhundstrecke diskutiert. Inwieweit der Marderhund als Überträger der Räude seinerseits andere Arten, etwa Fuchs (mit dem er oft im Bau in Kontakt kommt) oder Wolf mitbeeinflusst, ist derzeit eine offene Frage.

Management

Das Populationswachstum, deren Ausbreitung sowie die Eigenschaft als Neozoon rechtfertigen zumindest eine Besatzreduktion im Sinne einer nachhaltigen Nutzung. Inwiefern darüberhinausgehende Eingriffe ethisch gerechtfertigt sind und ob es sich beim Marderhund um eine invasive Art (i.e.S.) handelt, wäre noch zu klären.

Der Marderhund ist Nahrungskonkurrent und wohl auch Konkurrent um die Baue von Fuchs und Dachs (KOWALCZYK *et al.* 2008). Rückgänge in den Fuchsstrecken etwa in Brandenburg gaben in der jüngeren Vergangenheit bereits Anlass zu Spekulationen, inwieweit der Marderhund in der Lage ist, den Fuchs (möglicherweise auch lokal oder vorübergehend) zu verdrängen. Dagegen spricht allerdings die Besatzentwicklung des Rotfuchses, welche in einer langfristigen Betrachtung keine klaren Korrelationen zu derjenigen des Marderhundes aufweist (Abb. 76). Bislang werden Marderhunde eher zufällig als gezielt zur Strecke gebracht, was mit ihrer heimlichen, primär nächtlichen Lebensweise, aber auch mit fehlenden jagdlichen Routinen in Bezug auf diese Art zusammenhängt. Möglichkeiten, den Marderhund gezielt zu bejagen, bieten die Bau-, insbesondere aber die Fangjagd.

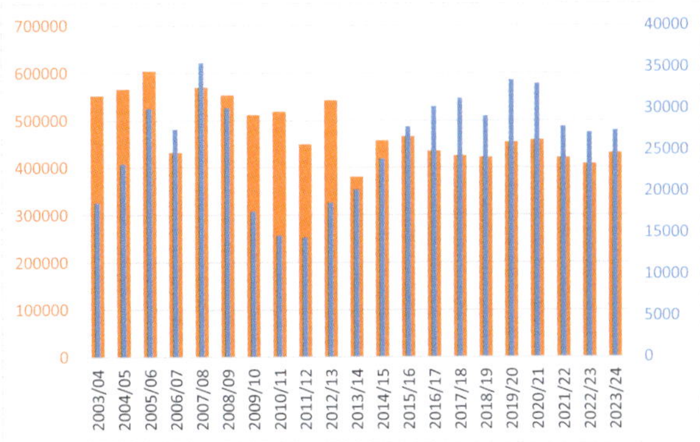

Abb. 76: Jagdstreckenvergleich Fuchs (orange) und Marderhund (blau) in Deutschland Quelle: DJV

Eine orientierende Besatzermittlung ist schwierig und erfordert die Erfassung der Gehecke und, ähnlich wie bei Fuchs und Dachs, die Führung eines Baukatasters. Darauf könnte auch eine systematische Bejagungsplanung beruhen.

Mensch und Wildtier

In Europa war es in der Vergangenheit vor allem die Pelzbekleidung, welche den Marderhund populär machte. Der Balg wurde und wird unter seiner japanischen Bezeichnung Tanuki oder auch unter „Seefuchs" oder auch unter irreführenden und falschen Bezeichnungen wie „Finnraccoon", „Russischer Raccoon" oder „Chinesischer Raccoon" gehandelt.

In Japan spielt der Marderhund demgegenüber eine deutlich prominentere Rolle im Leben der Menschen. In japanischen Fabeln spielt der Tanuki (狸) neben Kitsune, dem Rotfuchs, eine bedeutende Rolle. Als Bakedanuki (化け狸) verkörpert er den Meister der Verkleidung und Gestaltänderung.

Seine Popularität zeigt sich in einer jahrhundertealten Tradition, Statuen von Marderhunden anzufertigen. Bis heute hat die Figur des Marderhundes in japanischen populären Filmen und Comics eine zentrale Bedeutung.

Abb. 77: In Japan ist der Marderhund eine ausgesprochen populäre Art, hier „Tanuki"-Statuen

Luchs

Lynx lynx

Körperlänge: 80 bis 120 cm

Gewicht: 15 bis 30 kg

Paarungszeit (Ranz): Februar/März

Wurfzeit: Mai/Juni

Anzahl Jungtiere: 1 bis 5, meist 2 bis 3 Junge

Systematik und Evolution

Der Luchs ist eine zirkumpolar verbreitete Katzenart, welche in verschiedene Subspezies eingeteilt wird. Die wichtigsten sind sicherlich der Eurasische Luchs, der Kanadische Luchs und der Iberische oder Pardelluchs.

Einige Systematiker betrachten den Kanadischen Luchs und den Pardelluchs als separate Arten. Wenn wir einem phylogenetischen Artbegriff folgen, ist dies auch nachvollziehbar. Legen wir allerdings den biologischen Artbegriff zu Grunde, handelt es sich bei diesen drei Taxa um Unterarten ein und derselben biologischen Art.

Die Evolution der Art begann nach derzeitigen Erkenntnissen auf dem Eurasischen Kontinent (vergl. HEMMER 1993). Von hier aus sind vor rund 2,6 Millionen Jahren und später nochmal vor rund 200 000 Jahren Luchse über die Beringbrücke ins heutige Nordamerika ausgewandert. Aus ersteren entwickelte sich der Rotluchs (*Lynx rufus*), aus letzteren der Kanadische Luchs (*Lynx lynx canadensis*).

Verbreitung

Der Luchs, genauer gesagt der Eurasische Luchs, war bis ins 18. Jahrhundert noch nahezu flächendeckend über den gesamten eurasischen Kontinent (mit Ausnahme Islands, Britanniens und der Mittelmeerinseln) verbreitet. Dabei stellt er die einzige Katzenart dar, die bis zum Polarkreis und darüber hinaus vorkommt. Zusammen mit dem Kanadischen Luchs

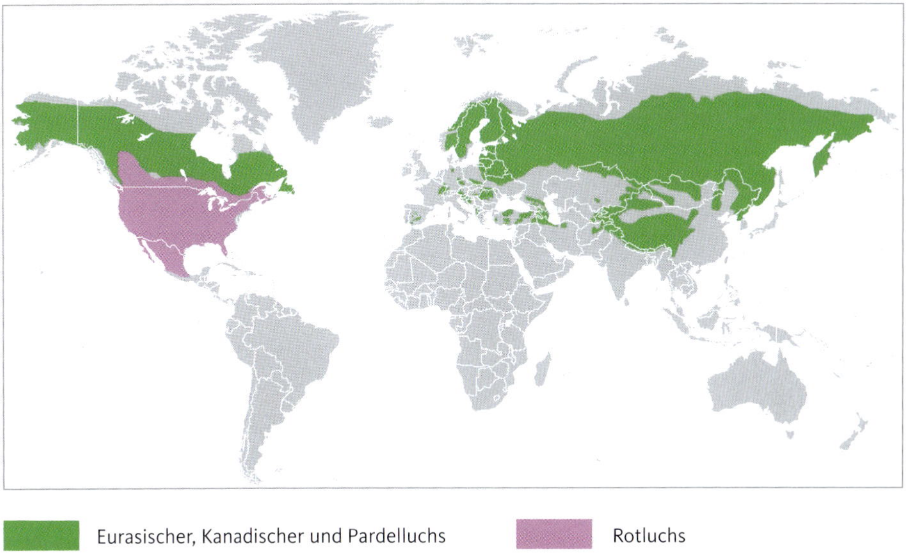

Abb. 78: Verbreitungsgebiet des Eurasischen bzw. Kanadischen Luchses (Lynx lynx) sowie des Pardelluchses und des Rotluchses (Lynx rufus)

in Nordamerika ergibt sich so eine natürliche zirkumpolare Verbreitung auf der Nordhalbkugel (vergl. SUNQUIST & SUNQUIST 2002).

Bedingt durch intensive Verfolgung und drastischen Rückgang wichtiger Beutetierarten verschwand der Luchs in weiten Teilen Mittel- und Westeuropas im 19. und beginnenden 20. Jahrhundert. In vielen Teilen des Verbreitungsgebietes, insbesondere im Norden und Osten, aber auch auf der Iberischen Halbinsel, überlebten Luchse, teilweise in isolierten Restvorkommen, teilweise aber auch (Skandinavien und Osteuropa bis Asien) in einer großen zusammenhängenden Population (Abb. 78).

Lebensraum und Streifgebiete

Innerhalb ihres ausgedehnten Verbreitungsgebietes besiedeln Luchse weltweit sehr unterschiedliche Lebensräume von Wäldern über Busch- und Grasland bis hin zu Wüsten- und Hochgebirgsregionen bis über 5000 m Höhe (vergl. HEMMER 1993).

In Mitteleuropa sind es vor allem Wald- und Waldrandlebensräume sowie felsige Landschaften, in den Gebirgen auch bis zur Waldgrenze. Gerne nutzen Luchse große Felsen, Felsvorsprünge oder auch Hochsitze als Ruheplätze, welche hinreichend Rundumsicht bieten. Störungen tolerieren Luchse in ihrem Lebensraum dann recht gut, wenn diese vorhersehbar auftreten (z. B. Skilift, Straße).

Abwandernde Luchse halten sich vorübergehend auch in Agrarlandschaften auf, solange diese hinreichend Deckung (z. B. Mais) und Nahrung (insbesondere Rehe) aufweisen.

Eine gemeinsame Lebensraumnutzung mit großen Prädatoren wie Wolf oder Braunbär wird regelmäßig beschrieben (vergl. OKARMA & HERZOG 2019). Luchse leben territorial und verteidigen ihre Territorien gegen gleichgeschlechtliche Artgenossen.

Die Streifgebietsumfänge sind offenbar sehr unterschiedlich je nach Lebensraum und insbesondere Beutetiervorkommen. Für das Luchsvorkommen im Harz werden derzeit Streifgebietsumfänge von etwa 3000 bis 40 000 ha berichtet, die aber zumindest teilweise überlappen. Ungewöhnlich hohe Streifgebietsumfänge finden sich beim Eurasischen Luchs im Norden des Verbreitungsgebietes mit über 140 000 ha bzw. 260 000 ha für weibliche bzw. männliche Individuen am Polarkreis (LINELL *et al.* 2021). Die Abgrenzung der Territorien erfolgt olfaktorisch, d.h. über Duftmarken.

Ernährung

Hauptnahrungsquelle des Europäischen Luchses ist das Reh, das regelmäßig mehr als die Hälfte der Beute ausmacht. Andere Huftiere wie Mufflon, Gams, Damwild und Rotwild spielen dort, wo sie vorkommen, ebenfalls eine nicht unbedeutende Rolle. Luchse können Beutetiere bis zur Größe eines ausgewachsenen Mufflons oder eines Rotwildkalbes oder eines schwächeren ausgewachsenen Stückes Rot- bzw. Damwild von bis zu 80 kg Gewicht und mehr überwältigen. Frischlinge des Schwarzwildes werden ebenfalls erbeutet, spielen jedoch – wohl aufgrund der Wehrhaftigkeit des Schwarzwildes – mengenmäßig eine untergeordnete Rolle. Zu geringeren Mengen finden sich im Nahrungsspektrum regelmäßig Hasenartige, Nagetiere, Marderartige, Katzen, Füchse sowie Vögel wie z.B. Auer- und Birkhühner.

Luchse sind keine typischen Aasfresser, doch nehmen sie auch frischtote Beutetiere.

Luchse sind als Lauerjäger (vom Boden aus!) die ihre Beute nach kurzem Sprint reißen und durch Kehlbiss töten, der die Luftröhre und ggf. die Halsarterie verletzt bzw. zusammendrückt. Die für einen Wolfsriss typischen Verletzungen der Fesseln oder Keule fehlen beim Luchs meist. Luchsrisse zeigen typischerweise weniger Kampfspuren als Wolfsrisse. Auch die typische „Totschüttelbewegung" der Hundeartigen fehlt. Luchse schneiden ihre Beute vorzugsweise von den Keulen her an, allerdings werden auch innere Organe (nicht jedoch der Verdauungstrakt) vom Luchs verwertet. Das Verschleppen von Körperteilen, beispielsweise des Hauptes, erfolgt meist durch Sekundärnutzer der Beute, z.B. dem Fuchs. Das gilt auch für die Nutzung der großen Röhrenknochen, welche vom Luchs normalerweise nicht aufgebrochen werden können.

Ein ausgewachsener Luchs benötigt durchschnittlich etwa 1 bis 1,5 kg Fleisch pro Tag. Luchse kehren regelmäßig über einige Tage zu ihrem Riss zurück. Somit können wir, wissend, dass sich auch verschiedene Aasfresser von einem Luchsriss ernähren, von etwas mehr als einem erbeuteten Reh pro Woche und Luchs ausgehen.

Sozialsystem

Luchse leben solitär, lediglich während der Ranzzeit finden sich die Paare zusammen. Die Territorialität ist bei Luchskudern (männlichen Luchsen) stärker ausgeprägt als bei weiblichen Individuen. Jungluchse bleiben bis in das auf die Geburt folgende Jahr im Streifgebiet der Mutter und suchen sich dann eigene Lebensräume.

Fortpflanzung

Die Fortpflanzungszeit des Luchses, die sog. Ranzzeit, liegt im Februar und März. Nach einer Tragezeit von etwa 70 Tagen werden im Mai/Juni zwei bis drei (gelegentlich auch nur eines oder bis zu fünf) Jungtiere geboren, die zunächst blind sind, mit etwa 16 bis 17 Tagen die Augen öffnen, etwa zwei Monate lang gesäugt werden und mit etwa 9 bis 12 Monaten selbständig sind. Weibliche Luchse werden im zweiten, männliche Luchse im dritten Lebensjahr geschlechtsreif.

Populationsdynamik

Der Luchs als Art ist derzeit weltweit nicht gefährdet. Allerdings verläuft die Wiederbesiedlung Mitteleuropas durch aktive Zuwanderung, aber auch durch verschiedene Wiederansiedlungsprojekte, derzeit eher schleppend. Während einige Wiederansiedlungsprojekte als ausgesprochen erfolgreich gelten (z.B. Harz), stagnieren andere, z.B. im Bayerischen

Wald trotz Anschluss an eine nie völlig verschwundene, d.h. auch vergleichsweise vitale Teilpopulation auf der böhmischen Seite des Mittelgebirges.

Luchse zeigen ganz offensichtlich eine eher geringe Dynamik in der Wiederbesiedlung ehemals genutzter Lebensräume. Dabei spielt wohl die geringere Tendenz, lineare (Straßen mit Wildschutzzäunen) oder flächige (Agrarflächen) Hindernisse zu überwinden, eine wichtige Rolle. Auch die geringere Reproduktionsrate etwa im Vergleich zum Wolf ist hier von Bedeutung.

Von den Jungtieren eines Wurfes überlebt meist nur eines oder zwei das erste Lebensjahr. Als Mortalitätsfaktoren kommen Krankheiten (derzeit insbesondere die Räude), Kollisionen im Straßenverkehr und Wilderei in Frage. Während die Räude eher in von Luchsen dichter besiedelten Lebensräumen (z. B. Harz) problematisch ist, sind die Kollisionen auf der Straße eher im frühen Stadium der Wiederansiedlungsprojekte (siehe unten) ein Problem.

Die Wiederbesiedlung Mitteleuropas kann daher beim Luchs, anders als beim Wolf, noch nicht als gesichert gelten.

Management

Das Verschwinden des Luchses in der Vergangenheit in weiten Teilen Mitteleuropas war durch zunehmenden Lebensraumverlust seit dem Mittelalter, aber auch durch eine intensive Verfolgung durch den Menschen, sowie durch den drastischen Rückgang der Hauptbeutetiere Mitte des 19. Jahrhunderts bedingt.

Dies prädestiniert die Art für Wiederansiedlungsprojekte in geeigneten Lebensräumen. Ein frühes und lange geplantes Wiederansiedlungsprojekt in Deutschland war die Auswilderung im Westharz. Projekte, die mit Wildfängen oder einer Mischung aus Wildfängen und Gehegetieren arbeiten, dürften erfolgreicher sein als solche, die ausschließlich Gehegenachzuchten einsetzen. Allerdings zeigt das Projekt im Harz, dass auch ungünstige Rahmenbedingungen (Gehegenachzuchten, anfangs kein genetisches Monitoring, Auswilderung in einer von zahlreichen Straßen durchzogenen und touristisch intensiv genutzten Region) nicht zwangsläufig zum Scheitern eines Wiederansiedlungsprojektes führen müssen (vergl. Herzog 2010c).

Allerdings ist es gerade beim Luchs wichtig, übliche Gepflogenheiten zu hinterfragen. So stellt sich etwa die Frage, ob man Schutzzäune an Straßen in Gebieten mit Luchsvorkommen darauf ausrichtet, Luchse an der Querung des Verkehrsweges zu hindern oder ob man im Gegenteil nicht regelmäßig Überkletterhilfen anbietet und einen gewissen Anteil an Kollisionsopfern in Kauf nimmt.

Auch hat sich in der Vergangenheit gezeigt, dass aufwendige Ausbreitungsmodelle, welche die Wiederansiedlung durch rechnerische Simulationen unterstützen sollen, die Realität nur sehr unzureichend abbilden. In Zukunft kann darauf eher verzichtet werden.

Als Folge der Wiederansiedlungsprojekte der vergangenen Jahre und Jahrzehnte finden wir derzeit Luchsvorkommen im Harz, im Bayerischen Wald und im Pfälzer Wald. Die Luchse aus dem Harz haben sich mittlerweile bevorzugt nach Süden und Westen bis nach Nordhessen und Westfalen ausgebreitet. Begonnen wurde ein weiteres Wiederansiedlungsprojekt im Schwarzwald sowie ein Projekt im sächsischen Erzgebirge. Der Erfolg oder Misserfolg dieser Projekte ist derzeit noch nicht absehbar.

Eine wichtige lokale Managementmaßnahme im Rahmen der Wiederansiedlung des Luchses ist die Zurückhaltung der Bejagung wichtiger Beutetiere, insbesondere des Rehwildes. Zumindest innerhalb großer Schutzgebiete sollte auf die Rehwildbejagung generell verzichtet werden. Des Weiteren empfiehlt sich ein regelmäßiges Bestandesmonitoring des Luchses. Hier könnte, trotz noch bestehender methodischer Probleme, ein sog. Fotofallenmonitoring in Frage kommen (WEINGARTH *et al.* 2012). Ein weiterer wichtiger Aspekt ist die Verhinderung von Wilderei. Aus diesem Grunde ist es unabdingbar, im Vorfeld eines jeden Wiederansiedlungsprojektes die lokale Jägerschaft eng in die Aktivitäten einzubinden. Leider sind bis heute viele dieser Voraussetzungen in den Wiederansiedlungsprojekten nicht erfüllt.

Mensch und Wildtier

In Europa war es in der Vergangenheit vor allem die Erbeutung kleinerer Nutztiere einschließlich kleinerer Huftiere, welche für die Verfolgung des Luchses verantwortlich war. Angst vor Übergriffen auf Menschen spielte keine bedeutende Rolle. Somit ist die Akzeptanz der Luchse aufgrund ihres geringeren Konfliktpotentials im ländlichen Raum größer als diejenige von Wolf oder Braunbär. Konflikte entstehen mit der Weidetierhaltung im Vergleich zum Wolf relativ selten. Das Hauptproblem war bislang die Ausrottung des Muffelwildes durch den Luchs, da dieses von Natur aus nicht an große bodengebundene Prädatoren angepasst ist. Mit dem Auftreten des Wolfes scheint allerdings der Luchs diesbezüglich nicht mehr so sehr im Fokus zu stehen, wie das in den ersten Jahren der Wiederansiedlung im Harz der Fall war.

Wildkatze

Felis silvestris

Körperlänge: 70 bis 90 cm

Gewicht: 2 bis 7 kg

Paarungszeit (Ranz): Januar bis März

Wurfzeit: April/Mai

Anzahl Jungtiere: 2 bis 6, meist 4 Junge

Systematik

Die Wildkatze findet sich in Eurasien und Afrika in mehreren Unterarten. Gelegentlich werden diese auch als separate Arten ausgewiesen, doch sind alle Wildkatzen interfertil, d.h. sie können sich miteinander paaren und fruchtbare Nachkommen zeugen. Somit handelt es sich um Unterarten ein und derselben biologischen Art. Neben der Europäischen Wildkatze (*Felis silvestris silvestris*) sind hier die asiatische Subspecies, *Felis silvestris ornata* (Steppenkatze) und die afrikanische Unterart, *Felis silvestris lybica* (Falbkatze), zu nennen. Letztgenannte spielten eine wichtige Rolle im Rahmen der Entstehung der Hauskatze. Diese wiederum bildet eine weitere, vierte Unterart, *Felis silvestris catus*.

Allerdings müssen wir davon ausgehen, dass es über die Jahrtausende relativer Nähe zwischen Wildkatzen und menschlichen Siedlungen immer wieder Hybridisationsereignisse gegeben hat.

Verbreitung

Wildkatzen sind in weiten Teilen Europas, Afrikas und Asiens in ihren verschiedenen Unterarten verbreitet. In Europa und Teilen Kleinasiens finden wir die Europäische Wildkatze, *Felis silvestris silvestris*. Ursprünglich war diese flächendeckend verbreitet, heute finden eine eher disseminierte Verbreitung, vor allem in den Mittelgebirgen (vergl. Abb. 80) mit einigen Schwerpunkten. Letztere finden sich auf der Iberischen Halbinsel, in Schottland, Italien sowie in Zentraleuropa vom im Osten Frankreichs über Vogesen, Pfälzerwald, Eifel,

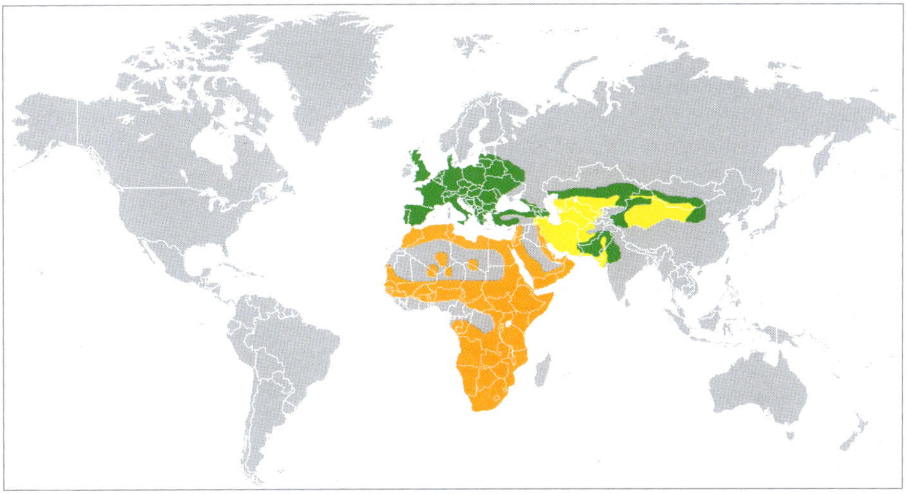

F. silvestris silvestris — *F. s. ornata* — *F. s. lybica*

Abb. 79: Ursprüngliche Verbreitungsgebiete der Unterarten der Wildkatze

Rothaargebirge, Nordhessen bis in den Harz und Thüringer Wald. Die Frage, ob wir hier noch von einer einzigen Population mit verschiedenen Teilpopulationen sprechen können, oder ob die kleineren Vorkommen bereits so verinselt sind, dass sie eigene Populationen bilden, ist bis heute nicht wirklich klar. Unklar ist bislang auch, inwieweit insbesondere in der Vergangenheit durch verwilderte Hauskatzen ein Paarungszusammenhang aufrechterhalten wurde.

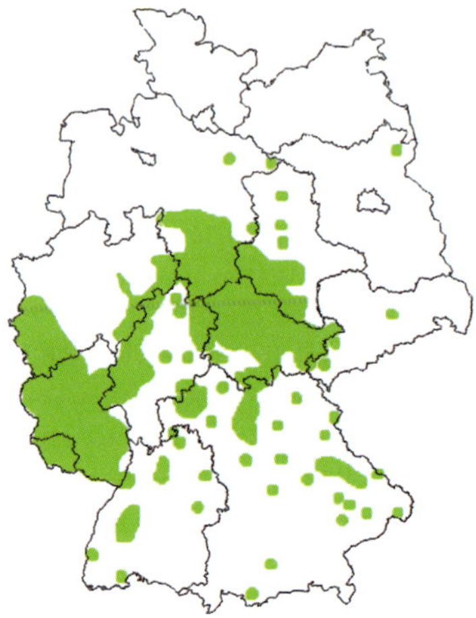

Abb. 80: Verbreitungsschwerpunkte der Wildkatze in Deutschland

Lebensraum und Streifgebiete

Wildkatzen benötigen Wald-, genauer gesagt Waldrandlebensräume. Offene Agrarlandschaften werden gelegentlich durchquert, sofern hinreichend Deckungsstrukturen vorhanden sind. Strukturarme Agrarflächen dürften derzeit die deutlichsten Barrieren bei der Wiederbesiedlung verloren gegangener Lebensräume darstellen. Andererseits lassen sich Wildkatzen regelmäßig auch in agrarisch geprägten Lebensräumen nachweisen (vergl. z. B. Jerosch & Götz 2011). Da wir davon ausgehen können, dass hier regelmäßig hinreichend Nahrung in Form von Mäusen vorhanden ist, hängt die Präsenz der Wildkatze hier vermutlich in hohem Maße von passageren (z. B. Rapsschlägen) und dauerhaften (z. B. Hecken und Feldgehölzen) Deckungsstrukturen ab.

Die realen Streifgebietsumfänge der Kater liegen in der Regel zwischen unter 1000 und 2000 Hektar, diejenigen der Katzen sind deutlich geringer und betragen etwa 200 bis 400 Hektar.

Ernährung

Die wesentliche Beute der Wildkatze auf dem europäischen Kontinent sind Kleinsäuger (ca. 80 Prozent), insbesondere Mäuse. Daneben sind es Vögel (bis zur Größe der Waldhühner), Hasenartige, Rehkitze, Eichhörnchen, Reptilien, Amphibien und Fische. Wenige Tage alte Hirschkälber oder Frischlinge stellen eine große Ausnahme dar, gehören aber grundsätzlich noch ins Beutespektrum im Frühjahr. In der schottischen Population sind im Hasenartige (Feldhase und Wildkaninchen) von größerer Bedeutung (Sunquist & Sunquist 2002, Schröpfer 2012). Harte Winter, vor allem nach mäusearmen Jahren, sind Nahrungsengpässe für die Wildkatze, da sie, anders als der Fuchs, nicht so einfach auf andere Beutetiere zurückgreifen kann.

Sozialsystem

Wildkatzen sind typische Einzelgänger. Eine Ausnahme bildet die Katze mit ihren Jungtieren bildet bis zum Selbständigwerden der Jungen. Ab Herbst des ersten Lebensjahres beginnen diese, sich eigene Lebensräume zu suchen.

Fortpflanzung

Die sog. Ranzzeit der Wildkatze erstreckt sich über die Monate Januar bis März. In dieser Zeit nehmen die Streifgebiete der Kater ihre größte Ausdehnung an. Nach einer Tragezeit von etwa 68 Tagen werden meist vier (zwei bis sechs) Junge im April/Mai in Holzpoltern, hohlen Bäumen, unter Wurzeltellern oder in anderen Verstecken gewölft. Die Jungkatzen werden etwa 4 Monate lang gesäugt, wobei ab etwa der 6. Lebenswoche zusätzlich Fleisch aufgenommen wird. Ab einem Alter von etwa zwei Monaten begleiten die Jungtiere ihre Mutter zum Jagen.

Selbständig sind die Jungtiere ab Herbst, im 2. Lebensjahr sind sie geschlechtsreif.

Geht ein Geheck verloren, erfolgt eine Nachranz, wobei die aus dieser hervorgehenden Würfe bis in den Spätsommer zur Welt kommen.

Populationsdynamik

Die Populationsdynamik der Wildkatze ist vergleichsweise eng mit ihren Hauptbeutearten, den Mäusen, verknüpft. Im Vergleich zum Rotfuchs (*Vulpes vulpes*), der die gleichen Lebensräume besiedelt, ist die Wildkatze eher Nahrungsspezialist. In mäusearmen Jahren oder harten Wintern besteht daher immer das Risiko, dass die Wildkatze deutliche Bestandesrückgänge erfährt und sich von diesen dann über mehrere Jahre wieder erholen muss. Im Gegensatz dazu kann der Fuchs als Nahrungsgeneralist leicht auf andere Beutearten ausweichen und ist dadurch in diesen Situationen deutlich konkurrenzstärker als die Wildkatze.

Management

Ein Grundsatz im Wildkatzenmanagement lautet, möglichst wenig Aufhebens um diese Species zu machen. In der Vergangenheit hat das auch gut funktioniert: Die Wildkatze hatte, etwa in Deutschland, in vielen Lebensräumen in aller Stille und oft unerkannt überlebt. Die in den vergangenen Jahrzehnten intensivierte Forschung hat dies bestätigt. Sie hat, in Kombination mit intensiver Öffentlichkeitsarbeit, die Wildkatze aber auch in den Fokus des öffentlichen Interesses gerückt. Ob dies der Art wirklich hilft, muss bezweifelt werden. Allerdings schadet es offenbar auch nicht. Was wir nicht wissen, ist, ob die zunehmenden Nachweise der vergangenen Jahre auf eine weitere Ausbreitung der Art zurückzuführen sind, oder diese lediglich der höheren Aufmerksamkeit geschuldet sind. Insgesamt geht es der Wildkatze, unabhängig von naturschutzrechtlichen und naturschutzpolitischen Eingruppierungen, nicht wirklich schlecht. Ein Problem bildet die zumindest relative Isolation der einzelnen Wildkatzenvorkommen. Die zunehmende Ausstattung der Straßen mit „wildkatzensicheren" Zäunen könnte diesbezüglich sogar kontraproduktiv sein: Einerseits werden Wildkatzen an der Querung von Straßen gehindert, ohne dass gleichzeitig klar ist, ob ein hinreichender Anteil der lokalen (Sub)Population abwandert und auf diese Weise geeignete Lebensräume besiedelt bzw. zum genetischen Austausch zwischen den einzelnen Vorkommen beiträgt. Allerdings sollten dort, wo Zäune dennoch für erforderlich gehalten werden, grundsätzlich Stabmattenzäune verwendet werden. Anders als beim Knotengeflecht besteht hier ein deutlich geringeres Risiko, dass sich Wildkatzen, aber auch andere Tiere, im Drahtgeflecht verfangen und qualvoll zugrunde gehen.

Einen weiteren wesentlichen Aspekt des Umgangs mit der Wildkatze stellt die Tatsache dar, dass es sich keineswegs um eine Art geschlossener Waldgebiete, sondern um eine „Waldrandart" handelt (Schröpfer 2012). Es gilt daher in Zukunft, Agrarlandschaften, die ja grundsätzlich eine gute Nahrungsbasis bieten, auch hinsichtlich ihrer langfristig vorhandenen Deckungsstrukturen wieder zu verbessern, d.h., vor allem Hecken und Feldgehölze zu schaffen. Auf diese Weise sollte die Durchlässigkeit der Landschaft für die Wildkatze weiter verbessert werden.

Ein dritter Aspekt ist die Frage der Entnahme „verwilderter" Hauskatzen. Diese zählen – gemeinsam mit den zahmen, doch freilaufenden Hauskatzen – einerseits zu den größten Bedrohungen der Biodiversität, insbesondere im Siedlungsraum (vergl. z. B. Hatlauf *et al.* 2021). In diesem Zusammenhang ist auch die Tatsache von Bedeutung, dass die Hauskatze in Mitteleuropa nicht als vollständig domestiziert angesehen werden kann. Dies mag für einige spezielle Zuchtformen zutreffen und ebenfalls für die Teilpopulation, welche in Haus oder Wohnung gehalten wird. Diejenige Teilpopulation, welche regelmäßig Zeit im Freiland verbringt, ist gezähmt, doch nicht domestiziert. Hierzu fehlen wichtige Kriterien der Domestikation, wie die unmittelbare Einflussnahme des Menschen auf das Paarungssystem. Welche Bedeutung der potenziellen Hybridisation mit der Wildkatze zukommt, ist eine im Artenschutz immer wieder kritisch und teilweise auch kontrovers diskutierte Frage.

Ein zentraler Punkt ist dabei die sichere Unterscheidungsmöglichkeit zwischen Wild- und Hauskatze. Unter den phänotypischen Merkmalen scheinen derzeit die Darmlänge (Hauskatze 155 bis 220 cm, Wildkatze 110 bis 170 cm), ebenso wie das molekulare Bandenmuster auf Mikrosatellitenbasis ein relativ sicheres Unterscheidungsmerkmal zu sein. Diese Unterscheidung ist allerdings immer quantitativ, nicht qualitativ: Aufgrund bestimmter Merkmalskombinationen finden wir eine höhere oder geringere Wahrscheinlichkeit, dass es sich um eine Wildkatze handelt oder eben nicht. Die rein morphologisch beobachtbaren Merkmale wie Größe, Form und Färbung der Rute, Nasenspiegel, Sohlenfleck oder Aalstrich sind alleine für eine einigermaßen sichere Identifikation der Wildkatze nicht hinreichend (vergl. Stefen & Görner 2009, Gehle & Herzog 2012).

Als Empfehlung sollte hier gelten, auf die Entnahme solcher Individuen, welche nicht eindeutig als Hauskatze zu identifizieren sind, zu verzichten, wie uns dies bereits der Raubsäugerforscher Rüdiger Schröpfer (vergl. Gehle 2012) nahelegte.

Mensch und Wildtier

Wie oben erwähnt, leben Wildkatzen sehr zurückgezogen und fallen dort, wo sie vorkommen, durch ihre primär nächtliche Aktivität dem Menschen auch kaum auf. Damit hat die Wildkatze auch nicht die Publizität erlangt wie etwa Luchs oder Wolf. Dass dies ihrem Schutz allerdings durchaus zugutekommen kann, wurde oben bereits erwähnt. Die engste Verbindung zum Menschen ist daher die indirekte über die Hauskatze (*Felis silvestris catus*). Ob letztere mit der Sesshaftigkeit des Menschen seit der Jungsteinzeit oder erst mit den römischen Besatzungstruppen ihre weite Verbreitung erlangt hat, ist derzeit noch eine offene Frage.

Katzen kommen in der Mythologie unterschiedlicher Kulturkreise regelmäßig vor. So wird etwa die nordische Göttin Freyja regelmäßig in der Begleitung von Katzen dargestellt oder fährt sogar auf einem von Katzen gezogenen Wagen. In Ägypten spielte die Katze seit dem sog. „Mittleren Reich" (also etwa seit der Zeit zwischen 1400 und 1300 vor Christus) ebenfalls eine besondere gesellschaftliche Rolle. Sie stellte wohl die gezähmte (nicht domestizierte, s.o.) Form der Falbkatze dar, wurde vermutlich aufgrund ihrer Hauptbeute, der Mäuse, in einer Gesellschaft, in der der Getreideanbau eine zentrale Rolle spielte, hochgeschätzt. Selbst in den königlichen Grabstätten fanden sich regelmäßig bestattete Katzen. Die Göttin Bastet wurde regelmäßig als Frau mit Katzenkopf dargestellt.

Die Vorstellung, Katzen könnten in die Zukunft sehen und die Fähigkeit, sich bei Nacht gut zu orientieren, haben ihnen gelegentlich einen unguten Ruf eingebracht. So werden in vielen volkstümlichen Darstellungen von Hexen diese regelmäßig von Katzen begleitet.

Die volkstümliche Vorstellung, Katzen hätten „sieben Leben", rührt vermutlich aus der Fähigkeit, den Fall aus großer Höhe, aber auch umfangreiche Verletzungen zu überstehen bzw. auszuheilen.

Heute ist die Hauskatze mit geschätzt über 15 Millionen Individuen das häufigste Heimtier in Deutschland.

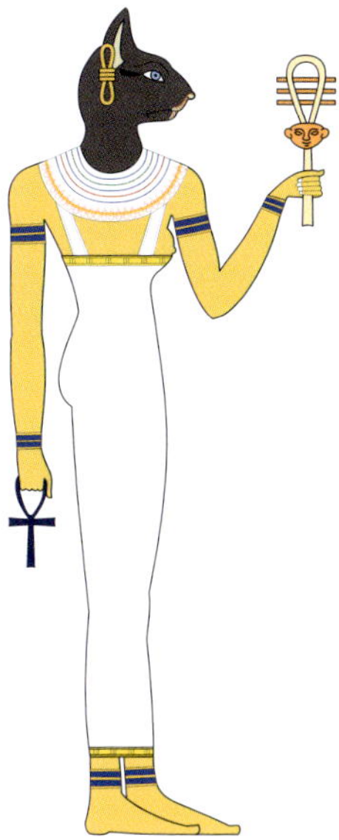

Abb. 81: Darstellung der ägyptischen Göttin Bastet

Braunbär

Ursus arctos

Körperlänge: 100 bis 240 cm in Europa

Gewicht: 70 bis über 250 kg in Europa

Paarungszeit: Mai bis Juli

Wurfzeit: Januar bis März, im Winterquartier

Anzahl Jungtiere: 1 bis 6

Verbreitung und Systematik

Der Braunbär gehört zur Familie der Bären (Ursidae) und ist zirkumpolar in Nordamerika und Eurasien verbreitet. Es werden regelmäßig mehrere Unterarten ausgeschieden, etwa der Europäische Braunbär (*Ursus arctos arctos*), der Grizzly (*Ursus arctos horribilis*) Nordamerikas oder der Kodiakbär (*Ursus arctos middendorffi*). Streng genommen müsste auch der Eisbär, der sich erst im mittleren Pleistozän vom Braunbären abgespalten hat, und der bislang als eigene Art (*Ursus maritimus*) geführt wird, als weitere Unterart (*Ursus arctos maritimus*) betrachtet werden. Eisbären gehören zur gleichen biologischen Art wie der Braunbär, da aus Kreuzungen zwischen Eis- und Braunbär fertile Nachkommen hervorgehen.

Nordamerika wurde vor etwa 14 000 Jahren über die Landenge der heutigen Beringstraße vergleichsweise spät vom Braunbären besiedelt.

In West- und Mitteleuropa existieren heute nur noch Reste einer ehemals flächendeckenden eurasischen Population. In Nord- und Osteuropa und Asien ist diese noch weitestgehend intakt.

Eine Erholung der verbliebenen Bestände in den Abruzzen und den Zentralalpen des Trentino begann in den 1970er Jahren durch Zuwanderungen, die bis heute regelmäßig aus den dinarischen Gebirgen Italien und Österreich erfolgen.

Lebensraum

Bären besiedeln recht unterschiedliche Lebensräume. Sie wurden in Europa sekundär

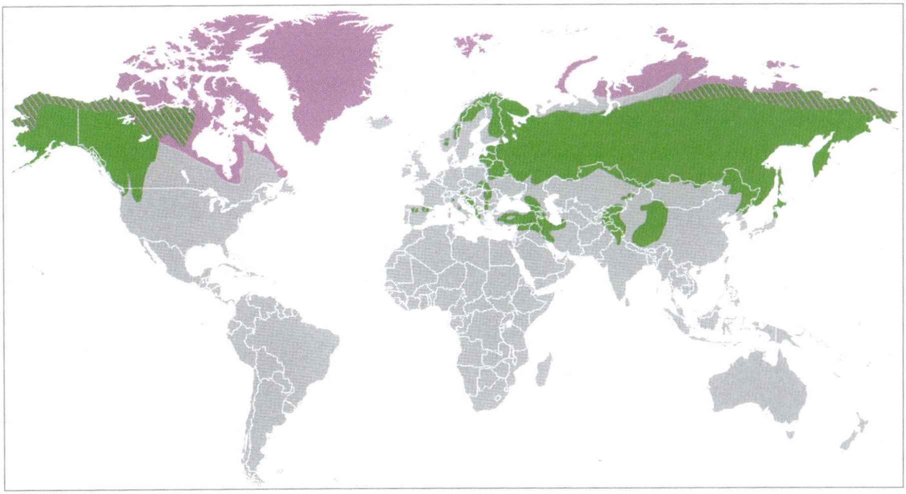

Braunbär Eisbär

Abb. 82: Aktuelle Verbreitung des Braunbären (Ursus arctos) und des Eisbären (Ursus maritimus)

durch den Menschen auf waldreiche Gebirgslandschaften zurückgedrängt. Die aktuelle Entwicklung beispielsweise in der Slowakei oder in Rumänien, wo Braunbären bei entsprechend hohem Bestand bereits in urbanen Räumen auftreten, zeigt die große Amplitude des Braunbären hinsichtlich seiner Lebensraumnutzung.

Sozialsystem und Streifgebiete

Bären sind Einzelgänger, welche allerdings nicht territorial leben. Das Streifgebiet eines Braunbären beträgt zwischen etwa 5000 und 20 000 Hektar. Diese überlappen mit den Streifgebieten anderer Bären beiderlei Geschlechts, was lokal zu entsprechend höheren Abundanzen führen kann

Die Winterruhe erfolgt im Schutz von Höhlen oder umgestürzter Bäume. Wie tief der Schlaf ist und wie häufig die Bären aufwachen, hängt von Alter, Geschlecht und Wintertemperaturen ab.

Ernährung

Bären gehören zu den Allesfressern unter den Raubtieren. Bären können je nach Nahrungsangebot den pflanzlichen Anteil bis auf über 70 Prozent steigern. Das kommt beispielsweise auch in dem sehr langen (7 bis 10 m) Darm zum Ausdruck.

Wenn Braunbären im zeitigen Frühjahr oder Spätwinter aus der Winterruhe aufwachen, umfasst das Nahrungsspektrum eine breite Auswahl an Pflanzenteilen: Gräser und Kräuter stehen genauso auf dem Speiseplan wie Wurzeln. Hinzu kommen Insekten und deren Larven, Würmer, Amphibien, Reptilien und Kleinsäuger oder Gelege und Jungvögel von Bodenbrütern. Aas wird genauso aufgenommen wie zufällig gefundene Rehkitze oder Rothirschkälber. Im Herbst besteht der pflanzliche Nahrungsanteil vor allem aus Baumfrüchten, Beeren und Pilzen. Wo es sich ergibt, erbeuten Braunbären aber auch erwachsene Huftiere bis zur Größe eines Rothirsches oder sogar Elches oder Wisents, die, wenn sie überrascht werden, durch einen Prankenhieb auf Kopf oder Rücken getötet bzw. bewegungsunfähig gemacht werden. Einfacher zu erbeuten sind Nutztiere auf der Weide. Häufig nutzen Braunbären auch die Beutereste anderer großer Prädatoren (und umgekehrt).

Auch Honig stellt, wo dieser in der Natur oder im Umfeld menschlicher Imkerei erreichbar ist, einen energiereichen Nahrungsbestandteil dar.

Insbesondere bei Nahrungsmangel vergraben Bären auch ihre Beute oder Teile derselben.

Eine Besonderheit von Braunbären im Einzugsbereich der großen Flüsse, insbesondere entlang der Pazifikküste, ist im Sommer der Fang wandernder Lachse in großer Zahl (vergl. CHESTIN 1996).

Fortpflanzung

Die Fortpflanzungszeit liegt in der Zeit zwischen Mai und Juli.

Braunbären sind agam, d.h. sie gehen keine festen Partnerbindungen ein und ein männlicher Bär paart sich mit mehreren weiblichen Tieren (und umgekehrt). Männliche Tiere bleiben daher oft mehrere Tage bis Wochen bei der Bärin, um weitere Paarungen zu verhindern.

Die Tragezeit dauert mit Keimruhe etwa 180 bis 270 Tage, die Jungtiere kommen noch im Winterquartier zwischen Januar und März zur Welt.

Ein Wurf umfasst 1 bis 4, gelegentlich bis zu 6, meist jedoch 2 oder 3 Jungtiere. In den vergangenen Jahren konnte man in den südosteuropäischen Braunbärvorkommen allerdings zunehmend höhere Zahlen an Jungtieren in einem Wurf beobachten. Heute sind vier oder fünf Jungtiere keine Seltenheit mehr.

Das Säugen mit sehr fett- (ca. 20%) und proteinhaltiger (bis zu 17%) Milch lässt die Jungtiere schnell heranwachsen. Die jungen Bären nehmen im Alter von etwa fünf Monaten erstmals feste Nahrung zu sich.

Sie bleiben mindestens 18 Monate, manchmal aber auch bis ins dritte Lebensjahr oder noch länger, bei der Mutter.

Bislang galt die Regel, dass die Bärin nicht jedes Jahr, sondern lediglich alle drei bis vier Jahre Junge hatte. Dies gilt heute auch nur noch bedingt. Würfe alle zwei Jahre oder sogar jährlich kommen zunehmend vor. Braunbären sind dennoch unter den großen Prädatoren relative „K-Strategen". Wenn die Mutter ihre Jungtiere nach zwei oder drei Jahren nicht mehr duldet, bleiben die Jungtiere noch für mehrere Jahre zusammen. Geschlechtsreif werden männliche Bären etwa mit 4 bis 5, weibliche Bären mit 7 bis 8 Jahren. Es bleibt abzuwarten, wie sich dies unter den derzeit offenbar für Braunbären günstigen Umweltbedingungen entwickelt.

Ausgewachsen sind Braunbären etwa mit 10 Jahren (vergl. Chestin 1996).

Populationsdynamik

Entsprechend der sehr protrahierten Jugendentwicklung und der niedrigen Reproduktionsrate, die beide eine evolutionäre Anpassung an den hohen Lebensraumbedarf des Braunbären darstellen, konnten Braunbärenbestände zumindest in der Vergangenheit nur vergleichsweise langsam anwachsen. Dies zeigt sich auch darin, dass die Wiederbesiedlung Mitteleuropas durch den Wolf deutlich dynamischer verläuft, als dies beim Braunbären der Fall ist.

Umgekehrt sind Braunbärenbestände auch vergleichsweise leicht durch Bejagung zu kontrollieren. Gegenüber nicht nachhaltigen Eingriffen sind Braunbären vergleichsweise empfindlich.

In Mitteleuropa wurden Braunbären, im Gegensatz zu Wölfen, bereits früh in zivilisationsferne Regionen, insbesondere in die Mittelgebirge und ins Hochgebirge, verdrängt. Die letzten bekannten Bären wurden in den deutschen Mittelgebirgen bereits im 17. (Harz) und 18. Jahrhundert (Thüringen und Oberschlesien) erlegt. Lediglich im Bayerischen Wald und in den Alpen dauerte es bis ins 19. Jahrhundert, bis der Braunbär verschwunden war. Zuwanderungen und Wiederansiedlungen erfolgen derzeit regelmäßig im alpinen Raum.

Management

Es zeigt sich beim Braunbären, dass eine zu intensive Bejagung, die nicht den Kriterien der Nachhaltigkeit entspricht, die Art schnell zum Verschwinden bringen kann. Genauso schnell entstehen aber große Konflikte mit dem Menschen, wenn Bären über längere Zeit unter Totalschutz stehen und selbst die Entnahmen von Einzeltieren verhindert werden.

Ein Beispiel dafür ist die Situation in Rumänien, in den Siebenbürger Ostkarpaten. Nachdem in Rumänien 2016 die nachhaltige Bejagung des Braunbären eingestellt wurde und seitdem nur noch einzelne Entnahmen bewilligt wurden, eskaliert die Situation (vergl. VERSECK 2021). Bären treten mittlerweile regelmäßig im Siedlungsraum auf und verursachen hohe Verluste an Haustieren und Sachschäden, zunehmend werden auch Menschen von Bären verletzt oder getötet.

Mittlerweile wurde in Rumänien aufgrund zahlreicher Bärenangriffe auf Menschen wieder eine Jagdquote von ca. 500 Bären festgesetzt. Eine ähnliche Entwicklung sehen wir in der Slowakei.

In den Alpen werden derzeit Braunbären aus den Dinarischen Gebirgen im Rahmen eines länderübergreifenden Projektes im Trentino aktiv wieder angesiedelt bzw. deren Zuwanderung gefördert. Insbesondere Autobahnen und Eisenbahnstrecken ohne Querungshilfen stellen dabei, anders als etwa beim Wolf, noch relative Barrieren dar.

Im Rahmen dieses Wiederansiedlungsprojektes gibt es ebenfalls nicht geringe Konflikte zwischen Interessengruppen des (z. T. fundamentalen) Tier- und Naturschutzes einerseits und der lokalen Bevölkerung andererseits. Nachdem eine bereits bewilligte Entnahme einer verhaltensauffälligen Bärin durch öffentliche Proteste und Klagen verhindert wurde, tötete ebendiese Bärin im Trentino einen Menschen.

Derartige Ereignisse sind geeignet, die Wiederansiedlungsbemühungen in Frage zu stellen. Das Problem stellt in diesem Fall allerdings weniger der Braunbär als solcher dar, sondern falsch verstandener Tierschutz.

Professionelle Wiederansiedlung muss von Anfang an die zeitnahe Entnahme verhaltensauffälliger Tiere gewährleisten und dafür sorgen, dass die Tiere eine hinreichende Scheu vor dem Menschen entwickeln. Letzteres muss zunächst durch repellente Maßnahmen (z. B. Gummigeschosse) und kann bei erfolgreicher Etablierung eines lokalen, hinreichend großen Bestandes auch durch eine reguläre nachhaltige Bejagung erfolgen.

Genau diese Fragen wurden aber im Life-Ursus-Projekt im Trentino bisher vernachlässigt. Statt der ursprünglich geplanten etwa 50 Braunbären in der Region sind es heute schätzungsweise über 100. Um die Akzeptanz der lokalen Bevölkerung zu erhalten und vor allem um auch in bislang noch nicht vom Bären besiedelten Regionen Akzeptanz zu schaffen, ist hier ein in die Zukunft gerichtetes Konzept der nachhaltigen Nutzung der Bären erforderlich.

Empfehlungen für die Begegnung mit einem Bären besagen, dass Menschen in Gegenden, in denen Bären leben, durch lautes Sprechen rechtzeitig auf sich aufmerksam machen sollen. Hunde sollten unbedingt angeleint sein. Bei Sichtkontakt soll man sich langsam und ohne Hast zurückziehen, dabei gegebenenfalls den Bären mit ruhigen Worten ansprechen. Bei einem Angriff wird das „Totstellen", also das reglose auf-den-Boden-legen mit dem Gesicht nach unten, empfohlen. Die Empfehlung zum Einsatz von Pfefferspray erscheint demgegenüber eher praxisfern.

Abb. 83: Wappen der Stadt Bern

Mensch und Wildtier

Die Rolle des Bären in der menschlichen Kulturgeschichte ist geprägt von Furcht, aber auch Bewunderung für das mächtige Tier.

Bereits im Jungpaläolithikum finden wir den Bären als Motiv von Höhlenmalereien, und der sog. Bärenkult – das Aufbewahren von Schädeln und großen Röhrenknochen des Bären – dürfte hier bereits praktiziert worden sein. Es handelt sich bei letzterem um mystische Handlungen, möglicherweise unter Beteiligung von Schamanen. Sie dient wohl einer Respektbekundung gegenüber dem erlegten Bären, vielleicht auch einer Beschwichtigungsgeste, und wurde etwa im Kaukasus noch bis ins frühe 20. Jahrhundert praktiziert.

Bei den Kelten gab es Bärengottheiten, in keltischen Überlieferungen hat der Bär eine ähnliche Rolle inne wie in südeuropäischen Mythen der Löwe („König der Tiere"). Viele Bärendarstellungen etwa in Wappen oder Ortsnamen sind möglicherweise hiermit verknüpft (vergl. Abb. 83).

In der nordischen Mythologie existiert die Vorstellung, dass Menschen Eigenschaften des Bären annehmen oder sich gar in einen solchen verwandeln können („Berserker"). Der Name Beowulf („Bienenwolf") aus dem gleichnamigen angelsächsischen Heldenepos ist eine Umschreibung für den Begriff „Bären".

Die griechische Mythologie kennt den Braunbären in Gestalt der verwandelten Nymphe Kallisto und deren ebenfalls in einen Bären verwandelten Sohn, welche von Zeus in Gestalt der Sternbilder des Großen und Kleinen Bären ans Firmament versetzt wurden. Das Land unter den Sternbildern wird als Arktis bezeichnet und findet sich auch in der lateinischen Artbezeichnung (*Ursus arctos*) wieder.

Bären kommen in den Mythen auch vieler anderer Völker und Ethnien Europas und Asiens vor.

Unter den indigenen Völkern Nordamerikas findet sich der Bär als Totemtier und wird in zahlreichen Mythen und Legenden verehrt (vergl. BRUNNER 2005).

In der Belletristik der Neuzeit finden wir ebenfalls zahlreiche Werke, die sich mit dem Braunbären beschäftigen. Neben zahlreichen Figuren aus der Kinderliteratur wie Pu der

Bär, Balou aus dem Dschungelbuch oder dem in einen Bären verwandelten Menschen im Märchen „Schneeweißchen und Rosenrot" kennen wir etwa Lew Tolstois „Die Bärenjagd" oder auch Horst Sterns „Jagdnovelle".

Die Jagd auf Bären erfolgte bis ins frühe 20. Jahrhundert und in einigen Teilen der Erde auch darüber hinaus meist nicht nachhaltig. Ziel der Jagd war neben der Nutzung des Wildbrets oder des Felles auch die Verwendung verschiedener Organe, z. B. Bärengalle, in der Naturheilkunde. Darüber hinaus galten Bären nicht nur als Bedrohung der klein- und kleinstbäuerlichen Landwirtschaft jener Zeit (wenngleich in geringerem Ausmaß als der Wolf), sondern auch der Menschen selbst.

Heute wird die Jagd auf Bären, wo sie noch oder wieder zulässig ist, nach strengen Nachhaltigkeitskriterien entweder im Sinne einer Trophäenjagd oder aber zur Regulation lokaler Bestände durchgeführt. Eine Nutzung des Wildbrets oder bestimmter Organe spielt demgegenüber in Mitteleuropa eine untergeordnete Rolle.

Auch die Gefangenschaftshaltung von Bären hat eine lange Geschichte. Seit dem zweiten vorchristlichen Jahrhundert wurden im römischen Reich zu Unterhaltungszwecken Zirkusspiele in Arenen veranstaltet. Kämpfe zwischen Tieren oder zwischen Tieren und Menschen waren hierbei üblich. Als „Bärenhatz" oder im Englischen „bearbaiting" wurden grausame Kämpfe zwischen Bären und Hunden oder Stieren in Mitteleuropa bis in die beginnende Neuzeit durchgeführt.

Abgerichtete Tanzbären wurden teilweise bis ins frühe 20. Jahrhundert von Schaustellern gehalten und auf Jahrmärkten vorgeführt. Abrichtung und Haltung dieser Tiere erfolgten ebenfalls unter teilweise grausamen Bedingungen (vergl. Brunner 2005).

Im Zirkus traten über Jahrhunderte regelmäßig dressierte Braunbären auf.

Die Haltung von Bären zunächst etwa in speziellen Bärengräben von Städten, später und bis heute in zoologischen Gärten hat eine deutliche Wandlung hin zu einer heute in der Regel artgerechten Haltung durchgemacht.

Für Menschen, die sich mit Tieren beschäftigen – etwa Tierpfleger – gelten Bären als vergleichsweise gefährliche Tiere. Aufgrund der fehlenden Gesichtsmimik ist die aktuelle Stimmung und das zu erwartende Verhalten dieser Tiere für uns Menschen kaum abschätzbar.

Waschbär

Procyon lotor

Körperlänge: 41 bis 71 cm

Gewicht: 3,6 bis 9 kg

Paarungszeit (Ranz): Januar bis März, ggf. Nachranz im Mai/Juni

Wurfzeit: März bis Oktober

Anzahl Jungtiere: 2 bis 8, meist 4

Verbreitung und Systematik

Waschbären gehören in die Familie der Kleinbären (Procyonidae) und sind ursprünglich in Nordamerika beheimatet. Hier besiedeln sie ein weites Areal vom mittleren Kanada bis nach Mittelamerika und von der Atlantik- bis zur Pazifikküste einschließlich vorgelagerter Inseln.

Die mitteleuropäischen Vorkommen sind als Neozoen vom Menschen entweder ausgesetzt (ab 1927 in Nordhessen) oder aus Pelztierfarmen entkommen (1945 bei Strausberg). Auch in der damaligen Sowjetunion kam es in den 1930er Jahren zu Ansiedlungen.

Derzeit sind weite Teile Mitteleuropas besiedelt, die Ausbreitungstendenz hält an.

Lebensraum

Waschbären sind in Mitteleuropa vom Flachland bis über 900 m Höhe über N.N. verbreitet.

Sie sind an sehr unterschiedliche Lebensräume angepasst. In Nordamerika bewohnen Waschbären Waldgebiete, Prärien, Feuchtgebiete, Savannen und Halbwüsten, Schwemmland und Mangroven. Sie meiden Höhenlagen über 2500 m über N.N., reine Nadelwälder und Wüsten (vergl. MÜLLER 1984). Wichtig sind hinreichendeTagesverstecke.

Waschbären zeigen sowohl in Nordamerika als auch in Europa eine deutliche Tendenz zur Urbanisation. In Europa fand sich in der Stadt Kassel, unweit vom Ort der Ansiedlung einige Jahrzehnte zuvor, der erste umfangreiche urbane Waschbärenbestand Europas.

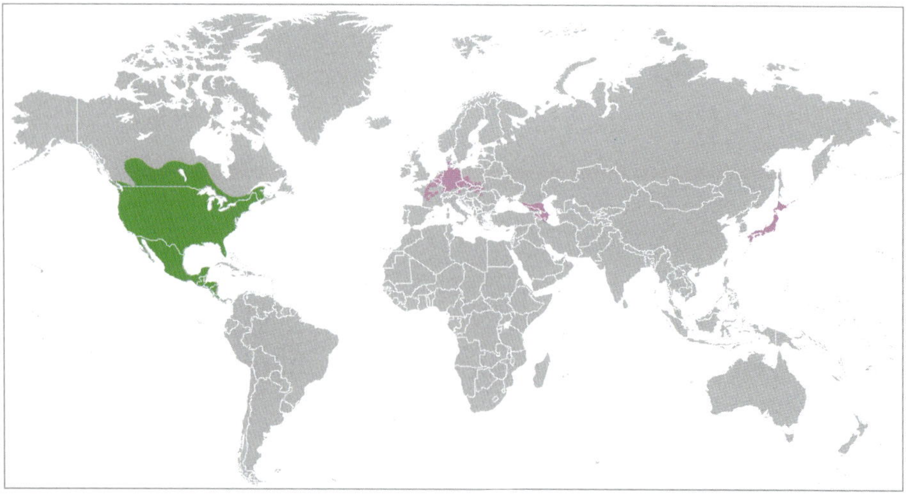

Natürliche Verbreitung — Vom Menschen angesiedelt

Abb. 84: Verbreitung des Waschbären

Sozialsystem und Streifgebiete

Waschbären sind vorwiegend nacht- und dämmerungsaktiv.

Bei geringen Abundanzen leben Waschbären eher solitär in überlappenden Streifgebieten (ZEVELOFF 2002). Bei höheren Populationsdichten leben miteinander verwandte weibliche Tiere gemeinsam in einem Streifgebiet und begegnen sich regelmäßig, z. B. an Futterstellen oder Schlafplätzen. Auch männliche Individuen bilden offenbar lose Zusammenschlüsse in ein und demselben Streifgebiet (GEHRT & FRITZELL 1998).

Männliche Waschbären zeigen aggressives Verhalten gegenüber nicht verwandten Jungtieren, so dass führende Fähen tendenziell männliche Individuen meiden.

Streifgebietsumfänge liegen für männliche Waschbären z. B. gemäß einer Untersuchung aus Indiana (BEASLEY *et al.* 2007) in einer Größenordnung um rund 100 Hektar, für weibliche Individuen bei rund 60 Hektar.

In urbanen Räumen umfassen die Streifgebiete oftmals lediglich wenige Hektar. In Kassel finden wir Waschbärdichten von 50 bis 150 Individuen pro 100 ha. In den USA finden wir ähnlich hohe Abundanzen in den vom Waschbären besiedelten urbanen Räumen.

Ernährung

Waschbären zeigen ein weites Nahrungsspektrum, sie sind Nahrungsgeneralisten. Je nach Lebensraum und Jahreszeit nutzen sie die am leichtesten zugänglichen Nahrungsquellen, zu denen auch menschliche Abfälle zählen.

Die Nahrung besteht über das Jahr im Mittel etwa aus einem Drittel Wirbeltieren, einem Drittel Wirbellosen und einem Drittel pflanzlicher Nahrung.

Das Nahrungsspektrum reicht von Insekten, einschließlich Larven wasserlebender Insekten, über Weichtiere wie Würmer oder Schnecken, Amphibien, Reptilien und Fischen über Mäuse, Spitzmäuse, Maulwürfe und Vögel bzw. deren Gelege bis hin zu pflanzlicher Nahrung, insbesondere Obst und Baumfrüchten, aber auch z. B. Mais.

Die Nahrung wird, ähnlich wie bei einigen Marderartigen, durch eine stöbernde Suche sowohl auf dem Boden, aber auch auf Bäumen, oder aber durch aktives „Fischen" in seichtem Wasser erbeutet. Die Beute wird typischerweise nicht mit dem Fang, sondern mit den feingliedrigen Vorderbranten aufgenommen und vor dem Fressen in diesen instinktiv hin- und herbewegt. Dies geschieht, wenn vorhanden, bevorzugt in seichtem Wasser (vergl. auch LUTZ 1981, LAGONI-HANSEN 1981, MÜLLER 1984, HOHMANN 1998, HOHMANN *et al.* 2001, ZEVELOFF 2002).

Fortpflanzung

Die Ranzzeit der Waschbären fällt in den Zeitraum von Januar bis März, gelegentlich finden wir eine zweite Ranzzeit im Mai/Juni.

Die männlichen Individuen sind dann in ihren Streifgebieten viel unterwegs und auf der

Suche nach Weibchen. Diese finden sich nicht selten auch zu mehreren an bestimmten Plätzen zusammen.

Die Tragzeit dauert 60 bis 65, meist 63 Tage. Die Bärin wirft im Zeitraum von März bis Oktober 2 bis 8, meist 4 Junge, typischerweise in einer Baumhöhle, auf einem Dachboden oder in einem ähnlichen Versteck. Die Jungen sind bei Geburt nackt und blind, mit zwei bis drei Wochen öffnen sie die Augen. Während der ersten vier Lebenswochen werden sie von der Mutter gesäugt, ab der 9. Woche nehmen sie zusätzliche feste Nahrung auf und mit 4 Monaten beginnen sie, selbständig zu werden (vergl. auch LUTZ 1981, MÜLLER 1984, ZEVELOFF 2002).

Weibchen sind mit etwa 10 Monaten, männliche Waschbären mit 12 bis 15 Monaten geschlechtsreif. Männliche Waschbären suchen sich mit der Geschlechtsreife regelmäßig einen neuen Lebensraum. Weibliche Nachkommen leben oft noch lange im Streifgebiet der Mutter (vergl. LAGONI-HANSEN 1981, MÜLLER 1984, HOHMANN 1998, HOHMANN *et al.* 2001, ZEVELOFF 2002).

Populationsdynamik

Die Waschbärenbestände in Deutschland haben in den vergangenen Jahren eine beeindruckende Dynamik entfaltet.

Abb. 85 zeigt die Jagdstreckenentwicklung seit Beginn der 2000er Jahre. Waren bis dahin die Bestände nur langsam ansteigend – ein Zustand, welcher bis etwa Mitte der 2000er Jahre anhielt – so beschleunigte sich in den nächsten fünf Jahren der Bestandesanstieg, um in den 2010er Jahren nochmal an Dynamik zu gewinnen. Da diese Herleitung der Bestandeszahlen auf Jagdstrecken beruht, so können wir davon ausgehen, dass es sich um konservative Schätzungen handelt und die tatsächliche Situation sich noch drastischer darstellt.

Über die Gründe für diesen Bestandesanstieg können wir derzeit nur spekulieren. So wissen wir, dass die Jugendsterblichkeit des Waschbären in harten Wintern, etwa in Manitoba, bis zu 60 Prozent betragen kann (LAGONI-HANSEN 1981). Ob dies allerdings bedeutet, dass die Reihe milderer Winter ab Mitte der 2000er Jahre hier eine Rolle beim Bestandesanstieg gespielt hat, ist eine offene Frage. Auch die Frage nach der Bedeutung von Krankheiten – in Mitteleuropa wäre hier besonders an Staupe und Räude zu denken – ist noch weitgehend offen.

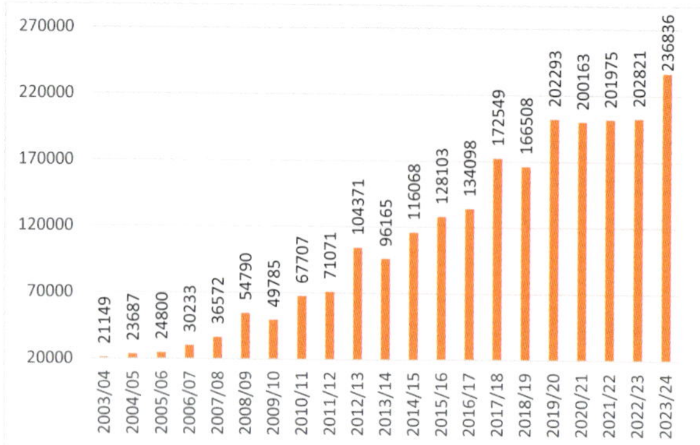

Abb. 85: Waschbärenjagdstrecke in Deutschland: Diese spiegelt den Bestandesanstieg gut wider Quelle: DJV

Management

Waschbären gehören zu den erfolgreichsten Neozoen Mitteleuropas. Waren wir noch bis Anfang der 2000er Jahre der Ansicht, dass man beim Waschbären noch nicht von einer Invasivität im Sinne einer wissenschaftlichen Definition sprechen kann, so stellt sich nach den Erfahrungen der vergangenen Jahre die Situation anders dar. Wir müssen davon ausgehen, dass aufgrund fehlender Anpassung zahlreicher Beutearten an diesen Prädator der Waschbär insbesondere nach den aktuellen Bestandeszunahmen zahlreiche heimische Arten in ihrem Bestand bedroht (vergl. z. B. Görner 2009, Meise 2010, Tolkmitt *et al.* 2012, Schneeweiss & Breu 2013, Nehring 2018, Schwab *et al.* 2018). Aufgrund der Fähigkeit des Waschbären, seine Nahrung sowohl auf dem Boden als auch durch Klettern auf Bäumen oder in Felswänden zu erbeuten, ist eine Vielzahl an Arten betroffen. Die Aufnahme des Waschbären in die „Liste invasiver gebietsfremder Arten von europaweiter Bedeutung" der Europäischen Union erscheint daher gerechtfertigt.

Damit sind Haltung, Transport, Zucht und Freisetzung verboten und in den einzelnen Staaten Aktionspläne zur Überwachung und Eindämmung der Population zu entwickeln.

Als Konsequenz wird eine intensive Bejagung einschließlich einer regelmäßigen Entnahme der Tiere im urbanen Raum als erforderlich angesehen. Dabei sind selbstverständlich die elementaren Grundsätze des Tierschutzes bzw. Tierwohls zu beachten. Insbesondere muss es vermieden werden, führende Muttertiere während der Aufzuchtzeit der Jungtiere zu entnehmen und die Jungtiere so dem Verhungern preiszugeben. Auch dürfen aufgrund seiner Besonderheit, Nahrung nicht mit dem Fang, sondern mit den Vorderpfoten aufzunehmen, nur Lebendfallen verwendet werden. Eine völlige Ausrottung des Waschbären in Mitteleuropa wird derzeit als kaum praktikabel angesehen. Von daher sollte das Ziel die möglichst umfassende Bestandesreduktion unter Wahrung des Tierwohls sein.

Hilfreich wäre in diesem Zusammenhang, wenn es gelänge, Interesse für die Nutzung des Balges und des Wildbrets zu wecken, für die in Mitteleuropa keine Tradition besteht. Ersteres dürfte vermutlich deutlich leichter gelingen als Letzteres.

Um Schäden im Siedlungsraum zu minimieren, sind regelmäßige Entnahmen alleine in der Regel nicht ausreichend. Hier sollten zusätzliche Maßnahmen ergriffen werden, etwa verschließbare, stabile Abfalltonnen und die Verhinderung des Zuganges zu Gebäuden durch den Rückschnitt gebäudenaher Äste, die Sicherung von Fallrohren gegen das Erklimmen durch die Tiere (Waschbären können im Gegensatz zum Steinmarder keine verputzten Fassaden ohne weitere Aufstiegshilfen nutzen) oder den Verschluss eventueller Öffnungen im Bereich von Dachfirst und Dach. Dass die Tiere nicht gefüttert werden, sollte selbstverständlich sein. Nistkästen können durch eine hinreichend hohe Manschette aus glattem Kunststoff oder Blech um den Baumstamm gesichert werden. Inwieweit Geruchs- oder Geräuschanwendungen langfristig repellent, also abschreckend, bzw. vergrämend wirken, ist unklar. Meist setzt hier bald ein Gewöhnungseffekt bei den Waschbären ein.

Mensch und Wildtier

Die deutlichen Urbanisationserscheinungen, die in Nordamerika bereits in den 1920er Jahren aus Cincinnati berichtet wurden und die in Deutschland seit den 1960er Jahren (zunächst in Kassel) zu beobachten sind, haben das Miteinander zwischen Mensch und Waschbär hierzulande geprägt.

Derzeit finden wir hinsichtlich des Bildes, welches sich die Menschen vom Waschbären machen, drei Ausprägungen: einerseits gibt es die professionelle Sichtweise, die im Grunde durch Artenschutzbemühungen geprägt ist, und die eine Reduktion des Populationsumfanges anstrebt. Eine weitere Gruppe leidet unter Verschmutzungen und Schäden an Gebäuden oder regelmäßig „geplünderten" Abfalltonnen und -säcken oder unter durch Waschbären abgeernteten Obstbäumen und sieht vor allem die Probleme dieser Tierart im urbanen Bereich. Auch das Zerstören z. B. von Nistkästen und Vogelnestern wird regelmäßig als Problem wahrgenommen. Die Sorge vor Krankheiten betrifft insbesondere den Waschbärspulwurm (*Baylisascaris procyonis*), dessen Larve als Fehlwirt auch den Menschen befallen kann.

Schließlich existiert eine dritte Gruppe, die Waschbären nicht in ihrem ökologischen Zusammenhang oder in Bezug auf ihr Problempotential sehen, sondern das individuelle Tier in seiner Existenz wertschätzen und schützen wollen, ggf. auch Waschbären füttern und das Töten der Tiere ablehnen.

Die regelmäßige Entnahme (s.o.) etwa durch Fallen kann helfen, die Probleme zu mindern, komplett gelöst werden diese dadurch nicht.

Traditionell wurde der Balg von Waschbären zur Herstellung wertvoller Pelzbekleidung genutzt, der Verzehr von Waschbären war auch in der Vergangenheit eher auf Nordamerika beschränkt. Insbesondere in den Südstaaten spielt der Verzehr von Waschbären eine nicht unbedeutende Rolle. In Deutschland wäre die Etablierung einer entsprechenden kulinarischen Tradition langfristig wünschenswert. Sowohl aus Gründen des Klimaschutzes als auch aus Gründen des Tierwohls ist es vorteilhaft, Tiere aus nachhaltiger Nutzung statt solche aus landwirtschaftlicher Intensivhaltung zu verzehren.

Steinmarder

Martes foina

Körperlänge: 37 bis 56 cm

Gewicht: 700 bis über 2000g

Paarungszeit (Ranz): Juni bis August

Wurfzeit: März/April

Anzahl Jungtiere: 1 bis 5, normalerweise drei bis vier Welpen

Systematik

Die Marderartigen (Mustelidae) gehören zu den Raubtieren. Zur Familie Mustelidae gehören neben den sog. Echten Mardern auch Dachse, Otter, Iltisse, Nerze und Wiesel.

Steinmarder gehören wie auch Baummarder zu den „Echten Mardern“ (Gattung *Martes*). Dabei besiedelt der Steinmarder als einziger Vertreter dieser Gattung tendenziell mehr halboffene Lebensräume und auch Siedlungen. Die übrigen Arten bevorzugen, wie der Baummarder in Europa, eher Waldlebensräume.

Baummarder und Steinmarder unterscheiden sich durch die eher weiße Unterwolle und den weißen Kehlfleck des Steinmarders, während diese beim Baummarder eher gelblich gefärbt sind. Der Kehlfleck des Baummarders ist eher abgerundet, während er beim Steinmarder eher gegabelt ist und bis auf die Läufe hinabreicht. Der Nasenspiegel beim Steinmarder ist eher heller und die Branten sind beim Baummarder behaart. Die genannten Merkmale sind allerdings recht variabel, das sicherste Unterscheidungsmerkmal ist der erste Molar (M1) im Oberkiefer. Dieser ist beim Steinmarder nach innen gewölbt bzw. wirkt "eingekerbt", während er beim Baummarder nach außen gewölbt ist.

Verbreitung

Steinmarder besiedeln große Teile Eurasiens, ihr Verbreitungsgebiet erstreckt sich bis in den Mittelmeerraum und nach Zentralasien. Er fehlt auf den Britischen Inseln und in Skandinavien. Eine vom Menschen angesiedelte Population existiert in Nordamerika (Wisconsin).

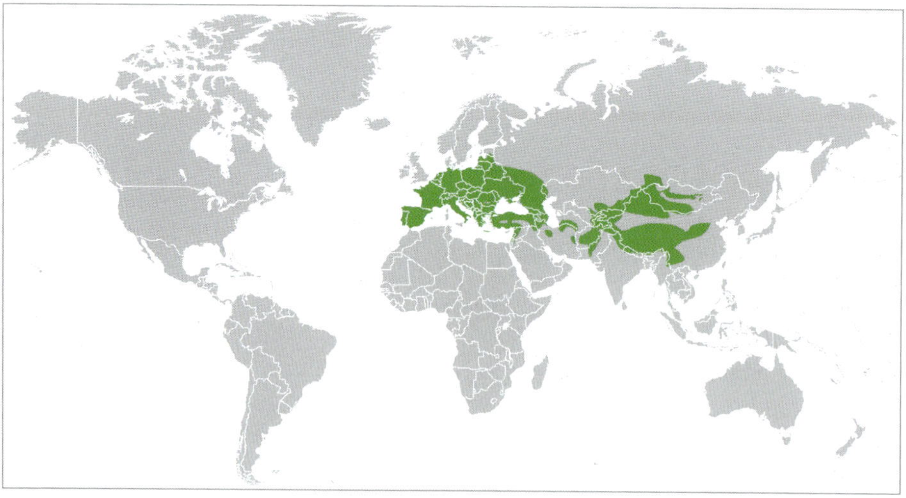

Abb. 86: Natürliche Verbreitung des Steinmarders

Lebensraum

Steinmarder besiedeln von Natur aus vorzugsweise offene bis halboffene, baum- oder strauchbestandene Landschaften, oftmals auch mit felsigen (Name!) Strukturen. Auch die unbehaarten Fußsohlen sprechen für eine Lebensweise in eher felsigem Gelände. Im Gebirge finden wir Steinmarder bis auf ca. 4000 m Höhe über N.N.

Seit vielen Jahrhunderten, vermutlich sogar Jahrtausenden, haben sich Steinmarder auch in menschliche Siedlungen ausgebreitet, in denen sie Deckung (Dachböden, Scheunen, hohle Obstbäume) und Nahrung (Mäuse, Ratten, Tauben, Hühner, Obst) finden.

Ernährung

Steinmarder sind Nahrungsgeneralisten. Wichtigster Nahrungsbestandteil sind Kleinsäuger von Mäuse- bis etwa Kaninchen- oder Hasengröße, Vögel bis etwa Hühnergröße. Eier, aber auch Reptilien, Amphibien, größere Insekten und Obst werden ebenfalls genutzt. Steinmarder jagen meist stöbernd am Boden, wobei sie in einer Nacht sehr große Strecken zurücklegen.

Die tägliche Nahrungsmenge beträgt 100 bis 200 Gramm (Stubbe 1973).

Sozialsystem und Streifgebiete

Steinmarder leben solitär und territorial. Das Territorium wird durch Drüsensekrete markiert und gegen Artgenossen des gleichen Geschlechtes verteidigt. Die Größe der Reviere beträgt meist zwischen 10 und 200 ha. Männliche Marder haben größere Reviere. Auch eine Abhängigkeit der Territoriengröße vom lokalen Nahrungsangebot, der Jahreszeit oder der Art der Landschaft wird beschrieben.

Fortpflanzung

Die Fortpflanzungszeit (Ranzzeit) des Steinmarders liegt im Hochsommer zwischen Mitte Juni und Ende August. Aufgrund der Keimruhe kommen ein bis fünf, normalerweise drei bis vier Welpen regulär im März/April zur Welt. Sie sind bei der Geburt blind und unbehaart, öffnen mit etwa vier Wochen die Augen und werden etwa zwei Monate lang gesäugt. Die jungen Marder werden im Herbst des ersten Lebensjahres selbständig und normalerweise im zweiten Lebensjahr geschlechtsreif.

Populationsdynamik

Der Bestand des Steinmarders gilt in Mitteleuropa derzeit als auf hohem Niveau stabil.

Die Jagdstrecken sind im Mittel seit Mitte der 1990er Jahre recht stabil mit jahresweisen

Schwankungen. Der zwischen Anfang und Mitte der 2000er Jahre beobachtbare Rückgang der erlegten Steinmarder dürfte weniger durch einen Bestandesrückgang bedingt sein als eher mit einer weniger intensiv ausgeübten Bejagung, auch aufgrund gesetzlicher Restriktionen (z. B. Verbot bestimmter Fallentypen, Einschränkung der Bejagung in Ortslagen u.a.).

Verluste treten in der Natur insbesondere unter Jungtieren durch Krankheiten (vor allem Räude und Parasitenbefall) auf. Prädatoren des Steinmarders sind neben Fuchs und Luchs vor allem große Greifvögel und Eulen (vergl. Stubbe 1973, Müller 1980). Welche Rolle heute die Verkehrsmortalität beim Steinmarder in urbanen Räumen spielt und ob diese eher kompensatorischen oder additiven Charakter aufweist, ist bislang eine offene Frage.

Management

Der Steinmarder besiedelt wie erwähnt in großem Umfang urbane und suburbane Lebensräume, er gilt als klassischer „Kulturfolger".

Die Art kann und soll nachhaltig genutzt werden, wobei die Fangjagd die größte Rolle spielt. In Regionen, in denen spezifische Naturschutzziele für Bodenbrüter bestehen, ist eine intensive Bejagung angezeigt.

Im Zentrum der Managementmaßnahmen im städtischen Umfeld stehen vor allem die Verhinderung der Besiedlung von Wohngebäuden durch Steinmarder sowie die Vermeidung von Schäden durch Marderbiss an Kraftfahrzeugen.

Letztere können einerseits durch konstruktive Maßnahmen an den Fahrzeugen (bislang durch die Industrie kaum verwirklicht), zum anderen durch repellente Wirkmechanismen (olfaktorisch, akustisch oder taktil) reduziert werden. Als langfristig am wirksamsten erwiesen hat sich dabei ein unter dem Fahrzeug flächig ausgelegtes feinmaschiges Drahtgeflecht („Kaninchendraht", Abb. 88) erwiesen.

Die natürliche Scheu, solche unbekannten Untergründe zu betreten, ist (im Gegensatz zu akustischen oder olfaktorischen Maßnahmen) dauerhaft wirksam und scheint den geringsten Gewöhnungseffekt nach sich zu ziehen.

Abb. 87: Drahtgeflecht zur Marderabwehr unter dem Fahrzeug (rechts ist eine Marderspur zu sehen, welche das Gitter meidet)

Mensch und Wildtier

Marderartige spielten und spielen für den Menschen seit alters eine sehr ambivalente Rolle: Einerseits waren sie Pelzlieferanten oder aufgrund anderer möglicher Nutzungen von Interesse, andererseits galten und gelten sie bis heute als Prädatoren von

Haustieren sowie Verursacher von (z.T. großen) Schäden im Siedlungsbereich als problematisch.

Beim Steinmarder war die Pelznutzung nie so bedeutend wie beim Baummarder (s.o.). Im Vordergrund stehen die Prädation von Hausgeflügel, insbesondere Tauben und Hühner, durch Steinmarder.

Dabei gerät der Marder allerdings nicht, wie fälschlicherweise bis heute gelegentlich berichtet, in einen sog. „Blutrausch". Die Tatsache, dass oft deutlich mehr Tauben oder Hühner getötet werden, als der Marder fressen kann, hat mit der Situation des „überoptimalen Auslösers" zu tun. Raubtiere versuchen, wenn sie Beute machen, zunächst das Beutetier zu töten oder soweit zu verletzen, dass es nicht mehr fliehen kann. Das geschieht reflexhaft und hat Vorrang vor dem eigentlichen Fraßverhalten. In der Natur ist es auch sinnvoll, erst sicherzugehen, dass die Beute nicht mehr flieht, bevor man mit dem Fressen beginnt. Wenn allerdings die verbliebenen Beutetiere nicht fliehen können, sondern in Panik herumflattern, ist das der Auslöser für den Marder, zunächst weiter zu töten, bevor ans Fressen zu denken ist.

Enorme wirtschaftliche Schäden werden heute durch Bissschäden an Kraftfahrzeugen verursacht. Seit nunmehr über einem halben Jahrhundert beobachten wir, dass Steinmarder durch Zerbeißen von Gummi- und Kunststoffteilen an Kraftfahrzeugen große Schäden anrichten (vergl. auch HERZOG 2019). Da hier die Kraftfahrzeugindustrie bislang nur wenig Einsatz zeigte, um diese zu verhindern, muss bislang auf solche Verfahren zurückgegriffen werden, welche sich nach der jeweils persönlichen und lokalen Erfahrung bewährt haben (siehe oben). Als Ursache für das Zerbeißen von Fahrzeugkomponenten werden einerseits Territorialverhalten (ggf. auch Übersprungshandlungen bei der Markierung des Territoriums), vor allem aber das spielerische Erkunden des Lebensraumes, in Verbindung mit einem zeitweiligen Rückzug in das höhlenartige und oftmals noch wärmende Umfeld eines Motorraumes, angenommen.

Baummarder

Martes martes

Körperlänge: 37 bis 50 cm

Gewicht: 800 bis über 1900g

Paarungszeit (Ranz): Juni bis August

Wurfzeit: März bis Mai

Anzahl Jungtiere: 1 bis 5, normalerweise 3 bis 4 Welpen

Systematik

Die Marderartigen (Mustelidae) gehören zu den Raubtieren. Zur Familie Mustelidae gehören neben den sog. Echten Mardern auch Dachse, Otter, Iltisse, Nerze und Wiesel. Baummarder gehören wie auch Steinmarder zu den „Echten Mardern“ (Gattung *Martes*). Echte Marder besiedeln, mit Ausnahme des Steinmarders, eher bewaldete Areale.

Verbreitung

Baummarder besiedeln wie auch Steinmarder große Teile Eurasiens. Ihr Verbreitungsgebiet erstreckt sich jedoch weiter nördlich, allerdings weniger weit nach Süden und Osten.

Im Gebirge finden wir die Art bis auf etwa 2000 m Höhe über N.N.

Lebensraum

Baummarder bewohnen typischerweise zusammenhängende Laub-, aber auch Nadelwälder.

Mittlerweile sind sie allerdings auch in größeren Parkanlagen im urbanen Bereich zu finden.

Baummarder sind ebenso wie Steinmarder nachtaktiv und verbringen die Tage meist in Baumhöhlen, unbesetzten Greifvogel- oder Krähenhorsten oder in Eichhörnchenkobeln (Stubbe 1973, Müller 1980).

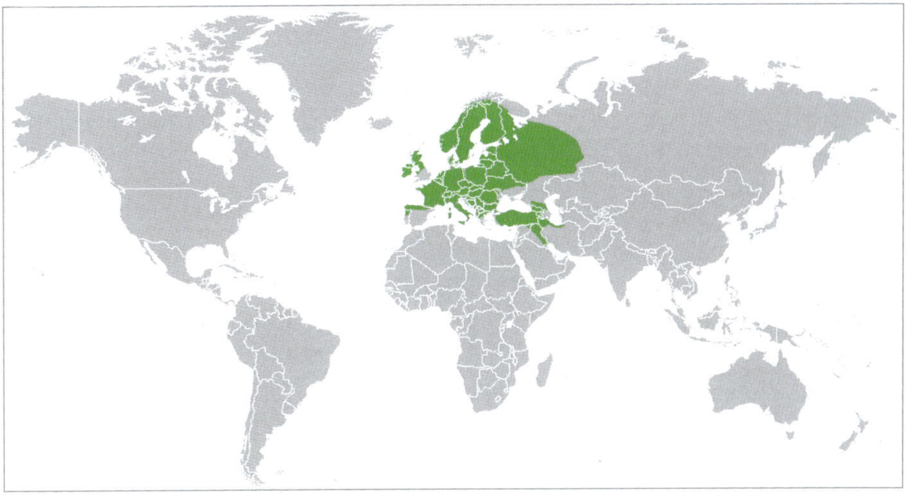

Abb. 88: Aktuelle Verbreitung des Baummarders

Ernährung

Baummarder sind Nahrungsgeneralisten. Wichtigster Nahrungsbestandteil sind auch hier Kleinsäuger von Mäuse- bis etwa Hasen-, Vögel bis etwa Auerhuhngröße. Eier, aber auch Reptilien, Amphibien, größere Insekten und Obst werden ebenfalls genutzt. Eichhörnchen können saisonal einen hohen Anteil an der Beute ausmachen, ebenso wie Wühlmäuse in ausgesprochenen Mäusejahren. Baummarder jagen ebenso wie Steinmarder typischerweise stöbernd am Boden, verfolgen ihre Beute allerdings auch auf Bäume, wo sie Eichhörnchen auch gut folgen können. Wenn das Eichhörnchen allerdings durch weite Sprünge von Baum zu Baum wechselt oder sich aus der Krone zu Boden fallen lässt, ist der Marder im Nachteil.

Ein wesentlicher Nahrungsbestandteil sind im Frühjahr und Sommer auch Gelege oder Jungvögel aus Bruthöhlen.

Im Sommer und Herbst steigt der pflanzliche Anteil an der Nahrung (Früchte) teilweise deutlich an.

Sozialsystem und Streifgebiete

Baummarder leben solitär und territorial. Das Territorium wird durch Drüsensekrete markiert und gegen Artgenossen des gleichen Geschlechtes verteidigt. Die Größe der Reviere schwankt offensichtlich je nach Lebensraum, Nahrungsangebot und Jahreszeit deutlich. Territorien bzw. Streifgebiete zwischen 50 und mehreren tausend Hektar werden beschrieben (Grakov 1966, Nyholm 1970, Heptner & Naumov 1974).

Fortpflanzung

Die Fortpflanzungszeit (Ranzzeit) des Baummarders liegt im Hochsommer zwischen Mitte Juni und Ende August. Aufgrund der Keimruhe kommen ein bis fünf, normalerweise drei bis vier Welpen zwischen März und Mai, meist im April, zur Welt. Sie sind bei der Geburt blind und unbehaart, öffnen mit etwa vier Wochen die Augen und werden etwa zwei Monate lang gesäugt. Die jungen Marder werden im Herbst des ersten Lebensjahres selbständig und normalerweise im zweiten Lebensjahr geschlechtsreif.

Populationsdynamik

Die Baummarderpopulation Mitteleuropas gilt derzeit als stabil oder sogar geringgradig zunehmend. Dies zeigen sowohl die stabilen Jagdstrecken der vergangenen Jahrzehnte (bei eher reduzierter Bejagungsintensität) ebenso wie die steigende Zahl der im Straßenverkehr getöteten Individuen dort, wo sie erhoben werden. Liegt der Anstieg der im Straßenverkehr umgekommenen Marder über dem generellen Anstieg des Kraftfahrzeugverkehrs, müssen wir sogar von steigenden Beständen ausgehen.

Verluste treten in der Natur insbesondere unter Jungtieren durch Krankheiten (vor allem Räude und Parasitenbefall) auf. Prädatoren des Baummarders sind neben Fuchs und Luchs vor allem große Greifvögel und Eulen (vergl. MÜLLER 1980). Die Mortalität durch Prädation dürfte im Wesentlichen kompensatorischen Charakter haben.

Management

Der Baummarder kann – wo er eine Jagdzeit aufweist – grundsätzlich im Rahmen des Jagdrechts nachhaltig genutzt werden, wobei auch bei dieser Art die Fangjagd die größte Rolle spielen dürfte. In Regionen, in denen spezifische Naturschutzziele für Bodenbrüter bestehen, ist eine intensive Bejagung angezeigt. In einigen Regionen besteht derzeit allerdings eine ganzjährige Schonzeit für Baummarder.

Mensch und Wildtier

Baummarder waren in der Vergangenheit aufgrund ihres dichten und damit wertvollen Pelzes (daher auch der Name „Edelmarder“) als Jagdbeute begehrt.

Mit der in den vergangenen Jahrzehnten nachlassenden Bedeutung der Pelzverarbeitung hat auch der Baummarder als wertgeschätztes Wild seine Bedeutung verloren. Heute gilt das öffentliche Interesse nahezu ausschließlich dem Steinmarder bzw. den durch diesen verursachten Schäden.

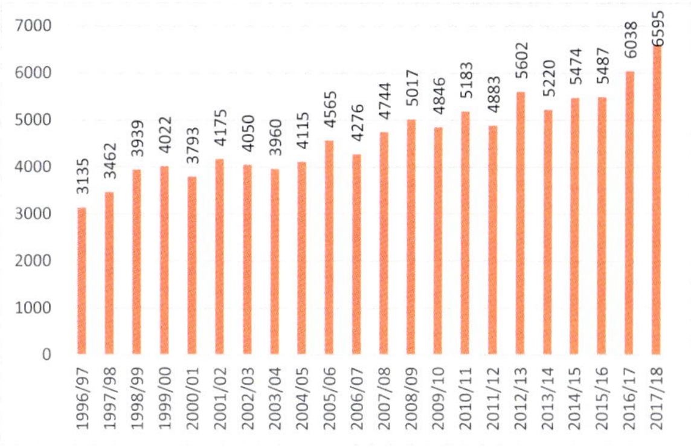

Jagdstreckenentwicklung des Baummarders *Quelle: WILD*

Dachs

Meles meles

Körperlänge: 64 bis 90 cm

Gewicht: 7 bis 20 kg

Paarungszeit (Ranz): Juli/August

Wurfzeit: März/April

Anzahl Jungtiere: 2 bis 5 Welpen

Verbreitung und Systematik

Dachse gehören wie Fischotter, Baum- und Steinmarder, Wisel, Iltis und Nerz zu den Marderartigen (Mustelidae). Sie sind über ganz Europa und bis nach Klein- und Zentralasien verbreitet. Sie fehlen im äußersten Norden Skandinaviens und auf einigen Inseln. Je nach Autor werden diverse Unterarten ausgewiesen, die neuerdings gelegentlich auch als eigene Arten angesehen werden. Es handelt sich dabei allerdings nicht um echte biologische Arten, sondern um Varianten, welche sich morphologisch/anatomisch und durch bestimmte molekulare Marker unterscheiden. Eine Reproduktionsbarriere, wie dies für die Ausweisung einer eigenen biologischen Art erforderlich ist, besteht zwischen diesen nicht.

Lebensraum

Dachse besiedeln zahlreiche Lebensraumtypen, vom Flachland bis zum Gebirge. Neben strukturiertem Offenland mit Feldgehölzen und Hecken werden auch Wälder, bevorzugt Laub- und Laubmischwälder, aber zunehmend auch menschliche Siedlungen als Lebensraum genutzt. Dachse legen umfangreiche Bausysteme mit einem komplexen Röhrensystem und weiter Flächenausdehnung an. Diese liegen auch deutlich tiefer unter der Erde (oft mehr als 5 m) als etwa Fuchsbaue. Diese Dachsbaue werden über Jahrzehnte, oft sogar Jahrhunderte, genutzt. So sind an Orten mit alten Flurnamen wie etwa „Dachsenberg" nicht selten bis heute auch Dachsbaue zu finden. Die Nahrungssuche erfolgt im Umkreis von mehreren hundert Metern um den Bau, so dass Dachse aus dem Wald durchaus auch

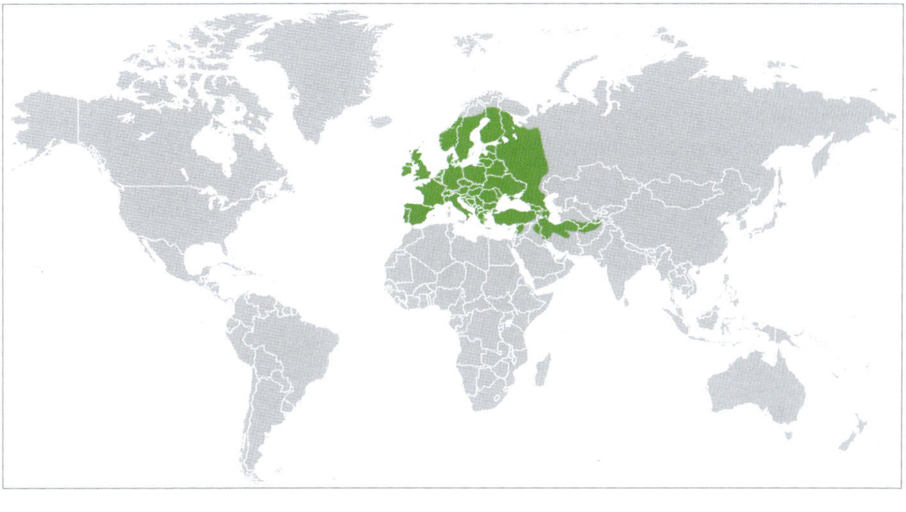

Abb. 89: Verbreitung des Dachses

auf landwirtschaftlichen Flächen zur Nahrungssuche anzutreffen sind. Im Gebirge finden wir Dachse bis zu einer Höhe von 1700 m, einzelne Individuen werden auch darüber hinaus beobachtet, so etwa bis 2000 m in den Alpen (vergl. z. B. NEAL 1985, LÜPS & WANDELER 1993).

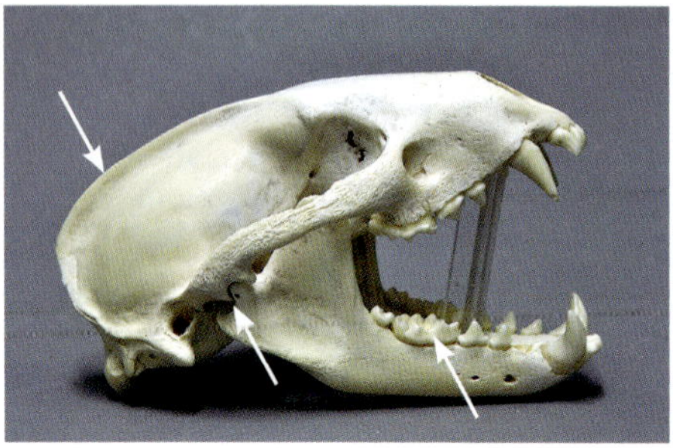

Abb. 90: Dachsschädel, die Pfeile zeigen den Knochenkamm auf der Schädeloberseite, das fixierte Kiefergelenk und die ähnlich Mahlzähnen ausgeprägten Molaren

Ernährung

Der Dachs ist unter den Raubtieren ein typischer Allesfresser. Je nach Region und Jahreszeit nutzt er ein sehr weites Nahrungsspektrum. Dachse suchen eher stöbernd nach Nahrung und verfolgen einzelne Beutetiere nicht weit.

Ein wesentlicher Nahrungsbestandteil sind zu großen Teilen des Jahres Regenwürmer, aber auch zahlreiche andere Weichtiere, Amphibien, Reptilien und Insekten werden von ihm genutzt. Weiterhin gehören kleine Säugetiere bis etwa Kaninchengröße, aber auch z. B. Igel, zum Nahrungsspektrum. Gelege der Bodenbrüter werden im Frühjahr und Sommer gerne verzehrt. Wenn ein Dachs auf ein frischgesetztes Rehkitz stößt, wird er auch dieses nicht verschmähen, doch werden größere Beutetiere vor allem als Aas aufgenommen. Als pflanzliche Nahrungsbestandteile werden Obst, Baumfrüchte jedweder Art, vor allem in sog. Mastjahren, und auch Pilze und Wurzeln aufgenommen. Auch Früchte landwirtschaftlicher Kulturen, insbesondere Getreide bzw. Mais, werden vom Dachs gern genutzt (vergl. auch NEAL 1985, LÜPS & WANDELER 1993).

Das Nahrungsspektrum ist sehr gut an der Morphologie des Dachsschädels erkennbar. So finden wir die Molaren weniger als Reiß-, sondern mehr als Mahlzähne ausgeprägt, was auf einen hohen Anteil pflanzlicher Kost hinweist. Die kräftige Kaumuskulatur, die an einem ausgeprägten Knochenkamm auf der Schädeloberseite ansetzt sowie das knöchern fixierte Kiefergelenk weisen auf die hohe Muskelkraft hin, welche auf die Kiefer wirken kann und zum Knacken auch hartschaliger Nüsse erforderlich ist. Mittels seiner Vorderbranten (Pfoten) mit auffällig nach unten gebogenen Krallen ist der Dachs in der Lage, auch unterirdische Nahrung wie Würmer, Engerlinge oder Mäusenester, aber auch unterirdische Pflanzenteile als Nahrung zu nutzen.

Sozialsystem und Streifgebiete

Dachse leben in Familienstrukturen und damit geselliger als die anderen einheimischen Marderarten. Diese bestehen meist aus den Elterntieren, den Jungtieren aus dem laufenden Jahr sowie den Jungtieren aus dem Vorjahr. Letztere verlassen erst gegen Mitte des zweiten Lebensjahres oder noch später den Familienverband und suchen sich eigene Lebensräume.

Dachse sind nachtaktiv und verschlafen den Tag in ihren umfangreichen Bauanlagen. Auf die Nachtaktivität weisen die sog. „verkehrte Färbung“ (Unterseite dunkler als Oberseite) und die charakteristische schwarz-weiße Gesichtsmaske hin.

Dachse sind sog. Winterruher, d.h. sie verschlafen große Teile des Winters in ihrem Bau bei deutlich reduziertem Stoffwechsel, wachen aber regelmäßig auf und verlassen den Bau, auch um Losung abzusetzen.

Dies geschieht übrigens außerhalb des Baues in sog. Latrinen an verschiedenen Stellen innerhalb des Streifgebietes. Diesen Latrinen kommt offenbar eine Bedeutung im Rahmen der Kommunikation zwischen Individuen innerhalb, aber möglicherweise auch außerhalb des Familienverbandes zu.

In einer strukturierten Agrarlandschaft Dänemarks konnten Streifgebietsgrößen zwischen etwa 300 und 400 Hektar ermittelt werden. Aufgrund der Erhebungsmethode (Radiotelemetrie und Minimum Convex Polygon-Methode) müssen wir davon ausgehen, dass die Streifgebiete in dieser Untersuchung tendenziell überschätzt wurden. Die Streifgebietsumfänge und Streifgebietsgrenzen waren für alle Mitglieder eines Familienverbandes ähnlich. Umgekehrt überlappten die Streifgebiete der Individuen benachbarter Gruppen kaum. Pro Nacht wurden bis zu knapp sieben Kilometer zurückgelegt. Einige Individuen, jedoch keineswegs alle, mieden landwirtschaftliche Flächen oder Siedlungen (ELMEROS *et al.* 2005).

Fortpflanzung

Die Fortpflanzungszeit (Ranzzeit) des Dachses liegt im Hochsommer, insbesondere den Monaten Juli und August. Die befruchtete Eizelle unterliegt bis Dezember einer sog. Keimruhe. Nach einer Tragezeit von etwa sieben Monaten wirft die Fähe innerhalb des Baus in einem ausgepolsterten Kessel zwei bis fünf Junge. Diese sind bei Geburt blind und öffnen erst mit etwa vier Wochen die Augen. Ab Mitte April verlassen sie den Wurfbau gelegentlich und man sieht sie vor dem Bau spielen. Die Jungtiere bleiben bis ins zweite Lebensjahr, manche auch länger, im Familienverband. Dachse sind erst im dritten Lebensjahr geschlechtsreif.

Populationsdynamik

Die Reproduktionsrate des Dachses beträgt damit lediglich etwa 25 Prozent derjenigen anderer ähnlich großer Raubsäuger, etwa des Fuchses. Unter den Mardern und generell unter den kleinen Raubsäugern kann man den Dachs daher auch als relativen „K-Strategen“ bezeichnen.

Aus dieser Tatsache erklärt sich auch, dass die Tollwutbekämpfung Mitte des 20. Jahrhunderts durch Baubegasung der Fuchsbauten den Dachs deutlich mehr in Mitleidenschaft gezogen hat als den Fuchs. In dieser Zeit wurde der Dachs lokal teilweise sehr selten, wenngleich er nie völlig verschwunden war.

In den vergangenen vier Jahrzehnten hat sich der Bestand, etwa in Deutschland, wieder deutlich erholt.

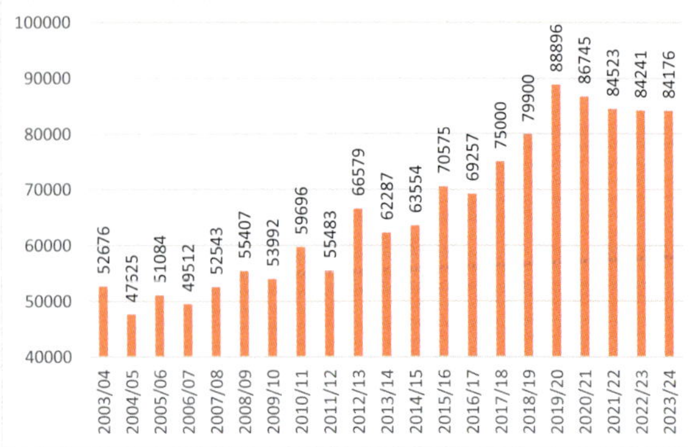

Abb. 91: Jagdstrecken des Dachses in den vergangenen zwei Jahrzehnten *Quelle: Deutscher Jagdverband (DJV)*

Die Jagdstrecken des Dachses zeigen derzeit einen ungebrochenen Aufwärtstrend. Da wir davon ausgehen, dass die Bejagung des Dachses nicht intensiviert wurde, sondern im Gegenteil, etwa die Fangjagd mit bestimmten Fallen in einigen Bundesländern zwischenzeitlich verboten wurde, können wir davon ausgehen, dass diese Daten einen Populationstrend, d.h. eine deutliche Zunahme der Dachse, widerspiegeln.

Management

Der positive Bestandestrend erlaubt die nachhaltige Nutzung des Dachses. Dort, wo aufgrund spezifischer Schutz- bzw. Hegemaßnahmen für bodenbrütende Vogelarten eine intensive Prädatorenbejagung erfolgt, muss der Dachs in diese miteinbezogen werden. Ökonomische Schäden durch den Dachs werden zunehmend berichtet, indem Dachse Schäden an Verkehrswegen anrichten, z. B. an Eisenbahndämmen. Dies kann verschiedene Ursachen haben. In den Niederlanden, wo derartige Phänomene schon seit Längerem bekannt sind, könnte das mit dem hohen Grundwasserstand in weiten Teilen des Landes zusammenhängen. Allerdings könnte auch die Bestandeszunahme und damit der Bedarf an geeigneten Bauen generell eine Rolle spielen.

In England schließlich finden sich Dachse als Überträger der Rindertuberkulose. Darauf reagieren die Behörden lokal sehr unterschiedlich, entweder durch verstärkte Bejagung oder durch den Versuch, die Dachse zu impfen.

Mensch und Wildtier

Dachse gehören zu den vom Menschen seit alters her auf vielfältige Weise genutzten Tierarten. Neben dem Wildbret, welches bis heute z. B. in Form von geräuchertem Dachsschinken als Delikatesse gilt, war es vor allem das Dachsfett, welches in der Naturheilkunde eine wichtige Rolle bei der Behandlung rheumatischer Erkrankungen spielte und gelegentlich auch noch bis heute spielt. Im Volksmund findet sich daher gelegentlich der Name „Schmalzmann“ für den Dachs. Dachsborsten dienten und dienen bis heute der Herstellung von Pinseln, insbesondere von Rasierpinseln.

Heute betrifft die Wahrnehmung dieser Tierart bei vielen Menschen leider immer mehr die Probleme, die Dachse (insbesondere bei hohen Abundanzen) durch Prädation etwa von Bodenbrüterarten verursachen. Das betrifft einerseits das Thema „Biodiversität“. Hierbei geht es oft um die Erhaltung der Biodiversität in der Agrarlandschaft, gelegentlich spielt der Dachs aber auch in Wäldern als Prädator von Raufußhühnern im Rahmen von Wiederansiedlungsprojekten eine Rolle. Zum anderen sind es die oben erwähnten ökonomischen Schäden bzw. die Eigenschaft als Krankheitsüberträger, welche den Dachs heute bei manchen Mitbürgern in ein ungutes Licht rücken.

Nach wie vor gilt der Dachs vielen Menschen allerdings noch immer als Sympathieträger, wie zahlreiche fiktive (Kinderbuch-)Figuren, etwa „Bill Badger“ oder „Detektiv Dachs“ zeigen.

Fischotter

Lutra lutra

Körperlänge: ca. 50 bis 81 cm

Gewicht: ca. 4 bis 13 kg (Fähen ca. 4–8, Rüden ca. 8–13 kg)

Paarungszeit (Ranz): ganzjährig, Schwerpunkt Januar bis März

Wurfzeit: Schwerpunkt im Frühjahr und Frühsommer

Anzahl Jungtiere: 2 bis 3, gelegentlich bis zu 5 Welpen

Systematik und Verbreitung

Der Fischotter gehört in der Familie der Marderartigen (Mustelidae) zur Gattung der Altweltotter (*Lutra*). Erste Fossilfunde, welche morphologisch dieser Gattung zugeordnet werden können, sind etwa 120 000 Jahre alt. Jüngere Funde aus dem Alpenraum zeigen, dass Fischotter bereits seit rund 20 000 Jahren zur dortigen Fauna gehören.

Fischotter sind von Natur aus über weite Teile Europas, des westlichen Nordafrikas und in Asien bis nach Japan verbreitet. Die Art fehlt in den asiatischen Wüstenregionen. Ein isoliertes Vorkommen finden wir in Südindien und auf Sri Lanka (vergl. z. B. REUTER & FESTETICS 1980, MÜLLER 1985, KRUUK 2006, CHANIN 2013, WEINBERGER & BAUMGARTNER 2018).

In Mitteleuropa waren Fischotter gegen Ende des 20. Jahrhunderts großflächig verschwunden. Es gab zwei große Restpopulationen, eine im östlichen Europa, deren westliche Ränder die Ottervorkommen in Brandenburg und der sächsischen Lausitz sowie im Oberpfälzer Wald und Bayerischen Wald bildeten, und eine nördliche, deren südlicher Teil bis Schleswig-Holstein reichte. Durch strengen Schutz sowie zunehmende Renaturierung von Lebensräumen und sauberere Gewässer setzte seitdem eine eindrucksvolle Wiederbesiedlung Mitteleuropas ein. Heute sind die wesentlichen Fischotterlebensräume Schleswig-Holsteins, Niedersachsens, Sachsens, Brandenburgs, Sachsen-Anhalts, Thüringens sowie großen Teilen Bayerns wieder flächendeckend besiedelt. Auch die westdeutschen Bundesländer sowie Belgien, die Niederlande, Luxemburg, Frankreich und die Schweiz zeigen ansteigende Bestände.

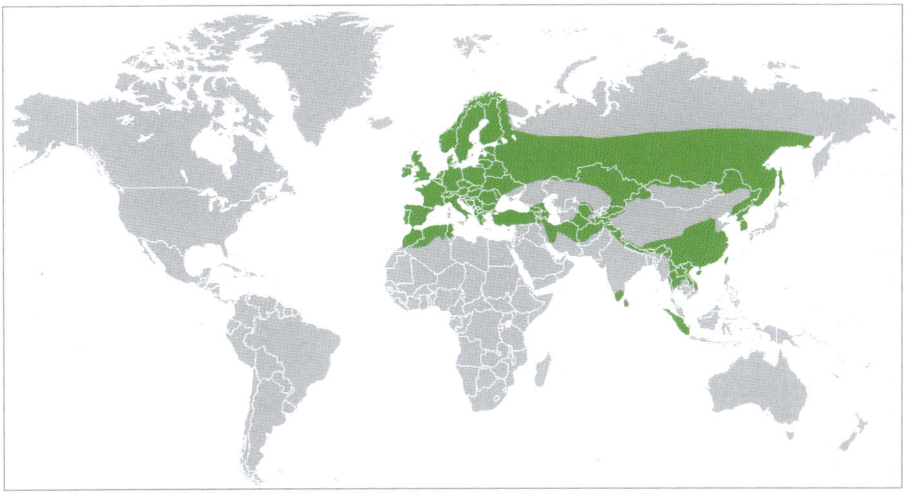

Abb. 92: Verbreitung des Fischotters

Lebensraum

Fischotter gehören zu den am meisten an den Lebensraum Wasser gebundenen Säugetieren. Dabei nutzt der Fischotter durchaus unterschiedliche, fließende wie stehende, große wie kleine Gewässer und selbst Brack- und Salzwasser. Vorzugsweise besiedelt die Art allerdings klare, rasch strömende Flüsse mit steinigem Flussbett und bewaldeten bzw. von Gehölzen bestandenen strukturierten Ufern (vergl. z. B. Reuter & Festetics 1980, Müller 1985, Kruuk 2006, Chanin 2013, Weinberger & Baumgartner 2018). Als Unterschlupf und zur Aufzucht der Jungtiere gräbt der Fischotter Baue im Uferbereich oder nutzt Fuchs-, Dachs- oder Bisambaue bzw. Biberburgen.

Ernährung

Die Morphologie und Anatomie der Art zeigen die deutliche Ausrichtung auf den Lebensraum Wasser. So besitzt der Fischotter einen spindelförmigen, sehr strömungsgünstigen Körper, ein sehr dichtes Fell mit etwa 60 000 bis 80 000 Haaren pro Quadratzentimeter, zwischen den Zehen sind Schwimmhäute ausgebildet, Nase, Auge und die sehr kleinen und verschließbaren Ohren liegen auf einer Linie, so dass der Kopf beim Schwimmen nur wenig aus dem Wasser ragt. Die ausgeprägten Vibrissen lassen den Otter die Bewegung von Fischen auch im trüben Wasser wahrnehmen.

Wesentlicher Nahrungsbestandteil (bis deutlich über 95 Prozent) des Otters sind Fische, wobei Fische bis etwa 200 g oder 20 cm Länge der lokal häufigen Arten bevorzugt werden. Sind die Gewässer mit Eis bedeckt, sinkt der Anteil an Fischen deutlich ab. Zeitweise spielen auch Amphibien (bis ca. 30 Prozent), Bodenbrüter und deren Gelege (insbesondere Enten, Rallen oder Limikolen, bis ca. 25 Prozent) und Kleinsäuger (etwa Schermäuse, Bisamratten, Maulwürfe oder Spitzmäuse, bis ca. 20 Prozent) eine bedeutende Rolle. Zeitweise und lokal können auch Krebse und Muscheln (bis zu 75 Prozent) oder Wasserinsekten (Köcherfliegenlarven, Libellen, Käfer, bis über 80 Prozent) oder notfalls auch Aas am Nahrungsspektrum nicht unerheblich beteiligt sein. Der tägliche Nahrungsbedarf des Fischotters liegt bei etwa zehn Prozent des Körpergewichtes, d. h. zwischen 0,5 kg bis 1,5 kg Biomasse pro Tag.

Die erbeuteten Fische werden entweder gleich im Wasser, oder, wenn größer, auch an Land gefressen (vergl. auch Müller 1985).

Durch die sog. „verkürzte Nahrungskette“ des Otters als semiaquatisch lebende Art kann es leicht zu hohen Schadstoffanreicherungen, etwa im Fettgewebe, kommen.

Sozialsystem und Streifgebiete

Männliche erwachsene Fischotter leben solitär in Territorien, welche sich nach Uferlänge bemessen. Dabei haben die Territorien der Rüden eine Ausdehnung bis zu 40 km Uferlänge, diejenigen der Fähen sind kleiner (bis etwa 7 km Uferlänge). Die Territoriengröße hängt offenbar mehr vom Zugang zum offenen Wasser im Winter und weniger von Nahrungsangebot und Abundanz ab. Rüden dulden Fähen innerhalb ihrer Reviere, doch keine anderen Rüden. Die Fähen leben mit ihren Jungen über das Jahr zusammen, mit dem neuen Wurf verlassen die letztjährigen Jungtiere das Revier (vergl. auch Erlinge 1967, 1968, Müller 1985).

Fortpflanzung

Die Hauptranzzeit des Fischotters erstreckt sich von Ende Januar bis Ende März, allerdings finden wir über das ganze Jahr fortpflanzungbereite Tiere. Für dieses Phänomen findet sich bis heute keine schlüssige Erklärung. Fischotter leben in Saisonehe.

Nach einer Tragezeit von etwa 60 bis 66 Tagen bringt die Fähe in einem ausgepolsterten Versteck zwei bis drei, gelegentlich bis zu fünf Welpen zur Welt. Die Fürsorge für die Jungtiere obliegt allein der Fähe. Die Jungtiere werden etwa 12 bis 14 Wochen gesäugt, doch bereits ab der dritten Lebenswoche mit vorgekauter fester Nahrung versorgt. Die Jungtiere durchlaufen eine lange Lernphase, so dass sie vergleichsweise lange im Familienverband verbleiben und meist erst mit dem nächsten Wurf aus dem Revier der Mutter abwandern. Die Geschlechtsreife erlangen Fähen meist erst im dritten, Rüden typischerweise im zweiten Lebensjahr (vergl. z. B. Reuter & Festetics 1980, Müller 1985, Kruuk 2006, Chanin 2013, Weinberger & Baumgartner 2018).

Populationsdynamik

Fischotter, das sehen wir im Vergleich zu verschiedenen anderen Marderartigen, sind in dieser Familie relative K-Strategen, wie sich an der vergleichsweise geringen Zahl an Nachkommen oder der vergleichsweise späten Geschlechtsreife der Fähen zeigt. Dementsprechend drastisch war auch der Bestandesrückgang bis in die zweite Hälfte des 20. Jahrhunderts. Gewässerregulierung, insbesondere Flussbegradigung und unterirdische Verrohrung zahlreicher Bäche im Rahmen der sog. Flurbereinigung, wirken teilweise bis heute nach. Bis ins 19. und zum Teil bis ins 20. Jahrhundert erfolgte darüber hinaus eine intensive, nicht nachhaltige Bejagung bzw. Verfolgung durch Teichwirte. Dadurch verschwand der Fischotter in weiten Teilen Mitteleuropas.

Derzeit erfolgt die Wiederbesiedlung geeigneter Lebensräume. Hierbei kommt es allerdings zu einer vergleichsweise hohen Zahl an Kollisionsopfern, wenn die Jährlinge eigene Reviere suchen und dazu größere Strecken über Land wandern. Diese Mortalitätsursache muss zumindest in den Gebieten, die derzeit gerade wiederbesiedelt werden, auch als additiv angesehen werden. Dennoch können wir derzeit eine recht dynamische, flächenhafte Wiederbesiedlung der potenziellen Lebensräume beobachten. Folglich ist der Fischotter aus naturschutzfachlicher Sicht (die sich hier von der aktuellen naturschutzpolitischen Perspektive unterscheidet) in Deutschland auch nicht mehr gefährdet.

Management

Abb. 93: Querungshilfe für den Fischotter. Wichtig ist dabei, dass der Otter neben dem Gewässer trockenen Fußes die Unterführung passieren kann und durch Leiteinrichtungen (z. B. Zäune, rechts teilweise zu sehen) gleichzeitig daran gehindert wird, den Verkehrsweg direkt zu überqueren

Das Fischottermanagement hat sich in der Vergangenheit als ausgesprochen erfolgreich erwiesen, die Wiederbesiedlung der geeigneten Lebensräume erfolgt stetig. Der Schutz des Jagd- (in den meisten deutschen Bundesländern) bzw. Naturschutzrechts war ausgesprochen wirksam, zusätzliche Maßnahmen wie Querungshilfen unter Straßen und Eisenbahnstrecken und die zunehmende Renaturierung von Gewässern haben die flächenhafte Wiederbesiedlung unterstützt.

Allerdings beginnen in denjenigen Gebieten, welche bereits flächendeckend vom Otter besiedelt sind, zunehmend Konflikte mit der Binnenfischerei und vor allem der Teichwirtschaft heranzuwachsen. Wenngleich finanzielle Entschädigungen regional bereits an Teichwirte gezahlt werden, so wissen wir doch, dass eine berufliche Existenz nicht allein durch Kompensationszahlungen aufrechterhalten werden kann. Hier sollten rechtzeitig Regelungen gefunden und Maßnahmen entwickelt werden, um der Tierart ebenso wie den betroffenen Landnutzern im Rahmen der strengen Schutzbestimmungen der Europäischen Union (FFH-Richtlinie Anhang IV) gerecht zu werden. Dies wird voraussichtlich auf Entnahmen in besonders betroffenen Gebieten hinauslaufen. Möglichkeiten des Lebendfangs und der Umsiedlung in noch nicht besiedelte Regionen könnten geprüft werden, bevor die Genehmigung zur Erlegung einzelner Otter erteilt wird.

Wenn es zur Erlegung kommt, sind in Deutschland je nach Bundesland unterschiedliche Vorgehensweisen vorgeschrieben. Die Genehmigung wird letztlich immer als eine begründete Ausnahme vond en Vorschriften des Bundesnaturschutzgesetzes erteilt und mit zahlreichen Auflagen versehen. Aus Gründen des Tierwohls bzw. des Tierschutzes dürfen in der Zeit, in der von der Mutter abhängige Welpen zu erwarten sind, ausschließlich Welpen oder männliche Tiere entnommen werden.

Mensch und Wildtier

Das Schicksal des Fischotters war in der Vergangenheit über Jahrhunderte eng mit menschlichen Aktivitäten verknüpft.

Zum einen wurde die Art wegen ihres Pelzes gejagt. Der extrem dichte Pelz war bis ins frühe 20. Jahrhundert sehr begehrt. Verfolgt wurden Fischotter seit alters her von Fischern und Teichwirten aufgrund des wirtschaftlichen Schadens, den diese verursachten. Spezifische Jagdmethoden mit speziell gezüchteten Hunden (Otterhunde) trugen, da meist nicht nachhaltig ausgeübt, sicherlich zum Rückgang der Art bei. Lokal wurden im 19. Jahrhundert auf die Erlegung eines Fischotters auch Prämien ausgesetzt.

Alleine wären allerdings Bejagung und Verfolgung durch den Menschen sicher nicht in der Lage gewesen, die Art lokal zum Aussterben zu bringen. Den Ausschlag gaben schließlich, insbesondere im 20. Jahrhundert, umfangreiche Lebensraumverluste durch Gewässerverbauung, Trockenlegung von Feuchtgebieten, Flurbereinigung mit Entfernung von Ufergehölzen, Verrohrung von Bächen und nicht zuletzt auch eine hochgradige Gewässerverschmutzung (Schwermetalle, PCBs, Pestizide), aber auch der zunehmende Straßenverkehr. Diese Faktoren waren in Summe für das Verschwinden des Fischotters verantwortlich.

Mittlerweile wurde der Fischotter zum Sympathieträger, das Otterzentrum in Hankensbüttel in Niedersachsen ist ein Publikumsmagnet und regelmäßig finden sich Fischotter etwa auf Briefmarken und als Maskottchen für Kampagnen von Naturschutzorganisationen.

Von der Präsenz des Fischotters im öffentlichen Bewusstsein früherer Zeiten zeugen zahlreiche Orts- und Flurnamen.In einigen Fällen hat es der Otter auch ins Ortswappen geschafft.

Wappen der Gemeinde Ottersberg

Europäischer Nerz

Mustela lutreola

Körperlänge: ca. 35 bis 40 cm

Gewicht: ca. 400 bis 900 g

Paarungszeit (Ranz): Februar/März

Wurfzeit: April/Mai

Anzahl Jungtiere: 2 bis 7, meist 4 bis 5 Welpen

Systematik und Verbreitung

Der Europäische Nerz ist eine von vier einheimischen Arten der Gattung *Mustela* aus der Familie der Marderartigen (Mustelidae). Mit dem Amerikanischen Nerz oder Mink ist der europäische Nerz nur recht entfernt verwandt, wenngleich letzterer als Neozoon hierzulande eine sehr ähnliche ökologische Nische besetzt. Ursprünglich war der Europäische Nerz in weiten Teilen Eurasiens (mit Ausnahme der britischen Inseln und weiter Teile Skandinaviens) verbreitet. Heute gilt er im überwiegenden Teil des eurasischen Verbreitungsgebietes (siehe Abb. 94) als ausgestorben; es existieren nur noch wenige isolierte Restpopulationen in Russland, Belarus, im rumänischen Donaudelta und in Westfrankreich und Nordwestspanien (vergl. auch Nowak 1999, Wilson & Reeder 2005, Marchesi *et al.* 2011).

Lebensraum

Europäische Nerze sind in hohem Umfang an Gewässer gebunden und besiedeln hier die Uferbereiche in einer räumlichen Tiefe von selten mehr als etwa 150 m landeinwärts. Nerze graben sich als Rückzugsort auch Höhlen, meist in unmittelbarer Gewässernähe, mit einem landseitigen und einem gewässerseitigen Eingang. Der Europäische Nerz ist nach dem Fischotter (siehe oben) die zweite semiaquatisch lebende einheimische Art. Darauf deuten auch die Schwimmhäute zwischen den Zehen hin (vergl. auch Nowak 1999, Wilson & Reeder 2005, Marchesi *et al.* 2011).

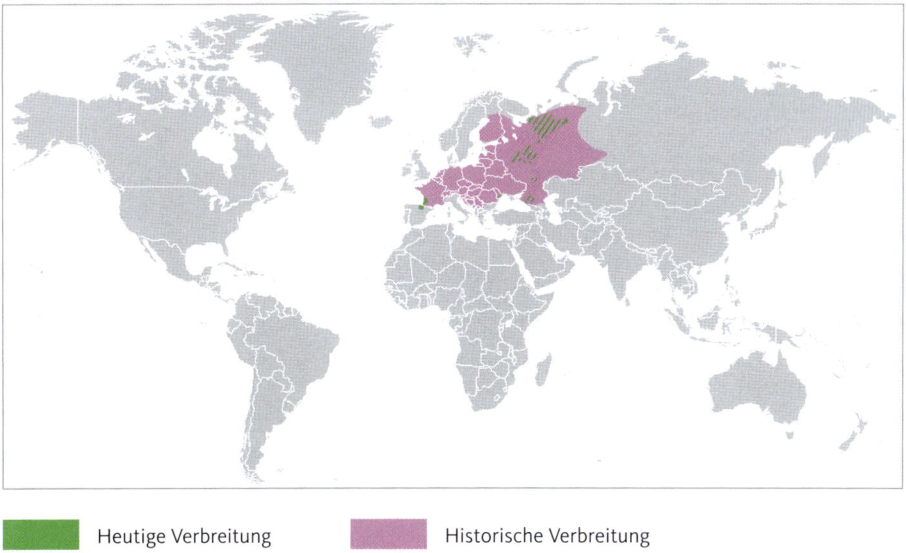

Abb. 94: Verbreitung des Europäischen Nerzes

Ernährung

Das Nahrungsspektrum des Europäischen Nerzes ist im Sommer ähnlich demjenigen des Iltisses, wobei Fische, Krebse und andere Wassertiere eine größere Rolle spielen. Insgesamt machen kleine Nagetiere wie etwa Schermäuse („Wasserratten") einen wesentlichen Anteil an der Beute aus. Hinzu kommen Amphibien, Reptilien und Weichtiere.

Im Winter halten Nerze gelegentlich ähnlich wie der Fischotter einen Zugang durch die Eisdecke der Gewässer frei, um Fische zu erbeuten.

Sozialsystem und Streifgebiete

Europäische Nerze leben die meiste Zeit des Jahres solitär. Zur Fortpflanzungszeit finden sie sich paarweise zusammen, die Jungtiere bleiben bis zum Herbst bei der Mutter. Über Streifgebietsumfänge ist noch wenig bekannt.

Fortpflanzung

Die Ranzzeit des Europäischen Nerz liegt im Spätwinter (Februar/März), die zwei bis sieben, meist vier bis fünf Jungtiere kommen schwerpunktmäßig im April und Mai zur Welt. Diese sind zunächst nackt und blind und öffnen mit etwa drei Wochen die Augen. Sie werden etwa 10 Wochen gesäugt. Die Fürsorge für die Jungtiere obliegt allein der Fähe. Mit zwei bis drei Monaten sind die Jungtiere selbständig, im Alter von einem Jahr sind sie geschlechtsreif (vergl. auch Nowak 1999, Wilson & Reeder 2005, Marchesi *et al.* 2011).

Populationsdynamik

Der Bestand des Europäischen Nerzes in freier Wildbahn ist in hohem Maße bedroht. Insbesondere der Verlust an Lebensräumen, aber auch die lokale Übernutzung, insbesondere in Osteuropa in der Vergangenheit, und nicht zuletzt die Konkurrenz durch Neozoen, welche in der ökologischen Nische konkurrenzstärker sind (allen voran der Amerikanische Nerz), haben zu einem drastischen Populationsrückgang geführt.

Management

Die aktuell erfolgversprechenden Managementmaßnahmen haben daher auch drei grundsätzlich verschiedene Ansatzpunkte: Zum Einen konnte die unkontrollierte Verfolgung zumindest in weiten Teilen Europas eingestellt werden, darüber hinaus beobachten wir die zunehmende Renaturierung von semiaquatischen Lebensräumen. Die letzten Vorkommen des Europäischen Nerzes zeigen, dass die Art in ausgesprochen naturnahen, vom Überflutungsregime großer Flüsse beeinflussten Lebensräumen am längsten überlebt hat.

Ein zweiter Schwerpunkt der Managementmaßnahmen sind Wiederansiedlungsprojekte, wie sie etwa im Saarland oder in Niedersachsen am Steinhuder Meer initiiert wurden. Dazu bedarf es allerdings einer hinreichenden Anzahl an Individuen, die allein aus Wildfängen nicht zu rekrutieren sind. Aus diesem Grunde wurden Zuchtprogramme aufgelegt, welche die Tiere für Wiederansiedlungsprogramme liefern. Die begrenzte genetische Variation dürfte sowohl innerhalb der Zuchtprogramme, aber auch in den verbliebenen Restpopulationen ebenfalls einen kritischen Faktor darstellen.

Schließlich müssen wir derzeit davon ausgehen, dass vor allem der Mink (*Mustela vison)* den Europäischen Nerz verdrängt, da beide eine vergleichbare ökologische Nische besetzen. Das bedeutet, dass die Reduktion des Minks ebenfalls von zentraler Bedeutung ist und die dritte bedeutende Säule des Managements des Europäischen Nerzes darstellt. Gerade an Orten, an denen eine Wiederansiedlung geplant ist, sollte mit mehreren Jahren Vorlauf eine intensive Prädatorenreduktion, insbesondere der potenziell konkurrierenden Neozoen Mink, Waschbär und Marderhund, erfolgen. Schließlich dürfte Prädation, sowohl durch den Fuchs, vor allem aber durch Seeadler, Uhu oder Waldkauz, im Rahmen von Wiederansiedlungsprojekten ebenfalls nicht ganz unbedeutend sein.

Mensch und Wildtier

Der Begriff „Nerz“ wird bei vielen Menschen eher mit einem Pelzmantel als mit einer einheimischen Wildtierart in Verbindung gebracht. Allerdings ist der Rückgang der freilebenden Bestände in Europa nur zum Teil durch eine Übernutzung in der Vergangenheit, etwa zur Pelzgewinnung, bedingt. Schon lange arbeitet die Pelzindustrie mit in Farmen gehaltenen Amerikanischen Nerzen (Mink, s.u.). Allerdings gelangten im Laufe der Zeit zahlreiche Amerikanische Nerze aus solchen Farmen in die freie Wildbahn. Nicht selten waren sog. „Tierbefreiungsaktionen“ fundamentaler Tierschutzgruppen dafür verantwortlich. So müssen wir leider feststellen, dass Menschen, die sich als Tierschützer bezeichnen, einen wesentlichen Beitrag zum Aussterben einer einheimischen Wildtierart geleistet haben.

Mink

Mustela vison

Körperlänge: ca. 30 bis 50 cm

Gewicht: ca. 400 bis 1500 g

Paarungszeit (Ranz): Februar bis April

Wurfzeit: April bis Juni

Anzahl Jungtiere: 2 bis 10, im Mittel 5 Welpen

Systematik und Verbreitung

Das ursprüngliche Verbreitungsgebiet dieses Marderartigen, über dessen systematische Einordnung in die Gattung *Mustela* derzeit eine gewisse Uneinigkeit herrscht (PATTERSON *et al.* 2021), ist Nordamerika. Hier kommt die Art von Kanada bis in den Süden der USA vor. Er fehlt im nördlichen Kanada und Alaska sowie im Südwesten der USA. Durch den Menschen gelangte der Mink auch nach Südamerika sowie in weite Teile Eurasiens als Neozoon (vergl. auch NOWAK 1999, WILSON & REEDER 2005, MARCHESI *et al.* 2011). Stabile Populationen existieren in Europa bereits auf den britischen Inseln, auf Island, in Skandinavien, Russland, Deutschland, Österreich, Polen, Frankreich und Spanien.

Lebensraum

Der Mink besiedelt im Grunde den gleichen Lebensraum wie auch der Europäische Nerz; die Art ist ebenso an Gewässer gebunden und besiedelt die Uferzonen insbesondere größerer Flüsse und Seen und Meeresküsten, daneben Sumpfgebiete, Marschen und vorgelagerte Inseln. Wichtig ist eine dichte Ufervegetation.

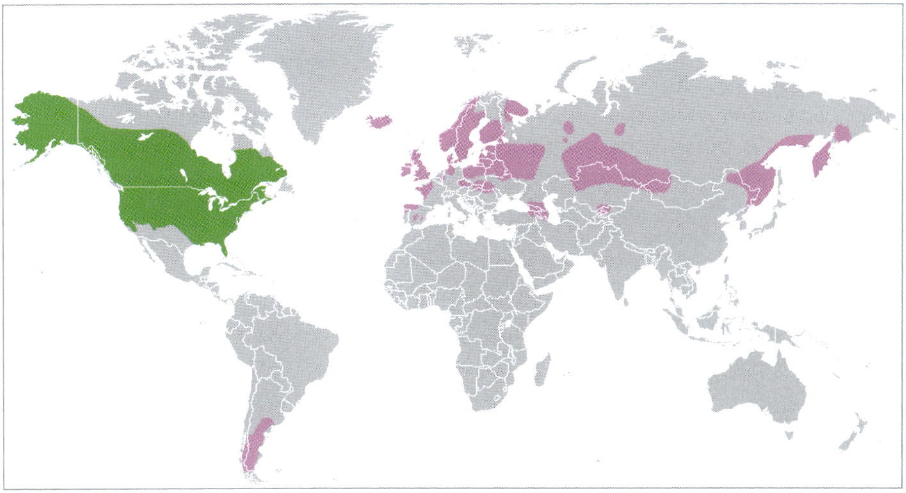

Natürliche Verbreitung

Vom Menschen angesiedelt

Abb. 95: Verbreitung des Mink

Ernährung

Das Nahrungsspektrum des Minks ist demjenigen des Europäischen Nerzes sehr ähnlich, kleine Nagetiere wie Bisamratten und Schermäuse („Wasserratten") machen einen wesentlichen Anteil an der Beute aus. Hinzu kommen Spitzmäuse, Hasenartige, Krebse, Amphibien, Reptilien und Weichtiere, gelegentlich auch Fische und Wasservögel (vergl. auch NOWAK 1999, WILSON & REEDER 2005, MARCHESI *et al.* 2011).

Sozialsystem und Streifgebiete

Amerikanische Nerze leben die meiste Zeit des Jahres solitär und finden sich lediglich zur Fortpflanzungszeit paarweise zusammen, die Jungtiere bleiben bis zum Herbst bei der Mutter.

Die Reviere weisen, soweit das bisher bekannt ist, eine sehr unterschiedliche Größe (etwa 8 bis 20 Hektar bei Fähen, bis zu mehreren hundert Hektar bei Rüden) auf und werden auch gegen Artgenossen verteidigt. Die selbstgegrabenen oder von anderen Arten übernommenen Baue sind bis zu mehrere Meter lang, typischerweise in Wassernähe und haben oft mehrere Eingänge. Der Mink ist, ebenso wie der Europäische Nerz, dämmerungs- und nachtaktiv.

Fortpflanzung

Die Ranzzeit erstreckt sich von Februar bis April. Nach einer sehr variablen Tragezeit zwischen etwa 40 und 80 Tagen bringt die Fähe in der Zeit von April bis Juni 2 bis 10, im Mittel 5 Junge zur Welt.

ausgepolsterten Versteck vier bis sieben Welpen in einem ausgepolsterten Nest zur Welt. Diese sind zunächst nackt und blind und öffnen mit etwa drei bis vier Wochen die Augen. Die Fürsorge für die Jungtiere obliegt allein der Fähe. Die Jungen werden für fünf bis sechs Wochen gesäugt. Im Herbst des Geburtsjahres verlassen sie den Familienverband und suchen eigene Lebensräume. Geschlechtsreif sind Fähen mit etwa einem Jahr, Rüden etwas später.

Populationsdynamik

Die höhere Konkurrenzstärke des Amerikanischen Nerzes gegenüber einheimischen Marderartigen führt zu einer vergleichsweise schnellen Ausbreitung auch in Eurasien.

Aufgrund der Eigenschaft als invasives Neozoon obliegt der Mink innerhalb der Europäischen Union zumindest lokal einem hohen Verfolgungsdruck durch den Menschen. In einigen Regionen Großbritanniens (etwa in Schottland, auf der Isle of Sheppey oder auf Hoo) gab bzw. gibt es Ausrottungsversuche, deren langfristiger Erfolg sich allerdings wohl erst in den nächsten Jahren zeigt.

Management

Managementziel sollte die deutliche Reduktion des Minks in seinen Lebensräumen außerhalb Nordamerikas sein. Inwieweit hier eine Ausrottung (s.o.) dieser Neozoenart möglich ist und damit als realistisches Managementziel in Frage kommt, wäre kritisch zu diskutieren. Zumindest unter Wahrung einiger grundlegender Tierwohlkriterien dürfte diese kaum noch möglich sein.

Somit steht besonders die Fangjagd derzeit im Zentrum der Aktivitäten. Durch das zunehmende Verbot von Fallen, welche sofort töten, sind einer intensiven Fangjagd Grenzen gesetzt. Insbesondere dort, wo Wiederansiedlungsprogramme des Europäischen Nerzes etabliert sind oder wo Fischotter vorkommen, dürfen allerdings grundsätzlich nur Lebendfallen eingesetzt werden.

Mensch und Wildtier

Anders als der Europäische Nerz wurde der Amerikanische Nerz in der Vergangenheit bereits früh auch in Farmen gehalten. Ziel war und ist die Pelz- und Nerzölgewinnung (letzteres als Duftstoff). Aus derartigen Farmen entkommene oder illegal freigesetzte Tiere bildeten die Grundlage des Eurasischen Vorkommens.

In jüngerer Vergangenheit geriet der Mink in den Verdacht, Überträger des Coronavirus bzw. einer Form von SARS-Covid 19 zu sein.

Dies führte beispielsweise in Dänemark zur massenhaften Tötung von etwa zwei bis drei Millionen Tieren in Farmen. In Deutschland waren zu dieser Zeit Nerzfarmen bereits nicht mehr erlaubt. Aus Russland wurde demgegenüber über Bemühungen, einen Impfstoff auch für die in Farmen gehaltenen Tiere zu entwickeln, berichtet. Mittlerweile sprechen allerdings doch deutlich mehr Indizien für einen Ursprung dieser Virusvariante in einem Labor in Wuhan.

Allerdings stehen Nerzfarmen in der Kritik, dass die Haltung der Tiere nicht immer den Tierwohlkriterien genügt, so dass grundsätzlich zu diskutieren ist, ob in Zukunft nicht besser die Bälge der nachhaltig genutzten oder der aufgrund ihrer Invasivität der Natur entnommenen Wildtiere genutzt werden und auf eine Farmhaltung auch außerhalb Deutschlands verzichtet werden sollte.

Iltis

Mustela putorius

Körperlänge: ca. 25 bis 45 cm

Gewicht: ca. 300 bis 1500 g

Paarungszeit (Ranz): März bis Juni

Wurfzeit: April bis Juli

Anzahl Jungtiere: ca. 3 bis 8, meist 4 bis 7 Welpen

Systematik und Verbreitung

Das Verbreitungsgebiet des Europäischen oder Waldiltis (*Mustela putorius putorius*) erstreckt sich über weite Teile Europas bis zum Ural. In Irland und großen Teilen Skandinaviens fehlt der Waldiltis. Eine zweite Unterart, der Steppeniltis (*Mustela putorius eversmanni*) ist weiter nach Osten verbreitet, vom östlichen Polen über Ungarn und dem Osten Österreichs bis in die asiatischen Steppen. In Neuseeland wurde der Iltis vom Menschen eingeführt.

Lebensraum

Europäische Iltisse bewohnen halboffene (Agrar-)Landschaften, lichte Wälder und Waldränder, aber auch ländliche Siedlungen. Wichtig ist das Vorhandensein von Gewässern und Versteckmöglichkeiten im Lebensraum. Iltisse finden sich bis zu einer Höhenlage von etwa 1300 m über N.N. Der Steppeniltis ist demgegenüber ein Bewohner weiter offener, insbesondere Steppenlandschaften.

Ernährung

Zum Beutespektrum des Waldiltis gehören kleine Säugetiere bis maximal Kaninchen- oder Hasengröße, Vögel bis zur Größe eines Birkhuhns sowie deren Gelege, vor allem aber auch

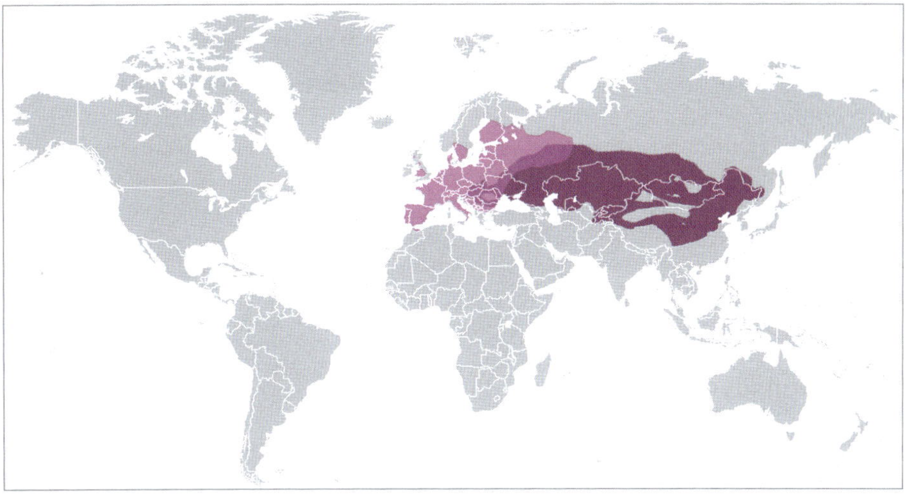

Europäischer Iltis — Steppeniltis — beide

Abb. 96: Natürliche Verbreitung der beiden Iltis-Unterarten

Amphibien, Reptilien und Fische.

Neben Mäusen spielen dabei u.a. Ratten und Bisame eine wichtige Rolle. Die volkstümliche Bezeichnung „Ratz“ deutet darauf hin.

Aas wird ebenfalls angenommen und im Sommer und Herbst stehen auch Früchte auf dem Speiseplan. Iltisse suchen ihre Nahrung stöbernd auf dem Boden, vorzugsweise in Gewässernähe. Immer wieder wird die Anlage von Vorratskammern beschrieben, in denen vorzugsweise Amphibien und Reptilien aufbewahrt werden, nachdem sie durch einen Biss in das Zentralganglion bewegungsunfähig gemacht wurden. Häufiger sind im Winter allerdings Vorräte aus getöteten Tieren oder aus Amphibien oder Reptilien in der Winterstarre. Amphibien werden gelegentlich auf dem Boden hin und her gerollt, um sie von ihrer Schleimschicht und den Drüsensekreten zu befreien.

Sozialsystem und Streifgebiete

Iltisse leben solitär und sind nachts und in der Dämmerung aktiv. Für eine natürliche Nachtaktivität einer Tierart spricht z. B. die sog. „verkehrte“ Färbung, d.h. die hellere Oberseite und dunklere Unterseite. Lediglich während der Fortpflanzungszeit (Ranzzeit) finden wir Rüde und Fähe für einige Tage vergesellschaftet. Die Umfänge der Streifgebiete sind bislang noch wenig untersucht, wir gehen von Streifgebietsgrößen von 10 bis 150 Hektar aus, die regelmäßig zwischen den Individuen überlappen (vergl. auch Nowak 1999, Wilson & Reeder 2005, Marchesi *et al.* 2011).

Fortpflanzung

Die Ranzzeit erstreckt sich über einen längeren Zeitraum von März bis Juni. Iltisse leben agam, während der Ranzzeit sind die Rüden über große Strecken auf der Suche nach einer Fähe unterwegs. In dieser Zeit kommt es auch zu Auseinandersetzungen zwischen Rüden.

Nach einer Tragezeit von etwa 42 Tagen bringt die Fähe in einem ausgepolsterten Versteck meist vier bis sieben Welpen zur Welt. Diese sind zunächst nackt und blind und öffnen mit etwa drei Wochen die Augen. Die Fürsorge für die Jungtiere obliegt allein der Fähe.

Wird das Geheck gestört, trägt die Mutter die Jungtiere am Nackenfell (Tragschlaffe!) in ein neues Versteck.

Populationsdynamik

Hinsichtlich der Populationsentwicklung des Iltisses herrschen bis heute nicht unerhebliche Unsicherheiten. So gibt es in unterschiedlichen europäischen Regionen in unterschiedlichen Zeiträumen sowohl Beobachtungen einer Bestandezu- als auch -abnahme. Ein klares Bild ist daraus nicht abzuleiten (Croose *et al.* 2018).

Management

Die Unklarheiten hinsichtlich der Bestandesentwicklung haben dazu geführt, dass die Art mittlerweile auf der Roten Liste Deutschlands als „gefährdet" auftaucht und im Anhang V der FFH-Richtlinie gelistet ist. Ob das wirklich gerechtfertigt ist, können wir derzeit nicht seriös beurteilen. Einige deutsche Bundesländer haben darauf reagiert und die Bejagung vorerst eingestellt. Wir können allerdings davon ausgehen, dass eine extensive Bejagung des Iltisses, wie sie hierzulande praktiziert wurde bzw. lokal noch praktiziert wird, keine signifikante Auswirkung auf den Bestand hat. Als Ursachen eines möglichen Bestandesrückganges werden einerseits Lebensraumverluste, andererseits Umweltgifte (z. B. PCB) diskutiert. Lebensraumverluste waren vor allem gegen Ende des 20. Jahrhunderts relevant, bis heute sollte hier bereits eine deutliche Verbesserung eingetreten sein. Die Frage nach Umweltgiften und Einflüssen auf z. B. die Fertilität erscheint weiter prüfenswert.

Möglicherweise, und das wird derzeit eher wenig diskutiert, kann ein Rückgang aber auch durch Konkurrenz, insbesondere durch den gleichen Lebensraum nutzende Neozoenarten, bedingt sein. Lokale Zunahmen von Waschbär, Marderhund oder Mink können zu einer verstärkten Konkurrenz um Nahrungsressourcen und Rückzugsräume führen. Diese Hypothese würde auch die regional sehr unterschiedlichen Befunde zur Populationsentwicklung erklären.

Mensch und Wildtier

Die Pelzgewinnung durch Bejagung oder Farmhaltung spielte in der Vergangenheit eine eher geringe Rolle.

Bereits in der Antike wurde der Iltis bzw. seine Fähigkeit, seine Beutetiere in ihren Bauen aufzuspüren und sie aus diesen hinauszutreiben, vom Menschen genutzt. Iltisse wurden zunehmend gezähmt, in menschlicher Obhut gehalten und zur Jagd auf Kaninchen und Ratten eingesetzt. Auf diese Weise entwickelte sich das Frettchen, die domestizierte Form des Iltisses.

Das sog. „Frettieren" (vergl. Abb. 97), also die Jagd mit dem Iltis auf Kaninchen, ist bis heute eine hochentwickelte Jagdmethode, die allerdings in Mitteleuropa zunehmend an Bedeutung verliert.

Abb. 97: Historische Darstellung des „Frettierens", also der Kaninchenjagd mit dem Frettchen

Bis heute ist unklar, ob der Waldiltis oder der Steppeniltis oder auch beide Unterarten maßgeblich an der Entstehung des Frettchens beteiligt waren.

Hermelin

Mustela erminea

Körperlänge: ca. 21 bis 30 cm

Gewicht: ca. 100 bis 350g

Paarungszeit (Ranz): April bis Juli

Wurfzeit: Februar bis Mai

Anzahl Jungtiere: 1 bis 18, meist 4 bis 9 Welpen

Verbreitung

Abb. 99: Hermelin im Sommerkleid

Das Hermelin ist zirkumpolar in der subarktischen und gemäßigten Zone verbreitet. In Neuseeland, bislang allerdings noch nicht in Australien, wurde das Hermelin durch den Menschen angesiedelt.

Typisch für das Hermelin ist das weiße Fell im Winterkleid. Dies dient einerseits der Tarnung, andererseits auch der Optimierung des Energiehaushaltes: langwellige (Wärme-) Strahlung wird von der Fellunterseite in höherem Maße wieder zum Körper hin reflektiert. Gelegentlich finden wir allerdings auch Hermeline mit braunem Winterfell.

Lebensraum

Hermeline besiedeln sehr unterschiedliche Lebensraumtypen.

Bevorzugt werden halboffene und offene, strukturreiche Landschaften, nicht selten auch die Nähe zu Gewässern. Auch in menschlichen Siedlungen ist das Große Wiesel anzutref-

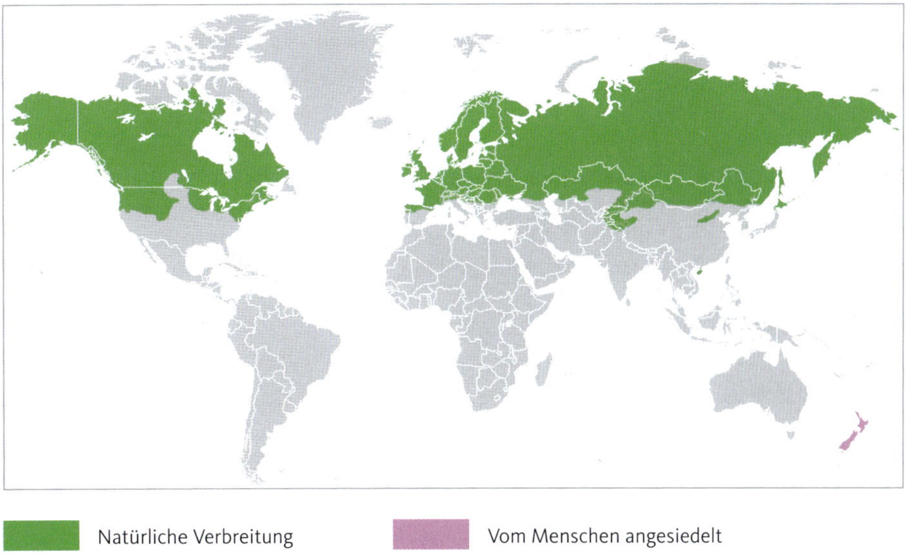

Abb. 98: Verbreitung des Hermelins

fen. Geschlossene Wälder meidet das Hermelin eher. An Waldrändern oder auf Waldlichtungen ist es allerdings durchaus anzutreffen (vergl. Müller 1984). Im Gebirge finden wir Hermeline bis auf ca. 3500 m über N.N.

Ernährung

Das Hermelin besitzt ein überschaubares Beutespektrum. Die Tiere sind aufgrund ihrer geringen Körpergröße auf regelmäßige Nahrungszufuhr angewiesen, um die Körpertemperatur zu halten. Daher sind sie sowohl tag- als auch nachtaktiv. Wichtigste Beute stellen Mäuse bzw. Kleinsäuger dar, je nach Lebensraum etwa Feldmäuse oder Erdmäuse, in Waldnähe z. B. Rötelmäuse. In den Tundren sind Lemminge die Hauptbeuteart. Auch Spitzmäuse werden vom Hermelin nicht verschmäht. Ergänzt wird das Beutespektrum durch Hamster, Eichhörnchen, Ziesel, Hasen und Kaninchen. Kleinere Vögel und deren Gelege werden regelmäßig, doch zu lediglich geringen Anteilen erbeutet.

Auch Fische, Amphibien, Reptilien sowie Insekten und Weichtiere stehen gelegentlich auf dem Speiseplan.

Frischtote Tiere werden ebenfalls als Nahrung genutzt. Letzteres kann man gut an Straßen beobachten: Hier kann man Hermeline regelmäßig an frisch überfahrenen Kadavern finden. Gelegentlich werden auch Nahrungsdepots angelegt. Der tägliche Nahrungsbedarf beträgt etwa 25 bis 40 Prozent, während der Tragezeit oder während des Haarwechsels auch bis zu 60 Prozent des Eigengewichtes (vergl. Müller 1984). Das bedeutet, dass ein Hermelin pro Tag zwei bis drei Mäuse erbeuten muss.

Sozialsystem und Streifgebiete

Hermeline leben, mit Ausnahme der Paarungszeit, solitär und nutzen Streifgebiete (vermutlich handelt es sich nicht um Territorien i.e.S.) von je nach Region und Jahreszeit sehr unterschiedlichem Umfang. So scheinen im Winter oft wenige Hektar auszureichen, manchmal nutzen Hermelinrüden aber auch Gebiete bis zu 200 ha Größe. Täglich werden im Sommer durch die Rüden etwa 20 Hektar genutzt, die Fähen nutzen Tagesstreifgebiete von weniger als 10 Hektar (vergl. Müller 1984, Nowak 1999, Wilson & Reeder 2005, Schmitt 2006, Marchesi *et al.* 2011).

Fortpflanzung

Die Fortpflanzungszeit (Ranzzeit) des Hermelins ist recht variabel, sie kann bereits im April beginnen, findet typischerweise aber im Juni/Juli statt. Dementsprechend zeigt das Große Wiesel eine Keimruhe, so dass die Jungtiere zwischen Februar und Mai in einem ausgepolsterten Wurfnest zur Welt kommen. Üblicherweise besteht ein Wurf aus vier bis neun Jungtieren, die Extreme liegen zwischen einem und 18 Welpen. Hier zeigt sich deutlich die hohe Anpassungsfähigkeit dieser Spezies an die Nahrungssituation, vor allem die Mäusepopulation. Hermelinfähen werden teilweise bereits im ersten Lebensjahrgeschlechtsreif. Durch die Keimruhe bringen sie entsprechend verzögert – und wenn sie selbst ausgewachsen sind – ihre Jungen zur Welt.

Sie werden etwa sechs bis sieben Wochen gesäugt, nehmen allerdings ab einem Alter von knapp vier Wochen bereits feste Nahrung auf.

Die Nahrung wird zunächst nur von der Fähe, später auch vom Rüden zugetragen. Dabei ist allerdings unklar, ob Hermeline regelmäßig monogam leben, wie lange diese Verbindung andauert oder ob dies lediglich eine Option neben einer agamen Lebensweise darstellt.

Populationsdynamik

Die Populationsdynamik des Hermelins ist in hohem Maße von seiner Hauptbeute, den Mäusen bzw. Lemmingen, abhängig. Die deutlichen Schwankungen in der Reproduktionsleistung (siehe oben) sind im Wesentlichen von den Schwankungen der Beutepopulationen (hierzulande Mäuse) abhängig. Dabei ist das Hermelin ökologisch gesehen ein relativer „r-Stratege" unter den Raubtieren ebenso wie unter den Marderartigen

Management

Die Art war und ist nicht gefährdet. Wenn der Balg genutzt werden soll, steht einer Bejagung nichts im Wege. Grundsätzlich ist ein aktives Management der Tierart aber nicht erforderlich, die Art reguliert sich selbst hinreichend in Abhängigkeit von der Bestandesdichte der Mäuse. Ob Hermeline signifikant zu einer Reduktion der Mäuse beitragen, darf allerdings auch bezweifelt werden. Vielmehr hängen sie in ihrer Abundanz von der Mäusedichte des bzw. der unmittelbar vorangegangenen Jahre ab.

Mensch und Wildtier

Das Verhältnis des Menschen zum Hermelin war über viele Jahrhunderte ein sehr einseitiges und vor allem durch die Nutzung des wertvollen Balges gekennzeichnet. Der Wert ergab sich wohl im Wesentlichen durch die weiße Fellfärbung im Winter und die hohe Zahl an Bälgen, welcher die Anfertigung eines Mantels, Futters oder auch nur Kragens bedurfte. Hermelin als Kleidung war über lange Zeit dementsprechend auch ein Zeichen der Würde und der Macht. Eine entsprechend hohe Bedeutung erlangte das Hermelin daher auch in der Heraldik. Nicht wenige Wappen enthalten in irgendeiner Form Abbildungen des Hermelins.

Die Pelzgewinnung erfolgte und erfolgt in bestimmten Regionen der Erde bis heute (z. B. Russland) vor allem durch die Fangjagd. Eine Farmhaltung von Hermelinen erlangte, etwa im Gegensatz zum Nerz, nie größere Bedeutung.

Vielen dürfte LEONARDO DA VINCIS Bild der „Dame mit dem Hermelin“ bekannt sein. Allerdings stellt sich dem kritischen Betrachter des Porträts der Cecilia Gallerani (einer Mätresse des Mailänder Herzogs Ludovico Sforza) die Frage, ob es sich dabei wirklich um ein Hermelin oder nicht doch eher um eine weiße Farbvariante eines Frettchens, also eines Iltisses, handelt.

Auf dem königlichen Porträt von LOUIS XIV. ist er in einem Mantel aus Hermelin zu sehen.

Heute genießt das Hermelin, zumindest in Kreisen von Landwirten und Gartenbesitzern, einen positiven Ruf als Prädator von Ratten, Mäusen und Maulwürfen.

Abb. 100: LEONARDO DA VINCI: *„Die Dame mit dem Hermelin“*

Abb. 101: LOUIS XIV. von HYACINTHE RIGAUD *(1659–1743)*

Mauswiesel

Mustela nivalis

Körperlänge: ca. 11 bis 26 cm

Gewicht: ca. 25 bis 250 g

Paarungszeit (Ranz): ganzjährig, Schwerpunkt im Frühjahr und Spätsommer

Wurfzeit: Schwerpunkt im Frühjahr und Frühsommer

Anzahl Jungtiere: 3 bis 10, im Mittel 5 Welpen

Verbreitung

Das Mauswiesel ist, ebenso wie das Hermelin, zirkumpolar in der subarktischen und der gemäßigten Zone verbreitet. Es ist neben dem Hermelin eine von zwei in Mitteleuropa heimischen Wieselarten. In Neuseeland wurde es vom Menschen eingeführt.

Anders als das Hermelin besiedelt das Mauswiesel auch den Mittelmeerraum und Teile Nordafrikas. In Irland und Island fehlen Mauswiesel.

Im Gegensatz zum Hermelin zeigt das Mauswiesel in Mitteleuropa auch im Winter nur ausnahmsweise ein komplett weißes Haarkleid.

Lebensraum

Mauswiesel, weltweit die kleinsten bekannten Raubtiere, besiedeln sehr unterschiedliche Lebensraumtypen.

Bevorzugt werden – wie beim Hermelin – halboffene und offene, strukturreiche Landschaften, oftmals Agrarlandschaften mit linearen Strukturen wie Hecken, Feldrainen oder Wegen. Auch menschliche Siedlungen sind Teil des Lebensraumes. Geschlossene Wälder und Wüsten meidet das Mauswiesel (vergl. NOWAK 1999, WILSON & REEDER 2005, SCHMITT 2006, MARCHESI *et al.* 2011). Im Gebirge finden wir Mauswiesel bis auf ca. 3000 m über N.N.

Mauswiesel und Hermeline teilen sich meist ihren Lebensraum (sie „vikariieren“). Auf-

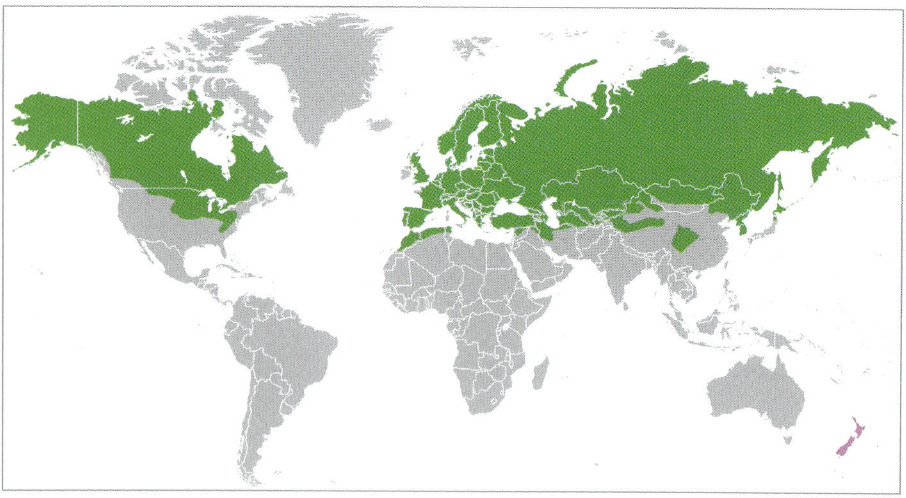

Natürliche Verbreitung — Vom Menschen angesiedelt

Abb. 102: Verbreitung des Mauswiesels

grund der Größenvariabliltät beider Arten fällt die Unterscheidung nicht immer leicht. das sicherste Merkmal ist die schwarze Rutenspitze beim Hermelin.

Ernährung

Das Beutespektrum des Mauswiesels ist bereits aufgrund seiner geringen Körpergröße sehr begrenzt. Mäuse bzw. generell Kleinsäuger spielen als Beute eine zentrale Rolle. In Nahrungsarmen Zeiten können Mauswiesel auch auf kleine Vögel, Gelege, Insekten, Reptilien und Amphibien ausweichen. Gelegentlich werden auch Tiere bis Kaninchengröße erbeutet. Große Teile des Tages verbringen Mauswiesel unterirdisch in den Gängen ihrer Beutetiere. Aufgrund ihres hohen Grundumsatzes sind die kleinen Raubsäuger, mehr noch als das Hermelin auf eine stetige Nahrungszufuhr angewiesen.

Frischtote Tiere werden ebenfalls als Nahrung genutzt. Ebenso wie Hermeline kann man Mauswiesel gelegentlich an Straßen beobachten, wo sie Kadaver überfahrener Tiere nutzen. Der tägliche Nahrungsbedarf beträgt nahezu das Eigengewicht.

Sozialsystem und Streifgebiete

Über das Sozialsystem des Mauswiesels ist wenig bekannt. Die Tiere leben, mit Ausnahme der Paarungszeit, vermutlich solitär und nutzen Streifgebiete (vermutlich handelt es sich nicht um Territorien i.e.S.) bis zu 50 Hektar, bei Fähen sind diese Gebiete kleiner. Deren Markierung erfolgt über Drüsensekrete. Im Frühjahr und Herbst sind die Rüden auf der Suche nach Fähen und meiden dabei den Kontakt zu anderen Rüden. Bei einem Zusammentreffen kann es auch zu aggressiven Auseinandersetzungen kommen (vergl. Nowak 1999, Wilson & Reeder 2005, Schmitt 2006, Marchesi *et al.* 2011).

Fortpflanzung

Die Fortpflanzungszeit (Ranzzeit) des Mauswiesels erstreckt sich über das gesamte Jahr, wobei das Frühjahr und der Spätsommer jeweils Schwerpunkte bilden. Dementsprechend kann das Mauswiesel auch eine Keimruhe aufweisen. Ein Wurf besteht aus drei bis zehn, im Mittel fünf Jungtieren. Die Jungtiere kommen nackt und blind zur Welt, öffnen mit etwa vier Wochen die Augen und sind mit knapp zwei Monaten selbständig. Die Fähen sind bereits mit drei Monaten geschlechtsreif. Zwei Würfe im Jahr sind beim Mauswiesel möglich. Somit zeigt sich auch beim Mauswiesel, mehr noch als beim Hermelin, die hohe Anpassungsfähigkeit dieser Spezies an die Nahrungssituation, d.h. die Mäusepopulationen.

Populationsdynamik

Somit hängt auch Populationsdynamik des Mauswiesels, ebenso wie diejenige des Hermelins, in hohem Maße von seiner Hauptbeute, den Mäusen, ab. Auch das Mauswiesel ist ökologisch gesehen ein relativer „r-Stratege" unter den Raubtieren.

Management

Die Art war und ist nicht gefährdet. Eine menschliche Nutzung erfolgt in der Regel nicht. Wo das Hermelin bejagt wird, sollten die verwendeten Fallen so gestaltet sein, dass Mauswiesel aus diesen entweichen können. Die hohe Stoffwechselintensität würde sonst dazu führen, dass viele Tiere auch in Lebendfallen (sog. Wippbrettfallen) unbeabsichtigt zu Tode kommen, indem sie an Unterkühlung sterben.

Ein deutlich größeres Problem stellt die Nachlässigkeit vieler Menschen bei der Gartenbewirtschaftung dar: Wühlmausfallen gefährden Mauswiesel ebenso wie das Vergiften der Wühlmäuse durch Giftköder. Hier wäre Aufklärungsarbeit gerade bei Besitzern von Hausgärten im urbanen und suburbanen Raum dringend erforderlich.

Mensch und Wildtier

Mauswiesel werden aufgrund ihrer versteckten Lebensweise von Menschen kaum wahrgenommen. Im Gegensatz zum Hermelin hat die Nutzung des Balges immer eine untergeordnete Rolle gespielt. Heute wird das Mauswiesel nicht mehr bejagt.

Die Tierart wird aus menschlicher Perspektive als eher „nützlich" angesehen, da sie Mäuse und Maulwürfe erbeutet, was für Gartenliebhaber einen ausgesprochen positiven Aspekt darstellt. Ungeachtet dessen stellt der oben erwähnte leichtfertige Umgang mit Wühlmausfallen und -giften derzeit wohl das größte (Tierwohl-)Problem in Bezug auf das Mauswiesel dar (s.o.), auch wenn die Population als Ganzes dadurch nicht beeinträchtigt wird.

Seehund

Phoca vitulina

Körperlänge: 120 bis 180 cm

Gewicht: 80 bis 150 kg

Paarungszeit: Juli bis September

Wurfzeit: Mai bis Juli

Anzahl Jungtiere: 1 Junges, selten 2

Verbreitung und Systematik

Der Seehund gehört zur Familie der Hundsrobben (Phocidae) und innerhalb dieser zur Gattung Seehunde (*Phoca*).

Das Verbreitungsgebiet umfasst die nördliche Hemisphäre. Hier kommen Seehunde zirkumpolar an den Atlantik- und Pazifikküsten vor. Umfangreiche Vorkommen finden wir in der Nordsee, insbesondere im Wattenmeer und im Bereich der Helgoländer Sandbank (vergl. GRIMMBERGER 2014). An der Ostseeküste sind Seehunde ebenfalls vertreten, allerdings seltener als in der Nordsee. Gelegentlich finden wir wandernde junge Seehunde auch kurzfristig in den Unterläufen der großen Flüsse wie Elbe, Rhein und Oder.

Lebensraum und Raum-Zeit-Verhalten

Seehunde bevorzugen Meeresküsten mit Sandbänken, so dass das Wattenmeer sicher den idealen Lebensraum darstellt. Mangelt es daran, werden aber auch sandige Küstenabschnitte oder geschützte Felsküsten besiedelt.

Seehunde verbringen etwa 80 Prozent ihres Lebens im Wasser, die übrige Zeit ruhen sie auf Liegeplätzen auf Sandbänken oder an Land.

Dort finden sie sich in kleineren Gruppen zusammen, wobei keine individuellen Bindungen zwischen Gruppenmitgliedern bestehen und beim Ruhen auf der Sandbank auch immer ein deutlicher Abstand zwischen den Einzeltieren eingehalten wird.

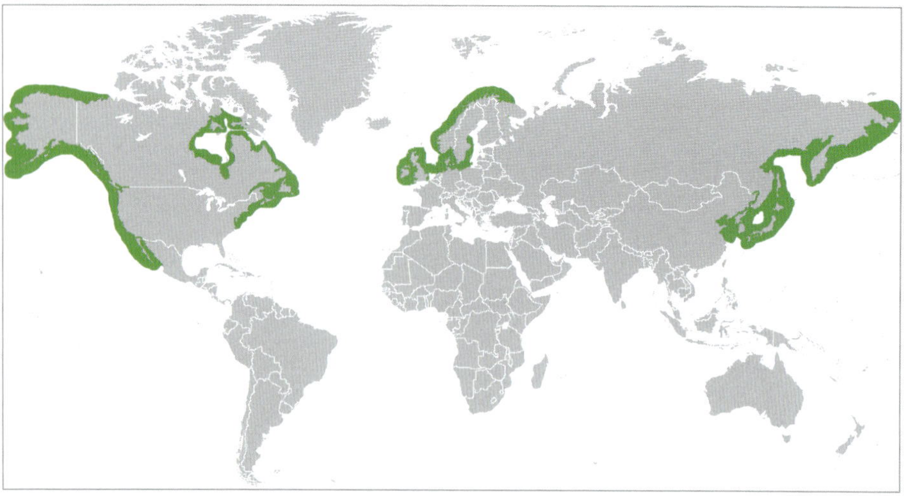

Abb. 103: Verbreitungsgebiet des Seehunds

Abb. 104: Seehunde leben sehr individuell, beim Ruhen auf der Sandbank wird immer ein gewisser Abstand zwischen den Individuen eingehalten

Generell sind Seehunde sehr standorttreu. Sie können allerdings auch über mehrere Tage größere Exkursionen in die offene See durchführen und sind dabei meist alleine anzutreffen.

Ernährung

Seehunde ernähren sich im Wesentlichen von Fischen. Unter den Fischen werden bevorzugt Plattfische erbeutet. Auch Muscheln, Garnelen, Krabben, Tintenfische und Weichtiere gehören in das Nahrungsspektrum, insbesondere auch jüngerer Seehunde. Gelegentlich werden auch Attacken von Seehunden auf Enten beobachtet.

Seehunde sind an Land kurzsichtig. Sie benötigen den Wasserdruck auf dem Auge, um scharf zu sehen, denn sie erbeuten ihre Nahrung typischerweise tauchend. Seehunde können bis 200 Meter tief und möglicherweise bis zu 30 Minuten lang tauchen. Dies dürfte, wenn es denn zutrifft, allerdings eine seltene Ausnahme sein, meistens bleiben sie weniger als drei Minuten unter Wasser.

Fortpflanzung

Seehunde leben agam, das Männchen bleibt nach der Paarung nicht beim Weibchen.

Die Paarung erfolgt im Wasser, Hauptpaarungszeit ist von Juli bis September. Nach einer Tragezeit von etwa 10 bis 11 Monaten kommt meist zwischen Mai und Juli ein Jungtier (selten zwei), meist auf einer Sandbank, zur Welt.

Junge Seehunde können direkt nach der Geburt schwimmen und tauchen.

Da beim Seehund nicht das Jungtier der Mutter, sondern die Mutter dem Jungen folgt, wird regelmäßig nur ein Jungtier von der Mutter versorgt. Aus diesem Grunde kommt es bei Zwillingsgeburten und auch durch Störungen oder Sommerstürme regelmäßig zu verwaisten Jungtieren (siehe unten).

Die jungen Seehunde werden etwa fünf Wochen lang gesäugt und sind dann selbständig. Erwachsene Jungtiere wandern oftmals große Strecken, um neue Lebensräume zu besiedeln (vergl. WANDREY 1997, GRIMMBERGER 2014).

Populationsdynamik

Die Seehundpopulation ist weltweit stabil bzw. lokal sogar ansteigend.

In den 1980er Jahren und auch später kam es zu einem umfangreichen Seehundsterben in der Nordsee und angrenzenden Regionen, verursacht durch ein Staupevirus. Wir gehen davon aus, dass der Bestandesanstieg seit der Einstellung der regulären Bejagung in den 1960er und 1970er Jahren dafür zumindest mitverantwortlich war.

Seitdem haben sich die Bestände wieder erholt. Inwieweit die Tatsache, dass die Seehunde in der Nordsee tatsächlich wieder deutlich zugenommen haben, das Risiko einer abermaligen Epidemie birgt, ist derzeit eine offene Frage (siehe unten).

Somit dürften Krankheiten auch ein wichtiger natürlicher Regulationsfaktor der Population sein. Prädation z. B. durch Haie oder Orcas, kann lokal bedeutsam sein, spielt allerdings für die Populationsdynamik eine untergeordnete Rolle. Bedeutsamer könnte in Zukunft die Tatsache sein, dass Kegelrobben (*Halichoerus grypus*) auch junge Seehunde erbeuten (VAN NEER *et al.* 2015). Als Folge der tendenziell ansteigenden Kegelrobbenpopulation in der Nordsee (s.u.) könnte in Zukunft die Prädation von Seehunden durch die im gleichen Lebensraum vorhandene Kegelrobbe durchaus relevant werden.

Management

Im Zusammenhang mit dem Management der Seehunde in der Nord- und Ostsee spielt vor allem der Umgang mit den verwaisten Jungtieren, den sog. „Heulern" eine große Rolle.

An der niedersächsischen und schleswig-holsteinischen Nordseeküste gibt es seit mehreren Jahrzehnten sog. Seehundstationen, welche ursprünglich von den Landesjagdverbänden gegründet wurden und heute oft in Kooperation mit Naturschutzorganisationen betrieben werden. Deren Hauptaufgabe ist es, die am Strand aufgefundenen Heuler zu pflegen und zu gegebener Zeit wieder auszuwildern. Heuler werden meist von Strandbesuchern gefunden. Diese sollen die Tiere nicht einsammeln und wegtragen, sondern einen ehrenamtlichen „Seehundjäger" benachrichtigen. Die Aufgabe der Seehundjäger ist heute nicht mehr die Jagd auf Seehunde, sondern die Verantwortung für kranke, verletzte oder verwaiste Tiere. Seehundjäger können vor Ort prüfen, ob das Tier wirklich verwaist oder verletzt ist und überstellen es dann ggf. einer nahegelegenen Seehundstation.

Es gibt immer wieder auch Stimmen aus fundamentalistischen Naturschutzkreisen, welche das Pflegen der Heuler als „unnatürlich" ablehnen. Unabhängig davon, ob die ausgewilderten Tiere später vielleicht eine schlechtere Überlebenschance in der Natur haben, ist das Verhungernlassen allerdings aus tierethischen Gründen keine Alternative.

Abb. 105: Seehundstationen (hier Friedrichskoog) sind wichtige Einrichtung im Sinne des Tierwohls und der Tierethik, aber auch für die Umweltkommunikation und den lokalen Tourismus von großer Bedeutung

Neben der Fürsorge für verwaiste oder kranke Seehunde erfüllen die Seehundstationen heute auch eine wichtige Aufgabe im Rahmen der Umweltkommunikation und stellen eine touristische Attraktion dar.

Ein weiteres, für die Zukunft interessantes Thema im Kontext des Wildtiermanagements ist die Frage, ob aufgrund des Bestansdesanstiegs in der Vergangenheit wieder das Risiko eines umfangreichen Seehundsterbens wie in den 1980er Jahren bevorsteht und ob ggf. die Wiederaufnahme einer nachhaltigen Bejagung dieses Risiko mindern kann. Hierzu gehen derzeit die Ansichten weit auseinander.

Ein grundsätzliches und nach wie vor aktuelles Problem sind die durch Müll und Reste von Fischernetzen oder als Beifänge bei der Küsten- und Hochseefischerei getöteten oder verletzten Seehunde. Hier ist weniger das operative Wildtiermanagement, sondern die Öffentlichkeitsarbeit und vor allem der Einfluss auf die Gesetzgebung und deren Umsetzung gefragt. Die Auswirkungen der unterschiedlichen Umweltgifte auf Seehunde („verkürzte Nahrungskette" in aquatischen Ökosystemen) sind noch weitestgehend ungeklärt.

Das häufige und unkontrollierte Heranfahren an die Seehundbänke durch Touristen war lange Zeit ein großes Problem, da die häufigen Störungen und Fluchten ins Wasser die Tiere unter Stress setzen und auch anfällig für Krankheiten machen. Daher wurden hiergegen zunehmend ordnungsrechtliche Maßnahmen erlassen, welche die Situation verbessern konnten, wenngleich entsprechende Verbote immer noch regelmäßig missachtet werden.

Mensch und Wildtier

Seehunde und Menschen an Nord- und Ostseeküste leben seit Jahrhunderten in engem Kontakt. Dies hat zu den unterschiedlichsten Formen des Miteinander, aber auch Gegeneinander geführt.

Offenbar jagten bereits eiszeitliche Jäger und neolithische Siedler Seehunde, wie aus Abbildungen und Jagdwerkzeugen vermutet werden kann. Bis in die beginnende Neuzeit waren Seehundfelle und vor allem der Tran, das ausgelassene Seehundfett, wichtige Güter des täglichen Bedarfes.

Später wurden bis ins späte 19. und teilweise frühe 20. Jahrhundert Seehunde als Fischereischädlinge mit zum Teil grausamen Methoden (Reusen oder vergiftete Köder) verfolgt und getötet. Diesen Praktiken wurde erst in den 1930er Jahren durch Einführung einer nachhaltigen Bejagung zunächst durch das Reichsjagdgesetz (1934) und später durch das das Bundesjagdgesetz (1953) Einhalt geboten.

Die seinerzeit ausgesprochen nachhaltig erfolgte Bejagung der Seehunde unter Führung eines amtlichen bestellten Seehundjägers wurde in Deutschland in den 1970er Jahren eingestellt.

In der Folge kam es zu einem Anwachsen des Bestandes im Nordseeraum mit der Folge des Seehundsterbens (siehe oben) infolge einer Staupeepidemie.

Heute spielen Seehunde vor allem im Nordseeraum eine bedeutende Rolle als ikonische Flaggschiffart für den Schutz des Ökosystems „Wattenmeer“. Gleichzeitig sind Seehundstationen ebenso wie Seehundbänke – also die Sandbänke, auf denen Seehunde bei Ebbe ruhen – beliebte Touristenattraktionen.

Darstellung einer Seehundjagd (um 1876)

Kegelrobbe

Halichoerus grypus

Körperlänge: bis 180 (Weibchen) bzw. 230 (Bullen) cm

Gewicht: bis 150 (Weibchen) bis 315 (Bullen) kg

Paarungszeit: September bis Februar (regional unterschiedlich)

Wurfzeit: Februar/März

Anzahl Jungtiere: 1 Junges, selten 2

Verbreitung und Systematik

Die Kegelrobbe gehört zur Familie der Hundsrobben (Phocidae) und innerhalb dieser zur Gattung Kegelrobben (*Halichoerus*), welche nur diese eine Art umfasst. Erkennungsmerkmal auch junger Kegelrobben sind die kegelförmigen Zähne (Name!).

Das Verbreitungsgebiet erstreckt sich auf die Küsten des Nordatlantiks und der Nord- und Ostsee.

Lebensraum und Raum-Zeit-Verhalten

Der typische Lebensraum der Kegelrobbe sind im Vergleich zum Seehund eher Felsküsten und steinige Ufer, sie kommen aber durchaus auch auf sandigen Ufern oder Sandbänken vor. Nicht selten bilden sie auch gemeinsame Gruppen mit Seehunden (vergl. GRIMMBERGER 2014).

Im Wasser sind Kegelrobben normalerweise einzeln unterwegs. Dabei sind sie weniger standorttreu als Seehunde und legen im Laufe ihres Lebens weite Strecken zurück. Auf diese Weise erfolgt derzeit auch die Wiederbesiedlung von Ost- und Nordsee.

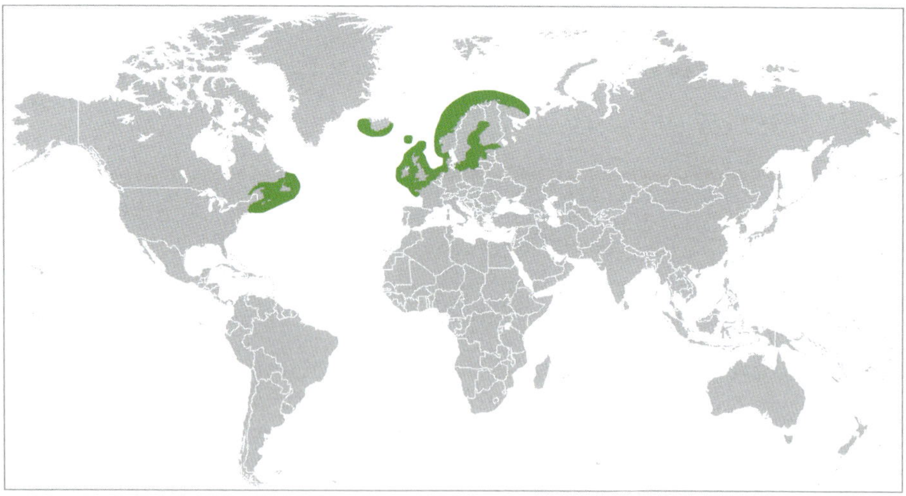

Natürliches Verbreitungsgebiet

Abb. 106: Verbreitungsgebiet der Kegelrobbe

Ernährung

Kegelrobben ernähren sich im Wesentlichen von Fischen. Seevögel, Muscheln, Garnelen, Krabben, Tintenfische und Weichtiere gehören ebenfalls in das Nahrungsspektrum. Es werden auch junge Seehunde, junge Schweinswale und sogar Jungtiere der eigenen Art erbeutet und gefressen (LEOPOLD *et al.* 2015, VAN NEER *et al.* 2015, VAN NEER *et al.* 2019).

Kegelrobben können bei der Nahrungssuche bis 300 Meter tief tauchen. Der tägliche Nahrungsbedarf liegt bei ca. 5 bis 7 Kilogramm pro Tag.

Fortpflanzung

Zur Paarungszeit, je nach geographischer Region von September bis Februar, bilden Kegelrobben kleinere Gruppen bzw. Kolonien. Sie sind polygam: Ein Bulle versucht, einen Harem mit bis zu zehn Weibchen zu bilden und verteidigt diesen gegen andere Männchen. Die Paarung erfolgt im Wasser. Die Tragezeit dauert, mit Keimruhe, 11 bis 12 Monate.

Die Jungtiere (meist 1, selten 2) kommen meist im Februar und März zur Welt. Sie werden vier Wochen gesäugt und sind dann selbständig. Weibchen werden mit drei bis fünf, Bullen mit acht bis zehn Jahren geschlechtsreif (vergl. GRIMMBERGER 2014).

Erwachsene Jungtiere wandern regelmäßig große Strecken, kehren aber oft wieder in den Lebensraum zurück, in dem sie geboren wurden.

Populationsdynamik

Die Kegelrobbenabundanz ist in Nord- und Ostsee derzeit ansteigend. Allerdings erfolgt dies in Nord- und Ostsee unterschiedlich schnell. In der Nordsee finden sich zunehmend Kegelrobbenkolonien. Dennoch sind Kegelrobben im Vergleich zu Seehunden im Wattenmeer derzeit noch relativ selten. Ob sich der Bestand des Wattenmeeres derzeit bereits selbst erhalten kann oder nach wie vor auf Zuwanderungen aus der Region um die britischen Inseln angewiesen ist, ist eine offene Frage. Für das Staupevirus, welches regelmäßige Seehundsterben verursacht, sind Kegelrobben zwar anfällig, doch in deutlich geringerem Maße als Seehunde.

In der Ostsee, in der die Kegelrobbe in den 1930er Jahren als ausgerottet galt, konnte sich vor allem seit der zweiten Hälfte des 20. Jahrhunderts wieder ein Bestand aufbauen, welcher derzeit rund 40 000 Individuen umfasst.

Auch bei der Kegelrobbe ist anzunehmen, dass in der Natur Krankheiten ein wichtiger natürlicher Regulationsfaktor der Population sind. Prädation, z. B. durch Haie oder Orcas, ist wohl nur lokal bedeutsam.

Management

Nach der drastischen Verfolgung im 18. und teilweise noch 19. Jahrhundert waren die Kegelrobben in Nord- und Ostsee trotz einer kaiserlichen Robbenschutzverordnung aus dem späten 19. Jahrhundert nahezu ausgestorben. Die weitgehende Unterschutzstellung seit den 1930er Jahren (bis heute finden wir die Kegelrobbe in Deutschland im Naturschutzrecht intensiv geschützt) bewirkte einen zunächst langsamen, seit Anfang des 21. Jahrhunderts allerdings dynamischeren Bestandesanstieg (siehe oben). Gelegentlich wird über Bestandesstützungen durch Wiederansiedlungsprojekte nachgedacht. Diese gelangten jedoch bislang nicht in die Umsetzung.

Das Problem der Heuler besteht bei der Kegelrobbe in deutlich geringerem Ausmaß, da die Jungtiere eher auf steinigem Ufer zur Welt kommen und deutlich länger als junge Seehunde an Land verbleiben. Müssen Seehundwelpen oft bereits mit der nächsten Flut den Ort der Geburt, die Sandbank, verlassen, finden junge Kegelrobben meist eine stabilere Umwelt vor.

Müll und Reste von Fischernetzen sind ein Problem, welches neben der intensiven Öffentlichkeitsarbeit insbesondere eine wirksamere Gesetzgebung fordert. Der Einfluss der unterschiedlichen Umweltgifte, etwa auf das Immunsystem, ist noch weitestgehend ungeklärt.

Mensch und Wildtier

Kegelrobben waren für die menschliche Nutzung bis in die beginnende Neuzeit weniger bedeutsam als Seehunde. Wie diese wurden sie allerdings im späten 19. und teilweise frühen 20. Jahrhundert als Fischereischädlinge verfolgt, so dass sie in den 1930er Jahren in Nord- und Ostsee nahezu verschwunden waren.

Auch wenn Kegelrobben heute in Nord- und Ostsee regelmäßig präsent sind, so stellen sie bislang im Gegensatz zum Seehund keine so umfassend bekannte Art dieser Region dar. In den Seehundstationen finden wir allerdings regelmäßig auch Kegelrobben.

Gewöhnlicher Schweinswal

Phocoena phocoena

Körperlänge: 130 bis 190 cm

Gewicht: 50 bis 90 kg

Paarungszeit: Sommermonate

Wurfzeit: Sommermonate

Anzahl Jungtiere: 1 Jungtier

Verbreitung und Systematik

Schweinswale (Phocoenidae) sind eine Familie, die zu den Zahnwalen gehört und mit den Delphinen verwandt ist.

Sie kommen in den subarktischen und kaltgemäßigten Gewässern des Nordatlantiks und Nordpazifiks sowie im Schwarzen Meer vor. In Deutschland weist die Nordsee die höchsten Bestände auf, in der Ostsee wird der Bestand derzeit auf etwa (je nach Schätzung und Jahreszeit) 250 bis 600 Individuen geschätzt.

Lebensraum und Raum-Zeit-Verhalten

Der Lebensraum der Schweinswale sind vor allem küstennahe Gewässer und Meeresbuchten, aber teilweise auch die Unterläufe der großen Flüsse wie Ems, Jade, Weser oder Elbe. Man findet sie allerdings auch im offenen Meer. Schweinswale bilden meist kleine Gruppen von acht bis zehn Individuen oder Mutter-Kind-Gruppen. Zur Paarungszeit scheint eine größere Zahl Schweinswale von der Nordsee über das Skagerrak und das Kattegat in die Ostsee einzuwandern (vergl. SCHULZE 1996, WANDREY 1997, GRIMMBERGER 2014).

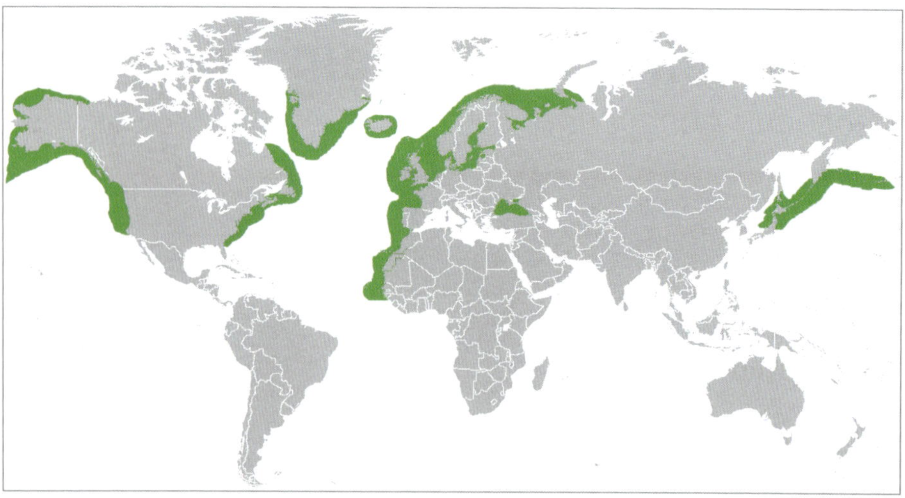

Natürliches Verbreitungsgebiet

Abb. 107: Verbreitungsgebiet des Schweinswals

Ernährung

Schweinswale ernähren sich vor allem von Fischen, aber auch Krebsen, Kalmaren, Garnelen und Weichtieren. Sie können zur Nahrungssuche bis 100 (selten bis 200) Meter tief tauchen und bis zu etwa acht Minuten unter Wasser bleiben. Meist tauchen sie alle drei Minuten wieder auf (vergl. SCHULZE 1996, WANDREY 1997, GRIMMBERGER 2014).

Fortpflanzung

Fortpflanzungszeit und Geburt der Jungen liegen im Sommer, die Tragezeit dauert etwa 10 bis 11 Monate. In der Zeit von Mai bis August kommt ein Jungtier zur Welt, welches 8 bis 12 Monate gesäugt wird. Weibliche Schweinswale sind mit 3 bis 5 Jahren, männliche Tiere später geschlechtsreif (vergl. SCHULZE 1996, WANDREY 1997, GRIMMBERGER 2014).

Populationsdynamik

Der Schweinswalbestand in Nord- und vor allem Ostsee gilt als labil. Wie erwähnt, leben die meisten Schweinswale in der Nordsee. Genaue Zahlen sind derzeit kaum vorhanden. Die Zahl der Totfunde, auch mit anthropogenen Todesursachen, ist in den vergangenen Jahren angestiegen, wobei unklar ist, ob dies auf einen steigenden Bestand in Nord- und Ostsee hinweist oder ob dies auf eine gestiegene Mortalität mit möglichem Bestandesrückgang zurückzuführen ist.

Prädation durch Schwertwale und große Haie, insbesondere aber Prädation der Jungtiere durch Robben könnte lokal eine Rolle für die Bestandesentwicklung spielen.

Management

Schweinswale werden und wurden in Nord- und Ostsee vom Menschen weder genutzt noch anderweitig verfolgt.

Dennoch sind es vor allem menschengemachte Ursachen, welche für die Individuen und möglicherweise langfristig für den Bestand bedrohlich sind. Dabei sind drei Faktoren wirksam:

Die Meeresverschmutzung durch Kunststoffe und giftige Chemieabfälle kann zu einer Schadstoffanreicherung im Fettgewebe der Tiere führen.

Da Schweinswale im Ultraschallbereich kommunizieren, ihre Beute jagen und sich auch orientieren, spielt der Unterwasserlärm eine wichtige Rolle. Die militärischen Sonare, der Schiffsverkehr insgesamt, die Öl- und Gasförderung in der Nordsee, Spreng- und Rammarbeiten und nicht zuletzt der zunehmende Bau von Windkraftanlagen stellen wichtige Gefährdungsursachen für die Tiere dar.

Die Fischerei (Beifang insbesondere in Stellnetzen) stellt ebenfalls ein wichtiges Tier- und möglicherweise auch Artenschutzproblem für Schweinswale dar.

Mensch und Wildtier

Traditionell erfolgte praktisch keine gezielte Nutzung der Schweinswale in der Vergangenheit im Nord- und Ostseeraum. Dennoch gilt die Art als hochgradig gefährdet. Damit stellt diese Species ein weiteres Beispiel dafür dar, dass menschliches Desinteresse an einer Art diese deutlich eher bedroht als eine nachhaltige Nutzung.

Erst in den vergangenen Jahrzehnten wurde die Tatsache, dass Schweinswale vor unseren europäischen Küsten leben, in einer breiten Öffentlichkeit wahrgenommen und neben dem Seehund ist der Schweinswal derzeit auf dem besten Weg, sich zu einer weiteren Flaggschiffart des Artenschutzes zu entwickeln.

Möglicherweise hilft das bei der Durchsetzung derjenigen Maßnahmen, welche der Vermeidung bzw. stetigen Reduktion der oben genannten Gefährdungsursachen in Zukunft dienen.

Vögel

Höckerschwan

Cygnus olor

Länge: 125 bis 160 cm

Gewicht: 6 bis 13 kg

Gelege: 5 bis 8 (selten bis zu 12) Eier

Brutzeit: März bis Mai

Systematik und Verbreitung

Der Höckerschwan gehört zur Gattung der Schwäne (*Cygnus*), die ihrerseits als Teil der Unterfamilie der Gänse (Anserinae) in die Familie der Entenvögel (Anatidae) eingeordnet werden.

Das ursprüngliche Verbreitungsgebiet des Höckerschwans umfasst den Norden Mitteleuropas, Südskandinavien, das Baltikum und Teile Russlands, die Küsten des Schwarzen Meeres, Klein- und Zentralasien bis China.

Heute sind Höckerschwäne als Brutbestand, größtenteils in halbzahmen oder futterzahmen Beständen, in ganz Europa und angesiedelt in Teilen Nordamerikas, in minimalen Beständen sogar in Neuseeland, anzutreffen (vergl. KOLBE 1999, BAUER *et al.* 2005, KEAR 2005).

Lebensraum und Ökologie

Höckerschwäne besiedelten ursprünglich große Seen mit Flachwasserbereichen in den ausgedehnten Waldgebieten im Nordosten Mitteleuropas (Masuren, Baltikum, Südskandinavien). Auch Steppenseen oder große, langsam fließende Flüsse sowie geschützt liegende Buchten der Küsten gehören zum angestammten Lebensraum der Höckerschwäne. Dabei werden nahrungsreiche (eutrophe) Gewässer bevorzugt. Bereits seit mehreren Jahrhunderten finden sich große futterzahme Höckerschwanbestände auch im Siedlungsraum an Parkgewässern, Flüssen, Klärteichen oder Fischteichen (vergl. FLADE 1994, KOLBE 1999,

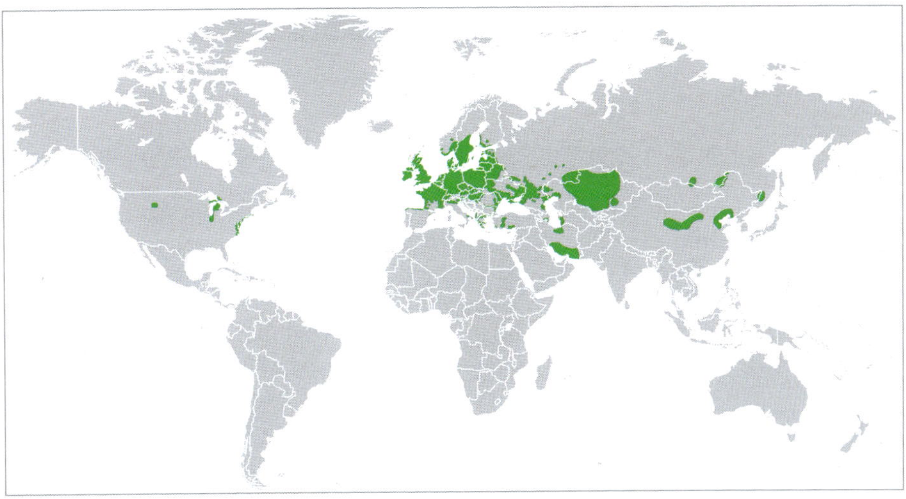

Abb. 108: Aktuelles Verbreitungsgebiet des Höckerschwans

Bauer *et al.* 2005, Kear 2005). Höckerschwäne sind typische Bewohner der Flachwasserzone, zusammen mit den Gründelenten. Landseitig schließen die bevorzugten Lebensräume der Gänse an.

Ernährung

Höckerschwäne suchen ihre Nahrung im Wesentlichen durch Gründeln (vergl. Abb. 109) im Flachwasserbereich bis ca. 90 cm Wassertiefe.

Abb. 109: Gründelnder Höckerschwan an der Ostseeküste

Dort werden Wasserpflanzen, und, meist daran anhaftend, auch zahlreiche Kleintiere (Schnecken, Muscheln, Asseln, Wasserinsekten) aufgenommen. An Land werden insbesondere Gräser abgeweidet.

Heute finden wir Höckerschwäne häufig auch auf landwirtschaftlichen Kulturen, insbesondere den Wintersaaten (z.B. Raps, vergl. Abb. 110). Im Winter weiden Höckerschwäne oft an Land, im Sommer suchen sie ihre Nahrung fast ausschließlich auf dem Wasser. Sie ruhen nachts und sind tagsüber mit der Nahrungsaufnahme beschäftigt (vergl. Bauer *et al.* 2005, Kear 2005).

Abb. 110: Höckerschwäne auf Winterraps

Fortpflanzung

Höckerschwäne sind lebenslang monogam. Erstmals verpaaren sie sich meist im Alter von 2 oder 3 Jahren.

Beide Partner bauen ab März ein Nest auf kleinen Anhöhen nahe dem Wasser, gelegentlich auch im seichten Wasser. Der Nistplatz wird vom männlichen Schwan ausgesucht. Höckerschwäne sind territorial und verteidigen ihr Brutrevier auch vehement gegen potenzielle Prädatoren, einschließlich des Menschen.

Das Gelege umfasst 5 bis 8, selten bis zu 12 Eier und wird für etwa 35 bis 41 Tage bebrütet. Es brütet meist der weibliche Schwan. Die jungen Schwäne sind Nestflüchter und werden nach dem Schlüpfen intensiv von den Eltern betreut. So werden die Dunenjungen gelegentlich von der Mutter auf dem Rücken transportiert, um diese vor Prädatoren, etwa insbesondere großen Fischen wie Wels oder Hecht, zu schützen.

Im Alter von 4 bis 5 Monaten sind die jungen Schwäne flügge und der Familienverband löst sich auf oder bleibt gelegentlich noch den Winter über zusammen (vergl. Kolbe 1999, Bauer *et al.* 2005, Kear 2005).

Populationsdynamik

Im 18. und 19. Jahrhundert kam es zu einem Rückgang der wildlebenden Populationsteile, so dass wilde, nicht futterzahme Höckerschwäne nur noch in geringen Abundanzen im Ostseeraum vorkamen. Die Gründe hierfür sind bis heute nicht wirklich klar, vermutlich spielen Lebensraumverluste eine große Rolle. Lokal dürfte wohl auch eine nicht nachhaltige Bejagung relevant gewesen sein.

Parallel zum Rückgang der Höckerschwäne in den ursprünglichen Lebensräumen kam es, zunächst nur lokal, etwa in Landschaftsgärten (vergl. HERZOG 2019a), später (ab etwa 1920) zu einer deutlichen Ausbreitung der futterzahmen Bestände, die dann auch wieder verwilderten. Ab etwa 1950 nahm der Höckerschwan noch einmal deutlich zu und breitete sich auch weit ins südliche Mitteleuropa aus. Heute finden wir trotz einer hohen Mortalität unter den Dunenjungen weiterhin stabile bis ansteigende Bestände (vergl. BAUER *et al.* 2005), was im Wesentlichen wohl den milderen Wintern der vergangenen Jahrzehnte und einer immer besseren Nahrungsbasis, sowohl im urbanen Raum als auch in den ländlichen Regionen (Wintersaaten), geschuldet ist.

Die teilweise hohen Bestandesdichten im urbanen Raum führen auch zu einer gewissen Selbstregulation der Bestände. So hat der deutliche Bestandesanstieg in den futterzahmen Beständen in den letzten Jahren offenbar nachgelassen. Unter den erwachsenen Höckerschwänen finden sich offenbar zunehmend sog. Nichtbrüter. Deren Anteil kann bis zu 50 Prozent der erwachsenen Vögel betragen.

Gegenläufig wirkt offenbar ein anderer Mechanismus: Bei hohen Abundanzen verkleinern Höckerschwäne ihr grundsätzlich vergleichsweise großes Brutrevier so weit, dass man den Eindruck gewinnt, dass wir es mit Koloniebrütern zu tun haben. Regulierend auf die Reproduktionsrate dürfte hierbei allerdings der durch die hohen Individuendichten hervorgerufene Stress wirken.

Der aktuelle Bestand an Höckerschwänen in Europa wird auf über 100 000 Brutpaare geschätzt.

Management

Die in den vergangenen Jahren möglicherwiese reduzierte Reproduktionsrate hat das Problem der hohen Abundanzen des Höckerschwans im städtischen Raum sicher etwas entschärft, allerdings keineswegs gelöst. Insbesondere die Eutrophierung der Gewässer und die teilweise hohe Aggressivität der brütenden Schwäne, auch gegen andere Wasservögel, führt lokal immer wieder zu Überlegungen, den Bestand zu reduzieren. Dies wäre durch eine nachhaltige Bejagung möglich, doch findet diese im urbanen Raum meist keine Akzeptanz. Hinzu kommt das Problem, dass es sich bei den relevanten Flächen oftmals um befriedete Bezirke handelt, auf denen die Jagd ruht. Hier könnte eine Bejagung auf den Äsungsflächen außerhalb des Siedlungsraumes weiterhelfen.

Eine weitere Möglichkeit der Bestandesreduktion ist das kontrollierte vorsichtige Beschädigen eines Teils des Geleges, so dass lediglich ein oder zwei Küken schlüpfen. Praktisch ist das aufgrund der Aggressivität der Schwaneneltern gegenüber dem Menschen allerdings nicht immer gut umsetzbar.

Mensch und Wildtier

Der Höckerschwan besitzt aufgrund seiner Größe und seines weißen Gefieders seit alters her eine große Faszination für den Menschen. So wird der Höckerschwan häufig zum Wappentier. Er spielt eine Rolle in der griechischen Mythologie: Leda, die Frau des spartanischen Königs Tyndareos, wird von Zeus in Schwanengestalt verführt bzw. vergewaltigt (in diesem Kontext interessant: Die Entenvögel besitzen, anders als die meisten anderen Taxa, einen ausstülpbaren Penis).

Auch in Richard Wagners Musikdrama „Lohengrin" ist der Schwan symbolhaft eingebunden.

In England gilt der Höckerschwan seit dem 12. Jahrhundert als königlicher Vogel und seit 1361 gibt es beim königlichen Hof einen Schwanenmeister.

In Deutschland besitzen Höckerschwäne auf Grundlage des Bundesjagdgesetzes in den meisten Bundesländern eine Jagdzeit, ähnliches gilt für Österreich. Allerdings werden Schwäne auch außerhalb des Siedlungsraumes nur von wenigen Jägern regelmäßig bejagt, obgleich das Wildbret vor allem junger Individuen als außerordentlich wohlschmeckend gilt. Grund für die jagdliche Zurückhaltung ist möglicherweise der alte Jägerglaube, dass derjenige, der ein weißes Stück Wild erlegt, selbst binnen Jahresfrist das Zeitliche segnen wird.

"Lohengrin", 1895. Gemälde von WALTER CRANE (1845–1915)

Singschwan

Cygnus cygnus

Länge: 145 bis 150 cm

Gewicht: 6 bis 12 kg

Gelege: 5 bis 6 Eier

Brutzeit: April bis August (je nach geografischer Region)

Systematik und Verbreitung

Der Singschwan ist ein naher Verwandter des Höckerschwans und besiedelt die nord- und nordosteuropäischen Wälder (Taiga) als Brutvogel. Die Verbreitung erstreckt sich von Island über Skandinavien bis nach Sibirien. Im Westen Islands überwintern die Vögel meist im Brutgebiet.

An den Küsten Mitteleuropas sind Singschwäne ursprünglich nur im Herbst und Winter anzutreffen, wobei mittlerweile Singschwäne auch das ganze Jahr dort verbleiben oder sogar brüten. So finden wir Bruten in Polen, Sachsen und Sachsen-Anhalt. Derzeit finden wir in Deutschland einen Brutvogelbestand von einigen Dutzend Paaren mit steigender Tendenz (vergl. auch Bauer *et al.* 2005, Bergmann *et al.* 2006).

Der Herbstzug der Singschwäne beginnt meist im Oktober, ab März kehren die Vögel in ihre nordischen Brutlebensräume zurück.

Lebensraum und Ökologie

Singschwäne sind in Bezug auf ihre Brutgebiete typischerweise Tundrenbewohner, wo sie flache Seen oder langsam fließende Flüsse ebenso wie Meeresküsten besiedeln.

Wie oben bereits erwähnt, brüten Singschwäne allerdings zunehmend auch im nördlichen Mitteleuropa, also in den traditionellen Überwinterungsräumen.

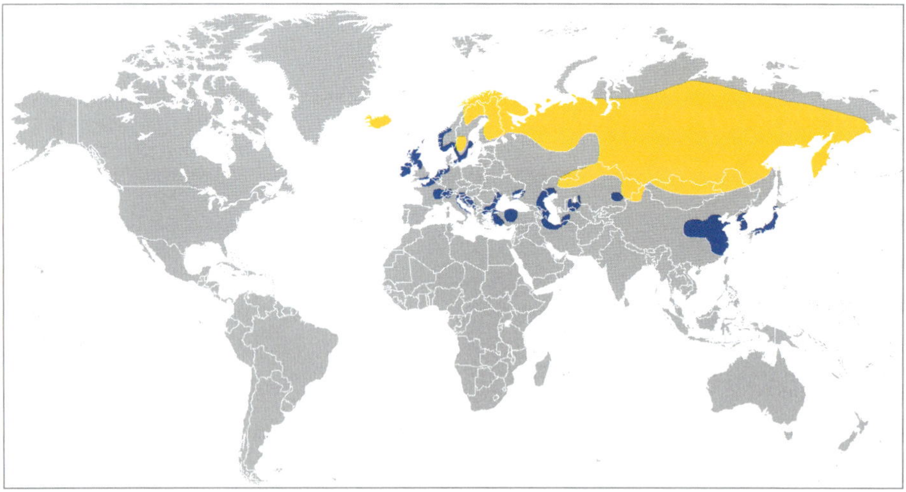

Überwinterungsgebiet — Hauptbrutgebiet

Abb. 111: Verbreitungsgebiet des Singschwans

Ernährung

Die Hauptnahrung des Singschwans bilden Wasserpflanzen. Mit diesen zusammen wird allerdings auch eine nicht geringe Zahl an kleinen Tieren aufgenommen. Die Küken benötigen in den ersten Wochen einen höheren Anteil tierischer Nahrung.

Grünland und andere Agrarflächen (insbesondere Winterraps, aber auch Wintergetreide) werden in der nahrungsarmen Zeit ebenfalls genutzt.

Fortpflanzung

Singschwäne sind monogam. Sie brüten zum ersten Mal im vierten oder fünften Lebensjahr, also nochmals später als Höckerschwäne. Das Nest wird in den subarktischen Brutgebieten typischerweise in der Ufervegetation größerer, flacher Seen oder Flüsse am Rand des Gewässers oder auf kleinen Inseln oder Nehrungen angelegt. Die weiblichen Schwäne bauen das Nest, die Männchen tragen Baumaterial herbei.

Singschwäne sind während der Brutzeit in hohem Maße territorial und verteidigen ihren Brutplatz vehement.

Das Brutgeschäft beginnt in Mitteleuropa meist im April, das Weibchen legt 5 bis 6 Eier in das mit Daunen ausgepolsterte Nest und bebrütet diese etwa 5 Wochen lang. Während dieser Zeit wacht der männliche Schwan in der Nähe. Er übernimmt nur dann das Brüten, wenn sich das Weibchen kurzfristig vom Nest entfernt.

Die Küken sind Nestflüchter und folgen den Eltern unmittelbar nach dem Schlüpfen. Mit etwa 90 Tagen sind die Jungen flügge (vergl. Bauer *et al.* 2005, Kear 2005).

Populationsdynamik

Die weltweite Population des Singschwans ist stabil, das Brutgebiet weitet sich derzeit deutlich über die subarktischen Tundren hinaus aus.

Management

Singschwäne bedürfen in Mitteleuropa keines spezifischen Managements. Ihr zunehmendes Auftreten nicht nur als Wintergast, sondern auch als Brutvögel in Mitteleuropa kann dort, wo sie sich ansiedeln, durch aktive Maßnahmen der Biotopverbesserung und der Schaffung von Ruhezonen gefördert werden.

Eine Nutzung der Art erfolgt hierzulande nicht, landwirtschaftliche Schäden treten möglicherweise lokal in signifikantem Umfang auf. Insgesamt sind diese allerdings quantitativ eher vernachlässigbar.

Mensch und Wildtier

Die Besonderheit dieser Species in der menschlichen Wahrnehmung ist die laute, trompetende Stimme, die als Gesang imponiert.

Singschwäne werden in Skandinavien gerne thematisiert. So zeigt die 1-Euro-Münze Finnlands den Singschwan als finnischen Nationalvogel. Eine Symbolart ist der Singschwan auch im schwedischen Norbotten.

Singschwäne auf der finnischen 1-Euro-Münze

Zwergschwan

Cygnus bewickii

Länge: 115 bis 140 cm

Gewicht: 3,4 bis 7,8 kg

Gelege: 4 bis 6 Eier

Brutzeit: Juni/Juli

Systematik und Verbreitung

Der Zwergschwan gehört ebenfalls in der Familie der Entenvögel zur Gattung der Schwäne. Möglicherweise handelt es sich auch um eine Unterart des nordamerikanischen Pfeifschwans (*Cygnus columbianus*). Dann wäre die korrekte Bezeichnung *Cygnus columbianus bewickii*.

Zwergschwäne brüten in den eurasischen Tundren, der größte Teil des Brutgebietes befindet sich in Sibirien.

Überwinterungsgebiete finden sich an der Nordseeküste (insbesondere in den Niederlanden und im Emsland), auf den britischen Inseln, aber auch am Kaspischen Meer, am Aralsee oder in Ostasien (vergl. Bauer *et al.* 2005, Kear 2005).

Lebensraum und Ökologie

Der Lebensraum des Zwergschwans ähnelt weitgehend demjenigen des Singschwans. Brutbiotope sind Sümpfe und Uferlandschaften (Schwemmland) großer, flacher Seen und Flüsse. Den Winter verbringen Zwergschwäne gerne in den Marschen entlang der Nordseeküste, sie nutzen aber auch in zunehmendem Maße die Agrarlandschaft (Feuchtgrünland, Mais, Kartoffeln, Raps), oftmals vergesellschaftet mit dem Singschwan (vergl. Bauer *et al.* 2005, Kear 2005, Böckermann 2009).

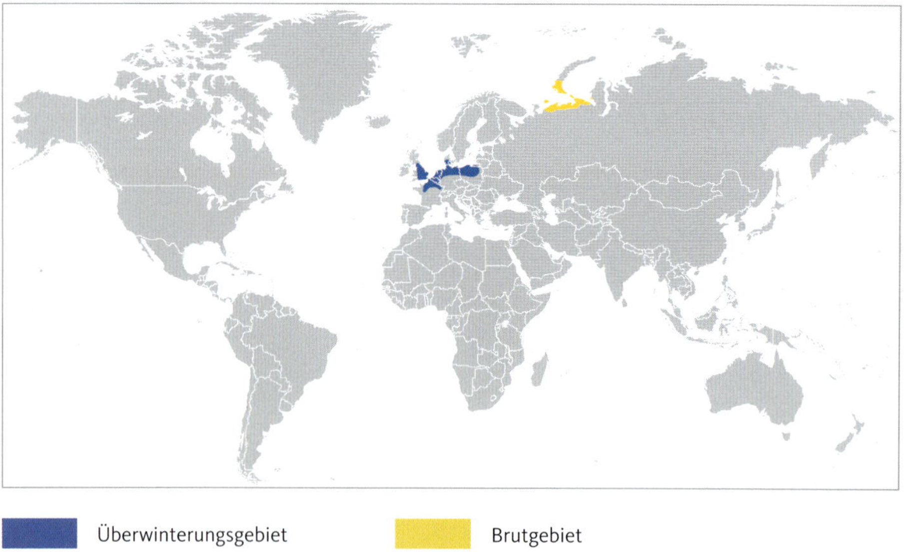

Abb. 112: Verbreitungsgebiet des Zwergschwans

Ernährung

Die Hauptnahrung des Zwergschwans bilden Gräser und Wasserpflanzen. Im Wasser erfolgt die Nahrungssuche durch Gründeln. Mit den Wasserpflanzen werden auch verschiedene Kleintiere (Insekten, Weichtiere, Muscheln oder kleine Krebse) aufgenommen. Für die Küken sind in den ersten Lebenswochen Insekten und andere Kleintiere von größerer Bedeutung.

Zunehmend werden Grünland und Wintersaaten in den Überwinterungsgebieten genutzt.

Fortpflanzung

Zwergschwäne brüten zum ersten Mal im vierten oder fünften Lebensjahr, manchmal sogar noch später. Sie leben wie die meisten Gänse und alle Schwäne lebenslang monogam. Das Nest wird in den Brutgebieten in der Tundra typischerweise in der Ufervegetation größerer, flacher Seen oder Flüsse am Rand des Gewässers oder auf kleinen Inseln oder Nehrungen angelegt. Beide Partner sind am Nestbau beteiligt.
Auch Zwergschwäne sind während der Brutzeit territorial und verteidigen ihren Brutplatz.

Das Brutgeschäft beginnt meist Mitte Juni, das Weibchen legt 4 bis 6 Eier in das mit Daunen ausgepolsterte Nest, bebrütet diese etwa 4 bis 5 Wochen lang und wird nur gelegentlich und kurzfristig vom Partner abgelöst. Während der Brutzeit wacht der männliche Schwan in der Nähe.

Die Küken sind Nestflüchter und folgen den Eltern unmittelbar nach dem Schlüpfen.
Auch nach dem Flüggewerden bleiben die Jungen Schwäne auf dem Zug und den Winter über in der Nähe der Elternvögel (vergl. Bauer *et al.* 2005, Kear 2005).

Populationsdynamik

Weltweit gilt die Population des Zwergschwans als stabil.

Management

Zwergschwäne bedürfen ähnlich wie Singschwäne in Mitteleuropa keines spezifischen Managements, welches über den generellen Erhalt geeigneter Lebensräume (Feuchtgebiete) hinausgeht.

Eine Nutzung der Art erfolgt hierzulande nicht, landwirtschaftliche Schäden treten möglicherweise lokal auf. Insgesamt sind diese allerdings eher vernachlässigbar.

Saatgans

Anser fabalis

Länge: 66 bis 89 cm

Gewicht: 2,0 bis 4,1 kg

Gelege: 2 bis 8, normalerweise 4 bis 6 Eier

Brutzeit: Mai bis Juli

Systematik und Verbreitung

Die Saatgans gehört zu den Feldgänsen und wird in meist sechs verschiedene Unterarten eingeteilt, von denen drei in Deutschland zu finden sind. Dabei ist morphologisch die Kurzschnabelsaatgans (*Anser [fabalis] brachyrhynchus*) diejenige, welche sich am deutlichsten (durch die geringe Schnabellänge) von den anderen Subspecies unterscheidet. Sie wird von vielen Autoren auch als eigene Art („Kurzschnabelgans") angesehen. Daneben finden wir hierzulande noch die Waldsaatgans (*Anser fabalis fabalis*) und die Tundrensaatgans (*Anser fabalis rossicus*).

Aus populationsbiologischer Sicht könnte man auch von unterschiedlichen Subpopulationen der Saatgans sprechen. Die Teilpopulationen sind durch unterschiedliche Brut- bzw. Überwinterungsgebiete gekennzeichnet.

Das Hauptbrutgebiet der Waldsaatgans sind Sumpfgebiete und Gewässer in den großen borealen Waldgebieten. Sie überwintern in vielen Teilen Europas von Großbritannien bis zum Schwarzen Meer. Waldsaatgänse finden wir in Deutschland regelmäßig im Winter.
Die Tundrensaatgans brütet in den arktischen Tundren und zieht im Winter bis nach West- und Südeuropa und nach China.

Die Kurzschnabelsaatgans schließlich hat ihr Hauptbrutgebiet in Island, Ostgrönland und auf Spitzbergen. Sie überwintert vor allem an den britischen und nordwesteuropäischen Küsten und weicht nur in harten Wintern weiter nach Süden aus.

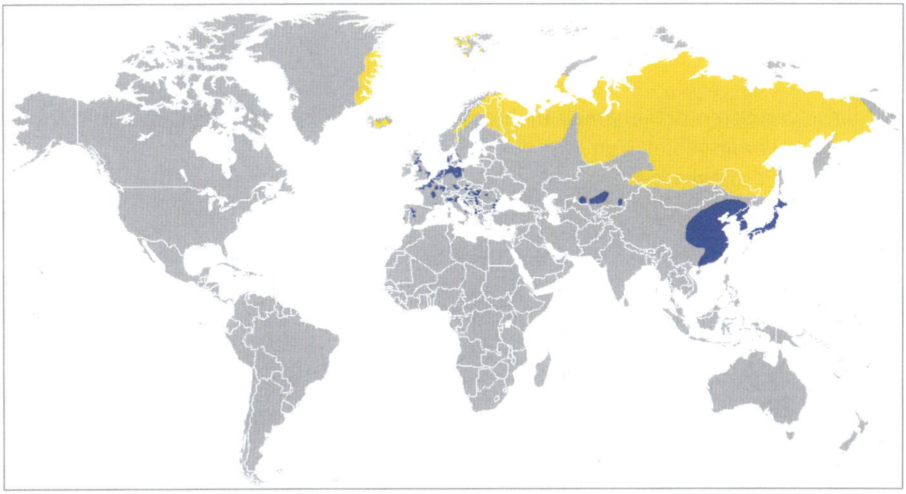

Überwinterungsgebiet   Brutgebiet

Abb. 113: Verbreitungsgebiet der Saatgans bzw. ihrer Unterarten einschließlich Kurzschnabelsaatgans

Lebensraum und Ökologie

Saatgänse besiedeln in ihren Brutgebieten entweder die Taiga, also Moore und Flusslandschaften innerhalb der borealen Nadel- und Birkenwälder (Waldsaatgans), oder die Strauch-, Moos- oder Flechtentundren weiter im Norden (Tundrensaatgans). Hier leben die Gänse typischerweise in Paaren bzw. später zusammen mit ihren Gösseln. In den Überwinterungsgebieten leben sie in großen Gruppen. Sie schlafen auf dem Wasser und fliegen tags in großen Schwärmen zu ihren Nahrungshabitaten. Hierzulande sind das typischerweise landwirtschaftliche Flächen. Dabei können zwischen Schlaf- und Nahrungshabitaten Distanzen bis zu zehn Kilometer und mehr liegen (vergl. vergl. Mooij 1993, Rutschke 1997, Kolbe 1994, Uspenski 2003, Bauer *et al.* 2005, Bergmann *et al.* 2006).

Ernährung

Erwachsene Saatgänse ernähren sich im Wesentlichen vegetarisch. In ihren Brutgebieten besteht die Äsung aus Gräsern, Kräutern, Flechten, Wasserpflanzen sowie Beeren. In den Winterlebensräumen weiden Saatgänse gerne auf Grünland oder anderen landwirtschaftlichen Kulturen (Wintersaat) oder auch abgeernteten Feldern.

Junge Gänse nehmen auch Insekten, Weichtiere, Krebse, kleine Fische und Fischlaich auf (vergl. vergl. Mooij 1993, Rutschke 1997, Kolbe 1994, Uspenski 2003, Bauer *et al.* 2005, Bergmann *et al.* 2006).

Fortpflanzung

Saatgänse verpaaren sich erstmals in ihrem zweiten oder dritten Lebensjahr. Dies erfolgt im Überwinterungsgebiet. Von dort aus fliegen sie etwa im März in ihre Brutgebiete, in denen die Waldsaatgänse meist im April, die Tundrensaatgänse meist im Mai eintreffen.

Die Gans baut in geschützter, trockener Lage ein Nest, welches sie mit Daunenfedern auspolstert. Ein Gelege umfasst normalerweise 4 bis 6, gelegentlich auch mehr oder weniger Eier. Erst wenn das Gelege komplett ist, wird mit dem Brutgeschäft begonnen. Die Brutdauer beträgt bei der Waldsaatgans etwa 28 bis 29 Tage, bei der Tundrensaatgans etwa 25 Tage. Während die Gans brütet, wacht der Ganter in der Nähe.

Im Alter von etwa 45 Tagen sind die Gössel flügge. In dieser Zeit mausern auch die Altvögel. Anfang September beginnt der Zug in die Überwinterungsgebiete, wo die Jungvögel noch bei ihren Eltern bleiben (vergl. Mooij 1993, Rutschke 1997, Kolbe 1994, Uspenski 2003, Bauer *et al.* 2005, Bergmann *et al.* 2006).

Populationsdynamik

Die Saatgans ist als Art ausgesprochen häufig und nicht gefährdet. Allerdings beobachten wir bei einzelnen Subspecies durchaus unterschiedliche Entwicklungen.

Insgesamt erscheint die Bestandesentwicklung der Saatgänse derzeit noch unklar. Seit Ende des 20. Jahrhunderts konnten wir eine Zunahme des Besatzes, ähnlich wie auch bei der Graugans, beobachten. Aktuell gilt der Bestand der Tundrensaatgans als stabil, während die Waldsaatgans möglicherwiese einen abnehmenden Bestandestrend aufweist (KRUCKENBERG *et al.* 2011a, b).

Management

Die Tatsache, dass auch überwinternde Saatgänse Fraßeinwirkungen auf Agrarflächen verursachen können, welche auch ökonomische Schäden zur Folge haben können (bei mehr als 1500 Gänsetagen pro Hektar geht man davon aus), stellt sich bei der Saatgans neben der nachhaltigen Nutzung insbesondere die Frage nach Möglichkeiten der Vergrämung. Diese sind am ehesten durch eine intensive Bejagung auf den in Frage stehenden Schadensflächen gegeben. Allerdings sollte dieses im Rahmen eines zumindest regionalen Konzeptes geschehen: Wenn die Gänse auf einer Fläche intensiv bejagt werden, weichen sie auf andere Flächen aus (vergl. auch KRUCKENBERG & MOOIJ 2007). Um letztlich die Schäden nicht nur zu verlagern, wäre eine Bejagung zum Zwecke der Vergrämung vor allem dann sinnvoll, wenn hinreichend nutzbare Äsungsflächen in einer Region zur Verfügung stünden, welche dann von der Jagd verschont werden und auf denen die Gänse hinreichend Nahrung ungestört aufnehmen können.

Dazu kommt, dass einzelne Bundesländer in zunehmendem Maße keine Jagdzeit auf Saatgänse mehr zulassen. Der Grund dafür ist der als abnehmend identifizierte Bestandestrend der Waldsaatgans. Ob dies tatsächlich die ganzjährige Schonung aller Saatgänse rechtfertigt, ist zu bezweifeln, zumal die jährliche Jagdstrecke an Saatgänsen in den meisten Bundesländern lediglich einige Dutzend Individuen beträgt. Diese Größenordnung ist im Vergleich zum Gesamtbestand von mehreren zehntausend überwinternden Individuen in Deutschland vernachlässigbar gering und rechtfertigt sicher keine ganzjährige Schonzeit.

Mensch und Wildtier

Saatgänse treten saisonal und regional gehäuft auf. Im Vergleich zur Graugans ist ihre jagdliche Bedeutung hierzulande ausgesprochen gering. Ihr Anteil an der Jagdstrecke im Vergleich etwa zu Graugänsen oder Nilgänsen ist, wie oben erwähnt zu vernachlässigen.

Zwerggans

Anser erythropus

Länge: 53 bis 66 cm

Gewicht: 1400 bis 2200 g

Gelege: 5 bis 7 Eier

Brutzeit: Mai/Juni

Systematik und Verbreitung

Auch die Zwerggans oder Zwergblässgans gehört zur Gattung *Anser*, den Feldgänsen oder grauen Gänsen.
Sie ist die seltenste unter den in Mitteleuropa auftretenden grauen Gänsen. Sie hat ihre Brutgebiete in den Waldtundrengebieten des nördlichen Europas und Asiens. Europa gehört neben weiten Teilen Ostasiens, Kleinasiens und Nordafrikas zu den typischen Überwinterungsgebieten der Zwerggans(vergl. auch RUTSCHKE 1997, KOLBE 1999, USPENSKI 2003, BAUER *et al.* 2005, KRUCKENBERG *et al.* 2022).

Lebensraum und Ökologie

Im Brutgebiet bilden Sumpfgebiete und Moore mit niedriger Tundrenvegetation den typischen Lebensraum der Zwerggans.
Auf dem Durchzug und in den Überwinterungsgebieten finden wir sie oft auf Agrarflächen.

Ernährung

Zwerggänse ernähren sich, mit Ausnahme der heranwachsenden Jungvögel pflanzlich. Dabei spielen Kräuter und kurze Grasvegetation (Sicherheitsbedürfnis!) eine nicht unerhebliche Rolle, so dass man Zwerggänse häufig auf beweidetem Grünland antreffen kann (LENGYEL *et al.* 2012).

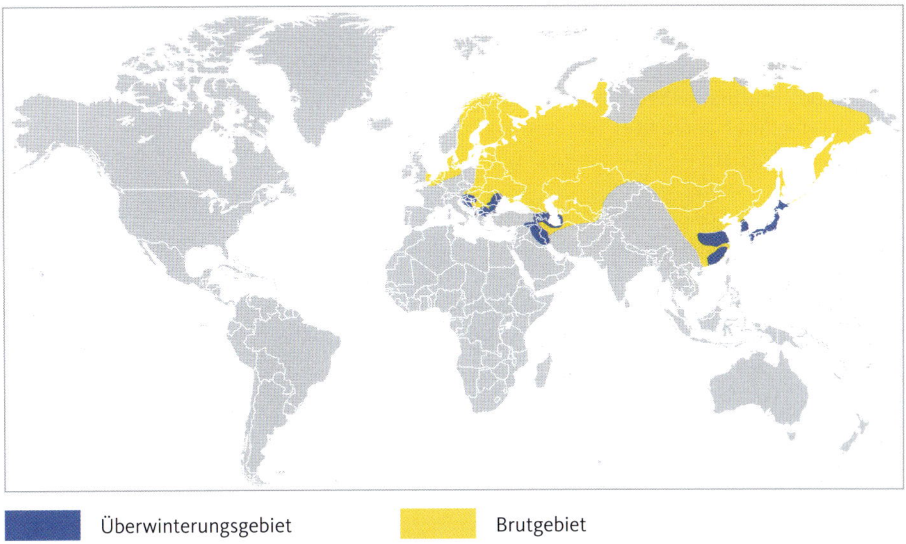

Abb. 114: Verbreitungsgebiet der Zwerggans

Fortpflanzung

In ihren Brutgebieten nutzt die Zwerggans bevorzugt Sümpfe und Marschen als Bruthabitate, in denen sie ihr Nest gerne auf höher gelegenen Landrücken oder Hügeln baut. Zwerggänse leben monogam, Neuverpaarungen erfolgen bei Verlust eines Partners.

Die Brutperiode liegt im Mai und Juni, das Nest aus Pflanzenteilen, Moos und Daunen wird von der Gans gebaut.

Das Gelege besteht aus 5 bis 7 Eiern und wird von der Gans für 25 bis 28 Tage bebrütet, während der Ganter wacht.

Die Küken sind typische Nestflüchter und werden von beiden Eltern betreut. Während des Winters bleiben Altvögel und ihre Küken beisammen (vergl. auch Rutschke 1997, Kolbe 1999, Uspenski 2003, Bauer *et al.* 2005).

Populationsdynamik

Die weltweite Population der Zwerggans scheint in den vergangenen Jahrzehnten einen deutlichen Rückgang zu zeigen. Zumindest die Zahl der in Mitteeuropa überwinternden Individuen ist rückläufig.

Als möglich Ursache wird häufig eine nicht nachhaltige Bejagung in Russland, Zentralasien und Südosteuropa genannt. Solide wissenschaftliche Belege für diese Hypothese fehlen allerdings.

Management

Auch wenn es keineswegs sicher ist, dass eine übermäßige Nutzung in einigen Teilen der Erde für den mutmaßlichen Bestandesrückgang verantwortlich ist, sollte auf eine Bejagung derzeit unbedingt verzichtet werden, wie dies auch in den meisten mitteleuropäischen Ländern der Fall ist.

Mensch und Wildtier

Zwerggänse sind wie andere nordische Gänse auch in Mitteleuropa als Durchzügler im Herbst in Mitteleuropa anzutreffen. Aufgrund ihrer relativen Seltenheit spielen sie im Schadgeschehen eine untergeordnete Rolle.

Einen Grenzfall zwischen sinnvollem Wiederansiedlungsvorhaben und der Nutzung der Tiere für die medienwirksame Selbstvermarktung der betroffenen Organisationen und Personen stellen Versuche dar, skandinavische Zwerggänse mittels Ultraleichtflugzeug auf neue Zugrouten nach Deutschland zu konditionieren.

Blässgans

Anser albifrons

Länge: 65 cm bis 76 cm

Gewicht: 1600 bis 2400 g

Gelege: 4 bis 6 Eier

Brutzeit: Mai bis Juli je nach Region

Systematik und Verbreitung

Die Blässgans gehört zur Gattung *Anser*, den Feldgänsen (auch „graue Gänse“ genannt) und hat ihre Brutgebiete im Norden Eurasiens und Nordamerikas sowie in Westgrönland. Sie wird meist in fünf verschiedene Unterarten eingeteilt, von denen vor allem die Europäische Blässgans (*Anser albifrons albifrons*), gelegentlich aber auch andere, im Winter in Mitteleuropa anzutreffen ist. Die Grönland-Blässgans (*Anser albifrons flavirostris*) überwintert vor allem auf den britischen Inseln und ist allenfalls sehr selten in Kontinentaleuropa als Wintergast zu finden (vergl. RUTSCHKE 1997, KOLBE 1999, USPENSKI 2003, BAUER *et al.* 2005).

Lebensraum und Ökologie

Blässgänse sind typische Brutvögel des hohen Nordens. Ihre Brutgebiete liegen zirkumpolar in den arktischen Tundren. Sie zeigen ein sehr differenziertes Zugverhalten aus den Brutgebieten in die Winterlebensräume. Diese liegen – je nach Teilpopulation – in Südostasien, West-, Mittel- und Osteuropa, auf den britischen Inseln sowie in der Mitte und im Süden der USA sowie in Mittelamerika. Auch in den Winzerlebensräumen werden offene Landschaften in Gewässernähe aufgesucht. Heute finden wir Blässgänse daher vor allem in landwirtschaftlich geprägten Regionen als Wintergäste.

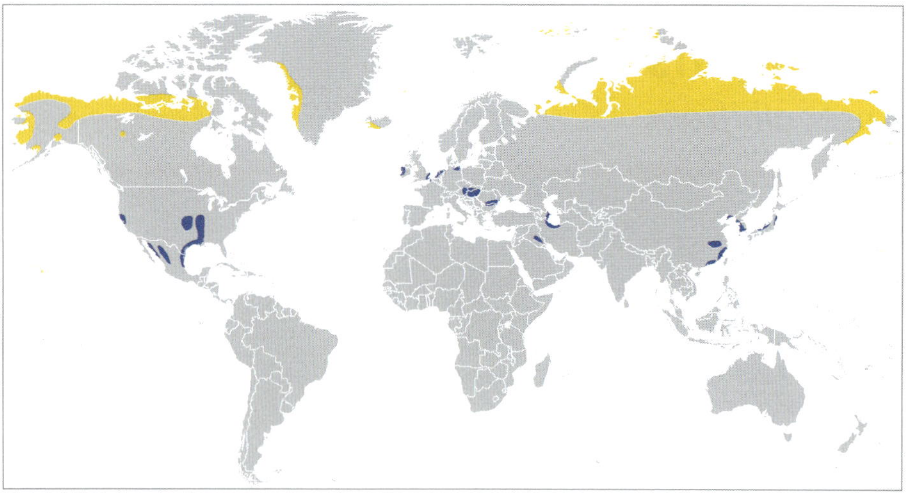

Überwinterungsgebiet   Brutgebiet

Abb. 115: Verbreitungsgebiet der Blässgans bzw. ihrer Unterarten

Ernährung

Blässgänse ernähren sich als typische Feldgänse weitestgehend vegetarisch und äsen in ihren Brutgebieten insbesondere Gräser, aber auch andere junge Pflanzenteile und im Spätsommer und Herbst die Beeren der bodennahen Strauchvegetation (vergl. RUTSCHKE 1997, KOLBE 1999, USPENSKI 2003, BAUER *et al.* 2005).

In den Überwinterungsquartieren sind Blässgänse nicht selten zusammen mit Grau- und Saatgänsen auf den Wintersaaten zu beobachten.

Fortpflanzung

Ab Februar/März ziehen die Blässgänse aus Mitteleuropa zurück in ihr Brutgebiet.
Im Mai sind die meisten Blässgänse in ihren Brutarealen in der Tundra eingetroffen, in den nördlichsten Teilen des Verbreitungsgebietes auch erst im Juni.

Oft sind sie bereits verpaart. Anfang Juni beginnt in der Regel der Nestbau, das Nest wird mit Daunenfedern ausgekleidet. Die Gans baut das Nest und brütet, der Ganter wacht in der Nähe. Die Brutdauer beträgt drei bis vier Wochen, mit etwa sechs Wochen (im August) sind die Gössel flügge.

Bis dahin ist auch die Mauserzeit der Altvögel durchlaufen, so dass die Vögel mit dem Zug in die Winterquartiere beginnen können, der spätestens Ende September abgeschlossen ist (vergl. RUTSCHKE 1997, KOLBE 1999, USPENSKI 2003, BAUER *et al.* 2005).

Populationsdynamik

Blässgänse befanden sich etwa zur Mitte des 20. Jahrhunderts auf einem Tiefstand der weltweiten Population. Seitdem hat sich der Bestand wieder gut erholt, heute wird der weltweite Bestand auf etwa drei Millionen Individuen geschätzt.

Management

Die bei uns überwinternden Blässgänse sind Teil einer nicht gefährdeten Unterart, so dass grundsätzlich nichts gegen eine nachhaltige Nutzung oder auch Bejagung zum Zwecke der Vergrämung spricht. Allerdings finden wir zunehmend Bundesländer, die eine Bejagung der nordeuropäischen Gänse nicht mehr zulassen wollen. Dass dies langfristig weder nachhaltig ist, noch dem Tierwohl dient, zeigt das Beispiel der Niederlande. Hier erfolgt die Bestandesreduktion der wildlebenden und auf Agrarflächen zu Schaden gehenden Gänse durch Einfangen und Vergasen der Tiere während der Mauserzeit.

Graugans

Anser anser

Länge: 74 bis 89 cm

Gewicht: 2,1 bis 4,7 kg

Gelege: 4 bis 8 Eier

Brutzeit: März bis Mai

Systematik und Verbreitung

Graugänse gehören in der Ordnung der Gänsevögel (Anseriformes) ebenso wie Enten, Schwäne und Säger zur Familie der Entenvögel (Anatidae). Sie werden zusammen mit Saatgans, Kurzschnabelsaatgans und der Blässgans auch zu den sog. Feldgänsen gezählt und als Gruppe von den sog. Meergänsen (s.u.) unterschieden.

Die Graugans ist in weiten Teilen Nord- und Osteuropas sowie Asiens als Brutvogel verbreitet. Während der Zugzeit treffen wir sie in ganz Europa an. Die Überwinterungsgebiete liegen im Mittelmeerraum, doch ziehen gerade mitteleuropäische Vögel im Winter oft nicht mehr oder lediglich über kürzere Distanzen.

So zog früher nahezu die gesamte baltisch-atlantische Graugansteilpopulation ab September nach Spanien (Herbstzug). Heute überwintern kleinere Trupps ortstreu (Elbe, Ostfriesland) oder ziehen erst ab Ende Oktober zu alten Sammelplätzen (Niederlande, Niederrhein). Ab Februar fliegen die aus Spanien heimziehenden Graugänse bis Frankreich, um dann auf zwei Routen weiter in die nordischen Brutgebiete zurück zu ziehen (Frühjahrszug). Die Brutbesätze aus Nordost- und Osteuropa überwintern in Tunesien und fliegen ohne zu rasten direkt zurück. Das Ziehen wird über die Eltern weitergegeben. Dabei fliegen die Jungtiere mit ihren Eltern und prägen sich so die Zugroute ein. Gössel, die ohne Kontakt zu ziehenden Altvögeln aufwachsen, bleiben Standvögel (Rutschke 1997, Kreutzkamp 2003, Kampe-Persson 2010).

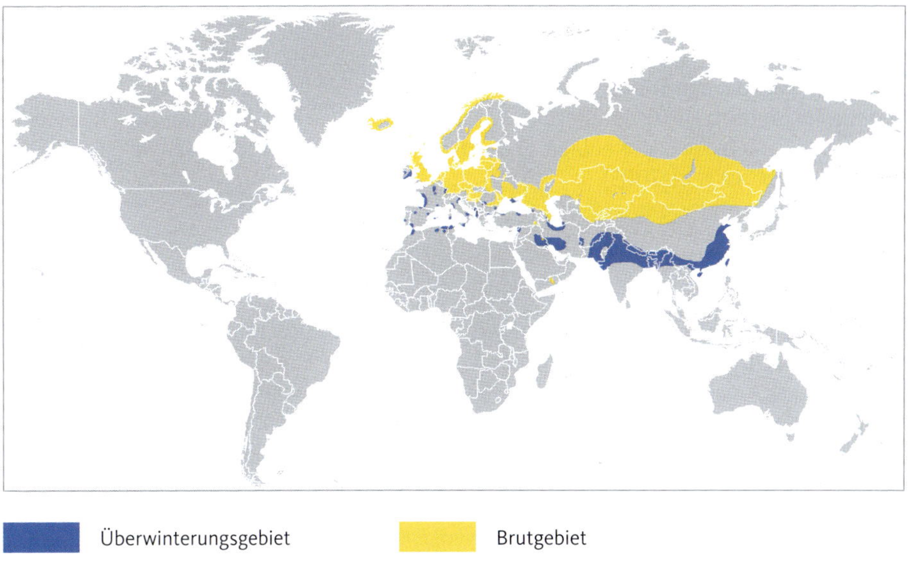

Abb. 116: Verbreitungsgebiet der Graugans

Lebensraum und Ökologie

Graugänse benötigen Gewässer in ihrem Lebensraum. Dort kommen sie eher weiter landwärts als die Enten vor. Große Wasserflächen sind vor allem zum Übernachten und zur Rast während des Zuges erforderlich.

Normalerweise sind Graugänse eher tagaktiv, bei Störungen verlagern sie die Nahrungssuche an Land aber auch in die Dämmerungs- und Nachtstunden.

Außerhalb der Paarungs- und Brutzeit leben Graugänse in großen Gruppen bzw. Schwärmen.

Die genauen räumlichen Bewegungen des Brutbesatzes in Mitteleuropa sind trotz intensiver Beringungsprogramme noch in vielen Teilen unverstanden. Wir unterscheiden bei den langlebigen Gänsen (bis 25 Jahre) sog. Brüter, Nichtbrüter und den Winterbesatz. In den Niederlanden leben heute mehr als 20 000 Brutpaare (Dichten bis 30 Graugänse pro 100 ha), vor rund zwei Jahrzehnten waren es lediglich rund 1200 Exemplare (Feige *et al.* 2008). Wenngleich Einzelvögel über 1000 km vom Schlupfort abwandern, sind die Brüter in der Regel ortstreu. Der Nichtbrüteranteil ist unbekannt. Nichtbrüter wechseln ihr Federkleid auf Mausergewässern, die meist nicht zum Brutgebiet gehören. Neben lokalen, kleineren Mauserplätzen finden sich überregionale Mauserplätze in den Niederlanden, in Dänemark, Nordostdeutschland, Schweden und Polen (vergl. auch Rutschke 1997, Kreutzkamp 2003, Kampe-Persson 2010).

Ernährung

Graugänse ernähren sich bevorzugt vegetarisch, insbesondere von grünen Pflanzenteilen auf Wiesen und auf (Winter)getreide- und Rapsschlägen.

Sie äsen gerne junge Triebe, (Keim-)Blätter und Wurzeln von Kulturgräsern, ebenso von Weidewildkräutern, Getreide oder Raps, ab. Auch Knollen von Kartoffel und Rübe oder Körner (Mais, Getreide, Sonnenblume) werden aufgenommen (vergl. auch Rutschke 1997, Kolbe 1994, Bauer *et al.* 2005).

Fortpflanzung

Graugänse verpaaren sich erstmals im Herbst des zweiten Lebensjahres, brüten aber erstmals im dritten oder meist sogar vierten Lebensjahr. Die Partner leben meist monogam und paaren sich nur nach dem Tod eines Partners neu. Sie beginnen im März/April mit der Brut. Das Nest in geschützter, trockener Lage wird mit Daunenfedern ausgepolstert. Das Gelege besteht aus vier bis sechs, gelegentlich bis zu acht Eiern. Bei Verlust des Geleges erfolgt oft ein weniger umfangreiches Nachgelege. Die Gans brütet 27 bis 29 Tage, während der Ganter in der Nähe Wache hält.

Die bevorzugten Brutplätze liegen in der Nähe des Wassers, im Idealfall auch in der Nähe von Äsungsflächen, z.B. Wiesen oder Saaten. Typische Brutplätze sind Schilfgürtel um große Seen, Flussauen, bewaldete Inseln in Gewässern oder Moore.

Nach etwa vier Wochen schlüpfen die Gössel und werden von den Eltern alsbald zum nächsten Gewässer geführt. Die Gössel werden in einer sensiblen Phase auf die Mutter individuell geprägt. Nach 50 bis 60 Tagen sind die jungen Gänse flügge (vergl. Auch RUTSCHKE 1997, KOLBE 1994, BAUER *et al.* 2005).

Populationsdynamik

Die Graugans war ursprünglich in Norddeutschland sowie den Niederlanden und entlang der großen Flüsse beheimatet. Bis Mitte des 20. Jahrhunderts erfolgte ein stetiger Rückgang des mitteleuropäischen Bestandes. Anfang der 1970er Jahre war die Graugans in Deutschland mit nur noch rund 200 Brutpaaren (Schleswig-Holstein) vertreten. Seitdem hat sie sich unter anderem nach diversen Wiederansiedlungsprojekten in ihrem Bestand außerordentlich günstig entwickelt und ist mittlerweile selbst in den Grünanlagen an Gewässern der großen urbanen Räume, etwa im Englischen Garten in München, in großer Zahl anzutreffen. Ein wichtiges Ausbreitungszentrum in Bayern lag um 1955 in Seewiesen bei Starnberg. Freifliegende Gänse der Verhaltensforscher um KONRAD LORENZ bildeten den Grundstock einer zunächst kleinen, lokalen Gruppe. Hinzu kamen Aussetzungen in Südbayern oder im Donautal. 1984 tauchten die ersten Brutpaare am Altmühlsee auf (vergl. auch VIDAL 1997). Heute wird der Brutbestand in Deutschland auf etwa 40 000 Brutpaare in Deutschland geschätzt.

Der Weltbestand der Graugans wird aktuell auf über eine Million Vögel geschätzt.

Management

Die Graugans ist in Mitteleuropa in ihrem Bestand gesichert, sie kann nachhaltig genutzt werden.

Ein Problem stellen die großen Flüge dar, die vielerorts auf landwirtschaftlichen Flächen, insbesondere auf Saaten, zu Schaden gehen. In diesem Falle ist eine Bejagung auf den gefährdeten Flächen mit dem Ziel der längerfristigen Vergrämung angebracht.

Eine interessante Option wäre in Zukunft auch die separate Bejagung der Nichtbrüter.

Ein Problem in urbanen Räumen ist die Verschmutzung städtischer Grünflächen durch Gänsekot. Aufgrund fehlender Akzeptanz in großen Teilen der Bevölkerung ist hier die Bejagung nur schwer umsetzbar. In diesen Fällen stellt die Reduktion des Bruterfolge durch Beschädigen (nicht: zerstören) der Eier in den Gelegen eine Option der Bestandesreduktion dar.

Mensch und Wildtier

Graugänse und Menschen sind seit Jahrtausenden eng miteinander verbunden. Die Graugans ist die Stammform der Hausgans, ihre Domestikation begann nach unserem heutigen Wissensstand im zweiten vorchristlichen Jahrtausend in Mitteleuropa (BAUER *et al.* 2005).

Ringelgans

Branta bernicla

Länge: 55 bis 62 cm

Gewicht: 1100 bis 1800 g

Gelege: 1 bis 8, meist 3 bis 5 Eier

Brutzeit: Juni – Juli

Systematik und Verbreitung

Die Ringelgans gehört zu den Meergänsen und findet sich als Brutvogel zirkumpolar im arktischen Eurasien und Nordamerika. Die Verbreitungsgrenzen fallen etwa mit den Juli-Isothermen von 1 Grad Celsius im Norden und 7 Grad Celsius im Süden zusammen (in diesen Gebieten steigt die mittlere Temperatur nicht über die entsprechenden Werte). Von den drei Unterarten findet sich vor allem die Dunkelbäuchige Ringelgans (*Branta bernicla bernicla*) im Winter an den europäischen Küsten. In Deutschland findet man Ringelgänse im Winterhalbjahr regelmäßig im Wattenmeer sowie in der Wismarbucht der Ostsee. Im Binnenland ist die Ringelgans ausgesprochen selten anzutreffen (vergl. auch MADGE & BURN 1989, RUTSCHKE 1997, USPENSKI 2003, BERGMANN *et al.* 2006).

Lebensraum und Ökologie

Unter den Meergänsen ist die Ringelgans besonders intensiv an die Meeresküsten gebunden.

In der baumlosen Arktis besiedelt sie kleine Inseln oder höher gelegene Flächen entlang der Küsten. Die in Mitteleuropa durchziehenden und überwinternden Gänse finden sich im Wattenmeer und in den Salzwiesen vor allem zur Nahrungsaufnahme ein.

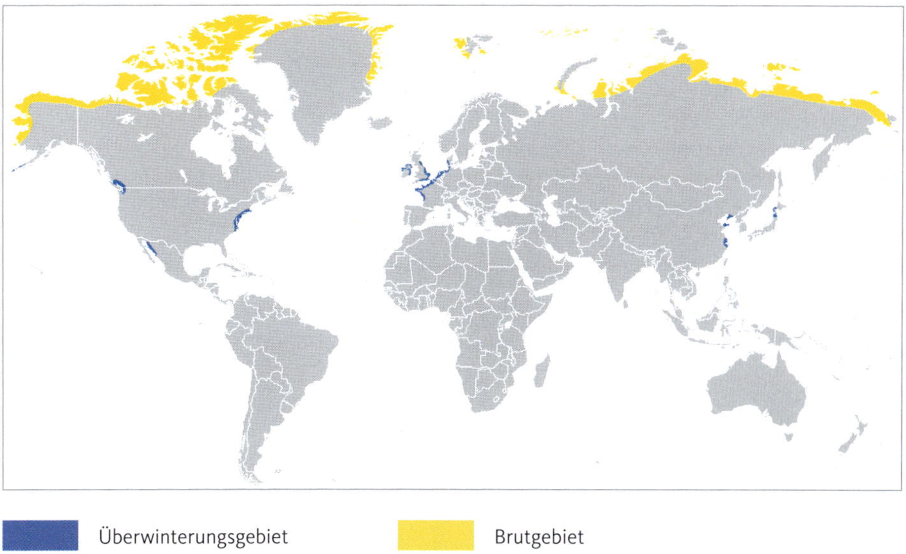

Abb. 117: Verbreitungsgebiet der Ringelgans

Ernährung

Erwachsene Ringelgänse ernähren sich pflanzlich: Neben Algen, Tang und Süßgräsern nutzen sie die Flora der Salzwiesen, nehmen aber auch Kräuter, Moose und Flechten auf. Die Nahrung wird sowohl an Land weidend, aber auch schwimmend aufgenommen. Jungtiere ernähren sich in den ersten Lebenswochen zu einem wesentlichen Anteil von kleineren Tieren, insbesondere Insekten und Weichtieren.

Erwachsene Ringelgänse können Salzwasser trinken, Jungvögel müssen Süßwasser aufnehmen.

Fortpflanzung

Zur Brut nutzen Ringelgänse kleine Inseln, die Meeresküste selbst und höher gelegene Feuchtflächen in der baumlosen Tundra. In der Regel finden sich die Nester in unmittelbarer Küstennähe, selten mehr als 1 km von dieser entfernt. Ringelgänse brüten in Kolonien. Gans und Ganter bauen gemeinsam das Nest mit ausgepolsterter Nestmulde; die Gans legt in der Regel 3 bis 5 Eier, welche im Juni und Juli für 23 bis 26 Tage bebrütet werden. Die Führung der Gössel durch die Eltern dauert etwa 40 Tage. Unmittelbar nach dem Schlüpfen zieht die Familie an Flüsse, Flussmündungen oder Seen im Brutgebiet um. Die Ganter lösen sich in dieser Zeit von der Familie und bilden oft separate Mausertrupps. Mit Ende der Mausersaison, gegen Mitte August, sind auch die Jungen flügge (vergl. auch MADGE & BURN 1989, RUTSCHKE 1997, USPENSKI 2003, BERGMANN *et al.* 2006).

Populationsdynamik

Zu Beginn des 20. Jahrhunderts kam es zu einem großflächigen Absterben der Seegrasbestände in den europäischen Überwinterungsgebieten, was wiederum einen deutlichen Rückgang der hier überwinternden Teilpopulation bzw. Unterart der Ringelgans auf etwa ein Viertel bis ein Zehntel des Ausgangsbestandes zur Folge hatte.
Auch die Abnahme der Salzwiesen im Rahmen von Aktivitäten zur Landgewinnung entlang der Küste könnte zum Rückgang beigetragen haben (vergl. USPENSKI 2003).

Seit Ende des 20. Jahrhunderts zeigt sich wieder eine deutlich zunehmende Tendenz des europäischen Überwinterungsbestandes.

Management

In Europa könnte die Ringelgans nachhaltig genutzt werden. In Deutschland wurde sie allerdings in verschiedenen Bundesländern dem Naturschutzrecht unterstellt und die Nutzung eingestellt.

Kanadagans

Branta canadensis

Länge: 90 bis 110 cm

Gewicht: 3000 bis 6500 g

Gelege: 2 bis 11, meist 5 bis 6 Eier

Brutzeit: März bis Mai, typischerweise April

Systematik und Verbreitung

Die Kanadagans gehört neben der Nonnen- oder Weißwangengans sowie der Ringelgans zu den in Mitteleuropa regelmäßig anzutreffenden sog. Meergänsen. Als Meergänse bezeichnen wir die Gattung *Branta* in der Familie der Entenvögel (Anatidae). Im Gegensatz zu den sog. „grauen Gänsen" besitzen diese ein dunkleres Gefieder, einen schwarzen Schnabel und schwarze Beine. Die Bezeichnung „Meergänse" hat damit zu tun, dass diese Arten ursprünglich eher in Küstennähe brüteten.

Kanadagänse sind die größten Gänse und ursprünglich in Nordamerika heimisch. Sie wurde vom Menschen in Europa und Neuseeland angesiedelt und hat sich hier auch im Binnenland verbreitet (vergl. auch Owen *et al.* 1986, Hanson 1997, Rutschke 1997, Kolbe 1999, Uspenski 2003, Bauer *et al.* 2005).

Lebensraum und Ökologie

Die Kanadagans bevorzugt Lebensräume mit mittelgroßen bis großen Gewässern mit einer Tiefe von über einem Meter, möglichst mit darin gelegenen Inseln und Äsungsflächen in der Nähe. Falls es sich um einen Brutlebensraum handelt, sind auch erhöht gelegene, ungestörte Areale für den Nestbau wichtig.

In Nordamerika finden wir die Kanadagans derzeit noch eher in großen, wasserreichen Wald- und Offenlandschaften, in Europa hat sich die Art in höherem Maße an die Agrar- oder sogar urbane Landschaft (Parkanlagen) angepasst.

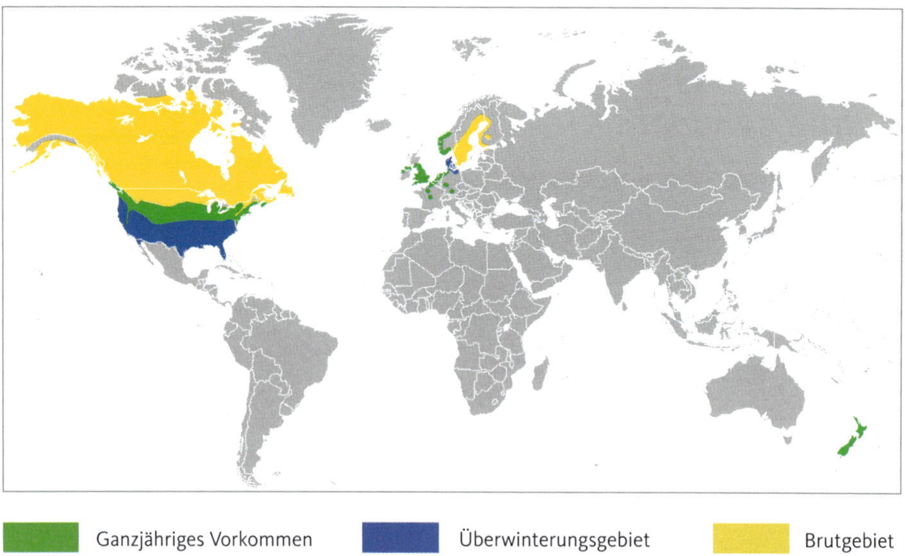

Abb. 118: Verbreitungsgebiet der Kanadagans

Die Anforderungen an die Winterlebensräume sind geringer, hier spielt das Vorhandensein von hinreichend Nahrung wohl die größte Rolle.

Ernährung

Kanadagänse ernähren sich im Wesentlichen von Gräsern und Kräutern sowie Wasserpflanzen. Letztere erreichen sie bis ca. 75 cm Wassertiefe. Im Winter weiden Kanadagänse häufig auf Grünland und Wintersaaten.

Fortpflanzung

Das Nest der Kanadagans wird bevorzugt auf kleinen Anhöhen in der Nähe des Gewässers angelegt. Den Nistplatz sucht die Gans aus. Neben relativ wenigen Pflanzenteilen werden reichlich Daunen verbaut.

Das Gelege umfasst zwischen 2 und 11 Eiern, meist sind es 5 oder 6. Die Gans brütet zwischen Ende März und Anfang Mai etwa 28 Tage lang, der Ganter wacht in der Nähe des Nestes.

Mit 60 bis 70 Tagen sind die Gössel flugfähig.

Wenn die Gössel 3 bis 5 Tage alt sind, beginnen die Altvögel mit der Mauser des Großgefieders. In dieser Zeit sind sie für 4 bis 5 Wochen flugunfähig.

Die Jungvögel bleiben meist bis zur Brut im folgenden Jahr mit den Eltern zusammen (vergl. auch Owen *et al.* 1986, Hanson 1997, Rutschke 1997, Kolbe 1999, Uspenski 2003, Bauer *et al.* 2005).

Populationsdynamik

Die europäischen Bestände der Kanadagans sind im Wesentlichen durch Ansiedlungsmaßnahmen und durch aus Gefangenschaftshaltung entkommene Individuen begründet worden und gelten als stabil bis zunehmend.

Management

In Europa und Neuseeland sind Kanadagänse als Neozoa etabliert. Sie gelten nicht als invasive Arten, sondern unterliegen als Teil der lokalen Fauna einer nachhaltigen Nutzung. Trotz einer gewissen Konkurrenz zur Graugans ist derzeit für beide Arten eine Koexistenz möglich. Dort, wo beide Arten in hoher Dichte vorkommen, treten gelegentlich Hybriden auf, welche allerdings infertil sind.

Ähnlich wie bei den Graugänsen entstehen auch durch Kanadagänse Probleme auf landwirtschaftlichen Flächen (Saaten), wenn sich große Flüge von Kanadagänsen auf diesen regelmäßig aufhalten. Allerdings ist hierbei – wie grundsätzlich bei der Beweidung von Nutzpflanzen durch Wildtiere – zu beachten, dass nicht jede Fraßeinwirkung einen Schaden darstellt und dass sogar je nach Bodenbeschaffenheit und Zustand der Vegetation gewisse Mehrerträge nach Gänsebeweidung beobachtet wurden (Owen *et al.* 1986). Neben den Fraßschäden sind die Trittschäden durch eine große Anzahl von Gänsen ebenfalls bedeutsam.

In urbanen Regionen kommt es vor allem durch große Mengen von Gänsekot auf Grünflächen zu Konflikten.

Ist auf Agrarflächen insbesondere die Bejagung zum Zwecke der Vergrämung das Mittel der Wahl, so ist dieser Ansatz im Siedlungsbereich nicht oder nur eingeschränkt möglich. Hier besteht u.U. die Möglichkeit, die Entwicklung der Küken im Ei durch künstlich gesetzte Beschädigungen der Gelege zu verhindern und so die Reproduktionsleistung der Gänse zu reduzieren.

Eine besondere Herausforderung stellen die Kanadagänse an Flughäfen dar. Im Rahmen der „bird control“, also der Maßnahmen zur Vermeidung von Kollisionen mit Flugzeugen (vergl. Herzog 2019) spielen jene aufgrund ihrer Größe bzw. ihres Gewichtes eine besondere Rolle. Während ein modernes Triebwerk eines Verkehrsflugzeuges noch Vögel bis zu ca. 3 kg Masse „verdaut“, führt die Ansaugung einer Kanadagans in die Triebwerkschaufeln immer wieder zu ernstzunehmenden Notfallsituationen.

Mensch und Wildtier

Jenseits der oben erwähnten Probleme mit Kanadagänsen ist das Mensch-Tier-Verhältnis bei dieser Art durch ein langes Miteinander gekennzeichnet.

Die Ansiedlung der Kanadagans in Europa erfolgte im 19. Jahrhundert als Ziergeflügel, während die Ansiedlung in Neuseeland eher der Bejagung diente (Kolbe 1999).

Die Anlage von Landschaftsgärten im 19. Jahrhundert in England, aber auch auf dem europäischen Kontinent, erforderte eine abwechslungsreiche Fauna (vergl. Herzog 2019a), wobei man sich nicht allein auf einheimische Arten beschränkte.

In Nordamerika gilt die Kanadagans seit alters her als attraktives Jagdwild (vergl. Ogilvie & Pearson 1994, Hanson 1997):

Für die indigenen Cree der Hudson-Bay-Region waren Kanadagänse bis weit ins 20. Jahrhundert eine wichtige Nahrungsquelle. Dabei bleibt unklar, ob diese Tradition bereits in die Zeit vor der Einführung der Feuerwaffen zurückreicht. Mausernde flugunfähige Gänse wurden allerdings schon seit Jahrhunderten etwa mit Booten in Netze getrieben und so leicht erbeutet. Diese heute nicht nachhaltig erscheinende Tradition, die wir auch von den Inuit kennen, war so lange nachhaltig, solange die lokale menschliche Bevölkerungsdichte gering blieb. Heute ist das sicher nicht mehr der Fall.

Die Jagd auf die schweren Kanadagänse beförderte auch die Zucht entsprechender Apportierhunde; die unterschiedlichen Labrador-Rassen haben hier ihren Ursprung.

Weißwangengans

Branta leucopsis

Länge: 58 bis 70 cm

Gewicht: 1500 bis 2500 g

Gelege: meist 3 bis 5 Eier

Brutzeit: Mai – Juli

Systematik und Verbreitung

Die Weißwangen- oder Nonnengans gehört zu den Meergänsen. Sie ist ursprünglich ein Brutvogel der russischen Eismeerküste, Spitzbergens und Grönlands. Dabei gehen wir von drei unterschiedlichen Populationen mit eigenen Zugwegen und eigenen Winterhabitaten aus.

Seit der zweiten Hälfte des 20. Jahrhunderts besiedelt sie zunehmend die Ostseeregion, zunächst Gotland und Öland, später auch Schleswig-Holstein, Niedersachsen und die Niederlande. Diese sind Teil der russisch-baltischen Population.

Somit ist sie einerseits als Wintergast, andererseits aber auch als Brutvogel in Europa anzutreffen (vergl. auch RUTSCHKE 1997, USPENSKI 2003, BAUER *et al.* 2005, BERGMANN *et al.* 2006).

Lebensraum und Ökologie

Als Meergänse finden sich Nonnengänse typischerweise in küstennahen Lebensräumen der Arktis und Subarktis. Im Winter ziehen die Tiere, nachdem sie sich zunächst in großen Schwärmen von bis zu 50 000 Individuen gesammelt haben, in den Bereich der Nord- und Ostseeküste und der irischen und britischen Atlantikküste. In den Winterhabitaten finden sie sich oft einzeln oder als kleine Trupps mit Saat- oder Blässgänsen vergesellschaftet. Ähnlich wie die Ringelgans ist auch die Weißwangengans eng an Küstenlebensräume gebunden (vergl. auch RUTSCHKE 1997, USPENSKI 2003, BAUER *et al.* 2005, BERGMANN *et al.* 2006).

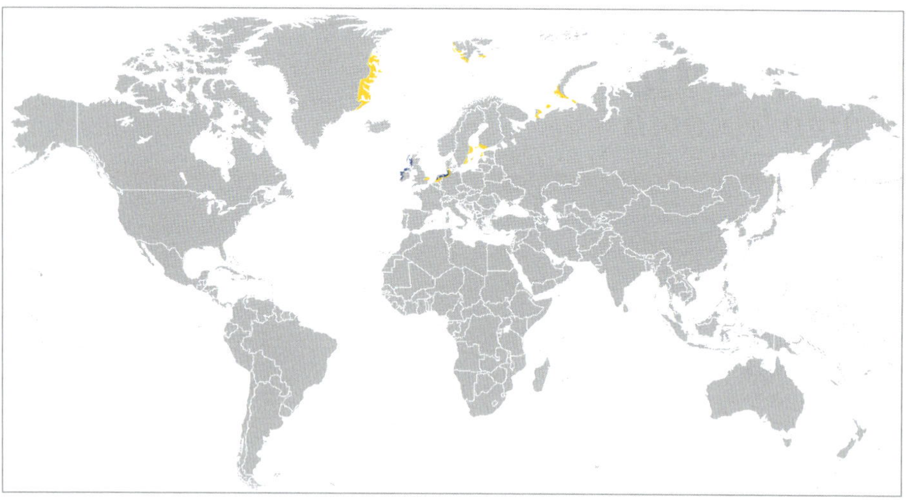

Überwinterungsgebiet   Brutgebiet

Abb. 119: Verbreitungsgebiet der Weißwangengans

Ernährung

Im arktischen Sommer ernähren sich Nonnengänse vor allem von Flechten und Moosen, welche sie mittels einer scharfen Kante am Schnabel gut von Steinen abschaben können. Die Winternahrung sind Süßgräser, Vegetation der Salzwiesen, aber auch Weidenkätzchen und -knospen und gelegentlich auch Krebse, Weichtiere und Insekten (vergl. auch USPENSKI 2003).

Fortpflanzung

Nonnengänse leben, wie für Gänse typisch, monogam und in lebenslanger Ehe. Bei Verlust eines Partners verpaaren sie sich neu. Die Paare brüten in kleineren Gruppen küstennah entlang von Tälern auf schwer zugänglichen Plateaus oder Klippen. Der Abstand der Nester beträgt mindestens 2 Meter.

Die Gans legt typischerweise 3 bis 5 Eier in eine mit Daunen ausgekleidete Bodenmulde. Die Brut beginnt Ende Mai bis Anfang Juni und dauert 24 bis 25 Tage. Die Gössel sind Nestflüchter und werden in für Gänse typischer Weise von beiden Elternvögeln betreut. Nach 7 Wochen sind die Jungen flügge (vergl. auch RUTSCHKE 1997, USPENSKI 2003, BERGMANN *et al.* 2006).

Populationsdynamik

Bei der Weißwangengans beobachten wir derzeit einen moderaten Bestandesanstieg, insbesondere finden wir eine zunehmende Tendenz des europäischen Überwinterungsbestandes.

Derzeit beobachten wir in der Zeit zwischen Oktober und März zwischen etwa 350 000 und 475 000 Nonnengänse an den Nord- und Ostseeküsten als Zugvögel oder Überwinterungsbestand.

Management

Die Art ist nicht gefährdet und kann grundsätzlich nachhaltig durch Bejagung genutzt werden. Allerdings wurde in einigen Bundesländern bzw. Staaten die Nutzung bzw. Bejagung der Nonnengänse eingestellt.

Auch wenn sich die Nonnengänse noch schwerpunktmäßig entlang der Küsten aufhalten, ist in Zukunft eine zunehmende Konfliktlage mit der Landwirtschaft absehbar, insbesondere im Bereich der Grünlandwirtschaft.

Mensch und Wildtier

Die Weißwangengans ist derzeit eher als die Ringelgans, doch in geringerem Umfang als die Kanadagans, als eine Art mit einem gewissen Schadenspotential in der Landwirtschaft anzusehen. Derzeit spielt sie allerdings, insbesondere im Vergleich zu Graugans oder Kanadagans, nur lokal eine signifikante Rolle.

Kulturhistorisch ist als kleine Anekdote zu dieser Art anzumerken, dass bis ins Mittelalter teilweise angenommen wurde, dass Entenmuscheln die Eier der Nonnengänse seien und die Nonnengänse aus diesen schlüpften.

Nilgans

Alopochen aegyptiaca

Länge: 63 bis 75 cm

Gewicht: 2000 bis 2500 g

Gelege: 5 bis 10 Eier

Brutzeit: März bis Dezember, sehr variabel

Systematik und Verbreitung

Die Nilgans ist der einzige Vertreter der Gattung *Alopochen*, die zu den Halbgänsen gehört. Sie stammt ursprünglich aus Afrika, wo sie südlich und östlich der Sahara weitverbreitet ist. Während sie am Unterlauf des Nils zurückgegangen ist, hat sie sich im südlichen Afrika weiter ausgebreitet. Ihre vertikale Verbreitung reicht vom Tiefland bis in etwa 4000 Meter Höhe über N.N. Aus Europa werden historische Vorkommen vom Balkan berichtet, die allerdings verschwunden sind. Bis ins 19. Jahrhundert waren Nilgänse in Bulgarien und Ungarn anzutreffen (vergl. KOLBE 1999).

Auf den britischen Inseln ist die Art seit dem 17. Jahrhundert, vor allem angesiedelt durch den Menschen, in Parks und Volieren heimisch.

Der heutige Bestand in Mitteleuropa geht im Wesentlichen auf Tiere zurück, die in den Niederlanden in den 1960er Jahren aus einer Parkhaltung entkommen sind (vergl. LENSINK 1996) und sich zunächst entlang des Rheins ausgebreitet haben.

Heute ist die Nilgans in großen Teilen Mittel- und Ostmitteleuropas verbreitet (vergl. auch BAUER *et al.* 2005).

Lebensraum und Ökologie

Nilgänse leben typischerweise in vielfältig strukturierten Lebensräumen an größeren

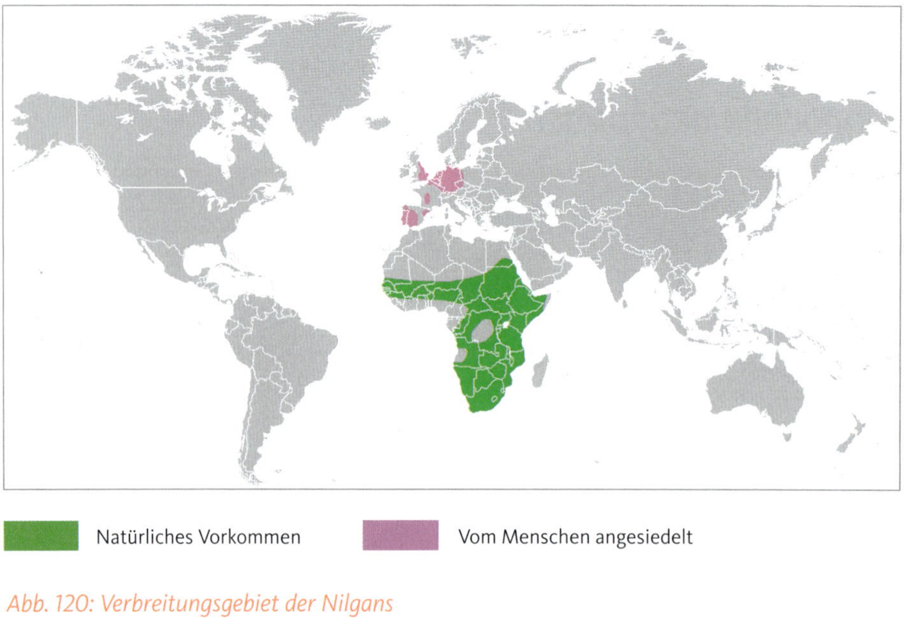

Abb. 120: Verbreitungsgebiet der Nilgans

Flussläufen und in Sumpfgebieten, nutzen aber auch künstlich angelegte Gewässer, etwa große Wasserrückhaltebecken. Sie sind eher im Binnenland und an Binnengewässern als an den Küsten anzutreffen und gelten hier als sehr anpassungsfähig.

Ernährung

Nilgänse ernähren sich sehr vielfältig, im Wesentlichen von Gräsern und Wasserpflanzen, wobei sie auch auf landwirtschaftlichen Kulturen weiden oder sich von eingelagerter Silage ernähren. Hinzu kommt eine große Vielfalt an kleinen Tieren, vor allem Insekten, Weichtieren, kleinen Krebsen oder Muscheln.

Fortpflanzung

Nilgänse brüten in ihrer afrikanischen Heimat ein- bis dreimal im Jahr, in Mitteleuropa meist nur einmal. Allerdings gestaltet sich auch hierzulande die Brutzeit sehr variabel und liegt meist zwischen Mai und August. Das Gelege umfasst zwischen 5 und 10 Eiern, dieses wird gut 4 Wochen bebrütet. Nach etwa 70 bis 75 Tagen sind die Junggänse flügge. Anschließend bleibt der Familienverband noch einige Wochen oder Monate beisammen (vergl. auch GOODERS & BOYER 1986, RUTSCHKE 1997, KOLBE 1999, BAUER *et al.* 2005, BERGMANN *et al.* 2006). Auch Nilgänse leben monogam, die Gans brütet, der Ganter bewacht das Gelege.

Populationsdynamik

Die Nilgans zeigt derzeit einen deutlichen Bestandesanstieg und eine ebenso deutliche Ausbreitungstendenz in Mitteleuropa. In wenigen Jahrzehnten hat sich die Art über ganz Deutschland ausgebreitet. Die Jagdstrecken und die besiedelten Lebensräume zeigen eine zunehmende Tendenz, wobei eine bundeseinheitliche Jagdstatistik bislang fehlt.

In Bayern beispielsweise (vergl. auch HERZOG *et al.* 2018) findet sich eine ver-

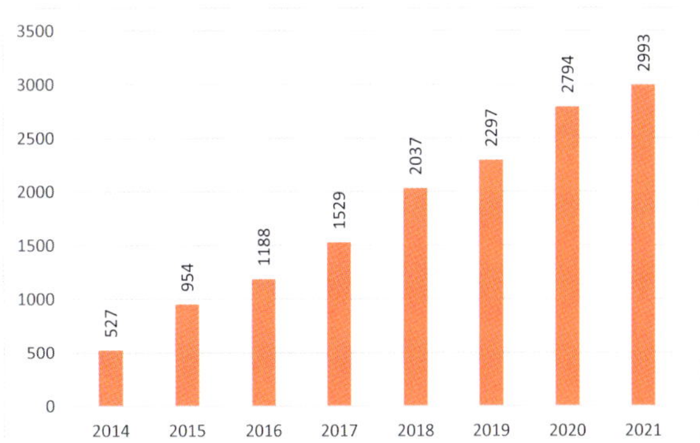

Abb. 121: Jagdstrecke an Nilgänsen in Bayern zwischen 2014 und 2021

Quelle: Wildtierportal Bayern

sechsfachte Jagdstrecke zwischen 2014 und 2021 von rund 500 auf rund 3000 Nilgänse jährlich (Abb. 121).

Management

Nilgänse unterliegen in Deutschland nach Bundesjagdgesetz dem Jagdrecht und wurden auch in verschiedenen Bundesländern mit einer Jagdzeit versehen. Eine intensive Bejagung wird im Allgemeinen insbesondere aus Artenschutzgründen als wünschenswert erachtet. Inwieweit die Art als Neozoon angesehen werden muss, ist noch nicht abschließend geklärt. Insbesondere die historischen Nachweise bis ins 19. Jahrhundert in Südosteuropa lassen diese Frage diskussionswürdig erscheinen. Ebenso eine offene Frage ist es, ob tatsächlich andere Wildgänse- und Wildentenarten durch die Nilgans verdrängt oder gar gefährdet werden. Erst dann könnte man die Nilgans als invasive Species betrachten. Hinweise auf eine Verdrängung anderer Arten bestehen unter anderem aufgrund der ausgeprägten Territorialität der Nilgänse im Brutrevier (vergl. etwa KENMOGNE & SCHINDLER 2011). Inwieweit das tatsächlich ein Artenschutzproblem darstellt, ist allerdings bislang nicht abschließend geklärt.

Mensch und Wildtier

Die Nilgans wird bereits seit der Antike im Mittelmeerraum vom Menschen gezähmt und gehalten. Seit dem 17. Jahrhundert finden wir die Art durch den Menschen eingeführt auf den britischen Inseln, wo sie gerne in Landschaftsgärten (vergl. HERZOG 2019a) gehalten wurde. Seit dem 18. Jahrhundert kommt sie dort bereits verwildert regelmäßig und zunehmend vor (LIMBRUNNER *et al.* 2013, GLUTZ VON BLOTZHEIM 1990). Kulinarisch spielten Nilgänse in Mitteleuropa lange Zeit keine Rolle. Seit der zunehmenden Verbreitung und Bejagung finden sich auch zahlreiche Rezepte für die schmackhafte Zubereitung.

In der ägyptischen Mythologie galt die Nilgans als heiliger Vogel, welcher dem Gott Amun gewidmet war oder der sogar als einer der Götter an der Erschaffung des Lichts in der Welt beteiligt war.

Brandgans

Tadorna tadorna

Länge: 58 bis 67 cm

Gewicht: 550 bis 1500 g

Gelege: 7 bis 12 Eier

Brutzeit: März bis Juli

Systematik und Verbreitung

Brandgänse gehören zu Unterfamilie der Halbgänse (Tadorninae), welche sowohl Merkmale der Gänse als auch solche der Enten aufweisen. Die Brandgans wird daher auch regelmäßig als Brandente bezeichnet.

Die Brandgans kommt im Bereich der nördlichen Hemisphäre in zwei Populationen vor. Eine asiatische Population, welche regelmäßig salzige Gewässer und Sumpfgebiete in den asiatischen Steppen besiedelt, von der Türkei und dem nördlichen Schwarzen Meer über Zentralasien bis nach China reicht und ihre südliche Grenze im Iran und Afghanistan findet. Die europäische Population besiedelt als Brutgebiet schwerpunktmäßig die Küsten Nord- und Mitteleuropas und des westlichen Mittelmeeres (vergl. auch GOODERS & BOYER 1986, RUTSCHKE 1997, KOLBE 1999; BARTLETT 2002, USPENSKI 2003, BAUER *et al.* 2005, KEAR 2005, BERGMANN *et al.* 2006).

In Deutschland besiedelt die Brandgans im Wesentlichen die Nord- und Ostseeküste, ist aber auch weiter landeinwärts anzutreffen. Brutvorkommen im Binnenland finden wir unter anderem bei Münster, am Niederrhein sowie entlang der Elbe bis nach Mitteldeutschland (KOLBE 1999).

Außerhalb der Brutzeit finden sich junge Vögel auf allen großen Gewässern Deutschlands. Das Wattenmeer entlang der Nordseeküste dient als Überwinterungsgebiet für große Flüge von Brandgänsen.

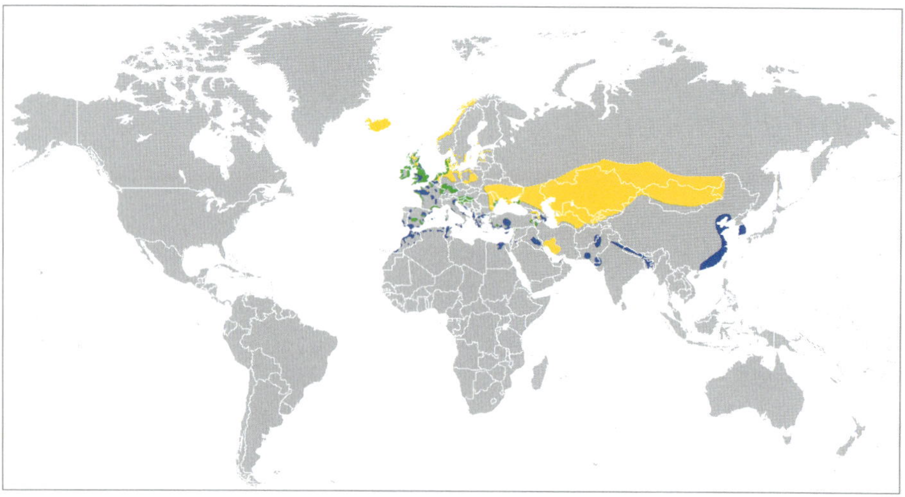

Ganzjähriges Vorkommen | Überwinterungsgebiet | Brutgebiet

Abb. 122: Verbreitungsgebiet der Brandgans

Lebensraum und Ökologie

Typischer Lebensraum der Brandgans sind flache sandige Küsten sowie das Wattenmeer einschließlich der Flussmündungen. Felsige oder steile Küsten werden nur in geringem Umfang besiedelt. Im Binnenland finden wir Brandgänse immer wieder auf Klärteichen oder Rieselfeldern.

Typische Nahrungsbiotope sind das Wattenmeer, Schlickbänke in Flussmündungen und Seichtwasserlagunen. Die asiatische Population besiedelt größere Binnengewässer mit salzigem bzw. brackigem Wasser und einem entsprechenden Angebot an Kleinorganismen (vergl. auch Gooders & Boyer 1986, Rutschke 1997, Kear 2005, Bergmann *et al.* 2006).

Bekannt ist der Mauserzug der Brandgänse ab Juni in das Wattenmeer, wo sich zehntausende bis über hunderttausend Brandgänse (und auch Eiderenten) auf Sandbänken (etwa dem Großen Knechtsand) und flachen Inseln einfinden, um dort geschützt vor Prädatoren das Großgefieder zu mausern (vergl. Dircksen 1968, Oelke 1969).

Ernährung

Die Nahrung der Brandgans besteht vornehmlich aus Weichtieren, Mollusken, auch Insekten und gelegentlich Wasserpflanzen, aber auch Saaten auf landwirtschaftlichen Flächen. Im Wattenmeer der Nordsee sind unter anderem Herzmuscheln (*Cardium edule*), an den britischen Nordseeküsten eher Wattschnecken (*Hydrobia ulvae*) und in den Salzseen Asiens Salinenkrebse (*Artemia salina*) wesentliche Bestandteile des Nahrungsspektrums.

An der Nordsee ist die Nahrungssuche durch die Gezeiten geprägt und findet vor allem bei Niedrigwasser statt. Die Wassertiefe für eine erfolgreiche Nahrungssuche sollte 40 cm nicht überschreiten. Typisch für Brandgänse sind die Trampelbewegungen im seichten Wasser, mit denen Muscheln freigelegt werden (vergl. auch Gooders & Boyer 1986, Rutschke 1997, Kolbe 1999; Bartlett 2002, Uspenski 2003, Bauer *et al.* 2005, Kear 2005, Bergmann *et al.* 2006).

Fortpflanzung

Brandgänse leben monogam mit einer mehrjährigen bis gelegentlich lebenslangen Partnerbindung. Allerdings trennen sich einzelne Paare auch jährlich und verpaaren sich mit anderen Partnern neu. Die Species zeigt also einzelne evolutive „Strategien“ sowohl der Enten als auch der Gänse im Sinne individueller Unterschiede.

Im April, gegen Ende des zweiten Lebensjahres, verpaaren sich die Jungvögel erstmals. Geschlechtsreif sind Brandgänse mit etwa 22 Monaten. Es brüten allerdings nur diejenigen Paare, welche erfolgreich ein Nahrungsrevier besetzen konnten. Die Paare sind außerordentlich ortstreu, die Nistplätze werden teilweise über Jahrzehnte immer wieder aufs Neue genutzt.

Nichtbrüter leben das ganze Jahr über in größeren Gruppen.

Die Balz beginnt oft schon in den Winterlebensräumen und steigert sich bis kurz vor der Brut, gelegentlich beobachten wir auch eine Gruppenbalz unter Beteiligung mehrerer Paare.

Als Höhlenbrüter, die keine eigenen Höhlen anlegen, benötigen Brandgänse Erdlöcher, Kaninchen-, oder Fuchsbaue in Uferböschungen oder Dünen, die sie bei Bedarf durch Scharren erweitern (vergl. auch GOODERS & BOYER 1986, RUTSCHKE 1997, KOLBE 1999; BARTLETT 2002, BAUER *et al.* 2005, KEAR 2005, BERGMANN *et al.* 2006).

Befahrene Fuchsbaue werden ebenfalls genutzt. Zwischen beiden Arten ist regelmäßig ein sog. „Burgfrieden", das heißt ein Zusammenleben von Prädatorart und Beuteart auf engem Raum, zu beobachten. Der Grund dafür ist bislang nicht eindeutig klar. Die einfachste Hypothese ist in diesem Zusammenhang, dass z.B. Füchse in unmittelbarer Umgebung ihres eigenen Gehecks einen reduzierten Beutefangreflex aufweisen, um die eigenen Nachkommen nicht zu gefährden. Das Phänomen des Burgfriedens finden wir auch bei anderen Arten, etwa Habicht und Singvögeln, die in unmittelbarer Nähe zueinander brüten.

Ist ein Nistplatz gefunden, zeigt der Ganter diesen der Gans, doch die Auswahl trifft letztlich die Gans (RUTSCHKE 1997).

Etwa neun Wochen nach (Wieder-)Besetzung der Nisthöhle beginnt die Anlage des Geleges mit meist 7 bis 12 Eiern. Bei Störungen erfolgt meist kein Nachgelege. Die Gans brütet für 29 bis 31 Tage, der Ganter hält in der Nähe der Bruthöhle Wache (RUTSCHKE 1997, KOLBE 1999).

Gelegentlich werden gemeinsame Gelege von mehreren Paaren oder sogar interspezifische Mischgelege mit anderen höhlenbrütenden Arten (etwa Sägern) beobachtet (GOODERS & BOYER 1986).

Die Küken sind nach etwa 6 bis 7 Wochen flügge und werden bis dahin durch beide Eltern betreut. Allerdings gibt es auch Beobachtungen, dass einzelne Paare ihre Jungen verlassen und diese sich dann zu sog. Kindergärten aus Jungvögeln unterschiedlicher Gelege zusammentun und von Altvögeln ohne eigenen Bruterfolg geführt werden
(BEZZEL 1996, RUTSCHKE 1997, KEAR 2005).

Populationsdynamik

Für Brandgänse lassen sich, z.B. aufgrund des Mauserzuges (s.o.), vergleichsweise verlässliche Werte zum Bestandesumfang ermitteln. Während der europäische Bestand im 19. Jahrhundert deutlich rückläufig war, stieg dieser insbesondere in der zweiten Hälfte des 20. Jahrhundert wieder deutlich an: So hat der nordwesteuropäische Bestand im letzten Viertel des 20. Jahrhunderts um schätzungsweise 50 Prozent zugenommen (vergl. BEZZEL 1996, KEAR 2005).

Management

Die Brandgans unterliegt derzeit keiner geregelten Nutzung, in den meisten europäischen Ländern ist sie ganzjährig geschont oder geschützt. Aktive Managementmaßnahmen erfolgend derzeit praktisch nicht, es erfolgt lediglich ein Bestandesmonitoring.

Rostgans

Tadorna ferruginea

Länge: 50 bis 70 cm

Gewicht: 900 bis 1600 g

Gelege: 8 bis 11, gelegentlich bis zu 16 Eier

Brutzeit: März/April bis Mai je nach Brutgebiet

Systematik und Verbreitung

Die Rostgans gehört zu den Halbgänsen. Sie ist als Brutvogel schwerpunktmäßig in Zentralasien verbreitet. Das europäische Brutvorkommen reicht vom Kaspischen Meer bis zum Schwarzen Meer und in die Südukraine. Auch Griechenland und die Türkei, Rumänien (Donaudelta) sowie Nordafrika weisen Brutvorkommen auf. Der Großteil der weltweiten Rostganspopulation brütet in Zentralsibirien und zieht im Winter nach Südostasien, nach Indien, aber auch nach Bangladesch, Südchina, Taiwan und Korea. In Europa sind Rostgänse Teilzieher, d.h. ein Teil des Bestandes überwintert im Brutgebiet, während ein anderer Teil in die Winterquartiere, u.a. in der Türkei oder im Nordosten und Osten Afrikas, fliegt (vergl. auch GOODERS & BOYER 1986, RUTSCHKE 1997, KOLBE 1999, BAUER *et al.* 2005, BERGMANN *et al.* 2006).

Lebensraum und Ökologie

In den zentralasiatischen Steppen und Wüsten findet sich die Rostgans gerne an flachen, salzhaltigen Seen und Lagunen. Dabei besiedelt sie auch größere Höhenlagen, in Tibet etwa bis 5000 Meter über N.N. In ihren Winterlebensräumen finden wir die Rostgans oft an Süßwasserseen.

Rostgänse finden sich im Gegensatz zur Brandgans meist im Binnenland und nur selten an Küstengewässern. Sie bevorzugen offene Landschaften, in denen sie auch ihre Brutreviere wählen (vergl. auch GOODERS & BOYER 1986, RUTSCHKE 1997, KOLBE 1999, BAUER *et al.*

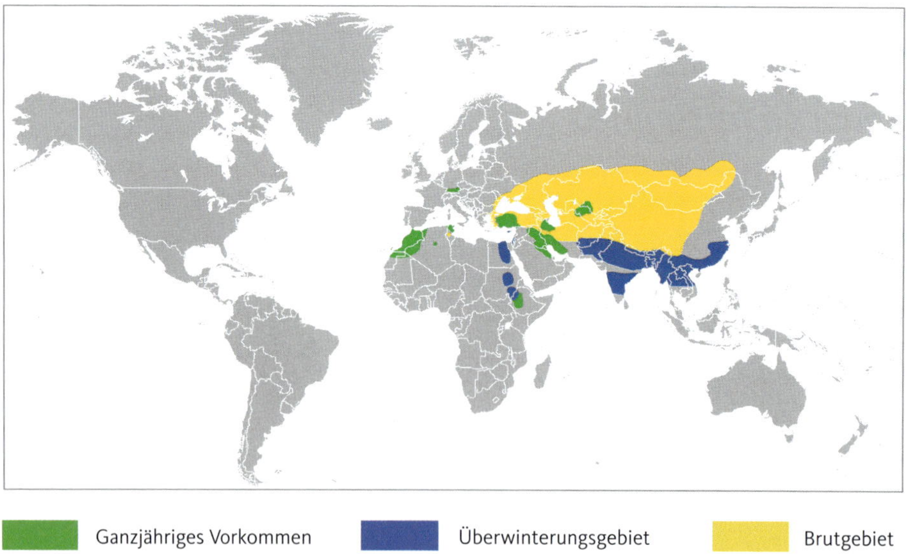

Abb. 123: Verbreitungsgebiet der Rostgans

2005, Bergmann *et al.* 2006). Ökologisch sind Rostgänse ebenso wie die anderen Arten der Gattung *Tadorna* in dem Bereich zwischen der Flachwasserzone, die den Gründelenten und Schwänen zuzuordnen ist, und den Wiesen und Äckern, in denen sich typischerweise die Feldgänse finden, angesiedelt.

Ernährung

Rostgänse sind im Wesentlichen Pflanzenfresser. Sie nehmen grüne Pflanzenteile und Samen unterschiedlicher Land- und Wasserpflanzen auf und weiden auch auf landwirtschaftlichen Kulturen oder Grünland. Dazu bewegen sie sich teilweise sehr weit vom Gewässer weg.

Im Wasser gründeln sie nach Wasserpflanzen, nehmen aber auch Weichtiere, Insekte, Amphibien, kleine Krebse und Fische auf (vergl. auch Gooders & Boyer 1986, Uspenski 2003).

Fortpflanzung

Rostgänse sind Höhlenbrüter, welche vorhandene Höhlen nutzen und gegebenenfalls erweitern, gelegentlich in weichem Substrat aber auch selbst graben. Auch werden Felshöhlen und gelegentlich verlassene Greifvogelhorste genutzt. Das Nest selbst wird intensiv mit Daunen ausgepolstert.

Rostgänse finden sich im zweiten Lebensjahr zu Paaren zusammen und leben dann monogam.

Während der Brutzeit sind Rostgänse in ihren Brutrevieren ausgesprochen territorial und dulden weder Artgenossen noch andere Entenvögel im Umfeld.

Je nach Brutgebiet beginnen Rostgänse im März oder April mit der Eiablage; die Gans brütet, der Ganter hält in der Nähe Wache. Die Gössel sind Nestflüchter und verlassen die Bruthöhle bald nach dem Schlüpfen. Zunächst leben die Gössel mit den Eltern im Familienverband, später im Jahr schließen sie sich mit Artgenossen aus dem gleichen Brutgebiet zu größeren Flügen zusammen. Im Alter von 8 Wochen sind die Jungvögel flügge (vergl. auch Rutschke 1997, Uspenski 2003, Bergmann *et al.* 2006).

Populationsdynamik

Die Rostgans ist als Art nicht gefährdet und nimmt in Mitteleuropa in ihrem Bestand zu und breitet sich weiter aus. In Südosteuropa hingegen hat die Rostgans in den vergangenen Jahrzehnten in ihrem Bestand abgenommen (Rutschke 1997).

Management

Die Vorkommen der Rostgans in Mitteleuropa entstammen, soweit wir heute wissen, wohl weitestgehend solchen Individuen, welche in menschlicher Obhut gehalten und dann freigesetzt wurden oder entkommen sind. Allerdings gibt es offenbar einzelne Individuen, welche direkt aus Asien zugewandert sind (vergl. Bauer *et al.* 2005). Außerdem ist, unabhängig vom Ursprung der betreffenden Individuen, die Geschichte der Rostgans in Mitteleuropa bis ins Jahr 1601 zurückzuverfolgen (Kolbe 1999).
Somit ist nicht sicher geklärt, ob die Rostgans ein Neozoon im Sinne der Definition darstellt, auch wenn sie heute vielfach als ein solches behandelt wird. Grund dafür ist ihre potenzielle „Invasivität", da sie durch ihr aggressives Verhalten in ihrem Brutterritorium anderen Arten gegenüber durchaus in der Lage ist, zumindest andere Entenvögel zu verdrängen. Wie wir mit der Rostgans umgehen sollen, ist daher vor allem eine naturschutzphilosophische, aber auch konkret eine naturschutzfachliche Frage. Letztlich ist die Situation vergleichbar derjenigen des Fuchses. Dort, wo besondere Schutzinteressen anderer Arten vorliegen, sollte die Rostgans intensiv bejagt werden, auch mit dem Ziel der lokalen Zurückdrängung. Darüber hinaus ist es in Einzelfällen auch sinnvoll, weitere Maßnahmen wie das Beschädigen der Gelege durch Anstechen in das Maßnahmenspektrum einzubeziehen. Ob das langfristig letztlich erfolgreich sein wird, ist eine offene Frage. Eine flächendeckende intensive nachhaltige Nutzung erscheint auf jeden Fall sinnvoll.

Mensch und Wildtier

In der Sanskrit-Dichtung ist die Rostgans (hier als Chakravaka bezeichnet) ein Symbol der Liebe und der Treue (vergl. Pieruccini 2001), was sicher auf die monogame Lebensweise der Rostgans zurückzuführen ist.

Schnatterente

Anas strepera

Länge: Ca. 44 bis 55 cm

Gewicht: 500 (Ente) bis 1300 g (Erpel)

Gelege: 8 bis 16 Eier

Brutzeit: Mai bis Juli

Systematik und Ökologie

Die Schnatterente gehört zu den Gründelenten und ist somit eine Art der Flachwasserzonen der Gewässer. Sie wird gelegentlich auch als „Mittelente" bezeichnet, was allerdings auf keine systematische Besonderheit hinweist, sondern sich auf ihre Größe, die etwa zwischen derjenigen der Stockente und den sog. „Halbenten" (siehe unten) liegt, bezieht.

Verbreitung

Die Schnatterente besiedelt große Teile der Holarktis. Ihr Brutgebiet erstreckt sich von Nordamerika über Island, die Britischen Inseln, das südliche Skandinavien bis nach Mitteleuropa und Asien. Die Brutgebiete sind in diesen Regionen immer disjunkt, was mit ihren speziellen Ansprüchen an diese zu tun hat. Die Schnatterente ist ein regelmäßiger Brutvogel an Nord- und Ostseeküste, aber auch im Binnenland an großen Seen (Rutschke 1988, Nielsen 1992, Kolbe 1994).

Die Brutvögel des östlichen Europa überwintern um das Schwarze Meer und in Kleinasien. Die Brutvögel Norddeutschlands, Polens, Südskandinaviens und Westrusslands überwintern vor allem in den Niederlanden und Großbritannien, teilweise aber auch im Mittelmeerraum. In Mitteleuropa verbleiben die Schnatterenten zunehmend auch den Winter über im Brutlebensraum (Rutschke 1988, Bauer *et al.* 2005).

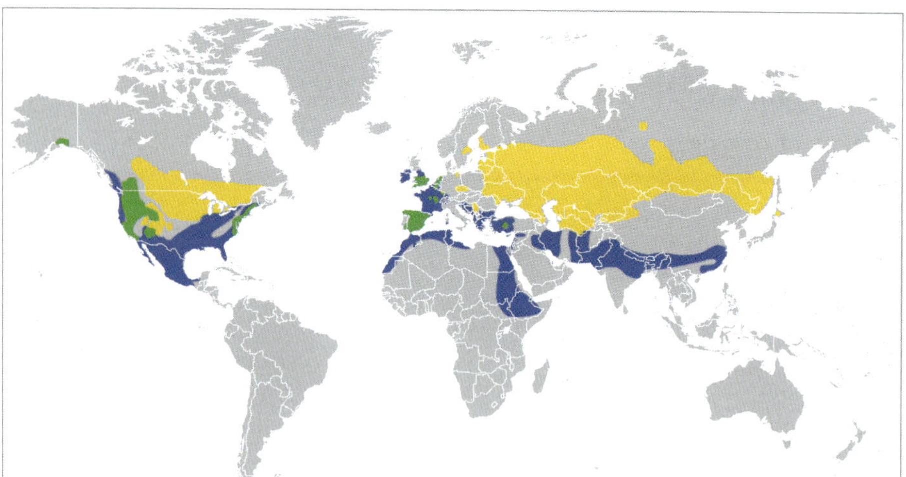

Abb. 124: Verbreitungsgebiet der Schnatterente

Lebensraum

Die Schnatterente brütet häufig an flachen stehenden Gewässern, oder solchen mit einer ausgeprägten flachen Uferzone, mit reichlich Unterwasservegetation. Sie bevorzugt unbewaldete Ufer, gerne brütet sie auch in Möwenkolonien. Im Bergland fehlt die Schnatterente weitgehend. Diese Anforderungen an das Brutgebiet werden in Europa nur an wenigen Stellen erfüllt, was wohl das disjunkte europäische Vorkommen (mit)bedingt (Gooders & Boyer 1986, Rutschke 1988, Nielsen 1992, Kolbe 1994, Bauer *et al.* 2005).

Ernährung

Die Schnatterente ernährt sich sowohl pflanzlich (insbesondere Laichkräuter, Samen und Rhizome der Riedgräser, Wiesengräser) als auch von Insekten, Weichtieren, Amphibien und kleinen Fischen. Dabei überwiegt der pflanzliche Anteil meist geringfügig. Gerne wird die Nahrung beim Schwimmen aufgenommen, indem die Wasseroberfläche mit dem Schnabel durchseiht wird. Die Schnatterente gründelt weniger als die Stockente.

Fortpflanzung

Schnatterenten führen eine Saisonehe. Die Balz beginnt häufig bereits im Überwinterungsgebiet, so dass die Enten meist schon als Paar ins Brutgebiet zurückkehren.
Das Balzritual ist auffällig, der Erpel hebt sein dunkles Stoßgefieder aus dem Wasser, fächert den weißen Spiegel auf den Flügeldecken auf und hebt und senkt dabei seinen Kopf. Gelegentlich kommen auch sog. Reihflüge vor, bei denen alleinstehende Erpel versuchen, einem anderen die Partnerin abspenstig zu machen (Gooders & Boyer 1986, Rutschke 1988, Nielsen 1992, Kolbe 1994, Bauer *et al.* 2005).

Schnatterenten brüten typischerweise in unmittelbarer Ufernähe in dichter Vegetation, gelegentlich auch in Kolonien. Es werden 8 bis 12, gelegentlich bis zu 16 Eier in ein einfaches, mit Daunen ausgepolstertes Nest gelegt.

Brutzeit ist von Mai bis Juli, die Brutdauer beträgt etwa 25 bis 27 Tage. Die Küken sind Nestflüchter und können unmittelbar nach dem Schlüpfen bereits schwimmen. Aus der Brut überleben durchschnittlich fünf bis sechs Junge. Mit sieben Wochen sind die Jungenten flügge, nach einem Jahr geschlechtsreif (Gooders & Boyer 1986, Harrison & Castell 2002, Bauer *et al.* 2005).

Management

Die Art ist nicht bedroht und kann nachhaltig genutzt werden. In Deutschland hat die Art allerdings nicht in allen Bundesländern eine Jagdzeit.

Wichtige Maßnahmen zur Hege der Art sind die Erhaltung geeigneter Brutbiotope und die Prädatorenreduktion, insbesondere der Neozoen wie Waschbär oder Mink.

Pfeifente

Anas penelope

Länge: Ca. 41 bis 59 cm

Gewicht: ca. 500 bis 900 g

Gelege: meist 6 bis 10 Eier

Brutzeit: April bis Juli

Systematik und Ökologie

Die Pfeifente gehört zu den Gründelenten. Sie besiedelt die Flachwasserbereiche an Küsten und küstennahen Gewässern. Ihr Verhalten ist in hohem Maße durch Prädationsvermeidung bestimmt. Dies äußert sich in einer ausgeprägteren Nachtaktivität im Vergleich zu anderen Gründelenten sowie einer verstärkten Truppbildung und hohen Schreckhaftigkeit (BRUNCKHORST 1996). Nahrungsökologisch kann man bei der Pfeifente von einer „kleinen Gans" sprechen, die sich weitgehend vegetarisch ernährt.

Verbreitung und Lebensraum

Pfeifenten sind im nördlichen Eurasien verbreitet. Das Brutgebiet erstreckt sich von Island über die Britischen Inseln, Skandinavien, Sibirien bis zur Beringstraße. Ihre nördliche Verbreitungsgrenze fällt in etwa mit dem nördlichen Rand des Taigagürtels zusammen (RUTSCHKE 1988). Die Pfeifente brütet in den Sumpfgebieten der Taiga, nach Norden kommt sie gelegentlich bis in die Strauchtundra vor. Dichte Waldregionen sowie Gebirge werden dagegen von ihr gemieden.

Die Überwinterung erfolgt in Mitteleuropa, Afrika, Südostasien , Nordamerika und Indien.

In Mitteleuropa sind Pfeifenten vor allem im Winter in größerer Zahl an den Küsten zu beobachten. Das schleswig-holsteinische Wattenmeer bildet die nördliche Grenze des Überwinterungsgebietes (BRUNCKHORST 1996). Einzelne Individuen übersommern hier auch und

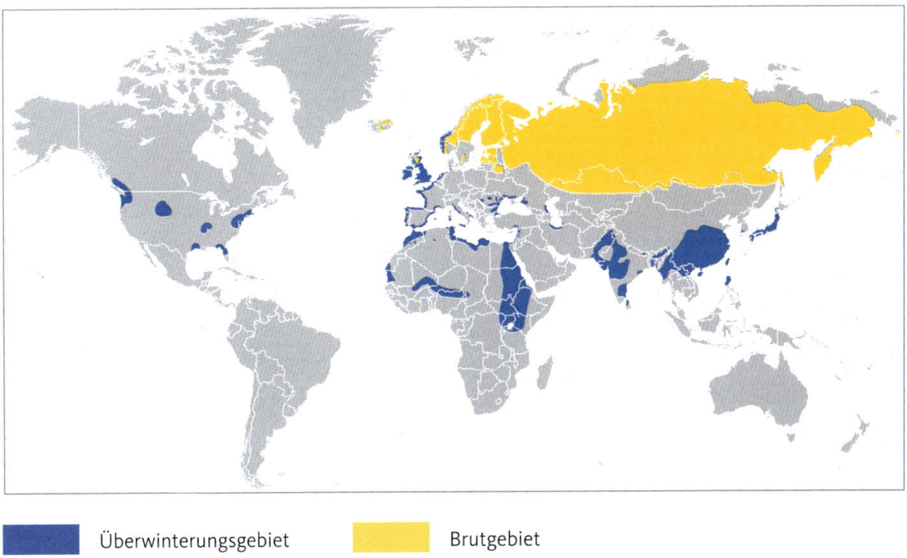

Abb. 125: Verbreitungsgebiet der Pfeifente

im Übrigen existiert ein kleiner Brutbestand von einigen Dutzend Exemplaren in den Niederlanden sowie in Schleswig-Holstein (Gooders & Boyer 1986, Rutschke 1988, Bauer *et al.* 2005).

Ernährung

Pfeifenten ernähren sich weitgehend vegetarisch, wobei sie hinsichtlich der Pflanzen bzw. Pflanzenteile, die sie aufnehmen, wenig wählerisch sind. Vor allem in Zeiten knapper Pflanzennahrung oder eines hohen Insektenangebotes oder zur Zeit der Mauser werden insbesondere Insekten ergänzend aufgenommen (Gooders & Boyer 1986, Rutschke 1988). Für die Nahrungsaufnahme (etwa 300 bis 400 g Pflanzensubstanz pro Tag) benötigen die Enten täglich etwa 15 Stunden, die Nahrungsaufnahme erfolgt vornehmlich in der Dämmerung und nachts (Mayhew 1985, Brunckhorst 1996).

Fortpflanzung

Pfeifenten werden im zweiten Lebensjahr geschlechtsreif. Balz und Paarbildung erfolgen noch im Winterquartier. Der Balzlaut der Erpel, ein lautes Pfeifen, gab der Art auch ihren Namen. Die Brutzeit liegt zwischen Ende April und Juli.

Die Ente baut ihr mit Daunen ausgepolstertes Nest ufernah in schützender Vegetation. Das Gelege umfasst meist zwischen 6 und 10 Eiern. Die Ente brütet etwa 22 bis 25 Tage, während der Erpel in der unmittelbaren Umgebung des Nestes bleibt.

Nach dem Schlüpfen führt die Ente die Küken ans Wasser. Nach etwa 6 bis 7 Wochen sind die Jungenten flugfähig (Gooders & Boyer 1986, Rutschke 1988, Bauer *et al.* 2005).

Populationsdynamik

Nur etwa die Hälfte der geschlüpften Jungenten erreichen die Geschlechtsreife. Durch kalte bzw. nasskalte Witterung und Prädation entstehen die größten Verluste (Gooders & Boyer 1986).

Der Pfeifenten-Brutbestand Europas wird auf 300 000 bis 360 000 Brutpaare geschätzt, der Winterbestand auf mehr als 1,7 Millionen Individuen.

Insgesamt ist eine Zunahme des westsibirisch-nordeuropäischen Bestands feststellbar, die wohl auf eine extensivere Beweidung der Salzwiesen und eine zunehmende Eindeichung an den Küsten zurückgeführt werden kann (Bauer *et al.* 2005).

Management

Das Schicksal der Pfeifente entscheidet sich in den Brutarealen; dort sind entsprechende Maßnahmen der Lebensraumgestaltung und des Lebensraumschutzes sinnvoll.

Spießente

Anas acuta

Länge: ca. 59 bis 76 cm

Gewicht: ca. 550 bis 1000 g

Gelege: meist 8 bis 12 Eier

Brutzeit: April bis Juni

Systematik

Die Spießente hat etwa Stockentengröße und gehört ebenfalls zu den Gründelenten. In der Gattung *Anas* ist die nächste verwandte die in Südamerika und im Indischen Ozean in zwei Unterarten vorkommende Spitzschwanzente (Kolbe 1994).

Verbreitung und Lebensraum

Der Verbreitungsschwerpunkt der Spießente liegt im nördlichen Eurasien und in Nordamerika. In Mitteleuropa treten Spießenten als Brutvögel selten auf, wohl aber auf dem Zug und im Winter. In der Zeit zwischen September und April finden sich Spießenten regelmäßig an den Küsten und in den ausgedehnten Niederungen des Binnenlandes.

Außerhalb der Brutzeit treten Spießenten nicht selten in großen Schwärmen auf, welche im Wolgadelta bis zu 300 000 Individuen umfassen können (Bezzel 1996).

Ernährung

Spießenten ernähren sich große Teile des Jahres überwiegend vegetarisch, wobei während der Mauser und unmittelbar vor und während der Anlage des Geleges der Anteil tierischer Nahrung auf deutlich über 50 Prozent ansteigt (vergl. Kolbe 1994). Neben Insekten und

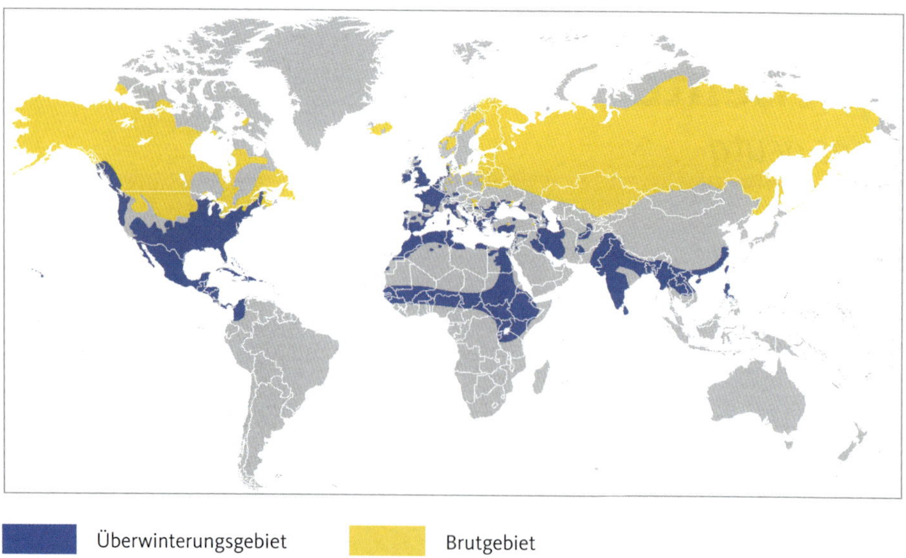

Abb. 126: Verbreitungsgebiet der Spießente

Insektenlarven sind dies beispielsweise Weichtiere oder Flohkrebse. Das Fehlen solcher Nahrungsbestandteile kann zu einem geringeren Umfang des Geleges führen.
Durch ihre Größe und insbesondere ihren vergleichsweise langen Hals erreichen Spießenten gründelnd eine Tiefe von bis zu 30 cm, so dass sie gegenüber anderen, kleineren Gründelenten einen Konkurrenzvorteil besitzen, indem sie etwas tiefere Gewässerbereiche nutzen können (GOODERS & BOYER 1986).

Die Nahrungssuche erfolgt typischerweise in der Dämmerung und nachts.

Fortpflanzung

Spießenten werden zum Ende des ersten Lebensjahres geschlechtsreif, wobei die meisten Enten erst gegen Ende des zweiten Lebensjahres erstmals brüten (NIETHAMMER 1968, KOLBE 1994).

Die Paare leben für eine Saison zusammen und finden sich bereits während des Zuges im Frühjahr in das Brutgebiet zusammen (RUTSCHKE 1988).

Die Brutzeit erstreckt sich von April bis Juni.

Das Nest baut ausschließlich die Ente am Boden, oft etwas erhöht und abseits vom offenen Wasser, aus Pflanzenteilen und polstert es mit Daunen aus. In Norddeutschland finden wir Brutplätze gerne auf Rinderweiden, wo von Rindern stehengelassene Distel- und Brennnesselhorste genutzt werden.

Das Gelege besteht aus etwa 8 bis 12 Eiern, die Ente legt etwa ein Ei pro Tag. Die Brutdauer beträgt etwa 22 bis 24 Tage. Bei Zerstörung des Geleges ist die Ente bis etwa Juli in der Lage, ein Nachgelege anzulegen.

Die Ente ist auch ausschließlich für die Aufzucht der Küken verantwortlich, die Paarbindung zum Erpel wird bereits während der Brutzeit zunehmend geringer. Mit sechs bis sieben Wochen sind die Jungenten flugfähig.

Populationsdynamik

Auch bei der Spießente ist die Jugendmortalität hoch, nur etwa die Hälfte der geschlüpften Küken überleben die ersten beiden Wochen, lediglich ein Viertel der Küken werden flügge (vergl. KEAR 2005). Für die Populationsdynamik spielt die Gelege- und Kükenprädation somit eine wichtige Rolle.

Weltweit wird die Spießentenpopulation auf etwa 6 bis 8 Millionen Individuen geschätzt, die Species gilt als nicht bedroht. Dennoch zeigen Spießenten, ähnlich anderen Species, ausgeprägte Bestandesschwankungen. Besonders gut lässt sich das in Nordamerika erkennen, wo der Brutbestand in den 1950er und 1960er Jahren sich von geschätzten zehn Millionen Individuen auf etwa dreieinhalb Millionen beinahe drittelte. Neben Dürren in den Prärien wurden Krankheiten als Ursache angenommen. Ende der 1960er und in den 1970er Jahren betrug der Bestand wieder mehr als fünf Millionen Individuen, um dann bis Ende der 1980er Jahre wieder auf geschätzt zwei Millionen Individuen abzufallen. Lebensraumverluste, Witterungseinflüsse und Übernutzung werden als Gründe angenommen.

Auch von den Botulismusepidemien Ende der 1990er Jahre waren die Spießenten betroffen (FRIEND *et al.* 2001, KEAR 2005).

Management

Die Art gilt weltweit als nicht bedroht. Einer nachhaltigen Nutzung, wie sie derzeit auch praktisch weltweit (vergl. COCKER & MABEY 2005) erfolgt, steht nichts im Wege. Zu einer nachhaltigen Nutzung gehören auch die klassischen Hegemaßnahmen, insbesondere die Prädatorenkontrolle und der Schutz und die Erhaltung geeigneter Lebensräume. Auch die intensive Landwirtschaft bedeutet für Spießenten ein möglicherweise größeres Problem als für andere Enten. Die immer früheren Zeiten der Bodenbearbeitung und Ernte führen zu einer zunehmenden Zerstörung von Nestern, insbesondere wenn diese nicht unmittelbar am Gewässer angelegt wurden. In diesem Zusammenhang ist sowohl die Information der betroffenen Landwirte, aber auch – gerade vor dem Hintergrund unkritischer Förderung nachwachsender Energiequellen – die politische Einflussnahme im Sinne der Wildtiere eine zentrale Aufgabe des Wildtiermanagements.

Stockente

Anas platyrhynchos

Länge: Ca. 60 bis 65 cm

Gewicht: 550 (Ente) bis 1800 g (Erpel)

Gelege: 5 bis 16 Eier

Brutzeit: März bis Mai

Systematik und Ökologie

Die Stockente gehört zur Familie der Entenvögel (Anatidae) und ist die häufigste und eine der größten einheimischen Enten. Sie gehört zu den Gründelenten. Diese Bezeichnung leitet sich aus der Nahrungsökologie ab; diese Enten suchen typischerweise durch „Gründeln“ ihre Nahrung, d.h. sie bleiben schwimmend an der Wasseroberfläche und „kippen“ den Körper so weit nach vorne, dass sie im Flachwasser mit dem Schnabel den Boden erreichen. Das bedeutet auch, dass Gründelenten, im Gegensatz zu den Tauchenten, ökologisch tendenziell Arten der ufernahen Flachwasserzonen sind (MÜLLER 1980). Gründelenten besitzen einen sog. „Spiegel“, eine artspezifische, klar begrenzte Färbung der Flügeldecken, der auch im Schlichtkleid vorhanden ist und als Schlüsselreiz für die Arterkennung dient.

Interessant ist auch der Mauserverlauf der Stockente und anderer Gründelenten, der mit einer sog. Kleingefiedermauser im Mai/Juni beginnt. Der Erpel erscheint darauf im Schlichtkleid und ähnelt in den nächsten Monaten der Ente. Laien wundern sich oft, wo im Sommer die Erpel geblieben sind. Im Juni und Juli erfolgt die Großgefiedermauser, d.h. es werden beim Erpel alle Schwungfedern nahezu gleichzeitig gemausert. In dieser Zeit sind die Erpel einige Wochen flugunfähig, die Enten flugbehindert. Aufgrund der dadurch großen Bedrohung durch Prädatoren sind die Stockenten in dieser Zeit sehr heimlich. Im August und September wiederum erfolgt eine erneute Kleingefiedermauser, in der die Erpel wieder das Prachtkleid anlegen.

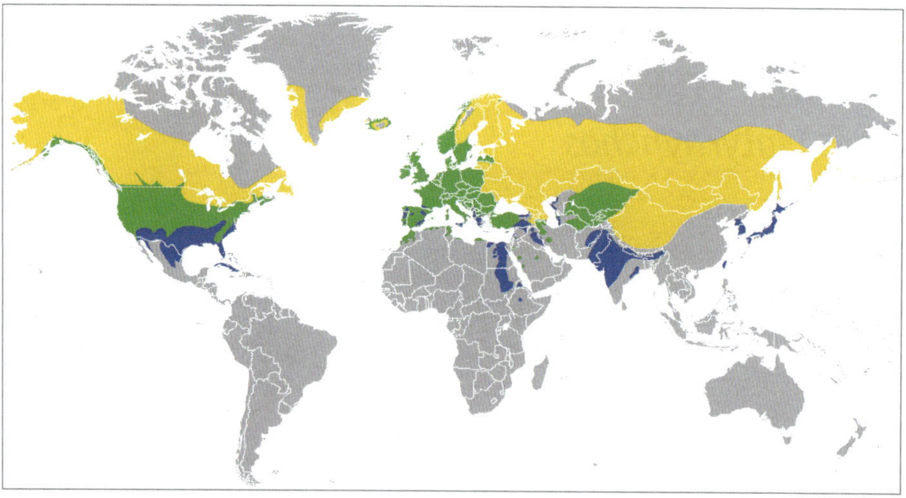

Ganzjähriges Vorkommen | Überwinterungsgebiet | Brutgebiet

Abb. 127: Verbreitungsgebiet der Stockente

Verbreitung

Die Stockente ist weltweit (Europa, Asien, Nordamerika und Nordafrika) zirkumpolar nahezu auf der gesamten Nordhalbkugel verbreitet. In Europa handelt es sich um die häufigste und am weitesten verbreitete Ente. Regelmäßig bildet sie futterzahme Bestände in urbanen Regionen. Im Oberengadin kennen wir Brutvorkommen bis zu einer Höhe von 2000 m über N.N. Einzelne Enten können große Entfernungen von mehreren Tausend Kilometern zurücklegen. Durch die Dispersion der Jungvögel ab etwa Juli kommt es auch zu einer regelmäßigen Durchmischung der Stockentenvorkommen (Müller 1980, Nielsen 1992, Kolbe 1994, Aubrecht & Holzer 2000). Wir haben es daher in Europa, vermutlich sogar weltweit, mit einer einzigen Population zu tun.

Lebensraum

Wie bei allen Enten stellen Gewässer ein zentrales Element des Lebensraumes dar. Allerdings ist die Stockente in dieser Hinsicht vergleichsweise wenig anspruchsvoll: Stockenten können kleinste Gewässer wie Gräben oder Rückhaltebecken nutzen, soweit diese regelmäßig Wasser führen. Lediglich Gewässer mit völlig vegetationslosen Ufern oder mit ausschließlichen Steilufern oder solche, die regelmäßig längere Zeit trockenfallen, werden gemieden.

Die Siedlungsdichte der Stockente ist je nach Nahrungsangebot sehr unterschiedlich. In günstigen Lebensräumen können Nester nur wenige Meter Abstand voneinander haben. Gelegentlich brüten Stockenten auf Bäumen (Name!), etwa auf Kopfweiden, in größeren Baumhöhlen oder in alten Nestern anderer Vogelarten.

In West- und Mitteleuropa sind Stockenten Stand- oder Strichvögel, in Nordeuropa ziehen sie regelmäßig auch über größere Distanzen.

Ernährung

Stockenten haben ein weites Nahrungsspektrum, sie gelten daher auch als das „Schwein unter den Enten“. In Abhängigkeit von der Jahreszeit gehören Pflanzenteile von Land- und Wasserpflanzen, Früchte und Sämereien, Insekten, Weichtiere, aber vor allem zur Zeit der Mauser auch Reptilien, Amphibien und kleine Fische zum Nahrungsspektrum.

Fortpflanzung

Ente wie Erpel sind bereits vor Vollendung des ersten Lebensjahres geschlechtsreif. Die Balz beginnt bereits im Herbst, im November und Dezember lässt das Balzverhalten nach, um dann im Januar, der eigentlichen „Reihezeit“, wieder intensiver aufzutreten. Spätestens jetzt bilden sich auch feste Paare für die laufende Brutsaison, die allerdings nur ausnahmsweise auch mehrere Jahre zusammenbleiben. Beide Partner wählen den Nistplatz aus, dazu erfolgen oft niedrige Suchflüge in offenem Gelände.

Die Neststandorte können sehr unterschiedlich ausfallen, das Nest wird meist in Wassernähe oder in Ausnahmen bis zu 3 Kilometer vom Wasser entfernt angelegt. Nicht selten brütet die Stockente auf sog. Kopfweiden, daher auch der Name. Früher war auch die Bezeichnung „Märzente" gängig, was mit dem Brutbeginn (im März beginnt die Ente frühestens mit der Eiablage) zusammenhängt. Die Ente legt die Nestmulde an, polstert sie mit Daunen aus und beginnt nach einigen Tagen im Zeitraum zwischen März und Juni mit der Eiablage. Nachdem das aus 5 bis 16 Eiern bestehende Gelege komplett ist, beginnt die Ente zu brüten. Die Brutdauer beträgt 24 bis 28 Tage. Die Küken sind Nestflüchter, können sofort schwimmen und verlassen nach einigen Stunden das Nest, indem sie von der Ente zum Wasser geführt werden.

Mit etwa acht Wochen sind die Jungenten flugfähig und die Familienverbände lösen sich bald auf. Ab Juli verstreichen auch die dann selbständigen Jungvögel und suchen eigene Lebensräume, auch über weite Distanzen (Müller 1980, Rutschke 1988, Nielsen 1992, Aubrecht & Holzer 2000). Dieses Phänomen trägt auch zum genetischen Austausch in der umfassenden Stockentenpopulation bei.

Populationsdynamik

Stockenten als relativ euryöke Art unter den Enten haben in der Vergangenheit durch die anthropogenen Landschaftsveränderungen nur vergleichsweise wenig gelitten, und teilweise sogar von diesen profitiert. Letzteres gilt beispielsweise für die Gewässereutrophierung, etwa durch Stickstoffeinwaschung aus der Landwirtschaft. Bestandsrückgänge waren und sind periodisch, etwa nach extremen Wintern, immer wieder zu beobachten.

Eine Zunahme der Population zumindest in Europa seit der zweiten Hälfte des 20. Jahrhunderts scheint auch durch eine Ausbreitung des Areals in Richtung Norden erfolgt zu sein.

Management

Seit den 2000er Jahren beobachten wir einen Rückgang der Jagdstrecken der Wildenten generell in Deutschland, welche im Wesentlichen von der Stockente bestimmt wird.

Inwieweit dies tatsächlich einen Bestandestrend widerspiegelt, ist allerdings unklar. Einerseits dürften die zunehmenden Restriktionen bei der Bejagung hier eine Rolle

Abb. 128: Die Jagstrecken der Wildenten in Deutschland werden im Wesentlichen durch die Stockente bestimmt.

Quelle: DJV

spielen. Andererseits könnte auch die Zunahme etwa des Waschbären Einfluss haben.

Die Stockente wurde und wird nachhaltig genutzt, ihre wichtigen Hegemaßnahmen sind die Schaffung und Pflege von Gewässern sowie die Prädatorenkontrolle.

Eine besondere Problematik stellt die Diskussion um die Verwendung von Bleischrotmunition an Gewässern dar. Einerseits wird regelmäßig die Aufnahme von Schroten durch gründelnde Enten beschrieben, was letztlich zwar kein Artenschutz-, wohl aber ein Tierschutzproblem darstellen kann. Auf der anderen Seite kann auch die Verwendung von alternativer Schrotmunition durch die eingeschränkte Tötungswirkung dieser Munition zu einem ernsthaften Tierschutzproblem werden. Lösungen für diesen Konflikt zwischen unterschiedlichen Tierschutzaspekten existieren derzeit noch nicht, die diesbezüglichen gesetzlichen Regelungen erscheinen insofern eher voreilig und nicht evidenzbasiert zu sein.

Mensch und Wildtier

Wir gehen davon aus, dass die Stockente zumindest in Mitteleuropa auch die Stammform der Hausente darstellt. Neben Gänsen und Hühnern zählen Enten zu den bereits früh domestizierten Hausgeflügelarten. Ob die Stockente aktiv domestiziert wurde oder ursprünglich durch ein enges Miteinander von Mensch und Wildtier in den Siedlungen ein Prozess der Selbstdomestikation einsetzte, ist eine offene Frage.

Als häufigste Entenart auch in den urbanen Räumen stellen Stockenten für viele Menschen "die Wildente" schlechthin dar. Futterzahme Bestände werden, regelmäßig von den Menschen gefüttert und stellen, oft zusammen mit futterzahmen Höckerschwänen, für viele Menschen eine bedeutende Komponente ihrer Freizeitbeschäftigung dar.

Abb. 129: Futterzahme Stockente

Krickente

Anas crecca

Länge: Ca. 36 cm

Gewicht: 160 bis 500 g

Gelege: 5 bis 14 Eier

Brutzeit: Mai/Juni

Systematik

Die Krickente ist die kleinste europäische Gründelente. Die Bezeichnung „Halbente“ hat keine taxonomische Bedeutung, sondern entstammt der „Bratpfannenphilosophie“ früherer Zeiten: Die Krickente ist etwa halb so groß wie eine Stockente, es passen folglich auch zwei davon in einen Bräter.

Verbreitung

Die Krickente ist eine holarktisch weit verbreitete Art, welche in Skandinavien nach Norden etwa bis zum 70. Grad nördlicher Breite und in Russland bis zum Mündungsgebiet der ostsibirischen Flüsse vorkommt. Die Südgrenze der Verbreitung ist weniger klar definiert. Sie reicht in Deutschland teilweise bis zum Oberrhein und weiter in die Schweiz bis ins Tessin, ins Alpenvorland und an die Donau.

Viele Krickenten sind in Mitteleuropa im Frühjahr und Herbst auf dem Durchzug zu beobachten. Die heimischen Brutvögel überwintern zum großen Teil im Rhone-Delta und in der Camargue.

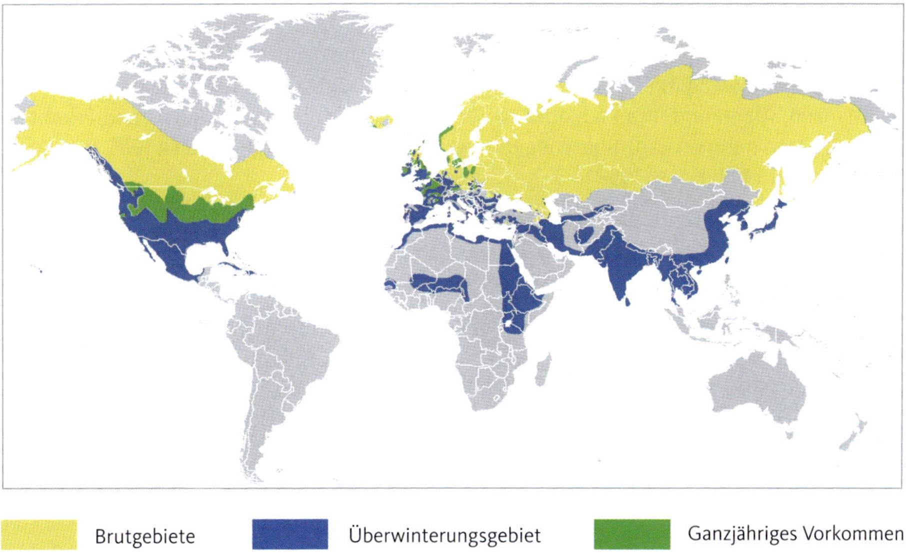

Abb. 130: Verbreitungsgebiet der Krickente

Lebensraum

Moore sind ein ausgesprochen wichtiger Lebensraum für die Krickente

Krickenten sind hinsichtlich der Lebensraumansprüche wenig wählerisch. Wir finden sie vorzugsweise im Binnenland, seltener an der Küste. Krickenten bevorzugen dabei seichte Gewässer mit deckungsreichen Uferzonen. Typisch für die Krickente ist, dass nicht nur nährstoffreiche Gewässer besiedelt werden, sondern sie nutzt auch gerne Moorgebiete, sowohl Hoch-, als auch Niedermoore oder sehr kleine Waldseen (vergl. MÜLLER 1985, RUTSCHKE 1988, NIELSEN 1992, KOLBE 1994).

Ernährung

Die Nahrungszusammensetzung der Krickente variiert je nach Jahreszeit deutlich. Im Frühjahr und Sommer nimmt sie bis zu 98 Prozent tierische Nahrung auf, wobei der höchste Wert in der Brutzeit liegt. Während des Sommers steigt dann der pflanzliche Anteil bis auf ca. 85 Prozent im Herbst und Winter. Das Nahrungsspektrum ist jeweils ausgesprochen breit, von Insekten, Spinnen, Asseln, Weichtieren und Krebstieren über Gräser und krautige Pflanzen, Algen und unterschiedliche Sämereien bis zu landwirtschaftlichen Früchten. Die Jungenten nehmen ganz überwiegend tierische Kost auf (vergl. MÜLLER 1985, RUTSCHKE 1988, NIELSEN 1992, KOLBE 1994).

Fortpflanzung

Krickenten sind gegen Ende des ersten Lebensjahres geschlechtsreif. Sie leben typischerweise in Saisonehe, die Balz beginnt bereits im September/Oktober und dauert bis Februar/März, die Paare finden sich überwiegend bereits im Winterquartier.

Im April treffen die meisten Krickenten im Brutgebiet ein. Das Nest wird in Ufernähe gebaut, maximal ca. 1 km vom Ufer entfernt (vergl. MÜLLER 1985, RUTSCHKE 1988, NIELSEN 1992, KOLBE 1994).

Populationsdynamik

Krickenten sind hinsichtlich ihrer Populationsdynamik weitgehend unerforscht. Häufig wird angenommen, dass in früheren Zeiten höhere Bestände vorhanden waren. Aufgrund fehlender Dokumentation des Bestandes können hierzu allerdings keine belastbaren Aussagen getroffen werden.

Bauer *et al.* (2005) gehen davon aus, dass der Verlust an Mooren über die vergangenen Jahrhunderte die Krickentenpopulation insgesamt negativ beeinflusst hat. Regionale Wiedervernässungen haben offenbar eine Wiederbesiedlung sowie einen ansteigenden Brutbestand bewirkt. Huntley *et al.* (2007) gehen aufgrund von Klimamodellen von einem umfangreichen zukünftigen Arealverlust aus. Ob bzw. inwieweit diese Modelle allerdings praktische Aussagekraft besitzen, ist aufgrund der Vielzahl unsicherer Faktoren in den Modellansätzen fraglich.

Management

Dementsprechend können Empfehlungen für ein aktives Management der Krickente auch nur insofern gegeben werden, als Renaturierungsmaßnahmen, insbesondere in den Brutgebieten, grundsätzlich positive Wirkungen haben. Dies betrifft insbesondere die Wiedervernässung von (ehemaligen) Moorgebieten. Auch der Erhalt von Süßwasserwatten sollte der Krickente zugutekommen, da diese hochproduktiven Flachgewässer auf dem Zug für eine ausreichende Nahrungsversorgung wichtig sind.

Mensch und Wildtier

Neben der bereits angesprochenen kulinarischen Bedeutung der Krickente ist es auch die Haltung dieser kleinen Entenart als Ziervogel verbreitet.

Knäkente

Anas querquedula

Länge: 37 bis 41 cm

Gewicht: bis ca. 550 (Ente) bzw. 600 g (Erpel)

Gelege: 8 bis 11 Eier

Brutzeit: April bis Juni (je nach geographischer Region)

Systematik und Ökologie

Die Knäkente ist die zweite sogenannte Halbente unter den Gründelenten. Wie die anderen Gründelenten auch schwimmt sie relativ hoch im Wasser, der Stoß befindet sich oberhalb der Wasserlinie. Das Auffliegen vom Wasser erfolgt als „Punktstart“, es wird kein langer Anlauf über das Wasser benötigt. Die Knäkente gründelt allerdings zur Nahrungsaufnahme eher selten, vielmehr nimmt sie die Nahrung bevorzugt von der Wasseroberfläche bzw. aus den oberen Wasserschichten mit ihrem Schnabel auf.

Verbreitung

Die Knäkente besiedelt als Brutvogel große Teile der Paläarktis mit Schwerpunkt in Asien und Osteuropa, in Mittel- und Westeuropa ist sie seltener. In Skandinavien besiedelt die Knäkente die Ostseeregion. In Deutschland findet sie sich meist auf dem Durchzug. Hier brütet sie sporadisch im norddeutschen und nordwestdeutschen Tiefland, in den Niederlanden ist sie häufiger (Gooders & Boyer 1986). Die Überwinterungsgebiete der Knäkente finden sich in Afrika, insbesondere Westafrika, und Südostasien. Gelegentlich finden wir sie auch in Australien (Higgins 1990). Der Herbstzug erfolgt in der Zeit zwischen Juli und September. In dieser Zeit kann die Knäkente in den meisten Regionen Mitteleuropas beobachtet werden. Gelegentlich kommt es auch in Mitteleuropa zu Überwinterungsversuchen (Bauer *et al.* 2005).

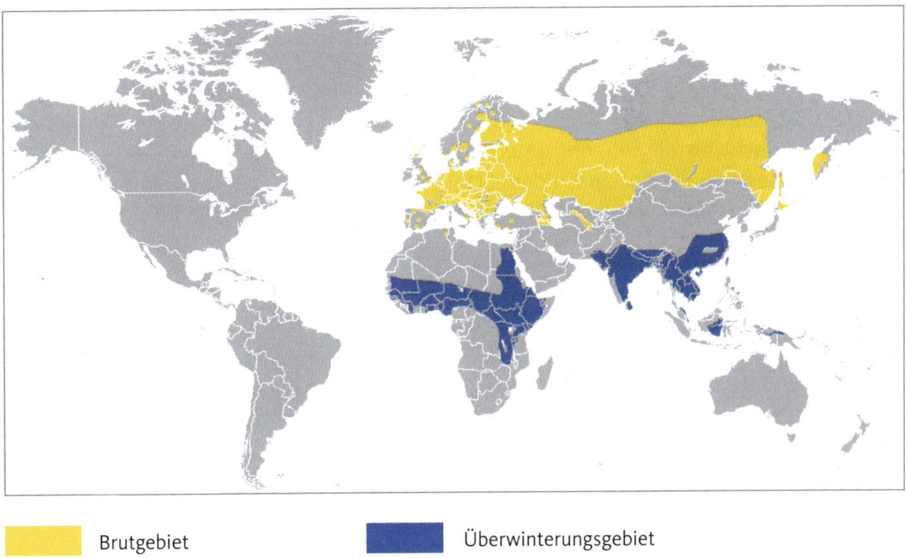

Abb. 131: Verbreitungsgebiet der Knäkente

Lebensraum

Knäkenten brüten bevorzugt an stehenden Gewässern und in Moorgebieten. Eine reiche Unterwasservegetation ist wichtig; in diesen Fällen kommen auch kleinere Gewässer wie Gräben oder überflutete Wiesen als Brutbiotop in Frage. Ihr Lebensraumanspruch ist ähnlich demjenigen der Löffelente. Im Winter finden wir Knäkenten häufig an größeren stehenden Gewässern oder Überflutungsgebieten größerer Flüsse (vergl. Rutschke 1988).

Ernährung

Die Nahrung der Knäkente besteht noch mehr als diejenige der Krickente bevorzugt aus kleinen Tieren, aus Insekten, Spinnen, Asseln, Weichtieren und Krebstieren. Sämereien, Wasserpflanzen und andere pflanzliche Nahrungsbestandteile ergänzen das Nahrungsspektrum. Bei der Nahrungssuche „seihen" Knäkenten ähnlich wie Löffelenten die Wasseroberfläche und die oberen Wasserschichten durch.

Fortpflanzung

Knäkenten kehren meist bereits verpaart aus dem Winterquartier zurück. Im Brutrevier zeigen sie eine ausgeprägte Territorialität und beanspruchen auch ein vergleichsweise großes Revier, welches sie heftig gegen andere Enten verteidigen. Dort treffen die Enten etwa Mitte April (im Süden des Verbreitungsgebietes) bis Ende Mai ein und setzen hier ihr Balzritual fort. Das Balzverhalten der Knäkente beinhaltet neben ritualisierten Trink- und Putzbewegungen auch das Zurückbeugen des Kopfes bis auf den Rücken, wie wir es eher von Tauchenten kennen. Sie bauen ihr Nest in Gestalt einer mit Gräsern und Daunen ausgepolsterten Mulde in dichter Vegetation, möglichst in der Nähe eines flachen Gewässers. Die Ente legt acht bis elf Eier, die sie etwa drei Wochen bebrütet. Die Küken sind Nestflüchter, werden von der Ente nach dem Schlüpfen zum Wasser geführt. Sie sind mit fünf bis sechs Wochen flügge (vergl. auch Rutschke 1988, Gooders & Boyer 1986, Harrison & Castell 2002).

Populationsdynamik

Die Population der Knäkente bzw. deren Umfang wird quantitativ im Wesentlichen im außereuropäischen Teil des Verbreitungsgebietes bzw. die Situation in den Überwinterungsgebieten bestimmt. Der mitteleuropäische Brutbestand scheint anzuwachsen, bildet aber weltweit gesehen eine eher vernachlässigbare Größe.

Management

Aufgrund der schwerpunktmäßig außerhalb Mitteleuropas liegenden Verbreitung beschränkt sich das Management hierzulande auch auf sehr allgemeine und letztlich für alle Entenarten günstige Maßnahmen, insbesondere die Erhaltung potenzieller Brutgewässer bzw. die Wiedervernässung trockengelegter Feuchtgebiete.
Einer nachhaltigen Nutzung, die derzeit lediglich in Teilen ihres Verbreitungsgebietes stattfindet, steht aus wildbiologischer Sicht nichts entgegen.

Löffelente

Anas clypeata

Länge: 44 bis 52 cm

Gewicht: 400 bis 1100 g

Gelege: Meist 8 bis 12 Eier

Brutzeit: Mai bis Juli

Systematik und Ökologie

Die Löffelente ist eine Gründelente, wobei diese ihre Nahrung meist schwimmend sucht, indem sie das Wasser mittels ihres dafür angepassten breiten Schnabels durchsiebt. Darüber hinaus taucht sie auch gelegentlich nach Nahrung.
Man unterscheidet weltweit nach anatomisch-morphologischen Kriterien vier Löffelentenarten (außer der eigentlichen Löffelente noch die Südafrikanische, die Australische und die Fuchs-Löffelente), die sich lediglich in anatomischen und morphologischen Details sowie in der Größe unterscheiden. Wir müssen daher davon ausgehen, dass diese lediglich Subspecies einer einzigen biologischen Art darstellen (vergl. hierzu auch Bauer *et al.* 2005).

Verbreitung

Die Löffelente ist eine holarktisch verbreitete Art; ihre nördlichste Verbreitungsgrenze liegt um den 68. Grad nördlicher Breite. Im Süden kommt sie bis zur Mittelmeer- bzw. bis zur Steppen- und Wüstenregion Asiens vor. In Deutschland ist die Löffelente als Brutvogel in nahezu ganz Norddeutschland vertreten. In Nordamerika reicht das Vorkommen der Löffelente von Alaska bis in die nördlichen und mittleren Teile der USA (Rutschke 1988).

Die meisten eurasischen Löffelenten sind Zugvögel und überwintern im südlichen und westlichen Europa und in Afrika. Gleichzeitig finden wir im Winter allerdings Individuen aus Zentral- und Ostasien in Mitteleuropa.

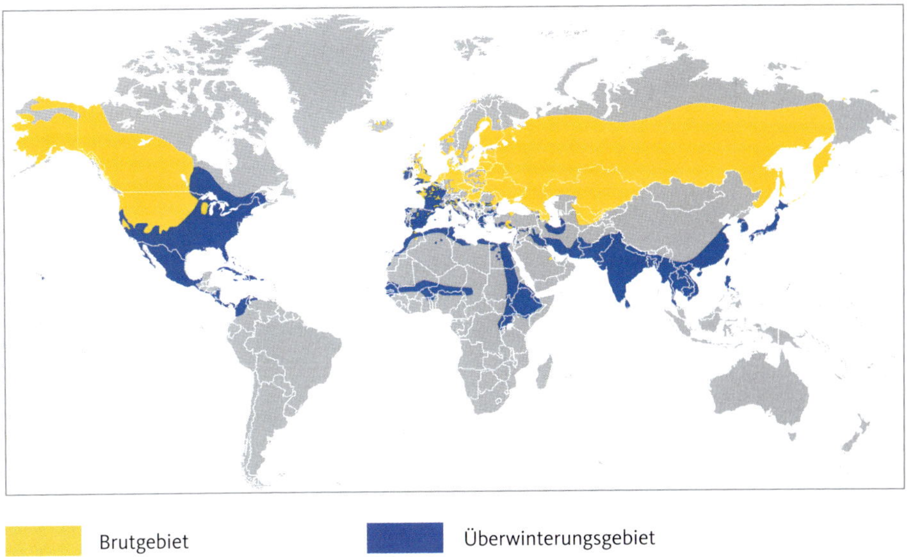

Abb. 132: Verbreitungsgebiet der Löffelente

Lebensraum

Löffelenten sind besonders intensiv an Gewässer gebunden. Sie bevorzugen allerdings kleinere und selbst kleinste Gewässer, solange diese offene Wasserflächen aufweisen. Dabei ist die Art, auch wenn sie beim Gründeln vergleichsweise lang unter Wasser bleiben kann und auch gelegentlich einmal ganz untertaucht, dennoch an die Flachwasserzonen angepasst.

Ernährung

Die typische Form der Nahrungsaufnahme ist das „Durchseihen" des Wassers mit dem breiten, löffelartigen Schnabel durch schnelle Schnabelbewegungen, bei denen Wasser aufgenommen und seitlich durch kammartige Schnabellamellen wieder herausgepresst wird. Das zeigt, dass sie überwiegend vom Plankton, etwa Wasserflöhen, lebt. Zusätzlich nimmt sie aber auch Amphibienlaich und Kaulquappen, Weichtiere und Wasserinsekten bzw. deren Larven auf.

Die im Gewässergrund verborgenen Nahrungsbestandteile wirbelt sie durch drehende Körperbewegungen auf, um diese dann aus dem Wasser herauszufiltern. Gleichzeitig sind aber auch Gründeln und sogar komplettes Untertauchen bei der Nahrungssuche beschrieben (Gooders & Boyer 1986, Rutschke 1988, Bauer *et al.* 2005).

Fortpflanzung

Löffelenten sind im zweiten Lebensjahr geschlechtsreif. Im Spätherbst erfolgt im Überwinterungsgebiet die Balz und es bilden sich die Paare, welche typischerweise für ein Jahr zusammenbleiben.

Wenn die Enten im April in ihrem Brutgebiet eintreffen, sind häufig noch kurze Rundflüge als Teil des Balzrituals zu beobachten (Rutschke 1988).

Die Ente baut ihr Nest aus Pflanzenteilen in dichter Vegetation nah, aber meist nicht unmittelbar am Wasser.

Die Brutzeit erstreckt sich über die Monate Mai bis Juli. Löffelenten legen typischerweise zwischen 8 und 12 Eier. Nachgelege kommen bei Gelegeverlust vor, sind aber selten.

Die Brutdauer beträgt rund 26 Tage. Ausschließlich die Ente brütet, währen der Erpel in der Nähe des Nestes wacht. Auch das gezielte Verleiten von Prädatoren durch den Erpel wurde beschrieben.

Die Ente legt sog. Brutpausen ein, d.h. sie verlässt zumindest zu Anfang der Brutphase das Gelege morgens und abends für eine gewisse Zeit. Gegen Ende der Brutzeit werden diese Brutpausen kürzer oder entfallen ganz.

Nach dem Schlüpfen werden die Küken von der Ente zum Gewässer geführt (Rutschke 1988, Harrison & Castell 2002)

Die Jungenten sind im Alter von etwa 40 bis 45 Tagen flugfähig.

Populationsdynamik

Der Bestand der Löffelente in Europa wird für Gesamteuropa auf rund 200 000 Brutpaare geschätzt (davon brütet der größte Teil in Russland westlich des Ural), für Mitteleuropa gehen wir von etwa 13 000 bis 16 000 Paaren aus, welche schwerpunktmäßig im nördlichen und östlichen Mitteleuropa anzutreffen sind.

Ende des 19. bis Mitte des 20. Jahrhunderts kam es zu deutlichen Arealausweitungen, die Löffelente brütet seitdem etwa am Bodensee oder den Ismaninger Teichen. Eine bessere Nahrungsverfügbarkeit durch Gewässereutrophierung sowie zusätzlich angelegte Gewässer dürften die Hauptursachen gewesen ein. Arealverluste gab es in den 1980er Jahren etwa in Belgien, Polen sowie Teilen der Niederlande und Deutschland (Bauer *et al.* 2005).

Management

Als Gefährdungsursachen der Art werden insbesondere Störungen während des Brutgeschäftes sowie Verluste an Bruthabitaten, etwa durch Trockenlegung, genannt. Auch hohe Besatzdichten in fischereiwirtschaftlich genutzten Teichen können sich auf den Löffelentenbestand nachteilig auswirken (Bauer *et al.* 2005). Inwieweit sich klimatische Veränderungen negativ auf das Brutareal der Löffelente auswirken können (Huntley *et al.* 2007), muss kritisch hinterfragt werden, da die zugrundeliegenden Modellrechnungen in hohem Maße von der Qualität der (noch unsicheren) Eingangsdaten abhängen.

Auch die Frage, ob die Gefährdung der Species in Deutschland wirklich das Ausmaß erreicht, welches Grüneberg *et al.* (2015) angeben, ist eine offene Frage. Wichtige Hegemaßnahmen sind ganz offensichtlich die Schaffung und Erhaltung geeigneter Brutlebensräume sowie die Verhinderung von Störungen an den Brutgewässern.

Kolbenente

Netta rufina

Länge: ca. 45 bis 57 cm

Gewicht: ca. 850 bis 1500 g

Geleg: 6 bis 12, selten bis über 20 Eier

Brutzeit: April bis Juni

Systematik und Ökologie

Die Kolbenente gehört zu den Tauchenten und, wie auch Schell-, Tafel-, Reiher-, Moor- und Bergente, zu den sogenannten „Süßwasserenten“, welche – anders als die „Meerenten“ – vorzugsweise am Süßwasser brüten.

Sie kann bis zu 30 Sekunden tauchen, sucht ihre schwerpunktmäßig pflanzliche Nahrung aber auch regelmäßig gründelnd. Somit nimmt sie, ökologisch gesehen, eine Zwischenstellung zwischen den Gründel- und den Tauchenten ein. Unterarten der Kolbenente werden derzeit nicht ausgewiesen.

Verbreitung

Das große, geschlossene Verbreitungsgebiet der Kolbenente umfasst Zentralasien und erstreckt sich nach Westen über das Kaspische Meer bis zum Schwarzen Meer. In Mitteleuropa zeigt sich ein disjunktes Verbreitungsgebiet mit zahlreichen kleinen, separaten Brutgebieten (Bauer *et al.* 2005). In Deutschland findet sich die Kolbenente am Nordrand der Alpen und an der Ostsee.

Die Winterlebensräume befinden sich in Indien, Vorderasien, sowie um das Mittelmeer und das Schwarze Meer. In Mitteleuropa überwintern Kolbenenten in zunehmendem Maße, so etwa auf dem Bodensee, dem Neuenburger und dem Vierwaldstättersee (Bauer *et al.* 2005).

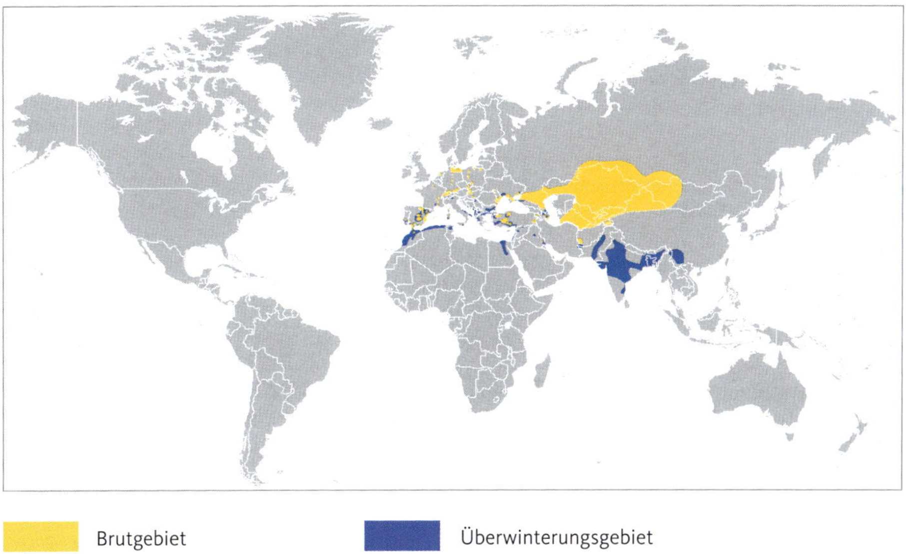

Abb. 133: Verbreitungsgebiet der Kolbenente

Nördlich des 46. Breitengrades ist die Kolbenente ein Zugvogel, im übrigen Areal Kurzstrecken- oder Teilzieher.

Lebensraum

Kolbenenten besiedeln als Süßwasserenten gerne recht flache, ausgedehnte Seen im Binnenland mit reichlich Unterwasser- und Ufervegetation. Gelegentlich finden wir sie aber auch an Brackwasserseen oder -lagunen.

Ernährung

Wie bereits erwähnt, ernährt sich die Kolbenente vor allem pflanzlich. Insbesondere Algen und Laichkräuter sind wichtige Nahrungsbestandteile., die durch überwiegend durch Gründeln oder durch Tauchen abgeweidet werden. Ein kleinerer Teil ders Nahrungsspektrums besteht aus Larven von Wasserinsekten, Schnecken, Weichtieren und anderen kleinen wirbellosen Tieren (Rutschke 1988).

Fortpflanzung

Auch bei der Kolbenente beginnt die Balz bereits im Winterlebensraum, zunächst als Gruppenbalz mehrerer Erpel. Erst wenn sich vermehrt feste Paare gebildet haben, geht die Gruppenbalz zunehmend in eine Einzelbalz über. Für die Kolbenente charakteristisch ist das Balzfüttern. Kolbenenten gelten als monogam, möglicherweise sogar über längere Zeit (Rutschke 1988).

Viele Vögel erreichen bereits verpaart das Brutbiotop. Das Nest wird in dichter Vegetation nahe des Ufers gebaut, die Ente legt ab Mitte April, typischerweise ab Anfang Mai, etwa sechs bis zwölf, gelegentlich auch mehr Eier. Die Ente brütet etwa 25 bis 27 Tage. Der Erpel bleibt in der Nähe des Nestes und bewacht es, während die Ente das Nest verlässt.

Gelegentlich nutzen mehrere Enten ein und dasselbe Nest, nicht zuletzt aufgrund der kaum ausgeprägten Territorialität.

Daher ist auch nicht sicher, ob Gelegeumfänge von über 20 Eiern, die gelegentlich berichtet werden, wirklich von einer einzigen Ente stammen, oder ob dies daraus resultiert, dass dasselbe Nest eventuell von zwei Enten genutzt wurde. Die Küken sind nach etwa 45 bis 50 Tagen flügge (Rutschke 1988, Harrison & Castell 2002).

Populationsdynamik

Der Brutbestand der Kolbenente für Europa beträgt nach Schätzungen etwa 15 000 Brutpaare.

Seit dem späten 19. Jahrhundert beobachten wir eine Vergrößerung ihres Verbreitungsgebietes, seit Beginn des 20. Jahrhunderts ist sie in Deutschland heimisch. Dieser Trend hält – nach einer Unterbrechung in den 1970er Jahren insbesondere in Russland und Rumänien – offenbar bis heute an. Etwa seit den frühen 2000er Jahren brütet die Kolbenente z.B. auch in Belgien. Der aktuelle Brutbestand Deutschlands wird auf rund 500 Paare geschätzt (vergl. Gooders & Boyer 1986, Bauer *et al.* 2005).

Management

Gerade in einer Phase, in der sich die Art zwar ausbreitet, doch absolut gesehen in vielen Teilen Mitteleuropas noch selten ist, ist neben der Erhaltung und Schaffung geeigneter Lebensräume der Schutz vor Prädatoren, insbesondere den Neozoenarten wie Waschbär und Mink, von besonderer Bedeutung. Auf diese Weise kann das Anwachsen der lokalen Teilpopulationen als Keimzelle einer weiteren regionalen Besiedlung am besten gefördert werden.

Mensch und Wildtier

Kolbenenten sind relativ leicht in menschlicher Obhut zu halten. Sie sind vergleichsweise standorttreu und werden regelmäßig in zoologischen Gärten gehalten.

Tafelente

Aythya ferina

Länge: Ca. 42 bis 50 cm

Gewicht: ca. 460 (Ente) bis 1300 g (Erpel)

Gelege: Ca. 7 bis 11, meist 6 bis 9 Eier

Brutzeit: April bis August

Systematik und Ökologie

Die Tafelente gehört zur Familie der Entenvögel (Anatidae). Ökologisch zählt sie zur Gattungsgruppe der Tauchenten.

Nicht selten finden wir Tafelenten und Reiherenten vergesellschaftet, was möglicherweise mit dem unterschiedlichen Nahrungsspektrum und den unterschiedlichen Aktivitätsphasen zu tun hat.

Verbreitung

Die Tafelente besiedelt große Teile Europas, ihr Vorkommen erstreckt sich von den Britischen Inseln und dem südlichen Skandinavien bis nach Mitteleuropa, punktuell auch bis in den Mittelmeerraum sowie nach Asien bis zum Baikalsee. Mitteleuropa bildet einen Verbreitungsschwerpunkt. Im vergangenen Jahrhundert beobachteten wir eine Ausbreitungstendenz nach West- und Nordeuropa. Südschweden wurde beispielsweise in den 1920er und 1930er Jahren besiedelt, Island in den 1950er Jahren. Der Westen Frankreichs wurde in den letzten Jahrzehnten besiedelt (vergl. MÜLLER 1985, RUTSCHKE 1988).

Lebensraum

Tafelenten bevorzugen größere, nicht zu tiefe, nährstoffreiche Binnengewässer mit min-

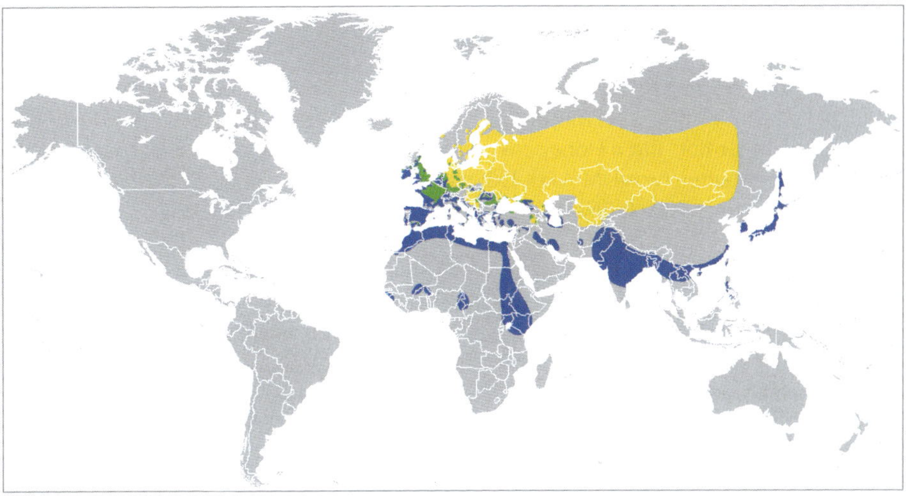

Ganzjähriges Vorkommen · Überwinterungsgebiet · Brutgebiet

Abb. 134: Verbreitungsgebiet der Tafelente

destens fünf Hektar freier Wasserfläche. Aber auch an den Küsten von Nord- und Ostsee sind sie zu finden. Wichtiges Lebensraumelement sind strukturierte, aber nicht zu breite Schilfgürtel, dicht bewachsene Inseln oder ruhige Buchten. In Zentralasien werden typischerweise die großen Steppenseen besiedelt (MÜLLER 1985, RUTSCHKE 1988).

Tafelenten aus dem nördlichen Teil des Verbreitungsgebietes ziehen regelmäßig im Winter nach Süd- und Westeuropa sowie Nordafrika. Wenige Individuen ziehen auch über die Sahara hinweg weit nach Afrika hinein. In weiten Teilen Mitteleuropas verbringen Tafelenten als Standvögel das ganze Jahr (BAUER *et al.* 2005).

Ernährung

Die Tafelente ist eine Tauchente, gründelt aber gelegentlich auch nach Nahrung. Sie besitzt ein sehr breites Nahrungsspektrum, in dem kleine Tiere auf das gesamte Jahr gesehen überwiegen. Neben Insektenlarven (insbesondere Zuckmückenlarven), Krebstieren, Amphibien, Würmern (z.B. Schlammröhrenwürmern), Weichtieren wie Muscheln und Schnecken und kleinen Fischen stehen auch Teile unterschiedlichster Wasser- und Uferpflanzen auf dem Speiseplan. Auch Fischfutter wird in Teichanlagen gelegentlich aufgenommen.

Die Anzahl der Tauchgänge, mit der die Nahrung aufgenommen wird, wechselt je nach Situation und Lebensraum. Die höchste Frequenz an Tauchgängen zeigen weibliche Enten in den Brutpausen. In diesen ein bis eineinhalb Stunden wurden zwischen 200 und 300 Tauchgängen beobachtet (vergl. RUTSCHKE 1988).

Fortpflanzung

Die Balzperiode erstreckt sich vom Spätwinter bis in das Frühjahr. Insbesondere bei Tafelenten, die aus entfernten Überwinterungsgebieten im zeitigen Frühjahr im Brutareal eintreffen, erreicht sie dort ihren Höhepunkt meist im März. Sie zeigen ein ausgeprägtes ritualisiertes Balzverhalten (vergl. MÜLLER 1985), sowohl in Gruppen als auch als Paar. Die Partnerbindung erfolgt spät im Frühjahr, oft erst am Brutplatz, als meist monogame Saisonehe, wobei der Erpel die Ente bereits mit Beginn der Brutphase wieder verlässt. Auch wenn Tafelenten bereits gegen Ende des ersten Lebensjahrs geschlechtsreif werden, erfolgt die erste Brut meist erst ein Jahr später, also im dritten Lebensjahr (vergl. BAUER *et al.* 2005). Die Ente wählt den Neststandort in der Ufervegetation, oft auch auf Inseln, in der Regel nicht mehr als fünf bis zehn Meter vom Wasser entfernt. Uferferne Nester oder gar solche in Baumhöhlen sind selten.

In der Zeit von Mai bis Juni legt die Ente 6 bis 9 Eier in das mit Daunen und Pflanzenteilen gepolsterte Nest. Die Ente brütet etwa 23 bis 26 Tage, der Erpel hält sich zu Beginn dieser Zeit in der Nähe des Nestes auf. Nachgelege kommen bei Verlust des ersten Geleges vor, enthalten aber weniger Eier.

Die Küken werden von der Ente bald nach dem Schlüpfen (maximal zwei Tage) zum Wasser geführt und können ab dem ersten Lebenstag bereits tauchen.

Die Jungenten sind im Alter von etwa 7 bis 8 Wochen selbständig und mit spätestens zehn Wochen voll flugfähig (vergl. MÜLLER 1985).

Populationsdynamik

Der Brutbestand der Tafelente in Mitteleuropa betrug zu Beginn der 2000er Jahre schätzungsweise maximal 500 000 Brutpaare, die meisten davon in Russland und ein mitteleuropäischer Verbreitungsschwerpunkt mit ca. 20 000 bis 30 000 Brutpaaren in Polen. Im 19. und 20. Jahrhundert war es – möglicherweise anthropogen mitbedingt – zu umfangreichen Ausweitungen des Brutareals gekommen (BAUER *et al.* 2005), wobei die Art seit den 1980er Jahren in Teilen Mitteleuropas offenbar wieder in ihrer Abundanz zurückgeht (KARNER-RANNER 2018). Über die Ursachen kann man nur spekulieren. Die Autorin nennt hier teilweise ähnliche Faktoren, wie sie von BAUER *et al.* 2005 als mitursächlich für den vorausgegangenen Bestandesanstieg gesehen werden. Demgegenüber scheinen die Prädation durch Neozoenarten wie Mink oder Waschbär, aber sicherlich auch Lebensraumverluste als plausible lokale Rückgangsursachen in Frage zu kommen.

Die Hypothesen von HUNTLEY *et al.* (2007) hinsichtlich der prognostizierten negativen Auswirkungen des Klimawandels auf die Art sind auch bei dieser Species mangels verlässlicher Eingangsdaten für die Populationsmodelle eher mit Zurückhaltung zu bewerten.

Management

Somit dürften der Erhalt und die Pflege potenzieller Brutgewässer sowie die Prädatorenkontrolle im Umfeld dieser Gewässer die wichtigsten Managementmaßnahmen für die Tafelente darstellen.

Mensch und Wildtier

Eine nachhaltige Nutzung wäre bei dieser Entenart durchaus sinnvoll; sie gehört, wie der Name andeutet, zu den wohlschmeckenderen Tauchenten.

Wie alle Vogelarten unterliegt die Tafelente in Ländern der Europäischen Union der EU-Vogelschutzrichtlinie. Gemäß Vogelschutzrichtlinie der Europäischen Union wäre eine Bejagung zulässig. Diese Möglichkeit wird allerdings regional sehr unterschiedlich genutzt.

Moorente

Aythya nyroca

Länge: ca. 38 bis 42 cm

Gewicht: ca. 500 bis 700 g

Gelege: 7 bis 11 Eier

Brutzeit: März bis Mai

Systematik und Ökologie

Die Moorente, hierzulande die kleinste unter den Tauchenten, bevorzugt –eher untypisch für Tauchenten – flache Gewässer oder sogar solche mit ausgeprägten Verlandungszonen. Für Tauchenten untypisch ist auch die Tatsache, dass Moorenten im Winter kaum gesellig leben. Große Trupps sind selten und nur in den Hauptverbreitungsgebieten zu finden, meist finden wir nur kleine Trupps von weniger als zehn Individuen (vergl. GOODERS & BOYER 1986). Auch die überwiegend vegetarische Ernährung ist eher untypisch für Tauchenten. Für Enten generell ungewöhnlich ist der nur gering ausgeprägte Geschlechterdimorphismus.

Verbreitung

Moorenten haben ihren Verbreitungsschwerpunkt in Zentral- und Kleinasien und im östlichen Europa, in Mittel- und Westeuropa ist die Species eher selten.

In Deutschland gibt es nur wenige Brutvorkommen in Mittel- und Nordostdeutschland und am Bodensee. Die meisten Moorenten überwintern am Kaspischen und am Schwarzen Meer sowie am Aralsee, kleinere Teile der Population überwintern auch im Mittelmeerraum, in Pakistan und im nördlichen Indien oder südlich der Sahara (vergl. GOODERS & BOYER 1986, RUTSCHKE 1988). Mittlerweile finden wir auch einzelne Individuen, welche in Mitteleuropa überwintern.

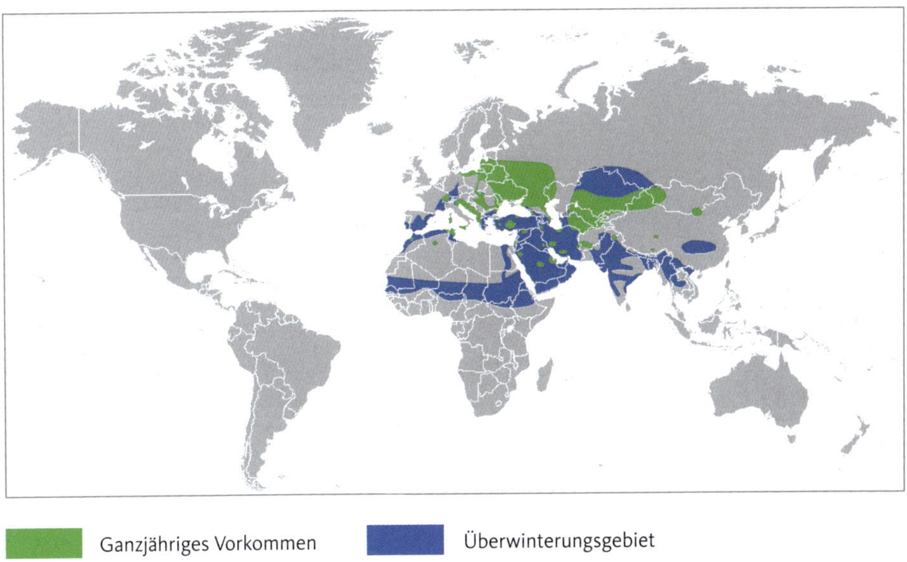

Abb. 135: Verbreitungsgebiet der Moorente

Lebensraum

Der typische Lebensraum der Moorente liegt in der Zone zwischen Schilf und Schwimmblattpflanzen. Sie kommt regelmäßig auch an den alkalihaltigen Gewässern Zentralasiens vor und brütet in Ungarn unter anderem an den Natronseen (RUTSCHKE 1988). Tiefe oder schnell fließende Gewässer meidet sie.

Ernährung

Moorenten ernähren sich wie oben erwähnt überwiegend pflanzlich, insbesondere von Pflanzen bzw. Pflanzenteilen der Unterwasservegetation und der Schwimmblattzone. Kleine Tiere, insbesondere Schnecken, werden ebenso wie Insekten, Kleinkrebse und Amphibienlarven regelmäßig aufgenommen. Moorenten nehmen ihre Nahrung durch Tauchen (darauf entfällt etwa die Hälfte der zur Nahrungssuche aufgewandten Zeit), Gründeln oder Schwimmen mit eingetauchtem Hals auf (vergl. GOODERS & BOYER 1986).

Fortpflanzung

Die Balz der Moorente findet im Wesentlichen nach Ankunft im Brutareal statt. Das Paar lebt typischerweise in Saisonehe, es erfolgt jährlich eine Brut, lediglich im Falle des Verlustes eines Geleges finden wir ein zweites, weniger umfangreiches Gelege. Das mit Daunen ausgepolsterte Nest findet sich in unmittelbarer Nähe des Ufers in hoher krautiger Vegetation.

Das Gelege (ab März) besteht aus 7 bis 11 Eiern, die Ente brütet etwa 23 bis 27 Tage. Wenn das Gelege bald nach Brutbeginn verloren geht, kann ein Nachgelege mit ca. 5 Eiern erfolgen. Der Erpel hält sich, während die Ente brütet, zunächst noch in Nähe des Nestes auf, um dann bald zur Mauser abzuwandern (vergl. RUTSCHKE 1988).

Die Küken werden nach dem Schlüpfen gleich zum Wasser geführt und können nach wenigen Stunden tauchen. Nach etwa zwei Monaten sind sie flügge.

Populationsdynamik

Die Bestände der Moorente haben seit Beginn des 20. Jahrhunderts zumindest regional offenbar deutlich abgenommen. Ebenso ist ihr Verbreitungsareal zurückgegangen. So wird berichtet, dass in Spanien um die Jahrhundertwende zum 20. Jahrhundert noch etwa 500 Brutpaare gezählt wurden, heute finden wir dort vermutlich deutlich unter zehn Brutpaare. Weltweit wird der Populationsumfang auf einen Wert zwischen 40 000 und 100 000 Individuen geschätzt, wobei derzeit kaum verlässliche Werte vorliegen (vergl. auch KEAR 2005).

Management

Grundsätzlich finden wir bei der Moorente das Problem, dass offenbar zumindest lokal ein rückläufiger Bestandestrend zu beobachten ist, dessen Ursachen allerdings nicht geklärt sind. Dennoch gab es in der Vergangenheit Wiederansiedlungsprojekte, etwa am Steinhuder Meer oder im Stadtgebiet von Leipzig. Die ausgebrachten Enten wurden dabei in menschlicher Obhut gezüchtet, Wildfänge wurden nicht angesiedelt.

Auch wenn Wiederansiedlungsprojekte unter den genannten Rahmenbedingungen (unklare Rückgangsursachen) kritisch zu hinterfragen sind, kam es am Steinhuder Meer in der Folge immerhin zu Bruten im Freiland (vergl. auch ZIMMERMANN 2019).

Mensch und Wildtier

Moorenten sind relativ leicht in menschlicher Obhut zu halten und zu züchten. Daher wird die Art gerne als Ziergeflügel gehalten.

Aufgrund ihrer absoluten Seltenheit und dem gemäß der „Roten Liste“ hohen Gefährdungsgrad (GRÜNEBERG *et al.* 2015) erfolgt derzeit in Deutschland keine systematische Nutzung der wildlebenden Bestände.

Reiherente

Aythya fuligula

Länge: Ca. 40 bis 47 cm

Gewicht: ca. 550 bis 900 g

Gelege: 5 bis 12, gelegentlich bis 18 Eier

Brutzeit: April bis Juli (je nach Region)

Systematik und Ökologie

Die Reiherente ist die in Mitteleuropa häufigste Tauchentenart am Süßwasser. Sie besiedelt eher tiefere und mehr oligotrophe Gewässer. Sie gehört zu den mäßig tief tauchenden Enten und bleibt durchschnittlich etwa 15 Sekunden unter Wasser (MLIKOWSKY & BURIC 1983).

Verbreitung

Die Reiherente ist in Mitteleuropa weitverbreitet mit Schwerpunkt im Osten und Süden. Darüber hinaus ist sie überall in Mitteleuropa auf dem Durchzug, zur Mauserzeit oder als Wintergast zu beobachten.

Ihr Brutareal erstreckt sich von West- und Mitteleuropa über Skandinavien bis Sibirien im Osten. Im Süden reicht das Verbreitungsgebiet bis zu den Alpen und zum pannonischen Becken.

In Mitteleuropa finden wir die Reiherente ganzjährig, ebenso an den Küsten der Nordsee. Als Brutvögel treten Reiherenten im östlichen Mitteleuropa, Osteuropa, Skandinavien und Island im Sommer auf. Diese Vögel überwintern in den Regionen um das Mittelmeer und das Schwarze Meer.

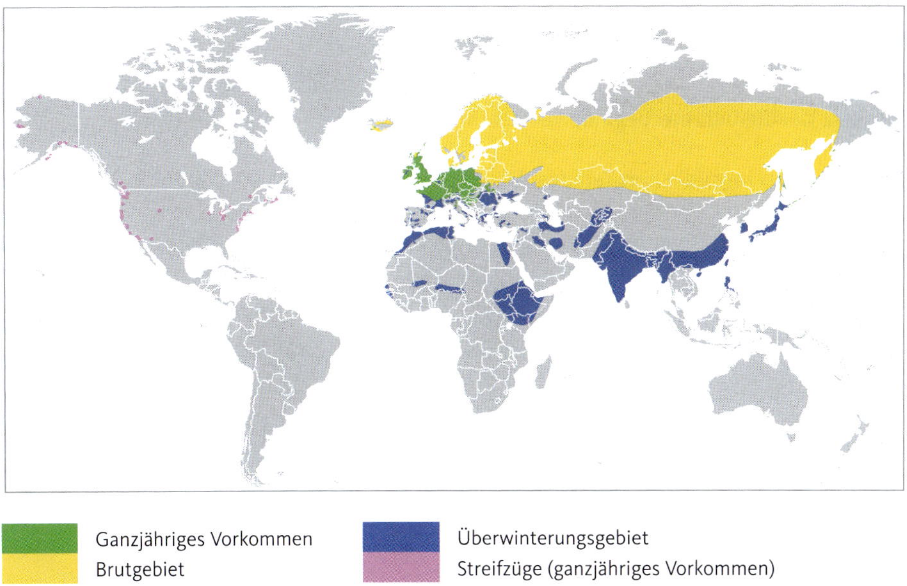

Abb. 136: Verbreitungsgebiet der Reiherente

Lebensraum

Reiherenten sind an größeren stehenden Gewässern und Fließgewässern verbreitet. Dabei nutzen sie – etwa im Vergleich zur Tafelente – tiefere und eher oligotrophe Gewässer. Bedeutende mitteleuropäische Mauserplätze sind das Markermeer in den Niederlanden (bis zu 60 000 Individuen) und die Ismaninger Speicherseen (über 11 000 Individuen, vergl. auch Bauer *et al.* 2005).

Ernährung

Reiherenten ernähren sich ganz überwiegend von tierischen Organismen, Pflanzen machen lediglich einen Anteil von ca. zehn Prozent aus. Zu etwa 60 % besteht die Nahrung aus Weichtieren (Muscheln und Schnecken), zu einem weiteren Drittel aus anderen kleinen Tieren, etwa Chiromoniden und Tubificiden. Mit dem Schnabel durchseihen sie den schlammigen Gewässergrund und filtern auf diese Weise die Kleintiere heraus. Dabei erfolgt ein bedeutender Teil der Nahrungsaufnahme auch des Nachts.

Muscheln, insbesondere die Dreikantmuschel, spielen gerade im Winter eine große Rolle. Die besondere Schnabelmorphologie der Reiherente – der eher breite und flache Schnabel – ermöglicht die Aufnahme auch größerer Individuen der Dreikantmuschel. Die Schellente besitzt demgegenüber einen deutlich kleineren Schnabel und kann daher die großen Muscheln kaum nutzen (vergl. Rutschke 1988).

Fortpflanzung

Die Balz der Reiherente beginnt bereits im Herbst des Vorjahres mit dem arttypischen Balzverhalten.

Reiherenten im südlichen Teil des Areals beginnen gegen Mitte April mit der Brut, im nördlichen Teil erst ab Anfang Juni.

Reiherenten brüten in der Regel einzeln, aber gelegentlich auch inmitten von Möwen- oder Seeschwalbenkolonien. Auch kleine, ausschließlich aus Reiherenten bestehende „Brutkolonien" sind bekannt. Nester werden häufig auf Inseln im Schilf allein von der Ente gebaut (siehe auch Harrison & Castell 2002).

Das Gelege besteht normalerweise aus 5 bis 12, gelegentlich bis zu 18 Eiern, die von der Ente zwischen 23 und 28 Tagen bebrütet werden. Die Ente ist es auch, welche die Küken (Nestflüchter) unmittelbar nach dem Schlüpfen ans Wasser führt. Die Küken sind bereits nach wenigen Stunden in der Lage zu tauchen. Im Alter von etwa 45 bis 50 Tagen sind sie flügge (vergl. Harrison & Castell 2002).

Populationsdynamik

Bei der Reiherente beobachten wir tendenziell eine Populationszunahme und Ausbreitung nach Westen.

Reiherenten haben sich seit dem 18. Jahrhundert von Nord- und Osteuropa nach Mitteleuropa ausgebreitet. Auch im 20. Jahrhundert konnten wir eine Ausbreitung in westlicher Richtung beobachten: Seit 1904 ist sie z.B. in den Niederlanden, seit 1964 in Frankreich Brutvogel (GOODERS & BOYER 1986).

Über die Gründe dieser Arealausweitung können wir nur spekulieren: So könnte sie mit der Ausbreitung der Dreikantmuschel zusammenhängen oder mit der Trockenlegung von Steppenseen in Osteuropa und Nordasien. Plausibler erscheint die Hypothese, dass die Reiherente von der zunehmenden Zahl an Stauseen profitiert hat (GOODERS & BOYER 1986). Mildere Winter oder bessere Nahrungsverfügbarkeit durch Gewässereutrophierung könnten ebenfalls eine Rolle gespielt haben (BAUER *et al.* 2005).

Heute schätzen wir den weltweiten Bestand der Reiherente auf etwa 2,5 bis 3,5 Millionen Individuen, davon etwa ein Drittel davon in Europa. In Mitteleuropa gehen wir von etwa 50 000 bis 100 000 Brutpaaren aus (vergl. BAUER *et al.* 2005).

Management

Die offenbar günstigen Lebensraumbedingungen für die Reiherente haben in den meisten Teilen Mitteleuropas ihre Ausbreitung gefördert. Wichtig ist die Biotophege sowie der Schutz vor Prädatoren, insbesondere den Neozoenarten wie Waschbär und Mink. In den vergangenen Jahrzehnten gibt es in einigen Regionen (Böhmen, Brandenburg oder Thüringen) Hinweise auf stagnierende oder sogar geringgradig rückläufige Bestände (BAUER *et al.* 2005). Auch der Anteil der Nichtbrüter am Bestand scheint regional zuzunehmen. Diese Phänomene wären durch ein intensiviertes Monitoring in Zukunft näher zu untersuchen. Im Übrigen steht einer nachhaltigen Nutzung, wie sie auch in vielen Ländern erfolgt, nichts im Wege.

Mensch und Wildtier

Das Wildbret von Reiherenten (Haut ablösen, da tranig) kann in typischer Weise schmackhaft zubereitet werden.

Im Übrigen finden wir Reiherenten nicht zuletzt aufgrund ihres attraktiven Äußeren (mit dem charakteristischen Schopf und den auffallend gelben Augen) seit vielen Jahrhunderten als Ziervögel in vielen städtischen Parkanlagen oder in historischen Gärten, wobei diese dort deutlich seltener anzutreffen sind als etwa Stockenten.

Bergente

Aythya marila

Länge: ca. 40 bis 51 cm

Gewicht: ca. 700 bis 1300 g

Gelege: meist 6 bis 9 Eier

Brutzeit: Mai bis Juli

Systematik und Ökologie

Die Bergente gehört zu den Tauchenten und kann in die beiden Subspecies *Aythya marila marila* und *Aythya marila nearctica* unterteilt werden.

Verbreitung

Bergenten sind zirkumpolar über die boreale Nadelwaldzone verbreitet. In Mitteleuropa kommt die Art nur lokal als Brutvogel vor. An den Küsten des nördlichen Mitteleuropas finden wir die Bergente vor allem auf dem Zug oder als Wintervogel in größerer Zahl. Im Binnenland ist die Bergente auch im Winter eher selten anzutreffen.

Lebensraum

Bergenten finden wir im Sommer vor allem an stehenden Gewässern der borealen Tundren und Waldtundren, aber vereinzelt auch an subalpinen Gewässern (Name!). Sie überwintern vor allem an den Küsten Nord- und Mitteleuropas, nicht selten im Bereich der Mündungen von größeren Flüssen. Im Binnenland überwintern Bergenten sporadisch bevorzugt an stehenden Gewässern.

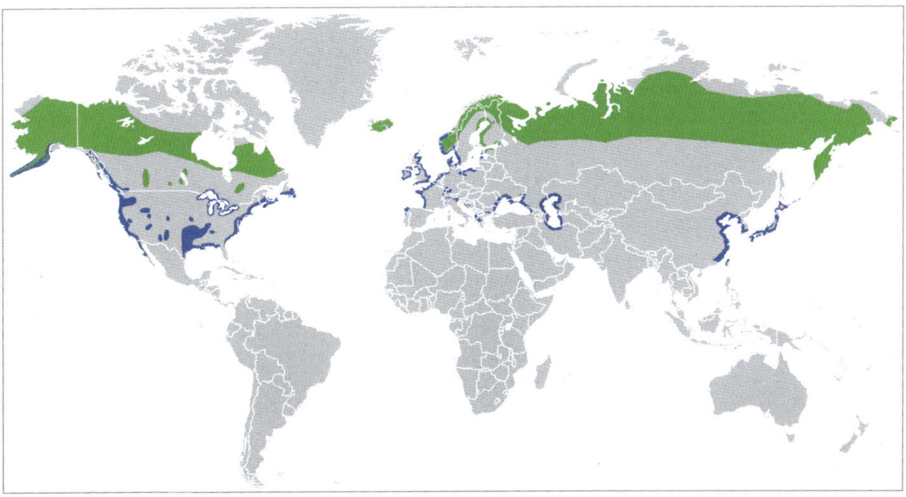

Ganzjähriges Vorkommen

Überwinterungsgebiet

Abb. 137: Verbreitungsgebiet der Bergente

Ernährung

Die Nahrung der Bergente besteht überwiegend aus kleinen Tieren, etwa Amphibien und deren Larven, Muscheln und Weichtieren. Im Frühjahr und Sommer spielen pflanzliche Bestandteile eine größere Rolle (RUTSCHKE 1988).

Fortpflanzung

Nachdem die Balz bereits im Winterquartier beginnt und sich dort auch schon erste Paare zusammenfinden, setzt sich diese nach der Rückkehr ins Brutgebiet (etwa Mitte April bis Anfang Mai) fort. Nach erfolgter Paarbildung wird das Nest meist geschützt in Seggen- oder Binsenvegetation in der Nähe des Ufers und auf Inseln angelegt (s. a. RUTSCHKE 1988). Gerne brüten die Enten auch kolonieähnlich in größeren Gruppen oder bauen ihre Nester innerhalb von Möwen- oder Seeschwalbenkolonien (RUTSCHKE 1988, HARRISON & CASTELL 2002).

Die Enten beginnen das Gelege im südlichen Teil des Brutareals ab Ende Mai, im Norden ab Anfang Juni mit der Eiablage. Es brütet nur die Ente, die Brutdauer beträgt ca. 26 bis 28 Tage. Die Erpel bleiben während des Brutgeschäftes in der Nähe des Nestes.

Die Jungenten sind mit etwa fünf bis sieben Woche beflogen und selbständig.

Populationsdynamik

Die gesamte weltweite Population der Bergente wird auf knapp zwei Millionen Individuen geschätzt, wobei genauere Zahlen fehlen. Im Nordwesten Europas überwintern davon etwa 300 000 bis 350 000 Individuen, am Mittelmeer, Kaspischen Meer und Schwarzen Meer beträgt der Überwinterungsbestand etwa 200 000 Individuen (KEAR 2005). Umfangreichere Bestandesrückgänge oder eine Gefährdung der Art oder einer der Unterarten sind nicht bekannt.

Management

Die Bestände der Bergente sind nicht bedroht, so dass einer nachhaltigen Nutzung nichts im Wege steht. In Mitteleuropa wird die Bergente derzeit bejagt, in anderen Regionen steht sie unter Schutz.

Eiderente

Somateria mollissima

Länge: ca. 60 bis 70 cm

Gewicht: ca. 2500 bis 2800 g

Gelege: drei bis sechs (selten bis zu neun) Eier

Brutzeit: April bis Juli

Systematik und Ökologie

Die Eiderente gehört zu den sog. „Meerenten". Dabei handelt es sich nicht um eine formale systematische Kategorie, sondern um eine ökologische Einteilung. Meerenten sind Tauchenten, welche einen großen Teil ihres Lebens am oder auf dem Meer verbringen und allenfalls zum Brüten Binnengewässer aufsuchen. Es handelt sich dabei um langlebige Arten mit später Geschlechtsreife.

Bei der Eiderente werden neben der Nominatform *Somateria mollissima mollissima* noch fünf weitere Unterarten erwähnt. Eine klare morphologische Abgrenzung zwischen diesen ist allerdings nicht möglich, so dass wir im Grunde von einer einzigen, in sich differenzierten zirkumpolar verbreiteten Metapopulation ausgehen müssen.

Verbreitung

Die Eiderente ist eine Art der nordatlantischen und nordpazifischen Küstenregionen, deren europäisches Hauptvorkommen in Skandinavien liegt. Der Brutbestand insbesondere an den deutschen und niederländischen Nordseeküsten ist vergleichsweise gering.

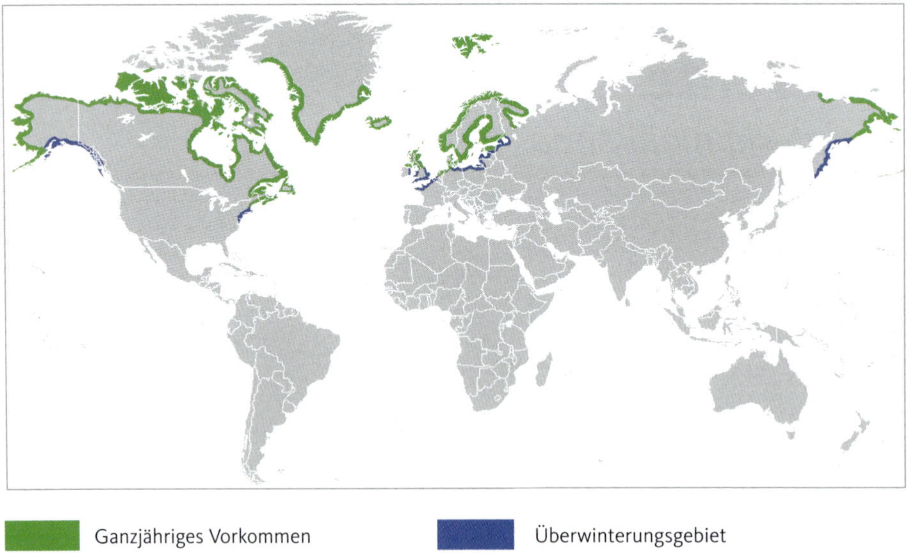

Abb. 138: Verbreitungsgebiet der Eiderente

Das Hauptbrutgebiet der Eiderente findet sich auf Island mit einem geschätzten Brutbestand von etwa 450 000 Brutpaaren sowie entlang der skandinavischen Ostseeküsten mit rund 600 000 Brutpaaren (vergl. auch GOODERS & BOYER 1986, POTT 1987, RUTSCHKE 1988, KOLBE 1999, SALE 2006).

Lebensraum

Eiderenten sind in ihrem Vorkommen weitgehend an Küstenregionen gebunden. Typische Brutplätze sind kleine Inseln entlang der Küsten oder Meeresbuchten mit flachen Ufern. Nicht selten überwintern Eiderenten aus dem südlichen Teil des Vorkommens in ihren Brutgebieten. Eiderenten aus den nördlichen Brutgebieten ziehen zum Überwintern zu Küstengewässern der gemäßigten Breiten, gelegentlich auch an größere Binnengewässer, etwa große Seen entlang der Alpen.

Im Sommer finden sich im Wattenmeer der Nordsee zahlreiche Nichtbrüter. Auch ein umfangreicher Mauserzug ins Wattenmeer ist zu beobachten. Der Mauserzug erfolgt in möglichst ungestörte Gebiete mit guten Rückzugsmöglichkeiten, da die Vögel in dieser Zeit weitgehend flugunfähig sind. Gelegentlich, beispielsweise im Wattenmeer der Nordsee, überwintern die Enten auch in ihren Mauserquartieren. Ansonsten suchen sie im Oktober und November ihre Überwinterungslebensräume auf, aus denen sie dann ab Februar oder März (die Enten aus dem hohen Norden auch erst im April/Mai) wieder in ihre Brutgebiete zurückziehen (vergl. auch GOODERS & BOYER 1986, POTT 1987, RUTSCHKE 1988, JANKE & KREMER 1990, KOLBE 1999, SALE 2006).

Ernährung

Eiderenten suchen ihre Nahrung meist tagsüber und tauchend. Sie können etwa eine Minute lang tauchen und erreichen Tauchtiefen von etwa sechs Metern problemlos. Allerdings sind auch deutlich tiefere Tauchtiefen (bis auf ca. 50 Meter) berichtet worden (JANKE & KREMER 1990). Ihr Hauptnahrungsbestandteil sind Muscheln bis etwa 40 mm Länge, die sie im Ganzen schlucken und die erst im Magen zerkleinert werden. Die Schalen bzw. deren Reste werden als eine Art Gewölle ausgeschieden. Das mit der Nahrung aufgenommene Salz wird durch Drüsen an der Stirn wieder ausgeschieden. An der Nordsee handelt es sich meist um Miesmuscheln (die sie mittels des kräftigen Schnabels von den Muschelbänken ablösen kann), im Binnenland spielt die Neozoenart Dreikantmuschel eine nicht unbedeutende Rolle. Daneben gehören Weichtiere, Krebse, wasserlebende Insekten bzw. deren Insektenlarven und kleinere Fische zum Nahrungsspektrum. Pflanzliche Nahrungsbestandteile spielen eine untergeordnete Rolle und werden insbesondere von der brütenden Ente in der Nähe des Nestes aufgenommen (RUTSCHKE 1988).

Fortpflanzung

Während die weiblichen Enten ihre Geschlechtsreife bereits im zweiten Lebensjahr erreichen (wobei nur ein kleiner Teil bereits im zweiten Lebensjahr brütet), bilden die Erpel erst im dritten Lebensjahr ihr Prachtkleid aus und sind auch dann erst an der Balz beteiligt.

Die Eiderentenbalz erfolgt gemeinschaftlich, die Erpel beginnen im Dezember, ab Januar oder Februar beteiligen sich auch die Enten (RUTSCHKE 1988, BERGMANN *et al.* 2008).

Bei der Ankunft im Brutrevier haben sich bereits die meisten Paare gebildet, nur noch wenige Enten sind unverpaart. Eiderenten leben typischerweise in Saisonehe.

Das Brutgeschäft beginnt etwa Anfang April bis Mitte Mai, je nach Region.

Die Brut erfolgt einzeln oder in kleinen Gruppen, gelegentlich auch in größeren Kolonien bis zu rund 1000 Paaren. Letztere befinden sich oftmals einige hundert Meter von der Küste entfernt, um vor Hochwassern sicher zu sein (vergl. RUTSCHKE 1988).

Die Ente legt etwa drei bis sechs (selten bis zu neun) Eier in das mit Daunen umfangreich ausgepolsterte Nest. Verlässt die Ente das Nest kurzzeitig, wird das Gelege ebenfalls mit Daunen abgedeckt. Die Brutdauer beträgt etwa 25 bis 26 Tage. Das Brutgeschäft erfolgt ausschließlich durch die Ente, die in dieser Zeit praktisch keine Nahrung aufnimmt. Der Erpel bleibt in der Nähe des Nestes und reduziert ebenfalls die Nahrungsaufnahme. Gegen Ende der Brutzeit verlassen die Erpel die Ente und wandern zu den Mauserplätzen (vergl. RUTSCHKE 1988).

Die Küken bzw. Jungenten werden von der Mutter für etwa 65 bis 75 Tage geführt, im Alter von etwa zwei Monaten sind sie flügge.

Bruten im Binnenland sind selten, einzelne Brutnachweise finden wir etwa an einigen Alpenseen (vergl. auch GOODERS & BOYER 1986, POTT 1987, RUTSCHKE 1988, JANKE & KREMER 1990, KOLBE 1999, SALE 2006, MOSS 2011).

Populationsdynamik

Die Eiderente ist zirkumpolar verbreitet und kommt an den arktischen, subarktischen und nördlichen gemäßigten Küsten Europas, Amerikas und Asiens vor. Der weltweite Populationsumfang der Eiderente liegt bei etwa zwei bis vier Millionen Exemplaren. Die Population scheint derzeit stabil zu sein (vergl. z.B. POTT 1987, RUTSCHKE 1988, BARTLETT 2002, SALE 2006).

Management

Wichtigste Managementmaßnahmen sind die Erhaltung der Lebensräume und hier insbesondere der Brutbiotope. Eine nachhaltige Nutzung erscheint möglich, ist aber nicht überall etabliert. So genießt die Eiderente in einigen Ländern vollständigen Schutz, in anderen Regionen der Erde erfolgt traditionell eine intensive Nutzung der Enten und/oder der Daunen. Soweit diese die Kriterien der Nachhaltigkeit erfüllt, ist dagegen nichts einzuwenden. Deutlich problematischer als die geregelte Nutzung sind vermutlich Störungen der brütenden Enten oder der frischgeschlüpften Schoofe (Entenfamilie) durch Tourismus. Ein weiteres Problem stellt die Verschmutzung der Meere dar, insbesondere die Pestizidbelastung oder immer wieder auftretende Ölhavarien. Hier sind neben dem Unfall der „Gerd Maersk" 1955 beispielsweise die Havarie der „Pallas" im Jahre 1998 auf Amrum zu erwähnen.

Mensch und Wildtier

Die Eiderente spielte und spielt seit alters her für die Menschen des Nordens eine bedeutende Rolle. Die Größe der Tiere, die großen Brutkolonien, die geringe Fluchtdistanz der Enten und das mit Daunen ausgepolsterte Nest mit Gelege war für die Küstenbewohner eine ideal erscheinende Ressource: Mit geringem Aufwand konnte man Enten, Daunen und Eier gleichzeitig erbeuten und einer Nutzung zuführen.

Nachhaltig im heutigen Sinne war diese Form der Nutzung sicher nicht, lediglich der im Vergleich zur Eiderentenpopulation geringe Umfang der menschlichen Population hat offenbar über Jahrhunderte dazu geführt, dass die Bestände weitgehend stabil geblieben sind.

Dass sich dennoch Menschen bereits früh Sorgen um die Art machten, zeigt die Schutzvorschrift, die der Heilige CUTHBERT im Jahr 676 für die Eiderentenkolonie der Farne-Inseln vor Northumberland erlassen haben soll, eine der ältesten bekannten Artenschutzvorschriften überhaupt. Der Name „St. Cuthbert's Duck" für die Eiderente hat darin ebenso seinen Ursprung wie die Tatsache, dass die Eiderente das Wappentier Northumberlands ist (MOSS 2011).

Auch die Insel Amrum hat sich (allerdings erst in jüngster Zeit) die Eiderente als Wappentier gewählt.

Die kommerzielle Nutzung der Eiderdaunen als hochwertigste Füllung von Betten hat ebenfalls eine lange Tradition und begann bereits vor dem 10. Jahrhundert (vergl. SALE 2006). Bis heute stellten diese ein wichtiges Exportgut Islands dar. Nachhaltig ist die Nutzung heute deshalb, weil nicht mehr Ente, Gelege und Daunen genutzt werden, sondern die Daunen erst gesammelt werden, nachdem die Küken das Nest verlassen haben.

Auch in Gehegen und zoologischen Gärten werden gerne Eiderenten gehalten, die aufgrund des Prachtkleides der Erpel attraktiv sind und sich mit anderen Wasservögeln gut vertragen (vergl. ROBILLER 1986).

Eisente

Clangula hyemalis

Länge: ca. 39–47 cm

Gewicht: ca. 650 bis 850 g

Gelege: 4 bis 9 Eier

Brutzeit: Ende Mai bis Juli

Systematik und Ökologie

Die Eisente ist die kleinste Tauchente und zählt zu den Meerenten. Die vielleicht auffälligste Besonderheit der Eisente ist die Tatsache, dass sie nicht zweimal, sondern dreimal jährlich ihr Gefieder mausert.

Verbreitung

Eisenten sind Vögel des hohen Nordens, ihre Verbreitung erstreckt sich zirkumpolar vom Tundrengürtel bis zum Packeis. Ihre Brutgebiete finden sich im Norden Skandinaviens, auf Grönland und Island, im nördlichen Sibirien bis zur Beringstraße und weiter an den subarktischen und arktischen Küsten Nordamerikas. Auch weiter südlich existieren einige Brutvorkommen, typischerweise in Gebirgen, solange die Jahresmitteltemperatur 2 Grad Celsius nicht übersteigt. (vergl. Abb. 139). Wichtige europäische Überwinterungsgebiete sind die Ostsee und der Südwesten von Grönland (vergl. Bauer *et al.* 2005, Kear 2005).

Lebensraum

Die Eisente ist an subarktische und arktische Lebensräume gut angepasst. Sie brütet an Süßgewässern der Tundren.

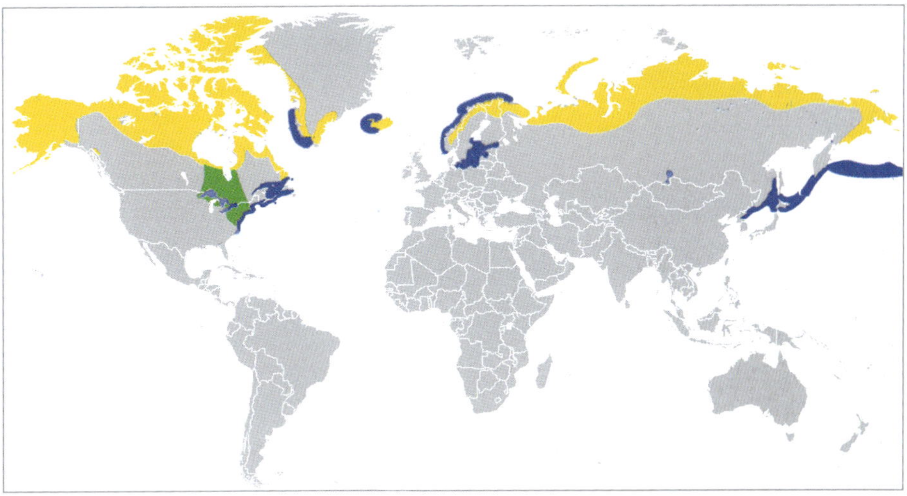

Ganzjähriges Vorkommen — Überwinterungsgebiet — Brutgebiet

Abb. 139: Verbreitungsgebiet der Eisente

Ernährung

Eisenten ernähren sich im Wesentlichen von Muscheln, Weichtieren, kleinen Fischen und Krebstieren. Normalerweise sucht sie ihre Nahrung durch Tauchen in etwa drei bis zehn Metern Wassertiefe, Tauchtiefen bis zu 60 Meter sind möglich. Die Eisente ist auch in der Lage, direkt aus dem Flug zu tauchen (vergl. BAUER *et al.* 2005, KEAR 2005).

Fortpflanzung

Die Balz beginnt etwa im April, zunächst auf dem Meer, später am Brutplatz. Eisenten brüten in der Zeit von Mai/Juni bis Juli in Wassernähe, typischerweise an Binnengewässern. Die Ente legt ca. vier bis neun Eier, die etwa 25 bis 26 Tage bebrütet werden. Die Küken werden ausschließlich von der Ente geführt und sind mit etwa fünf Wochen flügge.

Populationsdynamik

Der aktuelle Status der Eisentenpopulation ist nicht klar. Der Gesamtbestand wurde noch in den 2010er Jahren auf etwa sechs bis sieben Millionen Individuen geschätzt und galt lange als stabil, danach gab es insbesondere im Ostseeraum Hinweise auf zurückgehende Bestände.

Welche Ursachen für dieses Phänomen in Frage kommen und ob wirklich das Ertrinken durch Beifang in Fischnetzen eine signifikante Rolle spielt (HEINICKE & HEINICKE 2017), ist eine wichtige Frage, die der Klärung bedarf.

Management

Als Managementmaßnahmen ist neben dem Schutz der Bruthabitate vor allem die Reduktion der Meeresverschmutzungen durch Pestizide, durch Abfälle, insbesondere Netzreste aus der Stellnetzfischerei und durch Ölhavarien bzw. illegale Entsorgung von Altöl erforderlich. Auch die Problematik der Beifänge von Eisenten in der Fischerei (HEINICKE & HEINICKE 2017) bedarf dringend einer Lösung.

Trauerente

Melanitta nigra

Länge: ca. 44 bis 54 cm

Gewicht: ca. 1200 bis 1400 g

Gelege: meist 6 bis 9 Eier

Brutzeit: März bis Juni

Systematik und Ökologie

Die Trauerente gehört zur gleichen Gattung wie die Samtente, es handelt sich um eine Meerente mit zirkumpolarer Verbreitung auf der Nordhalbkugel.

Wir unterscheiden bei der Trauerente zwei Unterarten, die Nominatform *Melanitta nigra nigra* und *Melanitta nigra americana*, die sog. Pazifische Trauerente, welche gelegentlich auch als eigene Art ausgewiesen wird und die an den Pazifikküsten Nordamerikas heimisch ist (vergl. SALE 2006).

Verbreitung

Trauerenten brüten in Europa auf Island, Grönland, im Norden der Britischen Inseln, im Westen und Norden Skandinaviens und in einem breiten Streifen im Norden Russlands bis Westsibirien. Den Winter verbringen sie an den Küsten von Nord- und Ostsee sowie des Atlantiks von Westnorwegen bis nach Marokko.

In Deutschland ist die Trauerente als Wintergast an Nord- und Ostsee sowie auf dem Zug von Juli bis Dezember und von Februar bis Mai zu beobachten. Auch finden wir häufig ganzjährig größere Ansammlungen von Nichtbrütern, meist jungen Enten im ersten und zweiten Lebensjahr, in den Überwinterungsgebieten (vergl. GOODERS & BOYER 1986).

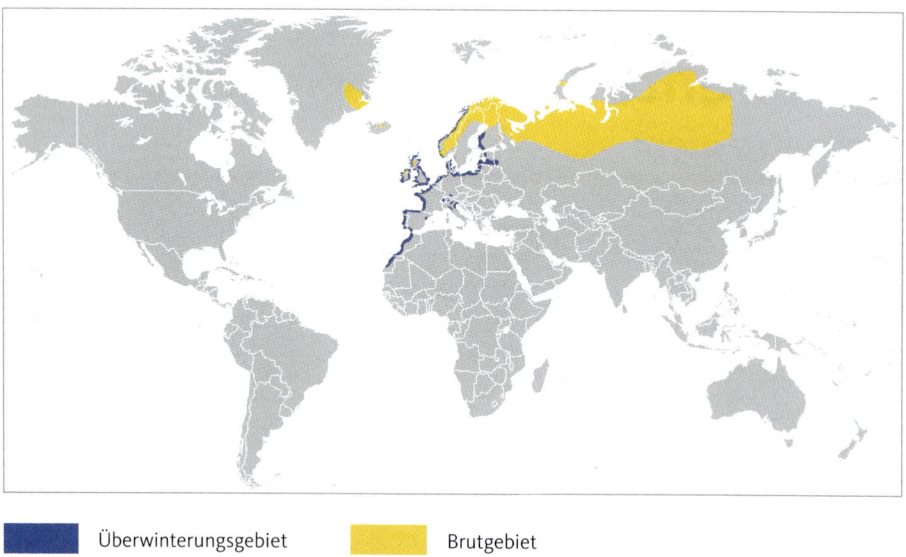

Abb. 140: Verbreitungsgebiet der Trauerente

Lebensraum

Der typische Brutlebensraum der Trauerenten ist der nördliche Tundrengürtel von Grönland bis Sibirien. Wenngleich es sich um eine Meerente handelt, die viel Zeit ihres Lebens in den Küstengewässern verbringt, so brütet sie doch meist an Binnengewässern mit reicher Ufervegetation und hält sich auch außerhalb der Brutzeit gerne auf großen Binnenseen auf (vergl. GOODERS & BOYER 1986).

Ernährung

Trauerenten ernähren sich im Wesentlichen von Muscheln, insbesondere der Miesmuschel, Krebsen sowie Weichtieren, aber auch Wasserinsekten bzw. deren Larven und kleinen Fischen. Zu einem geringen Anteil nehmen Trauerenten auch pflanzliche Nahrung auf. Die Nahrungsaufnahme erfolgt typischerweise durch Tauchen in bis zu 30 Metern Wassertiefe.

Fortpflanzung

Die Geschlechtsreife erreichen Trauerenten erst im Alter von etwa zwei Jahren, wobei auch nicht alle zweijährigen Individuen gleich am Brutgeschäft beteiligt sind. Die Neststandorte liegen typischerweise an Binnengewässern der Tundra, oft mit Wäldern im unmittelbaren Umfeld. Die Brutzeit erstreckt sich von März bis Juni, die 6 bis 9 Eier werden für etwa 27 bis 31 Tage bebrütet. Die Mutter führt die Jungenten unmittelbar nach dem Schlüpfen zum Wasser. Diese sind mit etwa 45 bis 50 Tagen flügge und selbständig.

Populationsdynamik

Die Trauerente mit einem stabilen weltweiten Bestand der Subspecies *Melanitta nigra nigra* von etwa einer Million Individuen gilt als nicht gefährdet.

Management

Bei stabilen Beständen gibt es keine Sachgründe, die gegen eine nachhaltige Nutzung sprechen. Allerdings erfolgt diese derzeit kaum, in Deutschland steht die Trauerente in den meisten Bundesländern unter dem Schutz des Jagdrechts mit ganzjähriger Schonzeit.

Sinnvolle Managementmaßnahmen sind der Schutz der Bruthabitate, vor allem aber die Reduktion der Verschmutzung der Meere durch Pestizide, durch Abfälle, insbesondere Netzreste aus der Stellnetzfischerei und durch Ölhavarien bzw. illegale Entsorgung von Altöl. Auch der Übernutzung der Miesmuschelbestände entgegenzuwirken wäre eine wichtige Managementaufgabe zugunsten der Trauerente.

Samtente

Melanitta fusca

Länge: ca. 51 bis 58 cm

Gewicht: ca. 1100 bis 2100 g

Gelege: meist 7 bis 9 Eier

Brutzeit: Mai/Juni

Systematik und Ökologie

Die Samtente gehört zu den Meerenten und kommt zirkumpolar im Norden Europas, Asiens und Amerikas in drei Unterarten vor. Die Nominatform *Melanitta fusca fusca* besiedelt Europa einschließlich Russland bis zum Jenissei. Das Verbreitungsgebiet der ostasiatischen Subspecies *Melanitta fusca stejnegeri* beginnt am Jenissei und kommt von dort in östlicher Richtung bis nach Sachalin vor. In Nordamerika finden wir die Unterart *Melanitta fusca deglandi*, am häufigsten ist sie in einem Streifen vom nördlichen Ufer der Großen Seen bis in die Arktis (vergl. KEAR 2005).

Verbreitung und Lebensraum

Das Verbreitungsgebiet zeigt Abb. 144. Das Brutgebiet der Samtente umfasst große Teile Skandinaviens und Russlands, wo es sehr weit in den Süden bis in die Steppenregionen reicht (vergl. KEAR 2005).

Die Samtente ist ein typischer Brutvogel küstennaher borealer Nadelwälder, gelegentlich brütet sie aber auch an Gebirgsseen mit bewaldetem Umfeld oder auf Schären oder in Wäldern entlang der Ostseeküste.

Auf dem Zug finden wir sie auch auf großen Binnengewässern, die Winterlebensräume befinden sich typischerweise an Küsten der Nord- und Ostsee, des Atlantiks, des Schwarzen und Kaspischen Meeres, aber auch in den südosteuropäischen Gebirgen.

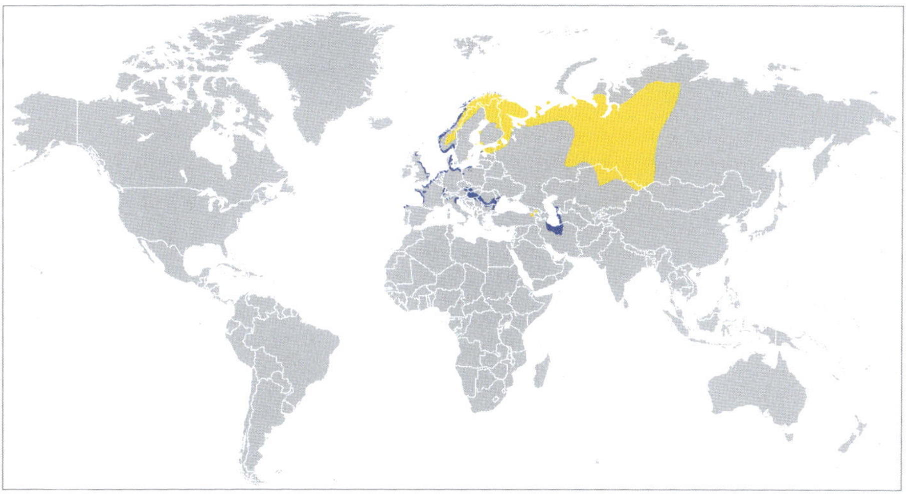

Überwinterungsgebiet Brutgebiet

Abb. 141: Verbreitungsgebiet der Samtente

Ernährung

Die Hauptnahrung der Samtente bilden Weich- und Krebstiere, welche sie tauchend erbeutet. Dabei taucht sie bis ca. eine Minute lang und bis zu ca. zehn Meter Tiefe.

Fortpflanzung

Die Balz (Gruppenbalz) beginnt im Winter bereits im Winterquartier, die meisten Individuen sind bei Ankunft im Brutrevier bereits verpaart.

Das Nest wird meist einzeln in einem recht kleinen Brutterritorium angelegt, gelegentlich nisten Samtenten auch innerhalb von Möwen- oder Seeschwalbenkolonien. Die Nester finden sich maximal rund einhundert Meter vom nächsten größeren Gewässer entfernt. Es findet nur eine Brut pro Jahr im Mai/Juni statt. Das Gelege umfasst typischerweise sieben bis neun Eier. Die Ente brütet etwa 26 bis 29 Tage. Während dieser Zeit entfernt sich der Erpel zusehends vom Neststandort und sucht die Mauserplätze auf. Die Samtentenküken werden etwa 30 bis 40 Tage von der Ente geführt und sind mit rund 50 bis 55 Tagen flügge (vergl. Rutschke 1988, Kolbe 1999, Bauer *et al.* 2005, Kear 2005, Carboneras 2019).

Populationsdynamik und Management

Der weltweite Bestand erscheint derzeit stabil bis geringgradig abnehmend. Somit gilt die Samtente nicht als gefährdet. Eine nachhaltige Nutzung wäre also grundsätzlich möglich.

Sinnvolle Managementaufgaben sind der Erhalt der Lebensräume und insbesondere die Vermeidung von Schadstoffeinträgen in die Meere.

Schellente

Bucephala clangula

Länge: Ca. 40 bis 50 cm

Gewicht: ca. 500 bis 1300 g

Gelege: 8 bis 11 Eier

Brutzeit: April bis Juli

Systematik und Ökologie

Die Schellente ist eine Tauchente, d.h. sie weist entsprechende morphologische und Verhaltensmerkmale auf. Insbesondere besitzen Tauchenten keinen „Spiegel" auf den Flügeldecken. Allerdings unterschieden sich die Geschlechter auch im Ruhekleid deutlicher als bei den Gründelenten. Wie der Name bereits andeutet, erfolgt die Nahrungssuche häufig durch Tauchen zum Gewässergrund. Sie liegen deutlich tiefer im Wasser als die Gründelenten, der Stoß liegt beim Schwimmen unter Wasser und die Beine finden sich weiter hinten am Körper. Damit sind diese Enten deutlich besser an tiefere Gewässer angepasst bzw. können die Tiefwasserzonen deutlich besser nutzen.

Schellenten weisen unter den Tauchenten die ökologische Besonderheit auf, dass sie Höhlenbrüter sind. Damit sind sie an Gewässer mit umliegenden (alten) Wäldern gebunden.

Es werden üblicherweise zwei Unterarten unterschieden, *Bucephula clangula clangula* und die etwas größere amerikanische Subspecies *Bucephula clangula americana* (vergl. Kolbe 1994).

Verbreitung

Das Verbreitungsgebiet der Schellente erstreckt sich von Nordamerika über Mittel-, Nord- und Osteuropa bis nach Asien. Ihre nördliche Verbreitungsgrenze ist die boreale Waldregion, ihre südliche Grenze in Asien die Waldsteppenzone, wobei lokale Vorkommen auch weiter südlich bestehen. In Europa finden wir die Schellente von Skandinavien über

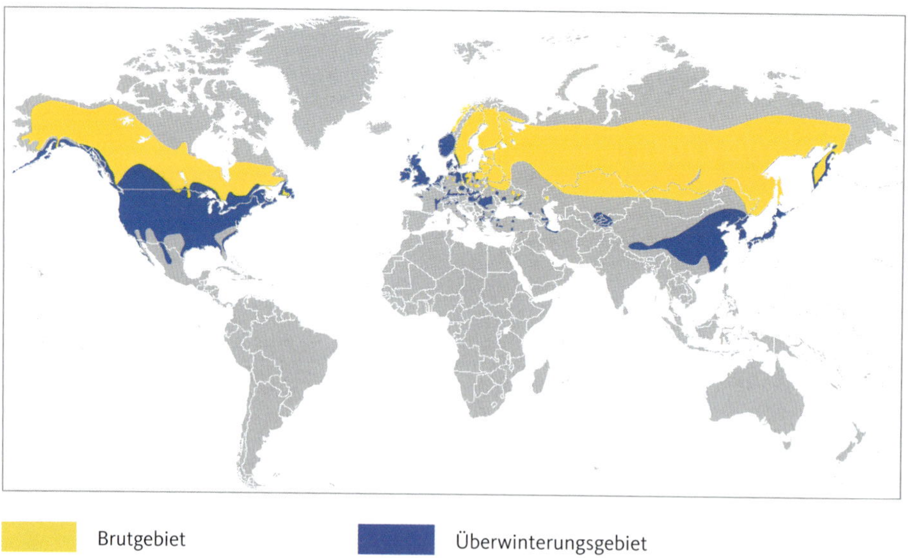

Abb. 142: Verbreitungsgebiet der Schellente

Nord-, Mittel- und Ostdeutschland, Nord- und Zentralpolen bis nach Russland. Auch hier bestehen neben dem geschlossenen Verbreitungsgebiet weitere Brutvorkommen in Süddeutschland, Südböhmen und in der Schwarzmeerregion (RUTSCHKE 1988).

Lebensraum

Die Schellente findet sich vorzugsweise an langsam fließenden oder stehenden natürlichen oder künstlichen Gewässern mit umgebenden (alten) Waldbeständen. Sie ist auf das Vorkommen der großen Spechte wie Grün- oder Schwarzspecht angewiesen.

Außerhalb der Brutzeit finden wir Schellenten an zahlreichen, auch größeren Binnengewässern oder am Meer in Küstennähe.

Ernährung

Die Nahrung der Schellente besteht im Wesentlichen aus kleineren Wassertieren, etwa Weichtieren, Krebsen, Fischen und Insekten bzw. Insektenlarven sowie auch pflanzlichen Komponenten. Die Abwesenheit größerer Magensteine sowie die schwächer ausgeprägte Magenmuskulatur führt dazu, dass Mollusken mit kräftigen Schalen nicht oder nur eingeschränkt genutzt werden können. Die Schellente taucht bis zu 8 Meter tief und bevorzugt zur Nahrungssuche Gewässer mit steinigem Gewässergrund: Mit ihrem vergleichsweise schlanken Schnabel gelingt es ihr gut, Kleintiere zwischen den Steinen oder Kieseln herauszusammeln (vergl. RUTSCHKE 1988).

Fortpflanzung

Bereits im Herbst beginnen die Erpel mit der Balz. Im Winter beobachten wir regelmäßig kleinere Gruppen von Erpeln, welche einzelnen Enten hinterherschwimmen (der Begriff „Reihezeit" für die Fortpflanzungszeit der Enten hat in diesem Verhalten seinen Ursprung). Die Paarung erfolgt noch im Winterlebensraum. Dennoch ist das auffällige Balzritual der Erpel auch im Brutgebiet zu beobachten und endet erst, wenn die einzelnen Paare eine Bruthöhle beziehen (RUTSCHKE 1988).

Während der Balz lassen die Erpel häufig ihren nasalen Balzruf und gelegentlich als sog. Instrumentallaut lautes Wasserspritzen hören, welches er mit Hilfe der schwimmhautbewehrten Zehen erzeugt (vergl. BERGMANN *et al.* 2008).

Die Brutperiode umfasst die Zeit von April bis Juni. Als Bruthöhle dienen typischerweise Höhlen der großen Spechtarten wie Grün- und insbesondere Schwarzspecht (Höhleneingang möglichst zehn Zentimeter oder mehr im Durchmesser). Auch künstliche Nistgelegenheiten werden gut angenommen. Die Höhe der Höhle über dem Boden kann von wenigen Zentimetern bis zu etwa zehn Metern betragen. Die Tiefe der Höhle sollte über 40 Zentimeter betragen.

Das Gelege umfasst normalerweise zwischen 8 und 11 Eier, die Brutdauer beträgt rund

30 Tage. Größere Gelege mit bis zu über 20 Eiern finden sich in Einzelfällen aufgrund des intraspezifischen Brutparasitismus bei der Schellente. Das Brutgeschäft obliegt weitestgehend der Ente. Der Erpel verlässt noch während der Brutphase den Neststandort und wandert in den Mauserlebensraum ab, wo sie ab etwa Juli für drei Wochen flugunfähig sind. Bei der Ente beginnt die Mauser einige Wochen später.

Nachdem das letzte Küken geschlüpft ist, lockt die Ente vom Boden aus die Küken aus der Bruthöhle. Die Küken klettern mittels ihrer charakteristischen Krallen aus der Höhle und springen, abgefedert durch ihre Schwimmhäute und kleinen Flügel, zu Boden. Anschließend führt die Ente die Küken zum Wasser (vergl. Rutschke 1988).

Die Jungenten sind mit acht bis neun Wochen flügge und verlassen bald den Familienverband. Im zweiten Lebensjahr sind sie geschlechtsreif.

Populationsdynamik

Die Bestände der Schellente gelten weltweit als stabil. Prognosen, dass aufgrund einer zukünftigen Klimaerwärmung insbesondere ein Rückgang der Population im westlichen und südlichen Teil des Verbreitungsgebietes zu erwarten ist (vergl. Huntley *et al.* 2007), beruhen nicht auf Bestandesveränderungen der Schellente, sondern auf theoretischen Modellrechnungen und sind dementsprechend mit Zurückhaltung zu interpretieren.

Management

Die Schellente ist in ihrer Gesamtpopulation nicht gefährdet und nimmt auch in ihren lokalen Vorkommen etwa in Bayern tendenziell im Bestand zu. Dennoch hat sie derzeit in vielen Ländern keine Jagdzeit.

Hegemaßnahmen sind insbesondere die Erhaltung von stehenden Höhlenbäumen in Wäldern mit potenziellen Brutgewässern und die Bereitstellung von Nistkästen.

Mensch und Wildtier

Die Schellente ist unter den Tauchenten diejenige Art, die sich relativ gut in menschlicher Obhut halten lässt und findet sich daher relativ häufig in zoologischen Gärten (vergl. Kolbe 1994).

Kulinarisch sind Tauchenten aufgrund ihres durch das Nahrungsspektrum bedingten Geschmackes oft weniger beliebt, so dass eine nachhaltige Nutzung auch dort, wo die Art bejagt werden kann, nur in relativ geringem Umfang erfolgt.

Mittelsäger

Mergus serrator

Länge: 50 bis 60 cm

Gewicht: 900 bis 1350 g

Gelege: 5 bis 12 Eier

Brutzeit: April bis Juli, je nach geografischer Breite

Systematik und Verbreitung

Der Mittelsäger gehört zur Gattung der Säger und damit zu den Entenvögeln (Anatidae). Im Gegensatz zum größeren Gänsesäger handelt es sich beim Mittelsäger um eine Art der Küsten, die im Binnenland nur gelegentlich auftritt. Mittelsäger sind in Nordeuropa einschließlich der britischen Inseln, im nördlichen Asien und in Nordamerika weit verbreitet. In Deutschland treffen wir Mittelsäger als Brutvögel (Standvögel) entlang der Ostsee und als Wintergäste im Wattenmeer in großer Zahl an (Kolbe 1999, Bauer *et al.* 2005).

Lebensraum und Ökologie

Mittelsäger sind vor allem an den Meeresküsten einschließlich der Flussmündungen und küstennahen Binnengewässer heimisch. Weiter im Binnenland ist die Art selten anzutreffen. Wie auch der Gänsesäger lebt der Mittelsäger, ähnlich wie die Tauchenten, vergleichsweise weit wasserwärts. Die Jagd auf Sicht erfordert möglichst klare, saubere Gewässer.

Ernährung

Mittelsäger erbeuten vorzugsweise kleine Fische (Länge bis zu 10 cm), die sie mit dem gezähnten Schnabelrand gut festhalten können. Zum Nahrungsspektrum zählen aber auch Weichtiere, Wasserinsekten, Amphibien und andere Kleinlebewesen.

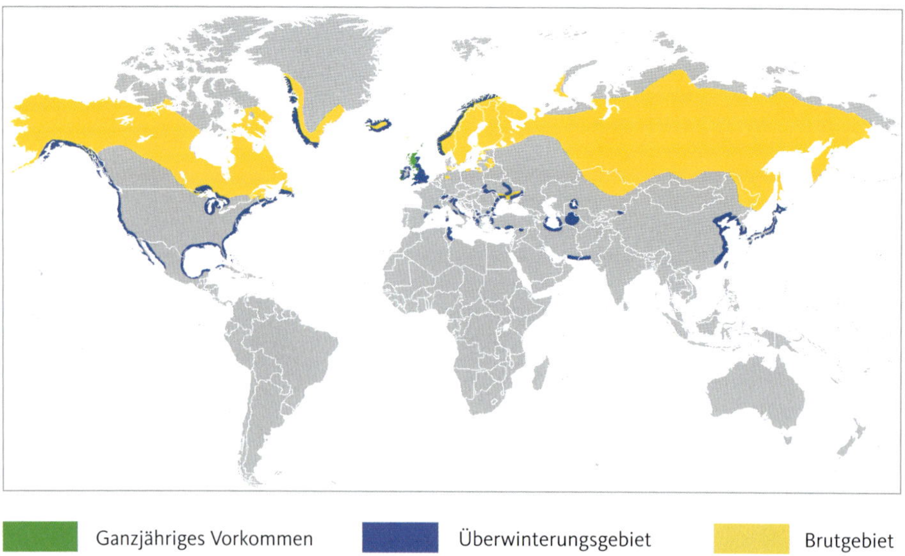

Abb. 143: Verbreitungsgebiet des Mittelsägers

Fortpflanzung

Mittelsäger werden im zweiten Lebensjahr geschlechtsreif. Sie führen eine Saisonehe. Der Nistplatz kann sich in dichtem Pflanzenbestand, aber auch in Erdhöhlen oder an anderer Stelle gut geschützt befinden. Baumhöhlen oder Nistkästen werden kaum genutzt. Ab April wird mit dem Gelege begonnen, das aus 5 bis 12 bräunlichen Eiern besteht. Die Brutdauer beträgt rund 23 bis 31 Tage, die Küken werden ausschließlich von der Mutter für etwa 50 Tage betreut und sind etwa 2 Wochen danach flügge (vergl. KOLBE 1999, BAUER *et al.* 2005).

Populationsdynamik

Ähnlich wie beim Gänsesäger kam es in der zweiten Hälfte des 20. Jahrhunderts vielerorts zu Bestandesrückgängen. Dieser Trend hat sich seit Ende des 20. Jahrhunderts wieder umgekehrt, derzeit haben wir es mit steigenden Beständen zu tun. Die Art gilt als nicht gefährdet.

Management

Aufgrund der Tatsache, dass die Art weder gefährdet ist noch einer menschlichen Nutzung unterliegt, erfolgt derzeit kein artspezifisches, gezieltes Management.

Gänsesäger

Mergus merganser

Länge: 58 bis 68 cm

Gewicht: 900 bis 2000 g

Gelege: 7 bis 14 Eier

Brutzeit: April/Mai

Systematik und Verbreitung

Gänsesäger gehören zur Gattung der Säger innerhalb der Familie der Entenvögel (Anatidae) und stellen die größte hierzulande vorkommende Sägerart dar. Die Art ist in Form dreier Unterarten zirkumpolar über den Norden Eurasiens und Nordamerikas verbreitet. Die Brutgebiete des Gänsesägers befinden sich ursprünglich im nördlichen Europa, in Nord- und Zentralasien sowie im Norden Nordamerikas. Seit einigen Jahrzehnten scheint der Gänsesäger sein Brutgebiet nach Osten und Süden, in Mitteleuropa bis zu den Alpen, auszudehnen.

In Mitteleuropa ist der Gänsesäger einerseits Brutvogel, tritt aber auch auf dem Zug häufig in Erscheinung. Am Ijsselmeer sind im Winter regelmäßig zehntausende Individuen und auf verschiedenen mitteleuropäischen Binnengewässern teilweise einzelne Individuen, teilweise auch große Trupps dieser Species zu beobachten.

Lebensraum und Ökologie

Gänsesäger brauchen im Winter eisfreie Gewässer, um ihre Nahrung zu erbeuten. Daher ist der Winterlebensraum an das Vorhandensein größerer, zumindest im zentralen Bereich, eisfreier Seen und großer Flüsse mit reichlich Fischfauna gebunden. Gelegentlich nutzen Gänsesäger auch Meeresküsten, wenngleich sie tendenziell das Süßwasser bevorzugen. Wichtig sind auch Baumbestände (Höhlenbrüter!) in Gewässernähe (vergl. BAUER *et al.*

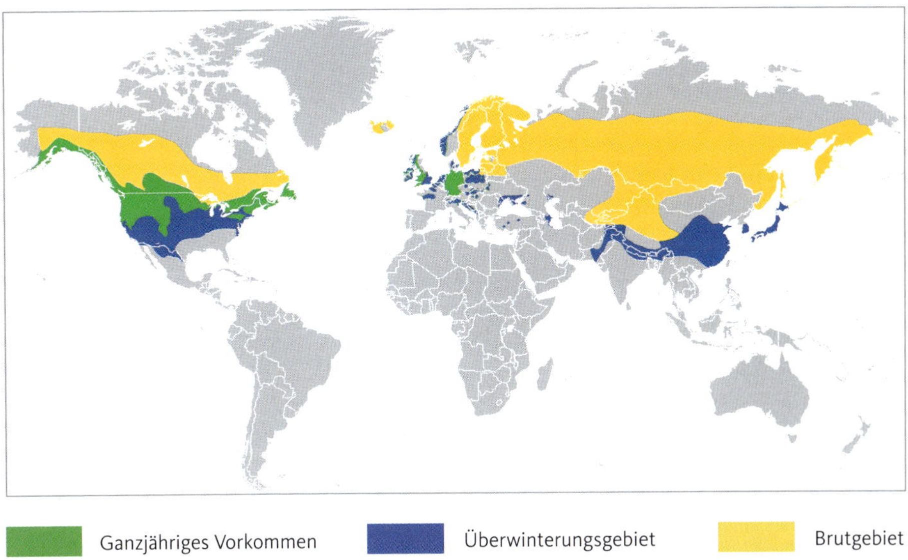

Abb. 144: Verbreitungsgebiet des Gänsesägers

2005).
Wenn wir uns die Verteilung der Entenvögel am Gewässer als Gradienten vorstellen, so finden wir die Gänse tendenziell am weitesten landeinwärts; es folgen im Flachwasser Schwäne und Gründelenten und in den tieferen Wassern schließlich Säger und Tauchenten.

Ernährung

Gänsesäger erbeuten im Wesentlichen Fische von einer Länge bis zu 10 cm, die sie im tiefen Wasser tauchend, im seichten Wasser schwimmend mit unter Wasser gehaltenem Kopf erbeuten. Der sägezahnartige Schnabel dient zum Festhalten der Beute. Der tägliche Bedarf an Nahrung liegt bei etwa 300 Gramm.

Die Küken ernähren sich in den ersten Lebenswochen vornehmlich von Weichtieren, Wasserinsekten, Amphibien und anderen kleinen Wasserlebewesen.

Fortpflanzung

Gänsesäger sind typischerweise im zweiten Lebensjahr geschlechtsreif.

Sie nutzen als Höhlenbrüter sowohl Fels- oder Erdspalten, Baumhöhlen, aber auch menschliche Bauwerke.

Beginnend im April legt der weibliche Säger in die mit Daunen ausgepolsterte Höhle etwa 7 bis 14 Eier, die das Weibchen auch alleine für etwa 32 bis 35 Tage bebrütet. Rund einen Tag nach dem Schlüpfen verlassen die Küken die Bruthöhle, wobei sie oft aus großer Höhe hinabspringen müssen. Ähnlich wie bei der Schellente (*Bucephala clangula*) mindern auch hier das Daunengefieder und die kleinen Flügel die Fallgeschwindigkeit. Die Küken werden, gegebenenfalls über weite Entfernungen, von der Mutter zum Wasser geführt und dort über mehrere Wochen betreut. Die kleinen Säger können vom Schlupf an gut schwimmen und nach einigen Tagen auch tauchen. Gänsesäger zeigen gelegentlich das Phänomen des „mobilen Nestes“, d.h. der weibliche Säger transportiert die Küken auf dem Rücken.

Die Erpel verlassen bald nach Brutbeginn der Weibchen das Brutgebiet und fliegen in ihre Mausergebiete. Die Führung der Jungtiere durch die Mutter endet meist bereits vor deren Flüggewerden (vergl. Bauer *et al.* 2005).

Populationsdynamik

Der Gänsesägerbestand zeigt in den letzten Jahrzehnten in Europa eine Zunahme, sowohl hinsichtlich der Brutvögel als auch der Zahl der Durchzügler.

Management

Gänsesäger werden in Deutschland nicht genutzt. Die Bestandesschwankungen (Rückgang im 20. und Zunahme im 21. Jahrhundert) dürften vor allem durch die Qualität der Lebensräume bedingt sein. So benötigen Gänsesäger klare Gewässer, da sie ihre Beute optisch lokalisieren. Gegebenenfalls spielen auch klimatische Faktoren oder die Brutgelegenheiten eine Rolle. Um Gänsesäger zu unterstützen, können künstliche Nisthöhlen mit einem Fluglochdurchmesser von rund 12 cm angelegt werden.

Dort, wo Gänsesäger in der Fischereiwirtschaft oder im Artenschutz zu Schaden gehen (siehe unten), wird diskutiert, die Tiere entweder zu vergrämen (HANFLAND *et al.* 2003) oder lokale Erlegungen zu ermöglichen. Gegen eine Vergrämung (durch regelmäßiges Begehen der Gewässerabschnitte durch Personen) spricht die gleichzeitige Störung zahlreicher anderer Wasservögel. Außerdem ist bei umfangreichen Gewässersystemen der personelle Aufwand sehr hoch. Hier existieren derzeit noch zahlreiche offene Fragen zum weiteren Vorgehen.

Mensch und Wildtier

Das Miteinander von Gänsesäger und Menschen ist im Wesentlichen durch die Tatsache gekennzeichnet, dass Gänsesäger relativ große Mengen an Fisch als Nahrung benötigen. Damit können durch die Präsenz der Art Schäden in der Fischereiwirtschaft entstehen oder Artenschutzprojekte, etwa die Wiederbesiedlung von Gewässern mit der Äsche (*Thymallus thymallus*), beeinträchtigt werden. Langfristig sind wirksame Managementansätze gefragt.

Haselhuhn

Tetrastes bonasia

Ordnung: Hühnervögel (Galliformes)

Familie: Fasanenartige (Phasianidae)

Länge: 35 bis 40 cm

Gewicht: 350 bis 450 g

Gelege: 5 bis 10 Eier

Brutzeit: April/Mai

Naturgeschichte und Verbreitung

Das Haselhuhn gehört zusammen mit dem Auerwild, dem Birkwild und dem Alpenschneehuhn (siehe unten) zu den Raufußhühnern (Tetraonidae). Es ist etwa rebhuhngroß und damit der kleinste einheimische Vertreter dieser Familie.

Sein Verbreitungsgebiet erstreckt sich über Eurasien von Mitteleuropa bis nach Japan mit Schwerpunkt in Russland (vergl. MÜLLER 1980, BAUER *et al.* 2005, POTAPOV & SALE 2013).

Allerdings ist diese Art in den letzten Jahrzehnten gerade im mitteleuropäischen Teil des Verbreitungsgebietes vielerorts in ihrem Bestand zurückgegangen und lokal auch ausgestorben. Dies hat seine Gründe unter anderem in der im späten 19. und 20. Jahrhundert zunehmend praktizierten schlagweisen Hochwaldwirtschaft und in einer Intensivierung der Landwirtschaft. Beide Faktoren führten zu einem Rückgang der struktur- und insbesondere unterstandreichen Laub- und Laubmischwälder.

Lebensraum

Als geeignete Lebensräume gelten mit Laubhölzern bestandene Verjüngungsflächen, kleine inselartige Lücken im Endbestand oder gar Zerfallsstadium von Wäldern, aber auch – insbesondere in Siedlungsnähe – größere Feldholzinseln, in denen der namensgebende Haselstrauch oft, aber keineswegs zwingend die Vegetation prägt.

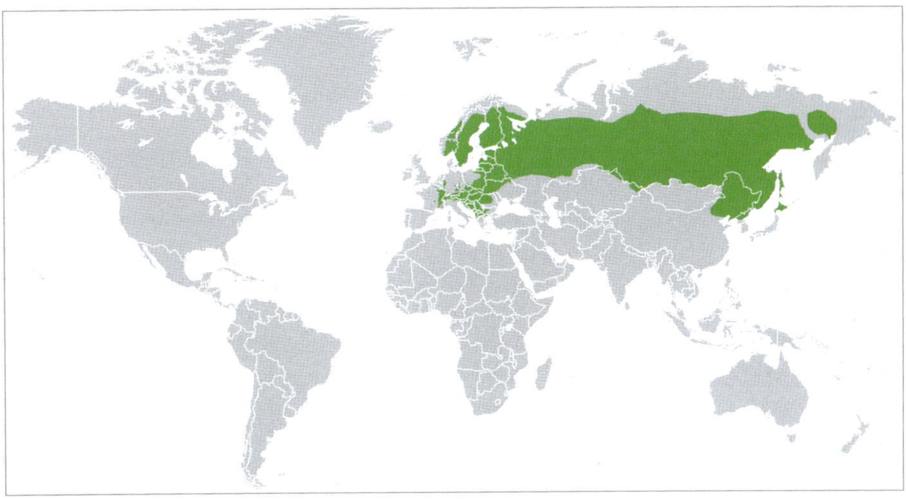

Abb. 145: Aktuelle Verbreitung des Haselhuhns

Erstgenannte Flächen finden sich typischerweise auch im Rahmen der Niederwaldwirtschaft, bei der das Jungwaldstadium künstlich immer wieder hergestellt und damit über Jahrzehnte erhalten wird. Somit war das Haselhuhn auch immer eine Charakterart der Regionen mit traditioneller Niederwaldwirtschaft.

Interessant ist auch die Frage, inwieweit Kurzumtriebsplantagen zur Energieholzerzeugung diese Lebensraumbedingungen wenigstens in Ansätzen ebenfalls schaffen können. Kurzumtriebsplantagen stellen im Grunde eine niederwaldartige Bewirtschaftungsform dar, welche sich möglicherweise als geeigneter Lebensraum erweist (vergl. auch Herzog 2019).

Nahrung

Haselhühner ernähren sich überwiegend von Pflanzenteilen und nutzen Blattmasse, Blüten Früchte und Samen zahlreicher Pflanzen. Im Herbst sind dies häufig Beeren, später dann vermehrt Knospen. Birken, Erlen und Hasel spielen dabei neben zahlreichen anderen Baum- und Straucharten eine wichtige Rolle.

Auch die Haselhuhnküken sind in den ersten Lebenswochen auf tierisches Eiweiß angewiesen und beginnen sich etwa ab der dritten Lebenswoche auf Pflanzennahrung umzustellen. Ab dem Spätsommer ist die Nahrung der Jungvögel derjenigen der adulten Tiere angepasst.

Fortpflanzung

Das Haselhuhn ist – das unterscheidet es von Auer- und Birkhuhn – monogam und besetzt auch Brutterritorien. Die Paare finden sich bereits im Rahmen der Herbstbalz, die eigentliche Paarung findet im Rahmen der Frühjahrsbalz im März (Ende der Schneeschmelze) statt.

Die Henne legt ihre Eier in eine versteckt gelegene, wenige Zentimeter tiefe Bodenmulde, welche spärlich mit Pflanzenteilen ausgelegt wird.

Über bis zu 14 Tage hinweg werden fünf bis zehn Eier gelegt, die Brut beginnt mit der letzten Eiablage. Die Henne brütet drei bis vier Wochen (abhängig von der Brutintensität), während sich der Hahn in der Umgebung des Nestes aufhält. Die Küken schlüpfen innerhalb eines Tages und werden danach von der Henne aus der unmittelbaren Umgebung des Nestes weggeführt. Haselhühner sind somit typische Nestflüchter. Die Küken werden während der ersten Tage regelmäßig, etwa alle fünf Minuten, gehudert. Ab der dritten Lebenswoche sind die Küken bereits soweit flugfähig, dass sie aufbaumen können. Im Alter von drei Monaten sind die Jungvögel ausgewachsen.

Management

Das Haselhuhn ist eine eher versteckt lebende Wildart, deren Vorkommen im Revier – ähnlich wie das der Wildkatze – oftmals lange unentdeckt bleibt. Dennoch sind aktive Managementmaßnahmen überall dort sinnvoll und wichtig, wo die Bestände aufgrund von Lebensraumverlusten rückläufig sind oder die Art verschwunden ist.

Der Schwerpunkt muss dabei auf der Erhaltung und Schaffung geeigneter Lebensraumstrukturen (Förderung von Laubgehölzen wie Erle, Birke, Eberesche, Hasel, Beersträucher) und Schaffung ungleichaltriger Waldstrukturen ebenso wie auf einer intensiven Prädatorenreduktion liegen.

Darüber hinaus ist es sinnvoll, über die Wiederansiedlung dieser Art nachzudenken. Sofern die Basisanforderungen an solch ein Projekt, also vor allem das Vorhandensein geeigneter Lebensräume, die intensive Prädatorenkontrolle während der Ansiedlungsphase und eine angemessene fachwissenschaftliche Begleitung, erfüllt sind, hat dieses auch gute Erfolgsaussichten. Die angesiedelten Tiere sollten aus einer möglichst naturnahen Aufzucht und Haltung stammen; Wildfänge sind zumindest als Ergänzung sinnvoll. Vor einer Entscheidung für ein Wiederansiedlungsprojekt ist – bei der doch heimlichen Lebensweise des Haselhuhns – allerdings immer abzuwägen, wie hoch der aktuelle Bestand ist und ob die möglichen Vorteile der Bestandesstützung (Steigerung der Vielfalt) deren Risiken (eventuell Reduktion der lokalen Angepasstheit) überwiegen.

Alpenschneehuhn

Lagopus muta

Länge: 33 bis 40 cm

Gewicht: 400 bis 550 g

Gelege: Drei bis elf Eier

Brutzeit: Mai/Juni

Naturgeschichte und Verbreitung

Das Alpenschneehuhn hat, ähnlich wie der Schneehase, ein sog. disjunktes, d.h. nicht zusammenhängendes Verbreitungsgebiet. So ist es circumpolar in der Tundrenzone der Holarktis weitverbreitet (vergl. MÜLLER 1980, BAUER *et al.* 2005, POTAPOV & SALE 2013).

In Eurasien und Nordamerika (einschließlich Grönland) kommt es als Brutvogel vor. Große zusammenhängende Verbreitungsgebiete finden sich in Nordamerika und Nordostasien. Das Alpenschneehuhn ist die einzige Vogelart, die ganzjährig auf Spitzbergen anzutreffen ist.

Es werden zahlreiche Unterarten unterschieden, welche sich allerdings morphologisch oft nur minimal unterscheiden. In Mitteleuropa stellt die Art ein Relikt aus der letzten Eiszeit dar: Mit Rückzug der Eismassen überlebte die an kalte Klimabedingungen angepasste Art in den alpinen bis nivalen Regionen der Alpen (Unterart *Lagopus muta helvetica*) und Pyrenäen (Unterart *Lagopus muta pyrenaica*). Die Vögel zeigen eine große Farbvariabilität, im Frühjahr und Herbst findet jeweils eine Kleingefiedermauser in das weiße Winter- bzw. schwarz-graubraun-weiß gescheckte Sommerkleid. Im Sommer erfolgt eine Großgefiedermauser. Den Hahn erkennt man ganzjährig am schwarzen Zügelstreif von Schnabel zum Auge.

Nordeuropäische Vorkommen finden sich auf Island, im Norden Skandinaviens und im Norden Großbritanniens sowie in den Pyrenäen und den Alpen.

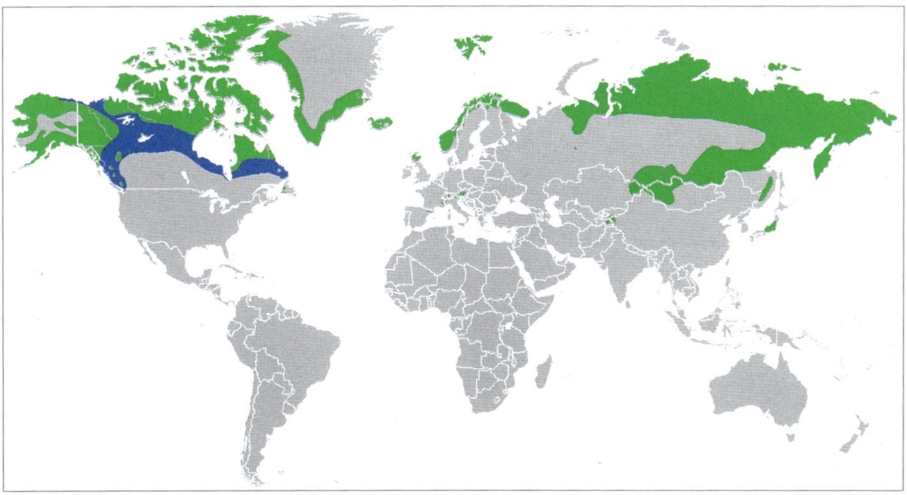

Ganzjähriges Vorkommen   Überwinterungsgebiet

Abb. 146: Verbreitungsgebiet des Alpenschneehuhns

Lebensraum

Schneehühner sind Standvögel, welche kleinere Wanderungen entlang eines Höhengradienten ausführen, wobei sie nur selten unterhalb der Waldgrenze zu beobachten sind. Die alpine Unterart *Lagopus muta helvetica* ist im Winter und Frühjahr meist zwischen 1800 und 2700 Metern Höhe anzutreffen. Im Sommer und Herbst finden wir es dagegen meist oberhalb von 3000 Metern bis etwa 3600 Metern Höhe.

Alpenschneehühner finden sich in Zwergstrauchheiden, trockenen Gebirgsrasen und auf Almwiesen, in Schneetälern ebenso wie in Moränen- und Geröllllandgebieten. Im Winter bevorzugt das Alpenschneehuhn südexponierte, sonnige Lagen. Die Auswahl der Wintereinstände hängt im Wesentlichen vom Nahrungsangebot ab.

Alpenschneehühner leben meist am Boden und baumen selten auf.

Nahrung

Die Nahrung des Alpenschneehuhns ist weitestgehend vegetarisch und besteht aus Knospen, jungen Trieben, Blattmasse, Blüten Früchte und Samen zahlreicher Pflanzen im Lebensraum, insbesondere von Zwergsträuchern, Weiden und Birken.

Als eine interessante Anpassung an den Lebensraum sind auch die Küken deutlich weniger auf Insektennahrung angewiesen, als dies bei anderen Raufußhühnern der Fall ist.

Fortpflanzung

Alpenschneehühner werden zum Ende des ersten Lebensjahres geschlechtsreif. Sie brüten somit erstmals im zweiten Lebensjahr.

Alpenschneehühner sind meist monogam, wobei der Hahn das Brutrevier auswählt und die Henne für Nestbau und Brut zuständig ist. Im Brutrevier eines Hahnes brütet normalerweise nur eine Henne. Ausnahmen finden wir in den nördlichsten Vorkommen, die nicht selten einen Überschuss an Hennen aufweisen. Individuen, die nicht brüten bzw. kein Brutterritorium innehaben, leben über den Sommer in kleinen Trupps zusammen oder auch einzeln im Brutareal anderer Paare.

Das Nest ist eine flache, kaum gepolsterte Mulde am Boden zwischen Steinen oder unter Sträuchern. Das Gelege besteht aus drei bis elf Eiern, die Brutdauer variiert je nach geographischer Region zwischen 21 und 24 Tagen (im Norden kürzer). Der Hahn beteiligt sich nicht am Brutgeschäft, doch hält er sich in der Nähe auf und bewacht und verteidigt ggf. das Revier.

Die Küken sind Nestflüchter und folgen der Mutter unmittelbar nach dem Schlüpfen. Sie nehmen auch gleich in den ersten Tagen Insekten auf. Nach etwa zwei Wochen sind sie in der Lage, kürzere Strecken zu fliegen. Mit zwei bis drei Monaten sind junge Schneehühner ausgewachsen.

Populationsdynamik

Die Art gilt weltweit nicht als gefährdet, doch gibt es derzeit etwa in den Schweizer Alpen Hinweise (REVERMANN *et al.* 2012) auf einen abnehmenden Trend, der auch mit den Folgen des Klimawandels in Verbindung gebracht wird. Hierbei ist allerdings zu beachten, dass in den Alpen alleine aufgrund des Höhengradienten eine Temperaturdifferenz von rund einem Kelvin pro 100 Meter Höhendifferenz vorhanden ist. Gehen wir von einer hypothetischen Erwärmung, also einer Erhöhung der mittleren Jahrestemperatur um 1 bis 2 Kelvin als Folge des Klimawandels aus, so wird dies sicher zu einer Arealeinschränkung entsprechend einer Höhendifferenz von rund 100 Metern in den Gebirgen führen. Ob dies allerdings eine Gefährdungsursache für das Alpenschneehuhn in seinem alpinen Lebensraum an sich darstellt, darf bezweifelt werden.

Management

Das Alpenschneehuhn ist eine Art, welche der Fürsorge der Jäger unterliegt. Während das Alpenschneehuhn in Österreich während einer kurzen Periode im Spätherbst noch regulär bejagt und somit nachhaltig genutzt wird, hat es in Bayern eine ganzjährige Schonzeit. Bestandeserfassungen sind aufgrund der unzugänglichen Lebensräume nicht ganz einfach. Andererseits sind die Vögel selbst aufgrund ihres Flugbildes und ihrer Rufe recht auffällig. Bestandeserfassungen erfolgen sinnvollerweise während der territorialen Phase im Frühjahr auf Grundlage der rufenden Hähne, wobei auch Klangattrappen gute Dienste leisten (MÜLLER 1980).

Birkhuhn

Tetrao tetrix

Ordnung: Hühnervögel (Galliformes)

Familie: Fasanenartige (Phasianidae)

Länge: 450 bis 600 mm

Gewicht: 800 bis 1750 g

Gelege: Sechs bis zehn Eier

Naturgeschichte und Verbreitung

Das Birkhuhn ist eine Art mit paläarktischer Verbreitung in Europa und Asien und besiedelt die Wald- und Waldsteppenzone und Teile der Steppenzone. Heute existiert noch ein zusammenhängendes Verbreitungsgebiet von Südostpolen und Skandinavien bis Ostsibirien. Auch große Teile Mitteleuropas waren noch bis in die zweite Hälfte des 20. Jahrhunderts besiedelt. Der dann einsetzende massive Rückgang führte zu einer deutlichen Fragmentation des Birkhuhnvorkommens mit mehr oder minder isolierten Restbeständen auf den britischen Inseln, in Dänemark, Belgien, den Niederlanden, Frankreich, Deutschland, Österreich oder Böhmen (vergl. auch Müller 1980, Bergmann & Klaus 1994, Unger & Klaus 2005, Kirchner 2006, Lonneux & Ruwet 1997, Herzog & Krüger 2003). Der Alpenraum ist noch zu großen Teilen besiedelt (vergl. Bezzel & Lechner 1978, Zeiler 2008, Rödl *et al.* 2012).

Große Probleme bereiten derzeit die Birkhuhnvorkommen im norddeutschen Tiefland, etwa in der Lüneburger Heide, dem Emsland oder der Grafschaft Bentheim. Diese sind in einem deutlichen Rückgang begriffen bzw. ganz verschwunden.

Ähnliche Probleme hat auch beispielsweise der Birkhuhnbestand im (nördlichen) Erzgebirge, welcher sich – nach einer kurzen Erholung infolge zunehmenden Lebensraumes nach den Waldschäden gegen Ende des 20. Jahrhunderts – derzeit wieder in einem langfristigen Abwärtstrend befindet (vergl. Krüger & Herzog 2000a,b).

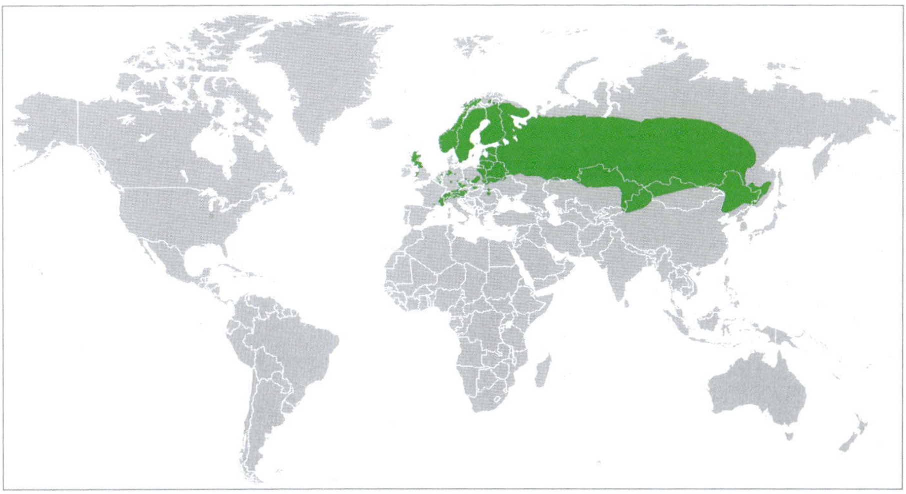

Abb. 147: Aktuelle Verbreitungsgebiet des Birkhuhns

Somit scheint sich das Birkhuhn insbesondere im Flachland und in den Mittelgebirgen Mitteleuropas insgesamt in einem ähnlichen Abwärtstrend zu befinden wie das Auerhuhn, wenngleich die Lebensraumansprüche keineswegs dieselben sind.

Lebensraum

Das Birkhuhn ist kein ausgesprochener Waldvogel, sondern bewohnt offene, locker mit Gebüsch durchsetzte Moore und Heiden, aber auch extensiv genutzte Agrarlandschaften, wie wir sie bis in die 1960er Jahre und zum Teil 1970er in vielen Mittelgebirgen, etwa der Oberpfalz, hinreichend vorhanden waren und heute immer seltener werden. Gerade für die Küken sind beispielsweise Ackerbrachen oder Raine und Wegränder eine wichtige Nahrungsquelle. Weniger Probleme haben bislang noch die Lebensräume in den sog. Kampfzonen des Waldes, insbesondere im alpinen und hochalpinen Raum.

Ernährung

Die Nahrungsgrundlage des Birkhuhns bilden unterschiedliche Teile von zahlreichen unterschiedlichen Pflanzenarten. Knospen und junge Triebe von Birken und Weiden werden gerne im Frühjahr aufgenommen. Beersträucher und deren Früchte, aber auch die Früchte von Eberesche („Vogelbeere"), Mehlbeere oder Weißdorn sind im Herbst attraktiv. Knospen und Triebe unterschiedlicher Baum- und Straucharten bilden eine wichtige Nahrungsgrundlage im Winter.

Die Küken sind in den ersten zwei bis drei Lebenswochen nahezu ausschließlich auf proteinreiche Insektennahrung angewiesen. Während der Mauser und im Herbst nehmen auch erwachsene Birkhühner (im Herbst insbesondere junge Birkhähne) Insektennahrung auf.

Fortpflanzung

Birkhühner sind polygyn, es gibt keine feste Partnerbindung.

Wie beim Auerhuhn trägt der Hahn ein prächtiges Gefieder, während die Henne ein schlichtes graubraunes Federkleid besitzt. Die Balzzeit beginnt Ende März und endet im Mai.

Es werden feste Balzplätze aufgesucht, typischerweise von Wald bzw. Bäumen umgebene Freiflächen, auf denen die Hähne bei der Balz gut zu sehen sind, während die Hennen zunächst meist in den umliegenden Gehölzen aufbaumen.

Bei der Balz des Birkhuhns sprechen wir daher auch von einer sog. „Arenabalz": Die Hähne stellen sich in einer „Arena" zur Schau, während die Hennen sich ihren Paarungspartner, typischerweise einen ranghohen Hahn, selbst aussuchen.

Bei der Balz unterscheiden wir eine Morgen- und eine Abendbalz. Zur Morgenbalz streicht der Birkhahn von seinem Baum, auf dem er die Nacht verbracht hat, zum Balzplatz und beginnt nach kurzem Sichern noch vor Sonnenaufgang mit der Balz. Um Sonnenaufgang wird die Balz unterbrochen, um dann als sog. Sonnenbalz fortgesetzt zu werden. Die Abendbalz beginnt oft schon am Nachmittag.

Die Birkhenne legt ab Ende April, im Hochgebirge ab Ende Mai sechs bis zehn Eier, die sie etwa 24 bis 28 Tage bebrütet. Die Küken sind Nestflüchter; sie werden gehudert und sind bereits nach zwei bis drei Wochen flugfähig.

Populationsdynamik

Das Birkhuhn wird gelegentlich auch als „Katastrophenhuhn" bezeichnet. Dieser Begriff spiegelt sehr gut die Populationsdynamik der Art wider: bei kurzfristigen Lebensraumveränderungen kann die Art sehr schnell durch einen raschen Aufbau des lokalen Bestandes reagieren, wie etwa im nördlichen Erzgebirge in den 1990er Jahren (HERZOG & KRÜGER 2003). Nach einigen Jahren verschlechtern sich die Lebensräume durch dichten Gehölzaufwuchs, z.T. auch durch anthropogene Aufforstungen, wieder und der Bestand geht zurück.

In den vergangenen Jahrzehnten scheint diese Dynamik allerdings durchbrochen zu sein. So erfolgte beispielsweise kein schneller Bestandesanstieg in der Lüneburger Heide nach umfangreichen Waldbränden in den 1970er Jahren.

Möglicherweise spielt dabei eine zunehmende genetische Isolation der einzelnen verbliebenen (Teil-)Populationen eine Rolle.

Management

Das entscheidende Problem des Birkhuhns in der Kulturlandschaft war und ist der Verlust geeigneter Lebensräume. Die Trockenlegung von Moorgebieten, die Intensivierung der Landwirtschaft, die in den 1960er und 1970er Jahren und bis heute andauernden Flurbereinigungsverfahren sowie die rasche Wiederaufforstung der z.B. durch Sturmereignisse oder Rauchschäden entstandenen Kahlflächen in den Wäldern (oft mit Fichte), aber auch die Abkehr von der schlagweisen Hochwaldwirtschaft sind Beispiele für eklatante Lebensraumverluste für das Birkhuhn (vergl. KRÜGER & HERZOG 2000a,b, STORCH 2001, UNGER & KLAUS 2005).

Die wichtigsten Managementmaßnahmen betreffen daher auch die Schaffung und Erhaltung geeigneter Biotopstrukturen. Da dies in der Regel nur großflächig und oft eigentumsübergreifend erfolgen kann, liegt hier auch die größte Herausforderung für die Zukunft.

Parallel zu aktiven Maßnahmen des Biotopmanagements ist auch eine lokale intensive Prädatorenreduktion erforderlich. Sowohl Fuchs als auch Schwarzwild oder Rabenvögel sind durch anthropogene Einflüsse in ihrer Dichte in den vergangenen Jahrzehnten zumindest lokal deutlich angestiegen (vergl. ANDREN 1992, BAINES 1996).

Wiederansiedlungsmaßnahmen (vergl. SODEIKAT 1995) sind erst dann sinnvoll, wenn geeignete Lebensräume bereitstehen und ein intensives Management der Prädatoren im Sinne einer lokalen Reduktion durch Bejagung (oder beim Habicht z.B. Lebendfang und Verfrachtung) gewährleistet ist.

Bei stabilen Bestandesumfängen, wie wir sie etwa in den Alpen vorfinden, ist gegen eine nachhaltige Nutzung aus fachlicher Sicht nichts einzuwenden, so lange die Bestände durch ein umfangreiches Monitoring überwacht werden.

Wichtig sind auch Maßnahmen der Lebensraumberuhigung. Insbesondere Gleitschirm-, Ultraleicht- oder Modellflug und im Winter Skilanglauf, Schneeschuhwandern (vergl. ZEITLER & GLÄNZER 1998) und Wandern abseits der Wege, aber auch eine intensive Schalenwildbejagnung, sollten im Sinne einer Entmischung aus den Birkhuhnlebensräumen konsequent herausgehalten werden.

Hinsichtlich der Isolation der einzelnen (Teil-)Populationen erscheint ein routinemäßiges Monitoring der genetischen Strukturen ebenfalls wichtig und sinnvoll (vergl. HERZOG 2000, STORCH & SEGELBACHER 2000, SEGELBACHER *et al.* 2003, CAIZERGUES *et al.* 2003, HÖGLUND *et al.* 2007).

Auerhuhn

Tetrao urogallus

Ordnung: Hühnervögel (Galliformes)

Familie: Fasanenartige (Phasianidae)

Länge: Hennen 600 bis 700 mm, Hahnen 750 bis 1140 mm

Gewicht: Hennen 1400 bis 2500 g, Hahnen 3000 bis 6500 g

Gelege: Fünf bis zwölf Eier

Brutzeit: Mai/Juni

Naturgeschichte und Verbreitung

Die Gattung *Tetrao* ist seit dem Pliozän nachgewiesen. Das Auerhuhn ist ein Waldhuhn der Paläarktis und hier typischerweise der Taiga und Tundren sowie der Gebirgswälder. Nach der letzten Eiszeit wies es eine umfangreiche Verbreitung in Eurasien auf. Sein Vorkommen reicht von Skandinavien über Mittel- und Osteuropa bis nach Asien. Kleinere Vorkommen finden sich in Schottland sowie in den Pyrenäen und im kantabrischen Gebirge Nordspaniens.

Dementsprechend vielfältig sind die Lebensräume, in denen das Auerhuhn vorkommt. Diese reichen von borealen Nadelwäldern Skandinaviens und Nordosteuropas über Bergmischwälder der europäischen Mittelgebirge und des Hochgebirges. Ursprünglich waren Auerhühner auch in den Tieflagen Mitteleuropas, etwa in der Niederlausitz, heimisch (vergl. z.B. Müller 1973, 1980, Menoni 1991, Lindström 1994, Marti 1995, Storch 2001, Pakkla 2003, Banuelos *et al.* 2008).

Allerdings kommt es insbesondere seit dem 19. Jahrhundert wieder zu deutlichen Rückgängen. In den Mittelgebirgen und im Flachland Mitteleuropas ist das Auerhuhn heute weitgehend verschwunden, während es in Nord- und Osteuropa nach wie vor in stabilen Beständen existiert.

Lebensraum

Der typische Lebensraum des Auerhuhns findet sich in naturnahen Wäldern mit unterschiedlichen Stadien der Waldentwicklung, einschließlich der Zerfallsphase.

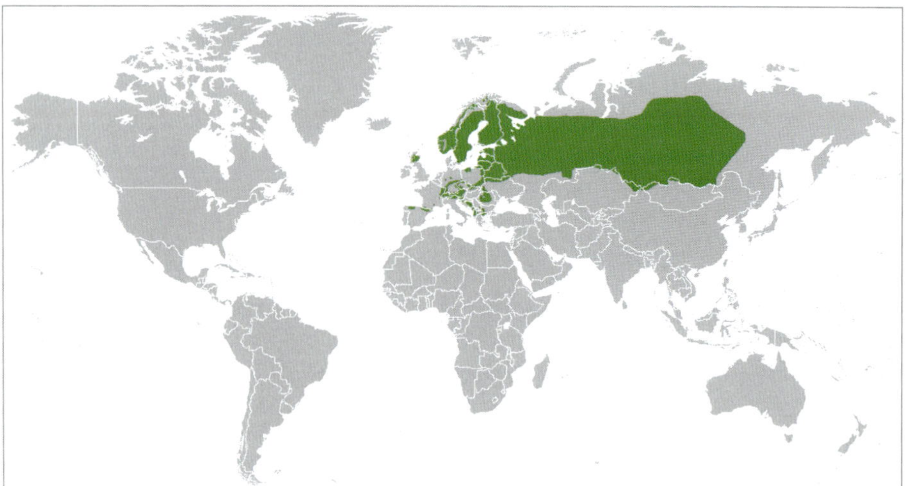

Abb. 148: Aktuelle Verbreitungsgebiet des Auerhuhns

Das Brutverhalten, seine gesamte Populationsbiologie, seine Ernährung und Verdauungsphysiologie sind an naturnahe Wälder angepasst. Hier findet es seine bevorzugte Nahrung, die je nach Jahreszeit aus Nadeln, Knospen, Beerenkräutern, Früchten und Insekten besteht. Insbesondere die Nadeln werden durch spezialisierte Magen-Darm-Mikroorganismen erschlossen, deren Ausfall zum Verhungern der Vögel in strengen Wintern führen kann. Zusätzlich werden Mahlsteine aufgenommen, die der Zerkleinerung der pflanzlichen Kost dienen. Dazu nutzen Auerhühner natürliche (Bachufer, Windwürfe) oder künstliche (Forstwege) Aufschlüsse in der Landschaft. Der Altholzanteil sollte mindestens ein Drittel betragen, Nahrung und Deckung müssen in geringem Abstand voneinander erreichbar sein. Beersträucher als Unterwuchs sollten auf mehr als der Hälfte der Fläche vorhanden sein. Auch das Vorhandensein kleiner offener Anteile, wie wir sie in Wäldern der Zerfallsphase finden, ist von großer Bedeutung. Die Lebensraumkomponenten müssen mosaikartig verteilt sein, Wälder mit weniger als 100 m Grenzlinien pro Hektar sind problematisch. Naturnah bewirtschaftete Wälder scheinen als Lebensräume geeignet zu sein (STEIN 1974).

Balzplätze werden nicht selten über Jahrzehnte genutzt. Sie befinden sich meist in exponierter Lage und benötigen für die Phase der sog. „Baumbalz“ hohe, breitkronige Bäume und offene Flächen für die Bodenbalz (MÜLLER 1973, 1980).

Für die Aufzucht der Küken muss hinreichend Insektennahrung (z.B. Ameisennester) im Lebensraum vorhanden sein.

Sozialverhalten und Raum-Zeit-Verhalten

Das tagaktive Auerhuhn lebt im Winter oft in kleinen, nach Geschlechtern getrennten Gruppen, welche nicht langfristig stabil sind (MÜLLER 1980). Territoriale Phasen kennen wir im Frühjahr und Herbst, in denen die Hahnen ihre Reviere durch den „Frühgesang“ (siehe unten), Drohlaute (sog. „Worgen“ und „Krochen“) und Flattersprünge markieren. Letztere erzeugen auch Frequenzen im Infraschallbereich, deren Bedeutung jedoch noch unklar ist (MOSS & LOCKIE 1979, LIESER *et al.* 2006).

Die typischen Verhaltensweisen des Auerhahns im Frühjahr im Umfeld des Balzplatzes werden oftmals als Balzverhalten (typischerweise auf einem hohen, breitkronigen, gut einsehbaren Baum, kann aber auch auf dem Boden stattfinden) gedeutet. Es handelt sich dabei allerdings um Territorialverhalten, also um einen Reviergesang vergleichbar demjenigen, den wir von der Amsel auf dem Dachfirst kennen.

Der Reviergesang des Auerhahns ist in der Morgendämmerung zu hören und besteht aus sog. Strophen oder Versen, welche sich in vier Phasen, das „Knappen“, den „Triller“, den „Hauptschlag“ und das „Schleifen“, gliedern. Die Phasen können unterbrochen und anschließend wieder aufgenommen oder neu begonnen werden. Pro Minute können bis zu acht Strophen absolviert werden. Die einzelnen Strophen sind mit typischen sonographischen Mustern und parallel dazu typischen Körperhaltungen (Kopf/Hals, Luftsäcke, Stoß, Schwingen) assoziiert.
Meist ist der Hauptschlag am weitesten (bis ca. 400 m) zu hören (vergl. MÜLLER 1980).

Auerhühner leben vergleichsweise standorttreu in Streifgebieten. Die individuellen Streifgebietsgrößen bei Hähnen betrugen im hessischen Bergland rund 60 ha, bei Hennen rund 45 ha und überlappen zwischen Individuen. Territoriale Phasen finden wir während der Balz im Frühjahr und Herbst, in denen Hähne ihr Revier (Balzplatz) gegen andere Hähne verteidigen. Die Größe dieser Reviere ist abhängig vom Rang des balzenden Hahns und beträgt bei den ranghöchsten Hahnen bis 12 ha im Frühjahr und bis über 10 ha im Herbst (MÜLLER 1973, 1980). In stabilen Beständen können wir von einer Dichte von etwa vier Individuen pro 100 ha ausgehen.

Ernährung

Die Nahrung des Auerhuhns ist deutlich von der Jahreszeit geprägt und besteht im Wesentlichen aus Pflanzenteilen, aber auch aus kleineren Tieren, etwa Insekten und Weichtieren. Insbesondere die Küken benötigen in den ersten Lebenswochen zu über 95 Prozent Insektennahrung. Hier spielen die Rote Waldameise und andere Ameisenarten eine entscheidende Rolle. Im Herbst spielen die Früchte der Beersträucher (etwa Heidel- oder Preiselbeere) eine große Rolle in der Ernährung des Auerhuhns. Im Winter dominieren Nadeln der Koniferen.

Fortpflanzung

Auerhühner sind mit dem ersten Winter geschlechtsreif. Auerhühner sind polygyn, die Hennen paaren sich vorzugsweise mit den ranghöchsten Hahnen, so dass Auerhahnen meist nicht vor dem dritten Lebensjahr an der Fortpflanzung beteiligt sind.

Während der eigentlichen Balzzeit im Zeitraum zwischen März und Juni, je nach klimatischer und Witterungssituation, suchen die Hennen die Balzterritorien der Hähne auf. Bei Anwesenheit der Hennen finden wir das eigentliche Balzverhalten des Auerhahns in Form der sog. „Bodenbalz".

Hierzu verstreicht der Hahn von seiner Singwarte zum eigentlichen Balzplatz, meist einer kleinen Offenfläche oder Lücke im Bestand. Die Hennen halten sich hier nur kurze Zeit zur Kopulation auf. Nach etwa drei Tagen beginnt die Henne mit der Eiablage in einem einfachen Bodennest. Nach ca. zehn Tagen ist das Gelege mit fünf bis zwölf, meist acht, Eiern komplett und wird, für etwa 26 bis 28 Tage (abhängig von der Witterung), beginnend mit der Ablage des vorletzten Eies, bebrütet. Die Henne brütet alleine und ist auch alleine für die Aufzucht des Gesperres verantwortlich.

Die Küken sind typische Nestflüchter und verlassen nach einem Tag das Nest, um der Henne zu folgen. Die Küken beginnen im Alter von etwa zehn Tagen damit, kurze Strecken zu fliegen und aufzubaumen. Die Mutterfamilie löst sich ab etwa September, beginnend mit den jungen Hähnen, auf.

Populationsdynamik

Die Populationsdynamik des Auerhuhns ist – neben der Fragen der Lebensräume, der Störungen und der Prädation (s.u.) – insbesondere von der Witterung während der ersten Lebenstage der Küken abhängig. Kalte, nasse Witterung in dieser Zeit mit Temperaturen unter 10°C verhindert eine hinreichende Nahrungsaufnahme der Küken, was wiederum zu hohen Verlusten innerhalb der Gesperre führt. Nur warme, trockene Frühjahre ermöglichen gute Aufzuchterfolge. Diese können wir annehmen, wenn mindestens die Hälfte der Hennen im September mindestens noch 4 Junge führt. Solche Witterungsbedingungen sind alle 2 bis 3 Jahre erforderlich, damit es zu einem Bestandesaufbau kommen kann (MÜLLER 1980, WEGGE & KATDALEN 2007, 2008).

Management

Ein wesentlicher Grund für den Rückgang der Auerhuhnbestände ist der Verlust geeigneter Lebensräume, nicht zuletzt durch eine geregelte, aber auch eine zunehmend intensivierte Forstwirtschaft. In jüngerer Zeit entstehen lokal Probleme durch Windkraftanlagen in den Lebensräumen (vergl. COPPES *et al.* 2019). Störungen durch intensive und unregulierte Freizeitnutzung der Lebensräume vor allem im Winter (die nordischen Wintersportarten sind dabei hochproblematisch) sind ein weiterer Faktor. Das dritte wichtige Problem stellt die Prädation dar: Zahlreiche Prädatorenarten kommen heute in den Auerhuhnlebensräumen in vergleichsweise hohen Dichten vor. Teilweise (etwa beim Fuchs, *Vulpes vulpes*, oder beim Schwarzwild, *Sus scrofa*) ist dies anthropogen zumindest mitbeeinflusst. Inwieweit etwa die Zunahme nass-kalter Frühjahre und Frühsommer aufgrund klimatischer Veränderungen, wie sie in den letzten 100 Jahren für Teile Mitteleuropas beschrieben ist, eine Rolle spielt, bleibt abzuwarten. Schließlich ist die Isolation der mitteleuropäischen Population(en) bzw. deren Teilpopulationen mit einer Reduktion des genetischen Austausches (SEGELBACHER *et al.* 2003, 2007) ein Problem, dessen Folgen bislang noch weitgehend unverstanden sind.

Auerwild unterliegt dem Jagdrecht, genießt in Deutschland jedoch ganzjährige Schonzeit. In verschiedenen anderen EU-Staaten wird das Auerhuhn jedoch durchaus noch bejagt. Unabhängig davon, ob es sich dabei vorwiegend um eine Herbstjagd vor allem auf jüngere Individuen oder um eine Frühjahrsbejagung balzender Althähne handelt, ist dann aber ein langfristiges Bestandsmonitoring auf wissenschaftlicher Grundlage erforderlich.

Seit etwa den 1970er Jahren wurden regelmäßig in unterschiedlichen Regionen Wiederansiedlungsprojekte ins Leben gerufen. Diese waren teils mehr, teils weniger erfolgreich. Die Grundprobleme einer Wiederansiedlung des Auerhuhns in Deutschland scheinen in der Beachtung der Genetik und der Ernährungsphysiologie der ausgewilderten Tiere einerseits, und in der Prädatorensituation andererseits zu liegen (vergl. z.B. SIANO *et al.* 2006, 2011). Dies bedeutet aber nicht, dass Wiederansiedlung beim Auerhuhn grundsätzlich zum Scheitern verurteilt ist. Zukünftige Projekte erfordern allerdings eine frühzeitige und engmaschige wissenschaftliche Begleitung (HERZOG 2010, TEN BULTE 2014).

Mensch und Wildtier

Das Auerhuhn gehört zu den ikonischen Wildtierarten, die seit alters her eine besondere Aufmerksamkeit der Menschen erfuhren und in deren Leben nicht selten eine besondere Rolle spielen.

Bis heute hat sich insbesondere der Auerhahn als wichtiges Symbol erhalten. Neben Hotels und Gaststätten findet sich auch eine große Brauerei am Rande des Harzes, welcher der Auerhahn als Logo dient.

In der Volksheilkunde im Alpenraum spielte die Zunge des Auerhahns als Mittel gegen Epilepsie bei Kindern eine gewisse Rolle (Gattiker & Gattiker 1989). Es ist eine interessante Frage, ob dabei das Balzverhalten des Auerhahns mit seinen stereotypen Bewegungen, die – mit etwas Phantasie – an Konvulsionen erinnern, im Sinne eines „similia cum similibus" interpretiert werden kann.

Rebhuhn

Perdix perdix

Ordnung: Hühnervögel (Galliformes)

Familie: Feldhühner (Phasianidae)

Länge: 28 bis 32 cm

Gewicht: 300 bis 450 g

Gelege: 10 bis 22, meist 16 bis 17 Eier

Brutzeit: April bis Juli

Systematik und Ökologie

Das Rebhuhn gehört zu den Hühnervögeln (Galliformes) und hier zu den Feldhühnern (Phasianidae) und ist eine typische Offenlandart, angepasst an Steppenlandschaften. Es wurde im ehemals waldreichen Mitteleuropa erst mit der Sesshaftigkeit des Menschen und – damit zusammenhängend – umfangreichen Waldrodungen und zunehmendem Ackerbau heimisch.

Verbreitung und Lebensraum

Das Rebhuhn ist typischer Bewohner von Offenlandschaften (z.B. Steppen) Eurasiens. Hierzulande ist das Rebhuhn ein Charaktervogel der kleinbäuerlichen Kulturlandschaft und meidet Wälder. Es galt daher lange als sog. „Kulturfolger". Es zeigt sich aber, dass die Kategorien „Kulturflüchter" und „Kulturfolger" in dieser klaren Abgrenzung heute nicht mehr haltbar sind (vergl. HERZOG 2019). Ein Problem bildet etwa die Entwicklung von einer kleinbäuerlichen und somit kleinteiligen zu einer großflächigen, industrialisierten Agrarlandschaft. Sowohl die Insektennahrung als auch die erforderliche Vielfalt an Sämereien krautiger Pflanzen fehlen hier weitgehend. Darüber hinaus fehlt in ausgeräumten Agrarlandschaften vielfach die Deckung, welche Schutz vor Prädatoren, insbesondere Greifvögeln, bietet. Rebhühner brüten im Altgras ebenso wie im Getreide oder Grünland. Die Art verhält sich diesbezüglich außerordentlich plastisch. Nach wie vor sind viele Fragen zum Nistsubstrat und zu Deckungshabitaten unbeantwortet (vergl. DÖRING & HELFRICH 1986).

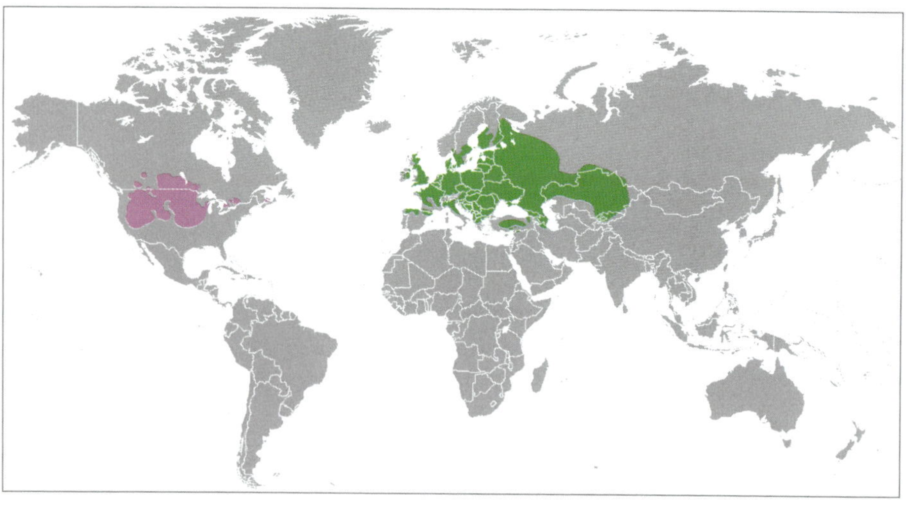

Ganzjähriges Vorkommen   vom Menschen angesiedelt

Abb. 149: Verbreitungsgebiet des Rebhuhns

Die mittlere Dichte liegt dort, wo Rebhühner vorkommen, bei etwa zwei Paaren pro 100 ha, als Maximum finden wir bis zu über sechs Paare pro Quadratkilometer. Solche Dichten werden kleinräumig vor allem in Nordwestdeutschland, in Bayern entlang des Mains und der Donau erreicht, am häufigsten auf Ackerland.

Ernährung

Rebhuhnküken sind in den ersten Lebenswochen auf tierische Eiweißnahrung angewiesen. Auch Altvögel nehmen im Frühsommer relativ hohe Anteile tierischer Nahrung wie Insekten und Spinnen auf. Im Jahresverlauf überwiegt jedoch insgesamt die pflanzliche Nahrung aus Sprossen, Blättern oder Samen. Das Angebot bestimmt die Aufnahme (vgl. GLUTZ VON BLOTZHEIM *et al.* 1973, POTTS 1986). Im Winter spielt die Grünäsung neben Sämereien eine bedeutende Rolle. Hier bieten offene Bachläufe oder Quellaustritte eine Nahrungsressource, wenn die Feldflur unter einer dichten Schneedecke liegt.

Fortpflanzung

Während sich Rebhühner im Winter zu Ketten (typischerweise ein oder mehrere Familienverbände) gruppieren, vereinzeln sie sich im zeitigen Frühjahr. Hähne besetzen ein Territorium, um welches es nicht selten auch Auseinandersetzungen mit anderen Hähnen gibt. Die Balz ist eine sog. Lautbalz, die territorialen Hähne rufen in der Abend- und Morgendämmerung.

Die Henne legt ihre Eier in eine Bodenmulde in guter Deckung aus vorjähriger Vegetation (z.B. Feldraine, Weg- und Grabenränder). Häufig wird der Brutplatz in der Nähe von Wegen oder ähnlichen linearen Strukturen gewählt. Rebhühner scheinen unabhängig von der Flächennutzung Habitate für Nistplätze zu bevorzugen, deren Aufwuchs Anfang Mai zwischen 15 und 65 cm hoch ist (WÜBBENHORST 2002).

Zwischen Mitte April und Juli, meist im Mai, legt die Henne zwischen 10 und 22, meist 16 bis 17 einfarbige, blass-olivbraune bis braungraue Eier. Sie beginnt erst mit der Brut, wenn das Gelege nahezu vollständig ist. Der Rebhahn brütet selbst nicht, wacht aber in der Nähe des Nestes. Nach etwa 23 bis 25 Tagen schlüpfen die Küken. Es handelt sich um typische Nestflüchter. Mit 13 bis 16 Tagen sind sie flügge und mit etwa fünf Wochen selbständig. Bis über den Winter bleibt Familienverband, die Kette, zusammen. Rebhühner brüten einmal jährlich; bei Gelegeverlust zeitig im Jahr erfolgt jedoch nicht selten ein Nachgelege.

Populationsdynamik

Seit den 1980er-Jahren finden wir einen deutlichen Rückgang der Art in den meisten Lebensräumen, lokal ist sie bereits völlig verschwunden.

Abb. 150: Rebhuhnstrecke Deutschland *Quelle: DJV*

Wenngleich Jagdstrecken die Dynamik einer Art nicht immer exakt widerspiegeln, so ist es doch beeindruckend, in welchem Ausmaß das Rebhuhn in Mitteleuropa in den vergangenen Jahren in seinen Beständen zurückgegangen ist.

Die Ursachen für den europaweiten Einbruch der Population sind bis heute im Detail noch unverstanden. Wir müssen, wie bei verschiedenen Arten des Offenlandes, von einem Faktorenkomplex aus deutlich ungünstiger werdenden Lebensräumen (intensivierte und industrialisierte Landwirtschaft), insbesondere auch geringerem oder qualitativ schlechterem Nahrungsangebot (nicht zuletzt auch an Insekten im Frühjahr und Sommer, Insektizideinsatz!), Prädation und weiteren Ursachen, etwa Krankheiten, ausgehen.

Management

Vor allem eine hohe Sterblichkeit im Frühjahr scheint die Bestände seit mehreren Jahrzehnten zu begrenzen. Als bedeutender Faktor wird dabei eine Mangel- oder Unterernährung im Frühjahr diskutiert (Wübbenhorst 2002). Eine der wenigen systematischen Untersuchungen zum Einfluss von Fressfeinden zeigte, dass eine intensive Reduktion von Prädatoren die herbstlichen Rebhuhnbesätze erhöhen kann. In Phasen dreijähriger Beutegreiferkontrolle stieg der Herbstbesatz bezogen auf den jeweiligen Frühjahrsbesatz von etwa 100 % auf bis zu 350 % an. Dagegen nahmen die Frühjahrsbesätze während der Kontrollzeit kaum zu (Tapper *et al.* 1996). Der Mangel an Brutplätzen scheint ein weiterer begrenzender Faktor zu sein. Studien deuten

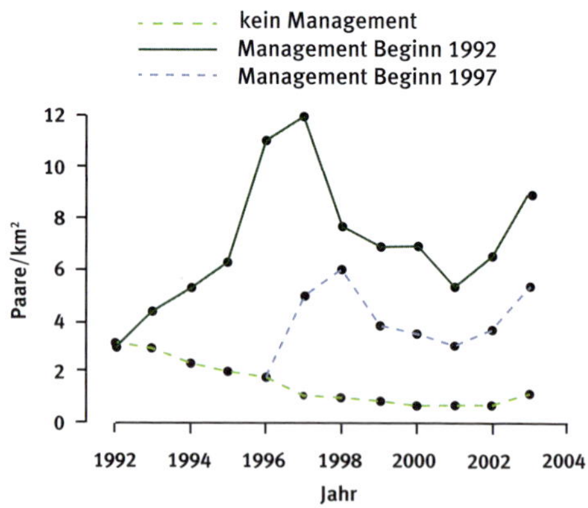

Abb. 151: Zusammenhang zwischen aktivem Management des Rebhuhns und Bestandesentwicklung in der intensiv genutzten Agrarlandschaft

modifiziert aus Aebischer & Ewald 2004

darauf hin, dass sich Rebhuhnpaare vorrangig aus dem Weg gehen und sich die Brutterritorien nicht überlappen (vgl. DÖRING & HELFRICH 1986). Warum dann aber die Besätze nicht weiter zunehmen, wenn in den besten Jagdbezirken maximal nur die Hälfte des geeigneten Offenlandes als Brutlebensraum besetzt ist, bleibt ungeklärt (GEHLE 2010). Beobachtungen deuten darauf hin, dass fehlende Vegetationsstrukturen am Ende der Winterzeit und zu Beginn des Frühjahrs die Etablierung weiterer Brutpaare verhindern. Wo Nahrungsmangel die hohe Frühjahrssterblichkeit bedingt, könnten die Besätze mit einer Winter-, vor allem aber Frühjahrsfütterung vor einem weiteren Rückgang bewahrt werden. Auch eine ganzjährige Fütterung kann in bestimmten Gebieten sinnvoll sein. Somit bleibt die Anlage und Erhaltung von Deckungsstreifen sowie eine gezielte Fütterung Daueraufgabe einer nachhaltigen Rebhuhnhege. Im Winter, wenn sich die Rebhühner zu Ketten von mehreren Familienverbänden zusammenschließen, gewinnen Strukturen, die ausreichend freie Sicht und gleichzeitig Deckung vor natürlichen Feinden bieten und als Windschutz aufgesucht werden können, große Bedeutung. Neben Stoppelbrachen und Altgrasstreifen suchen die Ketten Schutz in Hecken und Feldgehölzen, in Hochstaudenfluren oder Schilfbereichen.

In langfristigen Beobachtungsreihen konnte in England gezeigt werden, dass Rebhühner in der intensiv bewirtschafteten Agrarlandschaft grundsätzlich des aktiven Managements bedürfen. Neben Maßnahmen der aktiven Lebensraumgestaltung (vergl. HERZOG 2019) gehören hierzu insbesondere Fütterung (zumindest im Spätwinter und Frühjahr, besser ganzjährig) und eine hinreichende Prädatorenbejagung.

Mensch und Wildtier

Das Wildbret und die Eier der Rebhühner werden seit Jahrtausenden vom Menschen nicht alleine als schmackhaftes Wildbret geschätzt, sondern ihnen wird auch eine Heilwirkung, insbesondere bei Magen- und Augenerkrankungen, aber auch etwa bei Fruchtbarkeitsstörungen und in der Geburtshilfe zugesprochen. Auch der Galle des Rebhuhns wurde regelmäßig in der Volksheilkunde eine heilende Wirkung gegen eine Vielzahl von Leiden eingesetzt (vergl. GATTIKER & GATTIKER 1989).

Im Volksglauben können Rebhuhnbeobachtungen die Bedeutung von Prophezeiungen haben, sie zeigen etwa bevorstehende Brandkatastrophen an.

Daneben finden wir das Motiv des Rebhuhns auch immer wieder in zahlreichen Erzählungen und Märchen, etwa „Das Rebhuhn“ im „Deutschen Märchenbuch“ Ludwig Bechsteins von 1847. Hier trägt eine Rebhuhnbeobachtung letztlich zur Aufklärung eines Mordfalls und Bestrafung des Schuldigen bei. „Der gestiefelte Kater“ adressiert das Motiv des Rebhuhns vor allem hinsichtlich seiner kulinarischen Bedeutung im Sinne einer Delikatesse, die dem König überreicht wird und für die er sich dankbar erweist.

Wachtel

Coturnix coturnix

Ordnung: Hühnervögel (Galliformes)

Familie: Feldhühner (Phasianidae)

Länge: 16 bis 18 cm

Gewicht: 70 bis 155 g

Gelege: 6 bis 18 Eier

Brutzeit: April bis Juni

Systematik und Verbreitung

Die Wachtel gehört zur Familie der Feldhühner in der Ordnung der Hühnervögel. Sie ist wie das Rebhuhn eine Art des Offenlandes, Wälder werden gemieden. Verschiedene Ökotypen finden sich in weiten Teilen Europas, Afrikas und Asiens. Die Wachtel ist der einzige Zugvogel unter den Hühnervögeln Europas.

Der größte Teil der europäischen Teilpopulation überwintert im nördlichen Afrika, aber auch südlich des Äquators, sowie im nahen Osten und in Indien.

Lebensraum

Die Wachtel besiedelt tiefere Lagen, Mittelgebirge werden eher gemieden. Der typische Lebensraum der Wachtel sind Steppen, Grünland (Wiesen), aber auch extensiv bewirtschaftetes Ackerland.

Ernährung

Die Nahrung der Wachtel besteht vor allem aus Samen von Gräsern und krautigen Pflanzen sowie Insekten, Weichtieren und Spinnen. In den ersten Lebenswochen sind die Jungvögel zwingend auf diese angewiesen.

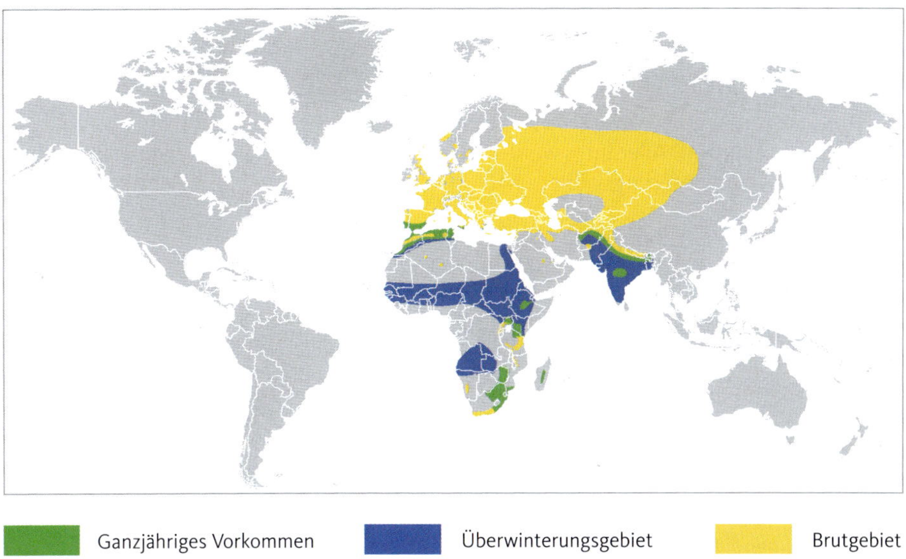

Abb. 152: Verbreitungsgebiet der Wachtel

Fortpflanzung

Wachteln erreichen ihr europäisches Brutgebiet etwa Ende April oder Anfang Mai. Im Oktober verlassen sie dieses bereits wieder. Der bekannte „Wachtelschlag", der Balzruf der Hähne, ist oft der einzige Hinweis auf die Präsenz des kleinsten Hühnervogels. In der offenen Kulturlandschaft brütet die Wachtel in Deckung bietenden höheren Krautschichten, benötigt jedoch auch vegetationsfreie, zumindest kurzgrasige Flächen. Der Wachtelschlag ist deshalb meist aus lückigen Getreidefeldern, aus Brachflächen oder vom Rand von Getreideschlägen zu hören.

Wachteln leben monogam in einer einjährigen Saisonehe, der Hahn beteiligt sich jedoch nicht am Brutgeschäft oder der Aufzucht der Küken. Als Nest dient eine kleine Mulde, die nur spärlich mit dürrem Gras ausgekleidet wird.

Das Gelege besteht aus 6 bis 18, meist um die 10 bräunlichen Eiern. Die Henne brütet allein; die Küken schlüpfen praktisch zur gleichen Zeit, nicht selten innerhalb nur einer Stunde, und sind nach 19 Tagen flügge.

Populationsdynamik

Die Population der Wachtel unterliegt erheblichen jährlichen Schwankungen, daher sind Aussagen zu Populationstrends schwierig. Wichtiger als die Situation im mitteleuropäischen Brutgebiet sind dabei die Einflussfaktoren auf dem Zug und in den Überwinterungsgebieten.

Management

In Deutschland steht die Wachtel unter strengem Schutz, sie unterliegt dem Jagdrecht mit ganzjähriger Schonzeit. Allerdings werden Wachteln in verschiedenen Regionen ihrer Zugstrecken und Überwinterungsgebiete nach wie vor noch intensiv und nicht immer nachhaltig genutzt.

Da die wesentlichen Einflüsse auf den Sommerbestand der Wachtel während des Zuges und in den Überwinterungsgebieten Afrikas wirksam werden, sind die Möglichkeiten einer aktiven Unterstützung der Art begrenzt.

In den Sommermonaten helfen, insbesondere in artenarmen Agrarlandschaften mit großflächiger und intensiver Landwirtschaft, Maßnahmen der Lebensraumgestaltung sowie der Prädatorenkontrolle, wie sie auch für das Rebhuhn erfolgen, am ehesten.

Mensch und Wildtier

Die Wachtel gehört zu den Tierarten, die für den Menschen als Jagdwild seit alters her von Bedeutung ist. Bereits aus dem zweiten vorchristlichen Jahrtausend stammen Wandmalereien, welche den Wachtelfang mit Netzen zeigen. Diese Methode wurde nahezu unverändert lokal bis ins 20. Jahrhundert angewandt.

In der Bibel wird die Wachtel an verschiedenen Stellen erwähnt.

Insbesondere geht es darum, dass die Tiere auf dem Zug, erschöpft vom Flug über das Mittelmeer, auf dem Sinai oder in Ägypten leicht in großer Zahl gefangen wurden. Die Methode hat sich dabei seit Jahrtausenden kaum verändert (siehe Abbildung 155).

In der Antike wurden dafür lange, aus Schilf geflochtene Netze verwendet. Noch zu Beginn des 20. Jahrhunderts wurden aus Ägypten Hunderttausende Wachteln importiert und in europäische Feinschmeckerlokale geliefert.

Abb. 153: In einem vertikalen aufgestellten Netz werden Wachteln gefangen (Wandmalerei; Grab in Theben; 18. Dynastie).

Bis gegen Ende des 19. Jahrhunderts spielte auch in den mitteleuropäischen Brutgebieten der Wachtelfang eine große Rolle. Er wurde mit einem feinmaschigen Schleppnetz, dem Tirass, durchgeführt.

Hornberger (1986) verdanken wir eine Schilderung des Wachtelfangs: „Wenn die Gerste gehauen war und der zwischengesäte Klee zu wachsen begann, dann war Zeit für den Wachtelfang. Unerlässlich war ein ruhiger, revierender feinnasiger Vorstehhund. Die beiden Träger des Tirass halten das Netz leicht gespannt in dem durch seine Länge gegebenen Abstand, etwa 5 m, auf die Finger aufgerefft[...] Steht der Hund Wachteln vor, [...], dann gehen die Netzhalter ihn vorne an. Einige Meter vor der Hundenase lässt der Haltefinger die Netzreffen auf die Kleesaat herunter und deckt sie völlig ein [...] Dann bringt man die sich drückenden Wachteln durch Zupfen und Rütteln zum Steigen. Sie verfangen sich in den Netzmaschen, werden schnell gegriffen und in Säckchen gesteckt[...]. In 1,5 Stunden wurden auf diese Weise bis zu 33 Wachteln gefangen“.

Mit der Entwicklung der Wachtelzucht und Volierenhaltung verlor der Fang wildlebender Vögel seine Bedeutung in großen Teilen Mitteleuropas.

Fasan

Phasianus colchicus

Ordnung: Hühnervögel (Galliformes)

Familie: Feldhühner (Phasianidae)

Länge: 55 bis 90 cm

Gewicht: 750 bis 1500 g

Gelege: Acht bis zwölf Eier

Brutzeit: April bis Juli

Naturgeschichte und Verbreitung

Fasane stammen ursprünglich aus Asien. Sein natürliches Areal reicht von Kleinasien über das Wüsten- und Steppengebiet Zentralasiens bis nach Ostasien. Während der ostasiatische Teil des Verbreitungsgebietes ein großes, zusammenhängendes Areal mit unterschiedlichen Ökotypen bzw. lokalen Unterarten bildet, sind die zentralasiatischen Vorkommen oftmals voneinander isoliert.

Fasane gelangten vermutlich bereits in der Antike über römische Handelswege nach Europa. Erste sichere Hinweise auf das Vorkommen freilebender Fasane in Deutschland stammen aus dem Rheinland des 12. und 13. Jahrhunderts. Aus der zentral- und ostasiatischen Heimat verfrachtet etablierten sich von den über 30 bekannten Rassen bzw. Ökotypen mindestens drei: Der sog. Colchicustyp (Böhmischer Jagdfasan), der als robust und anpassungsfähig geltende Torquatustyp (Ringfasan, ab ca. 1750) und der Mongolicustyp (Kasachstan-Fasan, ab 1900) mit weißem Halsring. Weitere Ökotypen, die gezüchtet und ausgesetzt wurden, sind der ringlose Versicolortyp aus Japan (Japanischer Buntfasan) und Nachkommen aus Kreuzungen dieser Typen (GLUTZ VON BLOTZHEIM *et al.* 1973).

Lebensraum

Der Fasan ist ein Profiteur kleinbäuerlicher Landwirtschaft. Seine höchsten Dichten in Deutschland erreicht er in Nordwestdeutschland und im Südosten Bayerns. Er besiedelt tiefere Lagen, Mittelgebirge werden eher gemieden. Ein günstiger Lebensraum weist eine

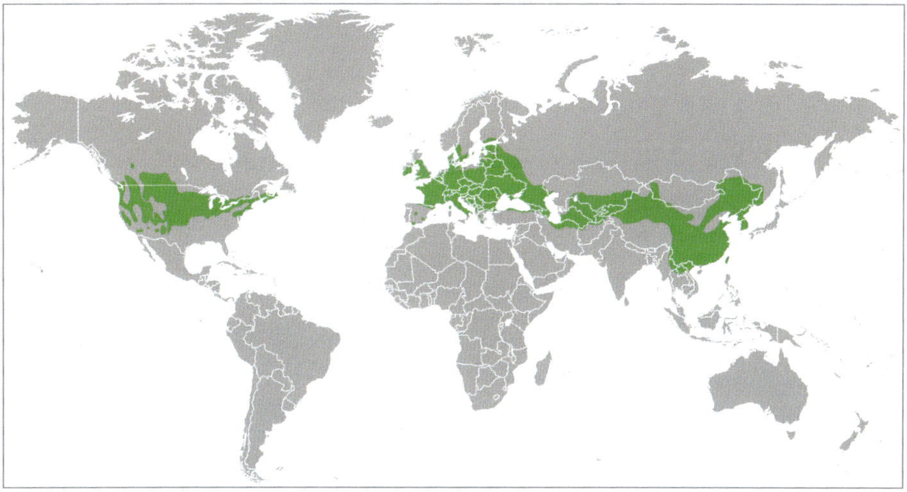

Abb. 154: Verbreitungsgebiet des Fasans

kontinuierliche Wasserverfügbarkeit, mehrjährige, niedrige Deckungsstrukturen (Altgras, Schilf) und ausreichend wintergrüne Deckung wie Senf auf (vgl. BEHNKE 1964). Gehölzgruppen geben nicht nur Deckung, sondern ermöglichen auch das nächtliche Aufbaumen zum Schutz vor Prädatoren.

Sozialverhalten

Während der Brutsaison leben Fasane typischerweise territorial, während sie insbesondere im Winter oft aus kleineren, oftmals gleichgeschlechtlichen Gruppen bestehen. Gelegentlich bilden sich dabei auch größere Verbände aus einigen Dutzend, selten auch bis zu rund 100 Vögeln. Die Gruppen der Hähne sind meist kleiner. In beiden Geschlechtern existieren hierarchische Strukturen, wobei die Hierarchie unter den Hähnen deutlicher ausgeprägt ist und durch Rangordnungskämpfe regelmäßig neu ermittelt wird.

Ernährung

Fasane sind unter den Hühnervögeln relative Nahrungsgeneralisten. In den ersten vier Lebenswochen sind die Küken allerdings zwingend auf Insektennahrung angewiesen. In höherem Alter dominiert pflanzliche Nahrung, wobei diese ausgesprochen vielfältig sein kann und je nach Angebot auch durch tierische Kost, die von Insekten und Spinnentieren über Würmer und Schnecken bis zu kleinen Wirbeltieren (Amphibien, Reptilien oder Säugetiere) reicht, ergänzt wird. Zum Aufschluss der Nahrung nehmen Fasane, wie alle Hühnervögel, Gastrolithen auf. Dabei handelt es sich meist um kleine Steinchen, gelegentlich erfüllen aber auch beispielsweise Teile von Knochen oder Schneckenhäusern diese Funktion.

Nahrung wird vorwiegend vom Boden aufgenommen, wobei auch mit den Füßen gescharrt oder mittels Schnabelbewegungen gegraben wird.

Fortpflanzung

Zu Beginn der Balz Ende März werden die Territorien besetzt und es bilden sich Zweiergruppen aus Platzhahn und Beihahn. Dominierende Hähne besetzen ihre Territorien im Allgemeinen zuerst. Der Platzhahn wird Haremsbesitzer und balzt, Beihähne verstreichen. Die Beihähne kann man als „psychische Kastraten" bezeichnen: Ihre roten Hautlappen (Rosen) bleiben klein, die Hähne rufen nicht, fliehen und jagen einzelne Hennen an, um sie zu treten. Balzhähne dagegen zeigen Futterlocken und das typische Umkreisen einer Henne. Die Henne kann sich dem balzenden Hahn entziehen, indem sie sich der nächsten Hennengruppe (Harem) anschließt. Nach und nach scheiden Hennen zum Brüten aus dem Harem aus (GLUTZ VON BLOTZHEIM *et al.* 1973). Dazu scharren sie ein flaches Bodennest in dichter Bodenvegatation. Ab etwa Ende April beginnt die Henne mit der Anlage des Geleges, welches aus acht bis zwölf Eiern besteht. In unbejagten Populationen fand man ein Geschlechterverhältnis von 1:0,5 bis 1:1,5. Bejagung kann das Verhältnis zugunsten der Hennen auf 1:2

bis 1:10 verschieben. Bis zu einem Verhältnis von 1:50 soll eine normale Quote befruchteter Eier möglich sein (Twining *et al.* 1948).

Populationsdynamik

Bei einer Gesamtsterblichkeit von jährlich rund 60 Prozent werden Fasane im Durchschnitt knapp zwei Jahre alt. Die Überlebensrate der Hennen entscheidet über die Bestandsdichte. Mit zunehmender Dichte wiederum steigt die Hennensterblichkeit, vor allem im Frühjahr und Spätsommer, ebenso wie die Dichte alter Hähne (Glutz von Blotzheim *et al.* 1973).

Seit 2008 gehen die Jagdstrecken in vielen Regionen Deutschlands zurück, lokal um über 60%. Wenngleich Jagdstrecken nicht immer ein exaktes Abbild der Bestände darstellen, so geben sie bei Arten wie dem Fasan doch deutliche Hinweise auf Bestandestrends. Erste Studien weisen darauf hin, dass langfristige Trends maßgeblich von der Witterung im April abhängen könnten (Gehle 2010). Fasanenhennen schreiten von April bis Juni mit einer Zeitspanne von über 70 Tagen zum Brutgeschäft (Beklova & Pikula 1992). So war der April 2007 extrem warm und trocken und hat vermutlich die hohen Jagdstrecken im Herbst ermöglicht. In den folgenden Jahren kam es zu einem rapiden Rückgang der Jagdstrecke bundesweit, welche die Abundanz vermutlich gut widerspiegelt. Bis heute kam es zu keiner Erholung der Besätze, allenfalls könnte man eine gewisse Stabilisierung auf sehr niedrigem Niveau erkennen (Abb. 155).

Ob der Rückgang des Fasans mit der Anwendung des bienengiftigen Pflanzenschutzwirkstoffes Clothianidin zusammenhängt, ist unklar (Pegel 2009), sichere Hinweise gibt es darauf nicht. Allerdings nahm am Niederrhein und in Westfalen die Jagdstrecke am stärksten in Landkreisen mit hohem Getreideanteil ab (Gehle 2010). Jagdbezirke, in denen die Strecken nicht zurückgingen, unterschieden sich nicht selten durch einen für den Fasan optimalen Lebensraum. Offensichtlich können Fasanenbesätze in derart gut ausgestatteten Habitaten Stressoren besser verkraften als in schlechten.

Management

Beim Fasan handelt es sich aufgrund seiner Verbreitungsgeschichte in Europa definitiv nicht um ein Neozoon, sondern ein Archaeozoon, vergleichbar etwa dem Wildkaninchen.

Aktives Management des Fasans darf sich keinesfalls auf jährliche Auswilderungsaktionen beschränken. Ziel

Abb. 155: Jagdstrecken des Fasans in Deutschland

Quelle: DJV

sollte sein, in geeigneten Lebensräumen langfristig stabile und anpassungsfähige Bestände zu erhalten.

Im Hinblick auf die Hege des Fasans ist zu beachten, dass mit dem saisonalen Wechsel zwischen geselliger und territorialer Lebensweise auch die Biotopansprüche wechseln können. Fasane brauchen sowohl offene Äsungsflächen und Balzplätze als auch eine sichere Winterdeckung gegen Wind und Schnee. Je nach Revierverhältnissen kann damit ein Wechsel zwischen Sommer- und Winterlebensraum verbunden sein. Von Natur aus wandernde Ökotypen lassen sich nur durch konsequente Winterfütterung (Weizen, Gerste, Triticale) unter guter Deckung (Streifen aus Schilf, Mais, Schlehe, Brombeere, Weiden) in den Revieren halten. Verfügbare Wasserstellen, Bereiche für das tägliche Hudern, zur Aufnahme von Magensteinchen (Sandhaufen mit Muschelschrot) und zum Aufbaumen optimieren den Lebensraum (vgl. Schmidt 2004).

Mensch und Wildtier

In der griechischen Literatur werden Fasane um 400 vor Christus bei Aristophanes beschrieben. Damals galt er als selten und sein Wildbret als eine teure, schmackhafte Delikatesse (Gattiker & Gattiker 1989). Einen ähnlichen Ruf hatte die Art bei den Römern, wie es etwa bei Gessner (1557) beschrieben wird. In der römischen Gesellschaft wurden Fasane bereits in landwirtschaftlichen Betrieben gemästet, ihre Eier durch Haushühner ausgebrütet. Die Haltung in Fasanerien hat sich in Mitteleuropa bis in die Neuzeit weiter entwickelt. Die Fasanenzucht diente einerseits der Produktion hochwertigen Wildbrets, andererseits wurden in der höfischen Tradition des ausgehenden Mittelalters und der beginnenden Neuzeit die farbenfrohen Vögel, ähnlich wie Pfaue, auch als Ziervögel in Gartenanlagen gehalten. Bis heute sind sie Bestandteil historischer Gärten (Herzog 2019).

Später diente die Fasanenzucht auch jagdlichen Zwecken. Bis heute finden wir in einigen Regionen Europas sogenannte „Fasanenjagden", bei denen zuvor ausschließlich zu diesem Zweck ausgewilderter Fasane massenweise erlegt werden. In Deutschland existieren gesetzliche Regelungen, welche derartige Auswüchse verhindern sollen. Die Bejagung des Fasans erfolgt traditionell auf herbstlichen Stöber- und Treibjagden.

Haubentaucher

Podiceps cristatus

Länge: 46 bis 51 cm

Gewicht: 800 bis 1100 g

Gelege: 3 bis 5, selten bis zu 7 Eier

Brutzeit: (März)/April bis Juni

Systematik und Verbreitung

Haubentaucher sind die größten und verbreitetsten Vertreter der Familie der Lappentaucher (Podicipedidae).

Sie kommen in weiten Teilen Eurasiens, aber auch im östlichen und südlichen Afrika sowie in Australien und Neuseeland vor. Sie sind Stand- oder Zugvögel, je nach geographischem Vorkommen. Aus dem Brutgebiet wegziehende Haubentaucher überwintern auf großen Binnenseen oder an Küsten. Bekannte europäische Gewässer, an denen zahlreiche Haubentaucher überwintern, sind etwa der Neuenburger See, der Bodensee oder der Genfer See. Die europäische Atlantikküste, das schwarze Meer und das Kaspische Meer sind weitere bedeutende Überwinterungsgewässer in Europa und Kleinasien.

Lebensraum und Ökologie

Haubentaucher bevorzugen zur Brut größere, stehende Gewässer, die typischerweise von einem Schilfgürtel umgeben sind. Sie sollten möglichst 5 Hektar Wasserfläche oder mehr aufweisen, wobei zunehmend Haubentaucherbruten auch an kleineren Gewässern beobachtet werden können. Oligotrophe und mesotrophe Gewässer werden in der Regel gemieden. Zusätzlich zur offenen Wasserfläche sind Röhrichtgürtel und wassernahe Ufervegetation als Lebensraumelemente wichtig.

Während des Herbstes, wenn Haubentaucher umherstreifen, oder im Winterlebensraum trifft man Haubentaucher auch an anderen vegetationsarmen, fischreichen Gewässern an.

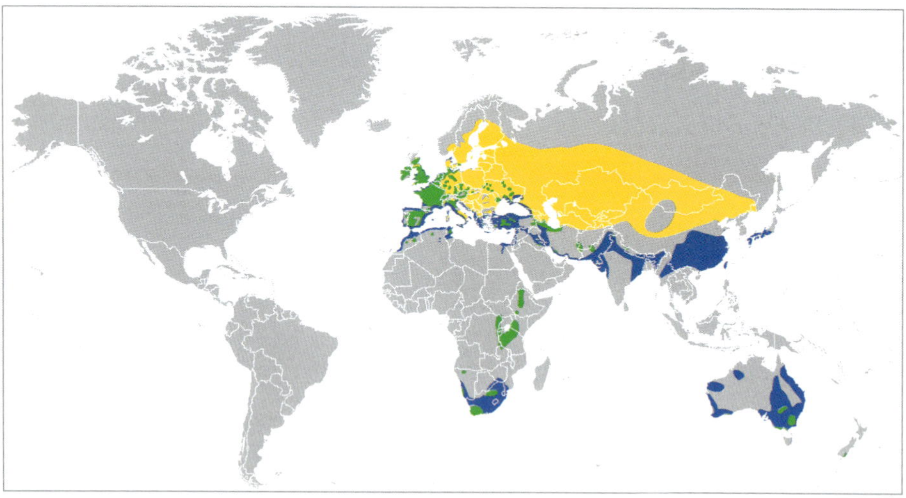

Ganzjähriges Vorkommen | Überwinterungsgebiet | Brutgebiet

Abb. 156: Verbreitungsgebiet des Haubentauchers

Während ihres Zuges sind sie bevorzugt an größeren Binnenseen und Flüssen sowie an Küstengewässern zu finden (vergl. auch Bezzel 1996, Konter 2001, Fjeldså 2004, Bauer *et al.* 2005). Die Gewässer sollten eine gewisse Mindesttiefe nicht unterschreiten; so scheinen etwa 6 Meter ein gewisses Optimum darzustellen, 1 bis 2 Meter sollten allerdings mindestens sein.

Ernährung

Haubentaucher ernähren sich vorwiegend von kleinen Fischen von durchschnittlich 10 bis 15 cm Länge, die sie tauchend erbeuten. Die maximale Größe der von Haubentauchern genutzten Fische beträgt ca. 25 Zentimeter und 200 Gramm. Darüber hinaus werden auch Schnecken, Kaulquappen, Frösche, Krebstiere, Spinnen, Wasserinsekten, gelegentlich auch Reptilien (Ringelnatter!) und Teile von Wasserpflanzen aufgenommen. Dabei gibt es beträchtliche Unterschiede in der Nahrungszusammensetzung zwischen verschiedenen Haubentauchervorkommen. In manchen Regionen spielt im Sommer die Fischnahrung eine untergeordnete Rolle, und die Hauptnahrung besteht aus Käfern und Wanzen. Der tägliche Nahrungsbedarf eines Haubentauchers beläuft sich auf etwa 200 Gramm. Die Jungen werden zunächst mit Insekten gefüttert. Auch wurde beobachtet, dass Federfressen, wie es bei vielen Lappentauchern üblich ist, vorkommt. Selbst Jungvögel werden gelegentlich mit Federn gefüttert. In den Überwinterungsgebieten ernähren sich Haubentaucher nahezu ausschließlich von Fischen (vergl. auch Bezzel 1996, Konter 2001, Fjeldså 2004, Bauer *et al.* 2005).

Fortpflanzung

Haubentaucher leben meist monogam in Saisonehe. Sie werden gegen Ende ihres ersten Lebensjahres geschlechtsreif, brüten im folgenden Jahr jedoch meist noch nicht erfolgreich.

In Mitteleuropa treffen Haubentaucher normalerweise im März/April aus dem Überwinterungsgebiet an ihrem Brutplatz ein. Die Brutperiode erstreckt sich von Ende April bis Ende Juni, bei günstigen Witterungsbedingungen kann sie jedoch auch schon im März beginnen. Pro Jahr erfolgen bis zu 2 Bruten.

Während der Brutzeit etablieren Haubentaucher ein Brut- und Nahrungsrevier. Bei ausreichendem Nahrungsangebot und gleichzeitigem Mangel an geeigneten Stellen für den Nestbau kommt aber auch kolonieartiges Brüten vor. Diese Kolonien bestehen normalerweise aus 10 bis 20 Brutpaaren, in Ausnahmefällen brüten jedoch bis zu 100 Paare in unmittelbarer Nähe zueinander. Die Abstände zwischen den Nestern in solchen Kolonien betragen mindestens zwei Meter. Brutkolonien von Haubentauchern befinden sich nicht selten in der Nähe der Brutkolonien anderer Vogelarten.

Das Nest des Haubentauchers wird gewässernah auf dem Boden oder im Flachwasser

angelegt, oft als schwimmendes Nest im Röhricht, welches mittels Gräsern an Schilfhalmen befestigt wird. Gelegentlich bauen Haubentaucher aber auch Schwimmnester frei im Gewässer. Beide Elternvögel errichten das Nest über einen Zeitraum von 2 Tagen bis zu 4 Wochen (vergl. auch BEZZEL 1996, KONTER 2001, FJELDSÅ 2004, BAUER *et al.* 2005).
Haubentaucher sind für ihre eindrucksvolle Balz bekannt, welche eine Vielzahl ritualisierter Verhaltenselemente beinhaltet und Eingang in zahlreiche Lehrbücher der Biologie und Verhaltenskunde gefunden hat:

Haben sich zwei (potenzielle) Partner gefunden, schwimmen sie zunächst mit gestrecktem Hals und bellenden Rufen aufeinander zu, bei weiterer Annäherung heben sie die Köpfe und spreizen die auffällige Kopfhaube, bewegen die Schnäbel hin und her und lassen dabei tickende Laute hören. Anschließend richten sie sich weiter auf und schütteln die Köpfe zunächst schnell, dann langsamer hin und her. Dieser Bewegungsablauf kann sich bis zu 80-mal wiederholen. Gelegentlich folgt dem die sog. “Pinguin-Pose”, wobei beide Partner Brust an Brust sich paddelnd aus dem Wasser hoch aufrichten und in den Schnäbeln Nistmaterial hin- und her schwenken. Das Balzritual kann zahlreiche weitere Komponenten, etwa ritualisierte Fütterungsgesten, bei denen das Männchen dem Weibchen einen kleinen Fisch präsentiert, aufweisen. Die Balz der Haubentaucher steht somit in ihrer Komplexität derjenigen etwa der Raufußhühner keineswegs nach und ist für alle Naturfreunde immer wieder ein beeindruckendes Schauspiel.

Die Balz beginnt im Dezember bereits in den Überwinterungsgebieten und dauert mehrere Monate. Das Balzverhalten nimmt in seiner Intensität erst ab, wenn die Paare mit dem Nestbau beginnen.
Die Eiablage beginnt in Mitteleuropa zwischen April und Juni, gelegentlich bereits im März. Das Gelege in der Regel aus 3 bis 5, selten bis zu 7 Eiern und wird von beiden Eltern für etwa 4 Wochen bebrütet.
Die Küken sind Nestflüchter und können sofort nach dem Schlüpfen schwimmen und nach etwa 6 Wochen aktiv tauchen. Interessant ist auch das Phänomen des “mobilen Nestes”: Die Jungen können bei längeren Exkursionen über das Wasser auf dem Rücken des Altvogels immer wieder ausruhen. Dies hindert den Altvogel allerdings keineswegs, nach Nahrung zu tauchen, so dass die unfreiwillig mittauchenden

Abb. 157: Balzende Haubentaucher: Haubentaucher zeigen ein eindrucksvolles Balzritual, welches sich aus zahlreichen, teilweise zwischen den Partnern gespiegelt ablaufenden ritualisierten Verhaltensweisen zusammensetzt

Jungvögel kurze Zeit später wie kleine Sektkorken nacheinander an der Wasseroberfläche erscheinen.

Nach etwa 70 bis 80 Tagen sind die Jungen selbständig.

Populationsdynamik

Nachdem gegen Ende des 20. Jahrhunderts die Bestände des Haubentauchers, wohl insbesondere wegen der zunehmenden Gewässereutrophierung, deutlich anstiegen, scheint es mittlerweile in vielen Regionen zu einer Stagnation oder sogar geringgradigen Rückgängen zu kommen. Ob die Gründe hierfür in der höheren Wasserqualität zahlreicher Gewässer liegen oder ob andere Gründe wie zunehmende Störungen, Verlust an Brutraum oder Prädation entscheidende Faktoren sind, ist derzeit noch weitgehend unklar.

Management

Die Bestandeserfassung ist beim Haubentaucher sowohl zur Brut- als auch zur Zugzeit schwierig, ersteres aufgrund der versteckten Lage der Nester in abgelegenen Gewässerbuchten mit dichter Ufervegetation, letzteres aufgrund der großräumigen Verteilung, die zur Folge hat, dass simultan an allen in Frage kommenden Gewässern einer Region gezählt werden muss.

Eine mögliche Gefährdung der Bestände sind die regelmäßigen Störungen im Brutrevier durch Badebetrieb und Wassersport, welche zur Brutzeit zu Störungen des Brutgeschäftes und auch zu einer Zunahme der Prädation führen können. Daher ist die Schaffung beruhigter Uferzonen eine der wichtigsten Schutzmaßnahmen für den Haubentaucher.

Mensch und Wildtier

Haubentaucher wurden in der Vergangenheit einerseits von der Modeindustrie genutzt (Brust- und Bauchgefieder wurden ähnlich wie Pelze verarbeitet), wobei die Nutzung keineswegs nachhaltig erfolgte.

In der Fisch- und Teichwirtschaft waren und sind Haubentaucher andererseits bis heute eher ungern gesehen, wobei das Schadenspotential sicher geringer ist als das der große Kolonien bildenden Kormorane.

Schließlich wurden Haubentaucher, wie oben erwähnt, aufgrund ihres eindrucksvollen Balzrituals zu einem Modellorganismus der Verhaltensbiologie und haben als solcher Eingang in zahlreiche Lehrbücher gefunden.

Rohrdommel

Botaurus stellaris

Länge: 69 bis 81 cm

Gewicht: ca. 700 (Weibchen) bis 2000 (Männchen) Gramm

Gelege: 3 bis 5 Eier

Brutzeit: April bis Juni

Systematik und Verbreitung

Die Rohrdommel, oft auch (zur Unterscheidung von der Zwergdommel) als Große Rohrdommel bezeichnet, gehört zur Familie der Reiher (Ardeidae) in der Ordnung der Schreitvögel (Ciconiiformes). Rohrdommeln brüten allerdings nicht in Kolonien, sondern einzeln auf dem Boden in großen Schilfbeständen.

Ihr Verbreitungsgebiet erstreckt sich über weite Teile Eurasiens und Afrikas. Neben der eurasischen Unterart *Botaurus stellaris stellaris* finden wir im südlichen Afrika die Unterart *Botaurus stellaris capensis*.

Rohrdommeln sind Teilzieher, d.h. sie bleiben den Winter über teilweise im Brutgebiet, solange die Witterungsverhältnisse das zulassen. Regional handelt es sich auch um Standvögel, die im Winter nicht (mehr) wegziehen. Überwinterungsgebiete finden sich im östlichen Mittelmeerraum, in Kleinasien, im südlichen und südöstlichen Asien sowie im zentralen und südlichen Afrika.

Lebensraum und Ökologie

Der typische Lebensraum der Rohrdommel sind die Uferregionen und Verlandungszonen der Gewässer, idealerweise mit flächigen Röhrichtbeständen. In den Schilfbeständen kann sich der Vogel mit seinem unscheinbar grauen Gefieder und der Pfahlstellung bei Gefahr (Tarnung durch sog. "Somatolyse") gut getarnt bewegen. Die Rohrdommel ist tag-, däm-

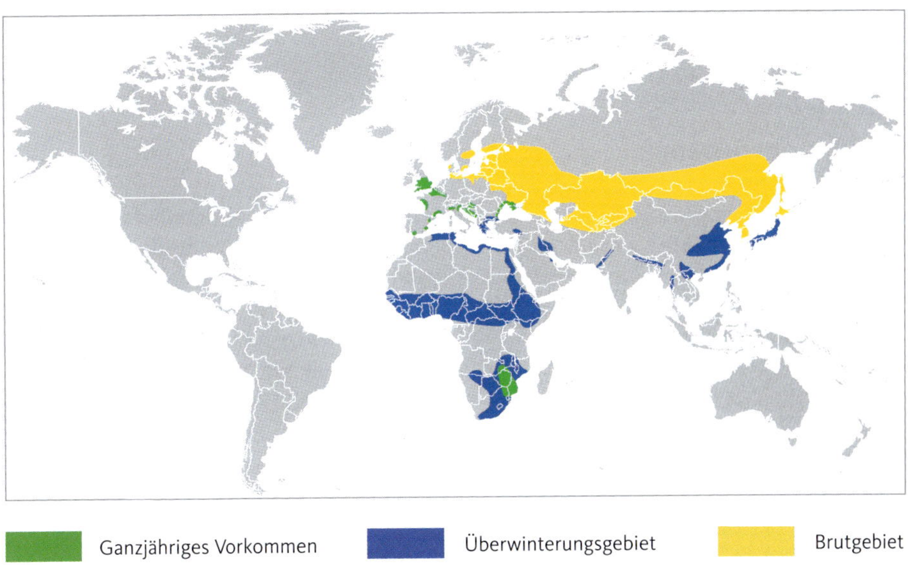

Abb. 158: Verbreitungsgebiet der Rohrdommel

merungs- sowie nachtaktiv und lebt mit Ausnahme der Fortpflanzungszeit oft in kleineren oder größeren Gruppen (vergl. BAUER *et al.* 2005, KUSHLAN & HANCOCK 2005).

Ernährung

Die Rohrdommel weist ein vergleichsweise breites Nahrungsspektrum auf. Dazu gehören kleine Fische (meist unter 10 cm Länge), Amphibien, Reptilien, Insekten, Weichtiere und auch kleine Säugetiere, vor allem Mäuse, ebenso wie kleine Vögel und die Gelege anderer Vögel. Die Nahrungssuche erfolgt tagsüber und in der Dämmerung.

Fortpflanzung

Rohrdommeln leben polygam, d.h. die männlichen Individuen verpaaren sich mit mehreren Weibchen. Sie sind zwar nicht an der Brut beteiligt, besetzen allerdings ein Brutterritorium, in dem mehrere Weibchen brüten.

Die eindrucksvolle Lautbalz ist ab März nachts und in der Dämmerung zu hören. Der Balzruf erinnert an das Brüllen von Rindern, daher auch der volkstümliche Name „Moorochse“ für die Rohrdommel.

Meist im April legt die Rohrdommel 3 bis 5 Eier in ein Bodennest, welche etwa 25 bis 26 Tage bebrütet werden.

Die Jungvögel sind Nesthocker (ungewöhnlich für eine polygame Art) und zeigen bereits nach einigen Tagen bei Bedrohung die typische Pfahlstellung mit nach oben gerichtetem Schnabel. Im Alter von 2 bis 5 Wochen verlassen die Jungvögel das Nest, mit 8 Wochen sind sie flügge und auch selbständig.

Populationsdynamik

Rohrdommeln haben insbesondere in der zweiten Hälfte des 20. Jahrhunderts durch massive Lebensraumverluste (Umwandlung von Mooren in Agrarland, Zerstörung und Verlust naturnaher Uferzonen, Grundwasserabsenkungen und Freizeitnutzung der Gewässer) deutliche Rückgänge der Bestände gezeigt.

Darüber hinaus zeigt die Rohrdommel in Mitteleuropa ausgeprägte Bestandesschwankungen infolge kalter Winter, welche in der Lage sind, lokale Vorkommen zum Verschwinden zu bringen (vergl. BEZZEL 1995, BAUER *et al.* 2005). In Deutschland gilt die Art als gefährdet.

Management

Die Rohrdommel unterliegt dem Schutz des Naturschutzrechts und gilt als gefährdet. Entscheidend für den Schutz ist es, die Lebensraumverluste so weit als möglich aufzuhalten und vor allem die Freizeitnutzung der Gewässer so weit einzuschränken, dass eine Störung während der Brutperiode vermieden wird.

Darüber hinaus sollte bereits zur Balzzeit nächtlicher Lärm möglichst vermieden werden, um die Lautbalz nicht zu beeinträchtigen. Dies gilt insbesondere für den Bau und den Betrieb von Infrastruktureinrichtungen wie Autobahnen, Eisenbahntrassen oder Flughäfen. Inwieweit Windenergieanlagen durch ihre Geräuschentwicklung die Art ebenfalls gefährden, ist derzeit eine offene Frage.

Mensch und Wildtier

Rohrdommeln sind den Menschen seit alters her aufgrund ihrer auffälligen Balz wohlbekannt. Vielfältige volkstümliche lokale Bezeichnungen (am bekanntesten ist sicher „Moorochse", aber auch „Wasserochse", „Riedochse" oder „Mooskuh") weisen auf die typischen Balzlaute des Nachts und in der Dämmerung hin.

Eine spezifische Nutzung der Art durch den Menschen, wie dies etwa beim Graureiher der Fall war, erfolgte allerdings nie. Heute treten Rohrdommeln tatsächlich vor allem als relevante Art in der umweltrechtlichen Begleitplanung größerer Infrastrukturprojekte in Erscheinung.

Zwergdommel

Ixobrychus minutus

Länge: 27 bis 37 cm

Gewicht: ca. 150 g

Gelege: 5 bis 6 Eier

Brutzeit: April bis Juli

Systematik und Verbreitung

Die Zwergdommel gehört zur Familie der Reiher (Ardeidae) und ist die kleinste mitteleuropäische Art dieser Familie. Auch Zwergdommeln brüten nicht in Kolonien, sondern einzeln im Schilf.

Ihr Verbreitungsgebiet erstreckt sich über große Teile Europas, des westlichen Asiens und des zentralen und südlichen Afrikas.

Eurasische Zwergdommeln ziehen zum Überwintern nach Afrika in das Niltal oder über die Sahara hinweg (vergl. auch Bauer *et al.* 2005, Kushlan & Hancock 2005).

Lebensraum und Ökologie

Der Lebensraum der Zwergdommel umfasst die Ufer- und Verlandungszonen größerer oder kleinerer Gewässer, Moorgebiete, Flussauen, aber auch anthropogene Habitate wie offengelassene Steinbrüche oder Ton- bzw. Kiesgruben. Hinreichend dichte Vegetation mit Schilfanteilen ist eine Voraussetzung für die Eignung als Bruthabitat.

Ernährung

Zwergdommeln ernähren sich von kleinen Fischen, Insekten und deren Larven, Amphibien, Reptilien, Weichtieren und vielleicht auch einmal einer Spitzmaus oder einem kleinen Vo-

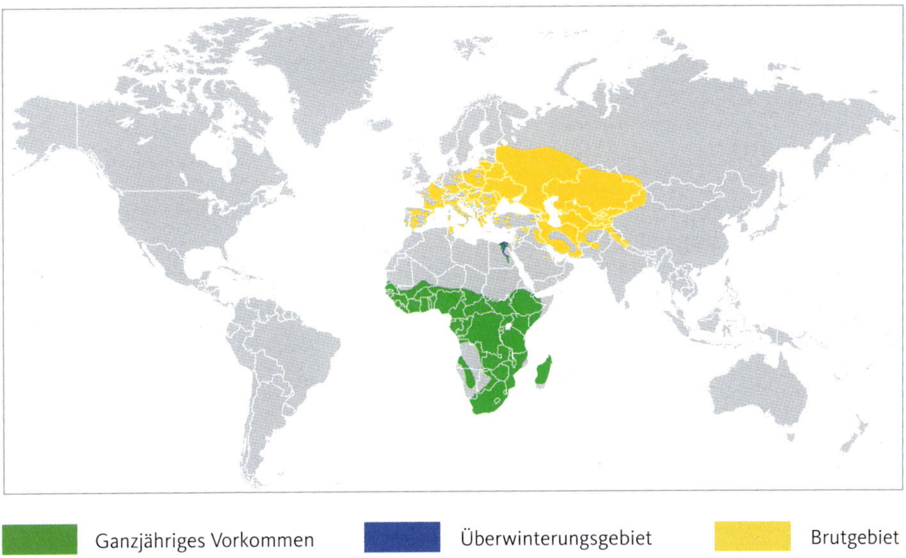

Abb. 159: Verbreitungsgebiet der Zwergdommel

gel. Sie erbeuten diese, indem sie in für Reiher typischer Weise entweder durch das Röhricht kletternd aktiv suchen oder quasi als Anstandsjäger reglos warten, bis sich in ihrer Umgebung etwas bewegt.

Fortpflanzung

Die Balz beginnt unmittelbar nach der Rückkehr aus dem Winterquartier im März oder April. Es handelt sich teils um eine nächtliche Lautbalz, wobei sich die Männchen zur Balzzeit auch tagsüber an prominenter Stelle im Schilf zeigen. Zwergdommeln leben monogam in Jahresehe. Meist im April wird ein Nest aus Pflanzenteilen dicht über dem Wasser im die Ufervegetation gebaut. Ende April oder Anfang Mai legt das Weibchen 5 bis 6 Eier, die etwa 19 Tage von beiden Eltern bebrütet werden.

Beide Eltern versorgen auch die Jungvögel im und um das Nest, bis diese mit ca. 4 bis 5 Wochen flügge und selbständig sind (vergl. auch BAUER *et al.* 2005, KUSHLAN & HANCOCK 2005).

Populationsdynamik

Ähnlich wie bei der Rohrdommel kam es insbesondere in der zweiten Hälfte des 20. Jahrhunderts zu Bestandesrückgängen aufgrund umfangreicher Lebensraumverluste. Auch die Zwergdommel unterliegt deutlichen, offenbar natürlichen Bestandesschwankungen. Während bei der Rohrdommel insbesondere kalte Winter dafür mitverantwortlich sind, kann dies für die Zwergdommel als obligatorischem Zugvogel definitiv nicht zutreffen. Die Gründe sind bislang unklar.

Management

Während die Zwergdommel weltweit nicht als gefährdet gilt, wird sie in Deutschland nach Naturschutzrecht als gefährdet eingestuft.

Ein wichtiger Ansatzpunkt für den Schutz der Art dürfte hierzulande die Einschränkung der Freizeitnutzung der Gewässer zu sein, so dass Störungen während der Brutperiode vermieden werden.

Graureiher

Ardea cinerea

Länge: 90 bis 98 cm

Gewicht: 1000 bis 2100 g

Gelege: 4 bis 5 Eier

Brutzeit: März-April

Systematik und Verbreitung

Der Graureiher gehört zur Familie der Reiher (Ardeidae) in der Ordnung der Schreitvögel (Ciconiiformes). Die Art findet sich in weiten Teilen Europas, Asiens und Afrikas. In Südostasien und Afrika tritt er als Standvogel auf, in den gemäßigten Breiten Europas und Asiens sind Graureiher ursprünglich Zugvögel, aus Europa etwa nach Südwesten in den Mittelmeerraum. Zunehmend ziehen sie aber nicht mehr weg, sondern verstreichen lediglich über geringere Entfernungen.

Einzelne Vögel wurden auch an der Ostküste Südamerikas beobachtet.

Lebensraum und Ökologie

Der typische Lebensraum des Graureihers sind Gewässer mit reichlich Fischbesatz und umfangreichen Flachwasserzonen. Dabei sind sie allerdings nicht wählerisch und kommen sowohl in der Umgebung von Bächen und Flüssen, Seen, Teichen und Tümpeln, aber auch an den Meeresküsten vor. Grundsätzlich handelt es sich um eine Art des Flachlandes und Hügellandes, allerdings finden wir den Graureiher lokal auch in deutlich höheren Lagen, so etwa in Armenien bis 2000 m über N.N. oder in Indien bis 4000 m (Kushlan & Hancock 2005).

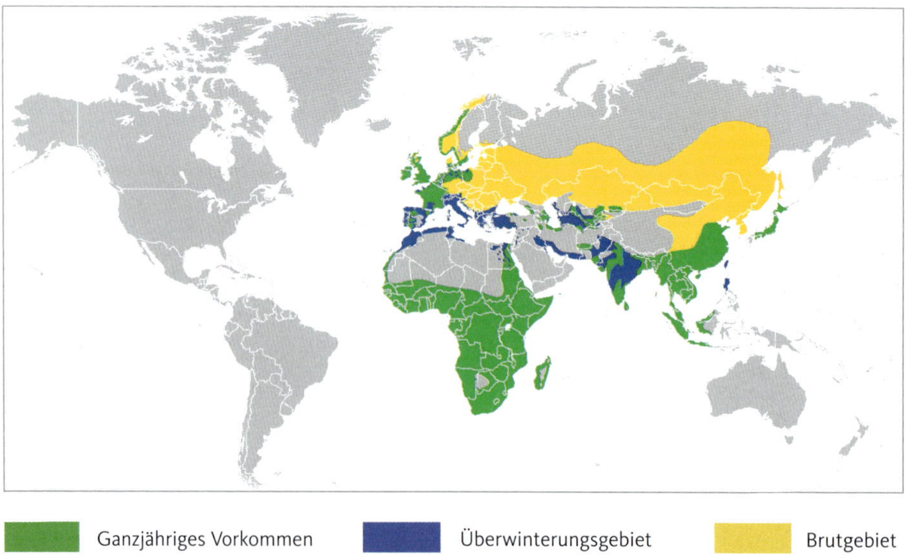

Abb. 160: Verbreitungsgebiet des Graureihers

Ernährung

Graureiher nutzen ein vergleichsweise breites Nahrungsspektrum. Die typische Beute sind Fische (meist zwischen 10 und 20 cm Länge), doch werden auch in signifikantem Ausmaß u.a. Amphibien, Reptilien, Insekten, Weichtiere und auch kleine Säugetiere, vor allem Mäuse, und kleine Vögel erbeutet.

Der Graureiher ist ein typischer Anstandsjäger, d.h. er kann lange nahezu reglos im Wasser stehen und warten, bis sich ein Beutetier nähert, das er dann mit dem spitzen Schnabel erbeutet. Etwa jeder zweite Versuch ist erfolgreich. Alternativ geschieht dies auch aus einer langsam schreitenden, suchenden Bewegung heraus. Der aufgrund einer spezifischen Morphologie der Halswirbel und der Muskulatur im Ruhezustand S-förmig gebogene Hals ist für diese Art der Jagd optimal geeignet.

Die Nahrungssuche erfolgt normalerweise alleine oder (bei guter Nahrungsbasis) in kleineren Gruppen, wobei jeder Reiher ein Nahrungsterritorium nutzt, welches er gegen Artgenossen teils heftig verteidigt (vergl. Bauer *et al.* 2005, Kushlan & Hancock 2005). Die täglich benötigte Nahrungsmenge beträgt etwa 100 bis 500 g Biomasse.

Fortpflanzung

Graureiher werden meist im zweiten Lebensjahr geschlechtsreif. Sie leben meist monogam, gelegentlich auch bigam oder polygam (polygyn) in Saisonehe. Die Nester werden typischerweise in Kolonien auf hohen Bäumen errichtet. Beide Partner sind am Nestbau beteiligt. Allerdings gibt es auch Reiherkolonien, die am Boden brüten. Evolutionsbiologisch geht man davon aus, dass sich die Eigenschaft als Baumbrüter erst sekundär entwickelt hat. Dafür sprechen auch die einfachen Nester aus Reisig.

Gegen mögliche Prädatoren werden Reiherkolonien heftig verteidigt, neben lauten Rufen und Schnabelhieben auf die Prädatoren werden auch Kotspritzer und Erbrochenes (man denke an den umgangssprachlichen Begriff „reihern“) eingesetzt.

Das Gelege umfasst 4 bis 5 Eier, welche etwa 25 bis 26 Tage bebrütet werden. Die Jungvögel werden von beiden Eltern gefüttert.

Die Brutkolonien befinden sich oftmals fern vom nächsten Gewässer. Nahrung und auch Wasser werden dann über große Entfernungen im Kehlsack zum Nest transportiert. Dabei kommunizieren Reiher auch intensiv untereinander, was beim Auffinden günstiger Nahrungsbiotope hilft.

Die Nestlingsphase dauert etwa 4 Wochen; während der ersten 2 Wochen werden die Jungvögel gehudert. Mit rund 50 Tagen sind die jungen Reiher flügge, bleiben aber noch etwa 3 Wochen im Umfeld des Nestes. Die Mortalität der jungen Reiher im ersten halben Jahr ist recht hoch, sie beträgt ca. 70 Prozent (vergl. Bauer *et al.* 2005, Kushlan & Hancock 2005).

Populationsdynamik

Der Graureiher ist die häufigste und verbreitetste Reiherart in Eurasien. Der europäische Bestand ist in der zweiten Hälfte des 20. Jahrhunderts deutlich angestiegen und das Verbreitungsgebiet hat sich ausgedehnt. Die Gründe hierfür sind letztlich nicht sicher bekannt. Angenommen werden vor allem eine Zunahme geeigneter Gewässer und zunehmend mildere Winter, welche einen Wegzug mit entsprechenden Risiken nicht mehr erforderlich machen. Auch ist eine gewisse Tendenz zur Urbanisation dieser Art zu beobachten. Der europäische Bestand wurde Anfang des 21. Jahrhunderts auf etwa 200 000 bis 300 000 Brutpaare geschätzt (vergl. auch BAUER *et al.* 2005, KUSHLAN & HANCOCK 2005).

Management

Graureiher unterliegen etwa in Deutschland grundsätzlich dem Jagdrecht. Einzelne Länder (etwa Nordrhein-Westfalen) haben die Art dem Naturschutzrecht unterstellt.

In den meisten Bundesländern hat der Graureiher aber keine reguläre Jagdzeit. Es werden zur Vergrämung in der Fischereiwirtschaft in einzelnen Ländern unterschiedliche Ausnahmen von der ganzjährigen Schonzeit ermöglich. Eine Bejagung findet daher nicht flächendeckend, sondern, wenn überhaupt, nur sehr lokal und im Sinne einer „Vergrämungsjagd" statt. Richtig durchgeführt, ist eine solche auch meist erfolgreich.

Mechanische Schutzmaßnahmen, etwa steil abfallende Ufer, Stolperdrähte entlang des Ufers oder Netze über den Teichen können durchaus erfolgreich sein, sind aber mit großem Aufwand verbunden bzw. (Netze) nur für kleine Teiche geeignet.

Repellente Maßnahmen wie das Abfeuern von Böllerschüssen in unregelmäßigen Abständen oder Klangattrappen mit Warnrufen (Ruf des Seeadlers, Angstruf des Graureihers, Fluchtruf der Jungvögel) zeigen sehr schnell Gewöhnungseffekte. Gleiches gilt für den Einsatz klassischer Vogelscheuchen oder künstlicher Reiherimitate (Territorialität im Nahrungsbiotop, s.o.).

Auch die Anlage von „Ersatzbiotopen" mit Fischbesatz im Umfeld von Teichanlagen hat sich nicht bewährt.

Welche Rolle in Zukunft der Waschbär für die Reiherkolonien spielen wird, ist eine offene Frage. Gerade als evolutiv vergleichsweise „junge" Baumbrüter sind Graureiher an einen aktiv kletternden Prädator nicht angepasst. Somit könnte sich hieraus ein nicht zu unterschätzendes Artenschutzproblem ergeben. Grundsätzlich sollte im Umfeld von Reiherkolonien der Waschbär intensiv bejagt werden.

Mensch und Wildtier

Graureiher werden auch als „Fischreiher" bezeichnet, was bereits auf das Schadenspotenzial in der Fischereiwirtschaft hinweist. Insbesondere in der Teichwirtschaft gibt es große Konflikte überall dort, wo vergleichsweise restriktive Bejagungsregeln oder der vollständige Schutz einen Eingriff in die Bestände erschwert. Das Image dieser Vogelart ist daher sowohl bei Sportfischern als auch bei Teichwirten eher negativ.

In Teichanlagen liegt das Problem auch in der „überoptimalen Reizsituation“, d.h. aufgrund der hohen Beutedichte werden Reiher bei der Jagd „nachlässig“: Viel mehr Fische, als letztlich gefressen werden, werden nur verletzt und gehen langsam zugrunde.

Abb. 161: Auch beim Graureiher sind seit einigen Jahrzehnten Tendenzen der Urbanisation zu beobachten.

Die Tendenz zur Urbanisation führt dazu, dass Graureiher auch von Besitzern von Gartenteichen mit (teilweise wertvollem) Zierfischbesatz zunehmend kritisch gesehen werden. Fälschlicherweise wird hier oft von einem Mensch-Wildtier-Konflikt gesprochen. Tatsächlich handelt es sich allerdings um einen sog. „conservation conflict“, also um einen Konflikt zwischen unterschiedlichen menschlichen Interessen.

Im 18. und 19. Jahrhundert genossen Graureiher als edles, der „hohen Jagd“ zugehöriges Wild, dessen Bejagung – oft als „Reiherbeize“ mit dem Greifvogel – dem Adel vorbehalten war, hohes Ansehen und den Schutz der Landesherren.

Lange Zeit hatten in Mitteleuropa Reiherfedern als Schmuckaccessoire große Bedeutung.
Kulinarisch war und ist der Graureiher, etwa in Gestalt einer richtig zubereiteten „Reiherbrust“, bis heute sehr beliebt.

Weißstorch

Ciconia ciconia

Länge: 80 bis 100 cm

Gewicht: 2,5 bis 4,5 kg

Gelege: 1 bis 8, meist 3 bis 5 Eier

Brutzeit: März bis August

Systematik und Verbreitung

Der Weißstorch gehört zur Familie der Störche (Ciconiidae) in der Ordnung der Schreitvögel (Ciconiiformes). Die Art ist in weiten Teilen Mittel- und Südeuropas, Nordafrikas, Klein- und Zentralasiens verbreitet. Es handelt sich um Zugvögel, welche im Winter weite Strecken nach Afrika (europäische und kleinasiatische Teilpopulationen) oder Indien (zentralasiatische Population (bzw. Teilpopulation, s.u.), die auch als eigene Unterart *Ciconia ciconia asiatica* angesehen wird) ziehen.

Lebensraum und Ökologie

Weißstörche sind seit alters her eng mit menschlichen Siedlungen verbunden und traditionell Bewohner der Kulturlandschaft. Sie haben von jahrtausendelanger, kleinteiliger und extensiver Landwirtschaft profitiert. Bevorzugter Lebensraum ist somit extensiv bewirtschaftetes oder brachliegendes Agrarland, mit kleineren Wäldern oder Feldgehölzen sowie Feuchtgebieten durchsetzt.

Europäische Weißstörche sind Transsaharazieher, welche den Winter im zentralen und südlichen Afrika verbringen. Als Segelflieger benötigen Störche auf dem Zug gute Thermik, so dass das Mittelmeer möglichst umflogen bzw. auf kürzestem Weg überflogen wird. Dementsprechend kennen wir seit Langem eine östliche und eine westliche Teilpopulation mit unterschiedlichen Zugrouten. Die östliche Teilpopulation zieht über den Bosporus weiter über Israel und den Sinai entlang des Nils über den Sudan bis nach Ost- und ins südliche

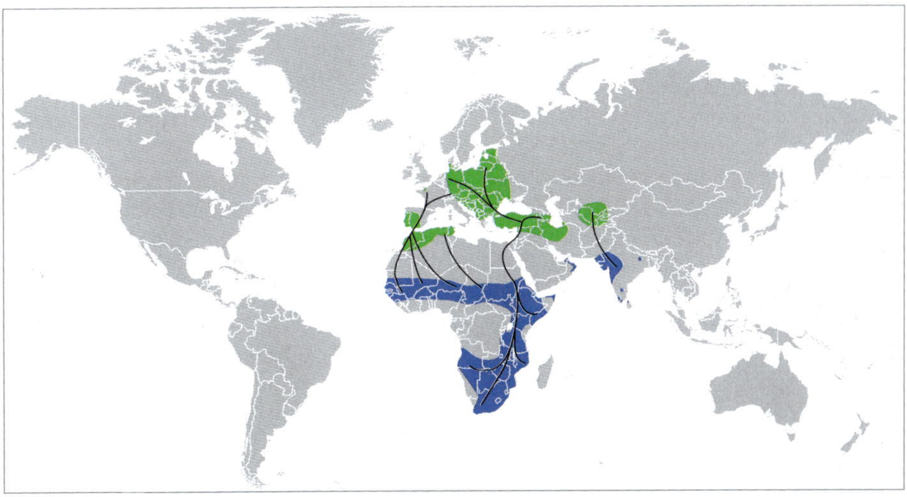

Brutgebiet — Überwinterungsgebiet — Zugroute

Abb. 162: Verbreitungsgebiet des Weißstorchs

Afrika. Die westliche Teilpopulation überquert das Mittelmeer bei Gibraltar und von dort aus nach Westafrika.

Die Zugscheide verläuft etwa vom Ijsselmeer über den Harz bis zum Alpennordrand, wobei es in Mitteleuropa durchaus zu Kontakten der beiden (Teil-)Populationen kommt. Daher sprechen wir aus populationsökologischer Sicht auch von Teilpopulationen und nicht von Populationen. Auch sind die Zugrouten nicht so klar separiert; beispielsweise fliegen einige Störche auch über Italien.

Die Störche aus Westafrika kehren im Übrigen etwas früher nach Europa zurück. Einige Störche, vor allem Jungtiere, bleiben auch etwa in Spanien und überwintern dort (vergl. Müller 1985, Elliott 1992, Bauer *et al.* 2005, Kaatz *et al.* 2017).

Ernährung

Störche besitzen wie die meisten Schreitvögel ein vergleichsweise breites Nahrungsspektrum. Die typische Beute sind Amphibien, Reptilien, größere Insekten, Weichtiere und kleine Säugetiere, vor allem Mäuse oder Maulwürfe, aber auch junge Hasen oder Nestlinge von Bodenbrütern. Gerne folgen Weißstörche landwirtschaftlichen Maschinen oder bewegen sich vor oder hinter der Feuerlinie bei flächigen Bränden.

Der Beuteerwerb erfolgt meist schreitend und aufsammelnd, aber gelegentlich auch lauernd als Anstandsjäger. Der Tagesbedarf liegt bei etwa 500 g Biomasse (vergl. Müller 1985, Elliott 1992, Bauer *et al.* 2005, Kaatz *et al.* 2017).

Fortpflanzung

Weißstörche werden im Alter von etwa 4 Jahren geschlechtsreif. Sie leben in der Regel lebenslang monogam. Zwischen Februar (gelegentlich auch schon früher) und April treffen die Störche aus dem Winterquartier ein.

Von Natur aus brüten Weißstörche auf Bäumen oder Felsen. In der Zivilisationslandschaft sind Hausdächer oder allgemein Schornsteine oder andere säulenförmige Bauwerke ein typischer Horstplatz. Der männliche Storch wählt diesen in Abhängigkeit von der Nahrungsverfügbarkeit in der Umgebung (Umkreis mehrere Kilometer) aus. Ist diese hinreichend hoch, finden sich auch größere Kolonien von Störchen zusammen. Ein Storchenhorst wird jedes Jahr erneut genutzt und weiter ausgebaut.

Das Gelege besteht aus meist 3 bis 5 Eiern, welche von beiden Eltern für 4 bis 5 Wochen bebrütet wird.

Die jungen Störche sind Nesthocker mit einer Nestlingszeit von etwa 8 bis 10 Wochen. Etwa 1 bis 3 Wochen später sind die Jungstörche selbständig (vergl. Müller 1985, Elliott 1992, Bauer *et al.* 2005, Kaatz *et al.* 2017).

Populationsdynamik

Während der Bestand der Weißstörche vor allem seit Mitte des 20. Jahrhunderts insbesondere im Westen Deutschlands zunächst deutlich rückläufig war, stieg dieser seit den 1980er Jahren wieder an und zahlreiche Gebiete, in denen der Weißstorch verschwunden war, wurden wiederbesiedelt. Rückgangsursachen waren vor allem der Lebensraumverlust, insbesondere der Verlust an Feuchtgebieten (z. B. durch sog. „Flurbereinigung"), die Umwandlung von Grünland in Ackerland und der zunehmende Pestizideinsatz. Im Jahre 1934 fand eine erste umfassende Bestandesaufnahme statt, für das Gebiet der heutigen Bundesrepublik Deutschland ergab diese etwa 9000 Storchenpaare. Der Tiefststand in dieser Region wurde in den 1980er Jahren mit knapp 3000 Paaren erreicht, Anfang der 2000er Jahre waren es wieder rund 4500 Paare. Allerdings scheint der Zuwachs der Vorkommen in Mitteldeutschland teilweise auch auf Zuwanderungen aus Osteuropa zurückzuführen sein (vergl. SCHIMKAT 2004).

Abb. 163: Weißstorchhorst auf Nisthilfe.

Management

Kaum eine der vom Menschen nicht oder zumindest nicht-konsumtiv genutzten Vogelarten unterliegt einem so intensiven Management wie der Weißstorch.

So wurden Störche bereits seit Beginn der Vogelzugforschung im 19. Jahrhundert regelmäßig beringt und auf diese Weise die Überwinterungslebensräume und Zugrouten aufgeklärt. Regelmäßige Storchenzählungen seit 1934 führten zu einer hervorragenden Datenbasis über die Abundanzen dieser Vogelart.

Während der Zeit niedriger Bestände im 20. Jahrhundert wurde immer wieder versucht, handaufgezogene Störche wieder anzusiedeln, was allerdings auch zu verschiedenen futterzahmen Beständen führt, welche – teilweise in Tierparks und zoologischen Gärten – im Winter nicht mehr wegziehen.

Im Übrigen hat sich das Anbringen von Nisthilfen in Form entsprechend vorbereiteter Plattformen (früher nutzte man dazu gerne hölzerne Wagenräder) bewährt, wenngleich ein Mangel an Nistgelegenheiten meist nicht den begrenzenden Faktor der lokalen Weißstorchvorkommen darstellt.

Mensch und Wildtier

Abb. 164: Lettische 2-€-Münze mit Abbildung eines Weißstorches

Seit alters her werden Weißstörche von den Menschen als etwas Besonderes verehrt. Die Gründe dafür sind sicher vielfältig. Störche sind Frühjahrsboten, die bereits seit Langem mit Menschen zwar nicht unter einem Dach, aber immerhin auf deren Dach leben. Sie leben monogam, betreiben eine intensive Brutpflege und ihre weiße Gefiederfarbe wurde bzw. wird bis heute bei vielen Menschen als positiv wahrgenommen (etwa im Gegensatz zum Schwarz vieler Rabenvögel).

Somit kommen Weißstörchen in der regionalen Mystik und Folklore die unterschiedlichsten Rollen zu. Glücksbringer, Überbringer der Kinder oder zumindest Indikator für eine Schwangerschaft, Lieferant der Ostereier oder Symbol für Unverletzlichkeit sind nur einige davon.
Dementsprechend ist das Motiv des Weißstorches vor allem in Eurasien, aber mittlerweile auch in anderen Regionen der Erde, außerordentlich weit verbreitet.

Schwarzstorch

Ciconia nigra

Länge: 90 bis 105 cm

Gewicht: 2,5 bis 3 kg

Gelege: 3 bis 7, meist 4 Eier

Brutzeit: April bis Juni

Systematik und Verbreitung

Der Schwarzstorch ist die zweite einheimische Storchenart der Gattung *Ciconia*. Er gehört zu den Schreitvögeln. Gelegentlich wird von Hybriden zwischen Weiß- und Schwarzstorch berichtet, doch es ist unklar, ob diese fertil sind.

Die Art findet sich in weiten Teilen Eurasiens als Zug- und im Süden der Iberischen Halbinsel und im südlichen Afrika als Jahresvogel. Die Überwinterungsgebiete liegen in Afrika südlich der Sahara sowie im Süden und Südosten Asiens.

Lebensraum und Ökologie

Schwarzstörche sind Waldbewohner und bevorzugen hier ältere, strukturreiche Laub- und Mischwälder mit Offenanteilen (idealerweise Feuchtwiesen) und Gewässern. Menschliche Siedlungen werden eher gemieden und Schwarzstorchhorste auf Gebäuden sind eine seltene Ausnahme.

Ernährung

Das Nahrungsspektrum umfasst Amphibien, größere Insekten, Weichtiere, vor allem aber auch Fische (vor allem Forellen) und Rundmäuler. Der Anteil an Reptilien und vermutlich auch Säugetieren ist geringer als beim Weißstorch. Zusätzlich wird ein gewisser Anteil an

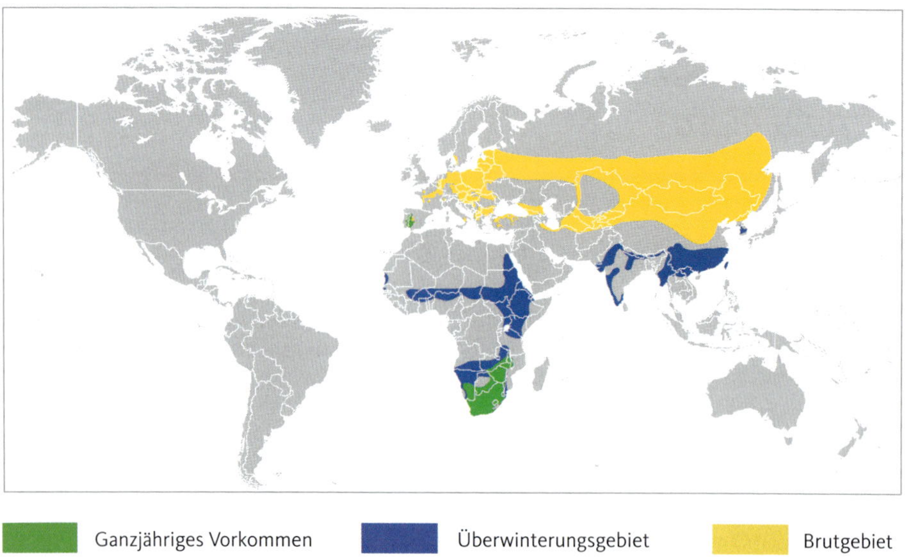

Abb. 165: Verbreitungsgebiet des Schwarzstorchs

pflanzlicher Nahrung, insbesondere Wasserpflanzen, aufgenommen (vergl. auch Jansen *et al.* 2004).

Fortpflanzung

Die Geschlechtsreife setzt bei Schwarzstörchen meist ab dem dritten Lebensjahr ein, im vierten Jahr brüten sie dann zum ersten Mal.

Grundsätzlich führen sie eine Saisonehe und sind monogam. Allerdings sind beide Partner in hohem Maße an ihren Brutplatz gebunden, so dass sich oftmals beide Partner über Jahre immer wieder zusammenfinden.

Derjenige Partner, der zuerst vom Zug zurückkehrt, beginnt mit Horstbau- bzw. Ausbesserungsarbeiten. Oft ist dies der männliche Vogel.

Als Horstbaum werden gerne Eichen, Buchen, aber auch Erlen oder Eschen gewählt. Gelegentlich horsten Schwarzstörche auch auf Felsvorsprüngen.

Neben dem aktuell genutzten Horst werden gelegentlich ein oder mehrere Ausweichhorste angelegt.

Die Störchin beginnt in Mitteleuropa meist im April mit der Anlage des Geleges. Dieses besteht meist aus 4 Eiern. Bei Verlust kann ein (kleineres) Nachgelege erfolgen. Die Brutdauer beträgt ca. 5 Wochen, beide Partner brüten. Die Jungstörche werden für etwa 3 bis 4 Wochen intensiv betreut, mit 3 Wochen können sie sich auf dem Nest stehend aufrichten. Anfangs füttert der männliche Storch, nach 2 bis 3 Wochen beide Partner.

Im Alter von 8 bis 10 Wochen sind die Jungstörche flügge. Sie bleiben noch einige Wochen im Umfeld des Horstes und der Eltern und ziehen dann meist vor den Eltern in Richtung Winterquartier.

Populationsdynamik

Seit Ende des 20. und Beginn des 21. Jahrhunderts nehmen Schwarzstörche zumindest in Mitteleuropa in ihrem Bestand wieder zu, nachdem in der 2. Hälfte des 20. Jahrhunderts ein Bestandesminimum beobachtet wurde. In Deutschland hat sich die Zahl der Brutpaare seitdem zumindest verzehnfacht. Dennoch ist der Schwarzstorch immer noch selten, wir können heute von vielleicht knapp 1000 Brutpaaren ausgehen (vergl. auch Jansen *et al.* 2004).

Management

Insgesamt gilt der Schwarzstorch europaweit als nicht gefährdet. Als seltene Art besteht allerdings immer das Risiko, dass ein lokales Vorkommen erlischt, dass ein Horst aufgegeben wird und des lange dauern kann, bis diese Region wieder besiedelt wird.

Schwarzstörche bzw. ihre Horstplätze sind aufgrund ihrer eher verborgenen Lebensweise oft lange unbekannt. Bekannte Horste müssen während der Brutzeit vor menschlichen Störungen, insbesondere durch Tierfotografen, geschützt werden. Auch jagdliche und forstliche Maßnahmen sollten im Umfeld der Horste unterbleiben.

Bedrohungen ergeben sich heute aus zwei Richtungen: Zum einen besteht das Risiko, dass Windkraftanlagen im Umfeld von Wäldern oder sogar im Wald selbst einerseits einen Störfaktor bilden, andererseits zur Bedrohung für die Störche selbst werden. Dies gilt selbstverständlich auch für Wälder, in denen der Schwarzstorch noch nicht brütet, die aber geeignete Lebensräume darstellen. Diese Flächen werden in der (ohnehin minimalen) umweltrechtlichen Begleitplanung derartiger Anlagen meist nicht berücksichtigt.

Eine zweite Gefährdungsursache stellt ganz aktuell die zunehmende Waschbärenpopulation in Deutschland dar. An Waschbären als aktiv kletternde Prädatoren sind Schwarzstörche evolutiv nicht angepasst. Über das Ausmaß dieser Gefährdung herrscht derzeit noch weitgehend Unkenntnis. Eine intensive Waschbärenbejagung erscheint daher im Umfeld von Schwarzstorchhorsten und auch in Gebieten, in denen eine Ansiedlung erwartet wird, dringend erforderlich. Manschetten aus Kunststoff oder Metall an den Horstbäumen könnten ebenfalls eine Lösung darstellen.

Mensch und Wildtier

Wenngleich dem Schwarzstorch nie das Maß an Aufmerksamkeit zuteilwurde wie dem Weißstorch, so finden wir doch seit Jahrtausenden Hinweise auf ein großes Interesse der Menschen für diese Art. So wird der Schwarzstorch in der nordischen Mythologie mit dem Gott Odin in Verbindung gebracht (bekannter ist in diesem Kontext der Kolkrabe).

Schwarzstörche gelten auch, im Gegensatz zum Weißstorch, in einigen Regionen Südosteuropas als Unglücksbringer (vergl. Jansen *et al.* 2004).

Heute gilt der Schwarzstorch, auch wenn er definitiv nicht zu den gefährdetsten Vogelarten des Waldes gehört, auch als Symbol des Widerstandes gegen die Industrialisierung der Landschaft, insbesondere durch Windkraftanlagen.

Fischadler

Pandion haliaetus

Länge: 50 bis 66 cm

Gewicht: 1,1 bis 2.1 kg (weibliche Adler sind größer)

Gelege: 2 bis 3 (selten 1 oder 4) Eier

Brutzeit: April bis Juli

Systematik und Verbreitung

Der Fischadler bildet in der Ordnung der Greifvögel (Accipitriformes) eine eigene Familie, die Pandionidae. Er gehört also nicht wie andere Adler zu den Habichtartigen (Accipitridae).

Fischadler sind mit wenigen Ausnahmen, etwa der Polarregion, größeren Wüstenregionen oder dem Inneren Australiens, praktisch weltweit verbreitet. Das Hauptvorkommen in Deutschland liegt in Norddeutschland.

Die Art wird in mehrere Unterarten eingeteilt. Einige Autoren vertreten die Ansicht, dass diese Unterarten aufgrund ihrer genetischen Distanzen den Status einer eigenen Art aufweisen (WINK *et al.* 2004). Aus biologischer und damit auch aus naturschutzfachlicher Sicht ist eine Art allerdings nicht über molekulare Phänotypen definiert und damit sind derartige Schlussfolgerungen weder für die Systematik der Art noch für den praktischen Artenschutz zielführend.

Lebensraum und Ökologie

Fischadler leben im Umfeld klarer, möglichst nicht zu tiefer, größerer Gewässer, die einen hinreichenden Fischbesatz aufweisen. Fischadler sind aufgrund ihrer engen Bindung an Fische als Nahrung hinsichtlich ihres Zugverhaltens sehr anpassungsfähig. Das Spektrum reicht, je nach geographischer Region, vom Standvogel bis zum Langstreckenzieher. Die

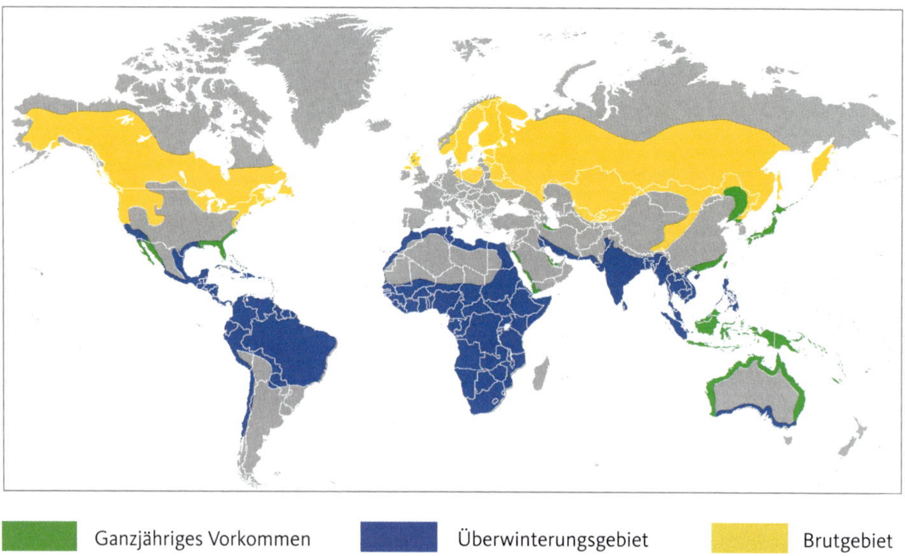

Abb. 166: Verbreitungsgebiet des Fischadlers

mitteleuropäischen Fischadler sind typischerweise Transsaharazieher, überwintern allerdings gelegentlich auch rund um das Mittelmeer.

Beim Zug sind Fischadler nicht wie etwa Störche auf eine entsprechende Thermik angewiesen, so dass etwa das Mittelmeer oder auch große Wüsten einfacher, auf breiter Front – und ohne auf spezifische Zugrouten angewiesen zu sein – überquert werden können.

Ab etwa August beginnen die Vögel in Mitteleuropa wegzuziehen, durchziehende Tiere aus nördlicheren Gebieten kommen hier bis in den November vor. Der Frühjahrszug gestaltet sich so, dass die meisten Vögel zwischen Ende März und Mitte April wieder an ihren Brutplätzen eintreffen (vergl. auch Glutz von Blotzheim *et al.* 1989, Mebs & Schmidt 2006).

Ernährung

Fischadler ernähren sich fast ausschließlich von Fischen. Um diese zu erbeuten, stoßen sie aus kreisendem oder rüttelndem Flug in etwa 10 bis 30 m Höhe (gelegentlich auch von einer Ansitzwarte aus) im Sturzflug auf das Wasser, tauchen bis in ca. 1 bis 2 Meter Tiefe ins Wasser ein, binden den Fisch mit den Fängen und rudern mit den Schwingen wieder an die Wasseroberfläche, um sich von dieser mitsamt der Beute wieder zu erheben (oder, selten, wenn die Beute zu schwer ist, auch an Land zu rudern). Eine auffällige Anpassung an diese Form des Beuteerwerbs sind die kräftigen Fänge mit langen, gekrümmten Krallen und der sog. "Wendezehe", also einer nach hinten bewegbaren, äußeren Zehe, welche dazu dient, den Fisch besser greifen zu können. Von Praktikern wird immer wieder von gelegentlichen Unfällen berichtet, bei denen ein zu großer Fisch angejagt wurde, von dem sich der Vogel nicht schnell genug lösen konnte und dann unter Wasser gezogen wurde und ertrank. Dabei dürfte es sich allerdings um extrem seltene Ereignisse handeln.

Die erbeuteten Fische haben meist ein Gewicht zwischen 100 und 300 Gramm. Selten werden auch Amphibien, Reptilien, Krebse oder kleinere Säugetiere oder Vögel erbeutet (vergl. auch Glutz von Blotzheim *et al.* 1989, Mebs & Schmidt 2006).

Fortpflanzung

Die Geschlechtsreife erreichen Fischadler im Alter von knapp zwei Jahren. Sie leben monogam in Saisonehe. Allerdings kehren die Partner regelmäßig zu ihrem angestammten Brutplatz zurück, so dass sich die Partner nicht selten über mehrere Jahre immer wieder miteinander verpaaren (Schmidt & Wahl 2001, Mebs & Schmidt 2006). Die Paarung erfolgt nach der Rückkehr aus dem Winterquartier, je nach Region und Witterung in der Zeit von März bis Juni.

Fischadler brüten einzeln oder anscheinend gelegentlich auch in Kolonien. Das unmittelbare Horstumfeld wird allerdings im Sinne eines Territoriums gegen Artgenossen verteidigt. Der Horst findet sich typischerweise auf hohen Bäumen oder auf anthropogenen Bauwerken, typischerweise Hochspannungsmasten. Je nach Lebensraum finden sich Horste auch auf Felsklippen oder auf dem Boden. Im April/Mai werden typischerweise 2 bis 3 Eier gelegt. Die Brutdauer beträgt 38 bis 41 Tage. Nach 50 bis 55 Tagen Nestlingszeit sind die Jungen flügge (vergl. auch GLUTZ VON BLOTZHEIM *et al.* 1989, MÄDLOW & BOSCHERT 2003, MAMMEN & STUBBE 2005, MEBS & SCHMIDT 2006).

Populationsdynamik

Die Bestände des Fischadlers waren in der Vergangenheit vor allem durch das Insektizid DDT (Dichlordiphenyltrichlorethan) deutlich zurückgegangen. Mit dem Verbot des landwirtschaftlichen Einsatzes des DDT erholten sich die Bestände deutlich und heute gilt der Fischadler weltweit nicht mehr als gefährdet. In Deutschland liegt die Hauptverbreitung immer noch im Norden und Nordosten, daher gilt die Art hierzulande noch als gefährdet. Die Besiedlung weiterer Regionen erfolgt derzeit allerdings recht zügig (vergl. auch GLUTZ VON BLOTZHEIM *et al.* 1989, MÄDLOW & BOSCHERT 2003, MAMMEN & STUBBE 2005, MEBS & SCHMIDT 2006).

Management

Der Schutz durch das Jagdgesetz (ganzjährige Schonzeit) und die Vermeidung von Störungen an den Horstplätzen stellen heute nach wie vor die wichtigsten Managementmaßnahmen dar. Das Belassen einzelner hoher Bäume im Umfeld geeigneter Gewässer kann auch dazu beitragen, dass sich Brutpaare ansiedeln.

Darüber hinaus nimmt der Fischadler Nisthilfen auf hohen Bäumen oder menschlichen Bauwerken (z.B. Hochspannungsmasten) an. Wenn diese nicht gleich vom Fischadler angenommen werden, so kann auch der Weißstorch von diesen profitieren.

Mensch und Wildtier

Fischadler wurden bis ins späte 19. und frühe 20. Jahrhundert vom Menschen, insbesondere aufgrund möglicher Schäden in der Fischereiwirtschaft, intensiv verfolgt. Bald, nachdem ein wirksamer Schutz durch die Naturschutz- und Jagdgesetzgebung in den 1920er und 1930er erfolgte, zeigte sich ein neues Problem. Mitte des 20. Jahrhunderts erlitt der Fischadler aufgrund der Spezialisierung auf Fische als Nahrung („verkürzte" Nahrungskette) große Verluste durch die Aufnahme von DDT-Rückständen mit der Nahrung. Dadurch wurde der Bruterfolg massiv reduziert und die Art verschwand in weiten Teilen Deutschlands bis auf einige Restvorkommen in Nord- und Nordostdeutschland und in der Oberpfalz.

Mittlerweile erholen sich die Bestände langsam, und die meisten Menschen stehen dem Fischadler ausgesprochen positiv gegenüber. In der Fischereiwirtschaft bestehen derzeit eher Probleme mit anderen Arten (Kormoran, Fischotter), so dass zu hoffen ist, dass Fischadler auch von dieser Seite in Zukunft ein hohes Maß an Akzeptanz finden können.

Bartgeier

Gypaetus barbatus

Länge: 94 bis 125 cm

Gewicht: 4,5 bis 7 kg

Gelege: 2 Eier

Brutzeit: Dezember bis März

Systematik und Verbreitung

Der Bartgeier gehört zur Familie der Habichtartigen (Accipitridae) und stellt die einzige Art der Gattung *Gypaetus* dar.

Die Art war ursprünglich über weite Teile Europas, Nord- und Westafrikas und Asiens verbreitet. In vielen Regionen sind Bartgeier heute ausgestorben.

Lebensraum und Ökologie

Bartgeier besiedeln montane bis alpine Regionen, typischerweise oberhalb der Baumgrenze, wo sie die Thermik der Felslandschaften ausnutzen und Felsen auch zur Aufbereitung ihrer Nahrung (siehe unten) verwenden.

Gleichzeitig muss im Lebensraum eine gewisse Menge an größeren Tierkadavern regelmäßig anfallen. Daher sind entweder große Prädatoren oder ein anthropogener (Bejagung, Beweidung) Anfall an Kadavern wichtig.

In Europa leben Bartgeier etwa zwischen 1500 und 3000 Metern über N.N., in Zentralasien können sie bis weit über 7000 Meter Höhe vorkommen, während in Afrika schon ab wenigen 100 Metern Seehöhe Bartgeierlebensräume existieren.

Bartgeier sind Standvögel, welche das ganze Jahr in ihrem Brutrevier verbleiben, wobei sich das Streifgebiet im Winter vergrößert. Sie leben nicht im eigentlichen Sinne territorial, verteidigen aber während der Brutzeit das unmittelbare Horstumfeld gegen Artgenossen und andere Greifvögel (vergl. auch Génsbol & Thiede 2004, Baumgartner *et al.* 2021).

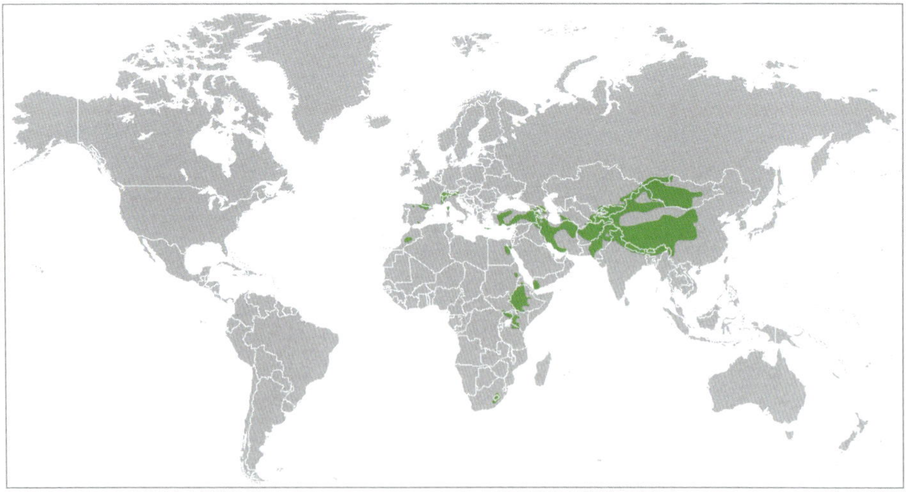

Abb. 167: Aktuelles Verbreitungsgebiet des Bartgeiers

Ernährung

Bartgeier ernähren sich hauptsächlich von Aas, wobei die Knochen der Beutetiere eine wichtige Rolle spielen.

Zur Setzzeit der Jungtiere suchen Bartgeier auch Nutztierherden oder Gruppen sozial lebender wilder Huftiere auf und fressen dort etwa die Plazenten oder totgeborene bzw. nicht lebensfähige Jungtiere.

Regelmäßiges aktives Erbeuten lebender Tiere ist in der wissenschaftlichen Literatur nicht belegt, auch wenn die volkstümliche Bezeichnung „Lämmergeier“ dies nahelegt.

Bartgeier sind in der Lage, auch die Knochen ihrer Beutetiere zu nutzen; diese bilden sogar einen wesentlichen Nahrungsbestandteil bei erwachsenen Individuen. Der niedrige pH-Wert im Magen ermöglicht deren vollständigen Aufschluss. Wir gehen von einem Tagesbedarf von etwa 250 bis 400 Gramm Knochen beim erwachsenen Vogel aus, während Jungvögel einen höheren Anteil an Fleischnahrung benötigen.

Große, sperrige Knochen werden aus hohem Flug auf felsigen Untergrund fallengelassen, um diese zu zerkleinern (sog. Knochenschmieden). Der hohe Knochenanteil in der Nahrung führt auch zu einem hohen Wasserbedarf (vergl. GÉNSBOL & THIEDE 2004, BAUMGARTNER *et al.* 2021).

Fortpflanzung

Bartgeier leben lebenslang monogam und werden im Alter von etwa 5 bis 7 Jahren geschlechtsreif.

Der Horst wird in Nischen oder auf geschützten Felsvorsprüngen angelegt und über viele Jahre genutzt. Währenddessen kann er einen Durchmesser von rund 3 und eine Höhe von rund 2 Metern erreichen.

Die Balzzeit ist im November/Dezember, das Gelege besteht aus 2 Eiern und wird im Dezember/Januar angelegt. Beide Partner brüten.

Die Brutdauer beträgt etwa 52 bis 58 Tage, die meisten Jungvögel schlüpfen im März. Der zuerst geschlüpfte Jungvogel überlebt meist, während der zweite oft aufgrund der Vernachlässigung durch die Eltern an Nahrungsmangel zugrunde geht, gelegentlich auch vom älteren Geschwister aktiv getötet wird (Kainismus).

Die Nestlingszeit beträgt rund vier Monate. Die Jungvögel tragen ihr erstes Jugendkleid und streifen über größere Strecken umher. Aufgrund ihres Jugendkleides werden sie in den Territorien und auch an der Beute anderer Bartgeier geduldet. Erst nach mehrmaliger Mauser tragen Bartgeier ihr endgültiges Alterskleid mit etwa 5 Jahren (vergl. GÉNSBOL & THIEDE 2004, BAUMGARTNER *et al.* 2021).

Populationsdynamik

Seit dem späten 19. Jahrhundert sind Bartgeier in Deutschland weitgehend verschwunden. Die Ursachen dafür lagen im Wesentlichen in der zunehmenden Besiedlung des Alpenraumes und dementsprechend auch im Rückgang großer Huftiere ebenso wie großer Prädatoren insbesondere seit Mitte des 19. Jahrhunderts. Daneben war sowohl die direkte Verfolgung durch den Menschen, aber auch der (legale oder illegale) Einsatz von Gift zur Reduktion von Prädatoren signifikant am Rückgang dieses Greifvogels beteiligt.

Verschiedene Wiederansiedlungsprojekte haben die Wiederbesiedelung des Alpenraumes durch Bartgeier zum Ziel.

Management

Die wichtigste Managementmaßnahme stellt derzeit die Wiederansiedlung dar. Seit der zweiten Hälfte des 20. Jahrhunderts hatten sich die freilebenden Huftierbestände so weit erholt, dass eine Wiederansiedlung in Erwägung gezogen werden konnte.

Wichtige und erfolgreiche Wiederansiedlungsprojekte gab es in der Folge im Nationalpark Hohe Tauern, im Schweizerischen Nationalpark, in den französischen Nationalparken Mercantour und Vanoise sowie am Stilfser Joch und in den italienischen Seealpen. Diese gründeten sich auf die Freisetzung in menschlicher Obhut gezüchteter Individuen.

Seit 2021 werden auch in Deutschland, im Nationalpark Berchtesgaden, Bartgeier ausgewildert (vergl. auch BAUMGARTNER *et al.* 2021).

Ein Problem könnte dabei gerade in Deutschland die intensive Huftierbejagung werden, welche selbst im Nationalpark aus (sachfremden) forstlichen Erwägungen heraus erfolgt und zu einer Reduktion der Nahrungsbasis führt.

Mensch und Wildtier

Das Verhältnis von Mensch und Bartgeier war über Jahrhunderte geprägt von Missverständnissen. Die bereits erwähnte Bezeichnung „Lämmergeier" weist darauf hin, dass man davon ausging, dass diese Greifvogelart nicht nur Placenten oder totgeborene Lämmer nutzt, sondern auch aktiv Lämmer erbeutet. Darüber hinaus gibt es sogar – nicht belegte – Erzählungen, dass Säuglinge vom Bartgeier „geraubt" worden seien.

Auf diese Weise geriet der Bartgeier in einen negativen Ruf, welcher seine Ausrottung sicher beförderte. Teilweise wurden sogar Prämien auf die Tötung von Bartgeiern oder die Zerstörung der Horste ausgesetzt (vergl. auch HOFRICHTER 2005).

Heute gelten die Wiederansiedlungserfolge als positive Nachrichten hinsichtlich einer wieder größeren Artenvielfalt im Alpenraum und der Bartgeier ist auf dem besten Weg, eine Flaggschiffart im Naturschutz zu werden.

Wespenbussard

Pernis apivorus

Länge: 52 bis 60 cm

Gewicht: 360 bis 1050 g, weibliche Vögel sind schwerer als männliche

Gelege: 2 (selten 1 oder 3) Eier

Brutzeit: Mai bis Juli

Systematik und Verbreitung

Der Wespenbussard gehört zur Familie der Habichtartigen (Accipitridae).

Seine Brutgebiete finden sich in großen Teilen Europas und im Südwesten Sibiriens. Es handelt sich um einen obligatorischen Zugvogel (Transsaharazieher), der den Winter im südlichen Afrika verbringt.

Lebensraum und Ökologie

Der Wespenbussard bewohnt im Brutgebiet lichte Wälder oder Waldränder, gerne auch mit Waldwiesen oder Feuchtgebieten. Die Verbreitung erstreckt sich vom Flachland bis in die montane Stufe, in den Alpen bis etwa 1500 m über N.N.

Ernährung

Wie der Name bereits andeutet, besteht die Nahrung des Wespenbussards hauptsächlich aus Insekten, darunter ein durchaus hoher Anteil an der Brut von bodenlebenden Hautflüglern, insbesondere Wespen, Bienen oder Hummeln. Daneben spielen Amphibien und Reptilien, aber auch etwa Jungvögel eine gewisse Rolle.

Die Anpassung an die wehrhaften Insekten besteht beispielsweise aus Hornschuppen auf den Fängen und an der Schnabelwurzel, sodass diese sonst empfindlichen Stellen gut

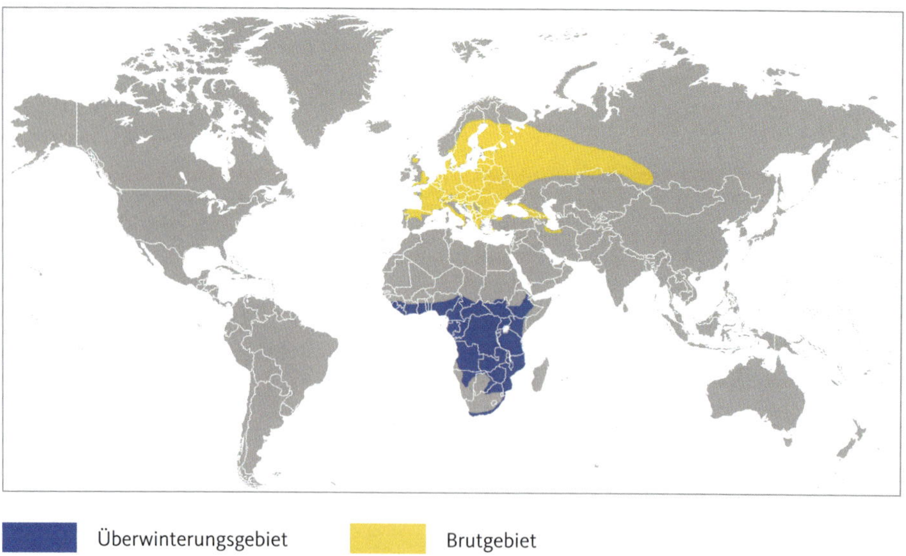

Abb. 168: Verbreitungsgebiet des Wespenbussards

gegen Stiche geschützt sind. Wespenbussarde sieht man gelegentlich an warmen Sommertagen zu Fuß schreitend (ähnlich dem Schreiadler) auf gemähten Wiesen nach Insektennestern suchen, welche dann mit dem Fuß ausgegraben werden.

Fortpflanzung

Wespenbussarde sind mit zwei Jahren geschlechtsreif.

Die Frühjahrsbalz erfolgt im Mai nach Rückkehr aus den Winterlebensräumen. Eine zweite Balz beobachten wir in Hochsommer. Der eindrucksvolle wellenförmige Balzflug (sog. „Schmetterlingsflug“) dient dabei einerseits der Partnerbindung, andererseits der Revierabgrenzung.

Der Horst wird im Wald, oft in der Krone unterständiger Bäume, schwer einsehbar von beiden Partnern angelegt.

Frühestens Mitte Mai, oft aber erst im Juni, erfolgt die Anlage des Geleges mit meist 2, selten 1 oder 3 Eiern.

Dieses wird etwa 30 bis 35 Tage bebrütet. Während der ersten Wochen der Nestlingsphase trägt der männliche Vogel die Beute herbei, später übernehmen beide Eltern die Versorgung der Jungen.

Nach etwa 6 bis 7 Wochen sind die Jungvögel flügge, bleiben bis zum Wegzug der Eltern aber in der Umgebung des Horstes und werden hier auch noch mitversorgt (vergl. Glutz von Blotzheim *et al.* 1989, Bauer & Berthold 1997, Mebs & Schmidt 2006).

Populationsdynamik

Über die Populationsentwicklung der Wespenbussarde ist bislang wenig bekannt. Wir gehen weltweit aber von einem stabilen Gesamtbestand aus, über dessen absolute Höhe allerdings unterschiedliche Schätzungen existieren (Mebs & Schmidt 2006).

Management

Der Wespenbussard ist aufgrund seiner spezifischen Ernährungsweise am ehesten durch Habitatverluste (intensive Landwirtschaft, Flurbereinigung und Flächenverluste an Siedlungen, Verkehrswegen und Industrie) bedroht, auch wenn sich das noch nicht in sichtbaren Bestandesrückgängen widerspiegelt. Langfristig dürfte der Wespenbussard ein Verlierer der intensiven Landwirtschaft sein. Welche Rolle darüber hinaus Verluste in den Überwinterungsgebieten spielen oder an Windkraftanlagen in den Bruthabitaten entstehen, ist derzeit schwer einzuschätzen und sollte weiter untersucht werden.

Grundsätzlich scheint der Erhalt einer extensiv bewirtschafteten Kulturlandschaft mit einer abwechslungsreichen Abfolge von Wäldern, Grünland und Feuchtgebieten eine wichtige Maßnahme zur Sicherung der Bestände darzustellen.

Steinadler

Aquila chrysaetos

Länge: 75 bis 100 cm

Gewicht: 2,8 bis 6,7 kg (weibliche Vögel sind größer)

Gelege: 1 bis 3 (meist 2) Eier

Brutzeit: (Februar)-März bis Juni in Mitteleuropa

Systematik und Verbreitung

Der Steinadler gehört zur Familie der Habichtartigen (Accipitridae) und ist der weltweit am weitesten verbreitete Adler seiner Gattung.

Er besiedelt eine breite Zone zirkumpolar auf der Nordhalbkugel, welche in Europa vom Mittelmeerraum bis in den borealen Nadelwaldgürtel reicht. In Mittel- und Westeuropa war der Steinadler ursprünglich auch im Flachland deutlich weiter verbreitet, ist aber durch menschliche Verfolgung in der Vergangenheit heute im Wesentlichen auf die Hochgebirgslagen beschränkt.

Lebensraum und Ökologie

Der Steinadler ist ein Vogel weiter offener oder halboffener Landschaften mit hinreichenden Nistgelegenheiten in Form von Felsformationen oder hohen Bäumen. Große geschlossene Waldgebiete meidet er.

In Europa sind Steinadler meist Standvögel, Teile der nord- und nordosteuropäischen Vorkommen verstreichen regelmäßig in südlichere Winterlebensräume.

Die Reviergrößen des Steinadlers (zwischen einem Brutrevier und einem Nahrungsrevier wird heute nicht mehr unterschieden) werden in der Literatur sehr unterschiedlich zwischen ca. 1000 und 10 000 ha angegeben. Die Unterschiede erklären sich sicher einerseits aus einem unterschiedlichen Nahrungsangebot: Je geringer dieses ist, desto größer müs-

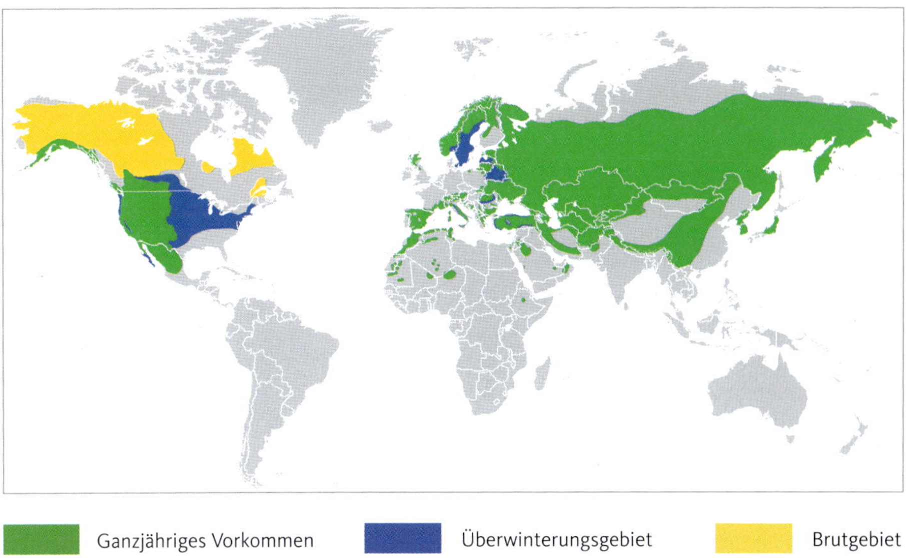

Abb. 169: Aktuelles Verbreitungsgebiet des Steinadlers

sen die Territorien sein. Andererseits könnten auch unsichere Aufnahmeverfahren eine Rolle spielen. Die Reviere werden gegen Artgenossen verteidigt, die Reviermarkierung erfolgt unter anderem durch den auffälligen hohen kreisenden Flug (vergl. u.a. HALLER 1982, 1994, 1996, GLUTZ VON BLOTZHEIM *et al.* 1989, WATSON 1997, FISCHER 2006).

Ernährung

Die Beute des Steinadlers unterscheidet sich je nach Lebensraum und Jahreszeit teilweise deutlich. Im alpinen Lebensraum sind im Frühjahr Gämsen und Steinwild (insbesondere deren Kitze) und im Sommer Murmeltiere wichtige Beutearten. Hinzu kommen regelmäßig unter anderem Raufußhühner, Schneehasen, Füchse, Marder und, vor allem im Winter, Aas. Aktiv erbeuten Steinadler meist Beutetiere bis ca. 15 kg Gewicht. Größere Beutetiere werden nur in Ausnahmefällen erbeutet, etwa wenn es dem Adler gelingt, das Beutetier während des Angriffs über eine Felsklippe zu stoßen. Tiere, die schwerer als das Eigengewicht des Adlers sind, müssen am Boden zerteilt werden, bevor sie weggetragen werden.

Steinadler jagen typischerweise morgens im tiefen, oft bodennahen Flug. Deutlich seltener wird die Beute vom Ansitz aus oder in hohem Flug angejagt. Der hohe, kreisende Flug über dem Revier dient nicht der Jagd, sondern der Reviermarkierung (vergl. u.a. HALLER 1982, 1994, 1996, GLUTZ VON BLOTZHEIM *et al.* 1989, WATSON 1997, FISCHER 2006).

Fortpflanzung

Steinadler werden typischerweise spät, etwa im Alter von sechs Jahren, geschlechtsreif. Einmal verpaart, sind sie lebenslang monogam.

Der Zeitpunkt der Balz und Eiablage ist je nach Lebensraum unterschiedlich. In Mitteleuropa beginnt die Balz mit eindrucksvollen Balzflügen über dem gemeinsamen Revier etwa im Januar.

Die Eiablage erfolgt in Mitteleuropa meist im März oder April (selten bereits im Februar). Es werden meist 2, seltener 1 oder 3, Eier gelegt, welche meist vom Weibchen für etwa 43 bis 45 Tage bebrütet werden. Der männliche Adler ist für die Versorgung des brütenden Weibchens zuständig.

In Zeiten der Nahrungsknappheit wird beim Steinadler das Phänomen des Kainismus beobachtet, d.h. der ältere oder stärkere Jungvogel tötet aktiv den schwächeren. Evolutionsbiologisch ist dieses Verhalten insofern schlüssig, als auf diese Weise die knappe Nahrung auf ein verbliebenes Junges konzentriert wird.

Bis zum Alter von rund 7 Wochen werden die Jungvögel aktiv gefüttert, danach können sie selbst Beutetiere zerlegen.

Die Nestlingszeit dauert 9 bis 10 Wochen. Ab einem Alter von 10 bis 12 Wochen absolvieren die Jungen erste kurze Flugversuche.

Nachdem sie flügge sind, verbringen die Jungadler noch rund neun bis zehn Wochen im unmittelbaren Horstumfeld. Das elterliche Territorium verlassen sie im Herbst des ersten

Lebensjahres (vergl. u.a. HALLER 1982, 1994, 1996, GLUTZ VON BLOTZHEIM *et al.* 1989, WATSON 1997, FISCHER 2006).

Populationsdynamik

Steinadler sind durch jahrhundertelange menschliche Verfolgung, welche bis ins 19. und teilweise frühe 20. Jahrhundert anhielt, in weiten Teilen Mitteleuropas verschwunden. Jungadler wurden ausgehorstet, Brutvögel am Horst getötet. In Deutschland hat der Steinadler nur in den Alpen überlebt. Seine Horststandorte, überwiegend in schwer zugänglichen Felswänden, sicherten hier sein Vorkommen. Nach der Unterschutzstellung in der ersten Hälfte des zwanzigsten Jahrhunderts (u.a. ganzjährige Schonzeit auf Grundlage des Reichsjagdgesetzes) kam es zu einer langsamen aber stetigen Zunahme des Brutbestandes: 1961 wurden in den Bayerischen Alpen 15 Bruthorste bestätigt, 1979 waren es mindestens 25. Bayernweit wurden zwischen 1998 bis 2003 insgesamt 254 Brutpaare erfasst. Nur durchschnittlich 0,26 Jungadler pro Brutpaar und Jahr wurden flügge (vergl. KLUTH & BEZZEL 1999, HALLER 1982, 1994, 1996, VON LOSSOW, G.; FÜNFSTÜCK 2005, BEZZEL *et al.* 2005). Diese im Vergleich zu anderen europäischen Steinadlervorkommen (vgl. Watson 1997) geringen Reproduktionsraten deuten auf hohe Störungseinflüsse während der Brutzeit hin, möglicherweise auch auf innerartliche Konkurrenz.

Die Siedlungsdichten im Alpenraum liegen etwa zwischen 7 und 15 Brutpaaren pro 100 000 Hektar (vergl. KLUTH & BEZZEL 1999, HALLER 1982, 1994, 1996, VON LOSSOW, G.; FÜNFSTÜCK 2005).

Management

Ziel des Managements beim Steinadler muss der langfristige Erhalt der Art einschließlich der weiteren Ausbreitung in tiefer gelegene Lebensräume sein. Neben dem strengen Schutz, welchen die ganzjährige Schonzeit im Rahmen des Jagdrechts gewährt, ist die Nahrungsbasis ein wichtiger Faktor. Die jahrelang anhaltenden Reduktionsabschüsse von Rot-, Reh- und Gamswild vor allem in den Gebieten der Bergwaldsanierung reduzierten die Nahrungsgrundlagen des Steinadlers erheblich. Hier wäre ein Umdenken in Zukunft dringlich.

Durch seine Nahrungsökologie, und hier insbesondere durch die Aufnahme von erlegtem, aber nicht geborgenem Wild oder durch Aufbrüche, kann der Steinadler allerdings auch Schadstoffe aufnehmen, die seine Vitalität reduzieren (vergl. u. a. ZECHNER *et al.* 2005, FISHER *et al.* 2006, HUNT *et al.* 2006, KENNTNER *et al.* 2007; MÜLLER *et al.* 2006). Die Steinadlerbestände haben sich durch effiziente und nicht zuletzt von Jägern getragene Schutzmaßnahmen in Mitteleuropa in den letzten Jahren überraschend gut stabilisiert. Ihr derzeitiger Status ist sicherlich nicht durch bleihaltige Jagdmunition gefährdet. Dennoch ist in Regionen mit Steinadlervorkommen die Verwendung bleifreier Jagdmunition und/oder die Entfernung der sog. Aufbrüche sinnvoll und wichtig.

Mensch und Wildtier

Das Mensch-Tier-Verhältnis ist hinsichtlich des Steinadlers durch eine große Ambivalenz gekennzeichnet. Es existierte einerseits eine jahrhundertelange und kompromisslose Verfolgung der Art (siehe oben), welche den Steinadler an den Rand der Ausrottung brachte, und der letztlich erst durch den Schutz der Jagdgesetze in der ersten Hälfte des 20. Jahrhunderts wirksam Einhalt geboten werden konnte.

Gleichzeitig gehört der Steinadler neben dem Seeadler zu den ikonischen Vogelarten zumindest Eurasiens. In zahlreichen Kulturen gilt er als Wappenvogel, und neben dem Löwen und dem Seeadler (s.u.) ist der Steinadler das am häufigsten gewählte Wappentier. Als königliches Wappen wurde der Adler in Europa wohl durch Alexander den Großen eingeführt.

Abb. 170: Römischer Legionsadler aus den Ausgrabungen von Amiternum stammend. Ausgestellt im Museum von Chieti.

Später spielten auch die römischen Feldzeichen eine Rolle für den Siegeszug dieses Symbols. Diese zeigten neben anderen Tiersymbolen (Eber, Minotaurus, Wolf und Pferd) auch das Symbol des Adlers, welcher als der Legionsadler (lateinisch die „aquila“) später namensgebend für diese Symbole wurde. Auch in den alten orientalischen Kulturen spielt der Adler regelmäßig die Rolle des „Königs der Lüfte“ (vergl. auch Keller 1878).

Sicher bezieht sich diese Symbolik nicht ausschließlich auf den Steinadler; so gehen wir beim Bundesadler (vergl. auch Hartmann 2008) eher davon aus, dass es sich um einen Seeadler handelt.

Schließlich spielt der Steinadler in vielen Kulturen Eurasiens für die Falknerei eine besondere Rolle. Durch diese Form des Jagens haben sich unsere Kenntnisse über Verhalten und Vorkommen der Greifvögel erheblich erweitert. Durch Falkner wurden Schutz- und Zuchtprogramme entwickelt und auch finanziell getragen, die u. a. dem Wanderfalken und dem Steinadler zu überleben halfen.

Schreiadler

Clanga pomarina

Länge: 55 bis 65 cm

Gewicht: 1,3 bis 2,3 kg

Gelege: 2 Eier (selten 1 oder 3)

Brutzeit: (April)/Mai bis Juni

Systematik und Verbreitung

Der Schreiadler gehört wie der Stein- und Seeadler zur Familie der Habichtartigen (Accipitridae).

Neben der Nominatform wird eine zweite Unterart *Clanga pomarina hastata* beschrieben. Wenngleich auch diese Subspecies von einigen Autoren als eigene Art beschrieben wird (vergl. z.B. PARRY *et al.* 2002), handelt es sich bei dem sog. Gangesadler vermutlich doch um eine biologische Subspecies des Schreiadlers. Letzteres gilt möglicherweise auch für den Schelladler (*Clanga clanga*, vergl. HELBIG *et al.* 2005).

Zumindest existieren Mischpaare (bestehend aus weiblichem Schelladler und männlichem Schreiadler), deren weibliche Nachkommen in der ersten Tochter (F1)-Generation sich vorzugsweise mit männlichen Schreiadlern verpaaren.

In Deutschland finden wir uns am westlichen Rand des vergleichsweise kleinen Verbreitungsgebietes in der westlichen Paläarktis der Art. Die östliche Verbreitungsgrenze liegt im Westen Russlands, im Süden ist das Gebiet recht unscharf begrenzt und reicht bis in die Gegend des Schwarzen und Kaspischen Meeres.

Lebensraum und Ökologie

Der typische Lebensraum des Schreiadlers in seinen Brutgebieten sind strukturreiche, im

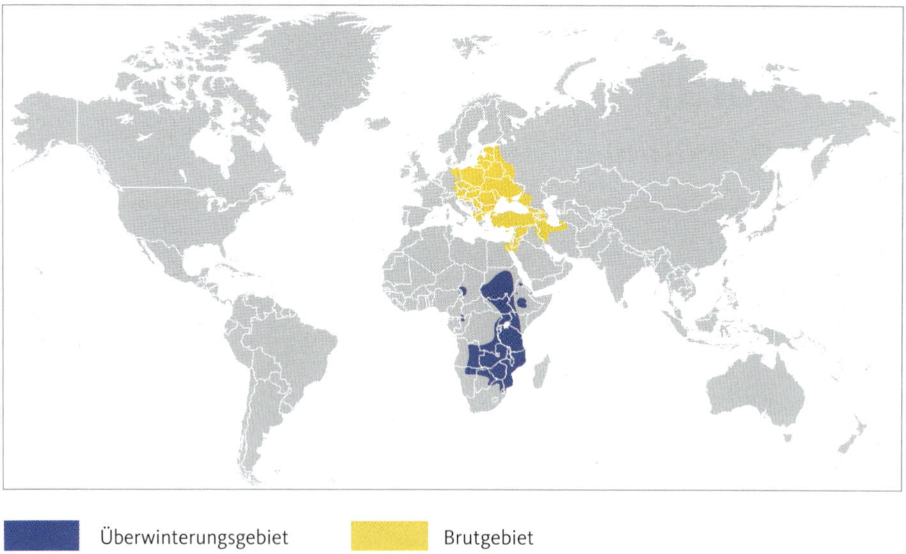

Abb. 171: Verbreitungsgebiet des Schreiadlers. Die Subspecies Clanga pomarina hastata des indischen Subkontinents ist hier nicht dargestellt.

Norden eher flache Landschaften mit Laub- und Laubmischwäldern in Gemengelage mit Offenland, insbesondere Grünland und Feuchtgebieten. Weiter südlich im Verbreitungsgebiet werden eher trocken Kiefernwälder und auch höhere Mittelgebirgslagen besiedelt. Schreiadler sind Langstreckenzieher, welche im Winter über die Sahara hinweg ins östliche und südliche Afrika fliegen. Anders als Fischadler sind die Vögel auf Thermik angewiesen. Die meisten Vögel ziehen über den Bosporus und dann über den Sinai und Ägypten weiter nach Ost- und Südafrika. Der Zug in die Brutareale beginnt im Januar und Februar (vergl. auch GLUTZ VON BLOTZHEIM *et al.* 1989, FERGUSON-LEES & CHRISTIE 2001, SCHELLER 2006, MEBS & SCHMIDT 2006).

Ernährung

Die Hauptbeute des Schreiadlers im Brutgebiet besteht aus Kleinsäugern (insbesondere Mäusen, Maulwürfen oder Spitzmäusen) und Amphibien. Hinzu kommen Reptilien (z.B. kleine Ringelnattern, Eidechsen oder Blindschleichen) sowie größere Insekten oder Weichtiere.

Die Nahrungssuche erfolgt typischerweise auf dem Boden laufend. Die Nahrungsbiotope (Grünland, Brachflächen mit nicht zu hoher Vegetation, Feldraine, Weg- und Waldränder oder Feuchtgebiete) liegen in einem Umkreis von bis zu drei Kilometern um den Horst (vergl. auch GLUTZ VON BLOTZHEIM *et al.* 1989, FERGUSON-LEES & CHRISTIE 2001, SCHELLER 2006, MEBS & SCHMIDT 2006).

Fortpflanzung

Die Rückkehr der Schreiadler in ihre Brutgebiete erfolgt meist im April. Unmittelbar an die Rückkehr aus dem Winterlebensraum schließt sich eine eindrucksvolle Balz an. Das Balzrepertoire der männlichen Adler umfasst verschiedene Elemente, so den Wellen-, Girlanden- und Flatterflug.

Der Horst wird auf Bäumen meist am Waldrand gebaut und die Nestmulde begrünt.
Das Gelege (meist 2 Eier) erfolgt selten bereits Ende April, meist Anfang Mai und wird für etwa 38 bis 41 Tage bebrütet.

Der Schlupftermin liegt meist Anfang Juni. Beim Schreiadler beobachten wir obligatorischen Kainismus, d.h. das erstgeborene Küken attackiert das zweitgeborene und tötet es meist. Etwa Ende Juli bis Mitte August ist der verbliebene Jungvogel flügge und verlässt erstmals den Horst. Er bleibt noch einige Tage in Horstnähe und wird in dieser Zeit weiterhin gefüttert. Im August erfolgen erste selbständige Exkursionen, ab September ist der Jungvogel dann für den Zug ins Winterquartier bereit (vergl. auch GLUTZ VON BLOTZHEIM *et al.* 1989, FERGUSON-LEES & CHRISTIE 2001, SCHELLER 2006, MEBS & SCHMIDT 2006).

Populationsdynamik

Spätestens seit den 1990er Jahren ist der Schreiadlerbestand in Deutschland eher rückläufig. Bei einem Langstreckenzieher ist es oft schwierig, die konkreten Rückgangsursachen zu identifizieren. Im Wesentlichen müssen wir von Lebensraumveränderungen, auch in Mitteleuropa (Umwandlung von Grün- in Ackerland, Windkraftanlagen) ausgehen. Auch Wilderei auf dem langen Zugweg und/oder in den Winterlebensräumen kann zum Rückgang beitragen.

Allerdings, auch das müssen wir berücksichtigen, sind am Rande des Verbreitungsgebietes einer Art Bestandesschwankungen nicht ungewöhnlich.

In Deutschland finden sich derzeit rund 130 Brutpaare mit geringgradig steigender Tendenz.

Management

Wichtig ist es für den Schutz des Schreiadlers vor allem, seine Lebensräume und seine Nahrungsbasis zu erhalten. Extensiv genutztes Dauergrünland und Feuchtgebiete, idealerweise in der Nähe lichter Wälder spielen hier eine wichtige Rolle.

Für die Verbesserung der Schreiadlerlebensräume gibt es zahlreiche Empfehlungen, insbesondere hinsichtlich Mahdterminen (zweimal jährlich, nicht vor dem 10. Juni und nicht nach dem 31. Juli), Düngung, Schnitthöhe und Maschineneinsatz (Details vergl. Kinser & von Münchhausen 2017).

Ein interessantes Managementinstrument ist die Entnahme und Aufzucht des zweitgeborenen Jungvogels, bevor dieser von seinem Geschwister getötet wird (Meyburg 1971). Genaueres hierzu, insbesondere auch zur Frage der Überlebenschancen solcher handaufgezogenen Vögel, finden sich bei Graszynski *et al.* (2012).

Mensch und Wildtier

Der Schreiadler ist in Deutschland (und auch in seinem wissenschaftlichen Artnamen) auch als „Pommernadler“ bekannt. Diese Bezeichnung bezieht sich auf den Verbreitungsschwerpunkt in der ehemaligen preußischen Provinz Pommern im heutigen Polen. Mit dem Wappen Pommerns hat der Adler allerdings nichts zu tun, in diesem findet sich kein solcher Vogel.

In den vergangenen Jahren hat sich die Deutsche Wildtier Stiftung, zu der das Gut Klepelshagen in Vorpommern gehört, des Schreiadlers in besonderem Maße angenommen und diesen zu einer Flaggschiffart für den Schutz einer extensiv bewirtschafteten, naturnahen nordostdeutschen Landschaft entwickelt.

Rohrweihe

Circus aeroginosus

Länge: ca. 43 bis 62 cm

Gewicht: 400 bis 1000 g, weibliche Individuen sind größer als männliche

Gelege: 4 bis 5, selten bis zu 8 Eier

Brutzeit: Mai – Juli

Systematik und Verbreitung

Bei den Weihen handelt es sich um eine Gattung (*Circus*) in der Familie der Habichtartigen (Accipitridae). Die Rohrweihe ist Brutvogel in weiten Teilen Europas, des nördlichen Afrikas und Asiens mit einem Verbreitungsschwerpunkt in Europa. Es werden verschiedene Unterarten beschrieben.

Lebensraum und Ökologie

Die Rohrweihe ist von den drei heimischen Weihenarten diejenige mit dem am weitesten wasserwärts liegenden Lebensraum. Wenn wir uns vom Gewässer ausgehend einen ökologischen Gradienten vorstellen, so finden wir die Rohrweihe häufig im Schilf und Röhricht der unmittelbaren Uferregion, im Anschluss folgt im Bereich der Feuchtwiesen die Wiesenweihe (*Circus pygargus*) und noch weiter landwärts im trockeneren Bereich die Kornweihe (*Circus cyaneus*). Allerdings brüten Rohrweihen zunehmend auch innerhalb von Ackerflächen, weiten ihren Lebensraum also mehr in die trockenen Regionen hin aus. Des Weiteren kommt es zur Ausdehnung des Lebensraumes zunehmend in höhere Lagen, derzeit bis ca. 750 m über N.N. (Bauer *et al.* 2005).

Rohrweihen sind Zugvögel, die als Kurz- oder Langstreckenzieher in Südwesteuropa, um das Mittelmeer, das schwarze Meer, das Kaspische Meer oder aber in Ost- oder Zentralafrika, auf der arabischen Halbinsel oder in Indien überwintern. Feuchtgebiete werden auf dem Zug als Rastplätze genutzt.

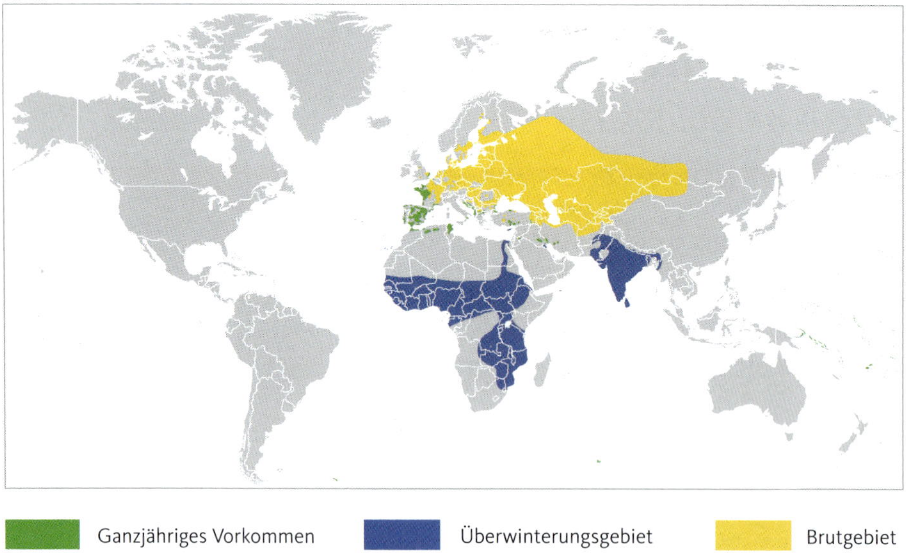

Abb. 172: Verbreitungsgebiet der Rohrweihe

Ab Juli oder August beginnen die erwachsenen Vögel das Brutgebiet zu verlassen, der zeitliche Schwerpunkt des Wegzuges liegt im August. Die Winterquartiere werden ab Februar und März wieder verlassen. In Mitteleuropa treffen die ersten zurückkehrenden Vögel ab März ein, in Nordeuropa ist dies etwa einen Monat später der Fall (vergl. GLUTZ VON BLOTZHEIM *et al.* 1989, SIMMONS 2000, FERGUSON-LEES & CHRISTIE 2001, BAUER *et al.* 2005, MEBS & SCHMIDT 2006).

Ernährung

Die Rohrweihe jagt am Gewässerrand über Schilf- und Röricht, aber auch weiter landeinwärts über den Feuchtwiesen dicht über dem Boden im für Weihen typischen niedrigen Suchflug, teils segelnd mit V-förmig gestellten Schwingen. Beute wird meist auf dem Boden geschlagen, gelegentlich auch auf dem Wasser und selten in der Luft. Das Nahrungsspektrum der Rohrweihe besteht zum überwiegenden Teil aus Wasservögeln (insbesondere Enten und Rallen) sowie Singvögeln. Zur Brutzeit werden auch Eier und Nestlinge verschiedener Vogelarten erbeutet. Hinzu kommen Amphibien, Fische, Reptilien, große Insekten und kleine Säuger wie Bisamratten oder Mäuse.

Gelegentlich wird auch Aas aufgenommen oder anderen Greifvögeln die Beute abgejagt (vergl. GLUTZ VON BLOTZHEIM *et al.* 1989, SIMMONS 2000, FERGUSON-LEES & CHRISTIE 2001, BAUER *et al.* 2005, MEBS & SCHMIDT 2006).

Fortpflanzung

Die Balz der Rohrweihe erfolgt im März und April. Charakteristisch ist der eindrucksvolle Balzflug mit zahlreichen Flugmanövern.

Rohrweihen sind Bodenbrüter, der Horst findet sich meist in dichtem Röhricht, gelegentlich aber auch auf Feuchtwiesen oder auch in Getreideschlägen.

Der Horstbau erfolgt im Wesentlichen durch das Weibchen.

Mit dem Gelege wird in Mitteleuropa meist im Mai begonnen, die Ablage der 4 bis 5 (selten bis zu 8) Eier kann verzögert bis in den Juni erfolgen. Das Gelege wird 4 bis 5 Wochen bebrütet, während dieser Zeit und auch noch während der Nestlingszeit wird die Partnerin vom Männchen versorgt. Dabei kann die Beute auf dem Boden oder im Fluge übergeben werden, letzteres ist wiederum mit beeindruckenden Flugmanövern verbunden.

Die Nestlingsperiode dauert rund 5 Wochen, danach verbleiben die Jungvögel noch etwa zwei Wochen in Horstnähe, bis sie etwa 4 bis 5 Wochen nach Verlassen des Horstes selbständig sind.

Populationsdynamik

Nach Bestandesrückgängen im 20. Jahrhundert, insbesondere durch die Verwendung von DDT (Dichlordiphenyltrichlorethan), nimmt der Bestand der Rohrweihe in Mitteleuropa wieder zu. Mittlerweile werden auch trockene Wiesen und landwirtschaftliche Flächen besiedelt (vergl. auch BAUER *et al.* 2005).

Management

Eine wichtige Managementmaßnahmen für die Rohrweihe sind der Schutz und die Wiederherstellung der traditionellen Lebensräume, insbesondere der Röhrichtgürtel an den Gewässern und der gewässernahen Feuchtwiesen.

Auch die Prädatorenbejagung spielt für den Rohrweihenschutz eine nicht geringe Rolle. Insbesondere Waschbären, aber auch Fuchs oder Rabenvögel sind ebenso wie das Schwarzwild hier aufgrund ihrer vergleichsweise hohen Dichten von Bedeutung.

Wiesenweihe

Circus pygargus

Länge: 39 bis 50 cm

Gewicht: 220 bis 450 g, weibliche Wiesenweihen sind größer als männliche

Gelege: 2 bis 6, meist 3 bis 5 Eier

Brutzeit: je nach geographischer Lage April/Mai bis Juni/Juli

Systematik und Verbreitung

Die Wiesenweihe gehört zur Gattung *Circus* in der Familie der Habichtartigen (Accipitridae). Sie ist Brutvogel in weiten Teilen Europas und Asiens und zieht im Winter nach Afrika, aber auch auf den indischen Subkontinent.

Lebensraum und Ökologie

Wiesenweihen sind ursprünglich Bewohner der (oft feuchteren) Wiesen, welche sich an Gewässern an die Röhrichtzone anschließen. Sie bevorzugen also offene Lebensräume entlang von Flüssen oder Seen sowie Moore, nutzen aber auch trockenere Bereiche wie Heiden oder auch Landwirtschaftsflächen. Hier konkurrieren sie mit der seit einigen Jahrzehnten in diese Flächen ausweichenden Rohrweihe und mit der hier von Natur aus vorhandenen Kornweihe um den Lebensraum.

Wiesenweihen suchen ihre Beute normalerweise in ihren Bruthabitaten. Dort, wo das nicht ausreicht, etwa auf Äckern, weichen sie auch in die Umgebung aus.

Als Langstreckenzieher verlassen Wiesenweihen bereits ab Juli oder August das Brutgebiet, bis September ist normalerweise der Wegzug beendet (vergl. auch Glutz von Blotzheim *et al.* 1989, Simmons 2000, Ferguson-Lees & Christie 2001, Bauer *et al.* 2005, Mebs & Schmidt 2006, Limiñana *et al.* 2007, Trierweiler *et al.* 2007).

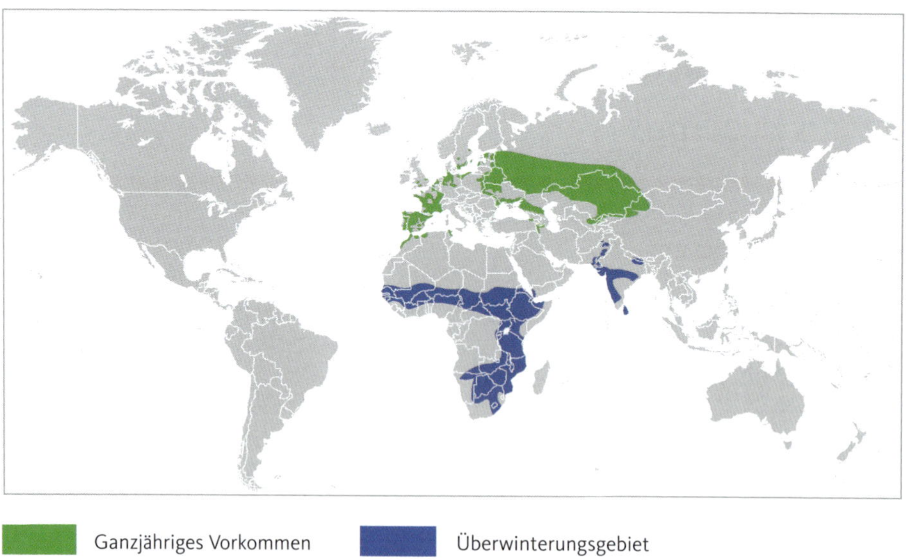

Abb. 173: Aktuelles Verbreitungsgebiet der Wiesenweihe

Ernährung

Die Beute der Wiesenweihe besteht, ihrer eher geringen Größe entsprechend, im Wesentlichen aus kleinen Säugetieren (bis etwa Junghasengröße, vor allem Mäuse), kleineren Vögeln und größeren Insekten, gelegentlich auch Amphibien oder Reptilien.

Auch Aas wird als Nahrungsquelle in gewissem Umfang genutzt.

In den Winterlebensräumen sind Heuschrecken die Hauptbeute.

Die Wiesenweihe jagt in für die Weihen typischer Weise im niedrigen „gaukelnden" Suchflug, immer wieder mit V-förmig gehaltenen Schwingen segelnd, um die Beute dann auf dem Boden, kleinere Vögel und Insekten aber auch im Flug, zu schlagen.

Alle Weihen jagen bis weit in die Dämmerung, so dass dies auch als eine „ökologische Nische" gesehen werden kann, an welche sich die Gattung *Circus* auch morphologisch – z.B. die Gestalt dies Kopfes, welche einige Merkmale der Eulen andeutet – angepasst hat.

Fortpflanzung

Wiesenweihen führen eine Saisonehe.

Die Balz beginnt mit der Rückkehr aus dem Winterquartier ins Brutrevier. Auffallende Flugbilder des männlichen Vogels werden von der in Aussicht genommenen Partnerin vom Boden aus oder aus tieferem Flug beobachtet. Auch Scheinangriffe und Übergabe von Beutestücken sind Teil des Balzrituals.

Gelegentlich verpaart sich ein männlicher Vogel auch mit einem zweiten Weibchen, wenn die erste Partnerin bereits mit der Brut begonnen hat.

Wiesenweihen sind Bodenbrüter, der Horst wird auf trockenem bis mäßig feuchtem Untergrund in etwa kniehoher Vegetation errichtet. Im Gegensatz zur Rohrweihe werden nasse Untergründe gemieden.

In Mitteleuropa wird das Gelege von meist 3 bis 5 Eiern ab Anfang oder Mitte Mai begonnen, die Brutdauer beträgt gut 4 Wochen.

Während der Brut- und ersten Hälfte der Nestlingszeit trägt der männliche Vogel die Beute heran, das Weibchen zerteilt und verfüttert diese. Später jagt das Weibchen mit. Nach 30 bis 35 Tagen Nestlingsphase werden die ersten Jungvögel im Juli flügge; im Alter von etwa 50 Tagen beginnen die Jungvögel, selbst Beute zu jagen (vergl. Glutz von Blotzheim *et al.* 1989, Ferguson-Lees & Christie 2001, Mebs & Schmidt 2006).

Populationsdynamik

Der europäische Bestand der Wiesenweihe geriet im 20. Jahrhundert durch Lebensraumverluste, insbesondere durch Trockenlegung von Feuchtgebieten, Flussbegradigungen, Flurbereinigung, Intensivierung der Landwirtschaft und verschiedene andere Faktoren in einen Abwärtstrend, welcher sich erst ab etwa den 1990er Jahren umkehrte. Dieser aktuelle Bestandesanstieg führt auch zu einer Zunahme der Bruten in landwirtschaftlichen Flächen. Diese wiederum sind durch Mahd oder Getreideernte vor etwa Mitte Juli in hohem Maße gefährdet (vergl. MEBS & SCHMIDT 2006). Auch die Prädation durch hohe Fuchs-, Marderhund-, Waschbär- oder Rabenvogeldichten spielt für die weitere Bestandesentwicklung eine große Rolle, zumal beide Faktoren quasi „Hand in Hand" gehen (s.u.).

Der weltweite Populationsumfang der Wiesenweihe wird auf etwa 100 000 Paare geschätzt, der europäische Bestand beträgt grob geschätzt etwa die Hälfte davon.

Management

Die derzeit zentralen Herausforderungen beim Schutz der Wiesenweihe liegen, neben der Frage der Verluste während des Zuges, vor allem in der intensiven Bewirtschaftung landwirtschaftlicher Flächen, welche, mangels entsprechender Feuchtgebiete, bei steigendem Wiesenweihenbestand auch zunehmend genutzt werden. Auch die Reduktion des Prädationsdruckes erscheint als eine wichtige Managementmaßnahme. Beide Einflussfaktoren, Verluste durch Prädation und durch landwirtschaftliche Maßnahmen (vor allem Mahd oder Getreideernte), hängen eng miteinander zusammen. So kann man Wiesenweihenhorste in der Agrarfläche markieren und diese kleinflächig während der Bewirtschaftung aussparen. Dies kann allerdings zu sog. „ökologischen Fallen" führen, da solche kleinen, von Bewirtschaftung ausgesparten Flächen hochattraktiv auf Prädatoren wirken. Man kann diese nun mit Zäunen gegen bodengebundene Prädatoren schützen. Kletternde Arten wie Waschbären, aber auch Rabenvögel werden dadurch allerdings nicht vom Horst ferngehalten.

Folglich sind die intensive Prädatorenbejagung und auch die Schaffung zusätzlicher extensiv bewirtschafteter oder Brachflächen weitere entscheidende Bausteine im Management der Wiesenweihe.

Kornweihe

Circus cyaneus

Länge: 42 bis 55 cm

Gewicht: ca. 300 bis 750 g, weibliche Vögel sind größer als männliche

Gelege: 2 bis 7, meist 4 bis 6 Eier

Brutzeit: April bis Juli

Systematik und Verbreitung

Die Kornweihe ist die dritte heimische Art der Gattung *Circus* in der Familie der Habichtartigen (Accipitridae).

Sie ist über die nördliche Paläarktis weit verbreitet und findet sich als Hudsonweihe (*Circus cyaneus hudsonicus*), welche nach molekularen Untersuchungen gewisse Unterschiede zur eurasischen Form aufweist (Etherington & Mobley 2016) und als einzige Weihe in Nordamerika vorkommt.

In Mitteleuropa und in Teilen Osteuropas ist die Kornweihe im Landesinneren weitgehend verschwunden.

Lebensraum und Ökologie

Die Kornweihe ist ein Bewohner offener, mäßig feuchter bis trockener Habitate. In Mitteleuropa besiedelte sie, wie der Name schon andeutet, von den drei Weihenarten die am weitesten landwärts gelegenen Habitate, die bereits Landwirtschaftsflächen beinhalten. Auch Steppenlandschaften sind ein typischer Lebensraum. Darüber hinaus besiedelt die Art aber auch Verlandungszonen von Gewässern, Moore, Heiden, und selbst Forstkulturen oder sehr lichte Wälder.

Kornweihen sind je nach geographischer Region Standvögel, Kurz- oder Langstreckenzieher. Die Winterlebensräume der Eurasischen Population finden sich in Mittel- oder Süd-

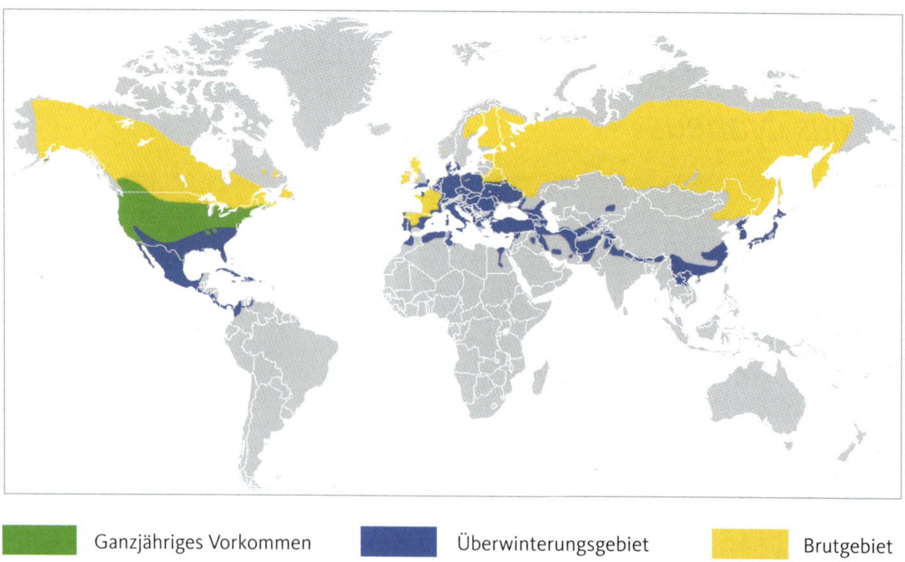

Abb. 174: Verbreitungsgebiet der Kornweihe

europa sowie in Nordafrika, Kleinasien oder im Süden Ostasiens (vergl. FEILER & KOLBE 1987, GLUTZ VON BLOTZHEIM *et al.* 1989, MEBS & SCHMIDT 2006).

Ernährung

Kornweihen ernähren sich vor allem von kleineren Säugetieren bis etwa Kaninchengröße, bevorzugt von Mäusen, und gelegentlich auch von Vögeln bis etwa Rebhuhngröße, die sie im tiefen Suchflug, teils segelnd mit V-förmig gehaltenen Schwingen, und meist auf dem Boden erbeuten. Dabei jagt die Kornweihe wie auch die anderen heimischen Weihen gerne bis in die Dämmerung, an die sie sehr gut angepasst ist. Andere Tiere wie Reptilien, Amphibien, Insekten werden eher selten erbeutet (vergl. GLUTZ VON BLOTZHEIM *et al.* 1989).

Fortpflanzung

Die Kornweihe wird mit 2 bis 3 Jahren geschlechtsreif.

Die Balz erfolgt unmittelbar nach Rückkehr aus dem Winterquartier im März/April; diese ist wie bei allen Weihen durch eindrucksvolle Flugmanöver beider Partner gekennzeichnet.

Typisch für die Kornweihe ist die monogame Saisonehe, doch verpaart sich ein Männchen gelegentlich mit zwei oder mehreren Weibchen (Polygynie).

Kornweihen sind Bodenbrüter, welche ihren Horst auf dem Boden in dichtem Bewuchs erreichten. Der Horststandort ist oftmals über viele Jahre derselbe.

Meist im April werden 2 bis 7, meist 4 bis 6 Eier gelegt und gut 4 Wochen bebrütet.

Die Nestlingszeit dauert 4 bis 5 Wochen, wobei die jungen Weihen etwa 4 Wochen lang von der Mutter gefüttert werden. Ab einem Alter von 2 Wochen können sie bereits selbständig die Beute zerteilen.

Auch in den ersten Wochen nach dem Flüggewerden werden die jungen Kornweihen noch von den Eltern mit Nahrung versorgt (vergl. GLUTZ VON BLOTZHEIM *et al.* 1989, MEBS & SCHMIDT 2006).

Populationsdynamik

Die Verbreitung der Kornweihe war in Mitteleuropa vermutlich auf das mitteleuropäische Tiefland nördlich der Mittelgebirge beschränkt. Weiter südlich war die Kornweihe immer nur sporadisch verbreitet.

Deutliche Bestandeseinbrüche traten in Mitteleuropa im 19. und 20. Jahrhundert auf, vermutlich durch Lebensraumverluste bedingt. In Westeuropa kommt es seit Ende des 20. Jahrhunderts wieder zu einem teilweise deutlichen Bestandesanstieg.

In Deutschland ist die Kornweihe derzeit nahezu ausgestorben, einen positiven Trend erkennen wir auf den friesischen Inseln. Einen besonders drastischen Rückgang erlebte die Kornweihe in Brandenburg, wo sie um die Jahrhundertwende von 19. zum 20. Jahrhundert noch häufiger als die Rohrweihe war und heute praktisch völlig verschwunden ist (vergl. FEILER & KOLBE 1987, GLUTZ VON BLOTZHEIM *et al.* 1989, MEBS & SCHMIDT 2006).

Weltweit ist die Kornweihe allerdings nicht gefährdet.

Management

Die wichtigsten Managementmaßnahmen sind sicherlich der Lebensraumschutz, aber auch der Schutz bestehender Horste gegen Prädation und Zerstörung durch landwirtschaftliche Maßnahmen (siehe bei der Wiesenweihe).

Dennoch müssen wir uns fragen, welche Faktoren letztlich für das Verschwinden der Art im mitteleuropäischen Binnenland verantwortlich waren.

Waren es wirklich primär die Verluste an Lebensraum? Vermutlich schon, wenngleich ja solche Lebensraumverluste auch die beiden anderen Weihenarten betrafen. Somit ist anzunehmen, dass weitere begrenzende Faktoren eine Rolle spielen. Dies auch deshalb, weil die Kornweihe bereits in den vergangenen Jahrhunderten in vielen Regionen eher selten war.

Möglicherweise spielen hier auch die Konkurrenz zu anderen Weihenarten, eine besondere Anfälligkeit gegenüber Prädation oder Störungen oder weitere, bislang unbekannte Gründe eine Rolle.

Habicht

Accipiter gentilis

Länge: ca. 45 bis 65 cm

Gewicht: 650 bis 900 g (Terzel) bzw. 900 bis 1400 g (weibl. Habicht)

Gelege: 1 bis 5, meist 2 bis 4 Eier

Brutzeit: März bis Mai

Systematik und Verbreitung

Der Habicht, zur Familie der Habichtartigen (Accipitridae) gehörend, ist zirkumpolar in der Holarktis (außertropische Nordhalbkugel) von den arktischen bis zu den subtropischen Zonen verbreitet. Es werden zahlreiche Unterarten ausgewiesen.

In Europa finden wir ihn flächendeckend vor, in den Alpen bis 1800 m Höhe.

Lebensraum und Ökologie

Habichte besiedeln typischerweise deckungsreiche Wälder, bevorzugt Laubmischwälder, wobei besonders die Waldränder oder auch Lichtungen im Wald genutzt werden. Daneben kommt er aber auch in lichten Wäldern oder auch Feldgehölzen vor, so dass der Habicht in der Lage ist, weite Teile der Kulturlandschaft einschließlich urbaner Lebensräume zu besiedeln.

Seine Siedlungsdichte schwankt deutlich in Abhängigkeit von der Biotopqualität, insbesondere vom Beuteangebot. Habichte leben territorial. In optimalen Habitaten finden wir etwa ein Habichtspaar auf 500 ha, in ungünstigen Lebensräumen kann ein Paar bis zu 8000 ha oder mehr beanspruchen (vergl. auch MÜLLER 1982, GLUTZ VON BLOTZHEIM *et al.* 1989, THIEDE 2005, MAMMEN & STUBBE 2005, ARTMANN *et al.* 2014).

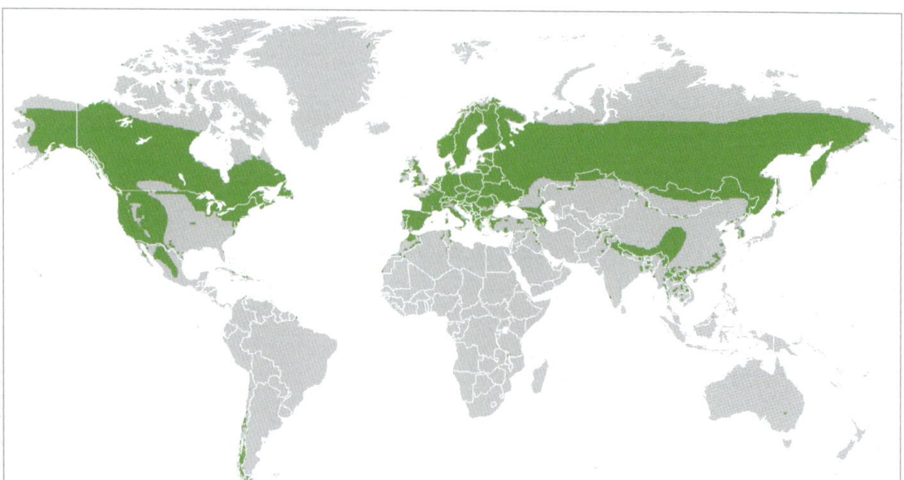

Abb. 175: Verbreitungsgebiet des Habichts

Ernährung

Habichte erbeuten Säugetiere und Vögel bis etwa Hasen- oder Hühnergröße. Es handelt sich um sog. „Pirsch-/Startfluggreifer“, welche vom Ansitz in der Deckung eines Waldrandes oder Feldgehölzes oder aus dem bodennahen Flug entlang von Deckungsrändern ihre Beute schlagen.

Fortpflanzung

Habichte leben in lebenslanger Einehe. Beide Partner bauen große Horste auf hohen Bäumen, typischerweise in vergleichsweise dunklen Althölzern mit einem hohen Kronenschlussgrad. Eine kleine Lichtung oder Schneise erleichtert den An- und Abflug. Im Brutterritorium gibt es oft mehrere Horste, welche abwechselnd über Jahre genutzt werden.

Die Balz beginnt normalerweise im Spätwinter, gelegentlich aber bereits ab November. Die Partner beginnen zu dieser Zeit auch, den Horst mit Zweigen zu begrünen. Im März werden meist 2 bis 4 Eier gelegt, welche für 35 bis 42 Tage vom weiblichen Habicht bebrütet werden. Währenddessen findet auch die Großgefiedermauser statt, der brütende Vogel ist für einige Zeit flugunfähig und darauf angewiesen, vom Terzel mit Nahrung versorgt zu werden.

Die Nestlingszeit der Jungvögel beträgt etwa 35 bis 40 Tage, im Alter von etwa 70 bis 80 Tagen verlassen die jungen Habichte das Revier der Eltern (vergl. auch Müller 1982, Glutz von Blotzheim *et al.* 1989, Thiede 2005).

Populationsdynamik

Der Habicht war Mitte des 20. Jahrhunderts in seinem Bestand deutlich zurückgegangen (neben der Pestizidbelastung der Umwelt spielte hier auch die direkte Verfolgung – insbesondere aufgrund der landwirtschaftlichen Schäden – eine Rolle). Zwischenzeitlich hat sich der Bestand wieder gut erholt. Auch wenn der Habicht, insbesondere aufgrund seiner verborgenen Lebensweise, seltener zu beobachten ist als etwa der Mäusebussard, so ist er doch derzeit in Deutschland wieder flächendeckend vorhanden (vergl. auch Mildenberger 1968, Müller 1982, Glutz von Blotzheim *et al.* 1989, Thiede 2005, Mammen & Stubbe 2005, Artmann *et al.* 2014).

Management

Der Habicht unterliegt in Deutschland dem Schutz des Jagdrechts. Er besitzt eine ganzjährige Schonzeit. Wir gehen derzeit von stabilen Beständen aus. Gewisse Schwierigkeiten bereitet bei dieser Art allerdings die Bestandserfassung, da der Habicht aus der Deckung heraus jagt und im Gelände meist nur zufällig beobachtet wird. Am ehesten kann er während der Balz oder während der Jungenaufzucht im Horstfeld nachgewiesen werden. Wichtig für das Bestandesmonitoring sind daher auch indirekte Nachweise wie Rufe, Mauserfedern oder Rupfungen.

Gelegentlich wird die Frage diskutiert, inwieweit Habichte einen weiteren Faktor darstellen, der zum Rückgang zahlreicher Bodenbrüterarten, etwa der Birk- und Haselhühner im Wald oder der Rebhühner im Offenland beiträgt. Die Frage ist nicht eindeutig zu beantworten, da Greifvögel, und hier insbesondere Habichte in der Regel nur einen einzelnen Faktor in einem Komplex zahlreicher anderer Faktoren (Lebensraumverlust, Nahrungsmangel, Witterung, Pestizide, Prädation durch Raubsäuger u.v.m.) darstellen. Insbesondere im Rahmen von Wiederansiedlungsprojekten, in denen es zumindest am Anfang auf jedes überlebende Individuum ankommt, kann der Habicht durchaus problematisch sein.

Landwirtschaftliche Geflügelhaltungen können durch Haltung der Tiere in umzäunten Flächen, welche durch Netze überspannt werden, Verluste minimieren. Deckung und Versteckmöglichkeiten sind ebenfalls hilfreich, jedoch kein absoluter Schutz.

Mensch und Wildtier

Das Verhältnis der Menschen zum Habicht ist seit jeher ambivalent. Zahlreiche volkstümliche Namen, unter denen „Hühnerhabicht" wohl der bekannteste ist, weisen auf den Konflikt zwischen kleinbäuerlicher Landwirtschaft und dieser Wildtierart hin.

Eine Jahrhunderte währende Verfolgung dieser Greifvogelart lässt sich mit der regelmäßigen Spezialisierung einzelner Habichte auf Hühner oder anderes Hausgeflügel erklären.

Gleichzeitig übte dieser Greifvogel schon immer eine große Faszination auf die Menschen aus. Kraft; Energie, vor allem aber Sehschärfe werden mit dieser Species assoziiert, sodass wir den Habicht in zahlreichen Wappen finden ebenso wie im Logo und einer Produktlinie eines großen österreichischen Optikherstellers.

Schließlich hat der Habicht eine wichtige Rolle als Jagdkumpan des Menschen inne. In Asien ist die Beizjagd mit dem Habicht bereits lange vor unserer Zeitrechnung überliefert. Unter den indigenen Völkern nördlich der Donau und östlich des Rheins, die traditionell als „Germanen" zusammengefasst werden, spielte die Beizjagd eine wichtige Rolle, wie wir vor allem aus römischen Quellen wissen. Bis ins 10. Jahrhundert war die Beizjagd mit dem Habicht hier weit verbreitet. Auch im Mittelalter galt der Habicht als Beizvogel der ländlichen Bevölkerung und des niederen Adels, während der hohe Adel vor allem mit Falken jagte. Die Falknerei war es auch, welche sich in Zeiten des Niedergangs der Habichtpopulation Mitteleuropas im 19. und 20. Jahrhundert intensiv für den Schutz der Art einsetzte.

Sperber

Accipiter nisus

Länge: ca. 30 bis 40 cm

Gewicht: 100 bis 180 g (männlicher Sperber, sog. Sprinz) bzw. 190 bis 325 g (weibl. Sperber)

Gelege: 2 bis 8, meist 4 bis 6 Eier

Brutzeit: April bis Juni

Systematik und Verbreitung

Der Sperber gehört zur Familie der Habichtartigen (Accipitridae) und ist in weiten Teilen Eurasiens vom Atlantik bis zum Pazifik verbreitet. Neben der Nominatform *Accipiter nisus nisus*, die am weitesten verbreitet ist, werden meist noch fünf weitere Unterarten vor allem in Sibirien, Zentralasien und im südlichen Europa unterschieden.

Lebensraum und Ökologie

In Mitteleuropa kommt der Sperber flächendeckend meist als Standvogel vor, wobei ein Teil des mitteleuropäischen Bestandes im Winter auch nach West- und Südwesteuropa, teilweise auch nach Nordafrika, zieht. Der Sperber ist im Vergleich zum Habicht mehr im strukturierten, von Hecken, Feldgehölzen oder kleinen Wäldern durchsetzten Offenland anzutreffen. Er findet sich vom Flachland bis zur oberen Waldgrenze in den Alpen (vergl. auch Müller 1982, Newton 1986, Glutz von Blotzheim *et al.* 1989, Thiede 2005, Mebs & Schmidt 2006, Ortlieb 2006).

Ernährung

Der Name "Finkenhabicht", der gelegentlich für den Sperber noch gebraucht wird, beschreibt die Beute und das Jagdverhalten des Sperbers recht anschaulich: Er wirkt wie ein

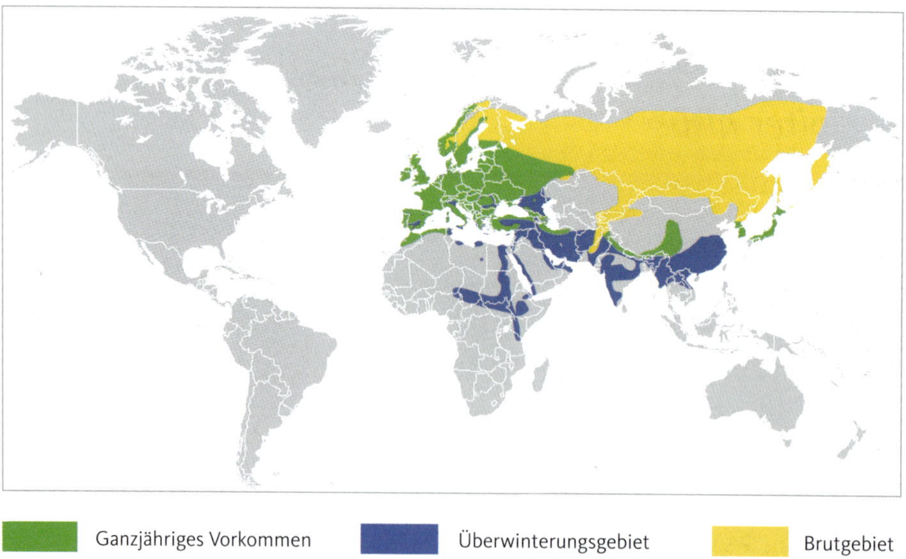

Abb. 176: Verbreitungsgebiet des Sperbers

kleiner Habicht, seine Beutetiere sind allerdings entsprechend kleiner.

Zu den Hauptbeutearten gehören zu über 90 Prozent Vögel, meist Singvögel. Deutlich seltener werden vom Sperber Kleinsäuger erbeutet. Unter diesen machen Feldmäuse den wesentlichen Anteil aus. Auch beim Sperber handelt es sich, wie beim Habicht (Accipiter gentilis) um einen „Pirsch-Startfluggreifer", der seine Beute aus bodennahem Flug oder von einer Ansitzwarte aus anjagt.

Hinsichtlich der Jagd auf Singvögel im dichten Bewuchs, etwa von Hecken, hat der Sperber einige typische Jagdtechniken entwickelt. So ist er beispielsweise in der Lage, mit seinen vergleichsweise langen Fängen einen Vogel aus einer dichten Dornenhecke, in die er sich geflüchtet hat, quasi "herauszugreifen".

Eine weitere recht eindrucksvolle Jagdmethode des Sperbers ist es, sich im schnellen Flug an eine Hecke anzunähern, wobei die Singvögel dies erkennen und die Hecke vermeintlich in Deckung auf der Gegenseite verlassen. Anstatt aber in das Gehölz hineinzustoßen, fliegt der Sperber über die Hecke hinweg und erbeutet einen der Vögel, die auf der anderen Seite der Hecke zu entkommen versuchen.

Fortpflanzung

Die Geschlechtsreife tritt beim Sperber im Alter von etwa einem Jahr ein. Die beiden Partner leben typischerweise für eine Brutsaison monogam.

Als Brutbiotop bevorzugen Sperber junge (etwa 30- bis 40-jährige) dichte Nadelwälder, in Ermangelung derer werden auch Laubwälder genutzt. Es wird meist jährlich ein neuer Horst gebaut. Seltener werden auch Taubennester als Grundlage genutzt. Der Horstbau beginnt im März oder April.

Das Balzverhalten im Spätwinter oder zeitigen Frühjahr ist gekennzeichnet durch einen kreisenden Flug beider Partner über dem Waldbestand des Brutrevieres und anschließenden Sturzflug in den Waldbestand. Dabei wird auch regelmäßig Beute vom Sprinz an seine Partnerin übergeben.

Das Gelege aus meist 4 bis 6 Eiern wird ab April/Mai angelegt und etwa 33 bis 35 Tage bebrütet. Das Weibchen durchläuft in dieser Zeit eine Großgefiedermauser und ist einige Zeit flugunfähig. In dieser Zeit sorgt der Sprinz für Futter, später trägt er auch die Nahrung für die Jungvögel heran, welche von der Partnerin verfüttert wird.

Die Nestlingszeit beträgt etwa 25 bis 30 Tage, danach werden die Jungvögel noch für 2 bis 3 Wochen in der Umgebung des Horstes gefüttert (vergl. auch Müller 1982, Newton 1986, Glutz von Blotzheim *et al.* 1989, Mebs & Schmidt 2006, Thiede 2005, Ortlieb 2006).

Die Gelege sind durch den Waschbären bedroht, brütende Vögel und Jungvögel werden regelmäßig Beute von Habichten, gelegentlich auch von Waldkauz oder Baummarder.

Populationsdynamik

Die Rückgänge des Sperbers gegen Mitte des 20. Jahrhunderts waren im Wesentlichen der Anwendung des Insektizids DDT (Dichlordiphenyltrichlorethan) geschuldet. Mit dem DDT-Verbot ab den 1970er Jahren in Westdeutschland und ab den 1980er Jahren in der damaligen DDR erholten sich die Bestände wieder (vergl. auch DENKER *et al.* 2001). Derzeit sind die Bestände in Mitteleuropa stabil.

Management

Derzeit ist für den Sperber kein aktives Management erforderlich. Der Schutz des Jagdrechts mit ganzjähriger Schonzeit ist hinreichend.

Bestandeserfassungen sind, ähnlich wie beim Habicht (*Accipiter gentilis*), nicht ganz einfach. Indirekte Zeichen, etwa Mauserfedern, Rupfungen oder warnende Singvögel, und Rufe sowie Beobachtungen zur Balz- oder Nestlings- bzw. Ästlingszeit geben wertvolle Hinweise.

Mensch und Wildtier

Aufgrund seiner geringeren Körpergröße kam dem Sperber in früherer Zeit als Beizvogel nicht die Bedeutung des Habichts zu. Bereits HARTIG (1811) schreibt lapidar: „Man kann den Sperber auch zur Beize abrichten".

Heute werden (weibliche) Sperber gerne zur Beizjagd auf Elstern eingesetzt. Nachdem die „Verordnung über den Schutz von Wild" (Bundeswildschutzverordnung), welche den Besitz und Handel mit jagdbaren Arten regelt, dies zeitweise verhindert hatte, ist die Haltung des Sperbers als Beizvogel heute auch wieder unter bestimmten Bedingungen möglich.

Rotmilan

Milvus milvus

Länge: ca. 60 bis 72 cm

Gewicht: ca. 800 bis 1500 g, weibliche Individuen sind größer

Gelege: 1 bis 5, meist 3 Eier

Brutzeit: je nach Region März bis Juni

Systematik und Verbreitung

Der Rotmilan gehört zur Familie der Habichtartigen (Accipitridae) und hier zu den Milanen im engeren Sinne, der Gattung *Milvus*.

Der gelegentlich verwendete deutsche Begriff „Gabelweihe" ist insofern irreführend, als die Weihen den Milanen zwar im Flugbild ein wenig ähneln, aber ihnen verwandtschaftlich nicht so nahestehen, wie dies durch diese Bezeichnung suggeriert wird.

Rotmilane haben den Schwerpunkt ihrer Verbreitung in Europa, und hier insbesondere in Deutschland.

Es handelt sich um Teilzieher; die in Südeuropa und Nordafrika brütenden Vögel überwintern auch dort. In Mittel- und Osteuropa brütende Vögel ziehen üblicherweise im Herbst nach Südwesteuropa, einige auch in den Sahel, andere überwintern neuerdings auch in den mitteleuropäischen Brutgebieten.

Lebensraum und Ökologie

Rotmilane sind Bewohner halboffener Landschaften, in Mitteleuropa ist er ein Vogel der mit Wäldern oder Feldgehölzen durchsetzten Agrarlandschaften im Flach- oder Hügelland bis etwa 800, selten auch 1200 m über N.N. und (in den Pyrenäen) darüber. Auch Offenlandbiotope werden genutzt, sofern hinreichend Brutbäume zur Verfügung stehen. Die Rotmilanverbreitung Mittel- und Osteuropas sowie des Mittelmeerraumes stimmt vergleichsweise gut mit den durch Braun- und Roterden geprägten Landschaften überein und

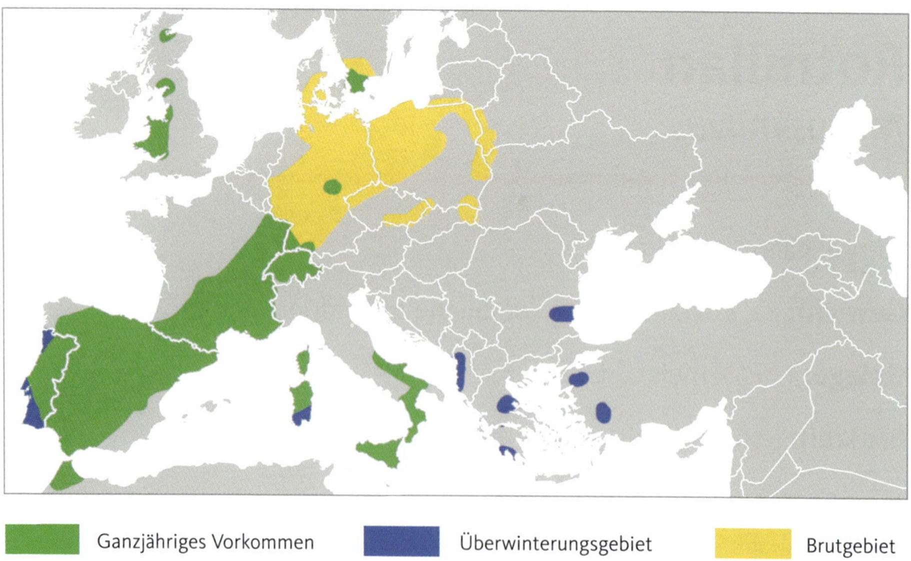

Abb. 177: Verbreitungsgebiet des Rotmilans

liegt daher heute überwiegend in der Agrarlandschaft (vergl. auch BAUER & BERTHOLD 1997, FERGUSON-LEES & CHRISTIE 2001, WALZ 2005, MEBS & SCHMIDT 2006, AEBISCHER & SCHERLER 2021).
Die Besiedelungsdichte des Rotmilans hängt in hohem Maße von der Lebensraumqualität ab, insbesondere der Nahrungsverfügbarkeit. Sie kann unter optimalen Bedingungen durchaus zehn Brutpaare auf 100 Hektar betragen (MEBS & SCHMIDT 2006).

Ernährung

Rotmilane jagen im Offenland. Wir finden die Art in der Agrarlandschaft, im Umfeld von Gewässern und Feuchtgebieten, aber gelegentlich auch entlang von Verkehrswegen oder Abfalldeponien. Während der Jagd oder Beutesuche ist der Rotmilan häufig im Gleitflug zu beobachten, wobei er gerne die Thermik – etwa über dem Asphalt von Straßen oder über wärmeren Hängen – nutzt.

Der Umfang des Aktionsraumes zur Nahrungssuche schwankt beim Rotmilan deutlich zwischen 500 und 50 000 ha um das Brutrevier (PFEIFFER & MEYBURG 2015), wobei der in der Untersuchung verwendete Auswertungsalgorithmus (MCP 95%) die tatsächliche Größe des Aktionsraumes vermutlich deutlich überschätzt, sodass insbesondere die hohen Werte mit Zurückhaltung interpretiert werden müssen.

Rotmilane sind Nahrungsgeneralisten. Die Nahrung besteht im Wesentlichen aus Kleinsäugern, kleineren Vögeln, Reptilien, Amphibien, Fischen und Wirbellosen. Die Tiere werden im Überflug erbeutet und fortgetragen. Die Beute wird durch Schnabelhiebe getötet. Häufig sehen wir Rotmilane auch hinter landwirtschaftlichen Maschinen jagen.

Neben lebender Beute nutzt der Rotmilan auch regelmäßig Aas. Gelegentlich wird anderen Greifvögeln, Rabenvögeln oder Möwen die Beute abgejagt (sog. Beuteschmarotzer).

Fortpflanzung

Die erste Brut erfolgt beim Rotmilan typischerweise im dritten Lebensjahr, selten früher. Meist findet sich eine Saisonehe, wobei auch Partnerwechsel während der Brutzeit beobachtet wurden oder auch – vermutlich aufgrund der hohen Bindung an den Brutort – eine mehrjährige Paarbindung.

Die Balz beginnt bereits im Überwinterungsgebiet, die Vögel treffen teilweise bereits verpaart im Brutgebiet ein. Im Brutgebiet verläuft die weitere Balz unauffällig und besteht aus gemeinsamen Flügen über dem Horst und gemeinsamem Horstbau. Der Horst findet sich normalerweise auf Bäumen, im Mittelmeerraum gelegentlich auch auf Felsen oder anthropogenen Bauwerken (Masten). Typisch für den Rotmilan ist der Einbau von Plastiktüten und anderen anthropogenen Fundstücken in den Horst.

Das Gelege erfolgt je nach Region zwischen März und Mai und umfasst 1 bis 5 (meist 3) Eier. Bei Gelegeverlust erfolgt ein Nachgelege. Die Brutdauer beträgt etwa 32 bis 33 Tage, wobei meist der weibliche Vogel brütet. Die Nestlingszeit dauert etwa 7 bis 8, gelegentlich

bis zu 10 Wochen. Anschließend verstreichen die Jungvögel nach etwa 2 bis 3 Wochen aus dem elterlichen Brutrevier (vergl. FERGUSON-LEES & CHRISTIE 2001, WALZ 2005, MEBS & SCHMIDT 2006, AEBISCHER & SCHERLER 2021).
Mischbruten zwischen Rot- und Schwarzmilan (*Milvus migrans*) und auch fertile Hybriden werden vereinzelt beschrieben (SCHMIDT & SCHMIDT 2006), ohne dass man daraus bereits Rückschlüsse auf die Artdifferenzierung ziehen sollte.

Populationsdynamik

Nach teilweise deutlichen Bestandesrückgängen gegen Ende des 20. und Anfang des 21. Jahrhunderts hat sich die Bestandessituation in den vergangenen Jahren über Mitteleuropa gesehen wieder verbessert, so dass der Rotmilan derzeit nicht als gefährdet gilt. Lokal scheint es allerdings Unterschiede in der Bestandesentwicklung zu geben.

Generell wurde bzw. wird die Bestandesentwicklung des Rotmilans durch Änderungen der Agrarstruktur und des Anbauverhaltens (vergl. z.B. GEORGE 2004), nasskalte Witterung zur Nestlingszeit und Gradationen der Hauptbeutetiere, insbes. Mäuse, beeinflusst. Somit dürfte eine gewisse Schwankungsbreite über die Zeit als normal angesehen werden.

Ernstzunehmen, weil dauerhaft wirksam, sind vor allem die veränderten Lebensraumbedingungen in der Agrarlandschaft, insbesondere der Rückgang der Grünlandwirtschaft und die Zunahme der Windkraftanlagen. Vor allem auf dem Zug scheinen auch Vergiftungen durch Rodentizide, die mit Nagetieren und Nagetierkadavern aufgenommen werden, und Wilderei eine Rolle zu spielen. Welchen konkreten Einfluss diese Faktoren auf die Rotmilanpopulation allerdings haben, ist derzeit noch unklar.

Auch ein Einfluss der Schließung offen zugänglicher Abfalldeponien in der Europäischen Union auf die Rotmilanpopulation (vergl. AEBISCHER & SCHERLER 2021), kann vermutet werden, ist aber nicht hinreichend belegt. Dies gilt auch für die Frage, ob die Konkurrenz durch zunehmende Schwarzmilanbestände und vor allem die Zunahme der Prädation durch den Waschbären als sich derzeit massiv ausbreitendem Nest- und Brutprädator die Population langfristig beeinflusst (vergl. LANGGEMACH & BELLEBAUM 2005, BRAUNMANN *et al.* 2006, GÖRNER 2009, TOLKMITT *et al.* 2012).

Management

Die Managementmaßnahmen für den Rotmilan bestehen derzeit vor allem in der Vorbeugung beim Bau etwa von Windkraftanlagen, aber auch Straßen und Eisenbahnstrecken.
Solange wir nicht wissen, ob die an diesen Strukturen nachgewiesene Mortalität als kompensatorisch oder additiv eingestuft werden muss, müssen wir in der Begleitplanung derartiger Projekte möglichst immer auf der sicheren Seite bleiben, ein intensives Monitoring betreiben sowie auf die Einhaltung der vorgeschriebenen Schutzmaßnahmen bestehen (z.B. Mindestabstände und Zeitfenster der Abschaltung bei Windkraftanlagen, Vermeidung von Kadaveranfall im Umfeld von Straßen oder Bahnstrecken u.a.).

Darüber hinaus sind generell alle Maßnahmen sinnvoll, welche eine Nahrungssuche während der Brut- und Aufzuchtzeit erleichtern (Erhaltung von regelmäßig gemähtem Grünland oder Feuchtgebieten). Auch die intensive Bejagung des Waschbären in Flächen mit Rotmilanhorsten erscheint wichtig.

Mensch und Wildtier

Rotmilane haben in der Vergangenheit durchaus in der Nähe menschlicher Siedlungen oder sogar in großen Städten gebrütet. Dabei dürfte das Aufkommen an Tierkadavern auf den Straßen und später Abfällen auf offenen Deponien eine entscheidende Rolle gespielt haben. Diese lange Verbundenheit findet offenbar in der Tatsache Ausdruck, dass verschiedene Gemeinden den Rotmilan im Wappen führen.

Da mehr als die Hälfte aller weltweiten Brutpaare in Deutschland brüten, handelt es sich hierzulande um eine Tierart mit besonderer nationaler Verantwortung.

Schwarzmilan

Milvus migrans

Länge: ca. 48–58 cm

Gewicht: 500 bis 1100 g, weibliche Individuen größer als männliche

Gelege: 2 bis 3 (selten bis zu 5) Eier

Brutzeit: April bis Juni

Systematik und Verbreitung

Der Schwarzmilan gehört wie der Rotmilan zu den Milanen im engeren Sinne in der Familie der Habichtartigen.

Sein Verbreitungsgebiet umfasst weite Teile der Paläarktis, des indomalaiischen Faunengebietes sowie Australiens und Neuseelands. Je nach Autor werden bis zu zwölf Unterarten beschrieben. Schwarzmilane gehören zu den verbreitetsten Greifvögeln der Erde.

Lebensraum und Ökologie

Der Schwarzmilan (bzw. dessen Unterarten der gemäßigten Breiten) bevorzugt abwechslungsreiche Lebensräume mit Offenlandanteilen, Wäldern oder Baumgruppen im Umfeld von Gewässern. Auf die Unterarten der trockenen Steppen oder Wüsten trifft dies nicht zu. Die afrikanischen Unterarten finden sich regelmäßig in der Nähe menschlicher Siedlungen.

Die mitteleuropäischen Vögel sind Transsaharazieher. Als sog. Thermiksegler ziehen sie tagsüber und überqueren das Mittelmeer auf kürzestem Weg, typischerweise über Gibraltar oder Sizilien. Der Zug erfolgt in größeren Verbänden. Vereinzelt überwintern aber auch Vögel in Mittel- oder Südeuropa (vergl. Ortlieb 1998, Ferguson-Lees & Christie 2001, Walz 2005, Mebs & Schmidt 2006).

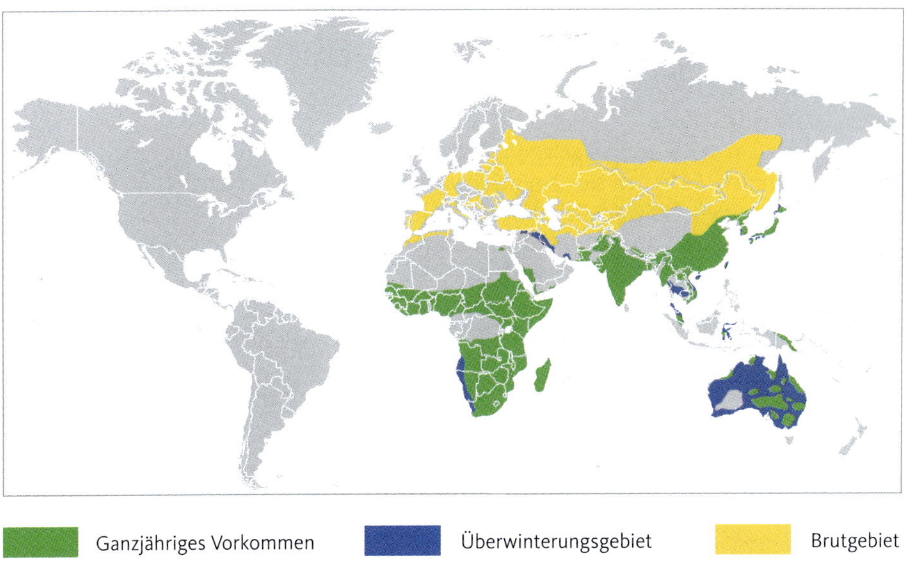

Abb. 178: Verbreitungsgebiet des Schwarzmilans

Ernährung

Schwarzmilane sind Nahrungsgeneralisten. Die Nahrung besteht ähnlich wie beim Rotmilan im Wesentlichen aus Kleinsäugern, kleineren Vögeln, Reptilien, Amphibien, Fischen und Wirbellosen. Dabei ist der Anteil der Amphibien, Fischen und auch derjenige von Aas höher.

Fische spielen im Nahrungsspektrum des Schwarzmilans eine besondere Rolle. Sowohl lebende Fische als auch Fischkadaver – etwa nach Fischsterben – werden intensiv genutzt, sofern zugänglich und stellen bei Schwarzmilanen, deren Horst sich nahe dem Wasser befindet, die Hauptbeute dar.

Wo vorhanden, werden auch Abfalldeponien intensiv genutzt.

Auch vegetarische Nahrungsbestandteile werden gelegentlich aufgenommen.

Schwarzmilane jagen im niedrigen Suchflug. Dabei werden auch Tierkadaver oder nutzbare menschliche Abfälle erkannt. Fische werden regelmäßig in der Nähe der Wasseroberfläche aufgegriffen, Säugetiere und Vögel vom Boden aufgenommen und fortgetragen. Bei Busch- oder Savannenbränden finden wir Schwarzmilane typischerweise vor oder hinter der Feuerlinie jagend. Ob dabei allerdings „aktiv“ Brände verbreitet werden, ist eine offene Frage (vergl. auch Bonta *et al.* 2017).

Schwarzmilane treten auch regelmäßig als Beuteschmarotzer in Erscheinung, d.h. sie jagen anderen Vögeln regelmäßig die Beute ab.

Fortpflanzung

Ähnlich wie beim Rotmilan erfolgt die erste Brut relativ spät, meist im Alter von drei Jahren, auch wenn Elemente des Fortpflanzungsverhaltens wie Nestbau bereits bei jüngeren Vögeln beobachtet wurde.

Die Vögel leben in Saisonehe, gelegentlich aber auch über mehrere Jahre mit demselben Partner zusammen. Es finden sich beim Schwarzmilan gelegentlich auch Brutkolonien mit offenbar sehr kleinen, individuellen Brutterritorien.

Der Partner, welcher zuerst aus dem Winterquartier zurückkehrt, beginnt mit dem Horstbau, an dem sich später beide Partner beteiligen. Horstbäume werden gerne in Wäldern oder an Waldrändern in Gewässernähe ausgewählt. Horste anderer Arten werden regelmäßig übernommen. Typisch für den Horstbau des Schwarzmilans ist, dass dieser nicht selten in Graureiher- oder Kormorankolonien erfolgt.

Der gemeinsame Horstbau selbst ist bereits ein Teil des Balzverhaltens, zu welchem auch eindrucksvolle Flugmanöver wie die sog „Girlandenflüge“ mit abwechselndem Aufsteigen und Fallenlassen gehören.

In Mitteleuropa beginnt ab Anfang bis Ende April die Eiablage. Das Gelege besteht aus 2 oder 3, seltener auch bis zu 5 Eiern. Diese werden etwa 4 bis 5 Wochen bebrütet. Der weibliche Vogel brütet und wird während der Brutzeit und auch darüber hinaus vom Partner mit Nahrung versorgt.

Die Nestlingszeit beträgt ebenfalls 4 bis 5 Wochen, mit 6 bis 8 Wochen werden die Jungvögel flügge (vergl. Ortlieb 1998, Ferguson-Lees & Christie 2001, Walz 2005, Mebs & Schmidt 2006).

Wie bereits erwähnt, kommen Mischbruten zwischen Rot- und Schwarzmilan und auch fertile Hybriden vor (Schmidt & Schmidt 2006).

Populationsdynamik

Der Schwarzmilan ist weltweit gesehen die häufigste Greifvogelart. Die Art ist nicht gefährdet. Der Bestand in Europa wird auf 130 000 bis 200 000 Individuen geschätzt und war in den vergangenen Jahren weitgehend stabil oder hat geringfügig zugenommen.

Management

Die möglichen Managementmaßnahmen in Bezug auf den Schwarzmilan wurden bereits im Zusammenhang mit dem Rotmilan orientierend beschrieben. Es sind dies im Wesentlichen präventive Maßnahmen beim Bau von Windkraftanlagen, aber auch Straßen und Eisenbahnstrecken (z.B. Mindestabstände von Brut- und Jagdgebieten, Zeitfenster der Abschaltung bei Windkraftanlagen, Vermeidung von Kadaveranfall im Umfeld von Straßen oder Bahnstrecken u.a.).

Auch bei dieser Art sind generell alle Maßnahmen sinnvoll, welche eine Nahrungssuche während der Brut- und Aufzuchtzeit erleichtern (Erhaltung von regelmäßig gemähtem Grünland oder Feuchtgebieten). Auch die intensive Bejagung des Waschbären in Flächen mit Schwarzmilanhorsten sei hier erwähnt.

Seeadler

Haliaeetus albicilla

Länge: 74 bis 95 cm

Gewicht: 3 bis 7 kg (weibliche Vögel sind größer als männliche)

Gelege: 1 bis 3 Eier

Brutzeit: Februar bis April

Systematik und Verbreitung

Der Seeadler gehört wie der Steinadler zur Familie der Habichtartigen (Accipitridae).

Seine Verbreitung reicht von der Südspitze Grönlands in einem breiten Band über Skandinavien, Mittel- und Osteuropa bis nach Ostasien.

Lebensraum und Ökologie

Seeadler sind Vögel weiträumiger, möglichst ungestörter, gewässerreicher Landschaften und finden sich sowohl an den Küsten als auch an größeren Binnengewässern.

Sie sind meist Standvögel, wobei junge Individuen auf der Suche nach geeigneten (Nahrungs-)Habitaten auch weiträumig verstreichen. Die Seeadler des nordöstlichen Skandinaviens, des nördlichen Russlands und Sibiriens sind Zugvögel, welche in Kleinasien, am Schwarzen und Kaspischen Meer sowie im südlichen Asien und im Süden Japans überwintern.

Ernährung

Seeadler nutzen drei wichtige Nahrungsressourcen: Fische, Wasservögel und Kadaver. Dies erlaubt ihnen in vielen Regionen, als Standvogel auch in Wintern mit zugefrorenen Gewässern zu verbleiben.

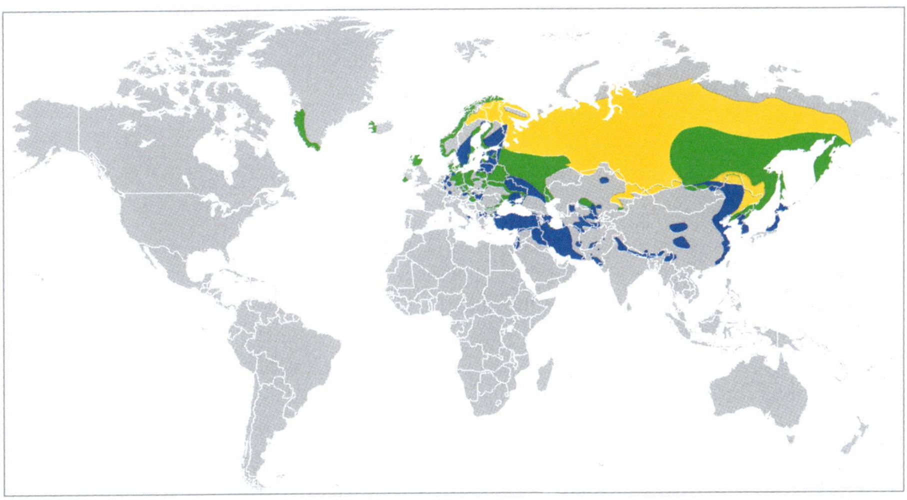

Ganzjähriges Vorkommen — Überwinterungsgebiet — Brutgebiet

Abb. 179: Verbreitungsgebiet des Seeadlers

Während der Brutsaison und im Sommer werden vor allem Fische und Wasservögel erbeutet. Bei Fischsterben werden auch tote Fische in größerem Umfang genutzt. Im Winter bilden vor allem Wasservögel die Nahrungsbasis, gelegentlich auch Säugetiere wie Hasen oder kleine Raubsäuger und zu einem nicht unerheblichen Anteil auch Aas.

Das Nahrungsspektrum spiegelt im Grunde die im Lebensraum vorkommenden Arten gut wider. Interessant ist auch, dass anderen Greifvogelarten regelmäßig die Beute abgejagt wird (vergl. FISCHER 1984, KLUTH & BEZZEL 1999, FERGUSON-LEES & CHRISTIE 2001).

Seeadler lernen auch schnell, herbstliche Gesellschaftsjagden für sich zu nutzen. Oft stellen sich mit den ersten Schüssen nicht nur die Kolkraben, sondern auch der Seeadler im Jagdgebiet ein.

Fortpflanzung

Seeadler werden normalerweise mit 5 Jahren geschlechtsreif. Die Partner finden sich zu einer monogamen lebenslangen Gemeinschaft zusammen.

Seeadler bauen ihren großen Horst, wenn möglich, auf hohen Bäumen in Gewässernähe, bei Mangel an Horstbäumen – insbesondere an der Küste – werden auch Felsklippen genutzt. Die Horste werden über viele Jahre genutzt und können nach einigen Jahren einen Durchmesser von rund zwei Metern und eine Höhe von mehreren Metern erreichen.

Das Gelege erfolgt in Mitteleuropa ab März. Es besteht aus 1 bis 3 Eiern, welche für etwa 34 bis 42 Tage bebrütet werden. Meist brütet der weibliche Adler, doch löst das Männchen diesen mehrmals täglich bei der Brut ab.

Die Nestlingsperiode dauert etwa 75 Tage, und nach einer Ästlingszeit von etwa 1 bis 2 Wochen sind die Jungvögel in der Lage, kurze Strecken zu fliegen. Anschließend bedürfen die Jungvögel noch etwa 2 Monate lang der elterlichen Führung (vergl. auch FISCHER 1984, KLUTH & BEZZEL 1999, FERGUSON-LEES & CHRISTIE 2001).

Populationsdynamik

Seeadler waren in Mittel- und Westeuropa durch menschliche Verfolgung bis ins frühe 20. Jahrhundert und durch die Folgen des Einsatzes von DDT (Dichlordiphenyltrichlorethan, ein Insektizid, welches sich in den Nahrungsnetzen anreichert und bei vielen Greifvögeln zu einem deutlich verminderten Bruterfolg führte) in der zweiten Hälfte des 20. Jahrhunderts beinahe ausgestorben. Seit Ende des 20. Jahrhunderts nimmt der Bestand in weiten Teilen Europas wieder deutlich zu und die Art breitet sich auch in der Fläche weiter aus. International gilt der Seeadler daher auch nicht mehr als gefährdet.

Die Ursachen für die Bestandszunahme sind vielfältig. Neben dem Verbot von DDT, weiterhin bestehendem strengem Schutz einschließlich des Horstumfeldes zur Brutsaison (s.u.), einer langsamen Verbesserung der Lebensraumsituation gegen Ende des 20. Jahrhunderts und evtl. milderen Wintern dürfte auch die Zunahme der Huftierbejagung auf großen Drück-Stöber-Jagden mit entsprechend hohem Anfall an Aas eine Rolle gespielt haben.

Auch scheint derzeit eine gewisse Annährung des Seeadlers an die menschliche Zivilisation zu erfolgen. Beispielsweise werden Seeadler bereits regelmäßig an Autobahnen und Eisenbahnstrecken bei der Suche nach Kadavern beobachtet.
Beides – die intensivere Bejagung des Schalenwildes und die Nutzung der Kollisionsopfer an Straßen im Winter – hätte, um eine Bestandszunahme zu unterstützen, zur Voraussetzung, dass die zusätzliche Mortalität durch Bleivergiftungen (siehe oben) bzw. durch Kollisionen durch die bessere Überlebenswahrscheinlichkeit in harten Wintern deutlich überkompensiert wird.

Management

Seeadler unterliegen in Deutschland seit den 1930er Jahren dem Schutz des Jagdrechts im Sinne einer ganzjährigen Schonzeit. Diese wurde später ergänzt durch gezielte lokale Schutzmaßnahmen, insbesondere in Gestalt von Horstschutzzonen (gelegentlich sogar aktiv bewacht). Diese Maßnahmen sind offensichtlich erfolgreich gewesen (vergl. HAILER *et al.* 2006).

Der Seeadler gilt bislang als eine sehr scheue, störungsempfindliche Art. Bereits während der Balz im Winter sollte in den Horstschutzzonen Jagdruhe herrschen, da anderenfalls die Gefahr besteht, dass der Horst aufgegeben wird.

Neue potenzielle Gefahren birgt heute die zunehmende Nutzung der Windkraft, insbesondere im Wald. Auch wenn bei einem vorhandenen Seeadlerrevier eine Schutzzone von 3000 m im Radius einzuhalten ist, so wird doch die Wiederbesiedlung noch unbesetzter Habitate durch Windkraftanlagen möglicherweise verhindert.

Gelegentlich finden wir auch Berichte, dass es – möglicherweise im Zusammenhang mit den Horstschutzzonen von 3000 m bei der Errichtung von Windkraftanlagen – zu gezielten Störungen brütender Seeadler gekommen sein soll (DREVES 2020). Derartigen Entwicklungen muss in Zukunft klar entgegengetreten werden. Die für den Artenschutz generell bessere Lösung wäre sicher der generelle Verzicht auf Windkraftanlagen über Wäldern.

Schließlich sollte es selbstverständlich sein, in Regionen mit Seeadlervorkommen auf bleihaltige Jagdmunition zu verzichten.

Abb. 180: Seeadler (Graphik nicht ganz arttypisch ausgeführt: der weiße Kopf ist kein typisches Merkmal für den Seeadler) als Symbol für Naturschutzgebiete in der Bundesrepublik Deutschland

Mensch und Wildtier

Der Seeadler ist, wie auch der Steinadler, eine ausgesprochen ikonische Tierart, welche die Menschheitsgeschichte seit Jahrtausenden begleitet.

Einige wesentliche Aspekte wurden bereits bei der Darstellung des Steinadlers (*Aquila chrysaetos*, siehe dort) beschrieben.

Zu ergänzen ist vielleicht, dass der Seeadler die Naturschutzbewegung von Anfang an als Symbolart begleitet. So findet er sich beispielsweise auf den Beschilderungen der Naturschutzgebiete (vergl. Abb. 180) oder, daran optisch angelehnt, im Logo der Deutschen Wildtier Stiftung.

Schließlich stellt auch der Bundesadler der Bundesrepublik Deutschland am ehesten einen Seeadler dar. Die ungewöhnliche Körperhaltung des Bundesadlers (und anderer ähnlicher Darstellungen von Adlern) weist darauf hin, dass hier ein getöteter Vogel, welcher zwischen Arm- und Handschwingen an einer horizontalen Stange befestigt ist, dargestellt wird. Hier haben anscheinend alte, aus heutiger Sicht eher unschöne Gepflogenheiten der Verwendung von getöteten Adlern als Feldzeichen in die Heraldik Eingang gefunden.

Bundeswappen Deutschlands seit 1950

Mäusebussard

Buteo buteo

Länge: 51 bis 60 cm

Gewicht: 560 bis 1370 g, weibliche Bussarde sind größer

Gelege: 2 bis 3, seltener 1 oder 4 Eier

Brutzeit: März bis Mai

Systematik und Verbreitung

Der Mäusebussard ist die in Mitteleuropa häufigste Art aus der Familie der Habichtartigen (Accipitridae). Er gehört zu den Echten Bussarden (Gattung *Buteo*).
Sein Verbreitungsgebiet erstreckt sich über nahezu ganz Europa und im Osten bis weit nach Asien.

Lebensraum und Ökologie

Von Natur aus bewohnen Mäusebussarde lichte, mit Offenflächen durchsetzte Wälder und Waldränder. Die Nahrungssuche erfolgt meist auf den offenen Flächen.

Schon immer gut an die Agrarlandschaft angepasst, toleriert der Mäusebussard auch die großflächig ausgeräumten, artenarmen Landschaften unserer Tage und besiedelt diese auch zunehmend (vergl. auch ROCKENBAUCH 1975, SCHIMMELPFENNIG 1995, MEBS & SCHMIDT 2006, BUSCHE & KOSTRZEWA 2007), so dass Mäusebussarde im Grunde eine von der industrialisierten Agrarlandschaft begünstigte Greifvogelart darstellen.

Ernährung

Mäusebussarde ernähren sich im Wesentlichen von kleinen Säugetieren, Mäuse bilden die Hauptbeute. Allerdings ist der Mäusebussard nicht ausschließlich von Mäusen abhängig.

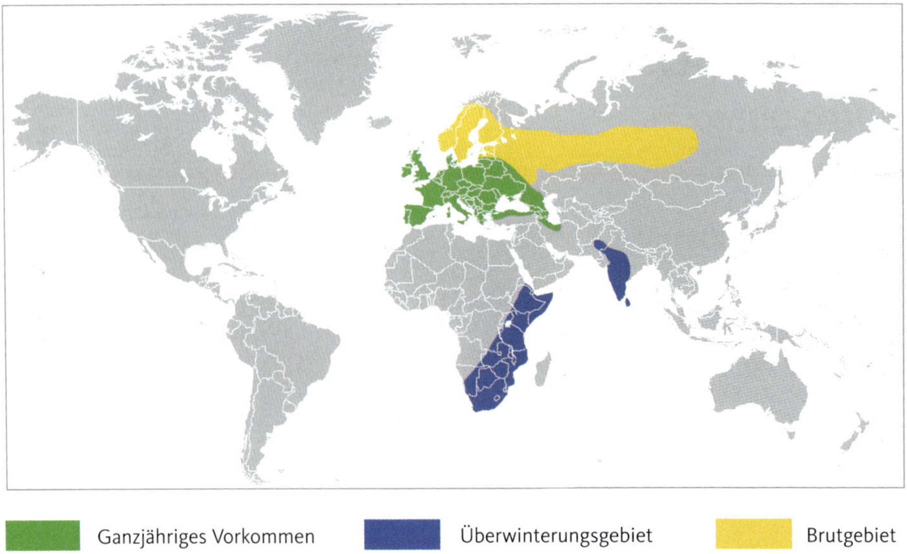

Abb. 181: Verbreitungsgebiet des Mäusebussards

So kann er auch auf andere Kleintiere der Agrarlandschaft ausweichen, von Schnecken und Würmern bis hin zu Jungvögeln oder Junghasen. Darüber hinaus nimmt er auch Aas auf, so dass der Bestand des Mäusebussards in mäusearmen Jahren nicht völlig zusammenbricht. Insbesondere unsere Verkehrswege liefern einen stetigen Aasanfall, sodass der Mäusebussard mit Ausnahme extrem strenger Winter in unserer Landschaft keinen wirklichen Nahrungsengpass erleidet (vergl. auch Mebs 1964, Melde 1971, Müller 1982, Bauer *et al.* 2005, Mebs & Schmidt 2006).

Fortpflanzung

Mäusebussarde werden im Alter von etwa zwei bis drei Jahren geschlechtsreif.

Im Spätwinter und zeitigen Frühjahr können wir den eindrucksvollen Balzflug über dem Brutgebiet beobachten, der gleichzeitig auch der Revierabgrenzung dient. Dabei beeindrucken auch die Revierkämpfe und damit verbundenen Flugbilder beim Auftauchen revierfremder Rivalen. Das dabei zu beobachtende "sich-auf-den-Rücken-werfen" im Flug finden wir auch in Zusammenhang mit Attacken von Turmfalken oder Krähen.

Mäusebussarde leben in saisonaler Einehe, doch die hohe Bindung an das Brutrevier bedingt häufig eine lebenslange Partnerschaft.

Das Gelege von 2 bis 3, seltener 1 oder 4 Eiern wird im März oder April angelegt und etwa 33 bis 35 Tage bebrütet. Die Nestlingszeit dauert 6 bis 7 Wochen, nach einigen Tagen Ästlingszeit folgt für etwa 6 bis 10 Wochen die Bettelflugphase. Anschließend verlassen die Jungvögel das Brutrevier (vergl. Mebs 1964, Melde 1971, Davis & Davis 1992, Thiede 2005, Mebs & Schmidt 2006).

Populationsdynamik

Der Bestand des Mäusebussards hat in den vergangenen Jahrzehnten in Deutschland deutlich zugenommen. Der Bestand gilt als nicht gefährdet. Aufgrund der hohen Bindung an Kleinsäuger als Beutetiere und Abhängigkeit von deren zyklischer Populationsdynamik gibt es allerdings regelmäßig mehr oder weniger gute "Bussardjahre".

Einflüsse durch Kollisionen an Straßen und Eisenbahnstrecken sind schwer quantifizierbar, doch wir können derzeit wohl davon ausgehen, dass diese im Rahmen der kompensatorischen Mortalität liegen und auf die Gesamtpopulation keinen Einfluss haben.

In jüngerer Zeit wird regelmäßig von regionalen Bestandesrückgängen berichtet. Hier ist es wichtig, zu prüfen, ob es sich dabei um die arttypischen Bestandeszyklen handelt oder ob andere Ursachen, z.B. Windkraftanlagen, eine Rolle spielen.

Management

Der Mäusebussard wird gerne für den Rückgang der Niederwildarten mitverantwortlich gemacht. Natürlich sind für einen Hasenbestand, der nur noch aus wenigen Exemplaren besteht, auch wenige erbeutete Junghasen ein Aderlass. Allerdings sollten wir in diesem Zusammenhang unseren Blick vor allem darauf richten, welche Faktoren es erst so weit haben kommen lassen. Dafür ist der Mäusebussard sicher nicht verantwortlich. Die Rolle als Mäusejäger macht den Mäusebussard bei Land- und Forstwirten gerne gesehen: Sie stellen auf baumfreien Flächen gerne T-förmige Stangen, sog. Julen, auf, um Ansitzwarten zu schaffen. Allerdings ist zu bedenken, dass gerade in guten Mäusejahren der Einfluss dieses Prädators auch auf die Wühlmauspopulation eher begrenzt ist.

In Wintern mit langen Frostperioden und entsprechenden Schneelagen kann lokal auch eine Unterstützung durch vorübergehende Futtergaben angezeigt sein.

In Deutschland lebt mehr als die Hälfte des mitteleuropäischen Brutbestandes, so dass wir hier eine besondere Verantwortung tragen. Mäusebussarde unterliegen in den meisten Ländern dem Schutz des Jagdrechts (ganzjährige Schonzeit).

Mäusebussarde werden immer wieder Schlagopfer von Windkraftanlagen. Intensive Forschungsarbeiten sind zu diesem Thema erforderlich, um nicht sich anbahnende, langfristig wirksame Probleme zu übersehen.

Mensch und Wildtier

Der Mäusebussard wurde aufgrund der Tatsache, dass er für landwirtschaftliche Geflügelbestände als Prädator praktisch nicht relevant ist und als Prädator für etwa Singvogelarten nur eine geringe Rolle spielt, nie in dem Ausmaß verfolgt, wie dies bei anderen Greifvögeln der Fall war.

Für die Beizjagd ist der Mäusebussard aufgrund seines natürlichen Beutespektrums nur sehr eingeschränkt geeignet.

In Frankreich wird daher auch ein schlichter oder unfähiger Mensch gerne als Bussard bezeichnet. Ähnlich ist das Sprichwort zu verstehen, dass man „aus einem Bussard keinen Sperber" („On ne saurait faire d'une buse un épervier") machen könne (vergl. Gattiker & Gattiker 1989).

Raufußbussard

Buteo lagopus

Länge: 49 bis 63 cm

Gewicht: 600 bis 1600 g, weibliche Vögel sind schwerer als männliche

Gelege: 1 bis 7, normalerweise 3 bis 4 Eier

Brutzeit: März bis Juni

Systematik und Verbreitung

Der Raufußbussard gehört wie der Mäusebussard zur Gattung *Buteo* (Echte Bussarde) in der Familie der Habichtartigen (Accipitridae).

Es handelt sich um einen Brutvogel des hohen Nordens, wo die Art zirkumpolar (mit Ausnahme Grönlands, Islands und Spitzbergens) vertreten ist.

Lebensraum und Ökologie

Der Raufußbussard besetzt in der nördlichen Tundra eine ähnliche ökologische Nische wie der Mäusebussard in Mitteleuropa. Allerdings besiedelt er die Tundra bzw. Waldtundra und brütet dort in der baumlosen Tundra am Boden, auf Felsen oder Klippen, ebenso wie in der Waldtundra auf Bäumen. Der Raufußbussard ist ein Zugvogel und überwintert zwischen Oktober und April unter anderem in Mitteleuropa.

Ernährung

Die Hauptbeute sind kleine Säugetiere, vor allem Wühlmäuse und Lemminge, wobei (im Gegensatz zum Mäusebussard) auch Vögel und größere Beutetiere wie Schneehasen oder Schneehühner regelmäßig erbeutet werden, insbesondere, wenn Wühlmäuse oder Lemminge sich in einem Populationstief befinden. Auch Reptilien, Amphibien und Insekten

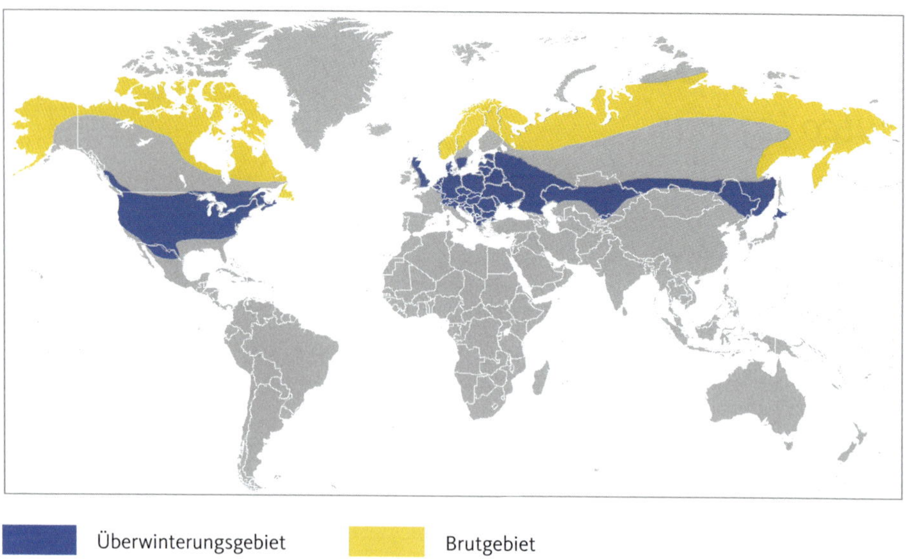

Abb. 182: Verbreitungsgebiet des Raufußbussards

gehören zum Beutespektrum, ebenso wie Aas. In Mitteleuropa werden kleine bis mittelgroße Vögel, etwa Rebhühner, aber gelegentlich auch einmal ein Hase oder Kaninchen geschlagen.

Raufußbussarde sind wie Mäusebussarde Ansitzjäger, die von der Warte aus in einem kurzen bodennahen, z.T. gleitenden Flug die Beute jagen. Gelegentlich sieht man Raufußbussarde auch aus dem Rüttelflug jagen.

Fortpflanzung

Raufußbussarde beginnen meist im zweiten Lebensjahr sich zu verpaaren und zu brüten. Balz und Brut sind dabei nicht unerheblich von der Nahrungssituation abhängig. Bei Nahrungsmangel kommen auch kleinere Gelege vor und/oder Gelege werden während der Brut aufgegeben. Evtl. verstreichen die Vögel auch in bessere Habitate oder es kommt gar nicht zu Balz und Nestbau.

Die Balz beginnt teilweise bereits im Winterlebensraum, teilweise aber auch erst im Bruthabitat.

Raufußbussarde leben monogam in Jahresehe, gelegentlich bleiben die Paare aber auch länger zusammen.

Der Horststandort ist vom Lebensraum abhängig; auf Klippen, auf dem Boden oder auf Bäumen wird entweder neu gebaut oder ein vorhandener Horst, auch von anderen Greifvogelarten, ausgebaut.

Der Umfang des Geleges schwankt in Abhängigkeit vom Nahrungsangebot zwischen einem und 7 Eiern, normalerweise werden 3 bis 4 Eier gelegt. Nachgelege kommen bei Verlust des Geleges vor und enthalten meist 2 Eier.

Der weibliche Bussard brütet etwa 31 bis 37 Tage, in dieser Zeit bringt der Partner Nahrung für den brütenden Vogel und in den ersten Tagen auch für die Nestlinge. Später jagen und füttern beide Eltern.

Nach einer Nestlingsphase von gut 4 Wochen folgt eine etwa zehntägige Ästlingsperiode, ab etwa dem 40. Lebenstag sind die Jungvögel flügge. Etwa 3 bis 4 Wochen später wandern diese aus dem elterlichen Lebensraum ab (vergl. Glutz von Blotzheim *et al.* 1989, Bauer & Berthold 1997, Mebs & Schmidt 2006).

Populationsdynamik

Raufußbussarde sind erheblichen Bestandesschwankungen in Abhängigkeit von der Nahrungsverfügbarkeit und hier insbesondere auch den Gradationen ihrer Hauptbeutearten unterworfen. Die Art ist nicht gefährdet.

Management

Aktive Managementmaßnahmen erfolgen derzeit praktisch nicht.

Wanderfalke

Falco peregrinus

Länge: 35 bis 51 cm

Gewicht: 330 bis 1300 g, weibliche Falken sind größer als männliche

Gelege: 1 bis 5 Eier, meist 3 bis 4

Brutzeit: März bis Mai

Systematik und Verbreitung

Der Wanderfalke gehört zur Familie der Falkenartigen (Falconidae) und hier zur Gattung der Echten Falken (*Falco*).

Die Falken sind gekennzeichnet durch den sog. Falkenzahn, eine Zacke im hakenförmig nach unten gebogenen Oberschnabel. Sie töten ihre Beute durch Nackenbiss oder Biss in den Hinterkopf (sog. Bisstöter).

Der Wanderfalke stellt die weltweit am weitesten verbreitete Vogelart dar und besiedelt alle Kontinente mit Ausnahme der Antarktis. Er fehlt allerdings in weiten Teilen der Tropen sowie in den großen Wüsten- und Steppenregionen. Weltweit werden zahlreiche Unterarten ausgewiesen (vergl. RATCLIFFE 1993).

Lebensraum und Ökologie

Wanderfalken sind primär Bewohner großräumiger Felslandschaften, insbesondere der Gebirge und Felsküsten. Außerhalb der Brutzeit finden sich Wanderfalken auch in anderen Lebensräumen mit hinreichender Beutedichte. Darüber hinaus gab es in Mitteleuropa auch immer eine baumbrütende Teilpopulation (vergl. z.B. KIRMSE 2008, SÖMMER & KIRMSE 2013). Sekundär siedeln und brüten Wanderfalken seit etwa Mitte des 20. Jahrhunderts zunehmend auch im Zivilisationsraum.

In Mitteleuropa sind Wanderfalken Jahresvögel und leben ganzjährig in ihren Brutrevieren.

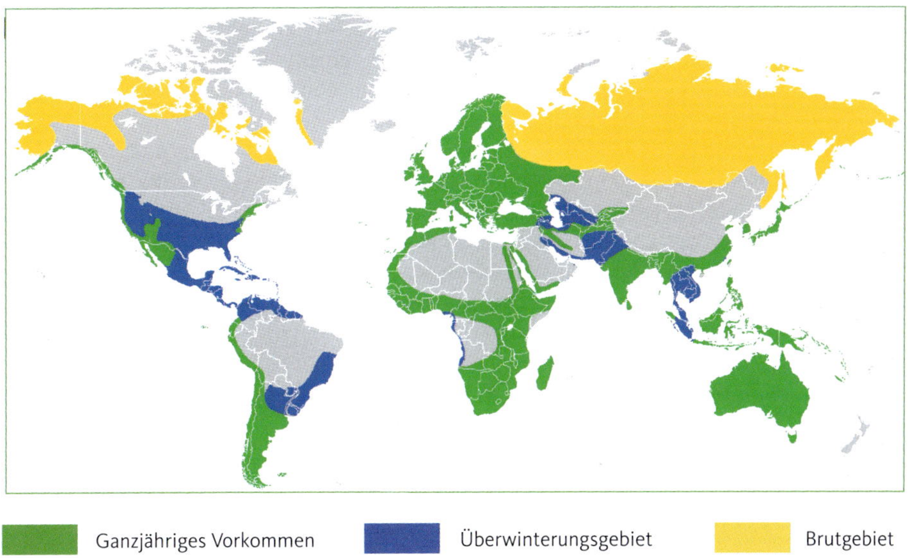

Abb. 183: Aktuelles Verbreitungsgebiet des Wanderfalken

Die Beute des Wanderfalken besteht zum allergrößten Teil aus Vögeln, meist von Drossel- bis Krähengröße, welche im freien Lauftraum erbeutet werden.

Kleinere Vögel werden noch im Flug mit den Fängen fixiert und fortgetragen. Größere Vögel, insbesondere Tauben oder Krähen, bringt der Falke mit seinen Fängen zum Absturz, um dann zur Beute zurückzukehren und diese am Boden, oft auf kleinen Erhebungen, zu rupfen. Dabei entsteht oft der typische „Federring", in dem der Falke sich während des Rupfens stetig um die eigene Achse dreht, um seine Umgebung im Blick zu behalten.

Wanderfalken jagen häufig aus hohem Flug, bei dem sie die lokale Thermik ausnutzen. Auf die Beute stoßen sie im Sturzflug mit bis zu über 300 km/h hinab.

Wanderfalken können auch bis in die Dämmerung jagen und erbeuten dann besonders Fledermäuse. Durch die Lichtverschmutzung in urbanen Regionen sind Wanderfalken zunehmend in der Lage, auch über die Dämmerung hinaus zu jagen. Dabei erbeuten sie neben Fledermäusen auch nachts ziehende Vogelarten, z.B. Limikolen (vergl. auch Sömmer 1989, Glutz von Blotzheim 1989, Ratcliffe 1993, Sömmer & Haensel 2003, Mebs & Schmidt 2006).

Fortpflanzung

Wanderfalken werden im Alter von etwa neun Monaten geschlechtsreif, meist brüten sie allerdings erstmals im zweiten Lebensjahr.

Sie bauen keinen eigenen Horst, sondern brüten in Felsnischen oder auf Nestern anderer Vögel. Bodenbrüter kommen in Nordeuropa (Norden des Baltikums, Skandinaviens oder Russlands) vor. Im mitteldeutschen sowie westpolnischen Tiefland existierte bis zum Bestandeszusammenbruch aufgrund des DDT-Einsatzes (s.u.) auch eine baumbrütende Teilpopulation. Diese Tradition bildet sich offenbar durch eine Prägung während der Aufzuchtphase aus und konnte im Rahmen von Wiederansiedlungsmaßnahmen auch wieder etabliert werden (für eine Übersicht vergl. Leix 2022).

Die Balz beginnt unspektakulär im Januar, indem die Partner gemeinsam über ihrem Brutrevier kreisen. Später, ab etwa Anfang Februar, versorgt der Partner die Partnerin zunehmend mit Beute, später kommt als Teil des Balzrituals noch das Zeigen des vorgesehenen Brutplatzes und das Locken der Partnerin zu demselben.

Im März/April wird mit der Anlage des Geleges begonnen, welches aus meist 3 bis 4 Eiern besteht, welche rund fünf Wochen bebrütet werden. Im Alter von etwa 6 bis 7 Wochen (männliche Individuen etwas früher) sind die Jungvögel flügge; sie verbleiben noch etwa vier bis sechs Wochen im elterlichen Revier, bevor sie abwandern (vergl. auch Glutz von Blotzheim *et al.* 1989, Bauer & Berthold 1997, Altenkamp *et al.* 2001, Mebs & Schmidt 2006).

Populationsdynamik

Wanderfalken waren Ende des 19. und Anfang des 20. Jahrhunderts von vielen Menschen nicht gerne gesehen. Sowohl unter Brieftaubenzüchtern als auch unter Anhängern der seinerzeit entstehenden Vogelschutzbewegung, die sich vornehmlich dem Singvogelschutz widmete, standen sie in keinem guten Ruf. Zusätzlich kam es immer wieder zu Aushorstungen zum Zwecke der Beizjagd. So kam es in dieser Zeit in Mitteleuropa bereits zu Bestandesrückgängen aufgrund menschlicher Einflüsse. Diese hielten sich allerdings noch in Grenzen – zu abgeschieden waren die Bruthabitate und zu schwer zugänglich die Brutplätze. Mit dem Reichsjagdgesetz wurde in Deutschland der Wanderfalke unter strengen Schutz gestellt.

Mitte des 20. Jahrhunderts begann dann ein drastischer Rückgang der weltweiten Population. Eine der ersten Regionen, in der dieses Phänomen auffiel, war England. Neben einem deutlichen Rückgang der Brutpaare konnten instabile Eierschalen in den Gelegen nachgewiesen werden (Ratcliffe 1963, 1967). In der zweiten Hälfte des 20. Jahrhunderts waren Wanderfalken auch in weiten Teilen Deutschlands ausgestorben.

Grund dafür war der damals weltweit massive Einsatz von Dichlordiphenyltrichlorethan (DDT) zur Malariabekämpfung und in der Landwirtschaft (vergl. auch Glutz von Blotzheim 1989, Ratcliffe 1993, Mebs & Schmidt 2006).

Mit Verbot des DDT in den meisten Ländern, verschiedenen Wiederansiedlungsaktionen und dem intensiven Horstschutz in der zweiten Hälfte des 20. Jahrhunderts stieg der Bestand in den meisten Regionen bis ins 21. Jahrhundert wieder an (vergl. auch Saar & Hewicker 2024).

Heute wird die weltweite Wanderfalkenpopulation auf etwa 10 000 bis 100 000 Individuen geschätzt und gilt als nicht gefährdet.

Management

Die wichtigsten Managementmaßnahmen beim Wanderfalken waren in der Vergangenheit der strenge Schutz durch das Jagdrecht, das Verbot von DDT und die Wiederansiedlungsprojekte, unterstützt unter anderem durch Falkner und Jäger, seit den 1970er Jahren. Mittlerweile hat sich der Wanderfalkenbestand nicht zuletzt dank verschiedener Wiederansiedlungsprojekte (vergl. hierzu auch Leix 2022, Kuth & Hewicker 2022, Saar & Hewicker 2024) in Mitteleuropa gut erholt. Unterstützende Maßnahmen wie beispielsweise Bruthilfen in Gestalt von Wanderfalkenkästen an Hochspannungsmasten oder hohen Gebäuden sind grundsätzlich sinnvoll, ebenso wie die Integration von Brutmöglichkeiten (Mauernischen) beim Gebäudeneubau oder bei der Gebäudesanierung.

Neue Gefahren drohen dem Wanderfalken derzeit durch die zunehmende Errichtung von Windkraftanlagen in der Landschaft.

Schließlich sollte bei Anwesenheit von Wanderfalkenbruten lokal auch an die Reduktion des Waschbären gedacht werden.

Mensch und Wildtier

Seit dem letzten Drittel des 20. Jahrhunderts erfolgte beim Wanderfalken die Annäherung an menschliche Siedlungen und die damit verbundenen Strukturen, vermutlich unterstützt durch Wiederansiedlungsmaßnahmen, aber auch durch Lerneffekte. Sich als Art diese Strukturen zunutze zu machen, war für den Wanderfalken, neben dem Verbot des DDT, vermutlich der Schlüssel zum langfristigen Überleben im Zivilisationsraum. Dazu trugen einerseits die erwähnten Wiederansiedlungsmaßnahmen bei, andererseits nutzen die Vögel heute generell zunehmend die Vorteile, welche große Städte bieten. So stellen hohe Bauwerke aus Stein, Beton oder Stahl im Grunde künstliche Felslandschaften dar, mit Gebäudenischen als Brutplätzen. Die über den Städten genau wie über Felslandschaften ausgesprochen gute Thermik nutzen die Vögel für ihre Jagd aus hohem Flug. Als Beutetiere stehen Haustauben und Rabenvögel meist in hinreichendem Umfang zur Verfügung.

Mittlerweile ist die Anwesenheit von Wanderfalken in Städten bereits der Normalfall und wesentliche Teile der lokalen Bestände einer Region brüten im menschlichen Siedlungsraum (Brücher & Wegener 1996, Cade *et al.* 1996, Todorff & Redig 1997, Altenkamp *et al.* 2001, Self 2014).

Wanderfalken werden seit alters her für die Beizjagd aus hohem Flug eingesetzt. Somit waren und sind sie wichtige Jagdhelfer und Teil eines jahrtausendealten menschlichen Kulturerbes. Falkner und Jäger waren es such, die sich seit den 1920er Jahren vehement für den Schutz des Wanderfalken einsetzten. Nicht umsonst findet sich der Wanderfalke auch im Logo des Deutschen Falkenordens.

Auch heute ist der Wanderfalke (aus Zuchtbeständen) ein beliebter Beizvogel und kann nach Bundeswildschutzverordnung zu diesem Zweck gehalten werden.

Abb. 184: Seit alters her wird der Wanderfalke als Jagdhelfer bei der Beizjagd eingesetzt

Baumfalke

Falco subbuteo

Länge: 29 bis 36 cm

Gewicht: 140 bis 350 g (weibliche Baumfalken sind größer als männliche)

Gelege: 1 bis 4, meist 2 bis 3 Eier

Brutzeit: Juni/Juli

Systematik und Verbreitung

Der Baumfalke gehört wie der Wanderfalke zur Familie der Falkenartigen (Falconidae) und hier zur Gattung der Echten Falken (*Falco*).

Die Art ist über weite Teile Eurasiens verbreitet; der Baumfalke fehlt im Norden der Britischen Inseln und im Norden und Westen Skandinaviens.

Lebensraum und Ökologie

Der Lebensraum des Baumfalken sind Waldränder, Hecken oder Feldgehölze.

Wichtig sind hinreichend offene Landschaftsteile, welche als Nahrungshabitat dienen. Baumfalken brüten, wie der Name bereits andeutet, auf Bäumen. Dazu werden die alten Nester anderer Vogelarten, gerne diejenigen von Krähen, genutzt. Zunehmend nutzen Baumfalken aber auch anthropogene Bauwerke wie etwa Hochspannungsmasten.

Baumfalken sind Zugvögel (Langstreckenzieher), der europäische Teil der Population überwintert im Afrika südlich der Sahara.

Ernährung

Baumfalken jagen im tiefen Flug, teilweise gleitend, ähnlich wie ein Sperber (*Accipiter nisus*), wobei sie die Beute meist in der Luft verfolgen, aber teilweise auch aus hohem Kreisen,

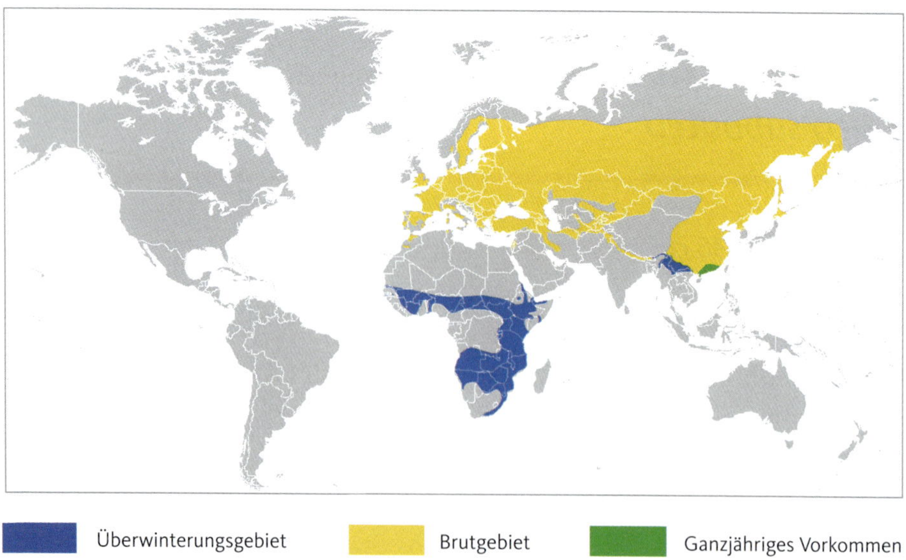

Abb. 185: Verbreitungsgebiet des Baumfalken

bevor sie auf die Beute hinabstoßen. Letztere Technik ermöglicht sogar das Erbeuten von Mauerseglern oder Schwalben (vergl. z.B. TINBERGEN 1958, FIUCZYNSKI 1988). Die Nahrung besteht hauptsächlich aus großen Insekten, etwa Libellen, und Singvögeln bis Drosselgröße, häufig Lerchen (Alaudidae), daher auch der Name Lerchenfalke (vergl. auch FIUCZYNSKI 1988). Nicht selten sieht man Baumfalken auch hinter landwirtschaftlichen Maschinen (etwa bei der Mahd oder beim Heuwenden) nach Insekten und kleinen Vögeln jagen.

Mittlerweile gehören zumindest lokal auch Fledermäuse zum Beutespektrum des Baumfalken in Mitteleuropa (SÖMMER & HAENSEL 2003).

Im Winterlebensraum werden gerne Heuschrecken und flugfähige Termiten erbeutet.

Fortpflanzung

Meist kehren Baumfalken im April aus ihren afrikanischen Winterlebensräumen nach Mitteleuropa zurück, dann beginnt auch die durch auffällige Flugmanöver gekennzeichnete Balz. Die Brutreviere werden im Mai/Juni besetzt.

Das Gelege mit meist 2 bis 3 Eiern wird ab Juni angelegt. Die jungen Falken schlüpfen nach etwa 4 Wochen, weitere 4 Wochen später beginnt die Ästlingsphase, nach einigen Tagen sind die Jungen dann flügge (vergl. auch FIUCZYNSKI 1988, BAUER *et al.* 2005).

Bereits im August oder September werden die Brutreviere verlassen, ab Ende September beginnt der Zug ins Winterquartier.

Populationsdynamik

Die Gesamtpopulation des Baumfalken umfasste zu Beginn des 21. Jahrhunderts orientierend geschätzt etwa 100 000 Brutpaare und scheint eine abnehmende Tendenz aufzuweisen. Der Verbreitungsschwerpunkt der Art liegt in Russland mit etwa einem bis zwei Dritteln des Gesamtbestandes (vergl. BAUER *et al.* 2005). Der Bestand in Deutschland wird auf etwa 3000 bis 7000 Brutpaare geschätzt, der Bestand gilt hierzulande als stabil.

Management

Der Baumfalke gilt in Deutschland als gefährdet. Er steht in den meisten Bundesländern unter dem Schutz des Jagdrechtes mit ganzjähriger Schonzeit.

Für verletzt aufgefundene Vögel gibt es von verschiedenen Organisationen oder auch von Falknern oder Tierärzten betriebene Vogel- oder sogar spezielle Greifvogelauffangstationen. Im günstigsten Fall können die Tiere nach Genesung wieder ausgewildert werden.

Merlin

Falco columbarius

Länge: 26 bis 33 cm

Gewicht: ca. 200 bis 240 g

Gelege: 3 bis 7, meist 5 bis 6 Eier

Brutzeit: je nach Region April/Mai bis Juni/Juli

Systematik und Verbreitung

Auch der Merlin gehört zur Familie der Falkenartigen (Falconidae) und hier zur Gattung der Echten Falken (*Falco*).

Die Art ist in weiten Teilen der nördlichen Holarktis verbreitet und ein Brutvogel der nördlichen Breiten. Brutvögel aus Nord- und Nordosteuropa sind in Mitteleuropa als Wintergäste bzw. auf dem Zug zu beobachten.

Lebensraum und Ökologie

In seinem Bruthabitat finden wir den Merlin als Bewohner von Heide- und Moorlandschaften sowie Waldtundren und Küsten. Merline sind Kurzstreckenzieher. In Mitteleuropa finden wir die Art vor allem während des Zuges oder als Wintergäste, in offenen, baumarmen Landschaften, relativ häufig etwa in Norddeutschland.

Ernährung

Der Merlin ernährt sich im Wesentlichen von kleinen Vögeln bis Drosselgröße, großen Insekten, aber gelegentlich, insbesondere während der Brut, auch von Nestlingen anderer Vogelarten und Kleinsäugern.

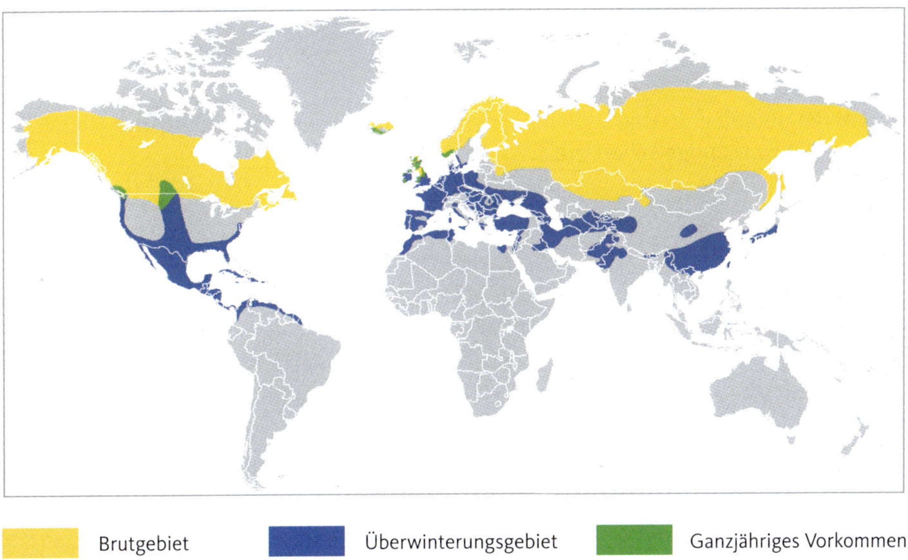

Abb. 186: Verbreitungsgebiet des Merlins

Der Merlin jagt ähnlich wie der Baumfalke entweder im bodennahen Pirschflug oder er stößt von oben auf seine Beute herab.

Fortpflanzung

Der Merlin baut wie alle Falken selbst keinen Horst, sondern nutzt Bodenmulden oder verlassene Nester, etwa von Krähen, oder brütet auf Klippen. Das typische Bruthabitat sind Offenlandschaften aller Art, deutlich seltener finden wir die Art in (lichten) Wäldern.
Die Brutperiode beginnt je nach geographischer Breite zwischen April im Süden und Anfang Juni im Norden.

Es werden meist 5 bis 6 Eier gelegt und 4 bis 5 Wochen bebrütet.

Nach dem Schlüpfen trägt der männliche Vogel die Beute herbei, die Partnerin zerteilt und verfüttert die Beute.

Im Alter von etwa 4 Wochen sind die Jungen flügge. Sie bleiben noch etwa 6 Wochen in der Nähe des Brutplatzes, bevor sie selbständig sind (vergl. auch Bezzel 1996, Bauer *et al.* 2005).

Populationsdynamik

Der weltweite Bestand des Merlins gilt als stabil, die Art als nicht gefährdet. Lokale und temporäre Bestandesschwankungen kommen vor.

Management

Der Merlin unterliegt in Deutschland in den meisten Ländern dem Schutz des Jagdrechts und genießt ganzjährige Schonzeit.

Mensch und Wildtier

Im Rahmen der Falknerei spielt der Merlin eine eher nachrangige Rolle. In Deutschland ist seine Haltung aufgrund der Bundeswildschutzverordnung nicht zulässig.

Interessant ist die Frage nach der Herkunft des deutschen Artnamens. Dieser hat nichts mit der Artussage zu tun. Vielmehr ist dieser aus dem alt- bzw. mittelhochdeutschen Wortstamm smirle, smiril oder smerlo hergeleitet, was auf seine geringe Körpergröße hinweist (vergl. Wember 2007). Im Volksmund heißt die Art auch Zwergfalke.

Turmfalke

Falco tinnunculus

Länge: 30 bis 40 cm

Gewicht: 150 bis 300 g

Gelege: 2 bis 7, meist 3 bis 6 Eier

Brutzeit: April bis Juni

Systematik und Verbreitung

Der Turmfalke gehört zur Familie der Falkenartigen (Falconidae) und hier zur Gattung der Echten Falken (*Falco*). Es handelt sich um den häufigsten Falken in Mitteleuropa.

Der Turmfalke ist über weite Bereiche Europas, Asiens und des nördlichen Afrikas verbreitet. In der wissenschaftlichen Literatur werden zahlreiche Unterarten ausgewiesen.

Lebensraum und Ökologie

Turmfalken sind Bewohner sehr unterschiedlicher Lebensräume. Er ist in Mitteleuropa seit vielen Jahrhunderten ein Bewohner der Kulturlandschaft, der auch in menschlichen Siedlungsräumen zu Hause ist (Name!). Wichtig ist das Vorhandensein von Brutraum (siehe unten) und Nahrung. Lediglich dichte Wälder oder völlig baumlose Steppen werden eher gemieden.

Die Verbreitung des Turmfalken im Gebirge reicht in den deutschen Mittelgebirgen bis knapp 1000 Meter über N.N., in den Alpen finden wir ihn bis auf ca. 2000 m und in Zentralasien sind Turmfalken noch auf 4000 Meter über N.N. nachweisbar.

Ernährung

Turmfalken ernähren sich vor allem von Mäusen und anderen Kleinsäugern. Außerdem ge-

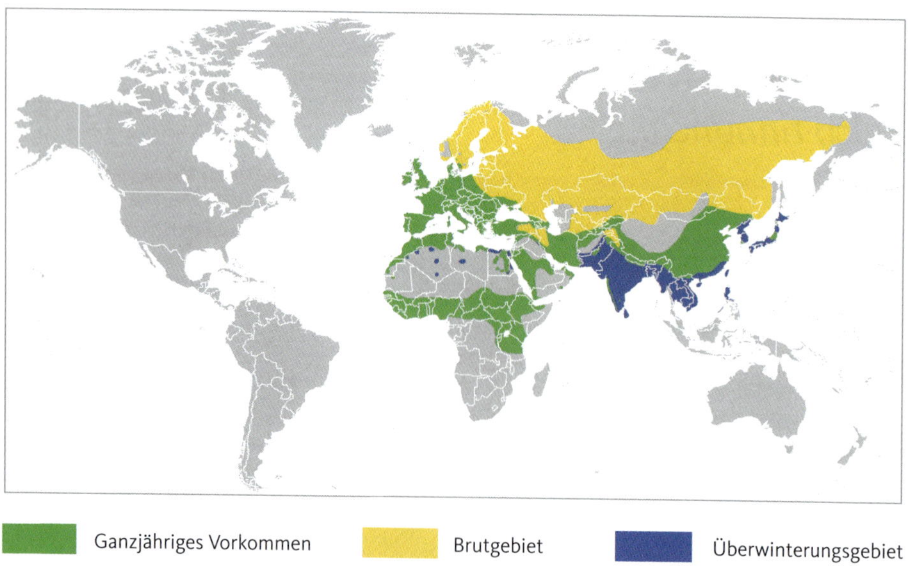

Abb. 187: Verbreitungsgebiet des Turmfalken

hören kleine Singvögel, Reptilien und Wirbellose zum Nahrungsspektrum. Letztere sind vor allem für Jungvögel und in Jahren nach dem Zusammenbrechen der Mäusepopulation von großer Bedeutung (vergl. SCHUSTER *et al.* 2002, RIEGERT *et al.* 2007).
Turmfalken jagen von der Warte aus oder aus dem sog. Rüttelflug. Sie sind wie alle Falken Bisstöter.

Zur erfolgreichen Jagd benötigen Turmfalken Flächen mit niedriger Vegetation (vergl. auch PIECHOCKI 1991, BEDNAREK 1996, DIESING 2001, BAUER *et al.* 2005, THIEDE 2005, MEBS & SCHMIDT 2006).

Fortpflanzung

Die Balz der Turmfalken findet in Mitteleuropa im März und April statt.

Als Brutplatz werden geschützte Felsnischen ausgewählt, wenn diese fehlen, gerne auch Nester anderer Vogelarten oder eben Gebäudenischen. Hier werden gelegentlich auch verwilderte Haustauben von ihren Nestern vertrieben.

Ab April erfolgt die Anlage des Geleges mit 2 bis 7, in der Regel 3 bis 6 Eiern. Die vergleichsweise hohe Variabilität in der Reproduktionsrate beim Turmfalken ist ein Hinweis auf die Bindung an Mäuse als Hauptnahrungsquelle. Als Reaktion auf Populationsanstiege oder Einbrüche der Hauptbeuteart kann die Reproduktionsrate des Prädators gut angepasst werden.

Das Gelege wird etwa vier Wochen, meist vom weiblichen Falken, bebrütet, die Nestlingsdauer beträgt noch einmal 4 bis 5 Wochen. Danach sind die Jungvögel flügge und es folgt eine Bettelflugperiode, in der sich die Jungvögel in unmittelbarer Umgebung des Horstes aufhalten und noch von den Eltern mit Futter versorgt werden (vergl. auch PIECHOCKI 1991, BEDNAREK 1996, BAUER *et al.* 2005, THIEDE 2005, MEBS & SCHMIDT 2006).

Populationsdynamik

Die Turmfalkenbestände sind seit dem späten 20. Jahrhundert in Deutschland und Mitteleuropa stabil, die Art gilt sowohl in Deutschland als auch international nicht als gefährdet (vergl. auch BAUER *et al.* 2005).

Management

Turmfalken unterliegen in Deutschland in den meisten Bundesländern dem Schutz des Jagdrechts mit ganzjähriger Schonzeit.

Abb. 188: Bruthilfen für Turmfalken im Siedlungsraum werden gerne genutzt

Aufgrund der engen Bindung des Turmfalken an den Menschen ist es sinnvoll, Bruthilfen zur Verfügung zu stellen (vergl. HARTUNG 2002). Solche gibt es in Gestalt halboffener „Nistkästen“, die an entsprechend geschützter Stelle außen am Gebäude oder hinter der Fassade (Abb. 191) hoch am Gebäude angebracht werden können.

Auch wenn es derzeit noch selten der Fall ist, so können Architekten bei der Planung und Neubau von Gebäuden entsprechende Bruthilfen auch in das Gebäudedesign integrieren.

Mensch und Wildtier

Turmfalken gelten seit Langem als Profiteure der Agrar- und Zivilisationslandschaft. Sein Name deutet auf ein langes Miteinander zwischen Mensch und Falke hin, d.h. der Turmfalke hat sich bereits vor vielen Jahrhunderten an die Nähe des Menschen angepasst. Dabei kam ihm sicher zugute, dass er als Mäusejäger in der Landwirtschaft schon immer als „nützlich“ eingestuft wurde. Auch als Mitte des 20. Jahrhunderts ein massiver Rückgang zahlreicher Greifvogelarten als Folge des Insektizids DDT (Dichlordiphenyltrichlorethan) zu beobachten war, konnte der Turmfalke mit seiner hohen Abhängigkeit von der Maus als Beute und dementsprechend großen Gelegen in guten Mäusejahren diese Situation vergleichsweise gut verkraften. Heute beobachten wir Turmfalken nicht nur im Umkreis alter Gemäuer, sondern auch entlang von Verkehrswegen, Straßen und Eisenbahnlinien. Im hohen Gras der Dämme und Bankette finden sich gute Mäusebiotope, in denen der Turmfalke im typischen „Rüttelflug“ nach Beute sucht.

Großtrappe

Otis tarda

Länge: 90 (Henne) bis 110 (Hahn) cm

Gewicht: bis 6 (Henne) bzw. 13 kg (Hahn)

Gelege: typischerweise zwei bis drei Eier

Brutzeit: April – Juni

Systematik

Die Trappen gehören zu den Kranichvögeln. Die Großtrappe ist der schwerste flugfähige Vogel. Eine weitere Besonderheit in der Vogelwelt ist der ausgeprägte Geschlechtsdimorphismus; der Trapphahn kann mehr als doppelt so schwer werden wie die Henne. Trappen sind durch kräftige, lange Beine und nur drei funktionale Zehen gekennzeichnet, die vierte Zehe ist nur rudimentär vorhanden.

Verbreitung

Großtrappen stellen eine typische Art der Steppenlandschaften dar. Das ursprüngliche Verbreitungsgebiet dehnte sich von Nordafrika bis nach Zentralasien aus, wobei durch die Lebensraumansprüche nie eine zusammenhängende Verbreitung existierte. Die größte Verbreitung hatte die Großtrappe in Europa im 18. Jahrhundert. Heute finden wir in Mitteleuropa nur noch kleine bis kleinste inselartige Vorkommen (vergl. BAUER *et al.* 2005), während in Südost- und Osteuropa und Südostasien noch größere zusammenhängende Gebiete besiedelt sind, in denen auch ein Verstreichen in südlichere Überwinterungsgebiete zu beobachten ist.

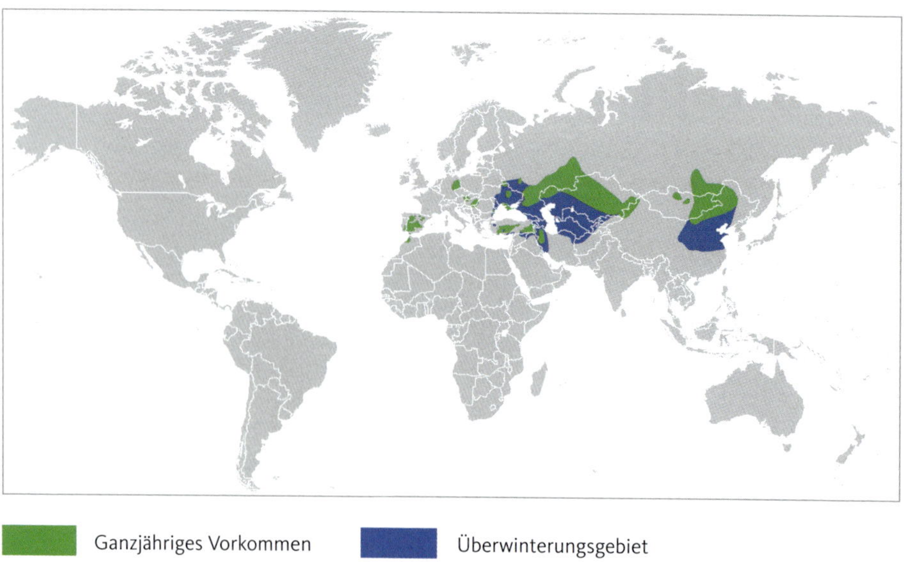

Abb. 189: Aktuelles Verbreitungsgebiet der Großtrappe

Lebensraum

Großtrappen sind Vögel offener, weit einsehbarer Steppengebiete, typischerweise auf Schwarzerdeböden. Somit finden wir die Art in niederschlagsarmen Regionen, etwa dem pannonischen Becken oder auf Agrarflächen. In der Vergangenheit waren auch Heideflächen und Ödlandflächen, welche offengehalten wurden, ein typischer Lebensraum. Weit einsehbare Ebenen mit niedrigem Bewuchs bietet heute grundsätzlich auch die großflächige Agrarlandschaft, wobei diese allerdings verschiedene gravierende Probleme (Verdrahtung, Nahrungsmangel der Küken durch Insektizide, hohe Prädatorendichten) für die Art aufweist.

Ernährung

Großtrappen nutzen ein weites Nahrungsspektrum von Pflanzenteilen einschließlich Blättern, Samen, Früchten oder Wurzeln über Insekten, Weichtiere, Amphibien und Reptilien bis hin zu kleineren Säugetieren, etwa Mäuse. Ein Problem stellt die Tatsache dar, dass der zunehmend angebaute Mais kaum für die Großtrappe nutzbar ist.

Die Küken benötigen bis zum Alter von etwa zwei Wochen einen sehr hohen Anteil Insektennahrung.

Fortpflanzung

Großtrappen leben (als einzige Trappenart) agam. Ein Hahn paart sich mit mehreren Hennen. Hennen sind mit zwei bis vier, Hähne mit fünf bis sechs Jahren geschlechtsreif.

Besonders auffällig ist das Balzritual des Trapphahnes. Auch hier haben wir eine Form der Arenabalz. Die Balz beginnt in der Morgendämmerung, wenn es fast noch dunkel ist. Durch Aufblasen des Kehlsackes, das Vorklappen des weißen unteren Stoßgefieders auf den Rücken und durch Umwenden der auf der Unterseite weißen Handschwingen kann sich der Vogel plötzlich in eine leuchtendweiße „Federkugel“ und wieder zurück verwandeln. Dieses „blinkende“ Signal im Morgengrauen ist in Steppenlandschaften von den Hennen über weite Entfernungen zu sehen. Die Balzlaute erinnern an einen fernen, leisen Knall.

Die einzelnen Hennen suchen sich in einem Umkreis von etwa fünf (selten bis zehn) Kilometer um den Balzplatz einen Brutplatz. Es werden (im Gegensatz zu den Hühnervögeln!) nur zwei bis drei Eier in eine gescharrte, nicht ausgepolsterte Bodenmulde gelegt. Die Brutdauer beträgt 25 bis 27 Tage.

Die Jungvögel sind Nestflüchter. Sie werden für etwa zwei Wochen von der Henne vor allem mit Insekten (oftmals Heuschrecken) gefüttert. Nach etwa vier bis fünf Wochen sind sie selbständig und weitgehend flugfähig, mit elf Wochen sind sie vollständig flügge, bleiben aber noch bis ins nächste Jahr in der Nähe der Mutter.

Populationsdynamik

Die weiteste Verbreitung in Europa zeigte die Großtrappe im 18. Jahrhundert, seit dem 19. Jahrhundert war ein stetiger Bestandesrückgang zu beobachten. Dieser wird im Wesentlichen Veränderungen im Lebensraum zugeschrieben, ohne dass letztlich klar ist, welche Faktoren hier genau welche Rolle spielten.

Bereits im frühen 20. Jahrhundert war das Verbreitungsgebiet zweigeteilt, ein Teil im Norden und Osten Mitteleuropas (Mitteldeutschland, Polen, teilweise Ukraine), ein anderer im Südosten (rund um das pannonische Becken; vergl. BAUER *et al.* 2005).

In Deutschland nahmen die Bestände ebenfalls kontinuierlich ab, den Tiefpunkt markieren die 1990er Jahre mit etwa 80 bis 100 Individuen. Seitdem ist eine langsame Erholung zu beobachten, mittlerweile leben wieder mehr als 200 Großtrappen mit Schwerpunkt im Havelländischen Luch, dem Fiener Bruch und den Belziger Landschaftswiesen.

Die Bestandesentwicklung in Österreich verlief nach einem ähnlichen Muster, dort finden wir heute rund 500 Großtrappen als Gesamtbestand.

Neben Lebensraumverlusten im engeren Sinne dürften verschiedene zusätzliche Faktoren an der Populationsentwicklung beteiligt sein.

Balzende Trapphähne

Management

Wichtige Faktoren, welche die Bestände der Großtrappe bedrohen; sind eine Landwirtschaft mit Monokulturen (insbesondere Mais) und großflächigem Pestizid-, insbesondere Insektizideinsatz. Die Jungvögel sind unmittelbar nach dem Schlüpfen für etwa zwei Wochen auf große Mengen Insekten angewiesen. Hochspannungsleitungen stellen ebenso wie Fahrleitungen der Eisenbahnen eine Gefährdung dar, da diese Hindernisse oft im Flug nicht erkannt werden und die Tiere dort verunglücken. Auch Windräder zur Stromerzeugung bilden für Großtrappen ein zunehmendes Problem.

Ein weiteres Problem für die Großtrappen stellt die Prädation dar. Neben den durch menschliche Einflüsse häufiger gewordenen Arten wie Fuchs, Rabenvögeln und vermutlich auch der zunehmenden Wanderratte sind es vor allem die Neozoen unter den Prädatoren, etwa Marderhund und Waschbär, welche den derzeit niedrigen Trappenbestand in Deutschland ernsthaft bedrohen. Vergleichsweise gute Erfolge zeigte lokal die intensive Prädatorenbejagung in Kombination mit Zäunen gegen bodengebundene Prädatoren. Beim Neu- oder Ausbau von Bahnstrecken sollte auf entsprechende Abwehrmaßnahmen an den Fahrleitungen oder Überflughilfen geachtet werden. Inwieweit Windkraftanlagen langfristig die weitere Ausbreitung der Großtrappe verhindern, ist derzeit eine offene Frage.

Mensch und Wildtier

Großtrappen waren bis in das 19. und lokal bis in das 20. Jahrhundert ein beliebtes Jagdwild, welches reichlich Wildbret lieferte (vergleichbar mit den Truthühnern in Nordamerika), allerdings schwer zu erbeuten war. So mussten sich Jäger etwa hinter Rinderattrappen verbergen, um in einer weidenden Herde den balzenden Trapphahn anzupirschen oder sich zu diesem Zweck als Bauersfrau verkleiden. Einfacher, aber wenig nachhaltig, war die in osteuropäischen Steppengebieten von Hirten gerne praktizierte Methode, die nach Starkregen durchnässten und kurzfristig flugunfähigen Vögel mittels Pferden in einen Schaftpferch zu treiben.

Heute ist die Großtrappe ein Symbol für eine durch nicht nachhaltige Landwirtschaft selten gewordene ikonische Tierart, deren Überleben in Mitteleuropa derzeit „am seidenen Faden" hängt. Die Trappenbalz in Brandenburg ist heute ein Magnet für ornithologischen Tourismus.

Grauer Kranich

Grus grus

Länge: 90 bis 150 cm

Gewicht: bis 7 kg

Gelege: typischerweise 2 (selten 1 oder 3) Eier

Brutzeit: (Februar)/März bis April

Systematik

Kraniche gehören (zusammen mit den Trappen) zur Ordnung der Kranichvögel und hier zur Familie der Kraniche (*Gruidae*). In Mitteleuropa treffen wir im Wesentlichen den Grauen oder Eurasischen Kranich als einzige Art an. Erst im Südosten Europas schließt das Verbreitungsgebiet des Jungfernkranichs (*Grus virgo*) an.

Verbreitung

Das Verbreitungsgebiet der Kraniche erstreckt sich in Eurasien insbesondere westlich von Weser und Aller sowie im Süden bis zum 51. Breitengrad. Im paläarktischen Teil des Verbreitungsgebietes sind Kraniche Zugvögel, die über bis zu 6000 km lange Distanzen zwischen Brut- und Winterlebensraum ziehen. Gleichzeitig beobachten wir –vermutlich durch mildere Winter in Mitteleuropa bedingt – hierzulande eine stetige Verkürzung der Zugwege oder gelegentlich sogar das Verbleiben im Sommerlebensraum auch über den Winter.

Auf langen Zugrouten finden sich typische, immer wieder angeflogene Rastplätze im Umfeld flacher Gewässer (wichtig für das sichere Übernachten). Die Orientierung auf dem Zug erfolgt sowohl über das Erdmagnetfeld als auch über Landmarken. Die Zugaktivität als solche ist neben einem genetischen Impuls in hohem Maße abhängig von Tageslänge, Temperatur und deren Verlauf, Windstärke und -richtung sowie anderen Witterungsfaktoren. Ein Langstreckenzug wird oft durch sich ändernde Großwetterlagen ausgelöst.

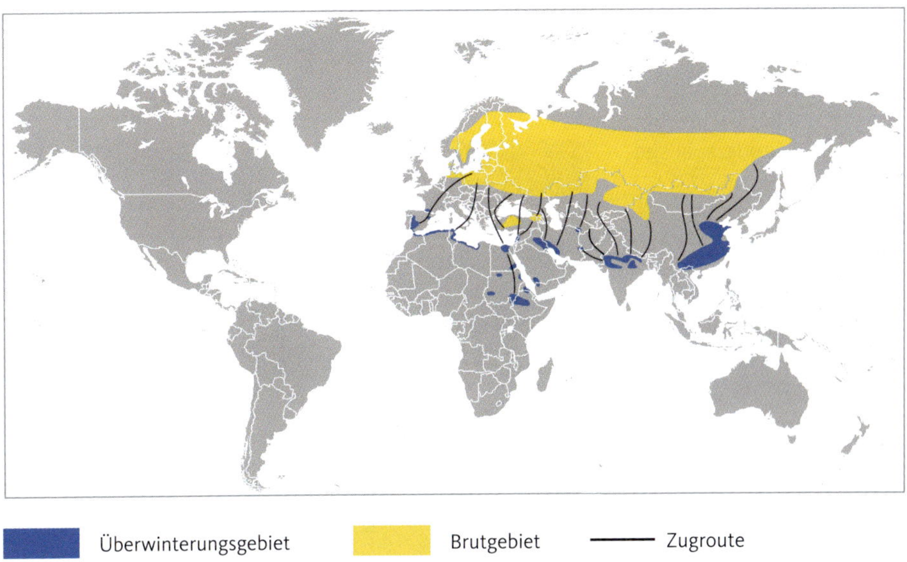

Abb. 190: Verbreitungsgebiet des Grauen Kranichs

Wir unterscheiden eine westliche und eine östliche Zugroute. Erstere führt über die bedeutenden Rastplätze in Schweden, Deutschland (Rügen, Linumer Bruch, Diepholzer Moorniederung), Frankreich und Spanien (Laguna de Gallocanta) in das traditionelle Überwinterungsgebiet in der Estremadura und wird derzeit von etwa 250 000 Individuen genutzt.

Lebensraum

Kraniche besiedeln die Feuchtgebiete der Niederungen, insbesondere die Umgebung von Seen, Mooren, Feuchtwiesen oder Sumpfgebieten. Ihre Schlafplätze suchen sie zur Vermeidung von Prädation im seichten Wasser. Zur Nahrungssuche werden bei Tagesanbruch oft Agrarflächen oder die Uferbereiche größerer Gewässer aufgesucht.

Kranichpaare sind sehr ortstreu und kehren regelmäßig in ihr Brutbiotop zurück, selbst wenn die Landschaft dort zwischenzeitlich umgestaltet wurde.

Ernährung

Kraniche ernähren sich sowohl von Pflanzenteilen – zur Frühjahrsrast sind sie typischerweise auf Saaten anzutreffen – aber auch von kleineren Tieren, insbesondere Amphibien, Reptilien, Weichtieren, Insekten und kleineren Säugetieren bis Mäusegröße.

Fortpflanzung

Kraniche werden relativ spät, im dritten bis fünften Lebensjahr, geschlechtsreif.

Das typische Balzritual ist der sog. „Kranichtanz“, der, wenngleich auch zu anderen Jahreszeiten zu beobachten, im Frühjahr besonders ausgeprägt ist.

Kraniche bauen ihr Nest am Boden. Um es vor Prädation zu schützen, befindet sich das Nest oft auf kleinen Inseln oder in ca. 30 bis 60 cm tiefem Wasser. Um schwankende Wasserstände auszugleichen, wird das Nest bis zu einem Meter Höhe aufgebaut. Typische Brutbiotope sind Moore, Feuchtwiesen und Bruchwälder.

Balz der Kraniche ("Kranichtanz")

Nach der Rückkehr aus dem Winterquartier werden alsbald die Brutterritorien besetzt. Geschah dies Ende des 20. Jahrhunderts typischerweise erst Mitte März, kehren seit etwa zwei bis drei Jahrzehnten Kraniche bereits ab Februar zurück, gelegentlich überwintern sie sogar hierzulande (Dirks 2011). Dies führt zu früheren Bruten, welche zwar gelegentlich für das Überleben der Nachkommen nachteilig sein können (etwa bei späten Wintereinbrüchen im März oder April), aber insgesamt offenbar zu einem höheren und weiter ansteigenden Fortpflanzungserfolg führen.

Geht ein Gelege verloren, kann es durch ein Nachgelege ersetzt werden.

Traditionell beginnen Kraniche in Mitteleuropa gegen Ende März mit der Eiablage, das Gelege besteht aus zwei (selten ein oder drei) Eiern, die von beiden Elternvögeln für ca. 30 Tage bebrütet werden. Die Jungen schlüpfen im Abstand von einem Tag.

Die Jungvögel sind Nestflüchter und werden von den Eltern bereits nach einem Tag zur Nahrungssuche geführt. Die Jugendentwicklung verläuft schnell, nach etwa zehn Wochen können die Jungen fliegen.

Populationsdynamik

Der Kranich hat in Europa in den vergangenen Jahrzehnten deutlich in seinem Bestand zugenommen. In Deutschland beispielsweise fand sich in den 1970er und 1980er Jahren noch ein Brutbestand von geschätzt 700 bis 800 Paaren, im Jahre 2010 hatte sich dieser beinahe verzehnfacht (Dirks 2011).

Management

Kraniche gehören zu den Arten, bei denen die Rückgangsursachen ganz klar in deutlichen Lebensraumverlusten, insbesondere im 20. Jahrhundert, zu suchen sind. Dass darüber hinaus langfristige natürliche Populationsschwankungen über Jahrzehnte bis Jahrhunderte eine Rolle spielen, ist zu vermuten.

Dementsprechend sind Managementmaßnahmen in der Erhaltung der Lebensräume und in der Beruhigung der Brut- und Rastplätze insbesondere in Bezug auf Freizeitnutzung, aber auch Bejagung anderer Arten, zu sehen. Auch eine intensive Prädatorenbejagung im Umfeld der Brutplätze gehört zu einem angemessenen Kranichmanagement.

Gleichzeitig ist es sinnvoll, den Tourismus an den bekannten Rastplätzen zu regeln: Betretungsverbote in den sensiblen Flächen der Rastplätze, aber auch die Schaffung von möglichst störungsarmen Beobachtungsmöglichkeiten gehört dazu.

Mensch und Wildtier

Kraniche werden in zahlreichen Kulturen von den Menschen seit alters her verehrt. In deren Mythen spielen sie die Rolle des Heilsbringers oder des tugendhaften, starken Begleiters. In Indien werden Kraniche als göttliche Wesen angesehen, in Japan symbolisiert der

Kranich ein langes glückliches Leben. Bei den Römern standen Kraniche symbolhaft für Treue, Weisheit und ebenfalls Glück. Verschiedene afrikanische Ethnien sehen im Kranich ein Symbol der Fruchtbarkeit, welches in lokalen Tanzritualen beschworen wird (MEWES *et al.* 1999).

Die mitteleuropäische Philosophie deutet den Kranich auch als Vorbild für Ehe und Familie, wohl durch die lebenslange monogame Beziehung und die elterliche Fürsorge für die Jungvögel inspiriert (vergl. MEWES *et al.* 1999, DIRKS 2011).

In der bildenden Kunst und vor allem in der Literatur spielt der Kranich eine entsprechend prominente Rolle, die Kranichbilder in mittelalterlicher Lyrik, GOETHES Gedicht von Fuchs und Kranich oder SCHILLERS „Kraniche des Ibykus" seien hier lediglich beispielhaft erwähnt. Auch in Fabeln findet sich die Gestalt des Kranichs, so etwa in derjenigen vom Pfau und dem Kranich, deren Botschaft es ist, dass man sich nicht aufgrund einzelner besonderer Fähigkeiten oder Merkmale über andere Menschen erheben soll.

Kraniche auf dem Zug

Aufgrund der großen symbolischen Bedeutung der Art gibt es in Mitteleuropa auch kaum eine Tradition der Bejagung oder konsumtiven Nutzung des Kranichs. Lediglich für medizinische Zwecke (GATTIKER & GATTIKER 1989) oder zur Gewinnung der Schmuckfedern wurden in der Vergangenheit Kraniche erlegt.

Wachtelkönig

Crex crex

Länge: 16 – 18 cm

Gewicht: 60 bis 100 g

Gelege: 6 bis 19 Eier, zwei Bruten pro Jahr

Brutzeit: (April-)Mai bis August

Systematik und Verbreitung

Der Wachtelkönig oder die Wiesenralle bildet die einzige Art der Gattung *Crex* in der Familie Rallidae (Rallenvögel).

Das Verbreitungsgebiet des Wachtelkönigs erstreckt sich von Westeuropa bis nach China. Im Süden reicht es (von Ausnahmen um das Kaspische Meer abgesehen) bis etwa zum 40. Breitengrad, nach Westen bis Frankreich. Die Nordgrenze der Verbreitung finden wir im Norden der britischen Inseln, im mittleren Skandinavien, und in den sibirischen Tundren. Wachtelkönige sind Zugvögel und unter diesen typische Langstreckenzieher.

Lebensraum und Ökologie

Der typische Lebensraum des Wachtelkönigs sind die Feuchtwiesen entlang von Gewässern, etwa im Überflutungsbereich von Flüssen. Dabei schließt die Art unmittelbar an den Lebensraum der Wachtel an. Auch Agrarflächen oder Dünen werden als Lebensräume genutzt. Zur Brut benötigt der Wachtelkönig dichte Vegetation, etwa Pfeifengrasbestände (*Molinia caerulea*) oder Brennnesseln (*Urtica*), aber auch entsprechend hohe Wiesen oder Getreide.

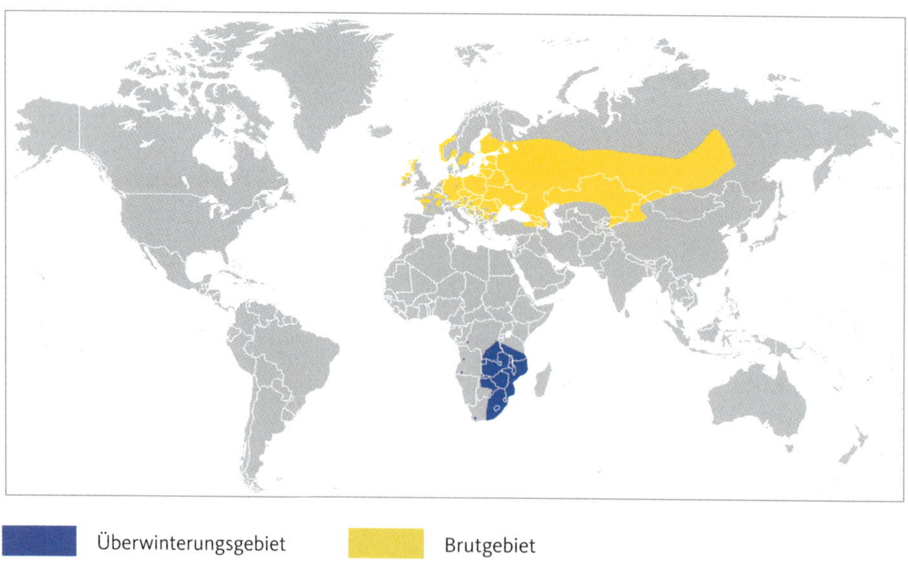

Abb. 191: Verbreitungsgebiet des Wachtelkönigs

Ernährung

Die Nahrung wird, im Gegensatz zu anderen Rallen, ausschließlich vom Boden aufgenommen. Wesentliche Nahrungsbestandteile sind Insekten, Spinnen und Asseln, aber auch Weichtiere, kleine Amphibien, Reptilien und Säugetiere werden gerne genommen. Lediglich ein Fünftel der Nahrung besteht aus Pflanzenteilen einschließlich Sämereien.
Eine Besonderheit des Wachtelkönigs ist das Ausscheiden von unverdaulichen Nahrungsresten in Form von Speiballen.

Fortpflanzung

Der Wachtelkönig ist in Mitteleuropa ein typischer Brutvogel der Ebenen oder des Hügellandes.

Als Zugvogel brütet der Wachtelkönig frühestens ab Ende April, meist ab Mai bis in den August. Die Vögel leben polygam und verpaaren sich in einem Jahr gelegentlich mehrfach. Wachtelkönige brüten zweimal pro Brutsaison. Die Bindung der Partner endet mit dem Legebeginn.

Es werden 6 bis 19 Eier gelegt und vom Weibchen für etwa 16 bis 19 Tage bebrütet (vergl. Bezzel 1996, Bauer & Bertholt 1997, Schäffer 1997, Engler 2000).

Die Küken sind Nestflüchter. Sie werden von der Mutter über einige Tage gefüttert. Die Führung durch die Mutter dauert etwa 4 Wochen, mit 5 bis 6 Wochen sind die Jungen flugfähig.

Populationsdynamik

Die Bestandessituation des Wachtelkönigs ist regional ausgesprochen differenziert. International gilt die Art als nicht gefährdet, ebenso wie in den nordwestlichen Teilen des Verbreitungsgebietes. In Mitteleuropa gab es in der zweiten Hälfte des 20. Jahrhunderts deutliche Bestandesrückgänge, so dass die Art in Deutschland als vom Aussterben bedroht eingestuft wird. Allerdings scheint seit Anfang der 2000er Jahre eine gewisse Stabilisierung eingetreten zu sein (vergl. Bezzel 1996, Bauer & Bertholt 1997, Engler 2000).

Management

Für den Erhalt der Art ist es wichtig, die Rückgangsursachen zu erkennen und diesen entgegenzuwirken. Dies ist nicht immer einfach. So gelten die großflächigen Verluste an Feuchtgebieten im 20. Jahrhundert als eine wesentliche Ursache. Auch die zunehmend intensive Landwirtschaft spielt hier offensichtlich eine nicht unerhebliche Rolle. Insbesondere die immer früheren Mahdtermine und der Pestizideinsatz dürften maßgeblich zum Rückgang beigetragen haben. Auch die Verluste während des Zuges durch nicht nachhaltige Bejagung in vielen Ländern südlich des Mittelmeeres dürften einen Faktor darstellen.

Mensch und Wildtier

Der Artname rührt daher, dass die – der Wachtel morphologisch nicht unähnlichen – Vögel auch häufig zusammen mit Wachteln in die Überwinterungsgebiete ziehen. Da der Wachtelkönig ein wenig größer als die Wachtel ist, fielen den Menschen diese Tiere in den ziehenden Schwärmen besonders auf und erhielten im Volksmund den Namen „Wachtelkönig".
Trotz seines unscheinbaren Äußeren und seiner nächtlichen Lautbalz ist der Wachtelkönig im ländlichen Raum seit jeher ein Teil des bäuerlichen Lebens im Jahresverlauf. Es ist interessant, wie viele volkstümliche Namen es für den Wachtelkönig gibt. FLOERICKE (1922) nennt hier mehr als 35 regionale Bezeichnungen, welche entweder lautmalerisch den „knarrenden" Ruf des Wachtelkönigs zitieren und/oder den Lebensraum beschreiben. Heute steht der Wachtelkönig symbolhaft für den Verlust seiner Lebensräume, der Feuchtwiesen und naturnahen Flussuferbereiche.

Auf dem Zug werden Wachtelkönige in zahlreichen afrikanischen Regionen bis heute vor allem auf den Rastplätzen intensiv und oft nicht nachhaltig bejagt, weil sie – ebenso wie die gemeinsam ziehende Wachtel – als Delikatesse gelten.

Teichralle

Gallinula chloropus

Länge: 27 bis 38 cm

Gewicht: 190 bis 500 g

Gelege: meist 5 bis 11 Eier, beim ersten Gelege eher mehr, bei weiteren Gelegen weniger

Brutzeit: März bis September

Systematik und Verbreitung

Die Teichralle (auch „Grünfüßiges Teichhuhn“ genannt) gehört zur Familie der Rallen (Rallidae). Der Begriff „Huhn“ ist hier ebenso wie bei der Blässralle nicht angebracht, auch wenn sich dieser selbst in der lateinischen Gattungsbezeichnung wiederfindet.

Teichrallen sind in zahlreichen Unterarten über weite Teile Eurasiens und Afrikas verbreitet, meist als Jahresvogel; in Osteuropa, Zentralasien und Teilen Ostasiens aber auch als Zug- und Strichvogel.

Lebensraum und Ökologie

Teichrallen finden sich an zahlreichen Gewässern, welche im Idealfall eutroph, relativ flach und mit dichtem Röhrichtgürtel am Ufer sowie umfangreicher Schwimmblattvegetation auf der Wasserfläche versehen sein sollten. Allerdings ist die Teichralle diesbezüglich recht anpassungsfähig. Eine kleine Wasserfläche, oft auch in urbanen Regionen, reicht der Art meist als Lebensraum aus (vergl. Bezzel 1996, Engler 2000).

Ernährung

Teichrallen sind ähnlich wie die Blässralle oder die Stockente weitgehend omnivor. Neben pflanzlichen Nahrungsbestandteilen (die in der Summe überwiegen) werden auch Insekten, Spinnen,

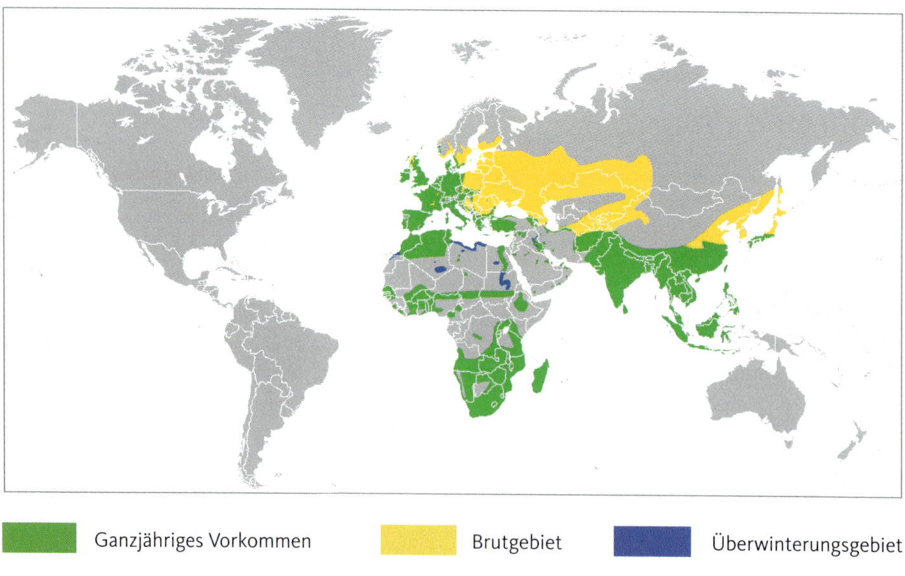

Abb. 192: Verbreitungsgebiet der Teichralle

Weichtiere, Muscheln, Amphibien einschließlich deren Larven, kleinere Reptilien sowie kleinere Fische oder Eier anderer Wasservögel aufgenommen (vergl. BEZZEL 1996, ENGLER 2000).

Fortpflanzung

Teichrallen beginnen mit der Balz oft bereits im Spätherbst und Winter des Vorjahres (Standvögel) oder vor Auflösung der kleineren Gruppen im Frühjahr (Zugvögel).

Ab Februar beginnen die männlichen Teichrallen mit der Auswahl von Nistplätzen und der Abgrenzung des Brutreviers. Es werden neben ein oder zwei Nestern für das Gelege oft weitere Nester als sog. Balzplattformen gebaut. Vor dem Schlüpfen der Jungvögel werden oftmals weitere Ruhenester für die Küken angelegt. Am Nestbau beteiligen sich beide Altvögel, wobei das Männchen einen größeren Anteil hat. Die Nester finden sich meist auf fester Unterlage auf dem Boden, gelegentlich aber auch in bis zu 50 cm Höhe in Ufersträuchern. Pro Jahr werden, je nach Witterungsverhältnissen, 2 bis 4 Gelege angelegt.
Die Henne legt meist im April die ersten Eier, die für etwa 17 bis 24 Tage bebrütet werden.

Das Brutrevier wird gegenüber anderen Wasservögeln, insbesondere Reihern (typischen Prädatoren der Küken), aber auch Enten, Gänsen und Höckerschwänen, heftig verteidigt. Das Gelege wird ca. 3 Wochen bebrütet, woran beide Eltern beteiligt sind.

Die Küken bleiben einige Tage nach dem Schlüpfen im Nest und werden von beiden Eltern betreut. Sie können sofort schwimmen, ab einem Alter von etwa 10 Tagen suchen sich bereits selbst nach Nahrung. Wir haben es bei der Teichralle typischerweise mit einer sog. „Schachtelbrut“ zu tun, d.h., während die Küken noch vom Männchen versorgt werden, beginnt das Weibchen bereits mit der nächsten Brut.

Ab einem Alter von etwa fünf Wochen werden die Jungen nicht mehr von den Eltern gefüttert, mit ca. 8 Wochen sind sie flügge und selbständig.

Populationsdynamik

Der europäische Brutbestand wird auf etwa ein bis zwei Millionen Brutpaare geschätzt, wobei etwa zehn Prozent in Mitteleuropa leben. Der Bestand ist weitestgehend stabil. Kurzfristige Schwankungen kommen lokal immer wieder vor und sind vor allem den Witterungsbedingungen (strenge Winter), aber möglicherweise auch der Konkurrenz durch Blässrallen oder Neozoen wie der Nilgans geschuldet.

Management

Aktive Managementmaßnahmen sind insbesondere die Schaffung bzw. der Schutz von Bruthabitaten. Insbesondere ist eine intensive Freizeitnutzung der Lebensräume zu verhindern. Dass die Bestandesreduktion konkurrierender Neozoenarten (etwa der Nilgans) oder neu auftretender Prädatoren (insbesondere des Waschbären) in Zukunft bedeutsamer wird, ist zu erwarten.

Blässralle

Fulica atra

Länge: 35 bis 42 cm

Gewicht: 500 bis 1300 g

Gelege: 3 bis 15 (meist 5 bis 10) Eier

Brutzeit: März bis August, meist April bis Juli, meist zwei Bruten pro Jahr

Systematik und Verbreitung

Blässrallen gehören zur Familie der Rallen (Rallidae). Die Art wird regelmäßig auch als Blässhuhn bezeichnet. Der Begriff ist allerdings irreführend, da es sich nicht um einen Hühnervogel handelt. Daher sollte die Bezeichnung „Ralle“ konsistent verwendet werden. Blässrallen sind in Eurasien und Australien weit verbreitet, treten darüber hinaus aber auch in Teilen Afrikas und gelegentlich auch an den Küsten Nordamerikas auf. Sie kommen als Stand- oder Strichvögel, aber auch als Teilzieher vor. Typische Überwinterungsräume finden sich im nördlichen und westlichen Afrika und in Südostasien.

Die mitteleuropäischen Teile der Population sind Standvögel oder verstreichen über kürzere Distanzen, je nach Witterungsverhältnissen.

Lebensraum und Ökologie

Blässrallen sind eng an Gewässer als Lebensraum gebunden. Als Brutvögel besiedeln sie insbesondere die flachen Uferbereiche stehender oder langsam fließender Gewässer unterschiedlicher Größe mit mittlerem bis hohem Nährstoffgehalt. Meeresküsten werden nicht angenommen. Hinsichtlich der Ufervegetation ist die Blässralle vergleichsweise tolerant, vegetationsreiche Ufer mit gutem Zugang zu offenen Wasserflächen werden bevorzugt (vergl. Glutz von Blotzheim *et al.* 1973, Müller 1984, Bauer *et al.* 2005).

Die Blässralle besiedelt regelmäßig auch urbane und suburbane Lebensräume.

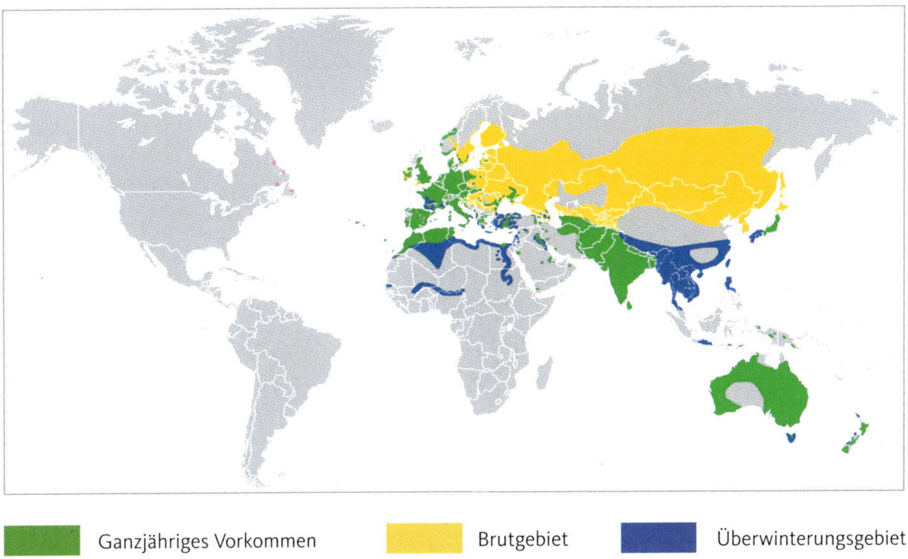

Abb. 193: Verbreitungsgebiet der Blässralle

Ernährung

Wesentliche Nahrungsbestandteile der Blässralle sind Pflanzenteile (insbesondere von Wasserpflanzen), Algen, aber auch Muscheln, Insekten, Spinnen, Weichtiere, Amphibien, kleinere Reptilien sowie kleinere Säugetiere oder Fische. Durch das breite Nahrungsspektrum, welches demjenigen der Stockente ähnelt, ist die Blässralle ein Profiteuer der Gewässereutrophierung. Auch finden sich regelmäßig futterzahme Bestände an urbanen Gewässern.

Fortpflanzung

Blässrallen sind bereits im ersten Lebensjahr geschlechtsreif, brüten allerdings erstmals im zweiten oder auch dritten Lebensjahr. Die Partner leben meist in einer Saisonehe.

Die Paare finden sich – bei ziehenden Populationsteilen – oft bereits während des Zuges zusammen, oft aber auch erst im Brutgebiet. Brutreviere werden typischerweise im Februar und März besetzt, bei nicht ziehenden Beständen gelegentlich auch früher. Die Balz erfolgt nachts als Lautbalz. Aus diesem Grunde ist auch kein besonderes Balzgefieder erforderlich.

Der Nistplatz wird durch das Männchen ausgesucht und ist recht variabel, Blässrallennester finden sich in dichter Ufervegetation, aber auch in Weidengebüschen oder gelegentlich auch an vegetationsarmen Stellen. Die Nester bestehen aus lokal vorhandenem Pflanzenmaterial, haben einen Durchmesser bis über 50 cm und eine Höhe bis ca. 30 cm. Der Nestbau erfolgt durch beide Partner.

Die Eiablage erfolgt typischerweise von April bis Juli, gelegentlich beginnt sie bereits im März oder erstreckt sich bis in den August. Das Gelege wird für ca. 3 Wochen bebrütet.

Die Küken sind grundsätzlich Nestflüchter, werden aber für einige Tage im Nest gefüttert und gehudert und schlafen in der ersten Lebenswoche auch im Nest. Die Führung durch die Eltern (Männchen und Weibchen betreuen jeweils einen Teil der Küken) dauert etwa 4 bis 5 Wochen, mit 8 Wochen sind die Jungen flügge und selbständig. Sie verbleiben allerdings noch im elterlichen Brutrevier (vergl. Glutz von Blotzheim *et al.* 1973, Müller 1984, Bauer *et al.* 2005).

Bei der Blässralle kennen wir eine sog. Schachtelbrut, d. h. es wird bereits eine neue Brut angelegt (die Blässralle zeigt normalerweise zwei Bruten im Jahr), obwohl die Küken aus der vorangegangenen Brut noch geführt werden.

Populationsdynamik

Die Blässralle ist in Mitteleuropa die häufigste Rallenart, der Gesamtbestand in Europa wird auf 1,5 bis 2,5 Millionen Brutpaare geschätzt. Durch Eutrophierung der Gewässer, Einwanderung der Dreikantmuschel (*Dreissena polymorpha*), zunehmende Fütterung im urbanen Raum und möglicherweise auch eine größere Zahl milder Winter hat der Bestand in den vergangenen Jahrzehnten zugenommen, wobei regional (z.B. Baden-Württemberg oder Brandenburg) die Bestände auch abgenommen haben. Die Ursachen für solche regionalen Bestandesrückgänge sind letztlich noch unklar.

Neben der Gelegeprädation durch den Waschbären sind sicherlich große Verluste in einzelnen kalten Wintern, Krankheiten (Botulismus) sowie Gelegeverluste durch deutliche Wasserstandsschwankungen als Ursachen in Erwägung zu ziehen.

Management

In der Vergangenheit ging man davon aus, dass Blässrallen einer intensiven Bejagung bedürfen, da sie aufgrund ihrer hohen Territorialität zur Brutzeit ein deutlicher Störfaktor für andere Wasservogelarten sind. Aufgrund der hohen lokalen Blässrallenbestände fürchtete man um den Bestand seltener Wasservogelarten und so wurden Blässrallen lokal (z.B. am Bodensee) auch regelmäßig bejagt. Heute hat sich dieses Argument relativiert, da Neozoenarten wie die Nilgans vermutlich deutlich ausgeprägtere Störungen verursachen.

Mensch und Wildtier

Die nachhaltige Nutzung der Art gestaltet sich in Europa sehr unterschiedlich. In den Ländern, in denen Blässrallen dem Jagdrecht unterliegen, werden diese eher extensiv bejagt. So sind etwa in Bayern die Jagstrecken seit Jahrzehnten rückläufig, was in diesem Fall auf ein geringeres Interesse an der Bejagung hindeutet. Die Meinungen darüber, ob das Wildbret eine kulinarische Delikatesse darstellt oder doch eher ungenießbar ist, gehen auseinander. Das liegt wohl daran, dass Haut, Fettschicht und auch Knochen vor der Zubereitung entfernt werden müssen.

Kiebitz

Vanellus vanellus

Länge: 28 bis 31 cm

Gewicht: 140 bis 350 g

Gelege: meist 4 Eier

Brutzeit: April bis Juli

Systematik und Verbreitung

Der Kiebitz gehört zur Familie der Regenpfeifer (Charadriidae). Der Watvogel ist über weite Teile Eurasiens verbreitet. Das Brutgebiet umfasst einen breiten Streifen von den britischen Inseln bis in den Osten Sibiriens. Die nördliche Verbreitungsgrenze bildet in Skandinavien etwa der 70., in Russland etwa der 65. Breitengrad. In einigen Regionen tritt die Art als Zugvogel, in anderen als Strich- oder Standvogel auf. Außerhalb der Paarungs- und Brutzeit finden sich Kiebitze häufig in großen Flügen entlang der Küsten (vergl. auch MÜLLER 1984, BEINTEMA *et al.* 1995, BAUER *et al.* 2005, DELANY *et al.* 2009).

Lebensraum und Ökologie

Der Kiebitz ist ein Bodenbrüter des Flachlands, der Feuchtwiesen, Marschwiesen, Moore und Heiden, aber auch Agrarflächen wie Weiden, Wiesen und Ackerflächen besiedelt. Auf dem Zug oder im Winter finden wir Kiebitze häufig auf Ackerflächen, Weiden oder in Feuchtgebieten weiträumig verteilt in größeren Gruppen (vergl. auch MÜLLER 1984, BEINTEMA *et al.* 1995, BAUER *et al.* 2005, DELANY *et al.* 2009).

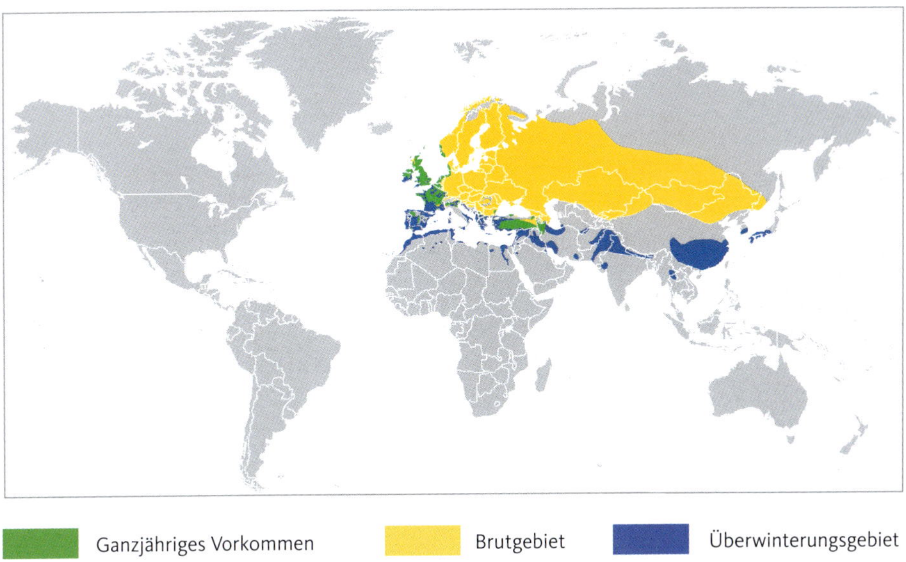

Abb. 194: Verbreitungsgebiet des Kiebitzes

Ernährung

Die wesentlichen Nahrungsbestandteile des Kiebitzes sind wirbellose Tiere wie Insekten in allen Entwicklungsstadien, Spinnentiere und Weichtiere. In geringerem Umfang werden auch Sämereien aufgenommen.
Kiebitze sind meist tagaktiv, insbesondere in hellen Nächten aber gelegentlich auch nachtaktiv (vergl. MÜLLER 1984).

Fortpflanzung

Der typische schaukelnde Balzflug der vom Zug zurückkehrenden männlichen Kiebitze im März oder April, begleitet von den typischen, namensgebenden Rufen ist ein beeindruckendes Naturschauspiel, welches leider immer seltener zu beobachten ist.

Kiebitze sind monogam, gelegentlich auch polygam, mit fester, typischerweise lebenslanger Bindung der Partner. Sie sind ausgesprochen standorttreu und kehren zur Brut an den Ort ihrer Geburt zurück.

Die Balzflüge dienen der Markierung der Brutterritorien. Die Brut erfolgt meist in Gruppen von 2 bis etwa 20 Paaren; das Nest besteht aus einer einfachen, mit Pflanzenteilen ausgepolsterten Bodenmulde, welche vom Männchen angelegt wird.

Meist werden 4 Eier (selten weniger) im April oder Mai gelegt und ca. 3 bis 4 Wochen bebrütet. Das Gelege bzw. das Nest wird von den Eltern gegen Prädatoren verteidigt. Bei Gelegeverlust können ein bis zwei Nachgelege erfolgen.

Die Jungen sind Nestflüchter und werden von beiden Eltern etwa 5 Wochen lang betreut. In den ersten ca. 10 Tagen nach dem Schlüpfen werden die Küken regelmäßig gehudert. Spätestens im Alter von 5 Wochen sind die Jungen flügge (vergl. auch MÜLLER 1984, BEINTEMA *et al.* 1995, BAUER *et al.* 2005, DELANY *et al.* 2009).

Populationsdynamik

Kiebitze zeigen bereits von Natur aus ausgeprägte Bestandesschwankungen. Insbesondere durch Witterungsbedingungen (kalte Winter und nasse Frühjahre) kommt es regelmäßig zu hohen Verlusten. Diesen natürlichen Schwankungen stehen seit der zweiten Hälfte des 20. Jahrhunderts allerdings auch anthropogen bedingte Bestandesrückgänge gegenüber (vergl. auch BEINTEMA *et al.* 1995, BAUER *et al.* 2005, DELANY *et al.* 2009).

Insbesondere die immer intensivere und immer großflächigere Landwirtschaft und nicht zuletzt die zunehmende Nutzung von Agrarflächen für die Bioenergieproduktion stehen hier unter Verdacht, zu einem doch deutlichen Rückgang der Bestände und wohl auch der

Gesamtpopulation beigetragen zu haben.

Alleine für Deutschland gehen wir davon aus, dass der Bestand in den letzten drei Dekaden des 20. Jahrhunderts um etwa 40 Prozent zurückgegangen ist (BAUER *et al.* 2005) und dieser Rückgang weiter anhält.

Management

Kiebitze werden in den meisten mitteleuropäischen Ländern seit Jahrzehnten nicht genutzt und unterliegen dem Naturschutzrecht. Eine Übernutzung könnte daher allenfalls lokal und auf dem Zug als mitursächlich für den Rückgang der Art in Frage kommen.

Tatsächlich müssen wir davon ausgehen, dass die zum Teil drastischen Veränderungen in der Landwirtschaft, insbesondere die immer frühere Mahd, der Einsatz von Insektiziden und eventuell auch die Tendenz zu immer größeren Schlägen in der Landwirtschaft den Ansatzpunkt für zukünftige Maßnahmen des Artenschutzes bilden.

Mensch und Wildtier

Kiebitze spielen seit alters her für Menschen auf dem Lande eine wichtige Rolle als Frühjahrsbote.

Sein ansprechendes Äußeres und sein auffälliger Balzflug sowie seine allgemeine Bekanntheit machen den Kiebitz darüber hinaus bis heute zu einer Flaggschiffart im Naturschutz. In vielen Ländern wurde die Art von unterschiedlichen Organisationen, in Deutschland sogar bereits zweimal, zum sog. „Vogel des Jahres“ erklärt.

Die Nutzung erstreckte sich hierzulande in der Vergangenheit im Wesentlichen auf das im ländlichen Raum weitverbreitete Suchen von Kiebitzeiern im Frühjahr, die als Delikatesse galten. Die Nachhaltigkeit dieser Nutzungsform steht allerdings in Frage, so dass etwa in der Europäischen Union die Kiebitzeiersuche nicht mehr zulässig ist.

Waldschnepfe

Scolopax rusticola

Länge: 33 bis 38 cm

Gewicht: 200 bis 500 g

Gelege: 3 bis 5, typischerweise vier Eier

Brutzeit: Ein bis zwei Bruten von April bis Juli

Systematik und Evolution

Die Waldschnepfe gehört zu den Watvögeln (Limikolen), besitzt allerdings im Gegensatz zu deren typischen Vertretern zwei Besonderheiten in der evolutiven Anpassung: zum einen ist die Waldschnepfe dämmerungsaktiv, zum anderen ist sie die einzige Limikolenart, die sich weitgehend von Gewässern und Feuchtgebieten gelöst und an den Lebensraum „Wald“ angepasst hat.

Die Dämmerungsaktivität zeigt sich in einigen Merkmalen, wie sie teilweise ganz ähnlich auch bei den Eulen (im Sinne einer Konvergenzentwicklung) vorkommen. Neben den abgerundeten Flügelenden besitzen die Handschwingen zusätzlich sog. Federrami, haarartig ausgezogene Federenden, die für einen nahezu lautlosen Flug sorgen.

Verbreitung

Waldschnepfen sind in den gemäßigten bis subarktischen Zonen Eurasiens, verbreitet. Entsprechend ihren Habitatansprüchen liegen die Verbreitungsschwerpunkte in strukturreichen Waldgebieten des Flachlandes und der Mittelgebirge, in denen sie flächendeckend vorkommen. In den Alpen sowie Voralpen kommen Waldschnepfen bis etwa 1700 m Höhe vor. Gerade bei der Waldschnepfe ist es wichtig, den Brutbestand und denjenigen der Durchzieher getrennt zu betrachten, um tieferen Einblick in die regionale Populationsdynamik zu erhalten (MÜLLER 1985, MERAN 1990). Sowohl das Zugverhalten als auch

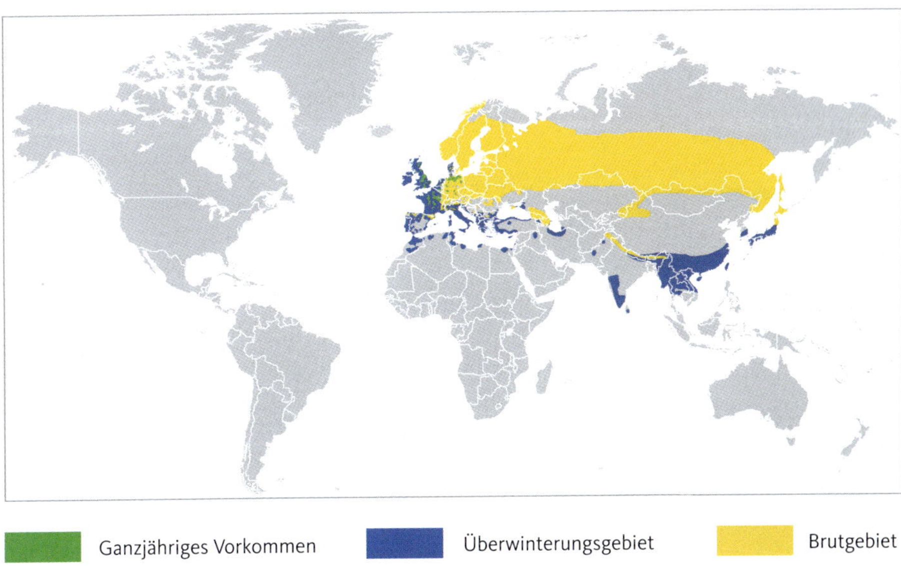

Abb. 195: Verbreitungsgebiet der Waldschnepfe

Tendenzen zur Überwinterung in Mitteleuropa werden von Großwetterlage und lokalem Witterungsgeschehen beeinflusst.

Die Waldschnepfe ist ein Zugvogel, ihr Zugverhalten wird allerdings in hohem Maße von Umweltbedingungen beeinflusst. Die nördliche Teilpopulation zieht im Winter nach Süd- und Südwesteuropa und Nordafrika, die asiatische Teilpopulation nach Südasien.

Konkret finden wir beispeilsweise auf den britischen Inseln meist nur kurze Winterwanderungern. Westskandinavische Vögel ziehen zum Beispiel auf die britischen Inseln, südskandinavische Individuen ziehen typischerweise über Deutschland in den westlichen Mittelmeerraum, während Waldschnepfen aus Osteuropa und Nordasien in den östlichen Mittelmeerraum, nach Kleinasien und bis nach Sri Lanka ziehen können.

Allerdings sind vereinzelt Waldschnepfen auch im Winter etwa in Mitteleuropa anzutreffen. Es bleibt im Einzelfall unklar, ob diese Individuen von Nordeuropa kommend ihren Zug hier beendet haben oder ob es sich um Brutvögel Mitteleuropas handelt, die nicht oder nur über geringe Distanz verstrichen sind (sog. Lagerschnepfen).

Lebensraum

Waldschnepfen fehlen weitestgehend im offenen Flachland. Sie bevorzugen Wälder mit aufgelockerten Humusformen (Mull und Moder), mit reicher Boden-, insbesondere Regenwurmfauna, die sie mit ihrem beweglichen, mit Tastsensillen ausgestatteten Oberschnabel im Boden auffinden. Die Habitatbindung ihrer Nahrungstiere bindet auch die Waldschnepfe an sommergrüne Laub- und Bruchwälder (Hirons 1980, Godel 1989, Gosmann *et al.* 2005), wobei mangels anderer Lebensraumtypen gelegentlich auch Nadelwälder genutzt werden. .

Die Streifgebiete der Waldschnepfe sind relativ variabel, so dass eine Angabe von Streifgebietsumfängen unsicher ist. In England hat man einen Wert von ca. 60 ± 20 Hektar ermittelt (Hoodless & Hirons 2007), wobei die zur Nahrungssuche genutzte Fläche meist weniger als einen Hektar umfasst.

Abb. 196: Schnabelspitze

Ernährung

Der lange Schnabel, die hoch am Kopf sitzenden Augen und ein Gesichtsfeld, welches einerseits einen weiten Gesichtskreis, andererseits aber auch räumliches Sehen im schmalen Bereich der Schnabelspitze ermöglicht, prädestinieren die Waldschnepfe für eine ganz typische Art des Nahrungserwerbs, das sog. „Stechen“ nach Nahrung: sie sondiert mit dem Schnabel den weichen Boden und erbeutet dort vor allem Würmer und Insekten-

larven. Dabei hilft ihr die pinzettenartig zu öffnende Schnabelspitze, mit der ein Wurm gefasst und an die Oberfläche gezogen werden kann.
Dementsprechend dominieren Würmer und unterirdisch lebende Insekten und deren Larven das Nahrungsspektrum. Darüber hinaus wird auch pflanzliche Nahrung aufgenommen. Scharfkantigen Gräsern kommt teilweise die Funktion von Magensteinen zu. Die Jungtiere werden nicht gefüttert, sie müssen ihre Nahrung (Würmer, Schnecken, Insekten, Spinnentiere u.a.) selbst suchen.

Fortpflanzung

Bei der Rückkehr aus dem Winterquartier typischerweise im März treffen die älteren Hähne als erste ein, besetzen Brutterritorien, paaren sich mit mehreren Hennen und unterdrücken die Balz der nachrangigen (jüngeren) Hähne. Diese treten nur bei Ausfall der dominierenden Hähne ins Balzgeschehen ein (KALCHREUTER 1983).

Bei der Frühjahrsbalz sind, zumindest bei den spektakulären Balzflügen, dem sog. Schnepfenstrich, meist verschiedene Hähne beteiligt. Diese überfliegen ihr Territorium. Dabei sitzen die Hennen typischerweise am Boden. Es kommen aber auch Flüge von Paaren oder streichende Hennen vor. Schnepfen, die bei der Flugbalz „puitzen“ und „quorren“, sind immer Hähne. Dies dient einerseits der Revierabgrenzung, also dem Fernhalten anderer Hähne, aber auch dazu, die Aufmerksamkeit der Hennen zu erlangen.
Nach dem Balzflug folgt eine Phase der Bodenbalz. Dabei signalisieren die Hennen durch Aufklappen des hellen Untergefieders im Bürzelbereich die Paarungsbereitschaft.

Ein Hahn paart sich mit mehreren Hennen, Waldschnepfen leben agam, also ohne feste Partnerbindung.

Im Juni/Juli kommt es zu einer zweiten Balz.

Wir wissen, dass der größere Teil der paarungsbereiten Hähne gar kein Balzterritorium innehat, folglich auch nicht zur Fortpflanzung gelangt.

In der Zeit von April bis Juli kommt es zu einer oder zwei Bruten. Das Bodennest, eine einfache Bodenmulde, findet sich typischerweise in sommergrünen Laubwäldern. Vier Eier pro Gelege sind normal; die Jungen sind Nestflüchter. Da regenwurmreiche Laubwälder auch ein bevorzugter Lebensraum des Schwarzwildes sind, sind die Neststandorte naturgemäß durch Wildschweine gefährdet (vgl. hierzu auch GATTER 2000, NYENHUIS 2007). Wird das Gelege zerstört, kommt es meist zur Anlage eines Nachgeleges.

Populationsdynamik

In Abhängigkeit von der Hauptverbreitung der Art und dem herbstlichen Zuggeschehen wird die eurasische Population der Waldschnepfe entscheidend durch die Habitat- und Klimabedingungen in Skandinavien, Großbritannien und Russland bestimmt. Durch jagdliche Eingriffe wird nur ein kleiner Teil des jährlichen Zuwachses in Europa abgeschöpft. In Deutschland stiegen die Strecken seit Ende der 1990er Jahre an (1997/98 = 4.256; 2001/02 = 12.801; 2007/08 = 18.245) um im Jagdjahr 2010/2011 wieder deutlich auf 10 299 Tiere abzufallen. Eine solche Fluktuation der Bestände ist für zahlreiche kleiner Wirbeltierarten nicht ungewöhnlich. Entsprechend des regionalen Schwerpunktes des gesamten Zuggeschehens werden die meisten Waldschnepfen in Deutschland in Niedersachsen, Nordrhein-Westfalen und Schleswig-Holstein erlegt.

Abb. 197: Jagstrecke der Waldschnepfe in Deutschland. Inwieweit diese die Bestandesdynamik widerspiegelt oder durch veränderte Bejagungsintensität bedingt ist, muss offen bleiben. *Quelle: Deutscher Jagdverband*

Management

Die Waldschnepfe ist eine Art, welche nachhaltig genutzt werden kann. Die Bejagung kann grundsätzlich im Frühjahr und im Herbst erfolgen. In verschiedenen Ländern (z.B. Deutschland) ist allerdings die Frühjahrsbejagung nicht erlaubt.

Das Bestätigen des Vorkommens kann durch Verhören entlang von Waldwegen oder andern linearen Strukturen während des Schnepfenstriches erfolgen.

Eine Bestandesschätzung des Brutbestandes ist demgegenüber, gerade bei polygyn lebenden Arten wie der Waldschnepfe, schwierig. Bis heute existiert keine zuverlässige Methode der Erfassung der (brütenden) Hennen (Gehle 2013). Verschiedene bisher vorgeschlagene Methoden (vergl. z.B. Ferrand 1993, Machado *et al.* 2008) weisen mehr oder minder große Unsicherheiten auf. Hennen nutzen vergleichsweise große Lebensräume von bis zu 60 Hektar und mehr, Nachgelege können kilometerweit vom ursprünglichen Gelege erfolgen. Die Suche brütender Hennen mit dem Hund ist ebenfalls mit teilweise großen Fehlern behaftet und in vielen Ländern auch nicht zulässig.

Äußerlich lassen sich beide Geschlechter nicht voneinander unterscheiden, so dass eine regelmäßige Erfassung des Geschlechterverhältnisses etwa im Jagdbetrieb nicht stattfindet. Geschlechtsbestimmungen bei auf der Frühjahrsbalz erlegten Schnepfen zeigten aber, dass überwiegend Hähne erlegt wurden. Da wir wissen, dass nur ein Teil der vorhandenen Hähne ein Balzterritorium besetzt, können wir davon ausgehen, dass erlegte Hähne schnell durch andere Hähne, die bislang kein Territorium innehatten, ersetzt werden.

Aussagen wie die von Römhild (2005), wonach die Gefährdung durch Jagd seit dem Verbot der Frühjahrsjagd deutlich zurückgegangen sei, lassen sich somit durch ökologische Fakten nicht belegen (Müller 1998).

Das bedeutet, dass die Frühjahrsjagd dort, wo sie noch ausgeübt wird, auch keine negativen Auswirkungen auf den Bestand hat bzw. dass die Verbote der Frühjahrsbejagung nicht zum Schutz der Waldschnepfe beitragen.

Demgegenüber sollten die verschiedenen Prädatoren als Einflussfaktor auf die lokalen Brutbestände der Waldschnepfe nicht unterschätzt werden (NYENHUIS 1995, 2007). Eine intensive Prädatorenbejagung derjenigen Arten, welche durch menschliche Einflüsse deutlich in ihrer Abundanz zugenommen haben bzw. welche als Neozooen gelten (insbesondere Fuchs, Waschbär, Marderhund) ist daher ein wichtiger Baustein des nachhaltigen Umganges mit der Waldschnepfe.

Mensch und Wildtier

Der vom Zug zurückgekehrte „Vogel mit dem langen Gesicht" ist den Menschen seit jeher ein sehnlich erwarteter Frühlingsbote. So stellt auch die Balz im Frühjahr, der Schnepfenstrich, ein in Lyrik und Prosa immer wieder thematisiertes Motiv dar. So hat unter anderem auch HERMANN LÖNS der Waldschnepfe (den Hahn nennt er liebevoll „Muckerich", seine Henne „Pfützing") ein literarisches Denkmal gesetzt.

Für den Jäger werden die Sonntage von Reminiscere („putzt die Gewehre") über Oculi („da kommen sie"), Lätare („das ist das Wahre") bis Quasimodogeniti („halt, Jäger, halt, jetzt brüten sie") bis heute mit der Rückkehr der Waldschnepfen in volkstümlichen Reimen in Verbindung gebracht.

Waldschnepfen spielten in der Vergangenheit (und lokal bis heute) für den Menschen auch eine kulinarische Rolle. Es existieren zahlreiche Traditionen der Zubereitung ganz unterschiedlicher Teile der Schnepfe einschließlich deren Blinddärmen, die (auch zusammen mit Herz und Leber) geröstet und gewürzt einen schmackhaften Brotaufstrich ergeben (sog. „Schnepfendreck").

Die (sehr kleine) erste Feder jeder Handschwinge heißt Malerfeder, dies weist auf die Verwendung als Werkzeug in der Kunst hin. Diese bildet im Übrigen zusammen mit dem sog. Schnepfenbart, einem Federbüschel auf der Bürzeldrüse, auch die Jagdtrophäe.

Schließlich hat der Begriff „Schnepfe" –zugegebenermassen in eher abwertender Form-Eingang in die deutsche Alltagssprache gefunden und auch der volkstümliche Begriff des „auf den Strich gehens" leitet sich von der Balz der Waldschnepfe, dem Schnepfenstrich, ab (GATTIKER & GATTIKER 1989).

Bekassine

Gallinago gallinago

Länge: ca. 25 bis 27 cm

Gewicht: ca. 80 bis 140 g

Gelege: typischerweise vier, gelegentlich fünf, Eier

Brutzeit: Ein bis zwei Bruten zwischen Februar und Juni

Systematik

Die Bekassine gehört innerhalb der Watvögel zu den Schnepfenvögeln. Neben einer nordamerikanischen Unterart *Gallinago gallinago delicata* werden im eurasischen Verbreitungsgebiet zwei Subspecies ausgewiesen, neben der Nominatform *Gallinago gallinago gallinago* finden wir in einem eng umgrenzten Verbreitungsgebiet auf einigen nordatlantischen Inseln *Gallinago gallinago faeroensis*.

Verbreitung

Auch wenn die nordamerikanische Unterart der Bekassine gelegentlich als eigene Art ausgewiesen wird, so müssen wir doch von einer einzigen biologischen Art mit zirkumpolarer Verbreitung ausgehen. Bekassinen finden sich in den gemäßigten Regionen ganz Eurasiens als Brutvogel. Ihre Überwinterungsgebiete finden sich im südlichen Europa und Asien einschließlich Südostasien, auf der arabischen Halbinsel und in Äquatorialafrika.
Sie tritt sowohl als Kurzstrecken- als auch als Langstreckenzieher in Erscheinung. In den westlichen Teilen ihres Brutareals – auf den britischen Inseln und entlang der Nordseeküsten – kommt sie auch als Standvogel vor (vergl. GLUTZ VON BLOTZHEIM *et al.* 1986).

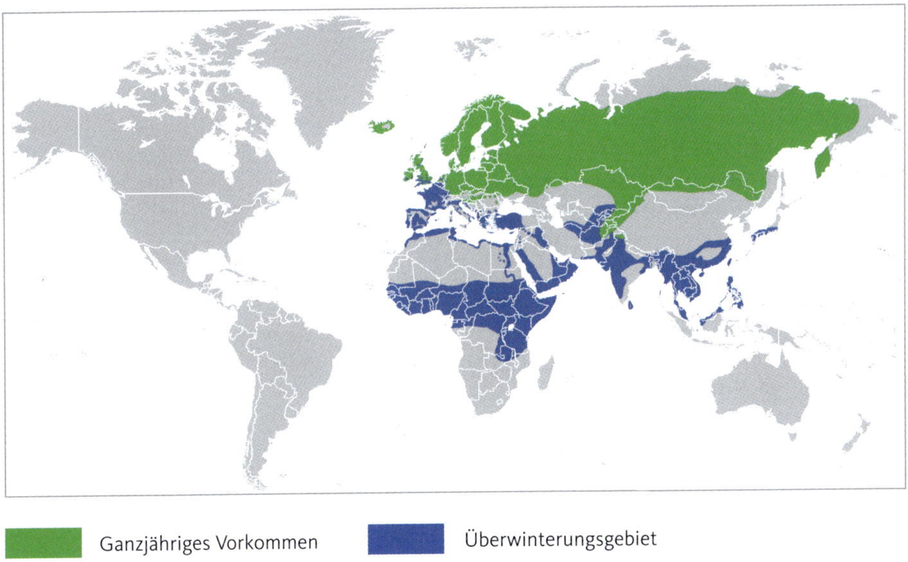

Abb. 198: Verbreitungsgebiet der Bekassine (Unterart Gallinago gallinago gallinago)

Lebensraum

Bekassinen sind Bewohner des Flachlandes, und hier des feuchten Offenlandes. Sie besiedeln Feuchtwiesen ebenso wie Sumpfgebiete, Moore, Salzwiesen, Schlickwatten, Uferregionen großer Flüsse und Seen und ähnliche Biotope.

Ernährung

Der lange Schnabel befähigt die Bekassine, im weichen Untergrund nach Nahrung zu stochern. Sie ist also, wie auch die Waldschnepfe, nicht darauf angewiesen, dass die Beutetiere an die Bodenoberfläche kommen.
Bekassinen ernähren sich von Würmern, insbesondere Regenwürmern, Insektenlarven, Schnecken, aber auch Krebstieren, Spinnen, Imagines der Insekten sowie diversen Pflanzenteilen.

Auch der Schnabel der Bekassine kann an der Spitze pinzettenartig geöffnet werden, so dass Würmer unterirdisch gefasst und an die Oberfläche gezogen werden können.
Bekassinen gehen vorzugsweise in der Dämmerung auf Nahrungssuche, sind allerdings auch tagsüber in ihren Nahrungshabitaten anzutreffen (vergl. Glutz von Blotzheim *et al.* 1986).

Fortpflanzung

Der Balzflug des Hahnes im Frühjahr ist durch ein sehr typisches Geräusch, welches dem Meckern einer Ziege ähnelt, gekennzeichnet. Daher wird sie im Volksmund auch als „Himmelsziege" bezeichnet. Während des Balzfluges im März, gelegentlich auch schon ab Februar, fliegt der Hahn ein Oval oder einen Kreis mit einigen hundert Metern Durchmesser, steigt dabei regelmäßig in die Höhe und lässt sich dann nach unten trudeln. Dabei werden die beiden äußeren Stoßfedern abgespreizt, durch daran vorbeistreichende Luft werden diese in Schwingungen versetzt, welche das typische Geräusch verursachen. Auch hier dient das Balzritual einerseits der Abgrenzung des Balzrevieres, andererseits soll es für die Hennen attraktiv sein.

Bekassinen leben monogam in Saisonehe. Sie werden normalerweise bereits im ersten Lebensjahr geschlechtsreif. Das Brutrevier wird durch den Hahn besetzt, die Henne ist für den Neststandort typischerweise im Gras oder in Zwergsträuchern, oft auch auf feuchtem Untergrund, verantwortlich.

Von Ende März bis Anfang April wird das Gelege aus vier Eiern angelegt und etwa 18 bis 20 Tage ausschließlich von der Henne bebrütet, während der Hahn sich in der näheren Umgebung aufhält. Die Jungvögel sind Nestflüchter, beginnen im Alter von ca. drei Wochen zu fliegen und sind mit vier bis fünf Wochen flugfähig.

Eine zweite Brut im Mai/Juni ist möglich.

Populationsdynamik

Die Bekassine ist in ihrer europäischen Teilpopulation nicht bedroht. Der Gesamtbestand wird auf bis zu knapp zwei Millionen geschätzt, wobei es lokal enorme Abundanzunterschiede gibt, die aber im wesentlichen landschaftsökologische Gründe haben.

Wir gehen von einem deutlichen Bestandesrückgang im 20. Jahrhundert aus, bedingt insbesondere durch eine immer intensivere Landwirtschaft, Flurbereinigung, Verlust von Brutbiotopen an Siedlungs- und Verkehrswegebau und die Gewässerregulation. Auch eine zunehmende Entwicklung der Sukzession auf Brachflächen ist für die Bekassine von Nachteil. Die Bejagung spielte bzw. spielt für die Populationsdynamik der Art keine signifikante Rolle.

Management

Mit der Unterschutzstellung der Bekassine verschiedenen Ländern Mitteleuropas wurde dieser Art nicht wirklich geholfen, im Gegenteil. Das Interesse insbesondere auch der Jäger am Erhalt der Species hat dadurch eher nachgelassen, an aktiven Schutzmaßnahmen besteht weniger Interesse.

Artspezifische Ansätze zur individuellen Unterstützung der Bekassine gibt es nicht. Wichtig wäre die Sicherung der Brutbiotope durch Erhaltung und insbesondere Offenhaltung von Feuchtgebieten, etwa Feuchtwiesen. Dies kann durch Beweidung, durch technische Maßnahmen oder auch vielleicht in Zukunft auch vermehrt durch einheimische Wildtiere erfolgen (Herzog 2019).

Allerdings ist der Aufwand für derartige Maßnahmen vergleichsweise groß und kann meist nur im Rahmen überörtlicher Verbundprojekte mit intensiver Kooperation verschiedener Akteure (Landwirte, Jäger, Gemeinden, Naturschutzinitiativen, Wasserwirtschaftsbehörden und anderen) erfolgen.

Mensch und Wildtier

Der volkstümliche Begriff der „Himmelsziege" findet sich in zahlreichen Kulturkreisen und Sprachen wieder, so heißt die Bekassine beispielsweise „Chevrelle", „Himmelsget" oder „Maekregauk". Sie wird auch Wetter-, Regen oder Gewittervogel genannt. Ihr Flug verkündet gemeinhin nahenden Regen (Gattiker & Gattiker 1989).

Lachmöwe

Larus ridibundus

Länge: 35 bis 39 cm

Gewicht: 270 bis 350 g

Gelege: (1 bis) 3 Eier

Brutzeit: April/Mai

Systematik und Verbreitung

Lachmöwen sind derzeit in ihrer taxonomischen Zuordnung umstritten. Traditionell wurden sie der Gattung *Larus* zugeordnet, welche einen Großteil aller Möwen umfasst. Aufgrund molekularer Ergebnisse (PONS *et al.* 2005) ordnen verschiedene Autoren die Art nun in eine separate Gattung *Chroicocephalus*. Dieses Vorgehen entspricht einem aktuellen Modetrend in der Wissenschaft, taxonomische Einheiten aufgrund molekularer Merkmale immer weiter zu differenzieren. Manchmal ist dies sinnvoll, meist allerdings nicht.

Für die Arteinteilung ist dieser Trend wenig hilfreich bzw. sogar kontraproduktiv. Hier sollten allein die Kriterien der biologischen Art Gültigkeit haben. Eine Gattungszuordnung aufgrund molekularbiologischer Phänotypen könnte durchaus sinnvoll sein. Dennoch erscheint es voreilig, sich dabei auf eine einzige Studie zu verlassen.

Die eher kleine Möwenart besiedelt weite Teile der nördlichen Paläarktis und ist in Mitteleuropa ein häufiger Brutvogel im Binnenland, aber zunehmend auch an den Küsten.

Lebensraum und Ökologie

Lachmöwen sind in Mitteleuropa als Arten des Binnenlandes bekannt, schwerpunktmäßig des küstennahen Tieflandes.

Hier besiedeln sie als Bruthabitat besonders die Uferbereiche größerer stehender Gewässer oder langsam fließender Flüsse. Nahrungshabitate im Winter sind vor allem landwirtschaftliche Flächen und menschliche Siedlungen.

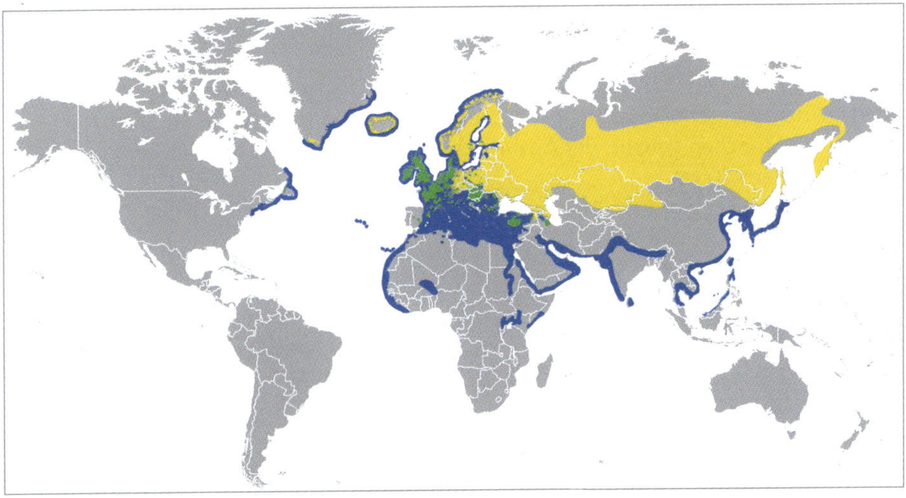

Ganzjähriges Vorkommen | Überwinterungsgebiet | Brutgebiet

Abb. 199: Verbreitungsgebiet der Lachmöwe

Allerdings finden wir die Lachmöwe auch zunehmend entlang der Küsten; im Wattenmeer ist sie mittlerweile ein häufiger Brutvogel.

Ernährung

Lachmöwen haben ein ausgesprochen breites Nahrungsspektrum, welches von kleinen Wirbeltieren über Wirbellose, vor allem Regenwürmer, Vielborster und Krebse bis hin zu pflanzlicher Kost reicht. Sie nutzen auch Aas und menschliche Abfälle in nicht geringem Umfang.

Die Nahrungssuche erfolgt aus niedrigem Suchflug, gelegentlich auch aus dem Rüttelflug. Fische oder Krustentiere werden oft mittels Sturzflug auf die Wasseroberfläche erbeutet. Häufig sieht man Lachmöwen, die landwirtschaftlichen Maschinen mit Grubber oder Pflug in größeren Schwärmen folgen, um insbesondere Regenwürmer zu erbeuten. Der Nahrungsbedarf einer ausgewachsenen Lachmöwe liegt bei etwa 160 bis 220 Gramm Regenwürmern pro Tag (vergl. Bauer *et al.* 2005).

Fortpflanzung

Die Geschlechtsreife erreichen Lachmöwen im Alter von zwei Jahren, erstmals zur Brut schreiten sie allerdings deutlich später, etwa im vierten Lebensjahr. Sie leben monogam in Saisonehe, aufgrund großer Brutplatztreue kommen Paarungen zwischen denselben Partnern über mehrere Jahre vor.

Es handelt sich um Koloniebrüter, meist umfassen solche Kolonien zwischen 10 und 1000 Paaren.

Nester werden meist in niedriger Vegetation am Wasser, gelegentlich aber auch schwimmend auf dem Wasser oder auf menschlichen Bauwerken angelegt. Das einfache Nest wird meist vom Männchen gebaut, der Abstand zwischen den Bruten in einer Kolonie beträgt i.d.R. mindestens 70 cm.

In Mitteleuropa beginnt die Anlage des Geleges aus drei (gelegentlich weniger) Eiern im April. Es wird gut drei Wochen bebrütet.

Die jungen Möwen sind Platzhocker und bleiben etwa vier Wochen, bis sie flügge sind, am Brutplatz. Beide Elternvögel füttern.

Im Alter von etwa fünf Wochen sind die Jungvögel selbständig (vergl. Bauer *et al.* 2005).

Populationsdynamik

Die Lachmöwe zeigte während der vergangenen Jahrhunderte eine deutliche Bestandesdynamik. Im 19. Jahrhundert kam es durch Lebensraumverluste (Meliorationen in der Landwirtschaft, Gewässerausbau) zu teilweise deutlichen Rückgängen. Gegen Ende des 19. bis zum Ende des 20. Jahrhunderts fanden erhebliche Zunahmen der Bestände und eine deutliche Ausweitung des Areals statt. Seit Ende des 20. Jahrhunderts sind zumindest lokal wieder Bestandesrückgänge zu beobachten (vergl. BAUER *et al.* 2005). Weltweit scheint der Bestand aber nach wie vor stabil zu sein.

Management

Die Art ist nicht gefährdet. Sie unterliegt in den meisten Bundesländern dem Schutz des Jagdrechts und hat teilweise auch eine Jagdzeit. Eine jagdliche Nutzung findet kaum statt. Maßnahmen des Wildtiermanagements beziehen sich meistens auf die Abwehr der Vögel von Gebäuden oder öffentlichen Plätzen durch repellente Maßnahmen.

Mensch und Wildtier

Durch ihre Nähe zur menschlichen Zivilisation sind Lachmöwen vielen Menschen vertraut und werden als eine Symbolart der Küstenregionen gesehen.

Probleme bereitet die Art gelegentlich durch Nestbau auf oder an Gebäuden oder durch Kotverschmutzung auf öffentlichen Plätzen.

Interessant ist die Frage nach dem Namen der Lachmöwe. Es liegt eigentlich nahe, dass dieser von dem Wort „lache“ für See oder stehendes Gewässer stammt. Als Art des Binnenlandes wäre das eine treffende Beschreibung. Irritierend ist die wissenschaftliche Bezeichnung „ridibundus“, welche „lachend“ bedeutet und vielleicht auf den Ruf, der menschlichem Lachen entfernt ähnelt, abhebt. Letztlich ist es schwierig, hier eine sichere Aussage über die Herkunft der Bezeichnung zu treffen.

Silbermöwe

Larus argentatus

Länge: 55 bis 67 cm

Gewicht: 700 bis 1500 g

Gelege: 2 bis 3 Eier

Brutzeit: April bis August

Systematik und Verbreitung

Die Silbermöwe ist eine große, zirkumpolar verbreitete Art der Gattung *Larus*, für die weltweit mehrere Unterarten beschrieben werden. Auf die Diskussion, ob die nordamerikanischen und ostsibirischen Unterarten vielleicht doch eigene Arten sein könnten, soll hier nicht eingegangen werden. Die Art wurde von dem Evolutionsbiologen Ernst Mayr (1963) als Beispiel für eine sog. „Ringspecies" beschrieben, welche aus interfertilen Subspecies besteht, die jeweils Hybridzonen aufweisen, in denen fertile Nachkommen entstehen. Lediglich in einer Region besteht zwischen den Unterarten eine reproduktive Isolation, so dass sie sich dort wie zwei unterschiedliche biologische Arten verhalten.

Die Species ist auf der Nordhalbkugel im Wesentlichen entlang der Küsten verbreitet.

Lebensraum und Ökologie

Silbermöwen sind Stand- oder Strichvögel und überwintern meist in der Nähe ihrer Brutlebensräume. Die nördlichen Populationsteile sind Teilzieher.

Die Bruthabitate liegen typischerweise an den Küsten, etwa an Steilküsten oder in den Schären. Wo derartige Strukturen fehlen, brüten Silbermöwen auch in Dünen, auf Spülflächen oder in Salzwiesen. Gelegentlich werden auch Agrarflächen oder Gebäude zur Brut genutzt.

In Teilen Skandinaviens, des Baltikums und Russlands brütet die Silbermöwe auch im

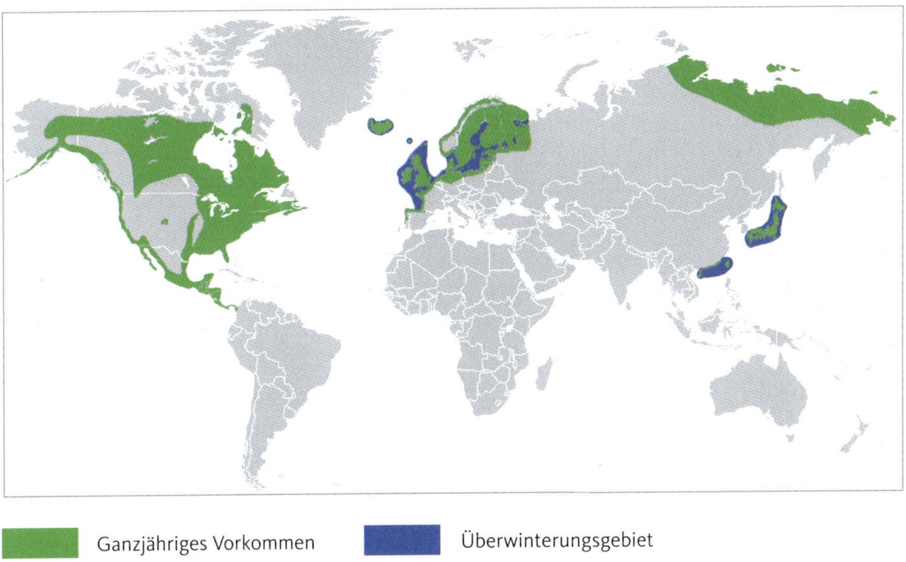

Abb. 200: Verbreitungsgebiet der Silbermöwe

Binnenland, sowohl in Mooren und Tundren, aber auch an Bergseen bis ca. 2000 m über N.N. (MERNE 1997).

Ernährung

Silbermöwen sind, wie die meisten Möwen, Allesfresser mit einem extrem breiten Nahrungsspektrum.

Dieses reicht von Wirbeltieren über Wirbellose (insbesondere Krebse) bis hin zu pflanzlicher Kost. Aas und menschliche Abfälle werden intensiv genutzt.

Die Nahrungssuche erfolgt meist aus niedrigem Suchflug. Meerestiere werden oft mittels Sturzflug auf die Wasseroberfläche erbeutet.

Fortpflanzung

Silbermöwen sind Koloniebrüter. Die Kolonien bestehen aus etwa zehn bis 15 000 Brutpaaren.

Silbermöwen werden meist zwischen dem dritten und siebten Lebensjahr geschlechtsreif, die Mehrzahl der Vögel brütet etwa ab dem fünften Lebensjahr. Es erfolgt eine Brut im Jahr, bei Gelegeverlust ein zweites oder sogar ein drittes Nachgelege. Silbermöwen leben monogam in Saisonehe, aufgrund großer Brutplatztreue kommen Paarungen zwischen denselben Partnern über mehrere Jahre vor.

Die Paare finden sich oft bereits im Winter, bevor sie zu den Brutplätzen ziehen. Hier findet dann die aus zahlreichen Ritualen bestehende Balz statt.

Das Nest wird überflutungssicher im Schutz der Vegetation angelegt. Im April beginnt die Anlage des Geleges. Dieses besteht aus zwei bis drei Eiern, welche rund vier Wochen bebrütet werden. Die jungen Silbermöwen sind Platzhocker, die im Nest bleiben, bis sie nach fünf bis acht Wochen flügge sind. Danach bleiben sie noch bis zu sieben Wochen, gelegentlich auch länger, in der Nähe der Eltern (vergl. auch TINBERGEN 1953, GOETHE 1956, GLUTZ VON BLOTZHEIM & BAUER 1982, MERNE 1997, OLSEN & LARSSON 2003, BAUER *et al.* 2005).

Populationsdynamik

Der Bestand der Silbermöwe ist im 20. Jahrhundert deutlich angewachsen. Dies scheint eine Folge der guten Anpassung der Art an die menschliche Zivilisation zu sein. Silbermöwen profitieren von der Kulturlandschaft und deren intensiver Nutzung in ähnlicher Weise wie etwa die Aaskrähe oder der Rotfuchs. Mülldeponien und die Abfälle aus der fischverarbeitenden Industrie haben sowohl eine Zunahme der Abundanz als auch des Verbreitungsgebietes zur Folge gehabt. Mittlerweile beobachten wir auch zunehmend eine Besiedlung des Binnenlandes (vergl. auch GLUTZ VON BLOTZHEIM & BAUER 1982, MERNE 1997, OLSEN & LARSSON 2003, BAUER ET AL. 2005).

Management

Die Art ist ein Profiteur der Zivilisationslandschaft. Sie unterliegt in den meisten Bundesländern dem Schutz des Jagdrechts und hat teilweise auch eine Jagdzeit. Eine jagdliche Nutzung findet kaum statt.

Maßnahmen des Wildtiermanagements haben in der Vergangenheit im Wesentlichen die Reduktion des Silbermöwenbestandes zum Ziel gehabt, um der Gefährdung der Bestände bodenbrütender Küstenvögel durch Prädation entgegenzuwirken. In unterschiedlichen europäischen Ländern wurden unterschiedliche Methoden, etwa Zerstören von Gelegen, Vergiften der Silbermöwen oder die Elimination ganzer Brutkolonien angewandt. Lokale Erfolge wurden durchaus erzielt, eine flächendeckende nachhaltige Reduktion des Bestandes ist bislang ausgeblieben. Verschiedene Autoren sehen die Lösung daher eher in der Begrenzung des Nahrungsangebotes durch ein besseres Abfallmanagement (vergl. GLUTZ VON BLOTZHEIM 1982).

Mensch und Wildtier

Durch ihre Nähe zur menschlichen Zivilisation sind auch Silbermöwen vielen Menschen vertraut und werden ähnlich wie die Lachmöwe (*Larus ridibundus*) als eine Symbolart der Küstenregionen gesehen.

Die durch die Silbermöwe verursachten ökologischen Probleme und nicht zuletzt die zunehmende Belästigung von Passanten durch nahrungssuchende Silbermöwen im öffentlichen Raum zeichnen bei vielen Menschen ein tendenziell negatives Bild dieser Art.

Abb. 201: Belästigen von Passanten durch Silbermöwen

Hohltaube

Columba oenas

Ordnung: Taubenvögel (Columbiformes)

Familie: Tauben (Columbidae)

Länge: bis ca. 32 cm

Gewicht: ca. 250 bis 300 g

Gelege: 2 Eier bis zu dreimal jährlich

Brutzeit: März bis September

Naturgeschichte und Verbreitung

Das Verbreitungsgebiet der Hohltaube erstreckt sich über ganz Europa, im Osten bis nach Sibirien, im Südosten und Süden nach Kleinasien und das nördliche Afrika. Sie fehlt im Norden Skandinaviens und auf Island. In der Westpaläarktis können zwei Subspecies unterschieden werden. In den Mittelgebirgen ist die Hohltaube bis maximal 900 m über N.N. zu finden, in den Alpen bis maximal 1250 m (MÜLLER 1986). Die Hohltaube ist ein Zugvogel. Sie zieht im November aus Mittel- und Nordeuropa ins westliche und südwestliche Europa und kehrt im Februar zurück.

Lebensraum

Die Hohltaube wird häufig auch als Waldtaube bezeichnet. Dennoch nutzt sie vor allem die Waldränder und dringt typischerweise nicht mehr als drei bis fünf Kilometer in geschlossene Wälder ein (MÜLLER 1986). Da sie in Baumhöhlen brütet (Name!), ist sie auf Wälder mit entsprechendem Alter und Totholzstrukturen angewiesen. Häufig genutzte Lebensräume sind Laub-, Laubmisch- und auch Kiefernwälder oder größere Parkanlagen. Da sie ihre Bruthölen nicht selbst herstellen kann, ist sie auf das Vorkommen großer Spechtarten wie des Schwarzspechtes (*Dryocopus martius*) oder des Grünspechtes (*Picus viridis*) angewiesen, deren Höhlen sie sekundär nutzt. Gelegentlich finden wir Hohltauben allerdings auch in Siedlungen, Alleen, Obstpantagen und Feldgehölzen. Insgesamt ist sie hinsichtlich ihres Lebensraumes ähnlich anpassungsfähig wie die Ringeltaube.

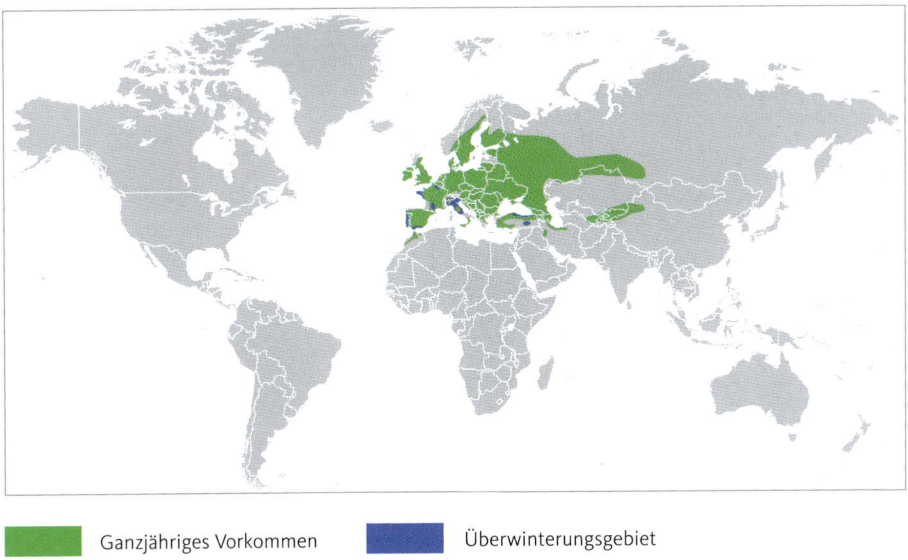

Abb. 202: Verbreitungsgebiet der Hohltaube

Nahrung

Die typische Nahrung der Hohltaube besteht aus Sämereien, Baumfrüchten, Beeren, Knospen und anderen Pflanzenteilen und wird teilweise auch außerhalb des Waldes in der Agrarlandschaft aufgenommen.

Fortpflanzung

Die Brutperiode der Hohltaube umfasst die Zeit von März bis September. Die Balz enthält Elemente wie Verbeugungen, Schnäbeln und Kraulen des Gefieders und wird vom Tauber eingeleitet. Die Brut erfolgt in Baumhöhlen, welche vor Ablage der beiden Eier mit Pflanzenteilen ausgepolstert werden. Auch Nistkästen werden angenommen. Die Brutdauer beträgt 16 bis 17 Tage. Beide Geschlechter brüten und versorgen die Jungvögel (vergl. MÜNST & WOLTERS 1999).

Management

Hohltauben werden in Deutschland nicht bejagt. Sie unterliegen in den meisten Bundesländern dem Jagdrecht und genießen ganzjährige Schonzeit. Somit ist ein optimaler Schutz gewährleistet.

Die Hohltaube besiedelt gerne lichte Mischwälder mit einem hinreichenden Altholz- und auch Totholzanteil (siehe oben). Diese bilden auch den Lebensraum für die bereits erwähnten großen Spechtarten. Somit ist die Hohltaube bzw. ihr Vorkommen auch ein Indikator für zumindest eine gewisse Naturnähe der Waldstrukturen. Sie wird langfristig sicher von den aktuell erfolgenden Waldumbaumaßnahmen, aber besonders auch von Prozessschutzmaßnahmen, etwa in Großschutzgebieten, profitieren.

Ringeltaube

Columba palumbus

Ordnung: Taubenvögel (Columbiformes)

Familie: Tauben (Columbidae)

Länge: Bis ca. 42 cm

Gewicht: Bis ca. 600 g

Gelege: Zwei Eier bis zu dreimal jährlich

Brutzeit: März bis September

Systematik und Verbreitung

Die Ringeltaube gehört zur Ordnung der Taubenvögel (Columbiformes) und hier in die Familie der Tauben (Columbidae). Sie hat sich als ursprünglich im Walde beheimatete Art bereits seit Jahrhunderten an menschliche Siedlungen mit landwirtschaftlichen Flächen, aber auch an urbane Regionen angepasst. Auch vor dem Hintergrund einer zunehmend industrialisierten Agrarlandschaft kann die Ringeltaube erfolgreich überleben.

Die Ringeltaube ist eine paläarktisch weitverbreitete Art, welche Europa, Nordafrika sowie West- und Zentralasien besiedelt. Im Norden reicht die Verbreitung der Ringeltaube etwa bis zum 67. Grad nördlicher Breite. Ringeltauben sind ursprünglich Zugvögel, seit dem 20. Jahrhundert ist allerdings zu beobachten, dass sie nur noch über kurze Distanzen verstreichen oder sogar bei hinreichender Nahrungsgrundlage als Standvögel überwintern.

Lebensraum

Der ursprüngliche Lebensraum der Ringeltaube ist der Wald. Heute finden wir sie allerdings in nahezu allen Lebensräumen, wobei Gehölze vorteilhaft sind. Aber selbst wo diese fehlen, z.B. an Küsten oder in großflächigen Agrarlandschaften, kommt die Art regelmäßig vor.

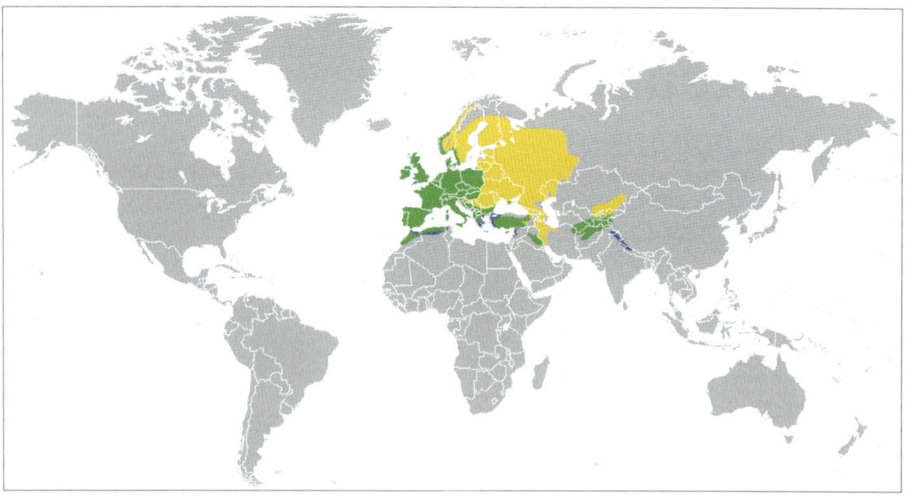

Ganzjähriges Vorkommen | Brutgebiet | Überwinterungsgebiet

Abb. 203: Verbreitungsgebiet der Ringeltaube

Nahrung

Ringeltauben ernähren sich nahezu ausschließlich pflanzlich von Sämereien, Baumfrüchten wie Eicheln oder Bucheckern, Beeren, Knospen und anderen Pflanzenteilen, aber gelegentlich auch Insekten oder Würmern. Die Nahrungsteile werden nicht mit dem Schnabel zerkleinert, sondern als Ganzes geschluckt. In den Städten nutzen Ringeltauben vereinzelt auch, ähnlich wie verwilderte Felsentauben, Reste menschlicher Lebensmittel, insbesondere Gebäck.

Fortpflanzung

Ringeltauben legen, wie alle Tauben, genau zwei Eier pro Gelege (selten nur eines). Diese niedrige Zahl gleichen sie durch mehrere Bruten im Jahr aus. Die Balz beginnt bereits im Vorfrühling, wenn wir den typischen rucksenden Ruf des Taubers hören. Ringeltauben bauen als Baumbrüter ein einfaches Nest, oft in der Krone hoher Waldbäume. Die erste Brut finden wir meist im März, das Gelege wird von beiden Geschlechtern ca. 17 Tage lang bebrütet. Bei der Ringeltaube finden wir nicht selten eine sog. „Schachtelbrut", d. h. während der Tauber noch die Jungen der vorangegangenen Brut betreut, brütet die Taube bereits wieder. Je nach Region und Witterung kann es also durchaus im September bzw. Oktober noch von den Eltern abhängige Jungtauben geben.

Die Jungtauben werden in den ersten Lebenstagen von beiden Eltern ausschließlich mit sog. Kropfmilch gefüttert. Dabei handelt es sich um ein hochkalorisches, weißliches, zähflüssiges, fett- und proteinhaltiges Sekret aus den Kropfepithelien. Nach ca. vier Wochen Nestlings- und einigen Tagen Ästlingszeit sind die Jungtauben mit ca. vier bis fünf Wochen flugfähig.

Management

Ringeltauben können auf nachhaltiger Basis genutzt werden. Aufgrund der vergleichsweise langen Brutperiode kam es über die vergangenen Jahrzehnte in den meisten Ländern zu einer stetigen Verkürzung der Jagdzeiten.

Die Jagdzeit wurde aus Gründen des Tierschutzes von über 300 Tagen im Jahr auf etwa ein Drittel dieser Zeit reduziert. Dies begründet zumindest teilweise auch die allenthalben zu beobachtenden Rückgänge der Jagdstrecken. Dies gilt insbesondere in den Regionen, in denen die Ringeltaube auch heute noch überwiegend Sommervogel ist und mit Beginn der Jagdzeit vielerorts bereits nicht mehr anzutreffen ist. Neben der Verkürzung der Jagdzeit aus Tierschutzgründen finden wir in verschiedenen deutschen Bundesländern paradoxerweise regelmäßig Schonzeitaufhebungen. Diese erfolgen auf Druck landwirtschaftlicher Interessenvertretungen insbesondere dort, wo Ringeltauben in großen Flügen auf der Saat auftreten.

Wichtig für die Bejagung der Ringeltaube, gerade wenn noch mit abhängigen Jungtauben zu rechnen ist, ist die Fähigkeit, Jung- von Alttauben sicher unterscheiden zu können. Wie

Gehle (2005) sehr anschaulich zusammengestellt hat, gibt es brauchbare Methoden der Altersschätzung, sowohl an der erlegten als auch an der lebenden Taube.
Für Jäger ist es wichtig, Übung darin zu entwickeln, das Vorhandensein oder Fehlen der typischen weißen Halsflecke („Halsring“) der Ringeltaube zu erkennen. Wir wissen mittlerweile, dass dieser bereits in einem Alter von zwei Monaten vorhanden sein kann (Gehle 2005), dass es sich aber bei fehlendem oder noch nicht sichtbarem Halsfleck in aller Regel um eine Jungtaube handelt.
Diese Erkenntnis ist wie erwähnt heute insofern außerordentlich wichtig, als es leider immer noch Bundesländer gibt, in denen ein Großteil der Ringeltaubenstrecke während der gesetzlichen Schonzeit zustande kommt, sodass noch mit Nestlingen gerechnet werden muss.

Mensch und Wildtier

Ringeltauben sind den meisten Menschen aufgrund ihrer bereits längeren siedlungsnahen Lebensweise vertraut, wenngleich sie dort oft mit der Felsentaube, der verwilderten Haustaube, verwechselt werden.

Der volkstümliche Begriff "Wildtaube" bezeichnet die Ringeltaube. Ihr Wildbret ist als ausgesprochen wohlschmeckend bekannt und beliebt.

Probleme bereiten, wie oben bereits angedeutet, zunehmende Ringeltaubenbestände in der Landwirtschaft, wenngleich diese meist nicht das Aumaß der Schäden etwa durch Graugänse annehmen. Die bei landwirtschaftlichen Schäden nicht selten gewährten Schonzeitaufhebungen (s.o.) sollten aus Gründen des Tierwohls auf junge Tauben oder Nichtbrüter beschränkt werden.

Felsentaube

Columba livia

Ordnung: Taubenvögel (Columbiformes)

Familie: Tauben (Columbidae)

Länge: ca. 31 bis 34 cm

Gewicht: ca. 330 g

Gelege: zwei Eier bis zu dreimal jährlich

Brutzeit: März bis September

Naturgeschichte und Verbreitung

Die Felsentaube stammt ursprünglich aus dem Mittelmeerraum. Es werden bis zu 14 geographische Unterarten unterschieden.

Die Felsentaube ist nach bisherigen Erkenntnissen auch die Stammform der Haustaube und kommt in ihrer verwilderten Form weltweit, mit Ausnahme der Polarregionen, vor. Somit zählt sie zu den erfolgreichsten Vogelarten weltweit. Die Wildform ist dagegen auf Eurasien und Afrika, insbesondere den Mittelmeerraum und das kaspische Meer, beschränkt.

Lebensraum

Der natürliche Lebensraum der Felsentauben sind Klippen und Felslandschaften, welche Nistgelegenheiten in Form von Felshöhlen oder -spalten bieten. Für Nordafrika wird, offenbar mangels anderer Brutgelegenheiten, sogar die Besiedlung gemauerter Brunnen beschrieben (Münst & Wolters 1999).

Nahrung

Felsentauben ernähren sich, typisch für Tauben, gerne von Gras- und Getreidesamen, Baumfrüchten, Knospen und Beeren, aber vereinzelt auch von Insekten und Weichtieren.

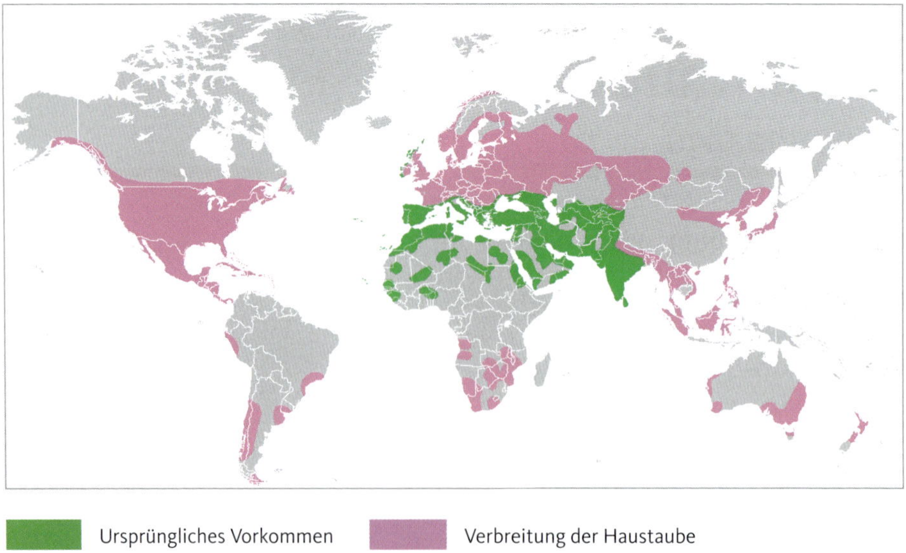

Abb. 204: Aktuelles Verbreitungsgebiet der Felsentaube

Stadttauben in aller Welt nutzen darüber hinaus intensiv menschliche Nahrungsreste und werden auch in nicht geringem Umfang aktiv von Menschen gefüttert.

Fortpflanzung

Bei der Felsentaube finden sich in der Regel zwei bis vier Bruten pro Jahr, die Brutdauer beträgt 17 bis 18 Tage. Bei Stadttauben werden bei guter Nahrungsversorgung bis zu sechs Bruten pro Jahr beschrieben. Die Brutzeit erstreckt sich meist ab März bis in den Oktober, gelegentlich auch bei günstigen Umweltbedingungen bis in den Winter.

Die erste Brut kann bei Stadttauben bereits in einem Alter von sechs Monaten erfolgen, typischerweise also im Frühjahr nach dem Schlüpfen, gelegentlich aber bereits im Jahr des Schlüpfens.

Tauber besetzen ein Brutrevier, welches mehrere Jahre, meist sogar ein Leben lang gehalten wird. Darin können sich mehrere Nistplätze befinden. Der Tauber lockt durch seine Balz die Taube zum Nistplatz, welcher sich meist in Gebäudenischen („künstliche Felslandschaft") befindet. Beide Partner leben – oft lebenslang – monogam.

Das Nest wird von beiden Partnern gebaut, wobei dieses oftmals nur aus einer dünnen Schicht aus Pflanzenmaterial besteht. Manchmal erfolgt das Gelege auch ohne Nest direkt auf die Unterlage. Die Gelege bestehen, typisch für alle Tauben, normalerweise aus zwei Eiern, Gelege mit einem oder drei Eiern sind die seltene Ausnahme. Beide Partner brüten beginnend mit der ersten Eiablage.

Die Nestlinge werden in den ersten Lebenstagen regelmäßig gehudert und von beiden Eltern mit Kropfmilch gefüttert. Später werden sie auch längere Zeit allein im Nest zurückgelassen und nur etwa vier- bis sechsmal am Tag gefüttert, nachdem die Eltern bereits mit der nächsten Brut beschäftigt sind. Im Alter von 23 bis 25 Tagen Alter verlassen die Jungtauben zunehmend das Nest (Ästlingsphase). Im Alter von 30 bis 35 Tagen schließlich sind sie flügge und von den Eltern unabhängig. Sie halten sich jedoch weiterhin im Brutareal auf und verlassen den Familienverband erst, wenn sie selbst mit dem Brutgeschäft beginnen.

Populationsdynamik

Der potentiell hohen Reproduktionsleistung der Stadttauben und deren breiter Nahrungsbasis in den urbanen Räumen steht eine hohe Jugendmortalität von bis zu 90 Prozent im ersten Lebensjahr bei einer durchschnittlichen Lebenserwartung von zwei bis drei Jahren gegenüber (Haag 1984). Die Bedeutung der Fütterung für die Populationsdynamik ist vieldiskutiert. So wird gelegentlich argumentiert, dass gut nahrungsversorgte Tauben einen geringeren Bruterfolg aufwiesen als schlecht ernährte Tauben. Dem widerspricht allerdings die Arbeit von Stock & Haag-Wackernagel (2016), welche eine deutliche Abnahme des Reproduktionserfolges bei Wegfall einer wichtigen Futterquelle feststellen konnten.

Mensch-Tier-Verhältnis

Die Felsentaube, insbesondere ihre domestizierte Form, die Haustaube, begleitet den Menschen bereits seit Jahrtausenden. Eine frühe schriftliche Erwähnung findet die Taube im I. Buch Mose, als Noah eine Taube aussendet, die mit einem Ölzweig zurückkehrt und so das Ende der Sintflut verkündet.

Nachrichten über die Domestikation und Zucht von Tauben gibt es bereits seit dem frühen Altertum. Offenbar waren Haustauben bereits in der 5. ägyptischen Dynastie ab 2750 vor Christus bekannt (GATTIKER & GATTIKER 1989).

Seit der Römerzeit wird sie in Mitteleuropa als Haustier gehalten. Neben der Nutzung als Lebensmittel (Fleisch und gelegentlich Eier) wurde auch der Kot als Dünger genutzt. Schließlich dienten Haustauben bis ins 20. Jahrhundert hinein in Gestalt der Brieftaube als wichtiger Kommunikationsweg insbesondere für militärische Zwecke. Dabei macht man sich die Bindung an das Brutrevier zunutze, welches die Tauben nach Verbringung auch über weite Strecken schnell wieder zu erreichen suchen. Die Orientierung vieler Vögel am Erdmagnetfeld wurde am Beispiel der Felsentaube intensiv untersucht und festgestellt, dass dieses von den Tieren offenbar sogar optisch wahrgenommen werden kann.

Taubenhäuser waren seit der Römerzeit fester Bestandteil zahlreicher Landgüter. Diese Tradition lebt bis heute fort, wobei die Tauben heute oft zur Zierde und persönlichen Erbauung oder zum Einsatz in Wettbewerben gehalten werden. Wir kennen heute rund 800 Haustaubenrassen. Neben den auf Schönheit gezüchteten Tauben, die auf Ausstellungen entsprechende Preise erringen sollen, kennen wir die klassischen Brieftauben. Hier besteht der Wettbewerb darin, nach einem Transport über eine größere Strecke schnellstmöglich wieder den heimatlichen Taubenschlag zu erreichen. Daneben gibt es auch Wettbewerbe für Hoch- oder Kunstflugtauben, bei denen bestimmte Flughöhen, Flugzeiten oder Flugbilder prämiert werden.

Auch über verwilderte Haustauben finden wir bereits im Altertum Berichte (ZURTH 1949).

Stadttauben befinden sich heute in einer ambivalenten Situation. Einerseits werden sie aufgrund der durch sie verursachten Schäden an der Substanz von Gebäuden, aber auch wegen ihrer möglichen Rolle als Überträger von Parasiten oder Infektionskrankheiten insbesondere von Hauseigentümern, aber auch von den zuständigen Ordnungsbehörden nicht gerne gesehen. Für viele Menschen in der Stadt stellen sie andererseits eine sehr unmittelbare Möglichkeit des Erlebens von Wildtieren dar, so dass das Füttern der Stadttauben zahlreichen Menschen zur liebgewonnenen Gewohnheit wurde. Konflikte sind daher vorprogrammiert, welche durch aktives Management so gut als möglich zu lösen sind.

Management

Der Umgang mit Stadttauben ist meist geprägt von Abwehr- und Reduktionsmaßnahmen.

Zur Abwehr von Gebäuden werden typischerweise mechanische Maßnahmen, etwa Netze oder sog. Taubenspikes (s. Abb 208) eingesetzt.

Auch (Elektro)drähte werden neben verschiedenen anderen Maßnahmen eingesetzt. Entscheidend ist beim Einsatz solcher Methoden, dass sie keine Verletzungen der Tiere verursachen.

Abb. 205: Taubenspikes

Im Rahmen von Neubaumaßnahmen kann man auch versuchen, Neubauten so zu gestalten, dass Nistmöglichkeiten vermieden werden oder im Bestand vorhandene Nistmöglichkeiten aktiv verbauen. Damit kommt man allerdings leicht mit Artenschutzmaßnahmen für andere Vogelarten (z.B. Wanderfalke) in Konflikt.

Ein anderer Ansatz ist der Versuch, den lokalen Bestand aktiv zu reduzieren. Immer wieder gab und gibt es Versuche, die Tauben mit Schusswaffen zu reduzieren. Dies bietet sich zwar aus Tierschutzgründen an, scheitert allerdings meist an Sicherheitsproblemen im urbanen Raum sowie an lokalen Vergrämungseffekten. Auch die Beizjagd hat bislang kaum nachhaltige Resultate erbracht. Das Vergiften oder der Fang mit Netzen beinhaltet große Probleme (Tierschutz bzw. fehlende Spezifität und Umwelttoxizität) und sollte ebenfalls unterbleiben.

Der Ansatz, die Reproduktion zu verhindern, scheint auf den ersten Blick erfolgversprechender zu sein. Allerdings ist der Einsatz hormonaler Kontrazeptiva aus ökologischen Gründen abzulehnen. Diese Medikamente könnten insbesondere wichtige Prädatoren im urbanen Raum wie den Wanderfalken deutlich beeinträchtigen.

Eine weitere Möglichkeit der Bestandeskontrolle sieht man gelegentlich in der Anlage von Taubenhäusern, einer traditionellen, ursprünglich für Haustauben entwickelten Einrichtung, welche in einem geschützten Bereich Nistmöglichkeiten bereitstellt. Hier könnten dann Taubeneier regelmäßig entfernt und/oder durch Kunsteier ersetzt werden. Wenn es gelänge, einen signifikanten Teil des lokalen Bestandes in solchen Taubenhäusern zu konzentrieren, wäre das sicher ein tierwohlgerechter und auch von der Bevölkerung akzeptierter Ansatz. Genau hier liegt aber das Problem: Viele Tauben werden sich lieber Nistgelegenheiten außerhalb solcher Taubenhäuser suchen.

Somit bleibt die Begrenzung des Futterangebotes durch Reinhaltung und Pflege städtischer Infrastruktureinrichtungen und Fütterverbote. Diese Maßnahmen scheinen die wirksamsten zu sein. Fütterverbote sind allerdings vor dem Hintergrund der oben beschriebenen engen emotionalen Bindung vieler Menschen an diese Tierart nicht unproblematisch und politisch kaum durchsetzbar.

Turteltaube

Streptopelia turtur

Länge: bis ca. 32 cm

Gewicht: ca. 250 bis 300 g

Gelege: 2 Eier (meist nur eine oder zwei Bruten pro Jahr)

Brutzeit: März bis September

Systematik und Verbreitung

Turteltauben gehören in der Ordnung der Taubenvögel (Columbiformes) zur Familie der Tauben (Columbidae) und hier in die Gattung der Turteltauben (Streptopelia). Sie sind in weiten Teilen der westlichen und zentralen Paläarktis von Nordafrika, der iberischen Halbinsel bis zu den britischen Inseln und ostwärts über den Nahen und Mittleren Osten bis Nordwestchina und in die Mongolei verbreitet. Die Nordgrenze der Verbreitung verläuft in Europa durch Mittelengland, Dänemark und dann entlang der Ostseeküste, durch Estland und durch Russland zum Ural (Glutz v. Blotzheim & Bauer 1994).

Die Turteltaube ist ein Zugvogel; sie bevorzugt innerhalb ihres Verbreitungsgebietes wärmere Regionen, wie wir sie etwa in den traditionellen Weinbaugebieten Deutschlands vorfinden.

Lebensraum

Die Turteltaube ist eine Bewohnerin des Halboffenlandes und häufig in Feldgehölzen, an Waldrändern oder auf Streuobstwiesen anzutreffen, brütet aber auch in lichten Wäldern mit größeren Offenlandanteilen. In der unmittelbaren Nähe menschlicher Siedlungen, etwa Parkanlagen, kommt sie ebenfalls vor (vergl. Bezzel 1996). Inwieweit hier eine Konkurrenzsituation zur Türkentaube besteht, ist eine offene Frage. Turteltauben meiden dichte Waldgebiete sowie höhere Mittelgebirge.

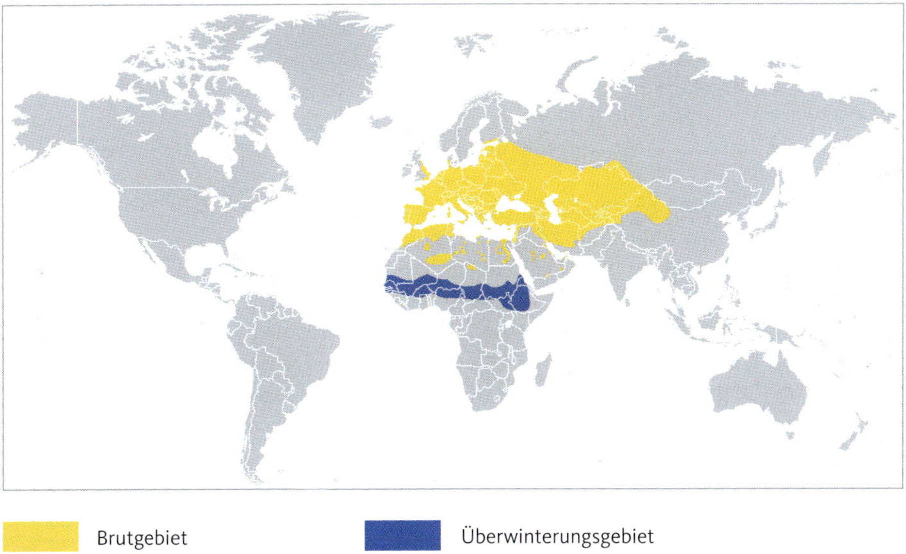

Abb. 206: Verbreitungsgebiet der Turteltaube

Nahrung

Wie für Tauben typisch, sucht auch die Turteltaube ihre Nahrung, insbesondere in Form von Samen und anderen Pflanzenteilen, am Boden. Einen hohen Anteil haben dabei neben Getreidekörnern und Samen von Wildgräsern und der übrigen sog. „Ackerbegleitflora“ auch die Samen verschiedener Gehölzarten. Hinzu kommen aber auch Insekten und kleinere Weichtiere.

Fortpflanzung

Turteltauben verlassen ihr Winterquartier ab März und treffen meist im Mai in ihrem Brutgebiet ein. Hier besetzen die Tauber gleich ein Revier, welches sie durch ihre typischen Rufe abgrenzen. Dort finden auch die eindrucksvollen Balzflüge mit steilem Aufstieg, Flügelklatschen und wieder „Fallenlassen“ statt. Nicht selten ziehen Turteltauben nach der Rückkehr zunächst auch einzeln oder als Paar über mehrere Wochen umher (vergl. BEZZEL 1996). Das auffällige Verhalten der Tauber beinhaltet sowohl Komponenten der Balz als auch der Revierabgrenzung. Gesellt sich schließlich eine Taube zum Tauber, so beginnt die eigentliche Balz. Die bekannteste Verhaltensweise dabei ist das sog. Verbeugungsgurren des Taubers.

Der Nistplatz, zu dem der Tauber die Taube nach der Begattung geleitet, befindet sich meist weniger als drei Meter über dem Boden, oft in Dornensträuchern wie z.B. Weißdorn (*Crataegus monogyna*).

Die Brutperiode erstreckt sich von Mai bis August. Turteltauben ziehen in der Regel nur eine oder zwei Bruten pro Jahr groß. Das Nest ist vergleichsweise klein und wird von beiden Eltern auf Bäumen oder in Hecken errichtet. Selten nutzen Turteltauben auch die Nester anderer Vogelarten (vergl. RÖSLER 1996). Die Taube legt zwei weiße Eier, welche ca. 15 Tage bebrütet werden. Die Jungen sind noch nicht flügge, wenn sie im Alter von etwa 2 Wochen das Nest verlassen und sich anschließend als „Ästlinge“ in der Umgebung des Nestes aufhalten.

Während ihrer ersten ca. fünf Lebenstage werden die Jungvögel, wie für Tauben charakteristisch, von den Eltern mit Kropfmilch gefüttert. Danach werden zusätzlich feste, teilweise im Kropf vorgequollene Nahrungsbestandteile verfüttert. Etwa ab dem zehnten Lebenstag nehmen die Jungtauben die normale Kost wie auch erwachsene Tauben auf.

Junge Turteltauben werden in den ersten Lebenstagen regelmäßig von einem Elternteil gehudert. Mit drei Wochen sind die Jungtauben flügge und verlassen das Nest, um ihren Eltern zur Nahrungssuche zu folgen. Selbständig sind sie mit etwa vier Wochen.

Populationsdynamik

Der Turteltaubenbestand Mitteleuropas wird auf maximal etwa sechs Millionen Brutpaare geschätzt. Der größte Anteil der europäischen Turteltauben (etwa 40 Prozent) lebt in Spanien. Auch in Frankreich und der Türkei finden sich wesentliche Anteile der Population.

In den meisten Ländern zeigt die Turteltaube eine abnehmende Tendenz. In Großbritannien erfolgte mit über 90 Prozent in wenigen Jahrzehnten der deutlichste Rückgang. In Deutschland fanden wir zwischen den 1990er und frühen 2000er Jahren einen ebenfalls deutlichen Rückgang um etwa zwei Drittel. Der aktuelle Bestand in Deutschland wird auf etwa 25 000 bis 45 000 Brutpaare geschätzt.

Management und Mensch-Tier-Verhältnis

Als Rückgangsursachen der Turteltaube werden insbesondere Lebensraumverluste sowohl in den Brut- als auch in den Überwinterungsgebieten vermutet. Auch auf die Bedeutung einer nicht nachhaltigen Bejagung auf dem Zug und in den Überwinterungsgebieten wird regelmäßig hingewiesen. Eine Untersuchung von Marx *et al.* (2016) berichtet, dass von 692 Ringfunden europäischer Turteltauben, die zwischen 1913 und 2011 beringt wurden, 418 von jagdlich erlegten Individuen stammen. Dies ist zwar keineswegs ein Beleg dafür, dass die Bejagung am Rückgang der Art signifikant beteiligt ist und lässt auch keine Rückschlüsse darauf zu, ob es sich bei der Bejagung um einen additiven Mortalitätsfaktor handelt, doch sollte dieser Aspekt in Zukunft näher untersucht werden.

In ihren afrikanischen Winterquartieren finden sich Turteltauben zu teilweise großen Schwärmen mit teilweise mehreren hunderttausend Individuen zusammen, welche auf Reis-, Hirse-, Mais- und anderen Feldern einfallen. Betrifft dies abgeerntete Felder, ist das meist kein Problem. Allerdings müssen wir uns darüber klar sein, dass die Menschen vor Ort auch diese bei uns so positiv besetzte Art nicht uneingeschränkt positiv sehen.

In Mitteleuropa sind die Ursachen für den Rückgang insbesondere in der zunehmend industrialisierten Landwirtschaft zu sehen. Ausgehend von Maßnahmen wie z.B. der sog. „Flurbereinigung“ in der 2. Hälfte des 20. Jahrhunderts und deutlich verstärkt durch die zunehmende Flächenkonzentration in der Landwirtschaft wurden Hecken, Feldgehölze und kleine Wälder in der Feldflur aktiv beseitigt, Wege mit Obstbäumen wurden zu Ackerland umgestaltet, Streuobstwiesen verschwanden. All das hat zu einem Verlust an bevorzugten Nistplätzen der Turteltauben geführt. Durch umfassenden Herbizideinsatz kommt es zu einem massiven Rückgang der Ackerbegleitflora. Insbesondere zur Zeit der Aufzucht der Jungtauben stellt diese eine wichtige Nahrungsressource dar.

Auch wenn wesentliche Gründe für den Rückgang der Turteltaube vermutlich außerhalb Mitteleuropas zu suchen sind und die Maßnahmen in den Brutgebieten eher marginale Erfolge versprechen, so sollten wir auf diese dennoch nicht verzichten. So sind es hier vor allem klassische Hegemaßnahmen, wie etwa die Erhaltung und Schaffung von Gehölzstrukturen einschließlich Streuobstwiesen in der Agrarlandschaft und die Erhaltung von Blühflächen oder Blühstreifen (vergl. z.B. Herzog 2019), etwa entlang von Wegen, welche nicht nur der Turteltaube, sondern auch zahlreichen anderen Arten zugutekommen.

Türkentaube

Streptopelia decaocto

Länge: bis ca. 35 cm

Gewicht: ca. 150 bis 250 g

Gelege: zwei Eier bis zu vier mal jährlich

Brutzeit: März bis August/September

Systematik und Verbreitung

Die Türkentaube gehört in der Ordnung der Taubenvögel (Columbiformes) zur Familie der Tauben (Columbidae) und hier in die Gattung der Turteltauben (Streptopelia). Sie stammt ursprünglich aus Kleinasien und Asien, ihr ursprüngliches Verbreitungsgebiet erstreckte sich von der heutigen Türkei nach Osten bis Japan. In Mitteleuropa ist sie seit den 1930er Jahren zugewandert, 1949 tauchte sie in den Niederlanden, in den 1950er Jahren erstmals in England auf. Mitte der 1960er Jahre war sie flächendeckend in Großbritannien vorhanden (Moss 2011). Mittlerweile ist sie mit wenigen Ausnahmen in ganz Europa heimisch.

Als Ursache für die vergleichsweise rasche Expansion werden zwei Hypothesen diskutiert: während man ursprünglich von einer Zunahme des Populationsumfanges und einer nachfolgenden Arealausweitung ausging (vergl. z.B. Stresemann 1951), erklärt Kasparek (1996) die Ausbreitung im Sinne einer Folge genetischer Drift in einer kleinen (Teil-)population Kleinasiens, in welcher Individuen mit einer (genetisch verankerten) ausgeprägten Migrationstendenz in der Überzahl waren. Diese Individuen zeigten der Hypothese zufolge auch dann Tendenzen abzuwandern, wenn noch nicht alle geeigneten Biotope besiedelt waren. Dies würde die vergleichsweise hohe Ausbreitungsgeschwindigkeit erklären.

Lebensraum

Türkentauben finden wir häufig in und um menschliche Siedlungen und im Offen- und Halboffenland. Wälder werden gemieden.

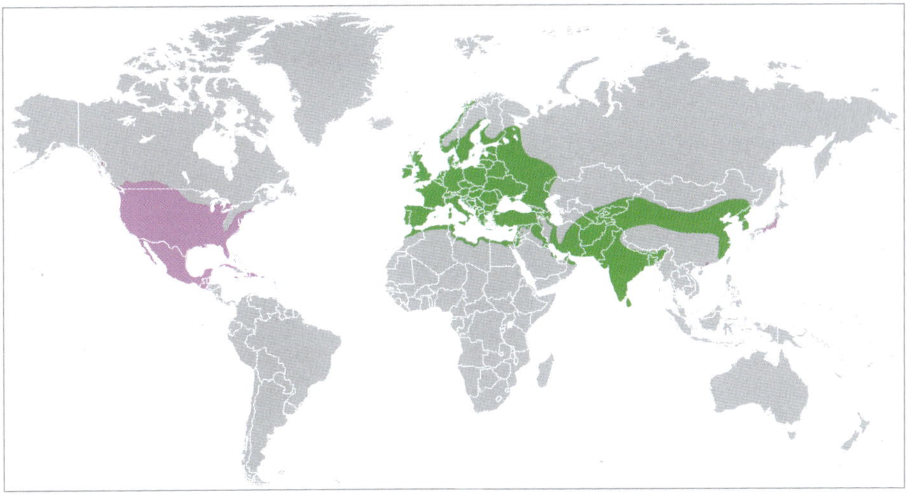

Verbreitungsgebiet — Vom Menschen angesiedelt

Abb. 207: Aktuelles Verbreitungsgebiet der Türkentaube

In Regionen mit milden Wintern ist sie Standvogel, gelegentlich verstreicht sie im Winter in klimatisch günstigere Gegenden.

Nahrung

Türkentauben ernähren sich nahezu ausschließlich pflanzlich von Sämereien, Beeren, Knospen und anderen Pflanzenteilen, aber gelegentlich auch von Insekten oder Würmern. Die Nahrungsteile werden nicht mit dem Schnabel zerkleinert, sondern als Ganzes geschluckt. Nicht selten finden sich Türkentauben auch in der Nähe landwirtschaftlicher Tierhaltungen oder in Tiergärten ein, wo sie von entsprechenden Futtermitteln profitieren.

Fortpflanzung

Die Nester der Türkentaube findet man typischerweise auf Bäumen, oft auf Obstbäumen in Gärten, gelegentlich aber auch an Gebäuden. Sie leben in Saisonehe. Ihre Standorttreue begünstigt allerdings das Zusammenfinden der Partner auch in den Folgejahren. Im Rahmen der Balz versucht der Tauber, durch Rufe und den auch für Ringeltauben typischen „sägezahnförmigen" Balzflug mit Flügelklatschen auf sich aufmerksam zu machen. Auch wirbt er um das Weibchen, indem er diesem verschiedene Nistmöglichkeiten anbietet.

Auch Türkentauben legen, wie alle Tauben, zwei Eier pro Gelege (selten nur eines). Die Brutperiode beginnt März, das Gelege wird von beiden Geschlechtern ca. zwei Wochen bebrütet. Bis in den August finden wir bis zu vier Bruten. Die Jungvögel sind Nesthocker und werden in den ersten Lebenstagen von beiden Eltern ausschließlich mit Kropfmilch gefüttert.

Management und Mensch-Tier-Verhältnis

Wenn wir die traditionelle Einteilung in „Kulturfolger" und „Kulturflüchter" noch anwenden wollen, so handelt es sich bei der Türkentaube um einen Kulturfolger *par excellence*. Der gesamte Lebenszyklus spielt sich in der Nähe menschlicher Siedlungen ab (vergl. Gnielka 1975, Saemann 1975). Daher ist die Türkentaube auch gut zu beobachten und ihre Anwesenheit leicht zu erfassen. Insbesondere der typische Balzflug des Taubers ist auffällig. Dieser dient zur Reviermarkierung und besteht, ähnlich wie auch beim Ringeltauber, aus einem steilen Aufstieg mit Flügelklatschen und einem langsameren Herabsinken in mehreren Wiederholungen.

Tagsüber sieht man fest verpaarte Türkentauben oft auf Telefonleitungen oder Dachfirsten in engem Körperkontakt ruhen.

Die Türkentaube ist ein relativ seltenes Beispiel für ein "Neozoon", welches ohne direkte menschliche Einflussnahme nach Mitteleuropa eingewandert ist und sich hier erfolgreich etabliert hat. Die Türkentaube ist auch keine so genannte „invasive Art", da sie weder heimische Arten verdrängt, noch nennenswerte ökonomische Schäden verursacht.

Schleiereule

Tyto alba

Länge: 33 bis 39 cm

Gewicht: 200 bis 500 g, je nach Region und Geschlecht (weibliche Schleiereulen sind größer)

Gelege: 3 bis 12 Eier je nach Nahrungsangebot

Brutzeit: März bis August, ggf. zwei bis drei Bruten pro Saison

Systematik und Verbreitung

Die Schleiereule gehört zur Ordnung der Eulen (Strigiformes), aber anders als die übrigen einheimischen Eulenarten zur Familie der Schleiereulen (Tytonidae).

Die Art ist in den gemäßigten, subtropischen und tropischen Zonen Europas, Afrikas, Australiens sowie Nord- und Südamerikas verbreitet und stellt damit eine derjenigen Vogelarten mit der weltweit umfangreichsten Verbreitung dar. Die Art fehlt allerdings in weiten Teilen Asiens.

Die nördlichste Verbreitungsgrenze bildet etwa die Jahresdurchschnittstemperatur von 6 bis 8 Grad Celsius. Schleiereulen fehlen in der Tundra, in Wüsten sowie im tropischen Regenwald.

Entsprechend der weiten Verbreitung werden je nach Autor teilweise mehrere Dutzend Unterarten der Schleiereule beschrieben.

Lebensraum und Ökologie

In Mitteleuropa ist die Schleiereule ein typischer Bewohner der Kulturlandschaft des Flachlandes und in Siedlungen häufig anzutreffen. Der englische Name „barn owl" weist bereits darauf hin.

Die Schleiereule ist ein Standvogel.

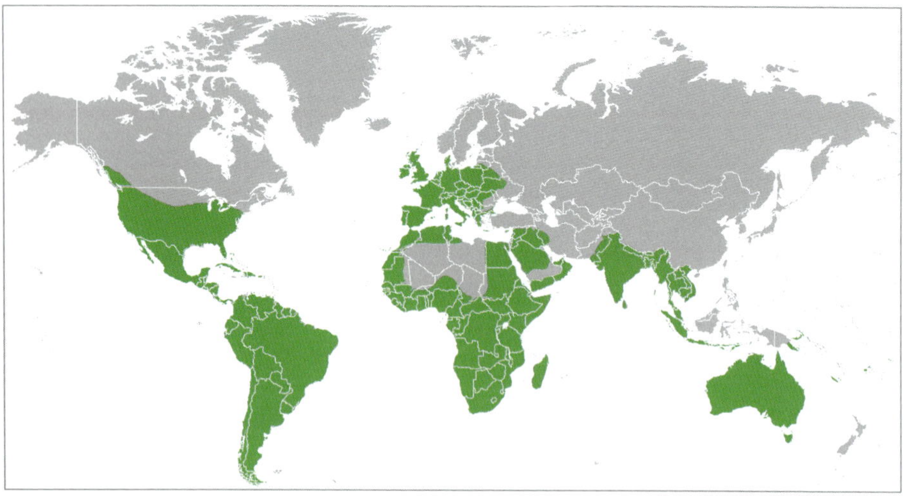

Abb. 208: Verbreitungsgebiet der Schleiereule

Ernährung

Schleiereulen ernähren sich ganz vorwiegend von kleinen Säugetieren, insbesondere Nagetieren. Hinzu kommen Kaninchen, Fledermäuse, Vögel, Reptilien, Amphibien und Wirbellose. Unter den Nagetieren spielen in den meisten Regionen Mäuse oder Wühlmäuse die größte Rolle.

Schleiereulen jagen im tiefen Flug entlang von Strukturen wie Waldrändern, Zäunen, Hecken oder Gräben.

Fortpflanzung

Schleiereulen sind von Natur aus Höhlenbrüter, die Baum- oder Felshöhlen nutzen. Allerdings hat sich die Schleiereule über die Jahrhunderte so gut an menschliche Gebäude wie Kirchtürme oder Scheunen angepasst, dass diese heute die Mehrzahl der Brutplätze stellen.

Die Balz der Schleiereule beginnt je nach Nahrungsangebot im Februar oder auch später. In Jahren nach Zusammenbruch der Nagerpopulation brütet oft nur weniger als die Hälfte der Vögel. Auch ist der Anteil der überlebenden Jungvögel in schlechten Mäusejahren meist gering.

Umgekehrt kann es in Jahren mit einer Mäusegradation bis zu drei Bruten der Schleiereule im Jahr kommen (Schachtelbrut).

Die je nach Nahrungssituation 3 bis 12 Eier eines Geleges werden gut vier Wochen bebrütet. In den ersten Wochen werden die Nestlinge gewöhnlich von der weiblichen Eule versorgt. In nahrungsarmen Jahren ist es allerdings erforderlich, dass auch das Weibchen schon bald nach Beute jagt. In dieser Situation finden wir das Phänomen des Kainismus, bei dem meist die am spätesten geschlüpften, schwächsten Jungvögel durch ältere Geschwister getötet werden.

Ab einem Alter von vier Wochen üben die Jungvögel das Jagen nach Beute, nach etwa zwei Monaten sind sie flügge.

Im Herbst verlassen die Jungvögel den Brutplatz und siedeln sich meist in einem Radius von 50 km um diesen an (vergl. auch SCHNEIDER & ECK 1977, BRANDT & SEEBASS 1994, MEBS & SCHERZINGER 2012).

Populationsdynamik

Schleiereulen sind klassische sog. „r-Strategen“ unter den Eulen, die in ihrem Bestand in hohem Maße abhängig von der Population der Mäuse oder Wühlmäuse sind. Daher kommt es durch die Gradationen der Beutetiere auch regelmäßig zu deutlichen Bestandesschwankungen der Schleiereule. Langfristig gilt der Bestand aber als stabil.

Der weltweite Bestand der Schleiereule wird auf knapp fünf Millionen Tiere geschätzt, die Art wird als nicht gefährdet eingestuft.

Management

Durch die intensive Nutzung menschlicher Siedlungen als Lebensraum ist es wichtig, der Schleiereule Brutmöglichkeiten in und an Gebäuden zu schaffen. Das kann durch bauliche Maßnahmen (Schaffung ungestörter Hohlräume, die von außen durch eine sog. Uhlenflucht oder Eulenloch zugänglich sind), aber auch durch Anbringen von Bruthilfen (sog. Schleiereulenkästen) geschehen.

In harten Wintern mit hohen Schneelagen und langen Frostperioden kann es auch sinnvoll sein, zeitweise Futterplätze für Mäuse anzulegen, welche die Schleiereulen dann zum Beuteerwerb nutzen können.

Mensch und Wildtier

Die jahrtausendelange Koevolution zwischen Schleiereule und Mensch hat zu einer intensiven Nutzung menschlicher Bauten durch die Art geführt. Meist ist die Schleiereule in Scheunen und Ställen von Landwirten gerne gesehen.

Allerdings war die Schleiereule wie auch andere Eulen in der Vergangenheit oft Opfer des Volksglaubens: Eine an das Scheunentor genagelte Eule schützte vermeintlich vor bösem Zauber und anderem Unheil. Ähnliche Rituale finden wir bis heute in Indien und Afrika.

Waldohreule

Asio otus

Länge: 31 bis 37 cm

Gewicht: 220 bis 370 g, weibliche Individuen sind größer als männliche

Gelege: meist 4 bis 5, nach guten Mäusejahren bis zu 9 Eier

Brutzeit: Februar bis Mai

Systematik und Verbreitung

Die Waldohreule gehört in der Ordnung der Eulen (Strigiformes) zur Familie der eigentlichen Eulen (Strigidae) und hier zur Gattung der Ohreulen (*Asio*).

Die Art ist über die Holarktis Eurasiens und Nordamerikas in mehreren Unterarten verbreitet. In Mittel- und Osteuropa ist die Art ganzjährig und flächendeckend vorhanden.

Lebensraum und Ökologie

Die Waldohreule ist ein Teilzieher und Bewohner der lichten Wälder, Waldränder und Feldgehölze sowohl des Flachlandes als auch der Gebirge. Die offenen Anteile sind als Nahrungshabitate wichtig. In dichten Wäldern ist auch die Konkurrenz zum Waldkauz ein Faktor, welcher Abundanz und Verbreitung der Waldohreule mitbestimmt. Zunehmend werden auch urbane Regionen vom Rande her besiedelt.

Die Brutterritorien der Waldohreule sind vergleichsweise klein (nicht selten unter 100 ha), sofern hinreichend Nahrung vorhanden ist (vergl. auch Mebs & Scherzinger 2012).

Ernährung

Waldohreulen nutzen Mäuse als wichtigste Beute. In guten Mäusejahren betragen diese bis zu 80 Prozent und mehr am Beutespektrum. Hinzu kommen Vögel bis etwa Drosselgröße sowie Insekten, Reptilien, Amphibien und Wirbellose, welche vom Boden „aufgesammelt" werden.

Waldohreulen jagen von der Warte aus oder aus bodennahem Suchflug. Muss die Beute lokalisiert werden, kommt es auch zu kurzen Rüttelflugphasen.

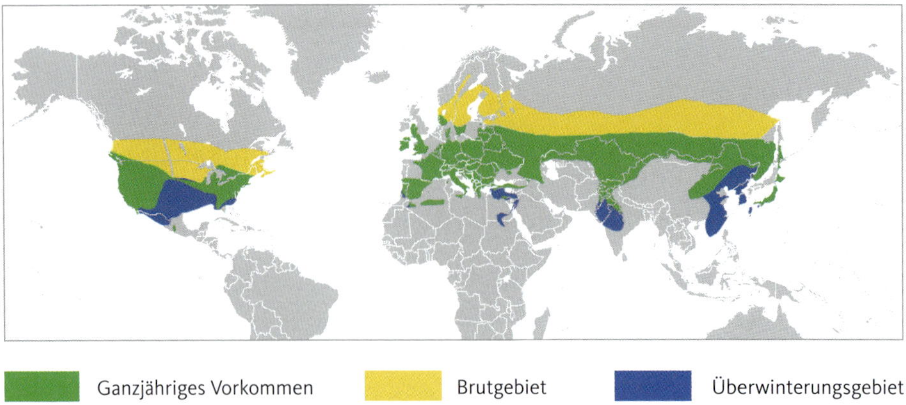

Abb. 209: Verbreitungsgebiet der Waldohreule

Waldohreulen jagen nachts mit zwei Aktivitätsmaxima. In nahrungsarmen Zeiten, etwa im Winter, jagen Waldohreulen auch tagsüber (vergl. auch THIEDE 2005, MEBS & SCHERZINGER 2012).

Fortpflanzung

Waldohreulen sind gegen Ende des ersten Lebensjahres geschlechtsreif, brüten also frühestens im zweiten Lebensjahr. Sie leben in monogamer Saisonehe. Im Winter können wir unter den Waldohreulen umfangreichere Schlafgemeinschaften finden. Diese dienen möglicherweise auch bereits der Partnerfindung.

Die eigentliche Balz im ausgehenden Winter beinhaltet einen Imponierflug der männlichen Waldohreule und intensives Rufen.

Waldohreulen nutzen meist Nester von Rabenvögeln oder Greifvögeln, in Ausnahmen brüten sie auch auf dem Boden, in Felsnischen oder Gebäuden. Ein eigenes Nest wird nicht gebaut. Zwischen Ende Februar und Mitte April wird mit dem Gelege begonnen. Dieses umfasst normalerweise vier bis fünf, in Ausnahmesituationen nach guten Mäusejahren auch bis zu neun Eier. Umgekehrt ist nach dem Zusammenbruch der Mäusepopulationen auch ein kleineres Gelege möglich. Die Brutdauer beträgt etwa vier Wochen.

Die Nestlingszeit beträgt 20 bis 25 Tage, danach folgt eine Ästlingszeit von einigen Tagen; mit etwa fünf Wochen sind die Jungen flügge. Ab etwa der zehnten Lebenswoche können die Jungvögel selbst Beute schlagen, bis etwa zur elften Woche werden sie noch gefüttert.

Im Herbst verstreichen die Jungvögel teilweise über größere Distanzen, meist siedeln sie sich in einem Umkreis von 50 bis 100 km um den elterlichen Horst an (vergl. auch THIEDE 2005, MEBS & SCHERZINGER 2012).

Populationsdynamik

Waldohreulen zeigen aufgrund ihrer engen Bindung an die Maus als Beute in Abhängigkeit von Gradationsereignissen in den Mäusepopulationen regelmäßig teilweise deutliche Bestandesschwankungen. Eine Feststellung von Trends der Populationsentwicklung ist daher nicht einfach.

In Deutschland können wir von schätzungsweise 25 000 bis 50 000 Brutpaaren ausgehen. Der Bestand ist langfristig offenbar stabil.

Möglicherweise besteht ein Zusammenhang mit der Waldkauzpopulation. So gibt es Hinweise, dass, vermutlich durch Konkurrenzverhältnisse, die Waldohreule bei Zunahme des Waldkauzbestandes in ihrer Abundanz abnimmt (vergl. auch MEBS & SCHERZINGER 2012).

Management

Waldohreulen unterliegen in Deutschland dem Schutz des Naturschutzrechts, sie gelten als nicht gefährdet. Die wohl wichtigste Managementmaßnahme ist die Erhaltung strukturreicher, naturnaher Lebensräume.

Uhu

Bubo bubo

Länge: 63 bis 73 cm

Gewicht: 1600 bis 4200 g, weibliche Uhus sind größer als männliche

Gelege: 2 bis 3, selten bis zu 5 Eier

Brutzeit: Februar-April

Systematik und Verbreitung

Der Uhu gehört in der Ordnung der Eulen (Strigiformes) zur Familie der eigentlichen Eulen (Strigidae) und zur Gattung der Uhus (*Bubo*).

Ehemals flächendeckend in weiten Teilen Eurasiens und Nordafrikas verbreitet, und zwischenzeitlich vor allem durch menschliche Einflüsse vielerorts in Mittel- und Osteuropa verschwunden, galt der Uhu in den 1950er Jahren in weiten Teilen Deutschlands als ausgestorben.

Heute finden wir wieder eine zunehmende Besiedlung des ehemaligen Lebensraumes. Derzeit fehlt die Art etwa im nördlichen Frankreich, auf den britischen Inseln oder den meisten Mittelmeerinseln (vergl. PIECHOCKI & MÄRZ 1976, THIEDE 2005, MEBS & SCHERZINGER 2012, BRAUNEIS 2020).

Je nach Autor werden zahlreiche Unterarten ausgewiesen, wobei die im Süden des Verbreitungsgebietes lebenden Formen typischerweise heller gefärbt und kleiner sind (MEBS & SCHERZINGER 2012).

Lebensraum und Ökologie

Uhus sind hinsichtlich ihrer Lebensräume ausgesprochen anpassungsfähig. Die Art findet sich in einer Vielzahl von Habitaten, von Wüsten bis zu Waldgebieten, von Küsten bis ins Gebirge. Gewässer sind allerdings ein wichtiger Bestandteil der Habitate. Im Alpenraum

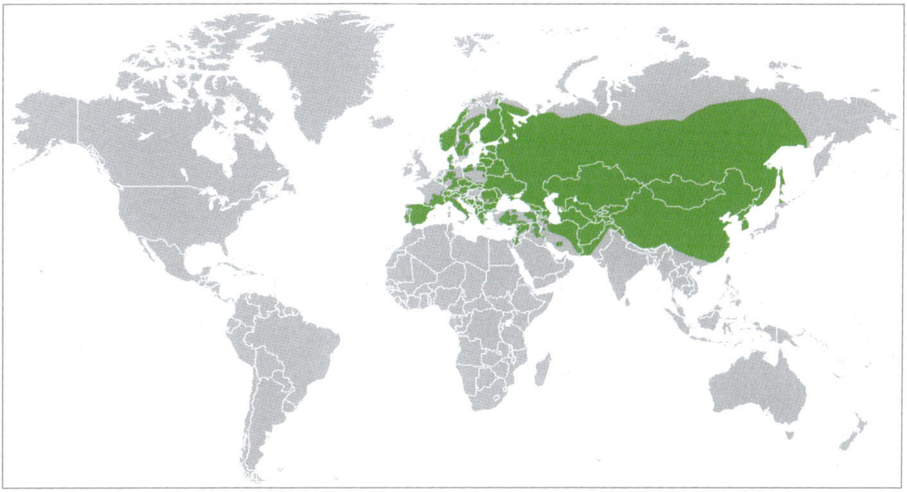

Abb. 210: Aktuelles Verbreitungsgebiet des Uhus in Europa und Asien

finden wir Bruthabitate bis auf ca. 2100 m über N.N., jagende Uhus finden wir bis auf 2800 m, teils über der Baumgrenze (vergl. MEBS & SCHERZINGER 2012).

Uhus sind Standvögel. Bei Abwesenheit menschlicher Verfolgung und hinreichendem Nahrungsangebot können Uhus in den meisten Habitaten, von der Stadt bis zum Bergwald, erfolgreich leben.

Uhus leben im unmittelbaren Horstumfeld territorial, ihre Streifgebiete überlappen. Der typische Streifgebietsumfang liegt bei etwa 4000 ha. Bei guter Nahrungsverfügbarkeit sind auf 1000 Hektar durchaus zwei Brutpaare, gelegentlich auch deutlich mehr (vergl. FREY 1992, MEBS & SCHERZINGER 2012), möglich.

Ernährung

Uhus erbeuten im Wesentlichen Säugetiere von Mäuse- bis Hasengröße und Vögel etwa bis Entengröße, darüber hinaus auch Amphibien, Reptilien, Wirbellose und gelegentlich, vor allem an der Küste, Fische oder Krebse. Frischlinge, Reh- oder Gamskitze, Graureiher, Füchse oder Murmeltiere stellen etwa das Maximum der Beutegröße dar. Ausgewachsene Uhus können je nach Größe bis zu 3 kg Gewicht tragen. Aas wird ebenfalls angenommen.

Uhus jagen in der Dämmerung und nachts auf vielfältige Weise, so etwa im tiefen Pirschflug dicht über dem Boden oder auch über Gewässern, aber auch in Höhe der Baumkronen oder von der Warte aus. Nur bei Nahrungsmangel sieht man Uhus auch tagsüber jagen.

Vögel werden meist auf Bäumen oder dem Boden ruhend, aber auch im Flug geschlagen.

Nacht- und dämmerungsaktive Tiere, etwa andere Eulenarten, Waldschnepfen, Reiher, Igel, Mäuse und Ratten, Hasen und andere machen einen entsprechend hohen Anteil an der Beute aus (vergl. auch BEZZEL & OBST 1979, GÖRNER 2005, MEBS & SCHERZINGER 2012).

Fortpflanzung

Uhus sind mit einem Jahr geschlechtsreif, die meisten erfolgreich brütenden Uhus sind allerdings drei Jahre oder älter (OLSSON 1997).

Bereits während der Herbstbalz bilden sich die Paare und es werden die Brutreviere abgegrenzt. Die eigentliche Balz erfolgt im Februar/März.

Die Partner leben meist in Saisonehe, es kommen allerdings auch zahlreiche andere Konstellationen der Partnerbindung vor.

Brutplätze sind typischerweise Felshöhlen oder Felsvorsprünge, aber auch Greifvogel- oder Graureiherhorste und seit einigen Jahrzehnten auch zunehmend menschliche Gebäude. Mangels anderer Gelegenheit brüten Uhus auch auf dem Boden. Wichtig ist die Abwesenheit von Störungen und ein freier An- und Abflug (vergl. MEBS & SCHERZINGER 2012). Das Gelege mit zwei bis drei, selten bis zu fünf Eiern wird ab Februar oder März angelegt und etwa 34 Tage bebrütet. Bis die jungen Uhus flügge sind, dauert es etwa zehn Wochen. Der Anteil der Nichtbrüter beträgt beim Uhu etwa 20 Prozent; etwa 65 Prozent der Bruten sind erfolgreich mit durchschnittlich etwa zwei überlebenden Jungen pro erfolgreicher Brut (vergl. PIECHOCKI & MÄRZ 1976, FREY 1992, GÖRNER 2005, MEBS & SCHERZINGER 2012).

Populationsdynamik

Der Bestand des Uhus hat, nachdem er über Jahrhunderte vor allem aufgrund unkontrollierter Verfolgung sowie Aushorstungen für die Hüttenjagd (s.u.) rückläufig war, in großen Teilen Europas in den vergangenen Jahrzehnten wieder deutlich zugenommen (vergl. BEZZEL & SCHÖPF 1986, MEBS & SCHERZINGER 2012, BRAUNEIS 2020). Dies ist unter anderem erfolgreichen Wiederansiedlungsprojekten zu verdanken (vergl. u.a. BERGERHAUSEN 1994).

Management

Neben dem umfangreichen Schutz durch das Reichsjagdgesetz mit ganzjähriger Schonzeit (heute unterliegt der Uhu in Deutschland dem Naturschutzrecht) war es vor allem ein Wiederansiedlungsprojekt, welches dem Uhu wieder ein zumindest in Teilen Mitteleuropas gesichertes Vorkommen ermöglicht hat:

Ohne die heute leider auch im Naturschutz üblich gewordenen teuren Medienkampagnen und ohne millionenschwere Projektfinanzierungen ist es einer vergleichsweise kleinen Gruppe engagierter Naturschützer und Jäger in der Zeit zwischen den 1960er und 1980er Jahren gelungen, durch ein Zuchtprogramm die Basis für die Wiederansiedlung zu schaffen (vergl. BERGERHAUSEN 1985, BERGERHAUSEN & RADLER 1989, RADLER 1991), welches man im Nachhinein in vielen Punkten als beispielhaft bezeichnen kann.

Die Maßnahmen der „Aktion zur Wiedereinbürgerung des Uhus“ (NB: korrekt sollte es „Wiederansiedlung“ heißen) gingen einen bis dahin im Naturschutz eher ungewöhnlichen, aber erfolgreichen Weg. Es wurde ein Zuchtprogramm des Uhus in menschlicher Obhut etabliert, wobei bewusst Tiere aus unterschiedlichen Teilen des europäischen Verbreitungsgebietes einbezogen wurden. Vermutlich war es diese breite genetische Basis der Zuchtpopulation und eine intensive wissenschaftliche Begleitung von Anfang an, welche letztlich zum Erfolg führte und den Uhu nachhaltig in vielen Regionen Deutschlands wieder heimisch machte.

Dennoch bestehen weiterhin nicht geringe Risiken für den Uhu.

Heute bilden die intensive Verdrahtung der Landschaft, etwa in Gestalt von Stromleitungen, aber auch von einfachen Zäunen, der Bau von Windkraftanlagen, die Freizeitnutzung der Natur durch Klettersport und zunehmend auch die Prädation durch den Waschbären große Risiken für lokale Uhuvorkommen.

Diesen Gefahren müssen wir mit einer Vielzahl an Managementinstrumenten begegnen: von vogelsicherer Konstruktion der Freileitungen oder Fahrdrähten der Bahn über Besucherlenkung an Kletterfelsen mit Uhubruten bis hin zu einer intensiven Waschbärenbejagung im Horstumfeld von Uhus.

Mensch und Wildtier

Eine lange gemeinsame Geschichte verbindet Mensch und Uhu in Zusammenhang mit der sog. „Hüttenjagd". Diese machte sich die Tatsache zu Nutze, dass vor allem Raben- und Greifvögel, aber auch Singvögel, einen sitzenden Uhu erkennen und diesen attackieren und dabei erlegt werden konnten.

Zum Zwecke der Hüttenjagd wurden regelmäßig Uhus ausgehorstet und vom Menschen als Jagdhelfer gehalten. Dies und auch die direkte Verfolgung des Uhus reduzierte dessen Bestände bis ins frühe 20. Jahrhundert drastisch, so dass der Uhu zum Zeitpunkt seiner Unterschutzstellung in weiten Teilen Mitteleuropas bereits verschwunden war.

Heute sind es vor allem die Störungen durch den Klettersport, welche lokale Uhuvorkommen gefährden (vergl. Dalbeck & Breuer 2001). Verschiedene freiwillige Maßnahmen, etwa des Deutschen Alpenvereins, aber auch ordnungsrechtliche Maßnahmen wie Sperrungen entsprechender Kletterfelsen sollen hier in Zukunft Abhilfe schaffen.

Als große ikonische Vogelart wird das Motiv des Uhus auch in der Kunst regelmäßig zitiert.

Abb. 211: Das bekannte Werk „Le Grand-duc" des französischen Malers Édouard Manet, eines Wegbereiters des Impressionismus, zeigt einen erlegten Uhu

Die Klebstoffmarke „Uhu" folgt einem Modetrend gegen Ende des 19. und Anfang des 20. Jahrhunderts, Büroartikel nach Vogelarten (s.a. „Pelikan", „Schwan") zu benennen (Samland 2020) und hat möglicherweise mit dem in den 1930er Jahren noch bestehenden Uhuvorkommen im Schwarzwald, nahe dem Firmenstandort Bühl, zu tun.

Waldkauz

Strix aluco

Länge: 37 bis 43 cm

Gewicht: 380 bis 800 g

Gelege: meist 2 bis 4 Eier

Brutzeit: Februar bis April

Systematik und Verbreitung

Der Waldkauz gehört in der Ordnung der Eulen (Strigiformes) zur Familie der eigentlichen Eulen (Strigidae) und zur Gattung der Käuze i.e.S. (*Strix*).

Der Waldkauz ist über weite Teile Eurasiens von der mediterranen bis zur borealen Zone verbreitet. Er besitzt ein disjunktes Verbreitungsgebiet, dessen südöstlicher Teil an die Verbreitung des Himalaya-Waldkauzes (s.u.) anschließt. Vom Waldkauz werden je nach Autor etwa 10 bis 15 Unterarten beschrieben. Zu diesen wird teilweise auch der in Ostasien beheimatete Himalaya-Waldkauz gezählt, der heute oft als eigene Art angesehen wird (Heintzenberg 2007, Mebs & Scherzinger 2012).

Lebensraum und Ökologie

Der Waldkauz besiedelt vor allem Laub- und Laubmischwälder, kommt aber auch in reinen Nadelwaldgebieten vor. Urbane Regionen werden ebenfalls genutzt, hier finden wir Waldkäuze in Parks, Alleen und auf Friedhöfen.

Seine Verbreitung im Gebirge reicht in Schottland bis etwa 550 m über N.N., in den Alpen bis auf etwa 1800 m und in den kleinasiatischen und asiatischen Gebirgen bis deutlich über 2000 m (vergl. Melde 1989, Heintzenberg 2007, Mebs & Scherzinger 2012). Der Waldkauz ist ein typischer Standvogel, der auch im Winter sein Revier besetzt hält.

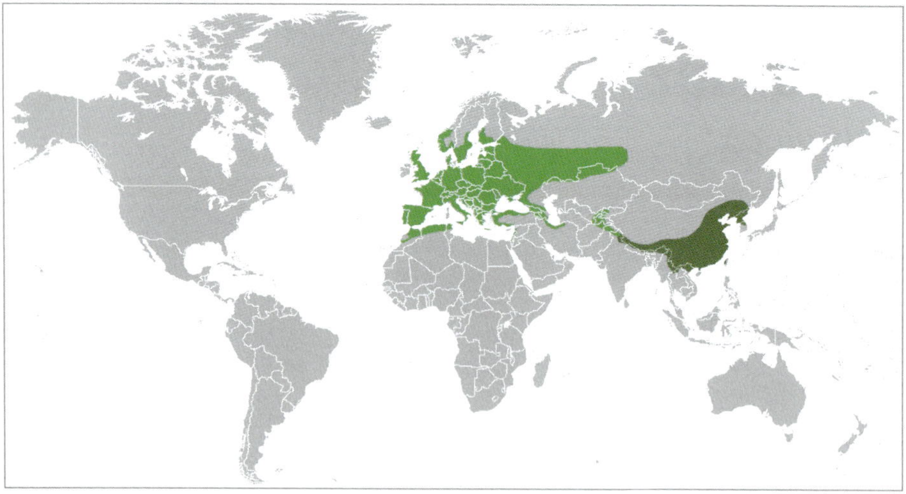

Ganzjähriges Vorkommen

Verbreitungsgebiet des Himalaya-Waldkauzes

Abb. 212: Verbreitungsgebiet des Waldkauzes

Ernährung

Waldkäuze besitzen ein breites Nahrungsspektrum, wobei rund drei Viertel in guten Mäusejahren aus Mäusen bzw. Wühlmäusen bestehen. Daneben spielen Ratten, Eichhörnchen, Spitzmäuse und Kaninchen eine nicht unerhebliche Rolle ebenso wie Vögel, Reptilien, Amphibien, Insekten oder Regenwürmer.

Der Waldkauz jagt vorwiegend in der Dämmerung und nachts, typischerweise im Suchflug entlang von Gehölzstrukturen, etwa Waldrändern oder Wegen, aber auch von der Ansitzwarte aus.

Die Größe des Nahrungshabitats liegt je nach Nahrungsverfügbarkeit meist um die zehn Hektar, bei Nahrungsknappheit können dies allerdings auch mehrere Dutzend Hektar sein. Die langjährige Reviertreue und die damit verbundene gute Kenntnis des Nahrungsrevieres ist erforderlich, um etwa bei einem Zusammenbruch eines Mäusebestandes zügig andere Nahrungsquellen nutzen zu können (vergl. MELDE 1989, HEINTZENBERG 2007).

Fortpflanzung

Waldkäuze sind gegen Ende des ersten Lebensjahres geschlechtsreif. Sie sind lebenslang monogam.

Die erste Phase der Balz beginnt im Oktober/November und dient der Festigung der Partnerbindung bzw. der Partnerfindung bei Ausfall eines Partners.

Ein zweiter Höhepunkt der Balz ist im Januar: Männliche und weibliche Käuze rufen häufig im Wechsel, bis in einer dritten Phase der Balz der männliche Waldkauz beginnt, der Partnerin Beute zuzutragen. Nun wird auch die Bruthöhle bzw. den Brutplatz ausgewählt.

Meist werden Baumhöhlen genutzt, doch auch alte Greifvogelhorste oder Krähennester oder Felshöhlen werden als Brutplatz angenommen.

Waldkäuze beginnen in Mitteleuropa meist ab März mit der Anlage des Geleges, im Süden des Verbreitungsgebietes oder in Städten auch schon im Februar. Das Gelege besteht normalerweise aus 2 bis 4 Eiern, welche für 28 bis 30 Tage bebrütet werden.

Im Alter von vier bis fünf Wochen verlassen die Jungvögel die Bruthöhle, nach etwa 50 Tagen können sie etwa 40 bis 50 Meter weit fliegen. Im Alter von 70 Tagen fliegen die Jungvögel im Umkreis von etwa 200 Metern um den Brutplatz. Die Versorgung der Jungvögel durch die Eltern endet im Alter von etwa 100 Tagen (vergl. auch MELDE 1989, HEINTZENBERG 2007, MEBS & SCHERZINGER 2012).

Populationsdynamik

Wir gehen derzeit davon aus, dass der Waldkauzbestand in den vergangenen Jahrzehnten stabil oder geringfügig ansteigend war (HEINTZENBERG 2007).

Management

Abb. 213: Bruthilfe für den Waldkauz

Der Waldkauz unterliegt in Deutschland dem Schutz des Naturschutzrechts und gilt als nicht gefährdet.
Die wohl wichtigste Managementmaßnahme ist die Erhaltung strukturreicher, naturnaher Wälder mit stehendem Totholz. Im Übrigen kann die Art durch die Bereitstellung künstlicher Bruthilfen (vergl. Abb. 216) unterstützt werden.

Mensch und Wildtier

Waldkäuze sind, wie alle Eulenarten, aufgrund ihrer nächtlichen Lebensweise dem Menschen oftmals fremd oder gar suspekt. Die Rolle des sog. Totenvogels, die in unserem mitteleuropäischen Kulturkreis neben dem Steinkauz (siehe dort) auch der Waldkauz innehat, hängt damit sicher auch zusammen.

In der Literatur ist es wieder einmal William Shakespeare, diesmal in „Love's Labour's Lost", der auf eine Vogelart Bezug nimmt und die Balzrufe eines Waldkauzpaares, das „Tu-whit" des Weibchens und die Antwort des Männchens „Tu-who" lautmalerisch zitiert:

"Then nightly sings the staring owl,
Tu-whit; Tu-who, a merry note,
While greasy Joan doth keel the pot"

Sperlingskauz

Glaucidium passerinum

Länge: 16 bis 23 cm

Gewicht: 60 bis 100 g, weibliche Sperlingskäuze sind größer als männliche

Gelege: 3 bis 7 Eier

Brutzeit: April bis Juni

Systematik und Verbreitung

Der Sperlingskauz gehört in der Ordnung der Eulen (Strigiformes) zur Familie der eigentlichen Eulen (Strigidae).

Das Verbreitungsgebiet umfasst einen vergleichsweise schmalen Gürtel von Norwegen über Schweden, Finnland, das Baltikum, Russland bis zur Sachalin-Halbinsel im Osten. Darüber hinaus gibt es inselartige Vorkommen in Teilen Mittel- bis Südosteuropas.

Lebensraum und Ökologie

Der Sperlingskauz ist ein Jahresvogel und bewohnt ausgedehnte Waldgebiete mit hohem Altholzanteil und reicher Struktur, d.h. sowohl einem hinreichend großen Dickungs-, aber auch Totholzanteil. In Nordeuropa ist er ein typischer Vogel der borealen Nadelwälder, in Mitteleuropa nutzt er gerne möglichst dichte Bergmischwälder, aber auch nadelholzreiche Mischwälder in der Ebene. Der Schwerpunkt des mittel- und südosteuropäischen Vorkommens findet sich in einer Höhenlage von etwa 600 m über N.N. aufwärts (vergl. SCHÖNN 1980, MÜLLER 1986, GLUTZ VON BLOTZHEIM & BAUER 1994, MEBS & SCHERZINGER 2012).

Sperlingskäuze sind dämmerungs- und teilweise tagaktiv. Dies ist eine evolutionäre Anpassung an den Waldkauz (*Strix aluco*) und andere Eulen als wichtigste Prädatoren. Gleich-

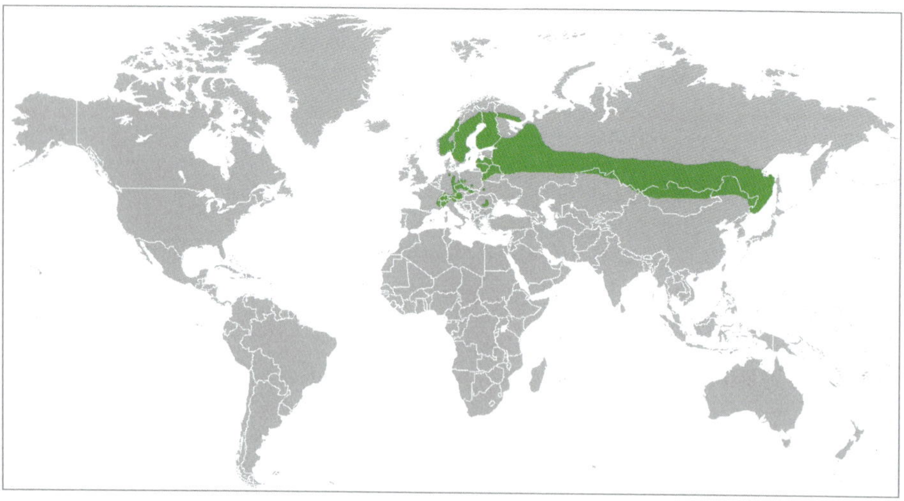

Abb. 214: Aktuelles Verbreitungsgebiet des Sperlingskauzes

zeitig – auch das ist eine interessante evolutive Entwicklung – fehlen die Federrami (einen Fransensaum bildende Verlängerungen der Federn) an den Schwingen, welche für Eulen, aber auch für die Waldschnepfe typisch sind und geräuschdämpfend wirken. Damit zeigt der Sperlingskauz ein vergleichsweise lautes Fluggeräusch.
Der Sperlingskauz ist ein Höhlenbrüter, der insbesondere Spechthöhlen nutzt und solche in seinem Lebensraum auch benötigt.

Ernährung

Die Hauptbeute des Sperlingskauzes sind je nach Lebensraum Kleinvögel (gelegentlich auch Vögel bis Buntspechtgröße), vor allem aber Kleinsäuger, insbesondere Mäuse und Wühlmäuse. Kleine Nager bilden normalerweise den größten Anteil an der Beute. Hinzu kommen je nach Jahreszeit Reptilien, Amphibien und verschiedene Wirbellose.

Der Sperlingskauz ist ein typischer Ansitzjäger, die Beute wird meist am Boden geschlagen.

Während der Nestlingszeit und im Winter werden auch Nahrungsdepots angelegt (vergl. Schönn 1980, Müller 1986, Glutz von Blotzheim & Bauer 1994, Mebs & Scherzinger 2012).

Fortpflanzung

Die Geschlechtsreife erreicht der Sperlingskauz im Alter von vier bis fünf Monaten. Die Partner leben in monogamer Saisonehe, nicht selten allerdings mit demselben Partner über mehrere Jahre in Folge.

Wir kennen, wie bei anderen Käuzen auch, eine Herbstbalz zur Revierabgrenzung und eine Frühjahrsbalz in der Zeit von Februar bis April, welche die Paarung vorbereitet.

Das Gelege besteht aus 3 bis 7 Eiern, welche ab April in einer geeigneten Höhle gelegt werden. Der weibliche Sperlingskauz brütet gut vier Wochen. Die Nestlinge werden ebenfalls meist vom Weibchen gefüttert. Sie verlassen nach vier bis fünf Wochen die Bruthöhle und werden dann bald flügge. Die Jungvögel werden noch etwa vier Wochen nach Verlassen der Höhle von den Eltern versorgt und verlassen dann bald das elterliche Brutrevier (vergl. Schönn 1980, Müller 1986, Glutz von Blotzheim & Bauer 1994, Mebs & Scherzinger 2012).

Populationsdynamik

In großen Teilen Mitteleuropas war der Sperlingskauz wohl nie wirklich häufig. Bereits Bischoff (1867) beschreibt für Bayern die Art als „selten“. Die aktuellen Nachweise belegen, dass der Sperlingskauz auch außerhalb der Alpen und Mittelgebirge vielleicht nicht flächendeckend, aber doch regelmäßig vorkommt. Inwieweit dies eher einer größeren Aufmerksamkeit gegenüber der Art, die mittlerweile im Naturschutz als Leitart für strukturrei-

che Nadel- und Bergmischwälder mit natürlichem Bestandsaufbau angesehen wird (vergl. Rudoph & Liegl 2001), geschuldet ist oder der Sperlingskauz tatsächlich in Ausbreitung begriffen ist, muss vorerst offenbleiben. Hierzu wären regelmäßige Bestandeserfassungen auch und besonders in bislang nicht besiedelten Waldgebieten erforderlich.
Der Verlust bzw. das Fehlen von entsprechenden Höhlenbäumen wird heute als einer der entscheidenden Gründe für Bestandsrückgänge angesehen. So wurden deutliche Bestandsrückgänge aus der Zeit nach dem Zweiten Weltkrieg zum Beispiel im Schwarzwald wohl durch die damals großflächigen Abholzungen und, als Folge, eine Ausbreitung des Waldkauzes beschrieben (vergl. z.B. König & Kaiser 1985). Erst durch eine Wiederansiedlungsaktion scheint die Art dort wieder heimisch geworden zu sein.

Management

Als Managementmaßnahme steht der Erhalt von Höhlenbäumen in Wäldern im Vordergrund. Bruthilfen werden eher zurückhaltend angenommen.

Ein langfristiges, systematisches Monitoring des Sperlingskauzes ist nicht ganz einfach. Direkte Beobachtungen sind trotz Tagaktivität selten. Die Erfassung des Vorkommens stützt sich daher oft auf indirekte Merkmale, etwa Rupfungen, Gewölle, seinen Balzgesang oder seine Rufe, mit denen das Männchen bereits im Herbst sein Revier zu markieren beginnt. Diese kann man auch mit Klangattrappen imitieren, so dass eine systematische Erfassung des Sperlingskauzes in gewissem Rahmen möglich wird.

Steinkauz

Athene noctua

Länge: 21 bis 23 cm

Gewicht: 160 bis 250 g, weibliche Individuen sind etwas größer als männliche

Gelege: meist 3 bis 5 Eier

Brutzeit: April–Juni

Systematik und Verbreitung

Der Steinkauz gehört in der Ordnung der Eulen (Strigiformes) zur Familie der eigentlichen Eulen (Strigidae) und zur Gattung der Steinkäuze (*Athene*).

Beim Steinkauz werden entsprechend dem großen Verbreitungsgebiet zahlreiche Unterarten ausgewiesen.

Die Art zeigt eine Verbreitung über weite Teile Eurasiens mit Ausläufern nach Nordafrika. In Neuseeland wurde die Art angesiedelt und ist heute auf der gesamten Südinsel vorhanden (vergl. auch Schönn *et al.* 1989, van Nieuwenhuyse *et al.* 2008, Mebs *et al.* 2012).

Lebensraum und Ökologie

Wir gehen davon aus, dass der Steinkauz ursprünglich aus den osteuropäischen bzw. asiatischen Steppen und Halbwüsten stammt. In den Mittelmeerländern besiedelt die Art Macchien (für den Mittelmeerraum typische immergrüne Gebüschformationen), Karstlandschaften, Weinbaugebiete, aber auch Oliven- und Korkeichenhaine.

In Mitteleuropa hat sich der Steinkauz gut an die extensiv bewirtschaftete Kulturlandschaft angepasst, hier wird insbesondere Halboffen- und Offenland besiedelt.

Entscheidend sind neben einer hinreichenden Nahrungsbasis und offenen Flächen zur Nahrungssuche vor allem ein gutes Angebot an Bruthöhlen, wie es etwa in alten Kopfwei-

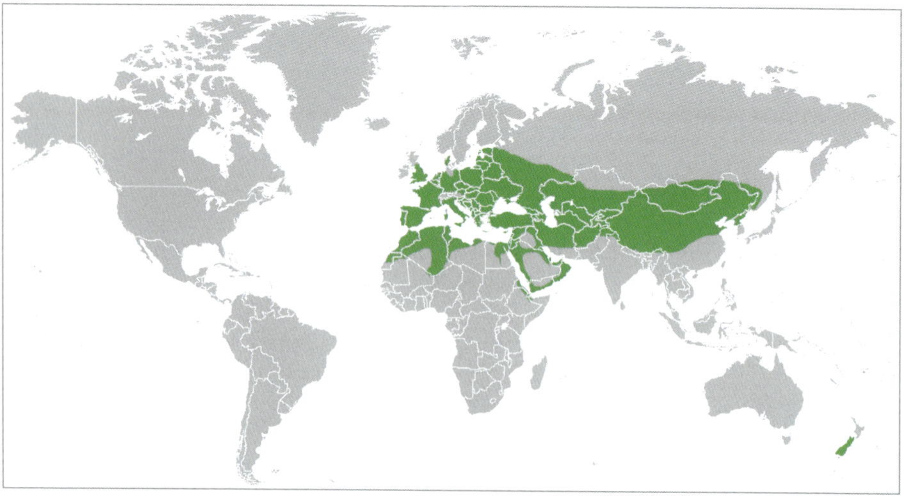

Abb. 215: Aktuelles Verbreitungsgebiet des Steinkauzes

den oder Streuobstwiesen zur Verfügung steht. Auch Zaunpfähle oder ähnliche Strukturen als Ansitzwarten scheinen von nicht geringer Bedeutung zu sein (vergl. auch SCHÖNN *et al.* 1989, VAN NIEUWENHUYSE *et al.* 2008, MEBS *et al.* 2012).

Ernährung

Das Nahrungsspektrum des Steinkauzes ist ausgesprochen breit und schwankt je nach Habitat. Kleinsäuger, insbesondere kleine Nager und hier wiederum die Feldmaus (Microtus arvalis) bilden in Mitteleuropa i.d.R. den Hauptbeuteanteil. Hinzu kommen Insekten, Weichtiere (insbesondere Regenwürmer), Reptilien, Amphibien und kleine Vögel bis etwa Drosselgröße.

Steinkäuze sind dämmerungs- und nachtaktiv, doch in Zeiten der Nahrungsknappheit oder, während die Nestlinge versorgt werden müssen, auch tagsüber beim Jagen zu beobachten.

Die typische Jagdart ist der Pirschflug oder Ansitz auf niedriger Warte und, sobald die Beute lokalisiert ist, ein kurzer Startflug, um diese auf dem Boden zu schlagen. Kleine Tiere werden auch auf dem Boden laufend verfolgt. Insekten oder gelegentlich Fledermäuse oder Kleinvögel können im Flug erbeutet werden. Bei höherer Bodenvegetation erfolgt der Ansitz meist auf höherer Warte (vergl. auch SCHÖNN *et al.* 1989, VAN NIEUWENHUYSE *et al.* 2008, MEBS *et al.* 2012).

Eine dünne Schneedecke wirkt sich eher günstig, eine höhere Schneedecke, unter der etwa die Mäuse in Gängen verborgen sind, ungünstig auf den Jagderfolg aus. Mehr als drei Wochen mit hoher Schneedecke sind für den Steinkauz kritisch und die Mortalität steigt dann deutlich an (VAN NIEUWENHUYSE *et al.* 2008).

Fortpflanzung

Bereits im Winter finden sich die Paare zusammen. Mit dem ausgehenden Winter beginnt die eigentliche Balzzeit, in der das Männchen die Grenzen seines Revieres rufend abfliegt. Andere Männchen werden dabei aus dem Territorium vertrieben; weibliche Individuen reagieren auf die Rufe, indem sie sich dem Männchen annähern. Die Balz besteht aus einer Vielzahl ritualisierter Verhaltensweisen wie Betteln, Übergeben von Beute, Körperpflege etc.

Mögliche Bruthöhlen werden dem Weibchen gezeigt, doch von diesem wird letztlich der Brutplatz ausgewählt. Steinkäuze bauen kein Nest, sondern säubern die Höhle und scharren ggf. eine Mulde am Boden.

Gerne werden Höhlen in Obstbäumen oder alten Kopfweiden genutzt, wobei das vermutlich daran liegt, dass wir diese Bäume am ehesten in typischen Steinkauzhabitaten finden. Im Siedlungsraum brüten Steinkäuze oft unter der Dacheindeckung oder in Zwischendecken.

In Mitteleuropa wird das Gelege (i.d.R. 3 bis 5 Eier) meist im April begonnen und zwischen gut 3 und 4 Wochen bebrütet.

Der weibliche Vogel brütet die meiste Zeit und jagt am Tag normalerweise nur wenige Minuten. Der Partner versorgt das Weibchen mit Nahrung. Nur wenn diese nicht ausreicht, sieht man auch das Weibchen im Umfeld des Brutplatzes jagen.

Die Nestlinge in der Höhle werden vom Weibchen gefüttert, der Partner trägt weiterhin Beute heran. Im Alter von gut 3 Wochen beginnt die Ästlingsphase mit Verlassen der Bruthöhle. Im Alter von gut vier Wochen sind kurze Flüge möglich, bis zu einem Alter von etwa 6 Wochen werden die Jungvögel in der Umgebung der Bruthöhle gefüttert. Danach beginnen sie zunehmend, selbst Beute zu jagen und sind mit etwa zwei bis drei Monaten selbständig (vergl. auch Schönn *et al.* 1989, van Nieuwenhuyse *et al.* 2008, Mebs *et al.* 2012). Sie verstreichen dann in die nähere Umgebung und siedeln sich meist in einem Umkreis von wenigen Kilometern um den Ort der Bruthöhle an.

Populationsdynamik

In Mitteleuropa gehen wir von einem Bestandesrückgang in den vergangenen Jahrzehnten aufgrund von Lebensraumverlusten aus.

Im Mittelmeerraum sowie in Asien scheinen die dortigen Subpopulationen in ihrem Bestand stabil zu sein. Bestandesschätzungen sind nur schwer möglich, weltweit können wir einen Bestand von schätzungsweise 235 000 bis 650 000 Brutpaaren annehmen (van Nieuwenhuyse *et al.* 2008).

Management

Die wichtigste Managementmaßnahme ist sicher der Erhalt und die Sicherung von Lebensräumen. Insbesondere das Verschwinden von kleinteiliger Landwirtschaft, Streuobstwiesen oder Kopfweiden ist ein Problem, so dass es wichtig ist, besonders die letztgenannten Strukturen zu erhalten oder, wo möglich, wieder zu schaffen.

Dem Mangel an Bruthöhlen kann auch mit der Anlage künstlicher Brutmöglichkeiten entgegengewirkt werden.

Mensch und Wildtier

Insbesondere in Italien gab es in den vergangenen Jahrhunderten die Tradition, gezähmte Steinkäuze zur Reduktion von Mäusen, Ratten und Insekten rund um das Haus zu halten. Ebenfalls in Italien war über mehr als zwei Jahrtausende die Hüttenjagd (ähnlich wie mit dem Uhu, siehe dort) auch mit dem Steinkauz verbreitet (van Nieuwenhuyse *et al.* 2008).

Im antiken Griechenland galt der Steinkauz als Symbol der Weisheit und stand für die Göttin Athene (Name!). Bis heute finden wir sein Abbild auf dem griechischen Euro (Abb. 216)

Sein Ruf als Totenvogel ist am ehesten damit zu erklären, dass an Krankenzimmern schwerkranker Menschen regelmäßig nachts das Licht brannte und dies wiederum Insekten – und damit auch Käuze – anlockte.

Abb. 216: Griechische 1-Euro-Münze

Eichelhäher

Garrulus glandarius

Länge: 32 bis 35 cm

Gewicht: 140 bis 190 g

Gelege: 4 bis 7 (selten bis zu 10) Eier

Brutzeit: Mai/Juni

Systematik und Verbreitung

Eichelhäher gehören zur Familie der Rabenvögel (Corvidae) und sind damit mit den Kolkraben und Krähen vergleichsweise nahe verwandt. Wie diese gehören sie zu den Singvögeln, eine Unterordnung der Sperlingsvögel (Passeriformes).

Eichelhäher sind in weiten Teilen Europas und Asiens verbreitet. Sie sind Jahresvögel oder Teilzieher. Eichelhäher können ein räumlich und zeitlich sehr differenziertes Wanderverhalten zeigen, die mancherorts zu regelrechten Evasionen (massiven Abwanderungen) führen. So kommt es im ost- und nordosteuropäischen Teil der Population insbesondere in harten Wintern regelmäßig zu einem Wegzug zahlreicher Vögel (vergl. KEVE 1974, MÜLLER 1980, GLUTZ VON BLOTZHEIM & BAUER 1993, BAUER *et al.* 2005).

Lebensraum und Ökologie

Eichelhäher sind typische Bewohner strukturreicher, lichter Laub- und Laubmischwälder. Hier wirkt er auch selbst lebensraumgestaltend, indem er zur Verbreitung fruchttragender Laubbaumarten wie Eichen oder Buchen beiträgt. Häher verstecken im Herbst einen Teil der Baumfrüchte als Reserve für den Winter. Da der Häher im Laufe des Winters nicht mehr alle Verstecke findet, keimen die Eicheln oder Bucheckern und tragen so zur Naturverjüngung bei.

Aufgrund ihrer breiten ökologischen Amplitude finden wir die Art allerdings auch in an-

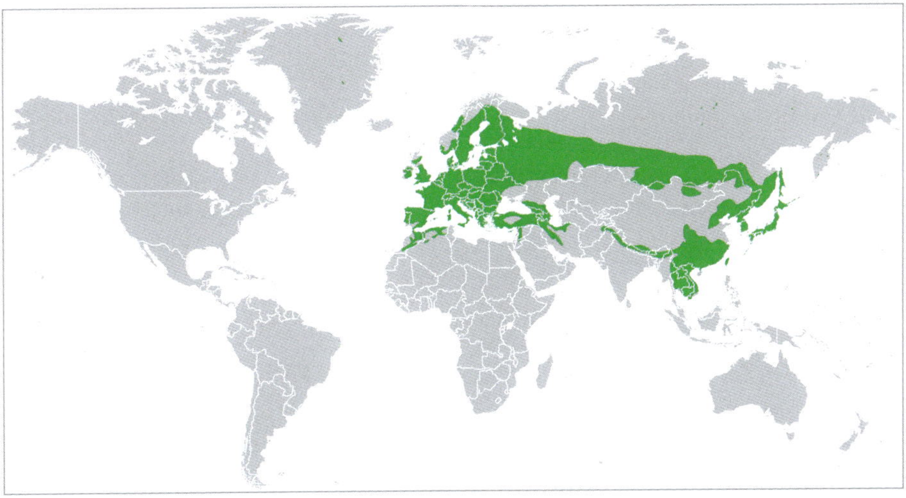

Abb. 217: Verbreitungsgebiet des Eichelhähers

deren Lebensräumen, sowohl in halboffenen, strukturreichen Landschaften, aber auch in urbanen Räumen.
Eichelhäher leben außerhalb der Brutzeit meist recht gesellig, während der Brutzeit verteidigen sie allerdings ihr Brutrevier gegen Artgenossen (vergl. KEVE 1974, MÜLLER 1980, GLUTZ VON BLOTZHEIM & BAUER 1993, BAUER *et al.* 2005).

Ernährung

Eichelhäher sind hinsichtlich ihrer Nahrungswahl sehr flexibel. Je nach Lebensraum und Jahreszeit gehören Sämereien, insbesondere Baumfrüchte (Eicheln, Bucheckern, Kastanien, Haselnüsse), Beeren, Obst, Feldfrüchte, aber auch Eier und Nestlinge anderer Vogelarten, Insekten, Weichtiere, Reptilien, Amphibien und kleine Säugetiere ebenso wie Aas zum Nahrungsspektrum. Baumfrüchte wie Eicheln werden auch als Reserve für den Winter im Boden versteckt.

Negativ fallen Eichelhäher auf, wenn sie – etwa in hoher Dichte nach Mastjahren im Wald – im Frühjahr die Nester von Singvögeln sehr gezielt aufsuchen und diese Arten teilweise deutlich dezimieren (vergl. KEVE 1974, MÜLLER 1980, GLUTZ VON BLOTZHEIM & BAUER 1993, MÄCK *et al.* 1999).

Fortpflanzung

Ab dem zeitigen Frühjahr finden wir regelmäßig Versammlungen kleinerer oder größerer Gruppen von Eichelhähern, aus drei bis zu einigen Dutzend Individuen bestehend, welche offensichtlich der Paarbildung dienen. Der Nistplatz wird durch das Männchen gewählt. Beide Partner bauen gemeinsam das Nest, typischerweise auf kleineren oder unterständigen Bäumen. Das Nest befindet sich für gewöhnlich unter 10 m Höhe, selten auch einmal auf dem Boden oder in einer Höhle.

Die Eiablage beginnt meist in der Zeit von April bis Mai, abhängig vom Zeitpunkt des Laubaustriebes.

Das Gelege umfasst meist 4 bis 7 Eier, welche für etwa 16 bis 17 Tage bebrütet werden. Die Nestlingszeit dauert etwa 3 Wochen, anschließend sind die Jungvögel bald flügge und werden noch für etwa 3 bis 4 Wochen von den Eltern gefüttert (vergl. MÜLLER 1980, GLUTZ VON BLOTZHEIM & BAUER 1993, BAUER *et al.* 2005).

Populationsdynamik

Die Eichelhäherpopulation unterlag und unterliegt ausgeprägten zeitlichen und räumlichen Schwankungen. Über die Ursachen besteht noch keine abschließende Klarheit. So könnte die Verfolgung durch den Menschen gegen Ende des 19. und Anfang des 20. Jahrhunderts (Vogelschutzbewegung, der Eichelhäher galt als „Nesträuber“) eine Rolle gespielt haben. Vermutlich sind aber weitere Faktoren mitursächlich. Möglicherweise infolge einer

relativen Klimaerwärmung in den 1920er Jahren scheint auch eine Ausbreitung nach Skandinavien erfolgt zu sein.
Die Ausbreitung in den urbanen Raum erreichte – regional unterschiedlich – zwischen den 1920er und 1990er Jahren ebenfalls einen relativen Höhepunkt, scheint seitdem allerdings wieder rückläufig zu sein (vergl. auch KEVE 1974, GLUTZ VON BLOTZHEIM & BAUER 1993, FLADE & SCHWARZ 2000, MITSCHKE *et al.* 2000).

Die Bestände gelten unabhängig davon als stabil, die Art als nicht gefährdet.

Management

Einen bedeutenden Teil des Wildtiermanagements in Bezug auf den Eichelhäher stellt heute die Nutzung und Lenkung der sog. "Hähersaat" dar. Die Tatsache, dass Eichelhäher einen Großteil der versteckten Baumfrüchte während des Winters und Frühjahrs nicht wiederfinden, machen sich Forstleute heute zunutze, um preiswert Kiefern- oder Fichtenreinbestände mit Eichen- bzw. Buchen-Naturverjüngung zu unterbauen. Da der Häher seine Verstecke über vergleichsweise große Flächen anlegt, können auf diese Weise recht umfangreiche Flächen verjüngt werden. Gibt es lokal zu wenig fruchttragende Laubbäume als Mutterbäume, ist es auch möglich, dem Häher Eicheln oder Bucheckern in speziellen Kisten, welche gegen Mäuse und andere Interessenten auf einem ca. 1,20 bis 1,50 m hohen Pfahl montiert werden, anzubieten. Sicher wird von diesem Saatgut ein nicht geringer Teil gefressen, doch nach einigen Jahren stellt sich durch die "vergessenen" Samen oft eine brauchbare Naturverjüngung ein (vergl. z. B. TIEDE *et al.* 2002, TIEDE & HERZOG 2004).

Eine Bejagung der Art zum Zwecke der Nutzung oder zur Reduktion des Bestandes findet heute nur noch selten statt, in verschiedenen Ländern Deutschlands hat der Eichelhäher keine Jagdzeit und steht entweder unter dem Schutz des Naturschutz- oder des Jagdrechtes.

Mensch und Wildtier

Eichelhäher sind den meisten Menschen aufgrund ihrer Präsenz im Siedlungsraum, ihres auffälligen bunten Federkleides und ihres Warnrufs, der auch andere Tiere des Waldes vor einer Gefahr warnt, gut bekannt. Auch am winterlichen Futterhäuschen für die Singvögel erscheinen Eichelhäher regelmäßig.

Eine konsumtive Nutzung der Art erfolgte früher teilweise zur Gewinnung von Schmuckfedern. Lokal wurden und werden Eichelhäher auch gegessen, doch erfolgt dies alles heute nur noch in außerordentlich geringem Umfang.

Elster

Pica pica

Länge: 44 bis 50 cm

Gewicht: 200 bis 300 g

Gelege: 4 bis 8 Eier

Brutzeit: März bis Juni

Systematik und Verbreitung

Elstern gehören zur Familie der Rabenvögel (Corvidae). Es werden in ihrem Verbreitungsgebiet zahlreiche Unterarten ausgewiesen.

Ihre Verbreitung reicht in einem breiten Band von Westeuropa und dem nordwestlichen Afrika bis nach Ostasien und Ostsibirien.

Lebensraum und Ökologie

Elstern finden sich vom Flachland bis ins Hochgebirge, in Mitteleuropa bis ca. 2500 m über N.N. Subspecies anderer Regionen finden wir teilweise bis über 5000 m über N.N.

In Mitteleuropa besiedelt die Elster halboffene, strukturreiche Landschaften mit Hecken, Streuobstwiesen, Feldgehölzen, Waldrändern und auch Gewässern. Darüber hinaus hat sich die Art in hohem Maße an den Siedlungsraum angepasst, wo sie Hausgärten, Friedhöfe, Parkanlagen mit Hecken und Baumbewuchs bewohnt.

Elstern sind tagaktiv, sie sind morgens mit der bürgerlichen Dämmerung (die Sonne befindet sich weniger als 6 Grad unter dem Horizont) aktiv und suchen ihre Schlafplätze abends vor Sonnenuntergang auf.

Elstern leben im Winter gesellig in Gruppen von einigen Dutzend bis einigen hundert Individuen. Auch in der Brutzeit leben die Nichtbrüter sozial in Gruppen, während die Brut-

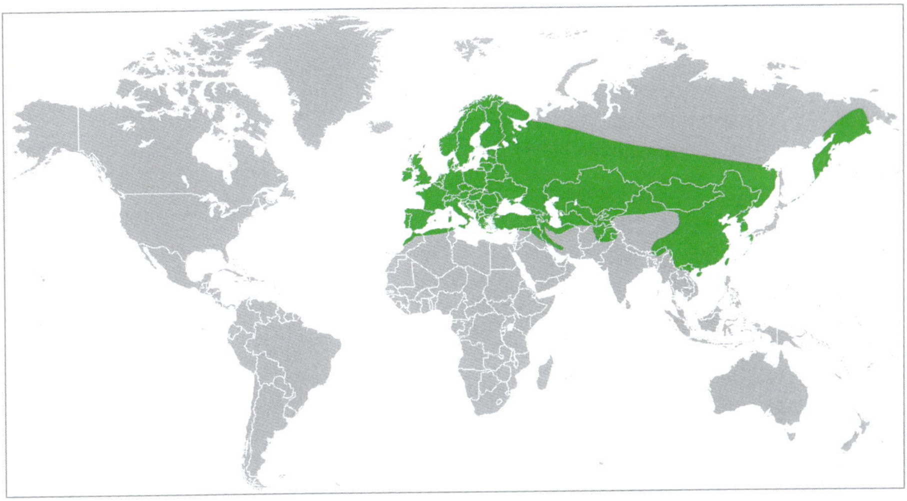

Abb. 218: Verbreitungsgebiet der Elster

paare territorial in ihren Brutrevieren leben (vergl. GLUTZ VON BLOTZHEIM & BAUER 1993, BAUER *et al.* 2005).

Ernährung

Elstern sind als Rabenvögel omnivor, d.h. sie nutzen ein sehr breites Nahrungsspektrum von Insekten in allen Entwicklungsständen, Weichtieren, Spinnen, über Reptilien, Amphibien, kleinen Säugetieren bis zur Größe einer Maus, Eiern und Jungvögeln bis hin zu Früchten und anderen Pflanzenteilen. Auch Aas wird gerne aufgenommen. Unverdauliche Nahrungsbestandteile scheiden Elstern (wie auch andere Rabenvögel oder Schreitvögel) in Form von Speiballen aus.

Die Nahrung wird meist hüpfend oder schreitend am Boden oder durch das Gebüsch kletternd gesucht. Regelmäßig werden auch Nahrungsdepots angelegt.

Im Siedlungsbereich nutzen Elstern zum einen gezielt Futtergaben, etwa in Vogelhäuschen oder Katzenfutter um die Häuser. Zum anderen suchen sie gezielt nach Abfällen. Entlang von Verkehrswegen können wir Elstern auch auf der Suche nach überfahrenen Tieren beobachten.

Fortpflanzung

Elstern werden im ersten Lebensjahr geschlechtsreif. Etwa die Hälfte der Vögel brütet bereits im zweiten Lebensjahr. Die anderen schließen sich zu Gruppen aus Nichtbrütern zusammen.

Die Paarbildung wird während der Balz eingeleitet, die unter anderem aus mit kurzen Balzflügen und einer Phase der Bodenbalz besteht.

Die Paare finden sich zu einer normalerweise lebenslangen Ehe zusammen. Beim Tod eines Partners verpaart sich der verbleibende Partner bald wieder neu. In Mitteleuropa beginnt der Nestbau nahezu zeitgleich mit der Balz.

Das Brutterritorium der Elster bleibt das Ganze Jahr bestehen, auch wenn die Partner außerhalb der Brutzeit in größeren Flügen mit anderen Brütern und Nichtbrütern unterwegs sind.

Abb. 219: Typisches Nest der Elster

Ihr typisches, kugelförmiges Nest baut die Elster in den oberen Kronenbereichen hoher Bäume oder aber in wenigen Metern Höhe im dichten Buschwerk.

Meist Anfang April (zwischen März und Mai) beginnt die Elster ihr Gelege, welches typischerweise aus 4 bis 8 Eiern besteht. Dieses wird für etwa 17 bis 22 Tage bebrütet.

Die Rate durch Prädation (Rabenvögel, Marder, Waschbär) verlorener Gelege ist bei der Elster vergleichsweise hoch. Bei Verlust kann ein zweites, gegebenenfalls auch drittes oder viertes (Nach)Gelege erfolgen.

Junge Elstern sind typische Nesthocker. Sie werden noch über eine Woche nach dem Schlüpfen gehudert. Im Alter von etwa 4 Wochen verlassen die Jungvögel erstmals das Nest, um nach einigen Tagen Ästlingszeit alsbald auch flügge zu werden.

Im Herbst schließen sich die Jungvögel den Nichtbrütergruppen an, zu denen sich allerdings auch Brutpaare außerhalb der Brutzeit gesellen können.

Populationsdynamik

Die mitteleuropäische Population der Elster gilt ebenso wie der globale Bestand der Elster als Art als stabil, die Art ist nicht gefährdet.

In den vergangenen Jahrhunderten kam es immer wieder, regional und auch überregional, zu recht deutlichen Bestandesschwankungen. Gleichzeitig gab es eine Verschiebung aus dem ländlichen in den urbanen Raum (vergl. Würfels 1994, Witt 1997, Flade & Schwarz 2000, Mitschke *et al.* 2000). Die Bestände in Deutschland (geschätzt 375 000–550 000 Brutpaare in der ersten Hälfte der 2010er Jahre) sind stabil (Gerlach *et al.* 2019).

Management

Als Profiteur der Zivilisationslandschaft und als Nestprädator und Nahrungsgeneralist kann die Elster durchaus einen lokal sehr hohen Prädationsdruck auf andere Arten darstellen (vergl. Mäck *et al.* 1999, Müller 2002). Langfristig lässt sich dieses Problem am ehesten durch eine lokal differenzierte Bejagung (idealerweise verbunden mit einer Nutzung des Wildbrets) lösen. Der deutsche Sonderweg der Unterstellung der Art unter das Naturschutzrecht mit Ausnahmen in einzelnen Bundesländern ist, ähnlich wie bei der Rabenkrähe, aus naturschutzfachlicher Sicht eher unglücklich gewählt.

Mensch und Wildtier

Rabenvögel gehören zu den begabtesten und lernfähigsten Vögeln, und die Elster scheint sich unter diesen noch einmal besonders auszuzeichnen (vergl. z.B. Koehler 1941, 1951, Prior *et al.* 2008). Schon aus diesem Grunde kommt den Rabenvögeln auch aus menschlicher Sicht eine ganz besondere Rolle zu.

Das „Horten“ nicht nur von Nahrung, sondern auch von glitzernden Gegenständen, hat der Elster den Ruf eingebracht, „diebisch“ zu sein, d.h. gezielt solche Gegenstände zu „stehlen“. Einmal abgesehen davon, dass wir damit ein Verhalten von Wildtieren unzulässig vermenschlichen, stellt sich auch die Frage, was es mit diesem Narrativ insgesamt auf sich hat. Das Einbauen glitzernder Gegenstände ins Nest, aber auch das Sammeln solcher Gegenstände an einem Ort wurde in der Vergangenheit immer wieder anekdotisch beschrieben. Ein Experiment von Shephard *et al.* (2015) konnte eine Bevorzugung glitzernder

Gegenstände allerdings nicht bestätigen. Somit bleibt es eine offene Frage, ob es sich bei dem beschriebenen Verhalten möglicherweise um eine (erlernte oder angeborene) Besonderheit einzelner Individuen handelt. Und wenn dem so ist, ob es eher ein Phänomen des Nestbaus darstellt (so wie etwa der Rotmilan Plastiktüten und Zeitungen in seinen Horst integriert) oder ob es eher eine Verhaltensweise ist, die vom Horten der Futtervorräte abgeleitet und lediglich auf glitzernde Gegenstände umorientiert wurde.

Aber auch jenseits dieser Frage hat die Elster den Menschen seit jeher beschäftigt. Die nordische Mythologie sieht die Elster als Boten von Hel, der Götting des Todes und der Unterwelt. In Asien (Rolle als Glücksbringer) und bei einigen nordamerikanischen Indigenen (dem Menschen wohlgesonnener Geist) kommt der Art wiederum eine ausgesprochen positive Bedeutung zu.

Saatkrähe

Corvus frugilegus

Länge: 44 bis 50 cm

Gewicht: 300 bis 600 g

Gelege: 3 bis 6, seltener bis zu 9 Eier

Brutzeit: März bis Juni

Systematik und Verbreitung

Die Saatkrähe ist in weiten Teilen Eurasiens in zwei Unterarten, *Corvus frugilegus frugilegus* und *Corvus frugilegus pastinator*, verbreitet. Erstere besiedelt Europa vom Westen Norwegens, den Britischen Inseln, Frankreich und der Iberischen Halbinsel bis zum Altaigebirge und bis zum kaspischen Meer im Südosten. Letztere besiedelt den Osten und Südosten Asiens bis zum Pazifik. Als Neozoon finden wir die Art auch in Neuseeland (vergl. GERBER 1956, RUGE 1986, GLUTZ VON BLOTZHEIM & BAUER 1993, BAUER *et al.* 2005).

Lebensraum und Ökologie

Saatkrähen sind typische Nutzer der Agrarlandschaft, welche Grünlandanteile, Ackerland sowie Hecken und Feldgehölze aufweist. Dabei kommen sie in der Ebene oder in den niedrigen Lagen der Mittelgebirge vor, in den Hochlagen der Mittelgebirge und im Hochgebirge fehlen sie.

In den vergangenen Jahrzehnten haben sich Saatkrähen auch zunehmend an urbane Lebensräume angepasst. In großen Städten finden wir sowohl in großen Flügen überwinternde Saatkrähen als auch Brutkolonien. So leben beispielsweise im Stadtgebiet von Wien regelmäßig einige hunderttausend Saatkrähen.

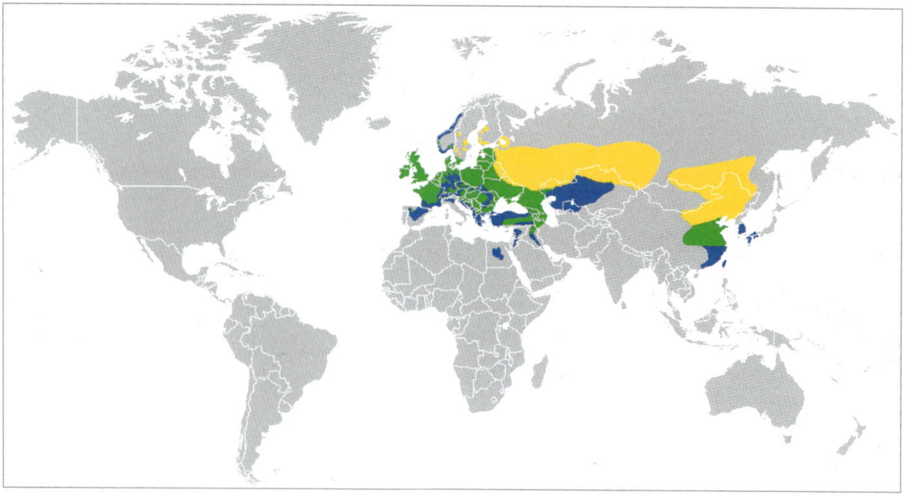

Ganzjähriges Vorkommen Überwinterungsgebiet Brutgebiet

Abb. 220: Verbreitungsgebiet der Saatkrähe

Ernährung

Anders als ihr Artname es andeutet, nutzen Saatkrähen einen durchaus hohen Anteil auch an tierischer Nahrung. Das Nahrungsspektrum ist sehr breit und umfasst Weichtiere, Insekten, kleinere Säugetiere wie Mäuse oder Spitzmäuse, gelegentlich auch kleinere Vögel und deren Brut bzw. Gelege. Kadaver von Wirbeltieren werden ebenfalls genutzt, wenngleich in geringerem Umfang als es bei der Aaskrähe oder beim Kolkraben der Fall ist.

Mehr als die Hälfte der Nahrung besteht aus pflanzlichen Bestandteilen, wobei Getreidesamen und Baumfrüchte einschließlich Obst einen wesentlichen Anteil beisteuern.

Rabenvögel – so auch die Saatkrähe – suchen ihre Nahrung meist auf dem Boden schreitend, wobei mit dem Schnabel potenzielle Beute sondiert wird. Gewässer werden bei der Nahrungssuche eher gemieden (vergl. GERBER 1956, RUGE 1986, GLUTZ VON BLOTZHEIM & BAUER 1993, BAUER *et al.* 2005).

Fortpflanzung

Die Geschlechtsreife erlangt die Saatkrähe im zweiten Lebensjahr. Die Paare bilden sich meist im dritten Lebensjahr und leben monogam in oft lebenslanger Ehe.

Ab März wird das Nest in der Krone von Laubbäumen in kleineren Wäldern, Alleen, Feldgehölzen oder Parkanlagen gebaut. Selten werden auch menschliche Bauwerke als Neststandort genutzt. Saatkrähen sind Koloniebrüter, d.h. die Nester werden oft weniger als einen Meter voneinander entfernt angelegt.

Das Gelege besteht aus 3 bis 6 (selten mehr) Eiern. Die weibliche Krähe brütet, der männliche Vogel füttert die Partnerin während der 16 bis 19 Tage Brutdauer. Die Nestlingsphase dauert gut 4 bis 5 Wochen, bald darauf sind die Jungvögel flügge.

Geht ein Gelege verloren, wird ein zweites, kleineres angelegt.

Die noch nicht geschlechtsreifen Jungvögel schließen sich im Herbst gerne zu größeren Flügen zusammen.

Populationsdynamik

Saatkrähen sind klassische Profiteure der Agrarlandschaft, dadurch konnten in der Vergangenheit die Bestände anwachsen und die Art ihr Areal erweitern. Der europäische Bestand wird auf etwa acht bis 15 Millionen Brutpaare geschätzt und gilt als gesichert.

Management

Grundsätzlich gilt die Saatkrähe hinsichtlich der Prädation seltener Arten als deutlich weniger problematisch als die Aaskrähe. In Deutschland unterliegt die Art dem Naturschutzrecht und wird nicht bejagt.

Gelegentlich gibt es Klagen über Schäden in der Landwirtschaft. Hier können erhebliche Verluste insbesondere bei gerade auflaufenden Saaten, etwa im Mais, entstehen. Tieferes Drillen, Walzen oder Beizen des Saatgutes können dabei helfen, Schäden zu reduzieren oder zu vermeiden. Darüber hinaus gibt es auch die Möglichkeit des Abspielens von Angstlauten oder der Abschreckung durch Schreckschüsse. Beides wirkt allerdings nur kurzfristig. Maßnahmen wie Vogelscheuchen oder Flatterbänder können ebenfalls wirksam sein, allerdings kaum für längere Zeit.

Mensch und Wildtier

Nachdem in der Vergangenheit Saatkrähen für den Menschen eher als Schadfaktor in der Landwirtschaft in Erscheinung getreten sind, finden wir in zunehmendem Maße Probleme im urbanen Raum. Schlafplätze von Saatkrähenschwärmen oder Brutkolonien führen im Siedlungsbereich zunehmend zu Klagen über Lärmbelästigung oder Verunreinigungen durch Exkremente. Saatkrähenschwärme und -kolonien symbolisieren in gewisser Weise die Ambivalenz einer urbanen Bevölkerung in Bezug auf Wildtiere: Solange jemand selbst nicht betroffen ist, sind diese ausgesprochen positiv besetzt und ein Symbol für eine vermeintlich intakte Natur. Sobald allerdings eigene Interessen betroffen sind, und sei es nur durch vergleichsweise harmlose Lärmimmissionen oder Verunreinigungen des eigenen Fahrzeugs, ändert sich die Einstellung sehr schnell und Forderungen zur Entfernung der Tiere werden laut.

Aaskrähe

Corvus corone

Länge: 45 bis 50 cm

Gewicht: 650 bis 750 g

Gelege: 4 bis 6 Eier

Brutzeit: April bis Juni

Systematik und Verbreitung

Die Aaskrähe gehört zur Gattung *Corvus* und ist damit eine nahe Verwandte des Kolkraben. Sie tritt in mehreren Unterarten auf. In Mitteleuropa sind dies Rabenkrähen (*Corvus corone corone*) und ihre Verwandten östlich der Elbe, die Nebelkrähen (*Corvus corone cornix*), zusammen als Aaskrähen bekannt. Sie weisen eine unterschiedliche Gefiederfärbung auf. Auch wenn dies den wesentlichen Unterschied zwischen beiden Formen darstellt, so werden sie auch immer wieder als unterschiedliche Arten beschrieben. Letzteres trifft, wenn wir das biologische Artkonzept zugrunde legen, allerdings nicht zu, da sich beide Formen paaren und fertile Nachkommen haben können. Damit gehören sie zu ein und derselben biologischen Art (vgl. RISCH & ANDERSEN 1998). Die farblichen Unterschiede werden offenbar im Wesentlichen durch eine positiv assortative Paarung aufrechterhalten, d.h. Individuen paaren sich offenbar bevorzugt (aber nicht ausschließlich) mit solchen gleicher Gefiederfarbe.

Aaskrähen besiedeln die Paläarktis von der Atlantikküste über die gemäßigten Breiten Eurasiens bis zum Pazifik. Im Süden wird die Verbreitung durch das Mittelmeer begrenzt.

Lebensraum und Ökologie

Aaskrähen sind typische Bewohner offener und halboffener Landschaften, wobei sie aufgrund ihrer hohen Anpassungsfähigkeit auch andere Lebensräume besiedeln. Sie benöti-

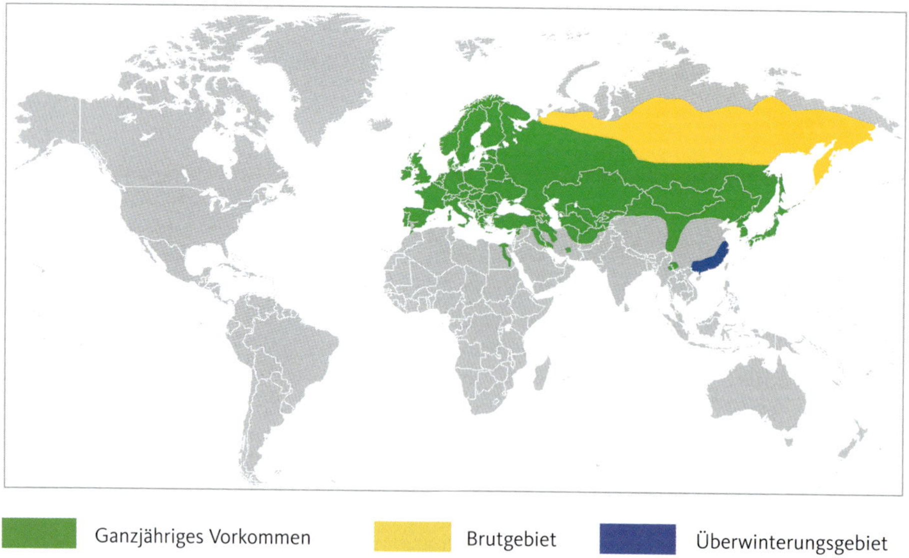

Abb. 221: Verbreitungsgebiet der Aaskrähe

gen Bäume und hohe Sträucher oder menschliche Bauwerke als Nist- und Schlafplätze. Die Nahrungssuche erfolgt bevorzugt auf offenen Flächen mit niedriger Vegetation. Waldgebiete werden ebenfalls besiedelt, ebenso wie felsige Areale. In Wäldern werden gerne Waldrandstrukturen genutzt und besiedelt (vergl. GOODWIN 1986, GLUTZ VON BLOTZHEIM & BAUER 1993).

Die Art hat sich ausgezeichnet an die Zivilisationslandschaft angepasst und findet sich auch in der Agrarlandschaft und in urbanen Räumen, wo sie unter anderem von Abfällen nicht schlecht leben kann. In den Alpen finden wir Aaskrähen bis auf ca. 2000 m Höhe über N.N.

Die Nebelkrähe (Corvus corone cornix, vorne) unterscheidet sich von der Rabenkrähe vor allem durch die Farbe ihres Gefieders

Ernährung

Aaskrähen sind, ähnlich wie Kolkraben, intelligente Nahrungsgeneralisten, die durch die Flächennutzungen in unseren Kulturlandschaften erheblich begünstigt werden. Wesentliche Nahrungsbestandteile sind Pflanzensamen sowie kleinere wirbellose Tiere. In Agrarlandschaften spielt Getreide eine große Rolle, im Frühjahr sieht man Aaskrähen gezielt Hecken und Bodenvegetation nach Vogelnestern durchsuchen. Gleichzeitig steigt zu dieser Zeit der Anteil an Würmern, Schnecken und Insekten, später auch derjenige an kleineren Säugetieren wie Mäusen, deutlich an. Im Herbst sind es die Früchte der Gehölze einschließlich Nüssen und Obst, welche vermehrt aufgenommen werden.

Eine typische Verhaltensweise zum Öffnen harter Schalen ist das Fallenlassen aus großer Höhe oder auf verkehrsreiche Straßen.

An Gewässern suchen Aaskrähen auch gerne nach Krebsen, Muscheln oder kleinen Fischen. Im Siedlungsraum stellen menschliche Abfälle aller Art oftmals die Hauptnahrungsquelle dar. Insbesondere in den Wintermonaten, aber ganzjährig auch entlang der Verkehrswege, ernährt sich die Aaskrähe, wie es ihr Name bereits besagt, auch zu einem nicht unerheblichen Anteil von Aas.

Überschüssige Nahrung wird, ähnlich wie beim Eichelhäher, gelegentlich auch versteckt, um später genutzt zu werden (vergl. GLUTZ VON BLOTZHEIM & BAUER 1993, BAUER *et al.* 2005).

Fortpflanzung

Aaskrähen bauen ihr Nest vorwiegend an Waldrändern und in Feldgehölzen. Neben den Brutpaaren besiedeln auch Nichtbrüter- und Junggesellenschwärme die freie Landschaft. Aaskrähen werden im zweiten oder dritten Lebensjahr geschlechtsreif. Die Partner leben monogam, sie bleiben nicht selten ein Leben lang aneinandergebunden. Aaskrähen brüten einzeln, nicht in Kolonien, und verteidigen ihr Brutrevier gegen Artgenossen. Ihre Dichte wird auch von innerartlicher Konkurrenz, insbesondere durch Nestprädation, mitbestimmt.

Sie legen meist 4 bis 6 Eier, die für etwa 3 Wochen bebrütet werden. Anschließend werden die Jungvögel noch weitere 3 Wochen gefüttert, bevor sie flügge sind.

Populationsdynamik

Spätestens seit dem letzten Drittel des 20. Jahrhunderts zeigt die Population der Aaskrähe in Europa einen stetigen Anstieg (vergl. Würfels 1994, Witt 1997, Flade & Schwarz 2000; Mitschke *et al.* 2000), welche in seiner Tendenz bis heute anhält (Gerlach *et al.* 2019).

Management

Letztlich sagen derartige Zahlen nur wenig über die von Aaskrähen ausgehenden „Wirkungen“. Eine einfache Korrelation wie etwa „mehr Krähen = weniger Rotkehlchen, Bodenbrüter oder Junghasen“ existiert so sicher nicht. Ebenso falsch sind aber die immer wieder zu hörenden beschwichtigenden Behauptungen, dass der Anstieg von Rabenvogelpopulationen keinen signifikanten Einfluss auf Singvogelpopulationen besäße. Prädation ist ein wichtiger Antrieb der Selektion. Zuviel Prädation ist jedoch für die Verlierer des Kulturlandschaftswandels ein großes Problem. Prädatoren-Reduktions- (vgl. u. a. Tapper *et al.* 1996) und Nestprädations-Experimente (vgl. u. a. Mordass 1994, Schaum 1997) zeigten, dass Corviden eine erhebliche Gefahr für eine Vielzahl von Bodenbrütern und Jungtieren von Niederwildarten darstellen können. Unbestritten ist aber auch, dass insbesondere die nächtliche Prädation durch kleine Raubsäuger (u. a. Fuchs, Steinmarder, Hermelin, Iltis) und weitere Kleinsäuger (u. a. Wanderratten, Igel, Mäusearten) von noch größerer Bedeutung sein kann.

Es ist ferner vielfach belegt, dass in „massiv umgestalteten Landschaften Rabenvögel geschwächte Populationen anderer Arten weiter dezimieren“ (vgl. Mäck *et al.* 1999). Nahrungsgeneralisten werden in ihrer Populationsdichte nicht von seltenen Beutetieren bestimmt; deshalb können sie in ausgeräumten Landschaften, wo sie sich von anderen Tierarten ernähren, seltene oder selten gewordene Beutetiere zum Verschwinden bringen.

So betrachtet stellt die Reduktion, etwa durch Bejagung, von Rabenkrähen und Elstern insgesamt ein geringeres ökosystemares Risiko dar als ihre Nichtbejagung (vergl. Bayne & Hobson 1997, Hoi & Winkler 1999, Müller 2002).

Mensch und Wildtier

Das Verhältnis zwischen Menschen und Aaskrähen ist seit etwa dem 19. Jahrhundert durch die Verfolgung durch den Menschen geprägt. Dabei ging es weniger um die Nutzung der Vögel als um ihre Rolle als Nestprädator. Insbesondere die sich langsam entwickelnde Naturschutzbewegung, damals vor allem durch den Singvogelschutz definiert, sah in der Aaskrähe ein Artenschutzproblem. Die Zunahme der Krähenpopulation in den vergangenen Jahrzehnten gab solchen Überlegungen wieder neue Nahrung. In Mitteleuropa war die Aaskrähe nie gefährdet. Heute kann sie aufgrund ihrer Eigenschaft als Profiteur der Zivilisationslandschaft einerseits und als Nestprädator und Nahrungsgeneralist andererseits zumindest lokal eine Bedrohung anderer Arten darstellen (vergl. Bayne & Hobson 1997, Hoi & Winkler 1999, Müller 2002). Langfristig lässt sich dieses Problem am ehesten durch eine lokal differenzierte intensive Bejagung (idealerweise verbunden mit einer Nutzung des Wildbrets) lösen. Der deutsche Sonderweg der Unterstellung der Art unter das Naturschutzrecht mit Ausnahmen in einzelnen Bundesländern ist aus naturschutzfachlicher Sicht eher fragwürdig.

Leider werden Rabenvögel in Mitteleuropa traditionell kaum kulinarisch genutzt, obwohl diese ein durchaus wohlschmeckendes Wildbret liefern. Krähenschnitzel oder Krähenburger stellen interessante Zubereitungsformen dar (Sutor & Reinwald 2021). Ein Problem bildet dabei sicher die erforderliche Trichinenbeschau, da die Vögel auch Fleisch fressen und damit als Überträger der Erkrankung in Frage kommen.

Kolkrabe

Corvus corax

Länge: 54 bis 67 cm

Gewicht: 1000 bis 1500 g

Gelege: 2 bis7, meist 3 bis 6 Eier

Brutzeit: Februar bis April

Systematik und Verbreitung

Kolkraben (*Corvus corax*) gehören wie alle Rabenvögel (Corvidae) zu den Singvögeln. Sie sind zirkumpolar in großen Teilen Eurasiens und Nord- sowie Mittelamerikas in zahlreichen Unterarten verbreitet.

Lebensraum und Ökologie

Kolkraben sind bezüglich der von ihnen besiedelten Lebensräume Generalisten. Sie finden sich von den Tieflagen bis ins Hochgebirge und nutzen Waldgebiete ebenso wie halboffene oder offene Landschaften und leben auch in der Nähe menschlicher Siedlungen. Somit stellen Kolkraben eine typische euryöke Art dar.

Kolkraben sind Stand-, gelegentlich Strichvögel.

Ernährung

Kolkraben sind Nahrungsgeneralisten; sie nutzen sowohl pflanzliche Nahrung (z. B. Mais oder Obst), vor allem aber tierische Nahrung. Kadaver haben hier, wo verfügbar, eine hohe Priorität, es handelt sich um typische Aasfresser. So kann man beobachten, wie sich Kolkraben etwa bei Gesellschaftsjagden einfinden, sobald die ersten Schüsse fallen oder sich auf offenen Abfalldeponien aufhalten. Im Übrigen erbeuten sie Wirbeltiere bis gelegentlich

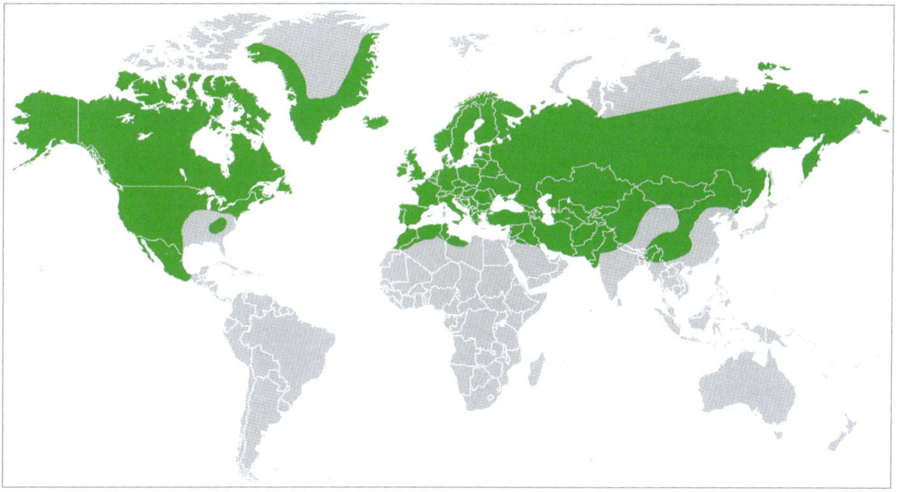

Abb. 222: Aktuelles Verbreitungsgebiet des Kolkrabens

Hasengröße, Gelege von Baum- und Bodenbrütern, Insekten, Weichtiere, Amphibien oder Reptilien. Auch am Spülsaum von Gewässern suchen sie nach angespültem Aas.
Auffallend ist das gute Sehvermögen, aber auch ein hochentwickeltes Kommunikationssystem, welches den Vögeln erlaubt, die jeweilige Nahrungsquelle über weite Entfernungen zu finden. So werden auch gezielt etwa Reiherkolonien aufgesucht und, sobald die Reiher bei einer Störung kollektiv auffliegen, deren Eier erbeutet. Ähnliches gilt für Kolonien von Seevögeln. Auch finden sich Kolkraben gerne bei Schaf- oder Mutterkuhherden ein, wo sie die Placenten, aber gelegentlich auch das eine oder andere neugeborene Lamm als Nahrung nutzen.

In der Umgebung von Tierparks finden wir Kolkraben regelmäßig in der Nähe der Raubtiergehege, wo sie von den Futtergaben profitieren.

Fortpflanzung

Bei Kolkraben tritt die Geschlechtsreife im Alter von etwa drei Jahren ein, die erste Brut erfolgt typischerweise im darauffolgenden Jahr.

Kolkraben leben meist lebenslang monogam. Die Paare besetzen feste Brutreviere, in denen sie sich auch außerhalb der Brutzeit aufhalten und die sie gegen Artgenossen, aber auch potenzielle Prädatoren, verteidigen.

Die Balz mit auffälligen Flugmanövern ist meist im Januar und Februar zu beobachten.

Der Kolkrabenhorst findet sich auf hohen Bäumen oder Felsvorsprüngen, oft finden sich im Brutrevier mehrere Horste. Ein Horst wird oft über mehrere Jahre genutzt.

Im Februar und März erfolgt die Eiablage. Das Gelege besteht meist aus 3 bis 6 Eiern. Die Brutzeit beträgt knapp 3 Wochen.

Junge Kolkraben sind typische Nesthocker, die Nestlingszeit beträgt etwa 40 bis 42 Tage. Sie sind mit etwa 8 bis 10 Wochen flügge.

Später bilden die Jungvögel kleinere Gruppen und verstreichen in einem Umkreis von einigen Dutzend bis ca. 200 km um den Neststandort auf der Suche nach günstigen Nahrungshabitaten (vergl. auch Müller 1986, Glutz von Blotzheim & Bauer 1993).

Populationsdynamik

Weltweit gilt der Kolkrabe als nicht gefährdet.

In Mitteleuropa und Teilen der USA waren Kolkraben im 19. und im ersten Drittel des 20. Jahrhunderts intensiv verfolgt worden. Dadurch waren ihre Bestände deutlich zurückgegangen, und im größten Teil Mittel- und Westeuropas und an der Ostküste Nordamerikas waren sie völlig verschwunden (vergl. auch Müller 1986).

Mit der Einführung des Reichsjagdgesetzes wurde dem Kolkraben in Deutschland eine ganzjährige Schonzeit zuteil, die er in Deutschland bis heute im Rahmen des Jagdrechtes genießt. Dadurch konnten sich die Bestände sukzessive erholen, so dass wir heute zumindest in Mitteleuropa eine flächendeckende Besiedlung vorfinden.

Management

Die Art unterliegt heute entweder dem Jagdrecht mit ganzjähriger Schonzeit oder dem Naturschutzrecht und wird nicht bejagt in den letzten Jahrzehnten wurde – unbeabsichtigt – durch zunehmende Drück-Stöber-Jagden mit lokal und zeitlich konzentriertem Anfall an sog. Aufbrüchen (innere Organe von auf der Jagd erlegten Huftieren) in den Wintermonaten eine zusätzliche Nahrungsquelle geschaffen.

Derzeit wird in der Wildökologie die Frage der Kadaverökologie intensiv diskutiert. Gerade für aasverzehrende Arten wie den Kolkraben würde das Belassen von Wildtierkadavern, welche – aus welchen Gründen auch immer – für den Menschen nicht nutzbar sind, sicher eine weitere Verbesserung der Habitatqualität mit sich bringen. Gleiches gilt für die derzeit zunehmend aufzufindenden Wolfsrisse, die ebenfalls vom Kolkraben und vielen anderen Aasfressern genutzt werden.

Mensch und Wildtier

Kolkraben gelten für den Menschen seit jeher als eine besondere Tierart. Dementsprechend kennen wir unzählige Mythen und Geschichten, die sich um diese Tierart ranken. Über die Gründe für dieses besondere Nähe zum Menschen, die ein weltweites Phänomen darstellt, können wir nur spekulieren.

Kolkraben werden sowohl mit negativen als auch mit positiven Konnotationen versehen. So gelten sie als Symbol oder als Boten des Unglücks („Unglücksrabe“), aber auch der Klugheit und Weisheit.

So werden Kolkraben auch als „the smartest birds in the world“ bezeichnet. Sie können nicht nur bis “Sieben” zählen, sie sind auch in der Lage, „um die Ecke herum zu denken“. Ihre Lernfähigkeit und Gedächtnisleistungen sind erstaunlich, Individual- und Sozialverhalten deutlich komplexer als bei vielen anderen Vogel- und Säugerarten, und ihre Anpassungsfähigkeiten gehen erheblich über festgelegte Verhaltensmuster hinaus (vergl. auch Müller 1986, Heinrich 1994, Lo & Müller 1999).

In den meisten Gesellschaften spielten und spielen Raben in der Mythologie und Dichtung eine große Rolle. Um nur einige wenige Beispiele zu nennen: In der nordischen Mythologie wird Odin von zwei Raben begleitet. Bei verschiedenen indigenen Völkern der Arktis und Subarktis sind es Raben, welche Menschen das Licht bringen oder sogar an der Entstehung bzw. Erschaffung der Menschen mitwirken.

Bei den indigenen nordamerikanischen Völkern der Algonkin-Sprachfamilie in der Gegend der Großen Seen gehörte der Rabe neben Bär, Wolf, Biber und anderen zu den Totemtieren.

Dabei werden oft die relative Intelligenz und Gelehrigkeit des Kolkraben („Weisheit“), aber auch seine Eigenschaft als Aasfresser („Tod“) adressiert.

Literatur

AEBISCHER, A.; SCHERLER, P. Der Rotmilan-ein Grifvogel im Aufwind. Haupt-Verlag, Bern 2021.

AHLERS, A.A.; HESKE, E.J.; SCHOOLEY, R.L.; MITCHELL, M.A. Home ranges and space use of muskrats Ondatra zibethicus in restricted linear habitats. Wildlife Biology **16**, 400-408, 2010.

AHRENS, M.; DOBIAS, K.; GORETZKI, J. Heimkehrer und Neubürger unter den wildlebenden Säugetieren Brandenburgs. Basler Verlag, Berlin, 2003

AHRENS, T.G. Recent Developments in the Preservation of the Wisent in Germany. Journal of Mammalogy **17**, 137-138, 1936.

ALBRECHT, C. Untersuchungen zum Auftreten von Schälschäden im Wisentgehege Damerower Werder und Versuche zur Prüfung der Repellentwirkung von Schälschutzmitteln. Diplomarbeit, Lehrstuhl für Wildökologie und Jagdwirtschaft, Technische Universität Dresden, 1999.

ALLEN, D.L. Wolves of Minong. Houghton Mifflin Company, Boston 1979.

ALTENKAMP, R.; SÖMMER, P.; KLEINSTÄUBER, G.; SAAR, C. Bestandsentwicklung und Reproduktion der gebäudebrütenden Wanderfalken *Falco p. peregrinus* in Nordost-Deutschland im Zeitraum 1986–1999. Vogelwelt **122**, 329–339, 2001.

ANDERSEN, R.; DUNCAN, P.; LINNELL, J.D.C. (Herausgeber): The European Roe Deer: The Biology of Success. Scandinavian University Press, Oslo 1998.

ANDREN, H. Corvid density and nest predation in relation to forest fragmentation: a landscape perspective. Ecology 73, 794–804, 1992

ANSORGE, H.; KLUTH, G.; HAHNE, S. Feeding ecology of wolves *Canis lupus* returning to Germany. Acta Theriologica **51**, 99-106, 2006.

ANSORGE, N.; TIEBLING, U. Die Populationsökologie des Marderhundes (*Nyctereutes procyonoides*) im östlichen Deutschland –Einwanderungsstrategie eines Neubürgers. Beiträge zur Jagd- und Wildforschung **26**, 247–254, 2001.

ARNOLD, W. Allgemeine Biologie und Lebensweise des Alpenmurmeltieres (Marmota marmota). In: PRELEUTHNER, M.; AUBRECHT, G. (Herausgeber): Murmeltiere, 1-20, Biologiezentrum, Linz 1999.

ARNOLD, W.; FREY-ROOS, F. Verzögerte Abwanderung und gemeinschaftliche Jungenfürsorge: Anpassungen des Alpenmurmeltieres (Marmota marmota) an eiszeitliche Lebensbedingungen. In: PRELEUTHNER, M.; AUBRECHT, G. (Herausgeber): Murmeltiere, 33-42, Biologiezentrum, Linz 1999.

ARNOLD, J.; HUMER, A.; HELTAI, M.; MURARIU, D.; SPASSOV, N.; HACKLÄNDER, K. Current status and distribution of golden jackals *Canis aureus* in Europe. Mammal Review **42**, 1-11, 2011.

ARTMANN, L.; KENNTNER, N.; NEUMANN, C.; SCHLEGL, S. Der Habicht – Vom Waldjäger zum Stadtbewohner. Oertel & Spörer Verlag, Reutlingen 2014.

AUBRECHT, G.; HOLZER, G. Stockenten. Österreichischer Agrarverlag, Leopoldsdorf 2000.

AUSSERER, C. Der Alpensteinbock. Wien 1947.

BAINES, D. The implications of grazing and predator management on the habitats and breeding success of black grouse *Tetrao tetrix*. Journal of Applied Ecology **33**, 45–53, 1996.

BAKER, K.H.; GRAY, H.W.I.; RAMOVS, V.; MERTZANIDOU, D.; PEKŞEN, Ç.A.; BILGIN, C.C.; SYKES, N.; HOELZEL, A.R. Strong population structure in a species manipulated by humans since the Neolithic: the European fallow deer (*Dama dama dama*). Heredity **119**, 16-26, 2017.

Baker, K.H.; Gray, H.W.I.; Pekşen, Ç.A.; Hoelzel, A.R. Conservation genetics of the European fallow deer: a reply to Marchesini *et al.* Mammalian Biology **101**, 313-319, 2021.

Ball, J.P.; Nordengren, C.; Wallin, K. Partial migration by large ungulates: characteristics of seasonal moose (*Alces alces*) ranges in northern Sweden. Wildlife Biology **7**, 39-47, 2001.

Bartlett, T. Ducks And Geese - A Guide To Management. The Crowood Press, 2002.

Bauer, H.-G.; Berthold, P. Die Brutvögel Mitteleuropas. Aula-Verlag, Wiesbaden 1997.

Bauer, H.-G.; Bezzel, E.; Fiedler, W. (Herausgeber). Das Kompendium der Vögel Mitteleuropas: Band 1: Nonpasseriformes – Nichtsperlingsvögel, Aula-Verlag, Wiebelsheim 2005.

Bauer, K. & Suchentrunk, F. Weitere Ausbreitung des Goldschakals *Canis aureus* L., 1758 in Österreich. Zeitschrift für Säugetierkunde **60**, 307-309, 1995.

Baumann, M.; Struch, M. Waldgemsen. Schriftenreihe des Landesjagdverbandes Bayern e.V. **9**, 21–33, 2002.

Baumgart, B. Vor- und nacheiszeitliche Großtierformen und ihre Einpassung in das Ökosystem – Stand der Projektentwicklung zum Großtierschutzgebiet Teltow-Fläming. Brandenburgische Umwelt Berichte **1**, 118-129, 1997.

Baumgartner, H. Biber, Wolf und Wachtelkönig. Haupt Verlag, Bern 2007.

Baumgartner, H.; Hegglin, D.; Lörcher, F. Der Bartgeier. Haupt-Verlag, Bern 2021.

Ballard, W.B.; Krausman, P.R. Occurence of rabies in wolves of Alaska. Journal of Wildlife Diseases **33**, 242-245, 1997.

Banuelos, M.-J.; Quevedo, M.; Obeso, J.-R. Habitat partitioning in endangered Cantabrian capercaillie Tetrao urogallus cantabricus. Journal of Ornithology **149**, 245–252, 2008.

Bartlett, T. Ducks and Geese- A Guide to Management. The Crowood Press, Marlborough 2002.

Baubet, E. Biologie du snglier en montagne: biodémographie, occupation de´l espace et régime alimentaire. Dissertation L´Université Claude Bernard, Lyon 1998.

Bayne, E.; Hobson, K. Comparing the effects of landscape fragmentation by forestry and agriculture on predation of artificial nests. Conservation Biology **11**, 1418–1429, 1997.

Beasley, J.C.; Devault, T.L.; Rhodes, O.E. Jr. Home-Range Attributes of Raccoons in a Fragmented Agricultural Region of Northern Indiana. The Journal of Wildlife Management 71, 844-850, 2007.

Bednarek, W. Greifvögel. Landbuch Verlag, Hannover 1996.

Behnke, H. Hege, Aufzucht und Aussetzen von Fasanen und Rebhühnern. Verlag Paul Parey. Hamburg und Berlin, 1964.

Beintema, A.J.; Moedt, O.; Ellinger, D. Ecologische Atlas van de Nederlandse weidevogels. Schuyt & Co, Haarlem 1995.

Beninde, J. Zur Naturgeschichte des Rothirsches. Verlag Dr. Paul Schöps, Leipzig 1937.

Beklova, M.; Pikula, J. The time course of egg-laying and clutch size in free living population of Phasianus colchicus in the Czech Republic. Folia Zoologica **41**, 253–262, 1992.

Bergerhausen, W. Die Vermehrungszucht des Uhus – 25jährige praktische Erfahrungen der Aktion zur Wiedereinbürgerung des Uhus (AZWU). Die Voliere **8**, 100-103, 1985

Bergerhausen, W. Wiederansiedlung des Uhus (Bubo bubo) in den nordwestdeutschen Mittelgebirgen-Resmee eines Projektes. Eulen-Rundblick **40/41**, 23-28, 1994.

Bergerhausen, W.; Radler, K. Bilanz der Wiedereinbürgerung des Uhus (*Bubo bubo* L.) in der Bundesrepublik Deutschland.Natur und Landschaft **64**, 151-161, 1989.

Bergmann, H.; Klaus S. Distribution, status and limiting factors of black grouse in central Europe, particularly in Germany, including an evaluation of re-introductions. Gibier Faune Sauvage **11**, 99–124, 1994.

Bergmann; H.-H., Helb; H.-W., Baumann, S. Die Stimmen der Vögel Europas. Aula-Verlag, Wiesbaden 2008.

Bergmann, H.-H.; Kruckenberg, H.; Wille, V. Wilde Gänse – Reisende zwischen Wildnis und Weideland. G. Braun Verlag, Karlsruhe 2006.

Bezzel, E. BLV-Handbuch Vögel, Bayerischer Landwirtschafts-Verlag, München 1996.

Bezzel, E.; Lechner F. Die Vögel des Werdenfelser Landes. Kilda Verlag, Greven, 1978.

Bezzel, E.; Schöpf, H. Anmerkungen zur Bestandesentwicklung des Uhus (*Bubo bubo*) in Bayern. Journal für Ornithologie **127**, 217–228, 1986.

Bezzel, E.; Obst, J.; Wickl, K.-H. Zur Ernährung und Nahrungswahl des Uhus (*Bubo bubo*). Journal für Ornithologie **117**, 210–238, 1976.

Bezzel, E.; Geiersberger, I.; von Lossw, G.; Pfeifer, R. Brutvögel in Bayern. Ulmer Verlag, Stuttgart, 2005.

Bibikow, D.I. Die Murmeltiere der Welt. Westarp-Wissenschaften Verlags-Gesellschaft, Hohenwarsleben 1996.

Bieber, C.; Ruf, T. Population dynamics in wild boar *Sus scrofa*: Ecology, elasticity of growth rate and implications for the management of pulsed resource consumers. Journal of Applied Ecology **42**, 1203-1213, 2005.

Biela, C. Die Nutria (*Myocastor coypus* Molina 1782) in Deutschland – Ökologische Ursachen und Folgen der Ausbreitung einer invasiven Art. Diplomarbeit, Technische Universität München 2008.

Bischoff, W. Nutzen und Schaden der in Bayern vorkommenden Vögel. Erster Theil. Braun & Schneider, München 1867.

Blaszkiewitz, B. Artenschutz in Zoo und Tierpark. Takin **18**, 11-17, 2009.

Boback, A.W. Das Wildkaninchen: *Oryctolagus cuniculus (Linné, 1758)*. A. Ziemsen Verlag, Wittenberg Lutherstadt 1970.

Böckermann, T. Auf weiten Schwingen ins Emsland. Immer mehr Sing- und Zwergschwäne überwintern im Westen Niedersachsens. Emsländische Geschichte **16**, 97–110, 2009.

Boch, J; Schneidawind, H. Krankheiten des jagdbaren Wildes. Verlag Paul Parey, Hamburg & Berlin 1988.

Bock, A. *Lepus europaeus* (*Lagomorpha: Leporidae*). Mammalian Species **52**, 125–142, 2020.

Boitani, L.; Mattei, L.; Nonis, D.; Corsi, F. Spatial and activity patterns of wild boars in Tuscani, Italy. Journal of Mammalogy **75**, 600-612, 1994.

Bonta, M.; Gosford, R.; Eussen, D.; Ferguson, N.; Loveless, E.; Witwer, M. Intentional Fire-Spreading by "Firehawk" Raptors in Northern Australia. Journal of Ethnobiology **37**, 700–718, 2017.

Börner, K. Untersuchungen zur Raumnutzung des Rotfuchses Vulpes vulpes (L., 1758) in verschiedenen anthropogen beeinflussten Lebensräumen Berlins und Brandenburgs. Mensch und Buch Verlag, Berlin 2014.

Börner, M.; Springborn, W. Anwendung und Wirkungsweise von Vergrämungsmunition im Rahmen des Wolfsmanagements. Landesjagdverband Schleswig-Holstein e.V., Kiel 2017.

Bothe, C. Bisamfang. Verlag Neumann-Neudamm, Melsungen 1996.

BOUTIN, S. Predation and Moose Population Dynamics: A Critique The Journal of Wildlife Management **56**, 116-127, 1992

BOYCE, M.S.; MAO, J.S.; MERRILL, E.H.; FORTIN, D.; TURNER, M.G.; FRYXELL, J.; TURCHIN, P. Scale and heterogeneity in habitat selection by elk in Yellowstone National Park. Écoscience **10**, 421-431, 2003.

BOYD-HEGER, D. K. Dispersal genetic relationships and landscape use by colonizing wolves in the central Rocky Mountains. University of Montana. Theses, Dissertations, Professional Papers. Paper 10512, 1997.

BRADLEY, E.H.; ROBINSON, H.S.; BANGS, E.E.; KUNKEL, K.; JIMENEZ, M.D.; GUDE, J.A.; GRIMM, T. Effects of Wolf Removal on Livestock Depredation Recurrence and Wolf Recovery in Montana, Idaho, and Wyoming. The Journal of Wildlife Management **79**, 1337-1346, 2015.

BRAINERD, S. M.; BANGS, Edward E.; BRADLEY, E. H.; FONTAINE, J. A.; HALL, W.; ILIOPOULOS, Y.; JIMENEZ, M. D.; JOZWIAK, E. A.; LIBERG, O.; MACK, C. M.; MEIER, T. J.; NIEMEYER, C. C.; PEDERSEN, H. C.; SAND, H.; SCHULTZ, R.N.; SMITH, D. W.; WABAKKEN, P.; WYDEVEN, A. P. The Effects of Breeder Loss on Wolves. Journal of Wildlife Management **72**, 89–98, 2008.

BRANDT, T.; SEEBASS, C. Die Schleiereule. Aula-Verlag, Wiesbaden 1994.

BRAUNEIS, W. Zur Situation von Uhu (*Bubo bubo*) und Wanderfalke (*Falco peregrinus*) in Hessen. Jahrbuch Naturschutz in Hessen **19**, 35-40, 2020.

BRAUNMANN, F.; NIEBEL, F.; RAUE, A. Avifaunistischer Zweijahresbericht 2004/05 für den Naturpark Drömling. Haldensleber Vogelkunde-Informationen **24**, 43–68, 2006.

BRIEDERMANN, L. Schwarzwild. Verlag Neumann-Neudamm, Melsungen 1990.

BRIEDERMANN, L. Ergebnisse von Untersuchungen zur Reproduktion des Mufflons (*Ovis ammon musimon*). Zeitschrift für Jagdwissenschaft **38**, 16-25, 1992.

BRIEDERMANN, L. Über Spuren früher Domestikation oder später innerartlicher Kreuzungen beim Europäischen Mufflon *Ovis ammon* (*orientalis*) *musimon* PALLAS, 1811. Beiträge zur Jagd- und Wildforschung **18**, 39-51, 1993.

BRÜCHER, H.; WEGNER, P. Wiederbesiedlung Nordrhein-Westfalens durch den Wanderfalken (*Falco peregrinus*) – Aktueller Status und Schutz. In: STUBBE, A.; STUBBE, M. (Herausgeber). Populationsökologie von Greifvogel- und Eulenarten, 235–241, Martin-Luther-Universität Halle-Wittenberg 1996.

BRUCHHOLZ, S. Zur gegenwärtigen Verbreitung des Marderhundes in Mitteleuropa. Beiträge zur Jagd- und Wildforschung **6**, 211–217, 1968.

BRÜLL, U. Wildfutterpflanzen und Futterwert der von Feldhasen (*Lepus europaeus*) genutzten Pflanzen. Dissertation, Universität Hamburg 1973.

Brunckhorst, H. Ökologie und Energetik der Pfeifente (*Anas penelope* L. 1758) im schleswig-holsteinischen Wattenmeer. Verlag Dr. Kovač, Hamburg 1996.

BRUNNER, B. Eine kurze Geschichte der Bären. Claassen-Verlag, Berlin 2005.

BRUNS, U.; FREY-ROOS, F.; RUF, T.; ARNOLD, W. Nahrungsökologie des Alpenmurmeltieres (*Marmota marmota*) und die Bedeutung essentieller Fettsäuren. In: PRELEUTHNER, M.; AUBRECHT, G. (Herausgeber): Murmeltiere, 57-66, Biologiezentrum, Linz 1999.

BRÜSEHABER, P. GPS-telemetrische Analyse zur Raum- und Habitatnutzung des Wildschweins (*Sus scrofa* Linnaeus 1758) in der Hansestadt Rostock. Masterarbeit, Universiität Rostock 2016.

BUBENIK, A. Beitrag zur Geburtskunde und zu den Mutter-Kind-Beziehungen des Reh- und Rotwildes. Zeitschrift für Säugetierkunde **30**, 65-128, 1965.

BUBENIK, A. Ernährung, Verhalten und Umwelt des Schalenwildes. Bayerischer Landwirtschaftsverlag, München 1984.

BUCHHOLZ, C.; SAMBRAUS, H.H. Rinder. In: GRZIMEK, B.(Herausgeber): Grzimeks Enzyklopädie der Säugetiere Band 5. Kindler-Verlag, München 1988.

BÜRGER, T. Akzeptanz des Wolfes bei verschiedenen gesellschaftlichen Gruppen und deren mögliche zukünftige Veränderung. B.Sc. Thesis, Technische Universität Dresden, 2014.

BURKART, B.; GAERTNER, M.; KONOLD, W. Einsatz von Wildtieren und Haustieren in Offenlandbiotopen. Naturschutz und Landschaftsplanung **37**, 301-308, 2005.

BUSCHE, G.; KOSTRZEWA, A. Zunehmende Brutbestände des Mäusebussards (*Buteo buteo*) im westlichen Schleswig-Holstein im Zeitraum 1966–2006: Bestandswachstum durch sequentielle Habitatbesetzung. Vogelwarte **45**, 209-217, 2007.

BUTZECK, S., STUBBE, M., PIECHOCKI, R. (1988a). Beiträge zur Geschichte der Säugetierfauna der DDR. Teil 3: Der Wolf *Canis lupus* L., 1758. Hercynia - Ökologie und Umwelt in Mitteleuropa **25**, 278-317, 1988a.

BÜTZLER, W. Kampf- und Paarungsverhalten, soziale Rangordnung und Aktivitätsperiodik beim Rothirsch. Verlag Paul Parey, Berlin & Hamburg 1974.

BÜTZLER, W. Rotwild. BLV Verlagsgesellschaft, München 1977.

CADE, T.J.; ENDERSON, J.H.; THELANDER, C.G.; WHITE, C.M. (Herausgeber). Peregrine Falcon Populations. The Peregrine Fund, Boise 1988.

CADE, T. J.; MARTELL, M.; REDIG, P.; SEPTON, T.; TORDOFF, H. Peregrine Falcons in urban North America. In: BIRD, D.M.; VARLAND, D.E.; NEGRO, J.J. (Herausgeber). Raptors in Human Landscapes, 3-13, Academic Press, London & San Diego 1996.

CAIZERGUES, A.; RÄTTI, O.; HELLE, P.; ROTELLI, L.; ELLISON, L.; RASPLUS, J.-Y. Population genetic structure of male black grouse (*Tetrao tetrix* L.) in fragmented vs. continuous landscapes. Molecular Ecology **12**, 2297-2305, 2003.

CARBONERAS, C.; KIRWAN, G.M.; SHARPE, C.J. Velvet Scoter (Melanitta fusca). In: DEL HOYO, J.; ELLIOTT, A.; SARGATAL, J.(Herausgeber). Handbook of the Birds of the world. Volume 1. Lynx Edicions, Barcelona 2019.

CARIAPPA, C.A.; OAKLEAF, J.K.; BALLARD, W.B.; BRECK, S.W. A reappraisal of the evidence for regulation of wolf populations. Journal of Wildlife Management **75**, 726-730, 2011.

CASAL, U.A. The Goblin, Fox and Badger and Other Witch Animals of Japan. Folklore Studies **18**, 1-94, 1959.

CHANIN, P. Otters. Whittet Books Ltd., Stansted 2013.

CHAPMAN, R.C. Human disturbance at wolf dens- a management problem. U.S. National Park Service Proceedings Series **1**, 323-328, 1979.

CHESTIN, I. Der Braunbär. Westarp-Wissenschaften Verlags-Gesellschaft, Hohenwarsleben, 1996.

CLUTTON-BROCK, T.H.; GUINNESS, F.E., ALBON, S.D. Red Deer: Behaviour and Exology of Two Sexes. The University of Chicago Press, Chicago 1982.

COCKER, M.; MABEY, R. Birds Britannica. Chatto & Windus, London 2005.

COLONNA D´ISTRIA, R.J.F. Le reproduction de mouflon de Corse. Diss med. vet., Universite Paul Sabatier, Toulouse 1988.

COPPES, J.; BOLLMANN, K.; BRAUNISCH, V.; FIEDLER, W.; GRÜNSCHACHNER-BERGER, V.; MOLLET, P.; NOPP-MAYR, U.; SCHROTH, K-E.; STORCH, I.; SUCHANT, R: Auswirkungen von Windenergieanlagen auf Auerhühner. Ministerium für Ländlichen Raum und Verbraucherschutz Baden-Württemberg und Ministerium für Umwelt, Klima und Energiewirtschaft Baden-Württemberg, Stuttgart 2019

CORLATTI, L.; LORENZINI, R., LOVARI, S. The conservation of the chamois Rupicapra ssp. Mammal Review **41**, 163-174, 2011.

CORTOIS, R.; DUSSAULT, C.; POTVIN, F.; DAIGLE, G. Habitat selection by Moose (*Alces alces*) in clearcut landscapes. Alces **38**, 177-192, 2002.

CREEL, S. & ROTELLEA, J. J. Meta-analysis of relationships between human offtake, total mortality and population dynamics of gray wolves (*Canis lupus*). - PloS ONE **5**, 1-7, 2010.

CROOSE, E.; DUCKWORTH, J.W.; RUETTE, S.; SKUMATOV, D.V.; KOLESNIKOV, V.V.; SAVELJEV, A.P. A review of the status of the Western polecat *Mustela putorius*: a neglected and declining species?
Mammalia, 2018. https://www.degruyter.com/document/doi/10.1515/mammalia-2017-0092

CUBAYNES, S.; MACNULTY, D.R.; STAHLER, D.R.; QUIMBY, K.A.; SMITH, D.W.; COULSON, T. Density-dependent intraspecific aggression regulates survival in northern Yellowstone wolves (*Canis lupus*). Animal Ecology **83**, 1344-1356, 2014.

CZARNOMSKA, S. D.; JĘDRZEJEWSKA, B.; BOROWIK, T.; NIEDZIAŁKOWSKA, M.; STRONEN, A. V., NOWAK, S., MYSŁAJEK, R. W., OKARMA, H., KONOPIŃSKI, M., PILOT, M., ŚMIETANA, W., CANIGLIA, R., FABBRI, E., RANDI, E., PERTOLIDI, C., JĘDRZEJEWSKI, W. Concordant mitochondrial and microsatellite DNA structuring between Polish lowland and Carpathian Mountain wolves. Conversation Genetics, **14**, 573-588, 2013.

DANILKIN, A. Behavioural Ecology of Siberian and European Roe Deer. Chapman & Hall, London 1995.

DARWIN, C. The Origin of Species by Means of Natural Selection. John Murray, London 1859.

DAVIS, S.J.M. The Archaeology of Animals. B.J. Batsford, London 1987.

DAVIS, P.E.; DAVIS, J.E. Dispersal and age of first breeding of Buzzards in Central Wales. British Birds **85**, 578–587, 1992.

DELANY, S.; SCOTT, D.; DODMAN, T.; STROUD, D. (Herausgeber) An Atlas of Wader Populations in Africa and Western Eurasia. Wetlands International, Wageningen 2009.

DEMETER, A.; SPASSOV, N. Canis aureus L. 1758-Schakal, Goldschakal. In: STUBBE, M., KRAPP, F. (Herausgeber). Handbuch der Säugetiere Europas, Band 3, Aula-Verlag, Wiesbaden, 1993.

DENG, M.-X.; XIAO, B.; YUAN, J.-X.; HU, J.-M.; KIM, K.S.; WESTBURY, M.V.; LAI, X.-L.; SHENG, G.-L. Ancient Mitogenomes Suggest Stable Mitochondrial Clades of the Siberian Roe Deer. Genes **13**, 2022. https://doi.org/10.3390/genes13010114 .

DENKER, E.; BÜTHE, A.; KNÜWER, A.; LANGGEMACH, T.; LEPOM, P.; RÜHLING, I. Vergleich der Schadstoffbelastung in Eiern des Sperbers *(Accipiter nisus)* aus Brandenburg und Nordrhein-Westfalen, Deutschland. In: Journal f. Ornithologie. **142**, 49-62, 2001.

DEUTSCH, A. The Private Life of the Rabbit. R. M. Lockley, London 1964.

DEUTZ, A. Gamswildkrankheiten unter besonderer Berücksichtigung der Räude und der Gamsblindheit. Schriftenreihe des Landesjagdverbandes Bayern e.V. **9**, 81–93, 2002.

DIESING, P. Zum Nahrungserwerb und -spektrum des Turmfalken. Ornithologische Mitteilungen **53**, 104-105, 2001.

Diesing, P. Kann der Feldhase *Lepus europaeus* Bussarde ganz allgemein von Habichten unterscheiden? – Ornithologische Mitteilungen **54**, 110-111, 2002.

Dingerkus, S.; Montgomery, W. The diet and landclass affinities of the Irish hare *Lepus timidus hibernicus*. Journal of Zoology **253**, 233-240, 2001.

Dinter, U. Das Raum-Zeitverhalten von Schwarzwild im Grunewald in den Sommermonaten unter besonderer Berücksichtigung menschlicher Störungen. Dissertation, Ludwig-Maximilians-Universität, München 1991.

Dircksen, J. Brandgans-Mauserzug und tidenbedingte Bewegungen von Brandgans (*Tadorna tadorna*) und Eiderente (*Somateria mollissima*) im Raum Trischen. Die Vogelwarte **24**, 179-184, 1968.

Djoshkin, W.W.; Safonow, W.G. Die Biber der Alten und der Neuen Welt. Amandus Ziemsen Verlag, Wittenberg Lutherstadt 1972.

Döring, V.; Helfrich, R. Zur Ökologie einer Rebhuhnpopulation (*Perdix perdix*, Linné, 1758) im Unteren Naheland (Rheinland-Pfalz; Bundesrepublik Deutschland). Schriften des Arbeitskreises für Wildbiologie und Jagdwissenschaft an der Justus-Liebig-Univeristät Gießen **15**, 1-365, 1986

Dreves, F. Die Seeadlersaison hat begonnen – Horstschutz wieder notwendig! https://seeadlerschutz.de/2020/02/02/die-seeadlersaison-hat-begonnen-horstschutz-wieder-notwendig/. Zuletzt aufgerufen: 27. Dezember 2023.

Driscoll, C.A.; Menotti-Raymond, M.; Roca, A.L.; Hupe, K.; Johnson, W.E.; Geffen , E.; Harley, E.H.; Delibes, M.; Pontier, D.; Kitchener, A.C.; Yamaguchi, N.; O'Brien, S.J.; Macdonald, D.W. The Near Eastern Origin of Cat Domestication.. Science **317**, 519-523, 2007.

Ducroz, J.-F.; Stubbe, M.; Saveljev, A.P.; Heidecke, D.; Samjaa, R.; Ulevi□ius, A.; Stubbe, A.; Durka, W. Genetic Variation and Population Structure of the Eurasian Beaver *Castor fiber* in Eastern Europe and Asia. Journal of Mammalogy **86**, 1059–1067, 2005.

Eberhardt, R.; Lotz, A.; D' Oleire Oltmanns, W. Ökologisch orientierte Analyse der Wald-Wild-Problematik am Beispiel von Gams und Steinadler in den Bayerischen Alpen. Schriftenreihe des Landesjagdverbandes Bayern e.V. **9**, 35–54, 2002

Eaton, R.L. Interspecific competition among carnivores: a model for the evolution of social behavior. Carnivore **2**, 9-16, 1979.

Eibl-Eibesfeldt, I. Zur Ethologie des Hamsters (*Cricetus cricetus*). Zeitschrift für Tierpsychologie **10**, 204-254, 1953.

Eklund, A.; López-Bao, J.V.; Tourani, M.; Chapron, G.; Frank, J. Limited evidence on the effectiveness of interventions to reduce livestock predation by large carnivores. Scientific Reports 7, 2097, 2017. doi: 10.1038/s41598-017-02323-w

Ellenberg, H. Zur Populationsökologie des Rehes (*Capreolus capreolus* L., Cervidae) in Mitteleuropa. Spixiana, Zoologische Staatssammlung, Suppl. 2, 1978.

Elliott, A. Family *Ciconiidae* (Storks). In: del Hoyo, J.; Elliott, A., Sargatal, J. (Herausgeber): Handbook of the Birds of the World. Volume 1: Ostrich to Ducks. Lynx Edicions, Barcelona 1992.

Elmeros, M.; Madsen, A.B.; Prang, A. Home range of the badger (*Meles meles*) in a heterogeneous landscape in Denmark. Lutra **48**, 35-44, 2005.

Engler, H. Die Teichralle. Westarp-Wissenschaften-Verlags-Gesellschaft, Hohenwarsleben 2000.

ERRINGTON, P.L. An analysis of mink predation upon muskrats in North Central United States. Research Bulletin Iowa Agriculture and Home Economics Experiment Station **26, 320**, 798-924, 1943.

ESCOBAR, L.E.; MOEN, R.; CRAFT, M.E.; VANDERWAAL, K.L. Mapping parasite transmission risk from white-tailed deer to a declining moose population. European Journal of Wildlife Research **65**, 1-11, 2019.

ESPMARK, Y. Mother-young relations and development of behavior in Roe deer. Viltrevy **6**, 461-540, 1969.

ETHERINGTON, G.J.; MOBLEY, J.A. Molecular phylogeny, morphology and life-history comparisons within *'Circus cyaneus'* reveal the presence of two distinct evolutionary lineages. Avian Research **7**, 1-12, 2016

FATTEBERT, J.; BAUBET, E.; SLOTOW, R.; FISCHER, C. Landscape effects on wild boar home range size under contrasting harvest regimes in a human-dominated agro-ecosystem. European Journal of Wildlife Research **63**, 2017. doi 10.1007/s10344-017-1090-9

FEIGE, N.; VAN DER JEUGD, H.P.; VOSLAMBER, B.; STAHL, J. Characterisation of Greylag Goose Anser anser breeding areas in the Netherlands with special regard to human land use. Vogelwelt **129**, 348–359, 2008.

FEILER, M.; KOLBE, M. Kornweihe. In: RUTSCHKE, E. (Herausgeber) Die Vogelwelt Brandenburgs, 164-166, Aula-Verlag, Wiesbaden 1987.

FERGUSON-LEES, J.; CHRISTIE, D.A. Raptors of the World. Christopher Helm, London 2001,

FERRAND, Y. A census method for roding Eurasian Woodcocks in France. Biological Report **16**, 19–25, 1993.

FISCHER, W. Die Seeadler. A. Ziemsen Verlag, Wittenberg Lutherstadt 1984.

FISCHER, W. Stein-, Kaffern- und Keilschwanzadler. Westarp-Wissenschaften Verlags-Gesellschaft, Magdeburg 2006.

FISHER, I.J.; PAIN, D.J.; THOMAS, V.G. A review of lead poisoning from ammunition sources in terrestrial birds. Biological Conservation **131**, 421–432, 2006.

FIUCZYNSKI, D. Der Baumfalke. A. Ziemsen Verlag. Wittenberg Lutherstadt 1988.

FJELDSÅ, J. The Grebes. Oxford University Press, 2004.

FLADE, M. Die Brutvogelgemeinschaften Mittel- und Norddeutschlands – Grundlagen für den Gebrauch vogelkundlicher Daten in der Landschaftsplanung. IHW-Verlag, Berlin 1994.

FLADE, M.; SCHWARZ, J. Ergebnisse des DDA-Monitoringprogramms. Teil I: Bestandsänderungen von Vogelarten der Siedlungen seit 1989. Vogelwelt **121**, 87–106, 2000.

FLOERICKE, K. Vogelbuch. Franckh´sch Verlagshandlung, Stuttgart 1922.

FORSMAN, D. The Raptors of Europe and the Middle East. T. & A.D. Poyser, London 1999.

FRANTZ, L.A.F.; HAILE, J.; LIN, A.T.; LARSON, G. Ancient pigs reveal a near-complete genomic turnover following their introduction to Europe. Proceedings of the National Academy of Sciences **116**, 17231-17238, 2019.

DALBECK, L.; BREUER, W. Der Konflikt zwischen Klettersport und Naturschutz am Beispiel der Habitatansprüche des Uhus (*Bubo bubo*). Natur und Landschaft **76**, 1–7, 2001

FREY, H. Bestandesentwicklung und Jungenproduktion des Uhus (*Bubo bubo*) in Niederösterreich zwischen 1969 und 1991. Egretta **35**, 9-19, 1992.

FRIEND, M.; MCLEAN, R.G.;; DEIN, F.J. Disease emergence in birds: Challenges for the twenty-first century. The Auk. **118**, Nr. 2, April 2001.

FRITTS, S. H.; MECH, L. D. Dynamics, movements, and feeding ecology of a newly protected wolf population in northwestern Minnesota. Wildlife Monographs **80**, 3-79, 1981.
FRITTS, S. H.; PAUL, W. Interactions of wolves and dogs in Minnesota. Wildlife Society Bulletin **17**, 121-123, 1989.
FRITTS, S.H.; STEPHENSON, R.O.; HAYES, R.D., BOITANI, L. Wolves and Humans. In: MECH, L.D.; BOITANI, L. (Herausgeber) Wolves: Behavior, Ecology, and Conservation. The University of Chicago Press, Chicago, Illinois, London 2003.
FULLER, T. K. Population dynamics of wolves in north-central Minnesota. Wildlife Monographs, **105**, 3-41, 1989.
FULLER, T.K., MECH, L.D., COCHRANE, J.F. Wolf population dynamics. In:
MECH, L.D., BOITANI, L. (Herausgeber). Wolves: Behaviour, Ecology and Conservation, 161-191, The University of Chicago Press. Chicago, 2003.
GALOV, A.; FABBRI, E.; CANIGLIA, R.; ARBANASIĆ, H., LAPALOMBELLA,S., FLORIJANČIĆ, T., BOŠKOVIĆ, I., GALAVERNI, M.; RANDI, E. First evidence of hybridization between golden jackal (Canis aureus) and domestic dog (Canis familiaris) as revealed by genetic markers. Royal Society Open Science 2, 150450, 2015. doi 10.1098/rsos.150450
GATTER, W. Vogelzug und Vogelbestände in Mitteleuropa. Aula Verlag, Wiebelsheim, 2000.
GAUBERT, P.; BLOCH, C.; BENYACOUB, S.; ABDELHAMID, A.; PAGANI, P.; DJAGOUN, C.A.M.S.; COULOUX, A.; DUFOUR, S. Reviving the African wolf *Canis lupus lupaster* in North and West Africa: a mitochondrial lineage ranging more than 6,000 km wide. PLoS ONE **7**, e42740, 2012.
GEBCZYNSKA; Z.; KRASINSKA, M. Food preferences and requirements of the European Bison. Acta Theriologica **17**, 105-117, 1972.
GEBCZYNSKA, Z.; KOWALCZYK, J.; KRASINSKA, M.; ZIOLECKA, A. A comparison of the digestibility of nutrients by European bison and cattle. Acta Theriologica **19**, 283-289, 1974.
GEDDES, D.S. Mesolithic domestic sheep in West mediterranean Europe. Journal of Archaeological Science **12**, 25-48, 1985.
GEHLE, T. Wie man Jung- von Alttauben sicher unterscheidet. Nordrhein-Westfälischer Jäger, 4-5, November 2005.
GEHLE, T. Steht sich das Rebhuhn selbst im Weg? Rheinisch-Westfälischer Jäger, 6–8, September 2010
GEHLE, T. Retrospektive zum Rückgang des Fasans. Schriftenreihe des Landesjagdverbandes Bayern e.V. **18**, 13–23, 2010.
GEHLE, T. Wie wild ist die Wildkatze? Rheinisch-Westfälischer Jäger, 16-17, September 2012.
GEHLE, T. Waldschnepfe-Vogel mit dem langen Gesicht. Weidwerk, 20-23, April 2013.
GEHLE, T.; HERZOG, S. Genetische Variation und Differenzierung von drei geographisch isolierten Rotwildpopulationen (*Cerbus elaphus* L.) in Niedersachsen. European Journal of Wildlife Research 40, 156-174, 1994.
GEHLE, T.; HERZOG, S. Sinn und Unsinn einer Differenzierung von Wild- und Hauskatzen mit Hilfe genetischer Marker. Säugetierkundliche Informationen **8,45**, 329-336, 2012.
GEHRT, S.D.; FRITZELL, E.K. Resource distribution, female home range dispersion and male spatial interactions: group structure in a solitary carnivore. Animal Behaviour 55, 1211-1227, 1998.
GEIGER, G.; HOFMANN, R.; KÖNIG, R. Vergleichend-anatomische Untersuchungen an den Vormägen von Damwild, *Cervus dama* L., 1758, und Muffelwild, *Ovis ammon musimon*, Pallas, 1811. Säugetierkundliche Mitteilungen **25**, 7-21, 1977.

GEIST, V. On the evolution of the *Caprinae*. In: SOMA, H. (Herausgeber): The Biology and Management of Capricornis and Related Mountain Antelopes. Croom Helm, London, New York, Sidney 1987.

GEIST, V. Deer of the World, Stackpole Books, Mechanicsburg 1998.

GEIST, V.; FRANCIS, M.H. Moose -Behavior, Ecology, Conservation. Voyager Press, Stillwater 1999.

GELLNER, H.; HERZOG, S. Wisente im Rothaargebirge-eine Retrospektive. Artenschutzreport **45**, 14-27, 2021.

GÉNSBOL, B., THIEDE, W. Greifvögel. BLV Verlag, München 2004.

FERGUSON-LEES, J.; CHRISTIE, D.A. Raptors of the World. Christopher Helm, London 2001.

GEORGE, K. Veränderungen der ostdeutschen Agrarlandschaft und ihrer Vogelwelt. Apus. Beiträge zur Avifauna Sachsen-Anhalts **12**, 3–140, 2004.

GERBER, R. Die Saatkrähe. Verlag Ziemsen, Wittenberg Lutherstadt 1956.

GERLACH, B.; DRÖSCHMEISTER, R.; LANGGEMACH, T.; BORKENHAGEN, K.; BUSCH, M.; HAUSWIRTH, M.; HEINICKE, T.; KAMP, J.; KARTHÄUSER, J.; KÖNIG, C.; MARKONES, N.; PRIOR, N.; TRAUTMANN, S.; WAHL, J.; SUDFELDT, C. Vögel in Deutschland –Übersichten zur Bestandssituation. Dachverband Deutscher Avifaunisten, Bundesamtes für Naturschutz, Länderarbeitsgemeinschaft der Vogelschutzwarten, Münster 2019.

GETHOFFER, F.; SODEIKAT, G.; POHLMEYER, K. Reproductive parameters of wild boar (*Sus scrofa*) in three different parts of Germany. European Journal of Wildlife Research **53**, 287–297, 2007.

GIACOMETTI, M. Beitrag zur Ansiedlungsdynamik und aktuellen Verbreitung des Alpensteinbocks (*Capra ibex ibex* L.) im Alpenraum. Zeitschrift für Jagdwissenschaft **37**, 157–173, 1991.

GIACOMETTI, M. Erstaunliches aus dem gelungenen Artenschutzprojekt – Wiederansiedlung des Alpensteinbocks (*Capra ibex ibex*). Artenschutzreport **21**, 32–37, 2007.

GIACOMETTI, M.; ROGANTI, R.; DE TANN, D.; STAHLBERGER-SAITBEKOVA, N.; OBEXER-RUFF, G. Alpine ibex x domestic goat hybrids in a restricted area of southern Switzerland. Wildlife Biology **10**, 137–143, 2004.

GLOOR, S.; BONTADINA, F.; HEGGLIN, D. Stadtfüchse – Ein Wildtier erobert den Siedlungsraum. Haupt-Verlag, Bern 2006.

GLUTZ VON BLOTZHEIM U.N.; BAUER, K.M. (Herausgeber). Handbuch der Vögel Mitteleuropas. Band 2. Aula Verlag, Wiesbaden, 1990.

GLUTZ VON BLOTZHEIM, U.N.; BAUER, K.M. Handbuch der Vögel Mitteleuropas. Band 8/I: *Charadriiformes*. 3. Teil: Schnepfen-, Möwen- und Alkenvögel. Aula-Verlag, Wiebelsheim 1982.

GLUTZ VON BLOTZHEIM, U. N.; BAUER, K. M.; BEZZEL, E. (Herausgeber). Handbuch der Vögel Mitteleuropas. Band 5. Akademische Verlagsgesellschaft. Frankfurt am Main, 322–370, 1973.

GLUTZ VON BLOTZHEIM, U. N.; BAUER K. M.; BEZZEL, E. (Herausgeber). Handbuch der Vögel Mitteleuropas. Band 4. Aula Verlag, Wiesbaden 1989.

GLUTZ VON BLOTZHEIM, U.N.; BAUER, K.M.; BEZZEL, E. (Herausgeber) Handbuch der Vögel Mitteleuropas. Band 7. Aula-Verlag, Wiesbaden 1986.

GLUTZ V. BLOTZHEIM, U.N.; BAUER, K.M. (Herausgeber). Handbuch der Vögel Mitteleuropas. Band 13. Aula-Verlag, Wiesbaden, 1993

GLUTZ V. BLOTZHEIM, U.N.; BAUER, K.M. (Herausgeber) Handbuch der Vögel Mitteleuropas. Band 9. Aula-Verlag, Wiesbaden 1994.

GNIELKA, R. Zur Brutbiologie der Türkentaube. Ornithologische Mitteilungen **27**, 71-83, 1975.

GODEL, M. Nesting of the Eurasian Woodcock, *Scolopax rusticola* L., in northwestern Europe. Vogelwarte **35**, 208–214, 1989.

GOETHE, F. Die Silbermöwe. A. Ziemsen Verlag, Wittenberg Lutherstadt 1956.

GOLANI, I.; KELLER A. A longitudinal field study of the behavior of a pair of golden jackals. In: FOX M. W. (Herausgeber). The Wild Canids: their Systematic, Behavioral Ecology and Evolution, Van Nostrand & Reinhold, New York, 303-335, 1975.

GRASZYNSKI, K.; LANGGEMACH, T.; MEYBURG, B.-U.; SÖMMER, P.; BERGMANIS, U.; HINZ, A.; BÖRNER, I.; MEERGANS, M. Jungvogelmanagement beim Schreiadler. In: KINSER, A.; VON MÜNCHHAUSEN, H. (Herausgeber). Der Schreiadler im Sturzflug. Deutsche Wildtier Stiftung, Hamburg 2012.

GRIMMBERGER, E. Die Säugetiere Mitteleuropas. Quelle & Meyer, Wiebelsheim 2017.

GOODERS, J.; BOYER, T. Ducks of Britain and the Northern Hemisphere. Dragon's World, Surrey 1986, 2005.

GOODWIN, D. Crows of the world. University of Washington Press, Seattle, 1986

GORECKI, G; ŁABUDZKI, L.; SKUBIS, J.; WLAZEŁKO, M. Habitat selection of wild boar (*Sus scrofa*) in the Zielonka Game Investigatory Centre- Radio Telemetry Research. Acta Scieentarum Polonorum **8**, 15-27, 2009.

GORETZKI, J. Entwicklung der Schwarzwildstrecken in Deutschland und aktuelle Probleme der Bewirtschaftung. Beiträge zur Jagd- und Wildforschung **32**, 361–372, 2007

GÖRNER, M. Artenschutzzentrum Thüringen. In: GERKEN, B.; GÖRNER, M. (Herausgeber) Europäische Landschaftsentwicklungmit großen Weidetieren, 255-256, Neuhaus im Solling 1998.

GÖRNER, M. Der Uhu *Bubo bubo* in Thüringen: Brutbiologie, Ernährung, Prädation. Ornithologischer Anzeiger **44**, 137-139, 2005.

GÖRNER, M. Haben Waschbären (*Procyon lotor*) einen Einfluss auf den Reproduktionserfolg heimischer Vögel? Acta Ornithoecologica **4**, 197–209, 2009.

GOSMANN, F.; BASTAT, C.; GUENEZAN, M. 2004–2005 French Woodcock report. International Woodcock Snipe Specialist Group Newsletter **31**, 20–22, 2005.

GRACZYK, R. Der Wisent (*Bison bonasus bonasus*, Linnaeus 1758) in Polen und die Perspektiven seiner Restitution in den Wäldern Europas. Zeitschrift für Jagdwissenschaft **27**, 91-101, 1981.

GRIMMBERGER, E. Die Säugetiere Mitteleuropas. Quelle & Meyer Verlag, Wiebelsheim 2014.

GRÜNEBERG, C.; BAUER, H.-G.; HAUPT, H.; HÜPPOP, O.; RYSLAVY, T.; SÜDBECK, P. Rote Liste der Brutvögel Deutschlands. 5. Fassung. Berichte zum Vogelschutz **52**, 19-67, 2015.

GUBER, S.; HERZOG, S. Die naturschutzrechtliche raum- und wirkungsbezogene Klassifikationssystematik von Arten sowie daraus folgende staatliche Handlungspflichten - erläutert an den Arten Mufflon (*Ovis ammon musimon*) und Wolf (*Canis lupus*). Natur und Recht **39**, 73-88, 2017. doi 10.1007/s10357-017-3133-0

GÜNDÜZ, I.; JAAROLA, M.; TEZ, C.; YENIYURT, C.; POLLY, P.D.; SEARLE, J.B. *Multigenic and morphometric differentiation of ground squirrels (Spermophilus, Sciuridae, Rodentia) in Turkey, with a description of a new species. Molecular Phylogenetics and Evolution* **43**, 916–935, 2007.

GURNELL, J.; WAUTERS, L.A.; LURZ, P.W.W.; TOSI, G. Alien species and interspecific competition: effects of introduced eastern grey squirrels on red squirrel population dynamics. Journal of Animal Ecology **73**, 26-35, 2004.

HAAG, D. Ein Beitrag zur Ökologie der Stadttaube. Verlag Medizinische Biologie, Basel 1984.

Hackländer, K.; Tataruch, F.; Ruf, T. The Effect of Dietary Fat Content on Lactation Energetics in the European Hare (*Lepus europaeus*). Physiological and Biochemical Zoology **75**, 19-28, 2002.

Hailer, F.; Helander, B.; Folkestad, A.O.; Ganusevich, S.A.; Garstad, S.; Hauff, P.; Koren, C., Nygård, T.; Volke, V., Vilà, C., Ellegren, H. Bottlenecked but long-lived: high genetic diversity retained in white-tailed eagles upon recovery from population decline. Biology Letters **2**, 316-319, 2006.

Haller, H. Raumorganisation und Dynamik einer Population des Steinadlers Aquila chrysaetos in den Zentralalpen. Der Ornithologische Beobachter **79**, 163–211, 1982.

Haller, H. Der Steinadler *Aquila chrysaetos* im schweizerischen Alpenvorland. Der Ornithologische Beobachter **91**, 237–254, 1994.

Haller, H. Der Steinadler in Graubünden. Der Ornithologische Beobachter, Beiheft 9, 1–167, 1996.

Hanfland, S.; Born, O.; Stein, H. Äschenbesatz in Bayerischen Gewässern. Landesfischereiverband Bayern e.V., München 2003.

Happ, N. Hege und Bejagung des Schwarzwildes. Franckh-Kosmos Verlag, Stuttgart 2017.

Halley, D.; Rosell, F.; Saveljev, A. Population an distribution of Eurasian beaver (*Castor fiber*). Baltic Forestry **18**, 168-175, 2012.

Hanson, H.C. The Giant Canada Goose.□ Southern Illinois University Press, Carbondale 1997.

Harper, E.K.; Paul, W.J.; Mech, L.D.; Weisberg, S. Efectiveness of lethal, directed wolf depredation control in Minnesota. Journal of Wildlife Management **72**, 778-784, 2008.

Harrington, R. Hybridisation among deer and its implications for conservation. Irish Forestry **30**, 64-78, 1973.

Harrison, C.; Castell, P. Field Guide Bird Nests, Eggs and Nestlings. HarperCollins Publisher, New York 2002.

Hartig, G.L. Lehrbuch für Jäger und die es werden wollen. Erster Band. J.G. Cotta´sche Buchhandlung, Tübingen 1811.

Hartmann, J. Der Bundesadler. Vierteljahrshefte für Zeitgeschichte 56, 495–509, 2008.

Hartung, B. Turmfalkenansiedlung mit Plaste-Nisthilfen. Ornithologische Mitteilungen **54**, 49-52, 2002.

Hastings, A.; Harrison, S. Metapopulation dynamics and genetics. Annual Review of Ecology and Systematics **25**, 167-188, 1994.

Hatlauf, J.; Sachser, F.; Lanz, J.D.; Steib, S.; Hackländer, K. Einfluss von Hauskatzen auf die Biodiversität. BOKU-Berichte zur Wildtierforschung und Wildbewirtschaftung **25**, 1-56, 2021.

Hawley, J.E.; Gehring, T.M.; Schultz, R.N.; Rossler, S.T.; Wydeven, A.P. Assessment of shock collars as nonlethal management for wolves in Wisconsin. Journal of Wildlife Management **73**, 518-525, 2009.

Hayssen, V.; von Tienhoven, A. Asdell´s Patterns of Mammalian Reproduction- A Compendium of Species-Specific Data. Cornell University Press, Ithaca 1993.

Heck, L. Bericht über den Wisent-Schutzpark in Springe. Berichte der Internationalen Gesellschaft zur Erhaltung des Wisents **3**, 97-120, 1932.

Heck, L. Auf Tiersuche in weiter Welt. Berlin 1941

Heck, L. Der Wisent-Schutzpark Springe und der Zoo Berlin. Bongo **4**, 37-42, 1980.

HEINICKE, T.; HEINICKE, K. Beifänge in der Ostseefischerei gefährden die Rast- und Überwinterungsbestände der Eisente und weiterer Seevögel in Deutschland. Seevögel **38**, 4-11, 2017.
HEINRICH, B. Die Seele des Raben. S. Fischer Verlag, Farnkfurt am Main 1994.
HEINTZENBERG, F. Greifvögel und Eulen. Franckh-Kosmos Verlag, Stuttgart 2007.
HELBIG, A.J.; SEIBOLD, I.; KOCUM, A.; LIEBERS, D.; IRWIN, J.; BERGMANIS, U.; MEYBURG, B.U.; SCHELLER, W.; STUBBE, M.; BENSCH, S. Genetic differentiation and hybridization between greater and lesser spotted eagles *(Accipitriformes: Aquila clanga, A. pomarina)*. Journal of Ornithology **146**, 226-234, 2005.
HELGEN, K.M.; COLE, F.R.; HELGEN, L.E.; WILSON, D.E. *Generic Revision in the Holarctic Ground Squirrel Genus Spermophilus. Journal of Mammalogy* **90**, 270–305, 2009.
HELL, P. Der Wolf in den Ostkarpaten. Zeitschrift für Jagdwissenschaft **36**, 160-168, 1990.
HEMMER, H. Domestikation. Friedrich Vieweg & Sohn, Braunschweig & Wiesbaden 1983.
HEMMER, H. *Felis (Lynx) lynx* Linnaeus, 1758. Luchs, Nordluchs. In: STUBBE, M.; KRAPP, F. (Herausgeber). Handbuch der Säugetiere Europas, Band 5, Raubsäuger–Carnivora (Fissipedia), Teil 2. Mustelidae 2, Viverridae, Herpestidae, Felidae, 1119–1167, Aula-Verlag, Wiebelsheim 1993.
HELL P; RAJSKÝ D. Immigrationen des Goldschakals in die Slowakei im 20. Jahrhundert. Beiträge zur Jagd- und Wildforschung **25**, 143–147, 2000.
HEPTNER, V. G.; NAUMOV, N. P. Die Säugetiere der Sowjetunion. Band II: Seekühe und Raubtiere. Gustav Fischer Verlag, Jena, 1974.
HEPTNER, V.G., NASIMOVIC, A.A., BANNIKOV, A.G. Die Säugetiere der Sowjetunion. Band I. Paarhufer und Unpaarhufer. Gustav Fischer Verlag, Jena, 1966.
HEPTNER, W.G.; NASIMOWITSCH, A.A. Der Elch. Westarp-Wissenschaften-Verlags-Gesellschaft, Hohenwarsleben 2004.
HERZOG, S. Cytogenetische und biochemisch-genetische Untersuchungen an Hirschen der Gattung *Cervus* (*Cervidae, Artiodactyla, Mammalia*). Göttingen Research Notes in Forest Genetics - Göttinger Forstgenetische Berichte **10**, 1-139, 1988a.
HERZOG, S. Polymorphism and genetic control of erythrocyte 6-phosphogluconate dehydrogenase in the genus *Cervus*. Animal Genetics **19**, 291-294, 1988b.
HERZOG, S. Genetic polymorphism of transferrin in fallow deer. Animal Genetics **20**, 421-426, 1989.
HERZOG, S. Genetic analysis of erythrocyte superoxide dismutase polymorphism in the genus *Cervus*. Animal Genetics **21**, 391-400, 1990. DOI: 10.1111/j.1365-2052.1990.tb01983.x
HERZOG, S. Sense and nonsense of genetic studies on endangered species. Cahiers d´Ethologie **20**, 403-410, 2000.
HERZOG, S. Für und Wider von Wiederansiedlungsprojekten, dargestellt am Beispiel des Luchses (*Lynx lynx*) und des Auerhuhnes (*Tetrao urogallus*) im Harz. Artenschutzreport **26**, 55–57, 2010
HERZOG, S. Der Wald soll wachsen: Was müssen forstliche Gutachten leisten? Schriftenreihe des Landesjagdverbandes Bayern e.V. **19**, 33–40, 2010a
HERZOG, S. Der Jäger, der Förster und das Wild: Gedanken zu einer Konfliktsituation. Forst und Holz **65**, 16–19, September 2010b
HERZOG, SVEN. Für und Wider von Wiederansiedlungsprojekten, dargestellt am Beispiel des Luchses (*Lynx lynx*) und des Auerhuhnes (*Tetrao urogallus*) im Harz. Artenschutzreport **26**, 55-57, 2010c.

HERZOG, S. Mortalität durch Verkehrswege beim Wolf (*Canis lupus*) – ein Artenschutzproblem? Säugetierkundliche Informationen, **9, 48,** 235-242, 2014.

HERZOG, S. Von Wölfen und Menschen: Für einen undogmatischen Umgang mit einem Heimkehrer. Beiträge zur Jagd- und Wildforschung **41**, 227-237, 2016a.

HERZOG, S. Wieviel Ricke braucht das Kitz? Unsere Jagd, 52-55, Oktober 2016b. Pirsch, 44-47, 2. November 2016b. Niedersächsischer Jäger 2. November 2016b.

HERZOG, S. Wildtiermanagement. Quelle & Meyer, Wiebelsheim 2019.

HERZOG, S. Wildtiere in historischen Gärten. In: HÜTTL, R.F.; DAVID, K.; SCHNEIDER, B.U. (Herausgeber): Historische Gärten und Klimawandel, 223-236, de Gruyter, Berlin 2019a.

HERZOG, S. Große Pflanzenfresser in mitteleuropäischen Landschaften: ein Ideologie-Problem? In: VÖSSING, A. (Herausgeber): Nationalpark-Jahrbuch Unteres Odertal 2020, Band III, 38-49, 2020. ISBN 978-3-9815714-8-6, ISSN 1863-7760.

HERZOG, S.; BAUCH, T. Spezifische Probleme des Schwarzwildmanagements in Großschutzgebieten. Schriftenreihe des Landesjagdverbandes Bayern **12**, 23–30, 2004

HERZOG, S.; GUBER, S. Der naturschutzrechtliche Populationsbegriff als Maßstab zur Beurteilung des Erhaltungszustandes einer Art gem. § 45 Abs. 7 S. 2 BNatschG erläutert am Beispiel des Wolfes (*Canis lupus*). Natur und Recht **40**, 682-688, 2018. p-ISSN 0172-1631, e-ISSN 1439-0515 DOI 10.1007/s10357-018-3416-0

HERZOG, S.; HARRINGTON, R. The role of hybridization in the karyotype evolution of deer (*Cervidae; Artiodactyla; Mammalia*). Theoretical and Applied Genetics **82**, 425–429, 1991.

HERZOG, S.; KOB, P. Mehr Mais, mehr Mutterglück? Jäger, 38-41, Mai 2014.

HERZOG, S.; KRÜGER, T. Influences of habitat structure, climate, disturbances and predation on population dynamics of Black Grouse in the northern Ore Mountains. Sylvia – Journal of Ornithology **39**, 9-15, 2003.

HERZOG, S.; REINER, G. Genetische Vielfalt als zentraler Baustein der Biodiversität- die Beispiele Rothirsch und Wisent. In: Brackhane, S.; Hackländer, K. (Herausgeber). Die Rückkehr der großen Pflanzenfresser, 167-181, oekom verlag, München 2025.

HERZOG, S.; SCHRÖPFER, R. Das Mufflon *Ovis ammon musimon* (Pallas, 1811) in Europa: Faunenverfälschung oder Maßnahme der ex-situ-Generhaltung? Säugetierkundliche Informationen, **10, 52,** 259-264, 2014.

HERZOG, S.; REDDEMANN, J.; GERECHT, R. Wildtiermonitoring Bayern Band 4. Bayerischer Jagdverband e.V., Feldkirchen 2018.

HEWISON, A.J.M.; GAILLARD, J.M. Birth-sex ratios and local resource competition in roe deer, *Capreolus capreolus*. Behavioral Ecology **7**, 461-464, 1996.

HIGGINS, P.J. (Herausgeber): Handbook of Australian, New Zealand & Antarctic Birds. Volume 1: Ratites to Ducks. Oxford University Press, Oxford 1990.

HINZE, G. Der Biber. Akademie Verlag, Berlin 1950.

HIRONS, G. The significance of roding behaviour in the Eurasian Woodcock *Scolopax rusticola* – an alternative explanation based on observations of marked birds. Ibis **122**, 350–354, 1980.

HIROTANI, A.; NAKATANI, J. Grouping-paterns and inter-group relationships of Japanese wild boars (*Sus scrofa leucomystax*) in the Rokko mountain area. Ecological Research **2**, 77-84, 1987.

HOEFS, M. Das Muffelwildvorkommen im Lande Nordrhein-Westfalen. Zeitschrift für Jagdwissenschaft **28**, 31-49 und 88-108, 1982.

HOFMANN, M. Die Bisamratte. Akademische Verlagsgesellschaft Geest & Portig, Leipzig 1952.

HOFMANN, R. R. Die Stellung der europäischen Wildwiederkäuer im System der Äsungstypen. In: HOFMANN, R. R. (Herausgeber). Jagd+Hege Ausbildungsbuch I: Wildbiologische Informationen für den Jäger, 9-18, 1978

HOFMANN, R. R. Das Rotwild – anpassungsfähig und missverstanden. In: HOFMANN, R. R.; HABERMEHL, K.-H.; GEIGER, G.; MÜLLER, F.; BRÖMEL, J.; STECK, F.; HERZOG, A.; WANDELER, A.; HASENKAMP, J.G.; MAGGIO, G.; JAHN, J.; MEUNIER, K. (Herausgeber). Jagd+Hege Ausbildungsbuch II: Wildbiologische Informationen für den Jäger, 89–113, 1979.

HOFMANN, R.R. Morphophysiological Evolutionary Adaptions of the Ruminant Digestive System. In: DOBSON, A.; DOBSON, M.J. (Herausgeber). Aspects of Digestive Physiology in Ruminants. Comstock Publishing Associates, Ithaca & London 1988.

HOFMANN, R. R. Evolutionary steps of ecophysiological adaptation and diversification of ruminants: a comparative view of their digestive system. Oecologia **78**, 443- 457, 1989.

HOFMANN, R.R. Die Wiederkäuer. Biologie in unserer Zeit **21**, 73-80, 1991.

HOFMANN, R.R. Zur Evolution der großen Pflanzenfresser und ihre nahrungsökologische Einnischung in der heutigen Kulturlandschaft - eine neue Chance für europäische Großsäuger nach 5 000 Jahren? Sitzungsberichte der Gesellschaft Naturforschender Freunde zu Berlin **34**, 167-190, 1995.

HOFRICHTER, R. Die Rückkehr der Wildtiere – Wolf, Geier, Elch & Co. Leopold Stocker Verlag, Graz 2005.

HÖGLUND, J.; LARSSON, J.K.; JANSMAN, H.A.H.; SEGELBACHER, G. Genetic variability in European black grouse (*Tetrao tetrix*). Conservation Genetics **8**, 239–243, 2007.

HOHMANN, U. Untersuchungen zur Raumnutzung des Waschbären (*Procyon lotor* L. 1758) im Solling, Südniedersachsen, unter besonderer Berücksichtigung des Sozialverhaltens. Dissertation, Georg-August-Universität Göttingen, 1998.

HOHMANN, U.; BARTUSSEK, I.; BÖER, B. Der Waschbär. Oertel+Spörer Verlag, Reutlingen 2001.

HOI, H.; WINKLER, H. Feinddruck auf Bodennester. Effekte der Habitatkomplexität. Journal für Ornithologie **132**, 215–217, 1991

HOODLESS, A.N.; HIRONS, G.J.M. Habitat selection and foraging behaviour of breeding Eurasian Woodcock *Scolopax rusticola*: a comparison between contrasting landscapes. Ibis **149**, 234-249, 2007.

HORNBERGER, F. Über den Wachtelfang in Oberschwaben. Ornithologisches Jahrbuch Baden-Württemberg **2**, 1986.

HUBER, F. Lebensraumnutzung, Verhalten und ihre Bedeutung für die Fortpflanzungsbiologie beim Europäischen Ziesel (*Spermophilus citellus*). Dissertation, Universität Wien 1996.

HUBER, S.; HOFFMANN, I.E.; MILLESI, E.; DITTAMI, J.P. ; ARNOLD, W. Explaining the seasonal decline in litter size in European ground squirrels. Ecography **24**, 205-211, 2001.

HUNDERTMARK, K.J.; BROWYER, R.T. Genetics, Evolution, and Phylogeography of Moose. Alces **40**, 103-122, 2004.

HUNGER, M.; HERZOG, S. Auswertung der bayerischen Verbissgutachten von 1991 bis 2009: Was können Verbissgutachten leisten? Allgemeine Forst Zeitschrift – Der Wald, 23-25, 18. Juli 2011.

HUNT, W.G.; BURNHAM, W.; PARISH, C.; BURNHAM, K.; MUTCH, B.; OAKS, J.L. Bullet fragments in deer remains; implications for lead exposure in scavengers. Wildlife Society Bulletin **34**, 167–170, 2006.

Huntley, B.; Green, R.E.; Collingham, Y.C.; Willis, S.G. A Climatic Atlas of European Breeding Birds. The RSPB and Lynx Editions, Barcelona 2007.

Ingold, P.; Schnidrig-Petrig, R.; Marbacher, H.; Pfister, U. Tourismus und Wild - Ein öko-ethologisches Projekt im Schweizerischen Alpenraum. Jagd+Hege **12**, 6–11, 1994

Janke, K.; Kremer, B. P. Das Watt. Franckh-Kosmos Verlags-GmbH, Stuttgart 1990.

Janssen, G.; Hormann, M.; Rohde, C. Der Schwarzstorch-*Ciconia nigra*. Westarp-Wissenschaften-Verlags-Gesellschaft, Hohenwarsleben 2004.

Jędrzejewska, B; Jędrzejewski, W. Predation in Vertebrate Communities. The Białowieża Primeval Forest as a case Study. Springer-Verlag, Berlin & Heidelberg 1998.

Jędrzejewska, B.; Jędrzejewski, W.; Bunevich, A. N.; Minkowski, L.; Okarma, H. Population dynamics of Wolves *Canis lupus* in Biolowieża Primeval Forest (Poland and Belarus) in relation to hunting by humans, 1847-1993. Mammal Review **26**, 103-126, 1996.

Jedrzejewski, W.; Niedzilkowska, M.; Nowak, S.; Jedrzejewska, B. Habitat variables associated with wolf (*Canis lupus*) distribution and abundance in northern Poland. Diversity and Distributions **10**, 225-233, 2004.

Jerosch, S.; Götz, M. Populationsdynamik und Migrationsmuster von Wildkatzen im Verbundlebensraum Südharz, Kyffhäuser, Hainleite, Hohe Schrecke/Finne und Ziegelrodaer Forst. Deutsche Bundesstiftung Umwelt, Abschlussbericht, 2011. https://www.dbu.de/OPAC/ab/DBU-Abschlussbericht-AZ-28496.pdf (zuletzt aufgerufen 10. Juni 2023).

Johann, F.; Handschuh, M.; Linderoth, P.; Heurich, M.; Arnold, J.; Dormann, C.F. Variability of daily space use in wild boar *Sus scrofa*. Wildlife Biology 2020. doi 10.2981/wlb.00609

Kaatz, C.; Wallschläger, D.; Dziewiaty, K.; Eggers, U. (Herausgeber). Der Weißstorch. VerlagsKG Wolf, Magdeburg 2017.

Kaczensky, P.; Kluth, G.; Knauer, F.; Rauer, G.; Reinhardt, I.; Wotschikowsky, U. Monitoring von Großraubtieren in Deutschland. BfN Skripte **251**, 1-86, 2009.

Kaetzke, P.E. Soziale Prozesse der Selbstregulation einer Wildkaninchenpopulation (*Oryctolagus cuniculus L.*). Dissertation, Universität Bayreuth, 2010.

Kalchreuter, H. The Woodcock. Verlag Dieter Hoffmann, Mainz 1983.

Kampe-Persson, H. Naturalised geese in Europe. Ornis Svecica **20**, 155–173, 2010.

Karner-Ranner, E. Tafelente im Sinkflug. Vogelschutz in Österreich **45**, 8–11, November 2018.

Kasparek, M. Dismigration und Brutarealexpansion der Türkentaube *Streptopelia decaocto*. Journal für Ornithologie **137**, 1-33, 1996.

Kazanskaya, E.Y.; Kuznetsova, M.V.; Danilkin, A.A. Phylogenetic reconstructions in the genus *Capra* (*Bovidae, Artiodactyla*) based on the mitochondrial DNA analysis. Russian Journal of Genetics **43**, 181–189, 2007.

Kear, J. (Herausgeber). Ducks, Geese and Swans. Oxford University Press, Oxford 2005.

Keith, L.B. Population dynamicas of wolves. In: Carbyn, L.N. Wolves in Canada and Alaska: Their Status, Biology, and Management. Canadian Wildlife Service, Report Series **45**, 66-77, 1983.

Kenmogne, B.; Schindler, W. Das Aggressionsverhalten der Nilgans (*Alopochen aegyptiacus*) und dessen Auswirkung auf andere Wasservogelarten im Stadtgebiet von Frankfurt am Main. Vogel und Umwelt **19**, 67–180, 2011.

Kenntner, N.; Crettenand, Y.; Fünfstück, H.-J.; Janovsky, M.; Tataruch, F. Lead poisoning and heavy metal exposure of golden eagles (*Aquila chrysaetos*) from the European Alps. Journal of Ornithology **148**, 173, 2007.

KELLER, O. Tiere des klassischen Altertums. Georg Olms Verlag, Hildesheim 1878.

KELLY, D.; KOENIG, W.; LIEBHOLD, A. A continental comparison of the dynamic behaviour of mast-seeding. Ecology **50**, 329–342, 2008

KEULING, O.; STIER, N.; ROTH, M. Annual and seasonal space use of different age classes of female wild boar *Sus scrofa* L. European Journal of Wildlife Research **54**, 403-412, 2008.

KEVE, A. Der Eichelhäher. A. Ziemsen Verlag, Wittenberg Lutherstadt 1974.

KIM, A.; KIM, Y.-C.; LEE, D.H. Home Range and Daily Activity of Nutria (*Myocastor coypus*) Using Radio Tracking in South Korea. Journal of Environmental Impact Assessment **29**, 182-197, 2020.

KIMMIG, S.E., BENINDE, J.; BRANDT, M.; SCHLEIMER, A.; KRAMER-SCHADT, S.; HOFER, H.; BÖRNER, K.; SCHULZE, C.; WITTSTATT, U.; HEDDERGOTT, M.; HALCZOK, T.; STAUBACH, C.; FRANTZ, A.C. Beyond the landscape: Resistance modelling infers physical and behavioural gene flow barriers to a mobile carnivore across a metropolitan area. Molecular Ecology **29**, 466-484, 2020.

KINSER, A.; VON MÜNCHHAUSEN, H. (Herausgeber). Schreiadler-gerechte Landnutzung. Deutsche Wildtier Stiftung, Hamburg 2017.

KIRCHNER, T. (2006): Zur Situation des Birkhuhns (Tetrao tetrix) im Naturschutzgebiet Lange Rhön. In: Acta ornithoecologica **6**, 13–19, 2006.

KIRMSE, W. Verhaltensänderung als Schrittmacher bei der Isolation einer Teilpopulation am Beispiel baumbrütender Wanderfalken *Falco peregrinus*. Ornithologische Mitteilungen **60**, 229-237, 2008.

KLANSEK, E.; VAVRA, I.; ONDERSCHEKA, K. Die Äsungszusammensetzung des Steinwildes (*Capra ibex ibex* L.) in Abhängigkeit von Jahreszeit, Alter und Äsungsangebot in Graubünden. Zeitschrift für Jagdwissenschaft **41**, 171–181, 1995.

KLAPPERSTÜCK, J. Der Sumpfbiber. Westarp-Wissenschaften-Verlags-Gesellschaft, Hohenwarsleben 2004.

KLENNER, W; KREBS, C.J. Red squirrel population dynamics. I. The effect of supplemental food on demography. Journal of Animal Exology **60**, 961-978, 1991.

KLUTH, S.; BEZZEL, E. Der Steinadler in Bayern. Populationsdynamik im Wandel der Alpenlandschaft. Schriftenreihe des Bayerischen Landesamtes für Umweltschutz **155**, 125–130, 1999.

KNAUS, W.; SCHRÖDER, W. Das Gamswild. Verlag Paul Parey, Hamburg und Berlin, 1975.

KNEIS P.; BROSE T.; HERZOG, S. Bestandsentwicklung und Besiedlungsergebnis des Bibers *Castor fiber albicus* im sächsischen Naturschutzgebiet Königsbrücker Heide nach zwanzig Jahren Prozessschutz. Säugetierkundliche Informationen **9,46**, 35–56, 2013.

KOEPFLI, K.P.; POLLINGER, J.; GODINHO, R.; ROBINSON, J.; LEA, A.; HENDRICKS, S.; SCHWEIZER, R.M.; THALMANN, O.; SILVA, P.; FAN, Z.; YURCHENKO, A.A.; DOBRYNIN, P.; MAKUNIN, A.; CAHILL, J.A.; SHAPIRO, B.; ÁLVARES, F.; BRITO, J.C.; GEFFEN, E.; LEONARD, J.A.; HELGEN, K.M.; JOHNSON, W.E.; O´BRIEN, S.J.; VAN VALKENBURGH, B.; WAYNE, R.K. Genome-wide Evidence Reveals that African and Eurasian Golden Jackals Are Distinct Species. Current Biology **25**, 2158-2165, 2015.

KÖHLER, O. Vom Erlernen unbenannter Anzahlen bei Vögeln. Die Naturwissenschaften **29**, 201–218, 1941.

KÖHLER, O. The ability of birds to "count". Bulletin of Animal Behaviour **9**, 41–45, 1951.

KOLBE, H. Die Entenvögel der Welt. Eugen Ulmer Verlag, Stuttgart 1994, 1999.

KÖNIG, C.; KAISER, H. Der Sperlingskauz (*Glaucidium passerinum*) im Schwarzwald. Journal für Ornithologie **126**, 443, 1985.

König, A.; Romig, T.; Janko, C.; Hildenbrandt, R.; Holzhofer, E.; Kotulski, Y.; Ludt, C.; Merli, M.; Eggenhofer, S.; Thoma, D.; Vilsmeier, J.; Zannantonio, D. Integrated-baiting concept against *Echinococcus multilocularis* in foxes is successful in southern Bavaria, Germany. European Journal of Wildlife Research **54**, 339-447, 2008.

Konter, A. Grebes of our world. Lynx Edicions, Barcelona 2001.

Kotrschal, K.; Bugnyar, T.; Stöwe, M. Kognition und Neophobie bei Raben. Charadrius **37**, 127–134, 2001.

Kowalczyk, R.; Jędrzejewska, B.; Zalewski, A., Jędrzejewski, W. Facilitative interactions between the Eurasian badger (Meles meles), the red fox (Vulpes vulpes), and the invasive raccoon dog (Nyctereutes procyonoides) in Białowieza Primeval Forest, Poland. Canadian Journal of Zoology **86**, 1389-1396, 2008.

Krämer, A. Soziale Organisation und Sozialverhalten einer Gamspopulation der Alpen. Zeitschrift für Tierpsychologie **26**, 889-964, 1969.

Krasinska, M.; Krasinski, Z.A. Composition, group size and spatial distribution of European bison bulls in Bialowieza Forest. Acta Theriologica **40**, 1-21, 1995.

Krasinska, M.; Cabon-Raczynska, K.; Krasinski, Z.A. Strategy of habitat utilization by European Bison in the Bialowieza Forest. Acta Theriologica **32**, 147 – 202, 1987.

Krasinska, M.; Krasinski, Z.A.; Bunevich, A. Factors affecting the variability in home range size and distribution in European bison in the Polish and Belarussian parts of the Bialowieza Forest. Acta Theriologica **45**, 321 – 334, 2000.

Krasinski, Z.A. Free-living European bison. Acta Theriologica **12**, 391-405, 1967.

Krasinski, Z.A. Dynamics and structure of the European Bison population in the Bialowieza Primeval Forest. Acta Theriologica **23**, 3-48, 1978.

Krasinski, Z.A.;Raczynski, J. The reproduction biology of European bison living in reserves and in freedom, Acta Theriologica **12**, 407 – 444, 1967.

Kreeger, T.J. The internal wolf: physiology, pathology, and pharmacology. In: Mech, L.D.; Boitani, L. (Herausgeber). Wolves: Behaviour, Ecology and Conservation, 192-217, The University of Chicago Press. Chicago, 2003.

Kreutzkamp, I. The development of breeding populations in Greylag Goose (*Anser anser*), Canada Goose (*Branta canadensis*), and Egyptian Goose (*Alopochen aegyptiacus*) in the Hamburg report area from 1990 to 2002. Hamburger Avifaunistische Beiträge **32**, 153–186, 2003.

Krofel, M.; Giannatos, G.; Cirovic, D.; Stoyanov, S.; Newsome, T. Golden jackal expansion in Europe: A case of mesopredator release triggered by continent-wide wolf persecution? Hystrix **28**, 1-7, 2017

Kröning, E.; Vorreyer, F. Untersuchungen über Vermehrungsraten und Körpergewichte beim weiblichen Wild. Zeitschrift für Jagdwissenschaft **3**, 145-153, 1957.

Kruckenberg, H.; Mooij, J. H. Warum Wissenschaft und Vogelschutz die Gänsejagd in Deutschland ablehnen. Berichte zum Vogelschutz **44**, 107-119, 2007.

Kruckenberg, H.; Kölzsch, A.; Mooij, J.; Bergmann, H.-H. Das große Buch der Gänse. AULA-Verlag, Wiebelsheim 2022.

Kruckenberg, H.; Mooij, J.H.; Südbeck, P.; Heinicke, T. Die Internationale Verantwortung Deutschlands für den Schutz arktischer und nordischer Wildgänse. Teil I: Verbreitung der Arten in Deutschland. Naturschutz und Landschaftsplanung **43**, 334-342, 2011a.

KRUCKENBERG, H.; MOOIJ, J.H.; SÜDBECK, P.; HEINICKE, T. Die Internationale Verantwortung Deutschlands für den Schutz arktischer und nordischer Wildgänse. Teil II: Bewertung, Gefährdung und Schutzmaßnahmen. - Naturschutz und Landschaftsplanung **43**, 371-378, 2011b.

KRÜGER, T.; HERZOG, S. Ökonomische Anreize als Lenkungsinstrument für die Schwarzwildbejagung, dargestellt am Beispiel der Verwaltungsjagd des Freistaates Sachsen. Zeitschrift für Jagdwissenschaft **45**, 196–207, 1999.

KRÜGER, T.; HERZOG, S. Zur Entwicklung des Birkhuhnbestandes (*Tetrao tetrix* Linné) im sächsischen Erzgebirge von 1980 bis 2000. European Journal of Wildlife Research **46**, 1-8, 2000a.

KRÜGER, T; HERZOG, S. Development of the Black Grouse (*Tetrao tetrix*) populations in Sachsen between 1980 and 2000. Cahiers d´Ethologie **20**, 323-332, 2000b.

KRUUK, H. OTTERS: ECOLOGY, BEHAVIOUR AND CONSERVATION. OXFORD UNIVERSITY PRESS, OXFORD 2006

KRYŠTUFEK, B.; TVRTKOVIČ, N. Range expansion by Dalmatian jackal population in the 20th century (*Canis aureus* L., 1758). Folia Zoologica **39**, 291-296, 1990.

KURT, F. Das Reh in der Kulturlandschaft. Ökologie, Sozialverhalten, Jagd und Hege. Franckh-Kosmos Verlags GmbH, Stuttgart 2002.

KUSHLAN, J.A.; HANCOCK, J.A. Herons. Oxford University Press, Oxford 2005.

KUTH, J.; HEWICKER, H.-A. Schwerpunkt: Zucht und Auswilderung. In: HEWICKER, H.-A. (Herausgeber). 100 Jahre Deutscher Falkenorden, 142-161, 2022.

LAGONI-HANSEN, A. Der Waschbär. D. Hoffmann-Verlag, Mainz 1981.

LA MORGIA, V.; BASSANO, B. Feeding habits, forage selection, and diet overlap in Alpine chamis (*Rupicapra rupicapra* L.) and domestic sheep. Ecological Research **24**, 1043-1050, 2009.

LANGGEMACH, T.; BELLEBAUM, J. Prädation und der Schutz bodenbrütender Vogelarten in Deutschland. Die Vogelwelt **126**, 259–298, 2005.

LAPINI, L.; PAOLO, M.; DOLIGO, L.; ARE, G.; BERALSO, P. Reproduction of the Golden jackal (*Canis aureus* Moreoticusi. Geoffroy Saint Hilaire. 1835) in Julian Pre-Alps, with new data on its range expansion in the high-adriatic hinterland (*Mammalia, Carnivora, Canidae*). Bollettinio del Museo Civico di Storia Naturale **10**, 213-228, 2009.

LEBRETON, J.-D. Dynamical and statistical models for exploited populations. Centre d'Ecologie Fonctionnelle et Evolutive. Aust. N. Z. J. Stat. **47**, 49-63, 2005.

LEIX, E. Zur Wiederbegründung einer baumbrütenden Wanderfalkenpopulation. In: HEWICKER, H.-A. (Herausgeber). 100 Jahre Deutscher Falkenorden, 162-175, 2022.

LENGYEL, S.; TAR, J.; RÓZSA, L. Flock size measures of migrating Lesser White-fronted Geese *Anser erythropus*. Acta Zoologica Academiae Scientiarum Hungaricae **58**, 297–303, 2012.

LENSINK, R. De obkomst van exoten in de Nederlandse avifauna: verleden, heden en toekomst. Limosa **3**, 103-130, 1996.

LEVINS, R. Some demographic and genetic consequences of environmental heterogeneity for biological control. Bulletin of the Entomological Society of America **15**, 237-240, 1969.

LIBERG, O.; CHAPRON, G.; WABAKKEN, P.; PEDERSEN, H. C.; HOBBS, N. T.; SAND, H. Shoot, shovel and shut up: cryptic poaching slows restoration of a large carnivore in Europe. Proceedings of the Royal Society B, 2011. doi 10.1098/rspb.2011.1275.

LIESER, M.; BERTHOLD, P.; MANLEY, G.A. Infrasound in the flutter jumps of the capercaillie (*Tetrao urogallus*): apparently a physical by-product. Journal of Ornithology **147**, 507–509, 2006.

LIMBRUNNER, A.; BEZZEL, E.; RICHARZ, K.; SINGER, D. Enzyklopädie der Brutvögel Europas. Franckh-Kosmos, Stuttgart 2013.

LIMIÑANA, R.; SOUTULLO, A.; URIOS, V. Autumn migration of Montagu's harriers *Circus pygargus* tracked by satellite telemetry. Journal of Ornithology **148**, 517-523, 2007.

LINDSTRÖM, E.R.; NDRÉN, H.; ANGELSTAM, P.; CEDERLUND, G.; HÖRNFELDT, B.; JÄDERBERG, L.; LEMNELL, P.-A.; MARTINSSON, B.; SKÖLD, K.; SWENSON, J.E. Disease Reveals the Predator: Sarcoptic Mange, Red Fox Predation, and Prey Populations. Ecology **75**, 1042-1049, 1994.

LINDSTRÖM, J. Tetraonid population studies - state of the art. Annales Zoologici Fennici **31**, 347-364, 1994.

LINNELL, J.; ALLEAU, J. Predators That Kill Humans: Myth, Reality, Context and the Politics of Wolf Attacks on People. In: ANGELICI, F.M. (Herausgeber). Problematic Wildlife. Springer International Publishing, Cham 2016.

LINNELL, J.D.C.; ANDERSEN, R.; ANDERSONE, Z.; BALCIAUSKAS,L.; BLANCO, J.C.; BOITANI, L.; BRAINERD, S.; BREITENMOSER, U.; KOJOLA, I.; LIBERG, O.; LOE, J.; OKARMA, H.; PEDERSEN, H.C.; PROMBERGER, C.; SAND, H., SOLBERG, E.J.; VALDMANN, H.; WABAKKEN, P. The fear of wolves: A review of wolf attacks on humans. –NINA/NIKU report, NINA Norsk institutt for naturforskning, Trondheim, 2002.

LINNELL, J.D.C.; MATTISON, J., ODDEN, J. Extreme home range sizes among Eurasian lynx at the northern edge of their biogeographic range. Ecology and Evolution **11**, 5001-5009, 2021.

LINNELL, J., SALVATORI, V., BOITANI, L. Guidelines for population level management plans for large carnivores in Europe. A Large Carnivore Initiative for Europe report prepared for the European Commission (contract 070501/2005/424162/MAR/B2), 2008.

LISHMAN, W. Vater der Gänse - Dem Geheimnis des Vogelzugs auf der Spur. Droemersche Verlagsanstalt, München 1996.

LO, L.-C.; MÜLLER, P. Kolkraben-„smartest birds in the world". Game Conservancy Nachrichten **9**, 6–17, 1999.

LONNEUX, M.; RUWET J. Evolution des population du Tétras lyre en Europe. Cahiers d'Ethologie **17**, 287-343, 1997.

LORENZ, K. Das Jahr der Graugans. Piper Verlag, München 1982.

LORENZ, K. Hier bin ich-wo bist Du? Ethologie der Graugans. Piper Verlag, München 1988.

LOVARI, S.; FERRETTI, F. The evolutionary biology of chamois: old views, new insights and grey areas. Chamois International Congress, 17.-21. Juni 2014, Majella Nationalpark, Lama del peligni, 2014.

LOVARI, S.; SFORZI, A.; SCALA, C.; FICO, R. Mortality parameters of the wolf in Italy: does the wolf keep himself from the door? University of Siena, Italy. Journal of Zoology **272,** 117-124, 2007. doi10.1111/j.1469-7998.2006.00260.x.

LUDWIG, J. Die Vererbung der Schneckenlänge beim Muffelwidder (Ovis ammon musimon Pallas). Beiträge zur Jagd- und Wildforschung **18**, 161-164, 1993.

LÜPS, P.; WANDELER, A.I. *Meles meles* (Linnaeus, 1758) – Dachs. In: STUBBE, M.; KRAPP, F. (Herausgeber): Handbuch der Säugetiere Europas. Raubsäuger. Teil 2, 856–906, Aula Verlag, Wiesbaden 1993.

LUTZ, W. Untersuchungen zur Nahrungsbiologie des Waschbären Procyon lotor (Linné 1758) und zum möglichen Einfluss auf andere Wildarten in seinem Lebensraum. Dissertation, Ruprecht-Karls-Universität, Heidelberg 1981.

MACDONALD, D.W. On the food preference in the Red Fox. Mammal Review **7**, 7-23, 1977.

MACDONALD, D.W. The Flexible Social System of the Golden Jackal, *Canis aureus*. Behavioral Ecology and Sociobiology **5**, 17-38, 1979.

MACHADO, A.; FERRAND, Y.; GOSSMANN, F.; SILVEIRA, A.; GONCALVES, D. Application of a roding survey method to the sedentary Eurasian Woodcock *Scolopax rusticola* population in Pio Island, Azores. European Journal of Wildlife Research **54**, 205–214, 2008.

MADGE, S.; BURN, H. Wassergeflügel. Verlag Paul Parey, Hamburg & Berlin 1989.

MÄCK, U.; JÜRGENS, M.-E.; BOYE, P.; HAUPT, H. Aaskrähe (*Corvus corone*), Elster (*Pica pica*) und Eichelhäher (*Garrulus glandarius*) in Deutschland. Betrachtungen zu ihrer Rolle im Naturhaushalt sowie zur Notwendigkeit eines Bestandsmanagements. Natur und Landschaft **74**, 485-493, 1999.

MCNAY, M.E. A case history of wolf-human encounters in Alaska and Canada. Alaska Department of Fish and Game-Wildlife Technical Bulletin **13**, 1-44, 2002.

MÄDLOW, W., BOSCHERT, M. Wie steht es um seltene Brutvogelarten in Deutschland. Der Falke **50**, 282 -285, 2003.

MAMMEN, U.; STUBBE, M. Zur Lage der Greifvögel und Eulen in Deutschland 1999–2002. Vogelwelt **126**, 53-65, 2005.

MAO, J.S.; BOYCE, M.S.; SMITH, D.W.; SINGER, F.J.; VALES, D.J.; VORE, J.M.; MERRILL, E.H. Habitat selection by elk before and after wolf reintroduction in Yellowstone National Park. Journal of Wildlife Management **69**, 1691-1707, 2005.

MARCHESI, P.; MERMOD, C.; SALZMANN, H.C. Marder, Iltis, Nerz und Wiesel. Haupt-Verlag, Bern 2011.

MARCHESINI, A.; VERNESI, C.; GANDOLFI, A.; MASSETI, M. No genetic signature of glacial refugia in current European fallow deer (*Dama dama dama* L.; 1758) populations: a comment on Baker et al. (2017). Mammalian Biology **101**, 313-319, 2021

MARTI, C. Das schweizerische Auerhuhn-Schutzprojekt. Naturschutzreport **10**, 47–56, 1995

MARTIN, P.S. Prehistoric overkill: the global model. In: MARTIN, P.S., KLEIN, R.G. (Herausgeber). Quaternary extinctions, 354-403, University of Arizona Press, 1984.

MARX, M.; KORNER-NIEVERGELT, F.; QUILLFELDT, P. Analysis of ring recoveries of European Turtle Doves Streptopelia turtur - flyways, migration timing and origin areas of hunted birds. Acta Ornithologica **51**, 55-70, 2016.

MASSEI, G.; COWAN, D.; COATES, J.; GLADWELL, F.; LANE, J.; MILLER, L. Effect of the GnRH vaccine GonaCon on the fertility, physiology and behaviour of wild boar. Wildlife Research **35**, 540-547, 2008.

MATSCHKE, G. The influence of oak mast on European wild hog reproduction. Proceedings of the Annual Conference of Southeastern Association of Game and Fish Commissioners **18**, 35-39, 1964.

MAYHEW, P.W. The feeding ecology and behaviour of wigeon (*Anas penelope*). Dissertation, University of Glasgow, Glasgow 1985.

MAYR, E. Animal Species and Evolution. Harvard University Press, Cambridge 1963.

MCROBERDS, R.E.; MECH, L.D. Wolf population regulation revisited-again. Journal of Wildlife Managmement **78**, 963-967, 2014.

Mebs, T. Zur Biologie und Populationsdynamik des Mäusebussards- unter besonderer Berücksichtigung der Abhängigkeit vom Massenwechsel der Feldmaus. Journal für Ornithologie **105**, 247-306, 1964.

Mebs, T.; Scherzinger, W. Die Eulen Europas. Franckh-Kosmos Verlag, Stuttgart 2012

Mebs, T.; Schmidt, D. Die Greifvögel Europas, Nordafrikas und Vorderasiens. Franckh-Kosmos Verlags-GmbH, Stuttgart 2006.

Mech, L.D. The Wolf: The Ecology and Behaviour of an Endangered Species. Natural History Press, Garden City, 1970.

Mech, L.D. Managing Minnesota´s recovered wolves. Wildlife Society Bulletin **29**, 70-77, 2001.

Mech, L.D. Where can wolves live and how can we live with them? Biological Conservation **210**, 310-317, 2017.

Mech, L.D.; Barber-Meyer, S.M. Yellowstone wolf (*Canis lupus*) density predicted by elk (*Cervus elaphus*). Canadian Journal of Zoology **93**, 499-502, 2015.

Mech, L.D.; Adams, L.G.; Meier, T.J.; Burch, J.W.; Dale, B.W. The wolves of Denali. University of Minnesota Press, 1998.

Meise, B. Waschbären reiben Brutkolonie des Kormorans (*Phalacrocorax carbo*) auf. Vogelkundliche Hefte **36**, 111, 2010.

Meissner, M,; Reinecke, H.; Herzog, S. Vom Wald ins Offenland: Der Rothirsch auf dem Truppenübungsplatz Grafenwöhr. Verlag Frank Fornaçon, Ahnatal 2012.

Melde, M. Der Mäusebussard. A.Ziemsen-Verlag, Wittenberg Lutherstadt 1971.

Melde, M. Der Waldkauz. A. Ziemsen Verlag, Wittenberg Lutherstadt 1989.

Menoni, E. Ecologie et dynamique des populations du grand tétras dans les Pyrénées, avec des references speciales à la biologie de la réproduction chez les poules – quelques applications à sa conservation. Dissertation, Universität Toulouse, 1991.

Merne, O.J. Herring Gull. In: Hagemeijer, W.J.M.; Blair, M.J. (Herausgeber). The EBCC Atlas of European Breeding Birds – their distribution and abundance, 338-339, T. & A.D. Poyser, London 1997.

Meyburg, B.U. Versuche zur künstlichen Steigerung der Vermehrungsrate des Schreiadlers (*Aquila pomarina*) zu seinem Schutze. Beiträge zur Vogelkunde **17**, 207-227, 1971.

Meynhardt, H. Schwarzwildreport. Ulmer Verlag, Stuttgart 2013.

Mickevius, E. Distribution of Badger (*Meles meles*), Fox (*Vulpes vulpes*) and Raccoon Dog (*Nyctereutes procyonoides*) Burrows in Different Habitats and Soil Types of Lithuania. Acta Zoologica Lituanica **12**, 159-166, 2002.

Mildenberger, H. Siedlungsdichte-Untersuchungen an Greifvögeln. Ornithologische Mitteilungen **20**, 148-150, 1968.

Miller, C. Die Gamsräude in den Alpen. Zeitschrift für Jagdwissenschaft **32**, 42-46, 1986

Miller, C. Europäische Gamsbestände: Gefährlich gefährdet. Wild und Hund Exklusiv **59**, 24-31, 2022.

Miller, C.; Corlatti, L. Das Gamsbuch. Neumann-Neudamm, 2014.

Miller, C.; Kinser, A.; von Münchhausen, H. Die Gams in Europa. Deutsche Wildtier Stiftung, Hamburg 2020.

Millesi, E.; Huber, S.; Dittami, J.P.; Hoffmann, I.E.; Daan, S. Parameters of mating effort and success in male European ground squirrels, *Spermophilus citellus*. Ethology **104**, 298-313, 1998.

MILLESI, E.; HUBER, S.; EVERTS, L.G.; DITTAMI, J.P. Reproductive decisions in female European ground squirrels: Factors affecting reproductive output and maternal investment. Ethology **105**, 163-175, 1999.

MITSCHKE A.; GARTH, S.; MULSOW, R. Langfristige Bestandstrends von häufigen Vögeln in Hamburg. Vogelwelt **121**, 155-164, 2000

MLIKOVSKY, J.; BURIC, K. Die Reiherente. A. Ziemsen Verlag, Wittenberg Lutherstadt 1983.

MÖCKEL, R. Ein Goldschakal (*Canis aureus*) in Südbrandenburg - Erstnachweis für Deutschland. Säugetierkundliche Informationen **4**, 477-481, 2000.

MOOIJ, J.H. Development and management of wintering geese in the Lower Rhine area of North Rhine Westfalia/Germany. Die Vogelwarte **37**, 55-77, 1993.

MORDASS, C. Experimentelle Untersuchung zum Bruterfolg von Bodenbrütern unter Einfluss von territorialen *Corvus corone*. Diplomarbeit, Institut für Biogeographie, Universität des Saarlandes, Saarbrücken, 1994.

MÖRNER, T.; ERIKSSON, H.; BRÖJER,C.,; NILSSON, K.; UHLHORN, H.; ÅGREN, E.;

HÅRDAFSEGERSTAD, C.; JANSSON, D.S.; GAVIER-WIDÉN, D. Diseases and Mortality in free-ranging Brown Bear (*Ursus arctos*), Gray Wolf (*Canis lupus*), and Wolverine (*Gulo gulo*) in Sweden. Journal of Wildlife Diseases, **41**, 298-303, 2005.

MÖCKEL, R. Ein Goldschakal (*Canis aureus*) in Südbrandenburg – Erstnachweis für Deutschland. Säugetierkundliche Informationen **4**, 477-481, 2000.

MOERKENS, D.; BOS, D. Intensive Bekämpfung von Bisam und Nutria in den Niederlanden. Natur in NRW, 17–21, 4/2018.

MOHR, E. Maßnahmen und Arbeiten zur Erhaltung des Wisents. Verhandlungen der Deutschen Zoologischen Gesellschaft e.V., 1. Supplementband, 177-182, 1925.

MOHR, E. Aussterbende Wildarten in Mitteleuropa: Der Wisent. Wild und Hund **51**, 152-155, 1948.

MOHR, E. Der Wisent. Akademische Verlagsgesellschaft Geest&Portig, Leipzig, 1952.

MONECKE, S. Saisonale Rhythmen und ihre Synchronisation beim Europäischen Feldhamster (Cricetus cricetus). Dissertation, Universität Stuttgart, 2003.

MONECKE, S.; WOLLNIK, F.; PÉVET, P. The circannual clock in the European hamster - how is it synchronized by photoperiodic changes? In: NUMATA, H.; HELM, B. (Herausgeber): Annual, lunar and tidal clocks - patterns and mechanisms of nature's enigmatic rhythms. Springer Verlag, Tokyo, Heidelberg, New York, Dordrecht, London, 2014.

MOSS, S. Birds Britannia. HarperCollins Publisher, London 2011.

MOSS, R.; LOCKI, I. Infrasonic components in the song of the capercaillie Tetrao urogallus. Ibis **121**, 95-97, 1979.

MÜLLER, F. Auerhuhn. In: Handbuch der Vögel Mitteleuropas, Band 5. Akademische Verlagsgesellschaft, Frankfurt a. Main, 172-225. 1973

MÜLLER, F. Wildbiologische Informationen für den Jäger- Jagd & Hege Ausbildungsbuch III. St.Gallen 1980.

MÜLLER, F. Wildbiologische Informationen für den Jäger- Jagd & Hege Ausbildungsbuch V. St.Gallen 1982.

MÜLLER, F. Wildbiologische Informationen für den Jäger- Jagd & Hege Ausbildungsbuch VII. St.Gallen 1984.

MÜLLER, F. Wildbiologische Informationen für den Jäger. Jagd & Hege Ausbildungsbuch VIII. Balzers, 1985.

MÜLLER, F. Wildbiologische Informationen für den Jäger. Jagd & Hege Ausbildungsbuch IX. Balzers, 1986.
MÜLLER, P. Frühjahrsjagd hilft der Waldschnepfe. Game Conservancy Nachrichten **1**, 22-27, 1998.
MÜLLER, P. Rabenvögel und Niederwild. Beiträge zur Jagd- und Wildforschung **27**, 263-277, 2002.
MÜLLER, P. Schwarzwild. Verlag Neumann-Neudamm, Melsungen 2009.
MÜNST, A.; WOLTERS, J. Tauben – Die Arten der Wildtauben. Verlag Karin Wolters, Bottrop 1999.
MUSIANI, M.; MUHLY, T.; GATES, C.; CALLAGHAN, C.; SMITH, M.E.; THSONI, E. Seasonality and reoccurrence of depredation and wolf control in western North America. Wildlife Society Bulletin **33**, 876-887, 2005.
NEAL, E.G. The Natural History of Badgers. Croom Helm Ltd., London & Sidney 1986.
NEHRING, S. Warum der gebietsfremde Waschbär naturschutzfachlich eine invasive Art ist – trotz oder gerade wegen aktueller Forschungsergebnisse. Natur und Landschaft **93**, 453-461, 2018.
NERL, W.; MESSNER, L.; SCHWAB, P. Das große Gamsbuch. Hubertus Verlag, Klosterneuburg 1995.
NEUMEIER, R. Das Reh. Hanser Verlag, München 2022.
NEWTON, I. The Sparrowhawk. T. & A.D. Poyser, London 1986.
NIELSEN, S. Mallards. Voyageur Press, Stillwater 1992.
NIETHAMMER, G. (Herausgeber). Handbuch der Vögel Mitteleuropas – Band 2/I – Anseriformes. Akademische Verlagsgesellschaft, Frankfurt am Main 1968
NIETHAMMER, J. *Cricetus cricetus (Linnaeus, 1758) - Hamster (Feldhamster).* In: NIETHAMMER, J.; KRAPP, F. (Herausgeber). *Handbuch der Säugetiere Europas*, Akademische Verlagsgesellschaft, Wiesbaden 1982.
NIEVERGELT, B. Der Alpensteinbock (Capra ibex L.) in seinem Lebensraum. Hamburg 1966.
NITSCHE, K.-A. Biber - Schutz und Probleme. Beaver Research Society. Dessau, 2003.
NOLFO-CLEMENTS, L.E. Seasonal variations in habitat availability, habitat selection, and movement patterns of *Myocastor coypus* on a subtropical freshwater floating marsh. Diss. thesis, Tulane University, New Orleans 2006.
NOWAK, R.M. Walker's mammals of the world. Johns Hopkins University Press, Baltimore 1999.
NYENHUIS, H. Feindbeziehung zwischen Waldschnepfe (*Scolopax rusticola* L.), Raubwild und Wildschwein (*Sus scrofa* L.). Allgemeine Forst- und Jagdzeitung **162**, 174-180, 1995.
NYENHUIS, H. Überlegungen zum Schutz der Waldschnepfe (*Scolopax rusticola* L.) in Habitaten mit großer Rotfuchsdichte (*Vulpes vulpes* L.) in Westdeutschland. Beiträge zur Jagd- und Wildforschung **33**, 239-248, 2007.
OELKE, H. Die Brandgans (*Tadorna tadorna*) im Mausergebiet Großer Knechtsand. Journal für Ornithologie **110**, 170-175, 1969.
OGILVIE, M.; PEARSON, B. Wildfowl Behaviour Guide. Hamlyn, London 1994
OKARMA, H.; HERZOG, S. Handbuch Wolf. Franckh-Kosmos Verlags GmbH, Stuttgart 2019.
OKARMA, H.; HERZOG, S. Handbuch Wolf. Franckh-Kosmos Verlags-GmbH & Co. KG, Stuttgart 2019.
OLECH, W. Analysis of inbreeding in European bison. Acta Theriologica **32**, 337-387, 1987.
OLECH, W.; PERZANOWSKI, K. A genetic background for reintroduction program of the European bison (Bison bonasus) in the Carpathians. Biological Conservation **108**, 221-228, 2002.
OLSEN, K.M.; LARSSON, H. Gulls of Europe, Asia and North America. Christopher Helm, London 2003.

Olsson, V. Breeding success, dispersal, and long-term changes in a population of Eagle Owls *Bubo bubo* in southeastern Sweden. Ornis Svecica **7**, 49-60, 1997.

Onderscheka, K. Zur Ernährung des Muffelwildes. Wild und Hund **82**, 99-100, 1979.

Ortlieb, R. Der Schwarzmilan. Westarp Wissenschaften Verlags-Gesellschaft, Hohenwarsleben 1998.

Ortlieb, R. Die Sperber. Westarp Wissenschaften Verlags-Gesellschaft, Hohenwarsleben, 2006.

Osmolovskaya, W.I.; Priklonskii, S.G. The Middle Russian wolf- its distribution, abundance and interrelations with man. Buylleten Moskovskogo Obshchestva Ispytatelei

Pirody **80**, 117-130, 1975. [russisch mit englischer Zusammenfassung]

Owen, M.; Atkinson-Willes, G.L.; Salmon, D.G. Wildfowl in Great Britain. Cambridge University Press, Cambridge 1986.

Packard, J.; Mech, L.D. Population regulation in wolves. In: Cohen, M.N.; Malpass, R.S.; Klein, H.G. (Herausgeber). Biosocial Mechanisms of Population Regulation, 135-150, Yale University Press, New Haven, 1980.

Pakkla, T.; Pellika, J.; Linden, H. Capercaillie Tetrao urogallus – a good candidate for an umbrella species in taiga forests. Wildlife Biology **9**, 309-316, 2003.

Parry, S.J.; Clark, W.S.; Prakash, V. On the taxonomic status of the Indian Spotted Eagle *Aquila hastata*. Ibis **144**, 665-675, 2002.

Patterson, B.D.; Ramirez-Chaves, H.E.; Vilela, J.F.; Soares, A.E.R.; Grewe, F. On the nomenclature of the American clade of weasels (*Carnivora: Mustelidae*). Journal of Animal Diversity **3**, 1-8, 2021. doi 10.52547/JAD.2021.3.2.1

Pfannenstiel, H.-D. Schwarzwild. Franckh-Kosmos Verlag, Stuttgart 2014.

Pfeiffer, T.; Meyburg, B. GPS tracking of Red Kites (*Milvus milvus*) reveals fledgling number is negatively correlated with home range size. Journal for Ornithology **156**, 963-975, 2015.

Piechocki, R. Elbebiber *Castor fiber albicus* Matschie. In: Stubbe, M. (Herausgeber). Buch der Hege. Band 1: Haarwild, 588-615, VEB Deutscher Landwirtschaftsverlag, Berlin 1989.

Piechocki, R. Der Turmfalke. A. Ziemsen Verlag, Wittenberg Lutherstadt 1991.

Piechocki, R.; März, R. Der Uhu (*Bubo bubo*). Ziemsen Verlag, Wittenberg Lutherstadt 1976.

Piegert, H., Uloth, W. Der Europäische Mufflon. DSV-Verlag, Hamburg 2000.

Pielmann, F. Die Darstellung des Wolfes in ausgewählten deutschen Printmedien zwischen 2000 und 2013. B.Sc. Thesis, Technische Universität Dresden, 2015.

Pieruccini, C. The Cakravāka Birds: History of a Poetic Motif. In: Boccali, G.; Pieruccini, C.; Vacek, J. (Herausgeber). Research in Indian Classical Literature, 85-105, Universitas Carolina, Praha 2001.

Pimlott, D.H. Wolf Predation and Ungulate Population. American Zoologist **7**, 267-278, 1967.

Pilot, M.; Jędrzejewski, W.; Branicki, W.; Sidorovich, V.E.; Jędrzejewska, B, Stachura, K.; Funk, S.M. Ecological factors influence population genetic structure of European grey wolves. Molecular Ecology **15**, 4533-4553, 2006.

Pilot, M.; Branicki, W.; Jędrzejewski, W.; Goszczyński, J.; Jędrzejewska, B.; Dykii, I.; Shkvyrya, M.; Tsingarska, E. Phylogeographic history of grey wolves in Europe. BMC Evolutionary Biology **10**, 104, 2010. doi 10.1186/1471-2148-10-104

Podgorski, T.; Bas, G.; Jędrzejewska, B.; Sonnichsen, S.; Sniezko, W.; Jędrzejewski, W.;

Okarma, H. Spatiotemporal behavioral plasticity of wild boar (Sus scrofa) under contrasting conditions of human pressure: primeval forest and metropolitan areas. Journal of Mammalogy **94**, 109-119, 2013.

Polster, J.-U.; Pfarre, C.; Herzog, S. Möglichkeiten der olfaktorischen und akustischen Vergrämung des Wolfes (*Canis lupus*) an Verlehrswegen: Erste Ergebnisse einer Gehegestudie. Säugetierkundliche Informationen, **9,48,** 281-288, 2014.

Polster, J.-U.; Herzog, S. Studies on deterrent agents for predator and prey species to avoid wildlife collisions along transport routes on the example of Grey wolf (*Canis lupus*) and Red deer (*Cervus elaphus*). Mammalian Biology **79S**, 16, 2014.

Pons, J.-M.; Hassanin, A.; Crochet, P.-A. Phylogenetic relationships within the *Laridae* (*Charadriiformes: Aves*) inferred from mitochondrial markers. Molecular Phylogenetics and Evolution **37**, 686-699, 2005.

Poplin, F. Origine du Mouflon de Corse dans uns nouvelle perspective paléontologique:par marronage. Annales de Génétique et de Sélection Animale **11**, 133-143, 1979.

Posautz, A.; Loncaric, I.; Kübber-Heiss, A.; Knoll, A.; Walzer, C. Acute Die Off of Chamois (*Rupicapra rupicapra*) in the Eastern Austrian Alps due to Bacterial Bronchopneumonia. Journal of Wildlife Diseases **50**, 616-620, 2014.

Potapov, R.; Sale, R. Grouse of the World. New Holland Publishers, London 2013.

Priemel, K. Einleitendes Referat. Berichte der Internationalen Gesellschaft zur Erhaltung des Wisents **1**, 3-10, 1923.

Prior, H.; Schwarz, A.; Güntürkün, O. Mirror-induced behavior in the Magpie (*Pica pica*): evidence of self-recognition. PLOS Biology **6**, e202, 2008. doi 10.1371/journal.pbio.0060202

Promberger, C.; Hofer, D. Ein Managementplan für Wölfe in Brandenburg. Wildbiologische Gesellschaft München, 1994.

Pucek, Z. *Bison bonasus*-Wisent. In: Niethammer, J.; Krapp, F. (Herausgeber). Handbuch der Säugetiere Europas, Band 2/II (Paarhufer). Aula Verlag GmbH, Wiesbaden: 278-315, 1986.

Radler, K. Populationsbiologische Untersuchungen zum Artenschutz beim Uhu (*Bubo bubo*). Göttingen Research Notes in Forest Genetics - Göttinger Forstgenetische Berichte **11**, 1-112, 1991.

Ratcliffe, D.A. The status of the Peregrine in Great Britain. Bird Study **10**, 56-90, 1963.

Ratcliffe, D.A. Decrease in eggshell weight in certain birds of prey. Nature **215**, 208-210, 1967.

Ratcliffe, D.A. The Peregrine Falcon. T.&A.D. Poyser, London 1993.

Rea, R.V. Modifying roadside vegetation management practices to reduce vehicular collision with moose (*Alces alces*). Wildlife Biology **9**, 81-91, 2003.

Rehnus, M. Der Schneehase in den Alpen. Haupt Verlag, Bern 2013.

Reichlin, T.; Klansek, E.; Hackländer, K. Diet selection by hares (*Lepus europaeus*) in arable land and its implications for habitat management. European Journal of Wildlife Management 52, 109-118, 2006.

Reichholf, J.H. Säugetiere. Mosaik-Verlag, München 1983.

Reid, N. European hare (*Lepus europaeus*) invasion ecology: implication for the conservation of the endemic Isish hare (*Lepus timidus hibernicus*). Biological Invasions **13**, 559-569, 2011.

Reimoser, F. Schalenwild und Wintersport. Laufener Seminarbeiträge 6/99, 39-45, 1999.

Reimoser, F. Waldbau, Wildverbiss und Rehwild. Schriftenreihe des Landesjagdverbandes Bayern e.V. **7**, 121-132, 1999a

REIMOSER, F. Das „Waldgamsproblem". Schriftenreihe des Landesjagdverbandes Bayern e.V. **9**, 15-20, 2002

REIMOSER, F.; MAYER, H.; HOLZINGER, A.; ZANDL, J. Einfluß von Sommer- und Wintertourismus auf Waldschäden durch Schalenwild im Angertal (Bad Gastein). Centralblatt für das gesamte Forstwesen **104**, 95-118, 1987.

REINECKE, H.; LEINEN, L.; THISSEN, I.; MEISSNER, M.; HERZOG, S.; SCHÜTZ, S.; KIFFNER, C. Home range size estimates of red deer in Germany: environmental, individual and methodological correlates. European Journal of Wildlife Research **60**, 237-247, 2014. doi 10.1007/s10344-013-0772-1

REINER, G.; KLEIN, C.; LANG, M.; WILLEMS, H. Human-driven genetic differentiation in a managed red deer population. European Journal of Wildlife Research 67, 29, 2021.

REINHARDT, I.; KLUTH, G. Leben mit Wölfen. Leitfaden für den Umgang mit einer konfliktträchtigen Tierart in Deutschland. BfN-Skripten **201**, 1-180, 2007.

REINHARDT, I.; KLUTH, G. Abwanderungs- und Raumnutzungsverhalten von Wölfen *(Canis lupus)* in Deutschland - Ergebnisse einer ersten Telemetriestudie. Natur und Landschaft **91**, 262-271, 2016.

REINHARDT, I.; KACZENSKY, P., FRANK, J.; KNAUER, F.; KLUTH, G. Konzept zum Umgang mit Wölfen, die sich Menschen gegenüber auffällig verhalten. BfN-Skripten **502**, 1-50, 2018.

REMMERT, H. Was geschieht im Klimax-Stadium ? Ökologisches Gleichgewicht durch Mosaik aus desynchronen Zyklen. Naturwissenschaften **72**, 502-512, 1985.

REUTHER, C.; FESTETICS, A. (Herausgeber): Der Fischotter in Europa. Oderhaus & Göttingen 1980.

REVERMANN, R.; SCHMID, H.; ZBINDEN, N., SPAAR, R.; SCHRÖDER, B. Habitat at the mountain tops: how long can Rock Ptarmigan (Lagopus muta helvetica) survive rapid climate change in the Swiss Alps? A multi-scale approach. Journal of Ornithology **153**, 891-905, 2012.

RIECK, W. Die Setzzeit bei Rot-, Reh- und Damwild in Mitteleuropa. Zeitschrift für Jagdwissenschaft **1**, 69-75, 1955.

RIEGERT, J.; DUFEK, A.; FAINOVÁ, D.; MIKEŠ, V.; FUCHS, R. Increased hunting effort buffers against vole scarcity in an urban Kestrel *Falco tinnunculus* population: Capsule in years with low vole abundance birds visited hunting grounds more frequently and for longer. Bird Study **54**, 353-361, 2007.

RISCH, M.; ANDERSEN, L. Selektive Partnerwahl der Aaskrähe (*Corvus corone*) in der Hybridisierungszone von Rabenkrähe (*C.c.corone*) und Nebelkrähe (*C.c.cornix*). Journal für Ornithologie **139**, 173-177, 1998.

ROBILLER, F. Lexikon der Vogelhaltung. Landbuch-Verlag, Hannover 1986.

ROCKENBAUCH, E. Zwölfjährige Untersuchung zur Ökologie des Mäusebussards auf der schwäbischen Alb. Journal für Ornithologie **116**, 39-54, 1975.

RÖDL, T.; RUDOLPH, B.-U.; GEIERSBERGER, I., WEIXLER, K.; GÖRGEN, A. Atlas der Brutvögel in Bayern, Ulmer Verlag 2012.

RÖMHILD, M. Waldschnepfe. In: BEZZEL, E.; GEIERSBERGER, I.; VON LOSSOW, G.; PFEIFER, R. (Herausgeber). Brutvögel in Bayern, 190-191, Verlag Ulmer, Stuttgart 2005.

RÖSLER, G. Die Wildtauben der Erde. Verlag M. & H. Schaper, Alfeld & Hannover 1996.

RUDOLPH, B.-U.; LIEGL, A. Die Leitarten für den Waldnaturschutz? LWF aktuell **30**, 15-20, 2001.

RUENESS, E.K.; ASMYHR, M.G.; SILLERO-ZUBIRI, C.; MACDONALD, D.W.; BEKELE, A.; ATICKEM, A.; STENSETH, N.C. The cryptic African wolf: *Canis aureus lupaster* is not a golden jackal and is not endemic to Egypt. PLoS ONE 6, e16385, 2011. doi 10.1371/journal.pone.0016385

RUGE, K. Die Saatkrähe. Franckh-Kosmos Verlag, Stuttgart 1986.

RUTSCHKE, E. Die Wildenten Europas. Aula-Verlag, Wiesbaden 1988.

RUTSCHKE, E. Wildgänse. Verlag Paul Parey, Berlin 1997.

RYABOV, L.S. Osobennosti razmnozheniya volkov (*Canis lupus* L.) v Centralnom Chernozeme. Ekologiya, 42-48, 6/1988.

SAEMANN, D. Studien an einer Großstadtpopulation der Türkentaube im Süden der DDR. Hercynia **12**, 361-388, 1975.

SALE, R. A Complete Guide to Arctic Wildlife. Christopher Helm Publishers, London 2006.

SAMLAND, B.M. Warum heißt die Marke so? Heute: Uhu. absatzwirtschaft, 4.11.2020. https://www.absatzwirtschaft.de/warum-heisst-die-marke-so-heute-uhu-226641/
Zuletzt aufgerufen: 18. März 2020.

SCHÄFER, E. Hegen und Ansprechen von Rehwild. BLV Verlagsgesellschaft, München 1974.

SCHÄFFER, N. Habitatwahl und Partnerschaftssystem von Tüpfelralle *Porzana porzana* und Wachtelkönig *Crex crex*. Dissertation, Julius-Maximilians-Universität Würzburg 1997.

SCHAI-BRAUN, S.C.; HACKLÄNDER, K. Family *Leporidae* (Hares and Rabbits) In: WILSON, D.E.; LACHER, T.E. Jr.,; MITTERMEIER, R.A. (Herausgeber): Handbook of the Mammals of the World: Lagomorphs and Rodents 1, 141–142, Lynx Edicions, Barcelona 2016.

SCHALLER, G. B. The Deer and the Tiger. University of Chicago Press, Chicago, Illinois, 1967.

SCHALLER, G. B. The Serengeti Lion. University of Chicago Press, Chicago, Illinois, 1972.

SCHAUM, S. Freilandbeobachtungen an Corviden im nördlichen Saarland. Diplomarbeit, Institut für Biogeographie, Universität des Saarlandes, Saarbrücken, 1997.

SCHELLER, W. Schreiadler - *Aquila pomarina*. In: EICHSTÄDT, W.; SCHELLER, W.; SELLIN, D.; STARKE, W.; STEGEMANN, K.D. (Herausgeber). Atlas der Brutvögel in Mecklenburg-Vorpommern. 126-127, Verlag Steffen, Friedland, 2006.

SCHIMKAT, J. Sind die Bestände der ostziehenden Weißstörche *Ciconia ciconia* stabil? Actitis **39**, 73-107, 2004.

SCHIMMELPFENNIG, R. Untersuchungen zu Habitatstruktur und -nutzung beim Mäusebussard (*Buteo buteo*). Diplomarbeit. Humboldt-Universität, Berlin 1995.

SCHMIDT, M.; SCHMIDT, R. Langjährig erfolgreiches Mischbrutpaar von Schwarz- (*Milvus migrans*) und Rotmilan (*Milvus milvus*) in Schleswig-Holstein. Corax **20**, 165-178, 2006.

SCHMIDT, D.; WAHL, R. Horst- und Partnertreue beringter Fischadler *Pandion haliaetus* in Ostdeutschland und Zentralfrankreich. Vogelwelt **122**, 129-140, 2001.

SCHMITT, B. Das Mauswiesel in der Kulturlandschaft. Laurenti-Verlag, Bielefeld 2006.

SCHMITZ, O.J.; NUDDS, T.D. Parasite-Mediated Competition in Deer and Moose: How Strong is the Effect of Meningeal Worm on Moose? Ecological Applications **4**, 91-103, 1994.

SCHNAITL, M.; STÜRZER, S. Rotfuchs (*Vulpes vulpes*) und Dachs (*Meles meles*) im Nationalpark Bayerischer Wald. Raumnutzungsverhalten und Habitatwahl in einem geschlossenen Waldgebiet. Nationalpark Bayerischer Wald **18**, 104-105, 2009.

SCHNEEWEISS, N.; BREU, H. Conservation activities for the European pond turtle (*Emys orbicularis*) in Germany. Herpetology Notes **6**, 113–115, 2013.

SCHNEIDER, E. Der Feldhase, BLV-Verlagsgesellschaft, München 1978.

SCHNEIDER, W.; ECK, S. Schleiereulen. Westarp Wissenschaften Verlags-Gesellschaft, Magdeburg 1977.

SCHNIEDRIG, R.; MARBACHER, H.; ZELLER, R., INGOLD, P. Zum Einfluß von Wanderern und Gleitschirmen auf das Verhalten von Gemsen und Steinböcken. Seevögel-Zeitschrift Verein Jordsand **12**, 105-107, 1991.

SCHNIEDRIG, R. Die pragmatische Schutzstrategie der Schweiz im Umgang mit dem Wolf- ein aktueller Überblick. Schriftenreihe des Landesjagdverbandes Bayern **23**, 69-70, 2017.

SCHÖNN, S. Der Sperlingskauz. Westarp Wissenschaften, Magdeburg 1980.

SCHÖNN, S.; SCHERZINGER, W.; EXO, K.-M.; ILLE, R. Der Steinkauz. A. Ziemsen Verlag, Wittenberg Lutherstadt 1991.

SCHÖPS, P.; GRÜNER, H.; HÄSE, K.; SCHMIDT, F. Fellwerk vom Sumpfbiber (Nutria). Das Pelzgewerbe **9**, 202-206, 1958.

SCHROERS, J.O. Kosten von Herdenschutzmaßnahmen in der Schafhaltung. Kuratorium für Technik und Bauwesen in der Landwirtschaft e.V., Darmstadt 2018.

SCHRÖDER, W. Gams und Gebirgswald Vorschläge zur Jagd auf Gams in den Ammergauer Bergen. Forstwissenschaftliches Centralblatt **101**, 80-92, 1982.

SCHRÖPFER, R. Hat die Wildkatze eine Chance? Die Stellung der Wildkatze *Felis silvestris silvestris* in der Kleinraubtiergilde Mitteleuropas. Säugetierkundliche Informationen **8,45**, 337-446, 2012.

SCHWAB, T.; FISCHER, S.; ARNDT, E. Der Waschbär Procyon lotor als Prädator des Trauerschnäppers Ficedula hypoleuca in einem Nistkastenrevier in Sachsen-Anhalt. Vogelwelt **138**, 177-184, 2018.

SCHWENK, S. Historische Aspekte zum Rehwild. Schriftenreihe des Landesjagdverbandes Bayern e.V. **7**, 189–196, 1999.

SCHULZE, G. Die Schweinswale: Familie *Phocoenidae*.Westarp-Wissenschaften Verlags-Gesellschaft, Magdeburg 1996.

SCHUSTER, S.; SCHILHANSL, K.; PEINTINGER, M. Langfristige Dynamik der Winterbestände von Mäusebussard *Buteo buteo* und Turmfalke *Falco tinnunculus* im Bodenseegebiet und Donaumoos. Vogelwelt **123**, 117-124, 2002.

SCORNAVACCA, D; COTZA, A., LOVARI, S., FERRETTI, F. Suckling behavior and allonursing in the Apennine chamois. Ethology, Ecology & Evolution **30**, 385-398, 2018.
doi 10.1080/03949370.2017.1423115

SEGAL, A.N. Thermoregulation in *Myocastor coypus* in summer. Zoologicheskii Zhurnal **57**, 1878-1883, 1978.

SEGELBACHER, G.; HÖGLUND, J.; STORCH, I. From connectivity to isolation: genetic consequences of population fragmentation in capercaillie across Europe. Molecular Ecology **12**, 1773-1780, 2003

SEGELBACHER, G.; WEGGE, P.; SIVKOV, A.; HÖGLUND, J. Kin groups in closely spaced capercaillie leks. Journal of Ornithology **148**, 79-84, 2007.

SELF, A. The Birds of London. Bloomsbury Publishing, London 2014.

SHEPHARD, T.V.; LEA, S.E.G.; HEMPEL DE IBARRA, N. „The thieving magpie'? No evidence for attraction to shiny objects. Animal Cognition 18, 393-397, 2015.

SIANO, R.; BAIRLEIN, F.; EXO, K.-M.; HERZOG, S. A. Überlebensdauer, Todesursachen und Raumnutzung gezüchteter Auerhühner (Tetrao urogallus L.). Vogelwarte **44**, 145-158, 2006.

SIANO, R., HERZOG, S. A.; EXO, K.-M.; BAIRLEIN, F.. Nahrungswahl ausgewilderter Auerhühner (*Tetrao urogallus* L.) im Harz. Vogelwarte **49**, 137-148, 2011.

SIDOROVICH, V.E.; TIKHOMIROVA, L.L.; JĘDRZEJEWSKA, B. Wolf *Canis lupus* numbers, diet and damage to livestock in relation to hunting and ungulate abundance in northeastern Belarus during 1990-2000. Wildlife Biology **9**, 103-111, 2003.

SIEBER, J. Wieviele Biber (*Castor fiber* L.) sind zuviel? Denisia **9**, 3-11, 2003.

SIMMONS, R.E. Harriers of the World. Oxford University Press, Oxford 2000.

SLATIS, H. M. An analysis of inbreeding in the European bison. Genetics **45**, 275-287, 1960.

SODEIKAT, G. Birkhuhnschutz mit Hilfe des Zielartenkonzepts und durch zusätzliche Auswilderung von Birkhühnern. Naturschutzreport **10**, 217–225, 1995.

SÖMMER, P. Die Ernährung des Berliner Wanderfalkenbrutpaares. Pica **16**, 120-128, 1989.

SÖMMER, P.; HAENSEL, J. Fledermäuse als Beute von Taggreifvögeln – überraschend neue Befunde besonders für die beiden schnellsten deutschen Falkenarten. Nyctalus **9**, 61-78, 2003.

SÖMMER, P.; KIRMSE W. Einfluss von Prägung und Partnerbindung bei der Erstbrut baumbrütender Wanderfalken *Falco peregrinus*. Vogelwelt **134**, 137-141, 2013.

SOULSBURY, C.D.; BAKER, P.J., IOSSA, G.; HARRIS, S. Red Foxes (*Vulpes vulpes*). In: STANLEY D.; GEHRT, S.P.D.; RILEY, B.L.C. (Herausgeber): Urban Carnivores. Ecology, Conflict, and Conservation. Hopkins University Press, Baltimore 2010.

SPASSOW, N. The position of jackals in the *Canis* genus and life-history of the Golden jackal (*Canis aureus* L.) in Bulgaria and on the Balkans. Historia Naturalis Bulgarica **1**, 44-56, 1989.

SPASSOW, N.; ACOSTA-PANKOV, I. Dispersal history of the golden jackal (*Canis aureus moreoticus* Geoffroy 1835) in Europe and possible causes of its recent population explosion. Biodiversity Data Journal **7**, 1-22, 2019.

SPARKMAN, A.M., WAITS, L.P. &MURRAY, D.L. (2011): Social and Demographic Effects of Anthropogenic Mortality: A Test of the Compensatory Mortality: Hypothesis in the Red Wolf. PLoS ONE **6**, 2011. e20868. doi10.1371/journal.pone.0020868

STAHEL, J. (1983): Tourismus, Wald und Wild: Die Pulverschneefahrer und was sie heraufbeschwören. Forstarchiv **54**, 207-213, 1983.

STEFEN, C. 2011. The European wild cat Felis silvestris- a brief review of status and research in Germany. In: CONARD, N.J.; HASSMANN, H.; HILLGRUBER, K.F.; SERANGELI, J.; TERBERGER, T. (Herausgeber). The Homotherium Finds from Schöningen 13II-4. Man and Big Cats of the Ice Age, 151-164, 2011.

STEFEN, C.; GOERNER, M. Die Wildkatze (*Felis silvestris* Schreber 1777) in Deutschland und Mitteleuropa – zum Stand der Forschung und Konsequenzen für den Schutz. Säugetierkundliche Informationen **7,38**, 3-216, 2009.

STEIN, J. Die qualitative Beurteilung westdeutscher Auerhuhnbiotope unter besonderer Berücksichtigung der Grenzlinienwirkung. Allgemeine Forst Zeitschrift **29**, 837-839, 1974.

STEMMER, B. Bisam und Nutria als Gefahr für Großmuschelbestände. Natur in NRW, 24–28, 4/2017.

STOCK, B.; HAAG-WACKERNAGEL, D. Food Shortage affects reproduction of Feral Pigeons. *Columba livia* at rearing of nestlings. Ibis **158**, 776-783, 2016

STORCH, I. Capercaillie. The Journal of birds of the Western Palaearctic. Oxford University Press, Oxford, 2001

STORCH, I.; SEGELBACHER, G. Genetic correlates of spatial population structure in central European capercaillie Tetrao urogallus and black grouse *T. tetrix*: a project in progress. Wildlife Biology **6**, 305-310, 2000.

STRESEMANN, E. Weiteres Vordringen der Türkentaube. Journal für Ornithologie **93**, 26–31, 1951.

STUBBE, C. Rehwild: Biologie, Ökologie, Hege und Jagd. 5., neu bearbeitete Auflage. Franckh-Kosmos Verlag GmbH, Stuttgart 2008.

STUBBE, M. Baum- und Steinmarder. In: STUBBE, H. (Herausgeber). Buch der Hege. Band 1: Haarwild, 250-273, VEB Deutscher Landwirtschaftsverlag, Berlin 1973.

STUBBE, W.; STUBBE, M. Vergleichende Beiträge zur Reproduktion und Geburtsbiologie von Wild- und Hausschwein (*Sus scrofa*) L. Beiträge zur Jagd- und Wildforschung **10**, 153–179, 1977.

SUNQUIST, M.; SUNQUIST, F. Wild Cats of the World. The University of Chicago Press, Chicago 2002.

SUROV, A.; BANASZEK, A.; BOGOMOLOV, P.; FEOKTISTOVA, N.; MONECKE, S. Dramatic global decrease in the range and reproduction rate of the European hamster Cricetus cricetus. In: Endangered Species Research **31**, 119–145, 2016.

SUTOR, A.; REINWALD, T. (Herausgeber). DJV-Empfehlungen zur guten fachlichen Praxis bei der Jagd auf Rabenvögel. Deutscher Jagdverband, Berlin 2021.

SUTOR, A.; KAUHALA, K., ANSORGE, H. Diet of the raccoon dog *Nyctereutes procyonoides*-a canid with an opportunistic foraging strategy. Acta Theriologica **55**, 165-176, 2010.

SZABÓ, L.; HELTAI, M.; LANSZKI, J. Factors that influence the Golden jackal´s (*Canis aureus* Linnaeus, 1758) spreading in Hungary. Mammalian Biology **73**, 41, 2008.

SZTOLCMAN, J. Materiaux pour l'histoire naturelle et pour l'historique du Bison d'Europe (*Bison bonasus* Linn.). Annales Musei Zoologici Polonici **2**, 1924, 49-136, 1924.

TACKMANN, K.; GORETZKI, J.; SUTOR, A.; SCHWARZ, S.; CONRATHS, F.J. Der Marderhund (*Nyctereutes procyonoides*) als neuer Endwirt für *Echinococcus multilocularis* in Ostdeutschland – erste Ergebnisse einer Studie in Brandenburg. Beiträge zur Jagd- und Wildforschung **30**, 323-330, 2005.

TAPPER, S.; POTTS, G.; BROCKLESS, M. The effect on an experimental reduction in predation pressure on the breeding success and population density of the grey partridges *Perdix perdix*. Journal of Applied Ecology **33**, 965-978, 1996.

TEDFORD, R.H.; WANG, X.; TAYLOR, B.E. Phylogenetic systematics of the North American fossil *Caninae* (*Carnivora*: *Canidae*). Bulletin of the American Museum of Natural History **325**, 1-218, 2009.

TEN BULTE, S. Entwicklung von Leitlinien zur Wiederansiedlung und Bestandesstützung von Raufußhühnern in Mitteleuropa. Masterarbeit, Technische Universität München, 2014.

THIEDE, W. Greifvögel und Eulen. BLV Buchverlag, München 2005.

THIEL, R.P.; MERRILL, S.; MECH, L.D. Tolerance by Denning Wolves, *Canis lupus*, to Human Disturbance. Canadian Field-Naturalist **122**, 340-342, 1998.

THORINGTON, R.W. Jr.; KOPROWSKI, J.L.; STEELE, M.A. Squirrels of the World. Johns Hopkins University Press, Baltimore 2012.

TIEDE, T.; HERZOG, S. Using zoochorous dispersal within the scope of converting pine and spruce stands into mixed forests. Forstwissenschaftliche Beiträge Tharandt – Contributions to Forest Sciences **20**, 2004, 144-152.

TIEDE, T.; AUSTERMÜHLE, S.; HERZOG, S. Auswahl- und Fraßverhalten des Eichelhähers – Ökologische Konsequenzen für die Verbreitung von Laubbaumarten. Verhandlungen der Gesellschaft für Ökologie **32**, 215, 2002.

TILLMANN, J.E. Der Goldschakal in Deutschland. Naturschutz und Landschaftsplanung **52**, 426-434, 2020.

TINBERGEN, N. A Herring Gull's World – The Study of the Social Behaviour of Birds. Collins Publishers, London 1953.

TINBERGEN, N. Curious Naturalists. Country Life, London 1958.

TOIGO, C.; SERVANTI, J.; GAILLARD, J.; BRANDT, S.; BAUBET, E. Disentangling natural from hunting mortality in intensively hunted wild boar population. Journal of Wildlife Management **72**, 1532-1539, 2008.

TOLKMITT, D.; BECKER, D.; HELLMANN, M.; GÜNTHER, E.; WEIHE, F.; ZANG, H.; NICOLAI, B. Einfluss des Waschbären *Procyon lotor* auf die Siedlungsdichte und Bruterfolg von Vogelarten - Fallbeispiele aus dem harz und seinem nördlichen Vorland. Ornithologische Jahresberichte des Museum Heineanum **30**, 17-46, 2012.

TORDOFF, H.B.; REDIG, P.T. Midwest Peregrine Falcon demography, 1982–1995. Journal of Raptor Research **31**, 339-346, 1997.

TORRES, R.T.; SILVA, N.; BROTAS, G.; FONSECA, C. To Eat or Not To Eat? The Diet of the Endangered Iberian Wolf (*Canis lupus signatus*) in a Human-Dominated Landscape in Central Portugal. PloS One **10**, 2015. doi 10.1371/journal.pone.0129379

TREVES, A. Hunting for large carnivore conservation. Journal of Applied Ecology **46**, 1350-1356, 2009.

TRIERWEILER, C.; KOKS, B.J.; DRENT, R.H.; EXO, K.M.; KOMDEUR, J.; DIJKSTRA, C.; BAIRLEIN, F. Satellite tracking of two Montagu's Harriers (*Circus pygargus*): dual pathways during autumn migration. Journal of Ornithology **148**, 513-516, 2007.

TROTT ZU SOLZ, W. Vergleichend anatomische Untersuchungen des Darmes von Rotwild (*Cervus elaphus*, Linné, 1758), Damwild (*Cervus dama*, Linné, 1758) und Muffelwild (*Ovis ammon musimon*, Pallas, 1811) und der assoziierten Strukturen. Schriften des Arbeitskreises für Wildbiologie und Jagdwissenschaft der Justus-Liebig-Universität Gießen **11**, 1-139, 1983.

TÜRCKE, F. Erhaltung und Zucht der Wisente in Deutschland. Deutsche Tierärztliche Wochenschrift **87**, 416-419, 1980.

TÜRCKE, F.; TOMICZEK, H. Das Muffelwild. Verlag Paul Parey, Hamburg & Berlin 1982.

UECKERMANN, E. Das Sikawild. Vorkommen, Naturgeschichte und Bejagung. Verlag Paul Parey, Hamburg und Berlin 1992.

UERPMANN, H.-P. The ancient distribution of ungulate mammals in the Middle East. Beihefte zum Tübinger Atlas des Vorderen Orients. Reihe A (Naturwissenschaften) **27**, 1-173, 1987.

UNGER, C.; KLAUS, S. Schutz und Nutzung der Rauhfußhühner in Europa. Beiträge zur Jagd- und Wildforschung **30**, 131-140, 2005.

USPENSKI, S.M. Die Wildgänse Nordeurasiens. Westarp Wissenschaften-Verlags-Gesellschaft, Hohenwarsleben 2003.

VALDMANN, H.; ANDERSONE-LILLEY,Z.; KOPPA, O.; OZOLINS, J.; BAGRADE, G. Winter diets of wolf *Canis lupus* and lynx *Lynx lynx* in Estonia and Latvia. ActaTheriologica **50**, 521-527, 2005.

VAN LAWICK, H.; VAN LAWICK-GOODALL, J. The innocent killers. Collins, London 1970.

VAN NIEUWENHUYSE, D.; GÉNOT, J.-C.; JOHNSON, D.H. The Little Owl - Conservation, Ecology and Behavior of *Athene noctua*. Cambridge University Press, Cambridge 2008.

VERSECK, K. Der tote Bär und das zerstrittene Land. 2021. https://www.dw.com/de/jagd-in-rum%C3%A4nien-der-tote-b%C3%A4r-und-das-zerstrittene-land/a-58721248. Zuletzt aufgerufen 18. Juli 2023.

VIDAL, A. Die Graugans in Ostbayern. Avifaunististischer Informationsdienst Bayern **4**, 96-102, 1997.

VOLMER, K.; DÖLL, G.; HERZOG, A. Bestimmung verschiedener Elemente im Klauenhorn von Mufflons (*Ovis ammon musimon*, SCHREBER, 1782) mit gesunden und ausgewachsenen Klauen. Zeitschrift für Jagdwissenschaft **31**, 140-146, 1985.

VON BRAUNSCHWEIG, A. Schalenauswachsen beim Muffelwild. Wild und Hund **83**, 438, 1980.

VON HOLST, D.; HUTZELMEYER, H.; KAETZKE, P.,; KHASCHEI, M.; RÖDEL, H.G.; SCHRUTKA, H. Social rank, fecundity and lifetime reproductive success in wild European rabbits (*Oryctolagus cuniculus*). Behavioral Ecology and Socieobiology 51, 245-254, 2002.

VON LOSSOW, G.; FÜNFSTÜCK, H.-J. Bestand der Brutvögel Bayerns 1999. Ornithologischer Anzeiger **42**, 57-70, 2005.

VON RAESFELD, F., REULECKE, K. Das Rotwild. Verlag Paul Parey, Hamburg & Berlin 1988.

VON RAESFELD, F.; NEUHAUS, A.H.; SCHAICH, K. Das Rehwild. Franckh-Kosmos Verlag GmbH, Stuttgart 2003.

VON SCHANTZ, T. Female Cooperation, Male Competition, and Dispersal in the Red Fox *Vulpes vulpes*. Oikos **37**, 63-68, 1981.

VON SCHANTZ, T. “Non-breeders” in the red fox Vulpes vulpes: a case of resource surplus. Oikos **42**, 59-65, 1984.

VOS, J. Food habits and livestock depredation of two Iberian wolf packs (*Canis lupus signatus*) in the north of Portugal. Journal of Zoology **251**, 457-462, 2000.

WAGNER, C.; HOLZAPFEL, M.; KLUTH, G.; REINHARDT, I.; ANSORGE, H. Wolf (*Canis lupus*) Feeding habits during the first eight years of its occurence in Germany. Mammalian Biology **77**, 196-203, 2012.

WALZ, J. Rot- und Schwarzmilan. AULA-Verlag, Wiebelsheim 2005.

WANDREY, R. Die Wale und Robben der Welt: Vorkommen, Gefährdung, Schutz. Franckh-Kosmos Verlags GmbH, Stuttgart 1997.

WATSON, J. The Golden Eagle. T. & A. D. Poyser, London, 1997.

WEGGE, P.; KATDALEN, L. Pattern and causes of natural mortality of capercaillie, Tetrao urogallus, chicks in a fragmented boreal forest. Annales Zoologici Fennici **44**, 141-151, 2007

WEGGE, P.; KASTDALEN, L. Habitat and diet of young grouse broods: resource partitioning between Capercaillie (*Tetrao urogallus*) and Black Grouse (*Tetrao tetrix*) in boreal forests. Journal of Ornithology **149**, 237-244, 2008.

WEILER, G.J.; GARNER, G.W.; RITTER, D.G. Occurence of rabies in a wolf population in northeastern Alaska. Journal of Wildlife Diseases **31**, 79-82, 1995.

WEINBERGER, I.; BAUMGARTNER, H. DER FISCHOTTER: EIN HEIMLICHER JÄGER KEHRT ZURÜCK. HAUPT VERLAG, BERN 2018.

WEMBER, V. Die Namen der Vögel Europas – Bedeutung der deutschen und wissenschaftlichen Namen, Aula-Verlag, Wiebelsheim 2017.

WIEGLUS, R.B.; PEEBLES, K.A. Effects of wolf mortality on livestock depredations. PloS ONE **9**: e113505.

WILSON, D.E.; REEDER, D.M. Mammal Species of the World. Johns Hopkins University Press, Baltimore 2005.

Wink, M.; Sauer-Gürth, H.; Witt, H.-H. Phylogenetic differentiation of the Osprey (*Pandion haliaetus*) inferred from nucleotide sequences of the mitochondrial cytochrome b gene. In: Chancellor, R.D.; Meyburg, B.-U. (Herausgeber): Raptors Worldwide, 511–516, World Working Group on Birds of Prey and Owls & MME/BirdLife Hungary, Berlin & Budapest 2004.

Witt, K. On the abundance of magpie *Pica pica* during breeding and winter season in Berlin. Acta Ornithologica **32**, 1121–1126, 1997.

Wolfe, A.; Whelan, J.; Hayden, T. The diet of the mountain hare (*Lepus timidus hibernicus*) on coastal grassland. Journal of Zoology **240**, 804-810, 1996.

Wollnik, F.; Schmidt, B. Seasonal and daily rhythms of body temperature in the European hamster (*Cricetus cricetus*) under semi-natural conditions. Journal of Comparative Physiology B **165**, 171-182, 1995.

Woloch, A.; Rozenko, N. Die Akklimatisation des Marderhundes (*Nyctereutes procyonoides* Gray, 1834) in der Südukraine. Beiträge zur Jagd- und Wildforschung **32**, 409-422, 2007.

Wroblewski, K. Der Wisent in der Bialowies-Heide. Berichte der Internationalen Gesellschaft zur Erhaltung des Wisents **1**, 75-84, 1925.

Würfels, M. Siedlungsdichte und Beziehungsgefüge von Elster, Rabenkrähe und Habicht 1992 im Stadtgebiet von Köln. Charadrius **30**, 94-103, 1994.

Wyman, J. The jackals of the Serengeti. Animals **10**, 79–83, 1967.

Zachos, F.; Slimen, H.; Hackländer, K.; Giacometti, M.; Suchentrunk, F. Regional genetic in situ differentiation despite pylogenetic heterogeneity in Alpine mountain hares. Journal of Zoology **240**, 804-810, 2010.

Zechner, L.; Steineck, T.; Tataruch, F. Bleivergiftung bei einem Steinadler (*Aquila chrysaetos*) in der Steiermark. Egretta **47**, 157-158, 2005.

Zeiler, H. Birkwild, Haselhuhn, Schneehuhn. Österreichischer Jagd- und Fischereiverlag, Wien 2008.

Zeitler, A.; Glänzer, U. Skiing and Grouse in the Bavarian Alps. Grouse News **15**, 8–12, 1998.

Zentner, F. Das Wisentreservat Damerower Werder (Mecklenburg). Natur- und Kulturlandschaft **3**, 208-209, 1999.

Zeveloff, S.I. Raccoons: A Natural History. Smithsonian Books, Washington D. C. 2002.

Zhang, W.; Fan, Z.; Han, E.; Hou, R.; Zhang, L.; Galaverni, M.; Huang, J.; Liu, H.; Silva, P.; Li, P.; Pollinger, J.P.; Du, L.; Zhang, X.Y.; Yue, B.; Wayne, R.K.; Zhang, Z. Hypoxia Adaptations in the Grey Wolf (*Canis lupus chanco*) from Qinghai-Tibet Plateau. PLoS Genetics **10**, e1004466. doi:10.1371/journal.pgen.1004466

Zimen, E. The Wolf: His Place in the Natural World. Souvenir Press, London 1981.

Zimen, E. Der Wolf: Verhalten, Ökologie und Mythos. München 1990.

Zimen, E.; Boitani, L. Number and distribution of the wolf in Italy. Zeitschrift für Säugetierkunde **40**, 102-112, 1974.

Zimmermann, H. *Moorente Aytha nyroca*. Beiträge zur Avifauna Mecklenburg-Vorpommerns, 15–22, März 2019.

Zober, M.; Blochinger, B.; Lups, P. Bewirtschaftung des Steinwildes *Capra i. ibex* im Berner Oberland (Schweiz): Erfahrungen aus den ersten 20 Jahren (1980–1999). Beiträge zur Jagd- und Wildforschung **26**, 33-42, 2001

Zurth, E. Tauben. Schürmann & Klagges, Bochum, 1949

Bildnachweis

Angegeben sind die Seitenzahlen.

Adobe Stock: 9: Budimir Jevtic; 10: WildMedia; 17: WildMedia; 29: Pim Leijen; 35: WildMedia; 51: kubik-active; 79: Tatiana; 85: Erni; 90: Chris; 100: vchphoto; 108: Andreas; 112: VOLODYMYR KUCHERENKO; 121: Ali Tellioglu; 125: kamilpetran; 130: Matthieu; 148: michal; 157: Karl; 162: JAKLZDENEK; 181: REDAV; 187: Lioneska; 196: Dusan; 202: Cloudtail; 208: Adrian; 212: Erni; 216: Jurra8; 220: Fabrizio Moglia; 225: bennytrapp; 229: STUEDAL; 235: prochym; 243: Ronald Wittek/imageBROKER; 244: Erni; 249: Karlos Lomsky; 253: Barry; 256: YaD; 260: Harold Stiver; 263: tomo; 266: Piotr Krzeslak; 270: chris2766; 273: Penny; 277: Aggi Schmid; 281: DiFu; 286: AGAMI; 289: creativenature.nl; 293: JossK; 296: Sandra Standbridge; 299: Jim Cumming; 303: flafabri; 307: LIMARIO; 308: David; 312: VOLODYMYR KUCHERENKO; 316: Kirk Hewlett; 320: Gerhard; 324: Yakov; 328: Harold Stiver; 332: Ian; 336: haseg77; 339: PIOTR; 344: dennisjacobsen; 347: Normunds; 350: fredrik505; 353: Susan Hodgson; 357: ondrejprosicky; 360: Harald Schindler; 364: Tatyana; 368: giedriius; 372: ondrejprosicky; 377: Johannes Jensås; 383: Wachiraporn; 388: Victor Tyakht; 392: Dietmar; 397: Nathalie; 400: el15da; 402: Mehmet; 406: drakuliren; 409: francescodemarco; 414: Marcin Perkowski; 418: Karlos Lomsky; 423: Ching; 427: Björn Reibert/Wirestock Creators; 431: Langer; 434: Al Carrera; 439: Grzegorz; 443: J.C.Salvadores; 451: Rosemarie Kappler; 455: J.C.Salvadores; 459: Piotr Krzeslak; 463: Stephan Goldmann; 468: J.C.Salvadores; 472: STUEDAL; 477: Gert Hilbink; 481: Marcin Perkowski; 484: Michael Jackson/Wirestock Creators; 489: AGAMI; 492: Chris Hill; 495: Raúl Esparza; 499: creativenature.nl; 504: Marcin Perkowski; 509: YaD; 513: Lothar Lenz; 514: Victor; 520: JAG IMAGES; 530: markmedcalf; 534: ptashkan; 538: Anders93; 542: creativenature.nl; 545: Grzegorz; 549: LapTak; 554: Creaturart; 558: Lothar Lenz; 561: Milan; 565: alan1951; 568: emranashraf; 573: Erni; 577: YaD; 581: Erni; 586: STUEDAL; 590: Marek R. Swadzba; 595: Paul; 599: roberto; 604: Milan

Wikimedia Commons: 14: Leonhard Lenz (CC BY-SA 4.0); 16 unten: Robert Vayssié (CC BY-SA 3.0); 19 oben links: Habib M'henni (CC BY-SA 4.0); 19 oben rechts: sylvia duckworth (CC BY-SA 2.0); 19 unten links: Lilly M (CC BY-SA 3.0); 44: Veronika Ronkos (CC BY-SA 3.0); 58: A.Savin; 66: Giles Laurent (CC BY-SA 4.0); 71: Fulvio Spada (CC BY-SA 2.0); 88: Richard Webb (CC BY-SA 2.0): 89 unten: FieldsportsChannel TV (CC BY 2.0); 95: Bernard Landgraf (CC BY-SA 4.0); 102 oben: Jerzy Strzelecki (CC BY-SA 3.0); 102 unten: Simon Mannweiler (CC BY-SA 4.0); 116: SgH Vienna (CC BY-SA 4.0); 118: Stephan Sprinz (CC BY 4.0); 120 oben: P.gynt (CC BY-SA 3.0); 129: Burkhard Mücke (CC BY 4.0); 142: Jan Ebr (CC BY 4.0); 161: Martin E. Walder (CC BY-SA 3.0); 168: Schorle (CC BY-SA 3.0); 173: FDRMRZUSA (CC BY-SA 4.0); 174: Charles J. Sharp (CC BY-SA 4.0); 191: Green Yoshi (CC BY-SA 3.0); 198: Klaus Rassinger und Gerhard Cammerer (CC BY-SA 3.0); 221: soumyajit nandy (CC BY-SA 2.0); Tuxyso (CC-BY-SA 3.0); 239: Erik Christensen (CC BY-SA 3.0); 310: Åsa Berndtsson (CC BY 2.0); 417: Jakub Hałun (CC BY-SA 4.0); 418: Geoprofi Lars (CC BY-SA 4.0); 447: Maurice.dekens (CC BY-SA 4.0); 488: Marie-Lan Nguyen (CC-BY 2.5); 502: Christian Albinus (CC BY-SA 4.0); 508: Bdf; 524: Jason Thompson (CC BY 2.0); 526: Ronald Slabke (CC-BY-SA 3.0); 541: Cesar I. Martins (CC BY 2.0); 576: Joris Egger (CC BY-SA 3.0); 592: Jamain (CC BY-SA 3.0)

Weitere: 20: Marcus Meißner; 21: Wildökologie Tharandt; 22 oben: Sven Herzog; 38: Sven Herzog; 49: University of British Columbia. Library. Rare Books and Special Collections. Sketches of Hudson Bay life by H. Bullock Webster 1874-1880; 57: Museo de Altamira y D. Rodríguez; 72: aus Tasser et al. 2021; 77: Sven Herzog; 89 oben: Belarussische Post; 104: Sven Herzog; 120 unten: Belarussische Post; 132: nach Okarma & Herzog 2019; 135: Sven Herzog; 136: Sven Herzog; 146: Friesenborg; 150: Sven Herzog; 152: Sven Herzog; 156: Holzschnitt von William Caxton 1484; 169: verändert nach Driscoll et al. 2007; 170: verändert nach Stefen 2011; 190: Sven Herzog; 206: Sven Herzog; 233: Sven Herzog; 438: Mauro Favret; 475: Karsten Ratzke; 497: pixabay/Kathy_Büscher; 553: Sven Herzog

Register

A

Aaskrähe 599
Accipiter gentilis 455
Accipiter nisus 459
Alces alces 44
Alopochen aegyptiaca 281
Alpenmurmeltier 95
Alpenschneehuhn 368
Anas acuta 299
Anas clypeata 316
Anas crecca 308
Anas penelope 296
Anas platyrhynchos 303
Anas querquedula 312
Anas strepera 293
Anser albifrons 263
Anser anser 266
Anser erythropus 260
Anser fabalis 256
Aquila chrysaetos 434
Ardea cinerea 409
Asio otus 565
Athene noctua 581
Auerhuhn 377
Aythya ferina 324
Aythya fuligula 332
Aythya marila 336
Aythya nyroca 328

B

Bartgeier 427
Baumfalke 489
Baummarder 192
Bekassine 530
Bergente 336
Birkhuhn 372
Bisam 112
Blässgans 263
Blässralle 516
Bos bonasus 51
Botaurus stellaris 402
Brandgans 285
Branta bernicla 270
Branta canadensis 273
Branta leucopsis 277
Braunbär 174
Bubo bubo 568
Bucephala clangula 353
Buteo buteo 477
Buteo lagopus 481

C

Canis aureus 142
Canis lupus 130
Capra ibex 66
Capreolus capreolus 35
Castor fiber 100
Cervus dama 29
Cervus elaphus 17
Ciconia ciconia 414
Ciconia nigra 419
Circus aeroginosus 443
Circus cyaneus 451
Circus pygargus 447
Clanga pomarina 439
Clangula hyemalis 344
Columba livia 549
Columba oenas 542
Columba palumbus 545
Corvus corax 604
Corvus corone 599
Corvus frugilegus 595
Coturnix coturnix 388
Crex crex 509
Cricetus cricetus 116
Cygnus bewickii 253
Cygnus cygnus 249
Cygnus olor 244

D

Dachs 196
Damhirsch 29

E

Eichelhäher 586
Eiderente 339
Eisente 344
Elch 44
Elster 590
Eurasisches Eichhörnchen 125
Europäischer Biber 100
Europäischer Nerz 208
Europäisches Ziesel 121

F

Falco columbarius 492
Falco peregrinus 484
Falco subbuteo 489
Falco tinnunculus 495
Fasan 392
Feldhamster 116
Feldhase 79
Felis silvestris 168
Felsentaube 549
Fischadler 423
Fischotter 202
Fulica atra 516

G

Gallinula chloropus 513
Gallinago gallinago 530
Gämse 71
Gänsesäger 360
Garrulus glandarius 586
Gewöhnlicher Schweinswal 239
Glaucidium passerinum 577
Goldschakal 142
Grauer Kranich 504
Graugans 266
Graureiher 409
Großtrappe 499
Grus grus 504
Gypaetus barbatus 427

H

Habicht 455
Haliaeetus albicilla 472
Halichoerus grypus 235
Haselhuhn 364
Haubentaucher 397
Hermelin 220
Höckerschwan 244
Hohltaube 542

I

Iltis 216
Ixobrychus minutus 406

K

Kanadagans 273
Kegelrobbe 235
Kiebitz 520
Knäkente 312
Kolbenente 320
Kolkrabe 604
Kornweihe 451
Krickente 308

L

Lachmöwe 534
Lagopus muta 368
Larus argentatus 538
Larus ridibundus 534
Lepus europaeus 79
Lepus timidus 85
Löffelente 316
Luchs 162
Lutra lutra 202
Lynx lynx 162

M

Marderhund 157
Marmota marmota 95
Martes foina 187
Martes martes 192
Mäusebussard 477
Mauswiesel 225
Melanitta fusca 350
Melanitta nigra 347
Meles meles 196
Mergus merganser 360
Mergus serrator 357
Merlin 492
Milvus migrans 468
Milvus milvus 463
Mittelsäger 357
Moorente 328
Mufflon 59
Mustela erminea 220
Mustela lutreola 208
Mustela nivalis 225
Mustela putorius 216
Myocastor coypus 108

N

Netta rufina 320
Nilgans 281
Nutria 108
Nyctereutes procyonoides 157

O

Ondatra zibethicus 112
Oryctolagus cuniculus 90
Otis tarda 499
Ovis ammon musimon 59

P

Pandion haliaetus 423
Perdix perdix 383
Pernis apivorus 431
Pfeifente 296
Phasianus colchicus 392
Phoca vitulina 229
Phocoena phocoena 239
Pica pica 590
Podiceps cristatus 397
Procyon lotor 181

R

Raufußbussard 481
Rebhuhn 383
Reh 35
Reiherente 332
Ringelgans 270
Ringeltaube 545
Rohrdommel 402
Rohrweihe 443
Rostgans 289
Rotfuchs 148
Rothirsch 17
Rotmilan 463
Rupicapra rupicapra 71

S

Saatgans 256
Saatkrähe 595
Samtente 350
Schellente 353
Schleiereule 561
Schnatterente 293
Schneehase 85
Schreiadler 439
Schwarzmilan 468
Schwarzstorch 419
Sciurus vulgaris 125
Scolopax rusticola 524
Seeadler 472
Seehund 229
Silbermöwe 538
Singschwan 249
Somateria mollissima 339
Sperber 459
Sperlingskauz 577

Spermophilus citellus 121
Spießente 299
Steinadler 434
Steinbock 66
Steinkauz 581
Steinmarder 187
Stockente 303
Streptopelia decaocto 558
Streptopelia turtur 554
Strix aluco 573
Sus scrofa 10

T

Tadorna ferruginea 289
Tadorna tadorna 285
Tafelente 324
Teichralle 513
Tetrao tetrix 372
Tetrao urogallus 377
Tetrastes bonasia 364
Trauerente 347
Türkentaube 558
Turmfalke 495
Turteltaube 554
Tyto alba 561

U

Uhu 568
Ursus arctos 174

V

Vanellus vanellus 520
Vulpes vulpes 148

W

Wachtel 388
Wachtelkönig 509
Waldkauz 573
Waldohreule 565
Waldschnepfe 524
Wanderfalke 484
Waschbär 181
Weißstorch 414
Weißwangengans 277
Wespenbussard 431
Wiesenweihe 447
Wildkaninchen 90
Wildkatze 168
Wildschwein 10
Wisent 51
Wolf 130

Z

Zwergdommel 406
Zwerggans 260
Zwergschwan 253

Der Autor

Professor Dr. forest. Dr. med. Sven Herzog wurde 1961 in Hamburg geboren. Studium der Forstwissenschaften, Biologie und Medizin in Göttingen und Gießen, Promotion zum Dr. forest. und zum Dr. med., Habilitation in Forstgenetik und Forstpflanzenzüchtung, wissenschaftlicher Mitarbeiter am Institut für Forstgenetik und Forstpflanzenzüchtung sowie Arzt an der Frauenklinik der Georg-August-Universität, verschiedene wissenschaftliche Auslandsaufenthalte, z.B. in Irland (Forest and Wildlife Service, Republic of Ireland). Seit 1998 Leitung der Abteilung Wildökologie und Jagdwirtschaft an der Technischen Universität Dresden. Über 300 wissenschaftliche und andere Fachpublikationen. Mitglied in zahlreichen beratenden Gremien, z.B. in Beiräten zweier Nationalparke. Vorsitz der Jury des Forschungspreises der Deutschen Wildtier Stiftung, Mitglied des wissenschaftlichen Gremiums der Sattelmühle-Stiftung, Mitglied der Jury der Markhor Award des C.I.C. Vorstandsmitglied in der Gesellschaft für Wildtier- und Jagdforschung, Gründungs- und langjähriges Vorstandsmitglied der Vereinigung der Wildbiologen und Jagdwissenschaftler Deutschlands. Mitglied des wissenschaftlichen Beirates und des Lenkungsausschusses des FUST Tirol. Mitglied der Interdisziplinären Arbeitsgruppe „Historische Gärten im Klimawandel“ der Berlin-Brandenburger Akademie der Wissenschaften.
Mitbegründer und Vorsitzender des Instituts für Wildbiologie Göttingen und Dresden e.V. Gründungsmitglied des PRISMA Zentrums für Nachhaltigkeitsbewertung und -politik der Technischen Universität Dresden.
Forschungsschwerpunkte sind derzeit Genetik und Biodiversitätsforschung, Rückkehr der Großprädatoren, Wald und Wild, Wildtiere und Verkehrswege, Wildtiermanagement und Landnutzung in den Tropen sowie Wildtiere in urbanen Räumen.
Wissenstransfer in die Praxis durch regelmäßige Fachpublikationen und Fachvorträge, Autor mehrerer Bücher. Seit 2019 Inhaber und Betreiber des Youtube-Kanals "Wildökologie" mit mittlerweile über 100 Videos.

Sven Herzog
Wildtier-
management
Grundlagen und Praxis
QUELLE & MEYER